普通高等教育一流本科课程建设成果教材

自动控制原理

（第2版）

◎ 田思庆　王　鹍　元佳茜　主编

Automatic Control Principle

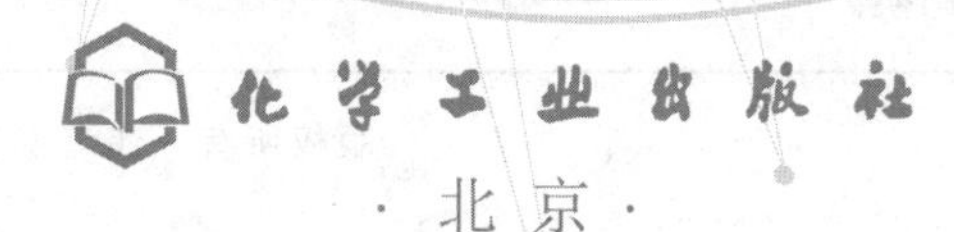

化学工业出版社

·北京·

内 容 简 介

《自动控制原理（第 2 版）》主要内容包括控制系统的数学模型，线性系统的时域分析法、根轨迹法、频域分析法、综合与校正，非线性系统的分析，线性离散系统的分析。本书着重于基本概念、基本理论和基本分析方法，并附加学习资源，扫描书中的二维码可随时完成基本测试题练习并查看参考答案。本书在国家智慧教育公共服务平台有配套在线课程，可供读者学习。

《自动控制原理（第 2 版）》可以作为高等院校自动化、电气工程及其自动化、测控技术与仪器、电子信息工程、通信工程、生物医学工程、机械设计制造及其自动化、能源与动力工程、机械电子工程等专业的本科生教材，亦可供相关专业的研究生和自动化专业工程技术人员参考。

图书在版编目（CIP）数据

自动控制原理/田思庆，王鹍，元佳茜主编. —2 版. —北京：化学工业出版社，2022.8（2024.6 重印）
普通高等教育一流本科课程建设成果教材
ISBN 978-7-122-41986-6

Ⅰ.①自… Ⅱ.①田… ②王… ③元… Ⅲ.①自动控制理论-高等学校-教材 Ⅳ.①TP13

中国版本图书馆 CIP 数据核字（2022）第 147462 号

责任编辑：李玉晖　马　波　　装帧设计：张　辉
责任校对：宋　夏

出版发行：化学工业出版社（北京市东城区青年湖南街 13 号　邮政编码 100011）
印　　刷：北京云浩印刷有限责任公司
装　　订：三河市振勇印装有限公司
787mm×1092mm　1/16　印张 23¼　字数 590 千字　2024 年 6 月北京第 2 版第 2 次印刷

购书咨询：010-64518888　　售后服务：010-64518899
网　　址：http://www.cip.com.cn
凡购买本书，如有缺损质量问题，本社销售中心负责调换。

定　　价：67.00 元　

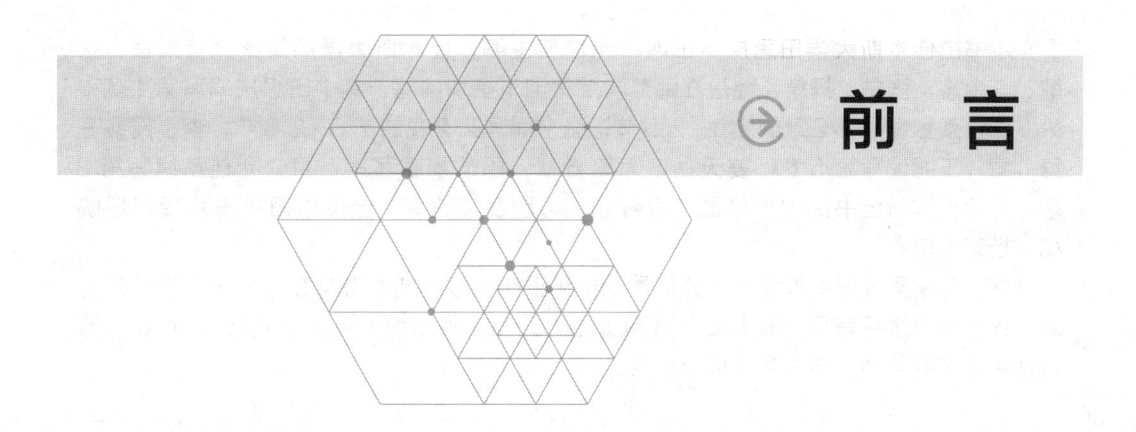

前言

自动控制技术以自动控制理论为基础和支撑，是生产过程中的关键技术。自动控制技术广泛地应用于空间科技、冶金、化工、机电、交通运输和国防建设等各个领域，在科学技术现代化发展的过程中，发挥着越来越重要的作用。自动控制原理是控制科学与工程学科的重要理论基础，是自动化专业的核心课程。由于自动控制技术在各个行业的广泛渗透与应用，自动控制理论已逐渐成为很多学科的专业基础课程，且愈来愈占有重要的位置。

本书是高等学校专业基础课教材，既注重学生的基础理论和抽象思维的培养，加强相关数学定理及其证明的推导，又强化落实到实际的控制系统当中。本书从经典控制理论出发，讲解自动控制系统概述、控制系统的数学模型、线性系统的时域分析法、线性系统的根轨迹法、线性系统的频域分析法、线性系统的综合与校正、非线性系统的分析、线性离散系统的分析。本书从基本概念和分析方法入手，结合实例，以时域分析为主线，根轨迹分析和频域分析为两翼，利用直观的物理概念以及 Matlab 仿真，使学生充分理解控制系统参数与性能之间的内在联系，由浅入深地引导学生全面理解和掌握自动控制系统的分析与设计方法。

本书第 2 版保留了第 1 版的大部分内容，增加了一些自动控制系统实例；对第 2 章的拉普拉斯变换和第 8 章的 Z 变换进行了精简；对第 5 章线性系统的频率特性法中的内容进行了较大修改，对奈奎斯特稳定判据的阐述更加详细；为了通过控制系统仿真加强对控制系统基本概念和理论的理解，将第 1 版第 9 章的内容拆分安排在本书每章的最后一节，通过对典型习题的 Matlab 编程和 Simulink 环境仿真，将手工运算与计算机仿真相结合，得到直观图形，使抽象问题更容易理解。为了加强理论与工程实践的结合，各章均增加了与工程案例相结合的典型例题。

本书对每章学习内容设计了含有选择题型、判断题型的基本测试题，读者可以通过手机扫描书中的二维码，在线完成每章的基本测试教学环节，以便加强对基本概念和理论的理解与深化。为了帮助学生全面掌握每章的教学重点，厘清知识脉络，每章由教学目标与要求开始，结尾由小结、思维导图、思考题和习题组成。

本书为佳木斯大学“自动控制原理”省级一流本科课程建设成果教材和黑龙江省线上线下精品课程配套教材，采用本书作为教材的课程已在国家智慧教育公共服务平台上线，教学资源丰富，利于教师翻转课堂教学。

本书内容简明扼要，通俗易懂，条理清晰，层次分明，注意各专业的通用性和便于不同教学时数的取舍。本书电子课件、教学大纲、教学日志可在 www.cipedu.com.cn 下载，供选用教材的教师参考。

本书由佳木斯大学田思庆、王鹍、元佳茜主编，佳木斯大学周黎黎、姜天岳、张敏、李金霞、张宁、杨康，牡丹江师范学院王淑玉参加编写。其中田思庆编写第 1 章和第 3 章，张敏编写第 2 章的 2.1~2.5 节，张宁编写第 2 章的 2.6~2.8 节，李金霞编写第 4 章，王鹍编写第 5 章，姜天岳编写第 6 章，周黎黎编写第 7 章，元佳茜编写第 8 章，王淑玉编写全书的思维导图、思考题、习题及其答案。全书由田思庆教授整理统稿，杨康主审。

本书在编写过程中参考了相关优秀教材和著作，编者向参考文献作者表示真诚的谢意。由于编者水平有限，书中难免有不当之处，编者邮箱为 tian_siqing@126.com，恳请使用本书的教师、学生多提宝贵意见。

编　者

2023 年 1 月

目录

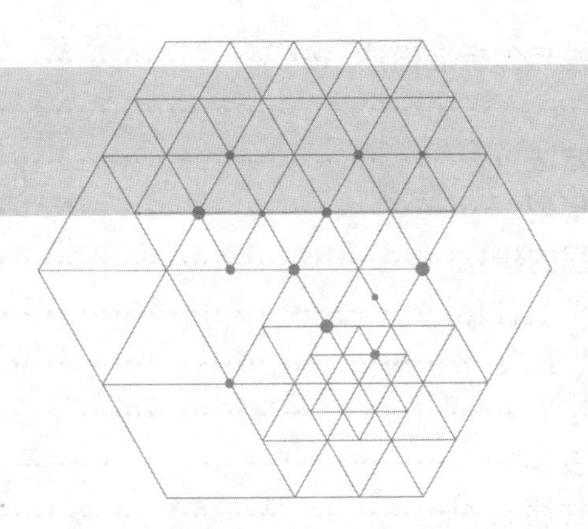

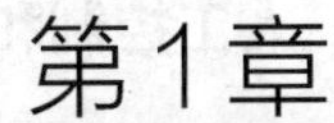

第1章 自动控制系统概述

在现代科学技术的众多领域中，自动控制技术起着越来越重要的作用，目前，自动控制技术已广泛应用于工业、农业、国防和科学技术等领域。

自动控制通常被称为“控制工程”，是一门理论与工程实践相结合的技术学科，学科的理论为“自动控制理论”。自动控制技术的广泛应用，不仅使生产过程实现了自动化，极大地提高了劳动生产率和产品质量，改善了劳动条件，并且在人类征服自然、探索新能源、发展空间技术和改善人民物质生活方面都起着极为重要的作用。从自动控制发展的现状与前景上看，它是极活跃、极富生命力的。控制理论不仅是一门重要的学科，而且也是科学方法论之一。本课程是一门非常重要的技术基础课，主要讲述自动控制的基本理论和分析、设计控制系统的基本方法。根据自动控制理论发展的不同阶段，可分为经典控制理论和现代控制理论。随着控制理论的不断扩展和更新，经典控制理论和现代控制理论越来越趋于融合。

本章从工程实例出发介绍自动控制的基本概念、基本方式和自动控制系统的分类，重点是自动控制系统的基本组成原理，核心是反馈控制，同时本章还简单介绍了控制理论的发展历史。

【本章重点】

1）了解自动控制系统的工作原理和基本概念；

2）掌握自动控制系统的组成，根据工作原理画出系统的结构图；

3）明确对自动控制系统的基本要求，了解自动控制系统的分类方法和各自特点；

4）了解自动控制理论发展概况。

1.1 自动控制系统的定义和表示方法

自动控制（automatic control）是指在没有人直接参与的情况下，利用外加的设备或装置（称控制装置或控制器），使机器、设备或生产过程（统称为被控对象）的某个工作状态或参数（即被控量）自动地按照预定的规律运行。

系统是指按照某些规律结合在一起的物体（元部件）的组合，它们互相作用、互相依存，并能完成一定的任务。为实现某一控制目标所需要的所有物理部件的有机组合体称为自动控制系统。例如，机械行业的热处理炉温度控制系统、数控车床自动切削控制系统，火电

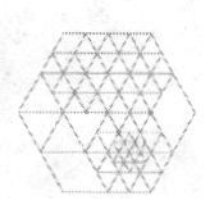

厂锅炉汽包水位、蒸汽温度和压力的自动控制系统，铁路工业中的轨道交通信号与控制系统和航空航天工业中的飞行器控制系统等。

1.1.1 人工控制和自动控制

控制过程中，被施加作用的对象称为**被控对象**，其输出，也就是与其预期规律密切相关的量，被称作**被控量**或**输出量**，同时，这也是系统的输出量。在控制过程中对被控量变化规律有着严格的要求。

在控制被控对象抵消外界干扰的过程中，即在对被控量进行控制时，根据系统中是否有人参与，可分为人工控制和自动控制。由人来完成对被控量的控制，称为**人工控制**。由自动控制装置代替人来完成对被控量的控制，称为**自动控制**。自动控制与人工控制的工作原理是一样的，可以说，自动控制模仿了人工控制。

图 1-1（a）是人工控制的水位供水系统。水池中的水位是被控制的物理量，简称被控量。水池这个设备是被控制的对象，简称被控对象。当水位在给定位置，并且给水流量与流出流量相等时，它处于平衡状态。当流出量发生变化或水位给定值发生变化时，就需要对流入量进行必要的控制。在人工控制方式下，人用眼观看水位情况，用脑比较实际水位与期望水位的差异并根据经验做出决策，确定进水阀门的调节方向与幅度，然后用手操作进水阀门进行调节，最终使水位等于给定值。只要水位偏离了期望值，人便要重复上述调节过程。

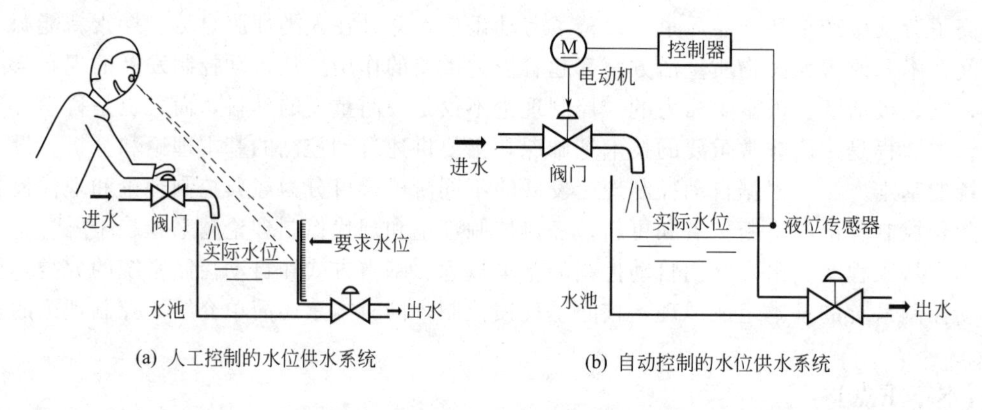

(a) 人工控制的水位供水系统

(b) 自动控制的水位供水系统

图 1-1 水位控制系统

图 1-1（b）是自动控制的水位供水系统。液位传感器代替人的眼睛，用于测量水位高低；控制器和电动机代替人的大脑和手，用于计算偏差并实施控制。当用水流量增大时，水位开始下降，液位传感器将测得的实际水位信号送给控制器，控制器将测量值与期望值比较、做差运算，然后将运算的输出信号送给电动机作用于调节阀，增大进水阀门开度，使水位回到期望值附近。反之，若用水量变小，则水位上升，进水阀门关小，水位自动下降到期望值附近。整个过程无需人工直接参与，而是完全靠调节设备自动完成。

由表 1-1 对比可知，自动控制和人工控制极为相似，自动控制系统只不过是把某些装置有机地组合在一起，以代替人的全部工作。图 1-1（a）中所示的液位传感器相当于人的眼睛，对实际水位进行测量。液位控制器类似于人的大脑，给出偏差的大小和极性，完成比较和运算；电动机相当于人手，调节阀门开度，对水位实施控制。这些装置相互配合，组成自动控制系统，完成既定的控制任务和目标。

表 1-1 人工控制与自动控制水位系统元件对比

元件	人工控制	自动控制
控制器	脑	液位控制器
传感器	眼睛	液位传感器
执行器	手	电动机

1.1.2 自动控制系统的表示方法

为了能够表示出实际系统中内部信息的相互作用及信息流向，控制系统可以用图 1-2 所示的结构图（方框图）来表示。图 1-2（a）中，方框表示系统中具有相应职能的元部件，进入方框的信号为输入，离开方框的为输出。图 1-2（b）中，各信号的箭头方向表示信号的流向，用圆圈里带交叉线的符号表示比较点，箭头指向比较点的那几个信号进行相加或者相减运算，箭头离开比较点的信号是运算的结果。图 1-2（c）中，用交叉线表示引出点，引出点表示信号的引出。

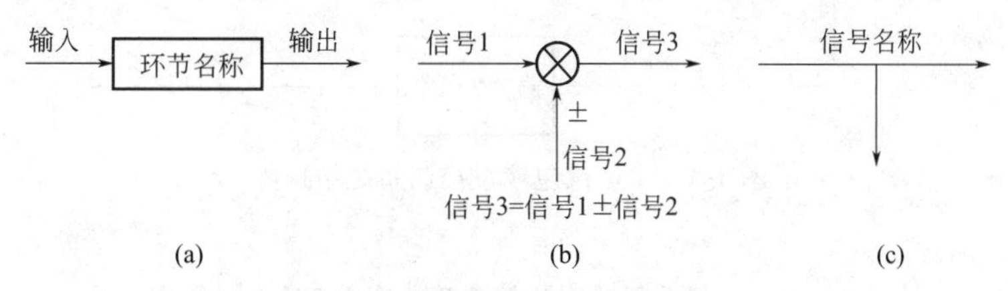

图 1-2 结构图的基本组成单元

结构图不同于抽象的数学表达式，其优点是可以清晰地看出各元部件之间信号的传递关系，表示了系统各变量之间的因果关系以及对各变量进行的运算，便于定性和定量分析控制系统，但是不包含系统物理结构的任何信息，因此是控制理论中描述复杂系统的一种简便方法。画结构图的一般原则是，将输入置于图的最左侧，从输入端开始按照信息流向画出系统中的每个环节，直到输出为止。

自动控制系统的种类较多，被控制的物理量有各种各样，如温度、压力、液位、电压、转速、位移和力等。组成控制系统的元部件虽然有较大的差异，但是系统的组成结构却基本相同。下面通过一个自动控制系统的实例，来讲述自动控制系统的工作过程。

例 1-1 锅炉是电厂和一些企业常见的生产蒸汽的设备。为了保证锅炉正常运行，需要维持锅炉汽包液位在正常值范围内。锅炉液位过低，易烧干锅而发生严重事故；锅炉液位过高，则易使蒸汽带水并有溢出危险。因此，必须通过调节器严格控制锅炉液位的高低，以保证锅炉正常地运行。图 1-3 为锅炉汽包液位控制系统示意图。

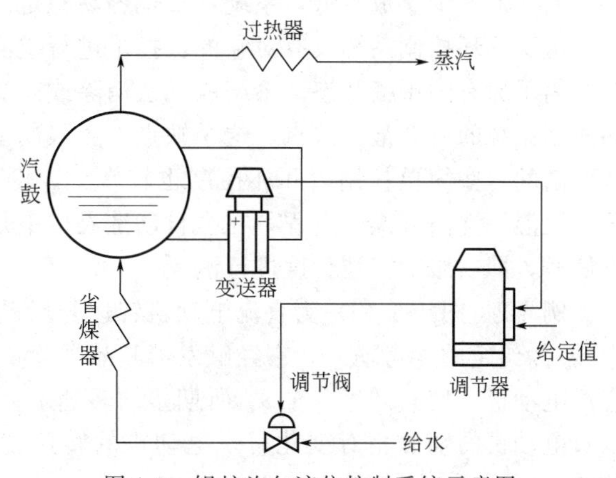

图 1-3 锅炉汽包液位控制系统示意图

当蒸汽的蒸发量与锅炉进水量相等时，液位保持为正常给定值。当锅炉的给水量不变，而蒸汽负荷突然增加或减少时，液位就会下降或上升；或者，当蒸汽负荷不变，而给水管道水压发生变化时，引起锅炉汽包液位发生变化。不论出现哪种情况，只要实际液位高度与正常给定液位之间出现偏差，调节器就应立即进行控制，去开大或关小给水阀门，以使锅炉汽包液位保持在给定值上。

图 1-4 是锅炉汽包液位控制系统结构图。图中，锅炉为被控对象，其输出量为被控参数汽包液位；作用于锅炉上的扰动量是指给水压力或蒸汽负荷的变化；差压变送器（测量变送器）用来测量锅炉液位，并转换为一定的信号输至调节器；调节器根据测量的实际液位与给定液位进行比较，得出偏差值，根据偏差值按一定的控制规律发出相应的输出信号去推动调节阀动作，以保证锅炉汽包液位控制在恒定给定值上。

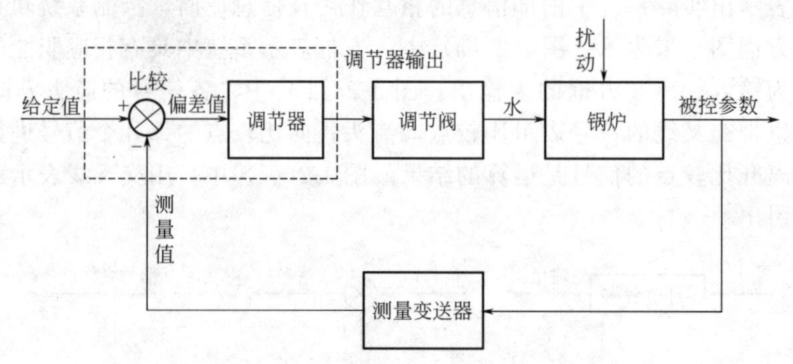

图 1-4　锅炉汽包液位控制系统结构图

1.2　开环控制和闭环控制

自动控制系统的种类虽多，但就其基本结构形式可分为开环控制和闭环控制两大类。

1.2.1　开环控制

如果系统的输出量与输入量间不存在反馈通道，这种控制方式称为**开环控制**。在开环控制系统中，不需要对输出量进行测量，也不需要将输出量反馈到系统输入端与输入量进行比较。图 1-5 为开环控制系统结构图。由图可见，这种控制系统的特点是结构简单、所用的元器件少、成本低，系统一般也容易稳定。

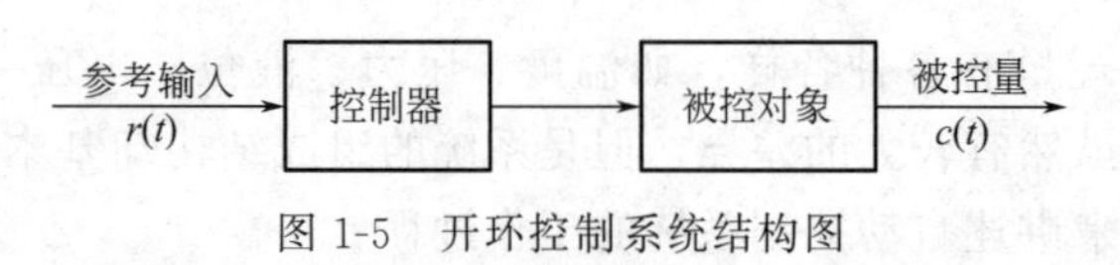

图 1-5　开环控制系统结构图

由于开环控制系统没有对它的被控量进行检测，所以当系统受到干扰作用后，被控量一旦偏离了原有的平衡状态，系统就无法消除或减少误差，使被控量稳定在给定值上，这是开环控制系统的一个最大缺点。这个缺点大大限制了这种系统的应用范围。然而，对于控制精度不高的一些简单控制，开环控制也较常见。例如，全自动洗衣机就是开环控制系统的例子。浸湿、洗涤和漂清过程，在全自动洗衣机中是依次进行的，在洗涤过程中，无需对其输出信号，即衣服的清洁程度进行测量。

例 1-2　图 1-6（a）为直流电动机转速开环系统示意图，图 1-6（b）为它的结构图。图中 u_g 为给定的参考输入，它经触发器和晶闸管整流装置转变为相应直流电压 u_d，并供电给直流电动机，使其产生一个 u_g 所期望的转速 n。但是，当电动机的负载、交流电网的电压以及电动机的励磁稍有变化时，电动机的转速就会随之而变化，不能再维持 u_g 所期望的转速。

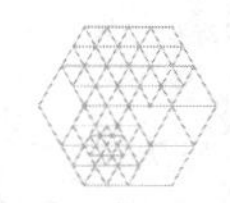

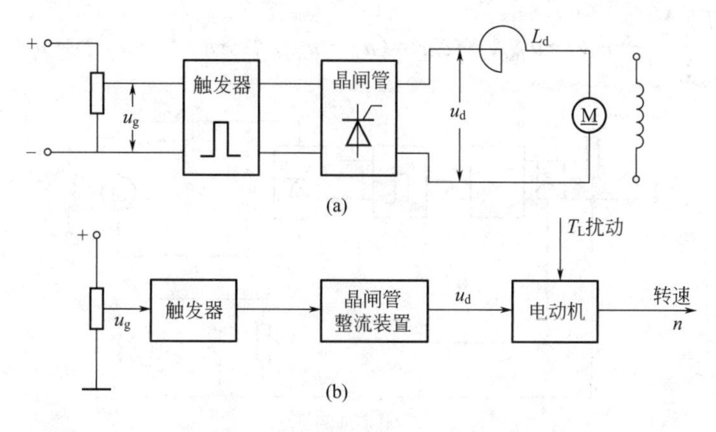

图 1-6 直流电动机转速开环系统

当控制精度要求不高时，如果系统的给定输入与被控量之间的关系固定，且内部参数或外来扰动的变化都较小，或这些扰动因素可以事先确定并能给予补偿，则采用开环控制也能得到较为满意的控制效果。

1.2.2 闭环控制

把系统的被控量反馈到它的输入端，并与参考输入相比较，这种控制方式称为**闭环控制**。由于这种控制系统中存在着将被控量经反馈环节连接到比较点的反馈通道，故闭环控制又称**反馈控制**，它是按偏差进行控制的。

反馈是控制理论中一个极其重要的概念，它是控制理论的基础。一个系统的输出信号直接地或经过中间变换后全部或部分地返回输入系统的过程，称为反馈。

根据反馈信号对输入信号的加强或减弱，反馈分为**正反馈**和**负反馈**。**正反馈**是由输出端返回来的物理量加强输入量的作用，系统会不稳定，可能产生自激振荡。**负反馈**由输出端返回来的物理量减弱输入量的作用，负反馈可以改善系统的动态特性，控制和减少干扰信号的影响。只有负反馈系统才具有自动调节能力。自动控制理论主要的研究对象一般都是闭环负反馈控制系统。

图 1-3、图 1-7 所示的系统，都是闭环负反馈控制系统。这些系统的特点是：连续不断地对被控量进行检测，把所测得的值与参考输入做减法运算，求得的偏差信号经控制器变换运算和放大器放大后，驱动执行元件，以使被控量能完全按照参考输入的要求去变化。

这种系统如果受到来自系统内部和外部干扰信号的作用时，通过闭环控制的作用，能自动地消除或削弱干扰信号对被控量的影响。由于闭环控制系统具有良好的抗扰动功能，因而它在控制工程中得到了广泛的应用。

例 1-3 在图 1-6 的基础上，只需要增加一个测速发电机就可构成直流电动机转速闭环系统，如图 1-7（a）所示。闭环调速系统具有自动抗扰动的功能，例如当电动机的负载转矩 T_L 增大时，流经电动机电枢中的电流便相应地增大，电枢电阻上的压降也变大，从而导致电动机转速的降低；而转速的降低使测速发电机的输出电压 u_{fn} 减小，误差电压 Δu 便相应地增大，经放大器放大后，使触发脉冲前移，晶闸管整流装置的输出电压 u_d 增大，从而补偿了由于负载转矩 T_L 的增大或电网电压 $\tilde{u}$ 的减小而造成的电动机转速的下降，使电动机的转速近似地保持不变。上述的调节过程表示为

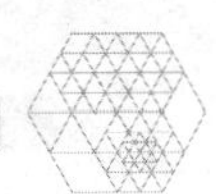

$$\left.\begin{array}{l}T_{\mathrm{L}}\uparrow\\ \tilde{u}\downarrow\end{array}\right\}\to n\downarrow\to u_{\mathrm{fn}}\downarrow\to\Delta u=(u_{\mathrm{g}}-u_{\mathrm{fn}})\uparrow\to u_{\mathrm{k}}\uparrow\to u_{\mathrm{d}}\uparrow\to n\uparrow$$

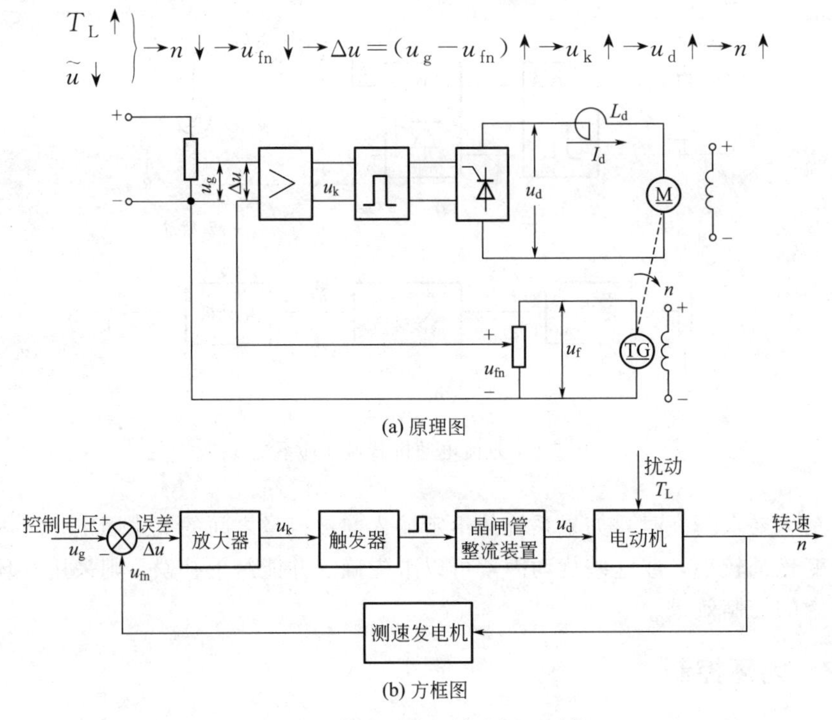

图 1-7　直流电动机转速闭环系统

1.2.3　开环控制和闭环控制的比较

一般来说，开环控制系统结构比较简单，成本较低。开环控制的缺点是控制精度不高，抑制干扰能力差，而且对系统参数变化比较敏感。一般用于控制精度要求不高的场合，如洗衣机、普通车床和步进电机装置等。

在闭环控制系统中，只要是被控量偏离了给定值，都会产生相应的作用去消除偏差，即产生以偏差消除偏差的作用。因此，闭环控制抑制干扰能力强。

与开环控制相比，闭环系统对参数变化不敏感，可以选用不太精度的元件构成较为精密的控制系统，获得满意的动态特性和控制精度。闭环控制采用反馈装置需要添加元部件，造价高的同时也增加了系统的复杂性，如果系统的结构和参数选取不当，控制过程可能变得较差，甚至出现振荡或者不稳定的情况。因此，如何分析系统，合理选择系统的结构和参数，从而获得满意的系统性能，是自动控制理论必须研究解决的问题。开环控制和闭环控制特点对比如表 1-2 所示。

表 1-2　开环控制与闭环控制特点对照表

名称	有无反馈	元件精度要求	抗干扰能力	结构与成本
开环控制	无	高	弱,对稳定性无要求	结构简单,成本低
闭环控制	有	低	强,对稳定性要求高	结构复杂,成本高

1.2.4　复合控制

当被控对象具有较大延迟时间时，反馈控制不能及时调节输出的变化，会影响系统的控制精度和平稳性。将前馈控制和反馈控制结合起来，构成**复合控制**，它兼有开环控制和闭环控制的特点。前馈控制即是起到“补偿”作用的开环控制，补偿的实质是提供一个控制作用来尽可能地抵消扰动对系统输出的影响，其仅对特定可测扰动有效，其他扰动还要靠闭环反馈控制来抑制。既有前馈控制又有反馈控制的系统称为前馈＋反馈控制系统，即复合控制，在工程上得到广泛的应用。

前馈控制与反馈控制的最大区别在于，反馈控制是“事后”控制，即输出与给定值之间出现偏差之后，由偏差驱动控制器产生控制作用以消除偏差；而前馈控制是“事前”控制，即一旦检测到设计控制系统时所考虑的扰动出现，控制作用就随之产生，以抵消该扰动对系统输出的影响。

图 1-8 为按给水流量扰动补偿的复合水位控制系统示意图，图 1-9 为其控制系统结构图(图中的变量将在后面的内容中介绍)。给水流量的波动，势必会影响水位的变化。如给水流量可测，将给水流量变化的信号施加给前馈控制器，再控制给水流量阀门，可减少给水流量对液位控制的直接影响。

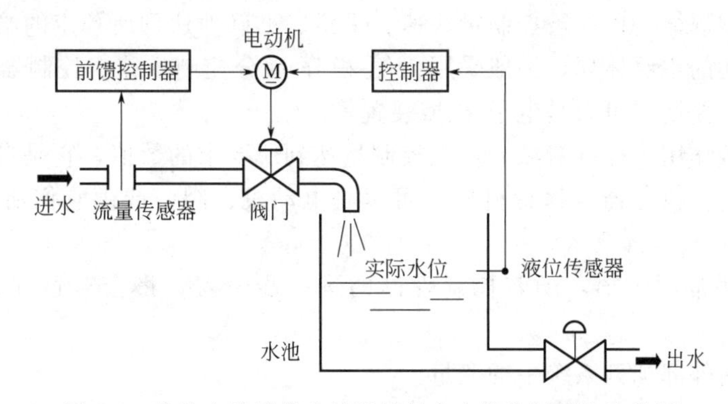

图 1-8　按给水流量扰动补偿的复合水位控制系统示意图

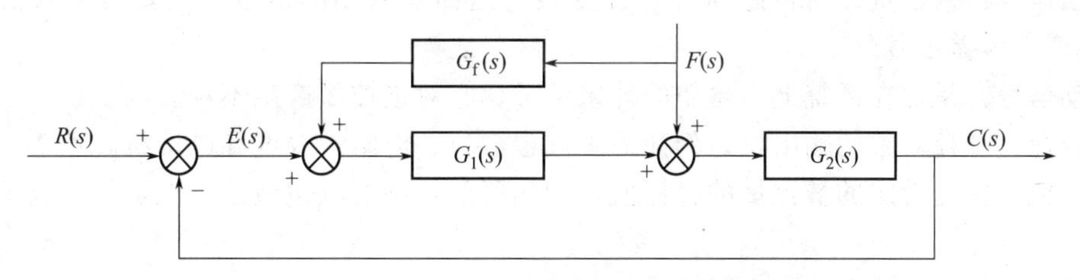

图 1-9　按给水流量扰动补偿的复合水位控制系统结构图

1.3　控制系统的组成

尽管控制系统复杂程度各异，但基本组成是相同的，一个简单的闭环控制系统由四个基本部分组成：被控对象、检测装置或传感器、控制器、执行器（执行机构），其控制系统结构如图 1-10 所示（图中的变量将在后面的内容中介绍）。

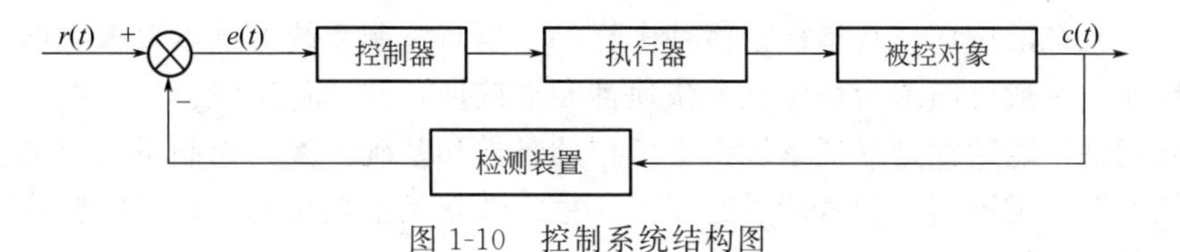

图 1-10　控制系统结构图

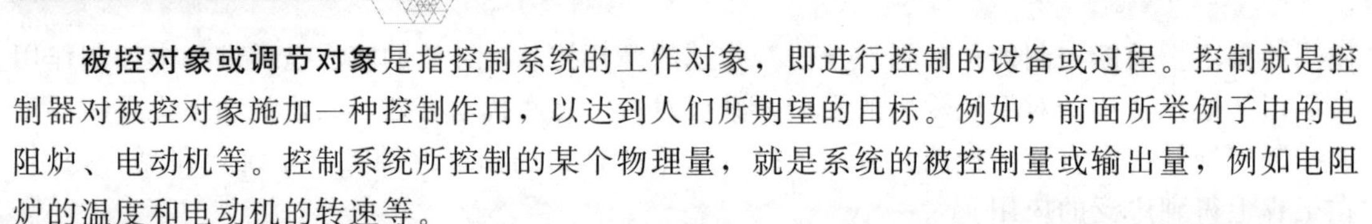

被控对象或调节对象是指控制系统的工作对象，即进行控制的设备或过程。控制就是控制器对被控对象施加一种控制作用，以达到人们所期望的目标。例如，前面所举例子中的电阻炉、电动机等。控制系统所控制的某个物理量，就是系统的被控制量或输出量，例如电阻炉的温度和电动机的转速等。

被控制的对象五花八门，从简单的温度、湿度到复杂工业过程控制；从民用过程的控制到导弹、卫星和飞船的发射及运行控制等。被控制对象的数学模型是控制系统设计的主要依据。被控制对象的动态行为可以用数学模型加以描述。

检测装置或传感器：能将一种物理量检测处理并转换成另一种容易处理和使用物理量的装置。例如压力传感器、热电偶、测速发电机等。如果把人看成一个被控制对象，那么人的眼睛、耳朵、鼻子、皮肤即是传感器。

控制器：接受传感器来的测量信号，并与被控制量的设定值进行比较，得到实际测量值与设定值的偏差，然后根据偏差信号的大小和被控对象的动态特性，经过思维和推理，决定采用什么样的控制规律，以使被控制量快速、平稳、准确地达到所预定的给定值。控制规律是自动化系统功能的主要体现，一般采用比例-积分-微分控制规律。控制器是自动化系统的大脑和神经中枢。控制器可以是电子-机械装置等。

执行器：直接作用于控制对象，使被控制量达到所要求的数值，它是自动化系统的手和脚，也称执行机构。执行器（执行机构）可以是电动机、阀门或由它们所组成的复杂的电子-机械装置。

另外还有一些常用术语，随着控制理论的进一步学习，将会对这些概念有更深入的理解。

输入信号：由外部加到系统中的变量。

控制信号：由控制器输出的信号，作用在执行元件控制对象上，影响和改变被控变量。

反馈信号：被控量经由传感器等元件变换并返回输入端的信号。主要与输入信号比较（相减）产生偏差信号。

扰动信号：是加在系统上不希望的外来信号，它对被控量产生不利影响。

被控量：被控对象的输出量，例如锅炉汽包液位、电阻炉温度和电动机转速等。

整定值：预先设定的被控量的目标值，例如所要控制的汽包液位、电阻炉温度的具体数值等。

偏差：被控量的给定值与实际值的差值。

闭环：传递信息的闭合通道。即获得被控量的信息后，经过反馈环节与给定值进行比较，产生偏差，该偏差又作用于控制器，控制被控对象，使其输出量按特定规律变化，这就形成了一个传递信息的闭合通道。

反馈控制：先从被控对象获得信息，然后把该信息馈送给控制器的控制方法。

1.4 对自动控制系统的基本要求

评价一个系统的好坏，其指标是多种多样的，但对控制系统的基本要求（即控制系统所需的基本性能）一般可归纳为稳定性、快速性和准确性，即“稳”“快”“准”。

(1) 稳定性　稳定性是保证系统正常工作的条件和基础。因为控制系统中都包含储能元件，若系统参数匹配不当，就可能引起振荡。稳定性就是指系统动态过程的振荡倾向及其能够恢复平衡状态的能力。

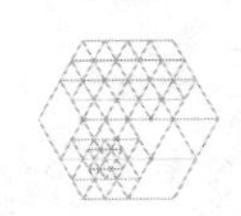

对于稳定性满足要求的系统，当输出量偏离平衡状态时，应能随着时间而收敛并且最后回到初始状态，如图 1-11 中曲线①、②所示，这种情况下的系统便是稳定的。但并不是只要连接成负反馈形式后系统就一定能正常工作，若系统设计不当或参数调整不合理，系统响应过程可能出现等幅振荡甚至发散，如图 1-11 中曲线③、曲线④和曲线⑤所示，这种情况下的系统是不稳定的。

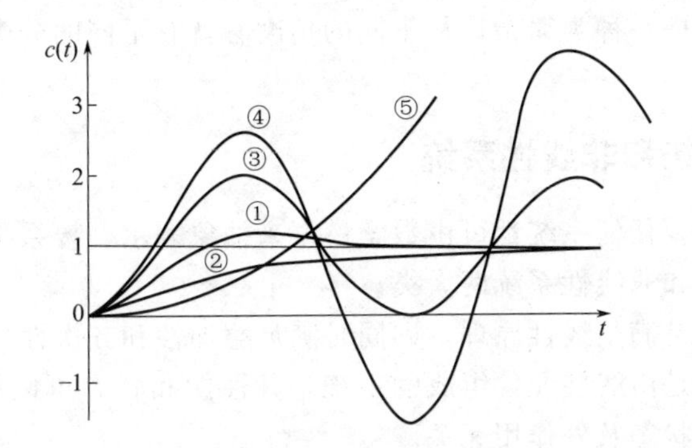

①振荡收敛过程；②单调收敛过程；③等幅振荡过程；④振荡发散过程；⑤单调发散过程

图 1-11 系统的单位阶跃响应过程

(2) 快速性和平稳性 **快速性**是指当系统的输出量与输入量之间产生偏差时，系统消除这种偏差的快慢程度。在实际控制系统中，常会出现储能元件（如电容、电感等）或是惯性元件（如弹簧、陀螺仪、加速度器等），对于这两类元件当改变输入信号时，信号都不能发生突变，因此输出不可能立刻达到期望值，需要再次经历反复调整，重新进入一个新的平衡的状态。

平稳性是指系统反复调整过程中有更小的振荡幅度以及更少的振荡次数。

快速性和平稳性是在系统稳定的前提下提出的，它主要针对的是系统的过渡过程形式和快慢即系统的动态性能。图 1-12 为在阶跃信号输入作用下的两种典型响应曲线的情形，图（a）中曲线①反应快，曲线②反应慢；图（b）中曲线③变化剧烈、振荡幅度大，曲线④响应平稳。从两个图中可以更清晰地理解快速性和平稳性这一概念。

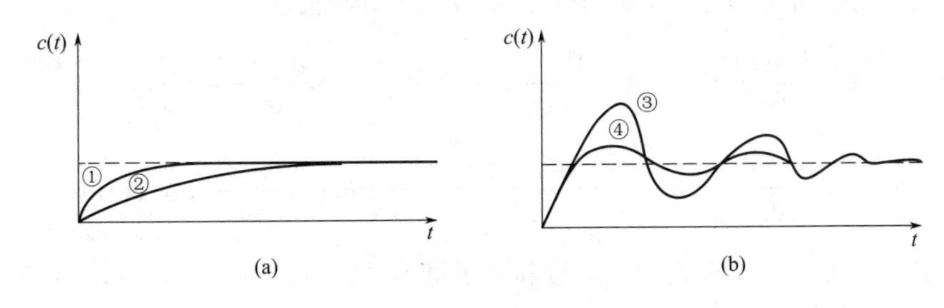

图 1-12 快速性和平稳性

(3) 准确性 **准确性**是指控制系统的控制精度，一般用稳态误差来衡量。稳态误差是指以一定的输入信号作用于系统后，当调整过程趋于稳定时，输出量的实际值与期望值之间的误差。显然，这种误差越小，表示系统的输出跟随参考输入的精度越高。

上述要求简称为稳、快、准。一个自动控制系统的最基本要求是稳定性，然后进一步要求快速性、准确性，当后两者存在矛盾时，设计自动控制系统要兼顾这两方面的要求。由于被控对象的具体情况不同，各种系统对稳、快、准的要求应有所侧重。

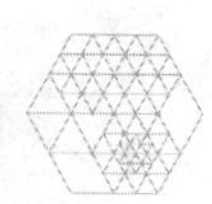

例如，随动系统对快速性要求较高，而定值系统对稳定性要求更高。如何来分析和解决这些问题，将是本课程的重要内容。

1.5 自动控制系统的分类

自动控制系统应用广，种类繁杂，从不同的角度看就有不同的分类方法和结果。现介绍几种常用的分类方法。

1.5.1 线性系统和非线性系统

从控制理论的角度，任何系统都可由数学模型来抽象表示，按系统的特性分类，自动控制系统可分为线性系统和非线性系统两大类。

(1) 线性系统 凡是满足线性原理，即同时满足叠加性和齐次性（均匀性）的系统统称为**线性系统**。线性系统是由线性元件组成的系统，其性能和状态可以用线性微分方程描述。其系统的稳定性与初始状态及外作用无关。

叠加性：若系统在输入信号 $r_1(t)$ 作用下的输出为 $c_1(t)$，在输入信号 $r_2(t)$ 作用下的输出为 $c_2(t)$，则当系统输入为 $r_1(t)+r_2(t)$ 时，系统的输出为 $c_1(t)+c_2(t)$。即多个输入信号同时作用于系统所产生的响应等于各个输入信号单独作用于系统所产生响应的代数和。

齐次性：若系统在输入信号 $r(t)$ 作用下的输出为 $c(t)$，当输入信号为 $ar(t)$ 时（a 为任意常数），系统的输出为 $ac(t)$。即当输入信号同时倍乘一常数时，那么输出的响应也倍乘同一常数。

线性系统的特性将使系统分析大大简化。例如，对于实际上的多输入单输出系统，应用叠加原理可以分别考虑每个输入单独作用时的输出，然后将它们叠加，从而将问题简化成单变量问题处理。又比如，实际系统输入信号的幅值各种各样，运算很不方便，应用齐次性原理可将输入信号的幅值均取为1，这样得到的响应和实际输入信号所产生的响应，除了在幅值上的比例放大或缩小外，其变化特性完全相同。

一个 n 阶的单变量连续系统，可用 n 阶线性微分方程描述

$$
\begin{aligned}
&a_n(t)\frac{\mathrm{d}^n c(t)}{\mathrm{d}t^n}+a_{n-1}(t)\frac{\mathrm{d}^{n-1} c(t)}{\mathrm{d}t^{n-1}}+\cdots+a_1(t)\frac{\mathrm{d}c(t)}{\mathrm{d}t}+a_0(t)c(t)\\
&=b_m(t)\frac{\mathrm{d}^m r(t)}{\mathrm{d}t^m}+b_{m-1}(t)\frac{\mathrm{d}^{m-1} r(t)}{\mathrm{d}t^{m-1}}+\cdots+b_1(t)\frac{\mathrm{d}r(t)}{\mathrm{d}t}+b_0(t)r(t)
\end{aligned}
\tag{1-1}
$$

式中，$r(t)$ 和 $c(t)$ 为系统的输入量和输出量，系数 $a_i(i=0,1,\cdots,n)$ 和 $b_j(j=0,1,\cdots,m)$ 为常数或时间的函数。

在该方程式中，输出量 $c(t)$ 及其各阶导数都是一次的，并且各系数与输入量无关。线性微分方程的各项系数为常数时，称为线性定常系统。这是一种简单而重要的系统，关于这种系统已有较为成熟的研究成果和分析设计方法。

(2) 非线性系统 凡是不满足线性原理，即不同时满足叠加性和齐次性的系统统称为非线性系统，也即系统中只要有一个非线性元件存在，它就是非线性系统。非线性系统的稳定性与初始状态及外作用有关。

非线性方程的特点是系数与变量有关，或者方程中含有变量及导数的高次幂或乘积项。

例如

$$\frac{d^2c(t)}{dt^2}+c(t)\frac{dc(t)}{dt}+c^2(t)=r(t)$$

典型的非线性环节如图 1-13 所示，有继电器特性、饱和特性和不灵敏区特性等。

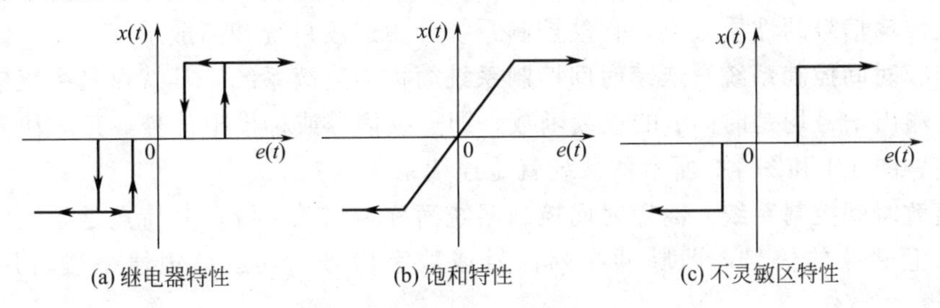

图 1-13 典型非线性环节特性

自然界中的任何物理系统在本质上不同程度地存在非线性。但是，为了研究问题、解决问题的方便，在一定条件下，可将许多非线性系统先近似为线性系统，然后用线性系统理论进行分析研究。

由于非线性特性的多样性，数学上没有通用的方法描述，至今仍然是系统分析的难点。对于非线性系统理论研究远不如线性系统那样完整，一般只能满足于近似的定性描述和数值计算。本书第 7 章将介绍有关非线性理论的描述函数法和相平面分析法。

1.5.2 定常系统和时变系统

按系统数学模型中参数是否随时间变化分类，自动控制系统分为定常系统和时变系统。

(1) 定常系统（时不变系统） 如果描述系统运动的微分或差分方程的系数均为常数，则称这类系统为定常系统（又称为时不变系统）。定常系统的特点是，系统的响应特性只取决于输入信号的形状和系统的特性，而与输入信号施加到系统的时刻无关。若系统在输入信号 $r(t)$ 作用下的响应为 $c(t)$，如图 1-14（a）所示，则当输入延长一段时间 τ 再作用于系统，系统的响应也将同样延长一段时间 τ，且形状保持不变，如图 1-14（b）所示。定常系统的这一特性给系统的分析与研究带来了很大的方便。

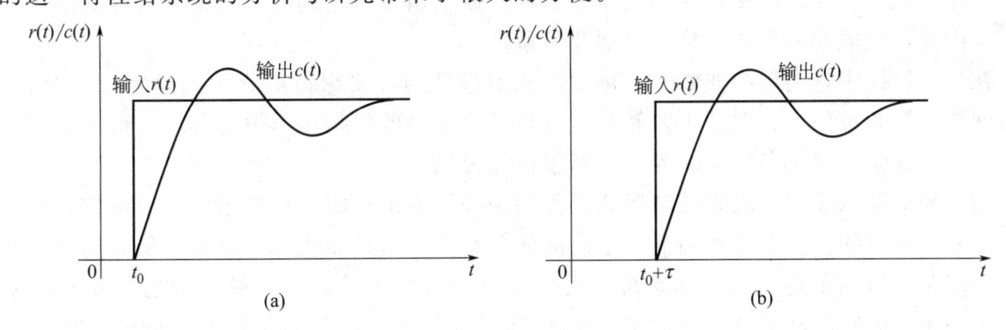

图 1-14 线性定常系统的时间响应

(2) 时变系统 如果一个系统的结构与参数随时间而变化，则称这类系统为时变系统。时变系统的特点是，系统的响应特性不仅取决于输入信号的形状和系统的特性，而且还与输入信号施加的时刻有关。对于同一系统来说，当输入信号 $r(t)$ 在不同时刻作用于系统时，系统的响应 $c(t)$ 是不同的。时变系统的这一特点给系统研究带来了很大困难。

对于式(1-1) 描述的线性连续系统，如果微分方程的各项系数为时间的函数，则称该系

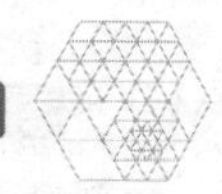

统为线性时变系统。虽然线性时变系统仍然是线性系统，其也满足叠加原理和齐次定理，但对它的分析与研究要比线性定常系统复杂得多。

1.5.3 连续系统和离散系统

按系统传输信号的性质分类，自动控制系统分为连续系统和离散系统。

(1) 连续时间控制系统 **连续时间控制系统**简称为连续系统，其特点是系统中的各环节输入信号与输出信号均是时间 t 的连续函数，即连续信号或称模拟信号，其运动方程可用微分方程描述。图 1-1 和图 1-3 所示的系统就是连续系统。

(2) 离散时间控制系统 **离散时间控制系统**简称为离散系统，其特点是系统中存在一处或多处时间上断续的信号，即脉冲序列信号或数字信号，其运动规律一般可用差分方程描述。

近年来，随着计算机技术的迅速发展，计算机控制系统已经普及。由于计算机处理的是数字信号，而实际物理对象多为连续系统，所以必须要在控制系统中加入采样环节，将模拟信号转变成脉冲序列，由 A/D 转换成数字信号送入计算机，由计算机处理的信号再经过 D/A 转换后送到连续的执行机构。凡是有计算机参与的自动控制系统属于离散系统，相关的内容将在第 8 章介绍。

一般来说，同样是反馈闭环控制系统，数字控制系统的精度高于连续控制系统，因为数字信号远比模拟信号抗干扰能力强，因此，计算机控制系统具有广阔的前景。

1.5.4 恒值控制系统、随动控制系统和程序控制系统

给定信号代表了系统期望的输出值，反映了控制系统要完成的基本任务。按系统中给定信号特征，即变化规律不同，自动控制系统分为恒值控制系统、随动控制系统和程序控制系统。

(1) 恒值控制系统 **恒值控制系统**的给定量是恒定不变的，这种系统的输出量也应是恒定不变。其特点是输入保持为常量，而系统的任务是克服和排除扰动的影响，以一定的准确度将输出量保持在期望的数值上。如果由于扰动的作用使输出偏离期望值出现偏差，控制系统会根据偏差产生控制作用，克服扰动的影响，使输出量恢复到与输入量相对应的期望的常值上。因此，恒值控制系统又称为自动调节系统。

在生产过程中这类系统非常多。例如，在冶金部门，要保持退火炉温度为某一个恒值；在石油化学工业部门，为保证工艺和安全运行，反应器要保持压力恒定等。一般像温度、压力、流量、液位等热工参数量的控制多属于恒值控制。

(2) 随动控制系统 **随动控制系统**又称伺服控制系统或跟踪控制系统。随动控制系统的输入信号是随时间任意变化的函数，系统的任务是使输出量能快速、准确的跟随给定值的变化。如跟踪卫星的雷达天线控制系统、火炮的自动跟踪系统、航天航海中的自动导航系统等。人们事先无法驱动雷达或火炮瞄向一个确定的位置，而只能是跟踪目标的运行变化轨迹。这类系统要解决的主要矛盾是良好的跟随性能。

恒值控制系统和随动控制系统的控制任务是不一样的。恒值控制系统的主要任务是抑制扰动的影响，即“抗扰”。随动控制系统的主要任务是跟踪，尽管也存在着各种扰动的影响，但抑制扰动的影响是次要任务。分析和设计这两种系统的理论和方法基本一致，只是在考虑着重点上略有差异。本书着重以恒值控制系统为例，来阐明自动控制系统的基本原理。

(3) 程序控制系统 **程序控制系统**的特点是给定信号按照预先已知的函数变化，系统的

控制按照预定的程序进行，常用于特定的工艺或工业生产。如热处理炉温度控制系统中的升温、保温、降温等过程，给定值是按照预先设定的规律进行的；洲际弹道导弹靠程序控制系统按事先设计给定的轨道飞行；机械加工的数控机床也是典型的程序控制系统。在这类程序控制系统中，给定值是按预先的规律变化的，系统一直保持使被控量和给定值的变化相适应。

这三种控制系统可以是连续的或离散的，线性的或非线性的，单变量的或多变量的。本书着重以恒值系统为例，来阐明自动控制系统的基本原理。

1.5.5 单变量系统和多变量系统

按输入输出信号的数量分类，自动控制系统分为单变量系统和多变量系统。

(1) **单变量系统**（single input single output，SISO） 单输入单输出系统，即只考虑一个输入信号和一个输出信号的系统，简称为**单变量系统**。在单变量系统中，系统的内部结构可以是多回路的，内部变量也可能有多个，但在对系统做性能分析时只研究呈现出的系统外部输入输出变量间的关系，而将内部变量均看作是系统的中间变量。图 1-15 为一个具有多回路的单变量系统。

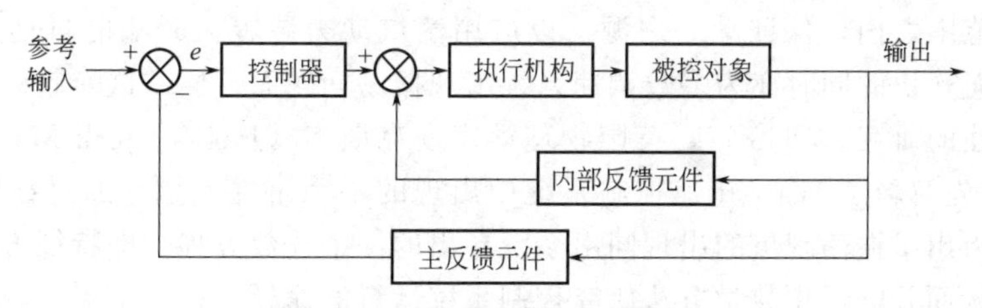

图 1-15 多回路的单变量控制系统

单变量系统结构简单，是经典控制理论的主要研究对象。输入输出间的关系通常以微分方程、差分方程、传递函数描述。前述的直流电动机速度控制系统、锅炉温度控制系统等，都属于单变量系统。

(2) **多变量系统**（multi input multi output，MIMO） 多输入多输出系统亦称**多变量系统**，如图 1-16 所示。这种系统有多个输入信号和多个输出信号，系统结构复杂，回路多，其特点是输出量与输入量之间呈现多路耦合作用，即每个输入量对多个输出量都有控制作用，每个输出量又往往受多个输入量控制。多变量系统的数学描述为状态空间，此内容将在现代控制理论中介绍。

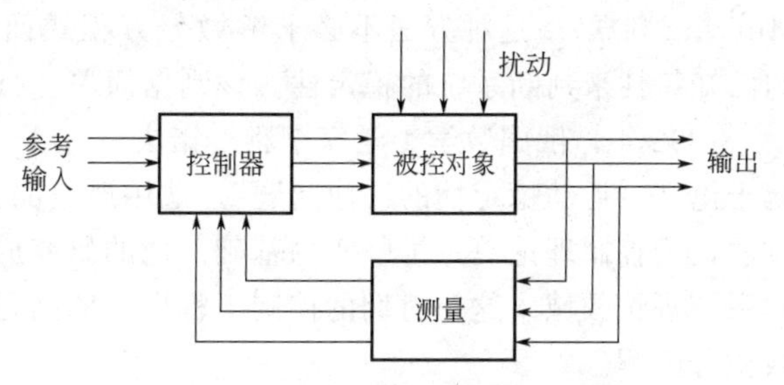

图 1-16 多变量控制系统示意图

1.6 自动控制理论发展简史

自动控制思想及其实践可以说历史悠久。它是人类在认识世界和改造世界的过程中产生的，并随着社会的发展和科学水平的进步而不断发展。依靠它，人类可以从笨重、重复性的劳动中解放出来，从事更富创造性的工作。自动化技术是当代发展迅速，应用广泛，最引人瞩目的高技术之一，是推动新的技术革命和新的产业革命的关键技术。自动化也即现代化。

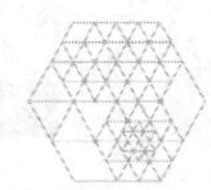

第二次世界大战前后，自动武器的发展为控制理论的研究和实践提出了更大的需求，大大推动了自动控制理论的发展。概括地说，控制理论发展经过了三个时期。

第一时期是20世纪40年代末到50年代的经典控制理论时期，着重研究单机自动化，解决单输入单输出（SISO，single input single output）系统的控制问题；它的主要数学工具是微分方程、拉普拉斯变换和传递函数；主要研究方法是时域法、根轨迹法和频域法；主要问题是控制系统的稳定性、快速性及其精度。

第二时期是20世纪60年代的现代控制理论时期，着重解决机组自动化和生物系统的多输入多输出（MIMO，multi input multi output）系统的控制问题；主要数学工具是一次微分方程组、矩阵论、状态空间法等；主要方法是变分法、极大值原理、动态规划理论等；重点是最优控制、随机控制和自适应控制；核心控制装置是电子计算机。

第三时期是20世纪70年代之后的大系统理论与智能控制理论时期，着重解决生物系统、社会系统这样一些众多变量的大系统的综合自动化问题；方法以时域法为主；重点是大系统多级递阶控制和智能控制等；核心装置是网络化的电子计算机。

(1) 经典控制理论 1765年瓦特（J. Watt）发明了蒸汽机。1770年他又用离心式飞锤调速器构建了蒸汽机转速自动控制系统，使得蒸汽机转速在锅炉压力以及负荷变化的条件下维持在一定的范围之内，保证动力之源。以应用蒸汽动力装置为开端的自动化初级阶段到来，人们为之而欢快的同时亦为多数调速系统出现振荡问题而苦恼。这唤起许多学者开始对控制系统稳定性的研究。1868年，英国物理学家麦克斯韦（James Clerk Maxwell）的论文“论调节器”首先解释了Watt转速控制系统中出现的不稳定性问题，通过线性微分方程的建立与分析，指出了振荡现象的出现同由系统导出的一个代数方程（即特征方程）的根的分布密切相关，从而开辟了用数学方法研究控制系统运行的途径。

1877年英国数学家劳斯（E. J. Routh），1895年德国数学家赫尔维茨（A. Hurwitz）各自独立地建立了直接根据代数方程（特征方程）的系数稳定性的准则，即代数判据（Routh-Hurwitz判据）。这种方法不必求解微分方程式而直接从方程式的系数，也就是从“对象”的已知特性来判断系统的稳定性。该判据简单易行，至今仍广泛应用。

1892年，俄国数学力学家李雅普诺夫（A. M. Ляпунов）发表了其具有深远历史意义的博士论文“运动稳定性的一般问题”。他用严格的数学分析方法全面地论述了稳定性理论及方法，为控制理论奠定了坚实的基础。他的研究成果直到20世纪50年代末才被引进自动控制系统理论领域。这一时期的控制工程出现的问题多是稳定性问题，所用的数学工具是常系数微分方程。

1927年，美国Bell实验室的电气工程师布莱克（H. S. Bleck）发明了负反馈放大器，在解决电子管放大器的失真问题时首先引入反馈的概念，这就为自动控制理论的形成奠定了概念上的基础。20世纪30年代，美国贝尔实验室建设一个长距离电话网，需要配置高质量的高增益放大器。在使用中，放大器在某些条件下会不稳定而变成振荡器。针对长距离电话线路负反馈放大器应用中出现的失真等问题，1932年，奈奎斯特（Nyquist）提出了用频率特性图形判别系统稳定性的频域判据。此判据不仅可以判别系统稳定与否，而且给出了稳定裕度。1940年美国学者伯德（H. Bode）引入对数坐标系，使频率法更适合工程应用。20世纪40年代初尼柯尔斯（N. B. Nichols）提出了PID参数整定方法，同时也进一步发展了频域响应分析法。1948年伊文斯（W. R. Evans）提出了根轨迹法，即如何靠改变系统中的某些参数去改善反馈系统动态特性的方法。

1925年，英国物理学家、电学家、电气工程师赫维塞德（Oliver Heabiside）把拉普拉斯变换应用到求解电网络的问题上，创立了运算微积分。不久就被应用到分析自动控制系统的问题上，并取得了显著的成就。

1942 年，哈里斯（H. Harris）引入了传递函数的概念，用方框图、环节、输入和输出等信息传输的概念来描述系统的性能和关系；把对具体物理系统，如力学、电学等的描述，统一用传递函数、频率响应等抽象的概念来研究，为理论研究创造了条件，也更具有普遍意义。实际上，这与 Oliver Heabiside 创立运算微积分的前期工作分不开的，此项工作为从微分方程到应用传递函数分析自动控制系统奠定了坚实的基础。H. Harris 引入的传递函数概念（复数域模型）和方框图，把通信工程的频域响应方法和机械工程的时域方法统一起来，人们称此方法为复域方法。如果把使用微分方程分析控制系统运动的思路称为“机械工程师思路”，那么从 20 世纪开始又形成了一种“通信工程师思路”。通信工程师思路是把系统的各个部分看成一些“盒子”或“框”之间的传递，由“框”中的“算子”对信号进行基于傅里叶分析的变换。

至此，对单输入单输出线性定常系统为主要研究对象，以传递函数作为系统基本的描述，以频率法和根轨迹法作为系统分析和设计方法的自动控制理论建立起来了，通常称其为经典控制理论（一个函数，两种方法）。在此期间，也产生了一些非线性系统的分析方法，如相平面法和描述函数法以及采样离散系统的分析方法。有了理论指导，这时期的工业生产得到很快的发展。尤其是第二次世界大战期间，军事上如飞机的自动导航、情报雷达的研制、炮位跟踪系统等均应用了反馈控制理论。

1948 年，数学家维纳（N. Wiener）《控制论》一书的出版，标志着控制论的正式诞生。这个“关于在动物和机器中的控制和通信的科学”（Wiener 所下的经典定义）经过半个多世纪的发展，其研究内容及其研究方法都有了很大的变化。该书的内容覆盖了更广阔的领域，是一部继往开来、具有深远影响的名著，它是经典控制理论的辉煌总结。

(2) 现代控制理论 20 世纪 50 年代，空间技术的发展迫切要求建立新的控制理论，以解决诸如把宇宙火箭和人造卫星用最少燃料或最短时间准确地发射到预定轨道一类的控制问题。这类控制问题十分复杂，采用经典控制理论难以解决，现代控制理论由此发展起来。

1954 年，中国学者钱学森在美国用英文发表的《工程控制论》一书，可以看作是由经典控制理论向现代控制理论发展的启蒙著作。1956 年，美国数学家贝尔曼（R. Bellman）提出了寻求最优控制的动态规划法；同年，苏联科学家庞特里亚金（Л. С. Понтрягин）提出了极大值原理。极大值原理和动态规划为解决最优控制问题提供了理论工具。1959 年，美国数学家卡尔曼（R. Kalman）等人在控制系统的研究中成功地应用了状态空间法，提出了可控性和可观测性以及最优滤波理论等。1959 年在美国达拉斯（Dallas）召开的第一次自动控制年会上，卡尔曼（Kalman）及伯策姆（Bertram）严谨地介绍了非线性系统稳定性。在他们的论文中，用基于状态变量的系统方程来描述系统。他们讨论了自适应控制系统（adaptive control system）的问题，并首次提出了现代控制理论。几乎在同一时期，贝尔曼、卡尔曼等人把状态空间法系统地引入控制理论中。状态空间法对揭示和认识控制系统的许多重要特性具有关键的作用。其中能控性和能观测性尤为重要，成为现代控制理论两个最基本的概念。到 20 世纪 60 年代，一套以状态方程作为描述系统的数学模型，以最优控制和卡尔曼滤波为核心的控制系统分析、设计的新的原理和方法已经确立，这标志着现代控制理论的形成。

现代控制理论是以状态变量概念为基础，利用现代数学方法和计算机来分析、综合复杂控制系统的新理论，适用于多输入、多输出，时变的或非线性系统。现代控制理论以状态空

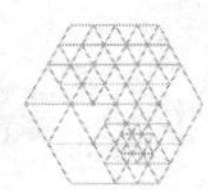

间描述（实际上是一阶微分或差分方程组）作为数学模型，利用计算机作为系统建模分析、设计乃至控制的手段。它在本质上是一种“时域法”，但并不是对经典频域法的从频率域回到时间域的简单再回归，而是立足于新的分析方法，有着新的目标的新理论。现代控制理论形成的主要标志是卡尔曼的滤波理论、庞特里亚金的极大值原理、贝尔曼的动态规划法。现代控制理论从理论上解决了系统的能控性、能观测性、稳定性以及许多复杂系统的控制问题。这一理论在航空、航天、导弹控制等实际应用中取得了很大的成功，在工业生产过程控制中得到逐步应用。现代控制理论研究内容非常广泛，主要包括多变量线性系统理论、最优控制理论以及最优估计与系统辨识理论。

(3) 大系统理论与智能控制理论 伴随着社会需求的改变和各种科学技术的进步，生产系统的规模越来越庞大，结构越来越复杂，经典控制理论和现代控制理论已经难以满足时代的需求。在这样的背景下，控制理论的发展进入了大系统理论与智能控制理论阶段。

大系统控制理论针对若干个相互关联的子系统组成的大系统进行整体优化控制。被控对象从传统的工业装置推广到了包括生物、能源、交通、环境、经济、管理等各个领域。大系统控制理论的设计目标已经从保证被控对象的安全平稳生产，转移到了追求经济利益最大化。

智能控制理论是人工智能在控制上的应用。主要针对采用传统的控制理论无法处理、需要人的智能参与才能解决的复杂控制问题，如难以建模的被控对象，复杂多变的环境，模糊的系统信息等。智能控制发展的最初阶段是“仿人”控制，如模糊控制、专家控制等。后来在此基础上又有了许多新的发展，且与传统的控制理论取长补短、结合起来应用，以得到更好的控制效果。

目前大系统控制理论与智能控制理论仍然处于一个继续发展与完善的阶段。

总之，随着信息科学技术与计算机技术的发展，无论是在数学工具、理论基础上，还是在研究方法上，控制理论一直在发展。然而，虽然先进的控制理论及其算法层出不穷，但从应用的角度看，不断发展的工业生产和各行业提出的各种控制要求仍然有无法满足的情况，理论研究与实际应用之间存在着脱节的现象。作为自动控制领域的工作者，应坚持提倡理论紧密联系实际，努力将科研成果转化为现实生产力。

1.7　自动控制系统实例

(1) 蒸汽机转速调节系统 经典的瓦特蒸汽机采用了飞锤离心调速装置来维持工作中的蒸汽机转速。瓦特对蒸汽机进行了彻底的改造，他给蒸汽机添加了一个“节流”控制器，即节流阀。“调节器”或“飞球调节器”用于调节蒸汽流量，以便确保引擎工作时速度大致均匀，这是当时反馈调节器最成功的应用。图 1-17 是瓦特蒸汽机离心调速系统原理图。

蒸汽机离心调速系统的工作原理：当蒸汽机带动负载转动时，通过圆锥齿轮减速带动一对飞锤做水平旋转。飞锤通过铰链带动套筒上、下滑动拨动杠杆的一端，杠杆另一端通过连杆调节进汽阀的开度。蒸汽机正常运行时，飞锤旋转所产生的离心力与套筒内平衡弹簧的反弹力相平衡，套筒保持某个高度，从而使阀门处于一个平衡位置，套筒内平衡弹簧的反弹力设定了期望的转速。如果由于负载增大使阻力转矩 M 增加导致蒸汽机转速 n 下降，则飞锤因离心力减小而导致套筒向下滑动，并带动杠杆增大进汽阀的开度，从而使蒸汽机的转速回升。反之，如果由于负载减小使阻力转矩 M 减小则结果是蒸汽机的转速 n 增加，飞锤因离心力增加而使套筒上滑，并通过杠杆减小进汽阀的开度，迫使蒸汽机转速回落。这样，离心

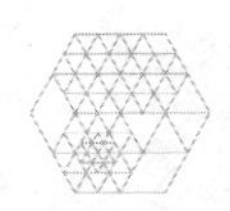

调速器就能自动地抵制负载变化对转速的干扰，使蒸汽机的转速 n 保持在期望值附近。

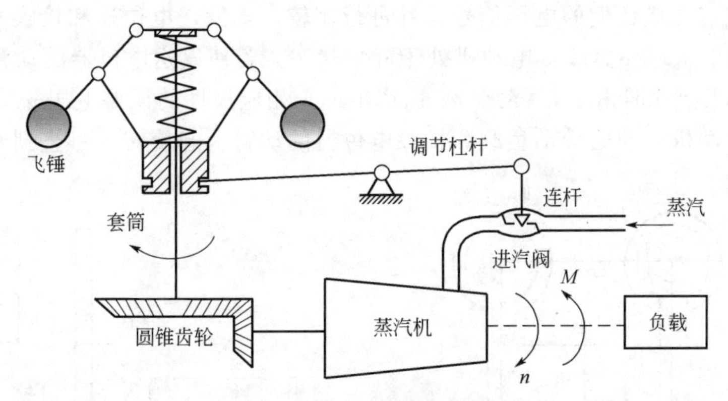

图 1-17　蒸汽机离心调速系统原理图

此例的控制目标是在负载波动情况下维持蒸汽机的转速，因而是一个恒值控制系统。被控量是蒸汽机转速，被控对象是蒸汽机（如前所述，称对象是蒸汽机是为了叙述方便，实际上对象是指从进入蒸汽机的蒸汽流量到蒸汽机转速之间的过程），控制量是杠杆与连杆相连接端的上下位移，执行机构是蒸汽阀，测量反馈是飞锤和套筒机构，套筒内弹簧与飞锤和套筒机构组成套筒位置的比较环节，控制器为调节杠杆机构。

(2) 电阻炉温度控制系统　电阻炉温度控制系统如图 1-18 所示。炉温 T_c 的给定量由电位器滑动端位置所对应的电压值 u_g 给出，炉温的实际值由热电偶检测出来，并转换成电压 u_f，再把 u_f 反馈到系统的输入端与给定电压 u_g 相比较（通过二者极性反接实现）。由于扰动（例如电源电压波动或加热物件多少等）影响，炉温偏离了给定值，其偏差电压经过放大，控制可逆伺服电动机 M，带动自耦变压器的滑动端，改变电压 u_c，使炉温保持在给定温度值上。例如，当炉温 T_c 下降时，系统的自动调节过程可表示为

$$T_c\downarrow\rightarrow u_f\downarrow\rightarrow\Delta u=(u_g-u_f)\uparrow\rightarrow u_c\uparrow\rightarrow T_c\uparrow$$

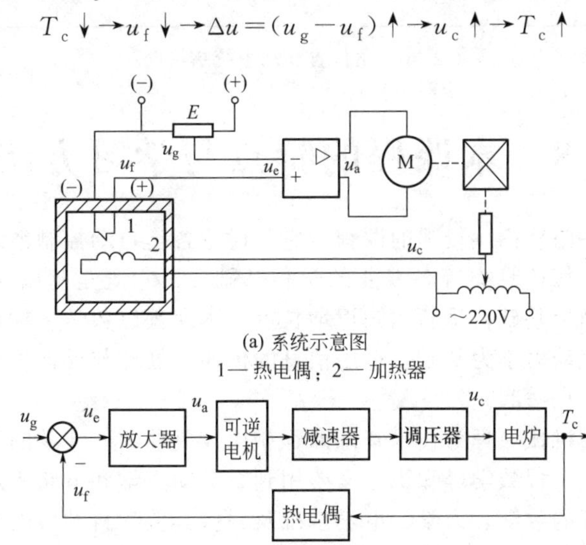

(a) 系统示意图

1— 热电偶；2— 加热器

(b) 结构图

图 1-18　电阻炉温度控制系统

(3) 角位置随动控制系统　图 1-19 是一个角位置随动系统原理图，采用这种工作原理的应用实例有导弹发射架方位角随动系统和船舶驾驶舵角跟踪系统等。它的原理结构图如

图 1-20 所示。该系统是用一对电位器作为位置的检测元件，它们分别把系统输入与输出的位置信号转换成与之成比例的电压信号，并进行比较。当发送电位器和接收电位器的转角相等时，则 $u_r=u_c$，$u_e=u_d=0$，电动机处于静止状态。若使发送电位器的动臂按逆时针方向增加一个角度 $\Delta\theta_r$，此时由于 u_r 大于 u_c 而产生一个相应极性的误差电压 u_e，经放大器放大后供电给直流电动机，使之带动负载和接收电位器的动臂一起旋转，一直到 $\theta_r=\theta_c$ 为止。

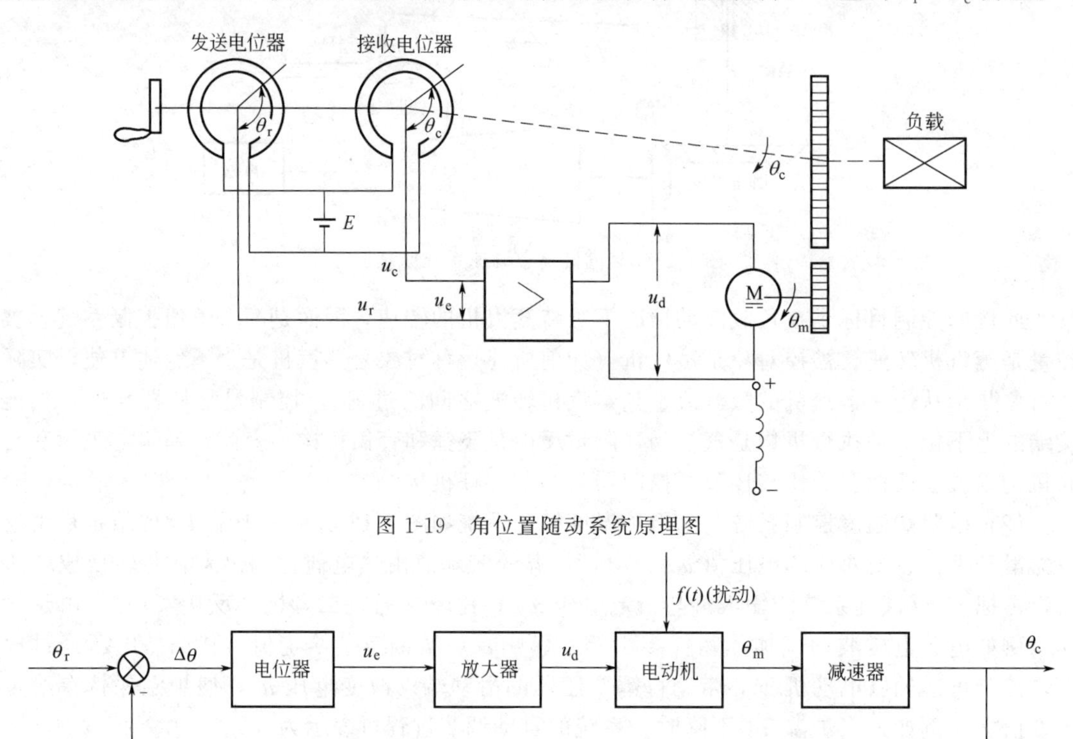

图 1-19　角位置随动系统原理图

图 1-20　角位置随动系统结构图

1.8　本课程的特点与学习方法

自动控制原理是一门理论性较强的课程，它是讨论各类自动控制系统共性问题的一门技术科学。作为机械、电气信息类等各专业的学科基础课，它既是基础课程向专业课程的深入，又是专业课程的理论基础，是新的知识增长点。本课程以数学、物理及其他相关学科为理论基础，以各种系统动力学为基础，运用信息的传递、处理与反馈进行控制，将基础课程与专业课程紧密地联系在一起。

本课程同电工学、机械原理等技术基础课程相比较更抽象，涉及的范围更广泛。其理论基础既涉及高等数学、工程数学等知识，又要用到有关动力学和电路等理论。因此，在学习本课程之前，应有良好的数学、力学、电学基础及一些其他学科领域的知识。

自动控制原理是控制学科相关专业的一门专业基础课，在学习中要注重学科的基本结构，控制系统的基本概念、物理含义、基本思路和应用条件，把学习重点放在自动控制原理的总体概念上；自动控制原理是专业的“入门”课，没有接触过控制系统的初学者必然感到抽象，而且往往会为数学的理论推导所困惑。在学习中，要学会使用数学工具，在理论推导过程中不必过分追求数学的严密性，但一定要充分注意到数学结论的准确性与物理概念的明

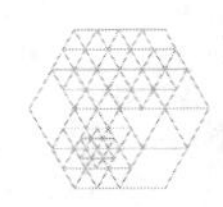

晰性；在学习中要注意理论联系实际，注重理论学习与实际控制系统和典型例题相联系，将“自动控制原理”与后续的控制工程系列课程，例如运动控制系统、过程控制系统和计算机控制技术等课程相结合；应充分利用计算机 Matlab 软件分析与设计控制系统。

控制理论不仅是一门重要的学科，而且是一门卓越的方法论。它分析与解决问题的方法是符合唯物辩证法的；它所研究的对象是“系统”；并且系统在不断地“运动”。所以，在学习本课程时，既要了解一般规律，提高抽象思维能力，又要结合专业实际，提高分析问题和解决问题的能力。总之，只有学好自动控制理论的思想方法，并打下坚实的基础，才能解决好实际的工程问题，这是本课程的关键和目的。

小　　结

本章以人工控制和自动控制的对比，阐述自动控制系统的工作过程，并引出了控制理论的核心——反馈的概念。

本章以直流电动机调速为例，说明什么是开环控制和闭环控制及其区别，并指出实际生产过程的自动控制系统绝大多数是闭环控制系统，也就是负反馈控制系统。同时还介绍了控制系统的组成、对控制系统的基本要求和控制系统的分类。通过自动控制理论发展简史的介绍，激发同学们探索和学习自动控制原理的理论宝库，树立学好该课程的信心。最后介绍了自动控制系统的实例，期望同学们在理论学习过程中将理论知识与工程实际结合起来。

可以相信，随着专业课的陆续学习，学生会对自动控制原理理解得更加深入，并将不断提高解决工程实际问题的能力。

控制与电气学科世界著名学者——瓦特

詹姆斯·瓦特（James Watt，1736—1819）是英国著名的发明家，第一次工业革命时期的重要人物，英国皇家学会会员和法兰西科学院外籍院士。

1776 年，瓦特制造出第一台有实用价值的蒸汽机。他改进、发明的蒸汽机是对近代科学和生产的巨大贡献，他开辟了人类利用蒸汽能源的新时代。后人为了纪念他，把功率的单位定为“瓦特”，符号 W。

瓦特出生于英国，没有受过系统教育，他在工厂里学到了许多机械制造知识，后来到格拉斯哥大学工作，修理教学仪器。1785 年，他因蒸汽机改进的重大贡献，被选为英国皇家学会会员。

1819 年，瓦特逝世。在讣告中，对他发明的蒸汽机有这样的赞颂：“它武装了人类，使

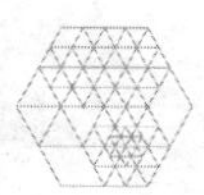

虚弱无力的双手变得力大无穷，健全了人类的大脑以处理一切难题。它为机械动力在未来创造奇迹打下了坚实的基础，将有助并报偿后代的劳动”。

思维导图

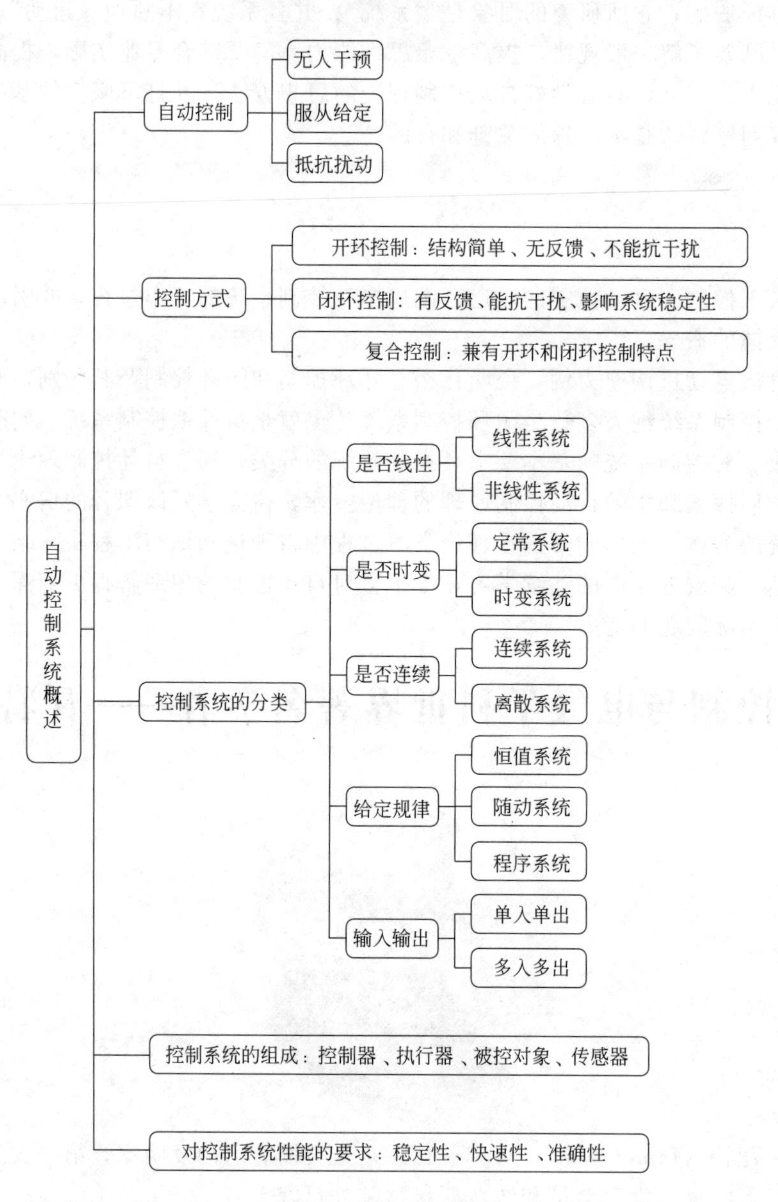

思考题

1-1 什么是自动控制？

1-2 什么是自动控制系统？自动控制系统由哪些环节组成？简述各环节的作用。

1-3 什么是开环控制、闭环控制和复合控制？阐述各自的特点。

1-4 列举几个生活中常见的开环控制和闭环控制的例子，并简述它们的工作原理。

1-5 如果将反馈接反，即将负反馈变为正反馈，将会发生什么现象？

1-6 自动控制有哪些分类方法？简述各控制系统的特点。

1-7 线性控制系统有什么特点？

1-8 什么是恒值控制系统、随动控制系统、程序控制系统？各自的特点是什么？

1-9 对控制系统的基本要求是什么？请加以说明。

1-10 什么是自动控制系统的过渡过程？主要有哪几种？

习 题

1-1 习题1-1图表示电动机速度控制系统工作原理。(1) 将a、b与c、d连接成负反馈系统；(2) 画出系统结构图。

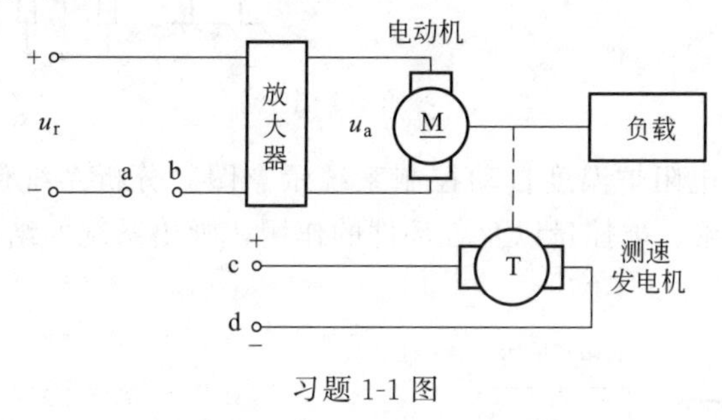

习题1-1图

1-2 习题1-2图表示一个机床控制系统，用来控制切削刀具的位移 x。说明它属于什么类型的控制系统，指出它的控制器、执行元件和被控量。

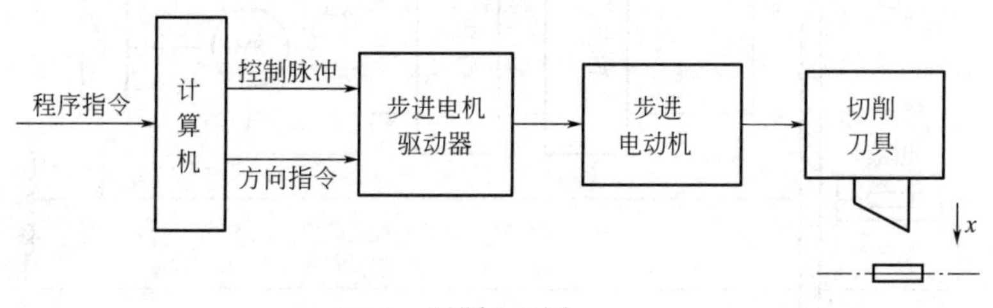

习题1-2图

1-3 习题1-3图是液位自动控制系统原理示意图。在任意情况下，希望液面高度 h 维持不变，试说明系统工作原理并画出系统结构图。

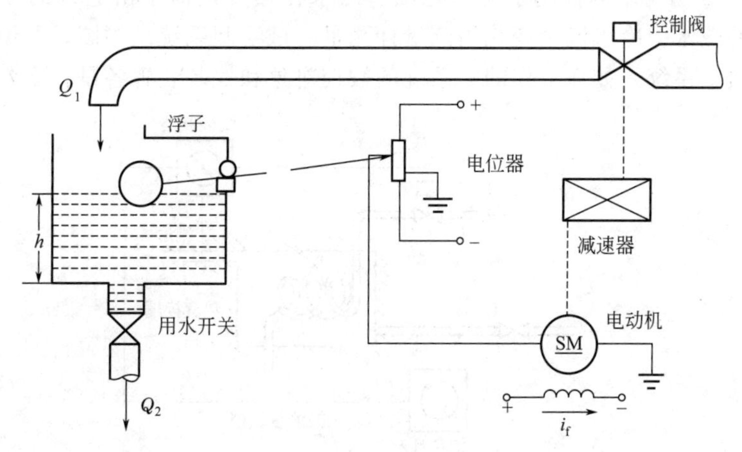

习题1-3图

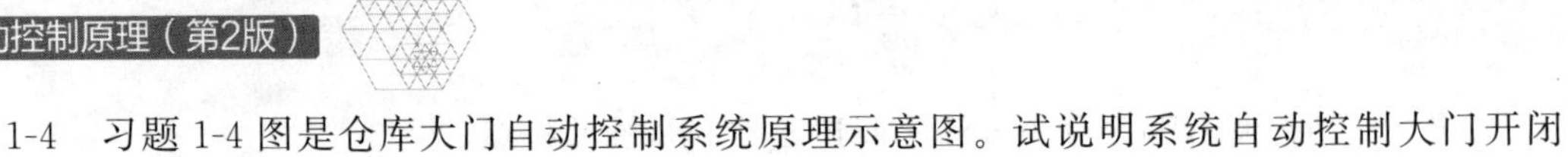

1-4　习题 1-4 图是仓库大门自动控制系统原理示意图。试说明系统自动控制大门开闭的工作原理并画出系统结构图。

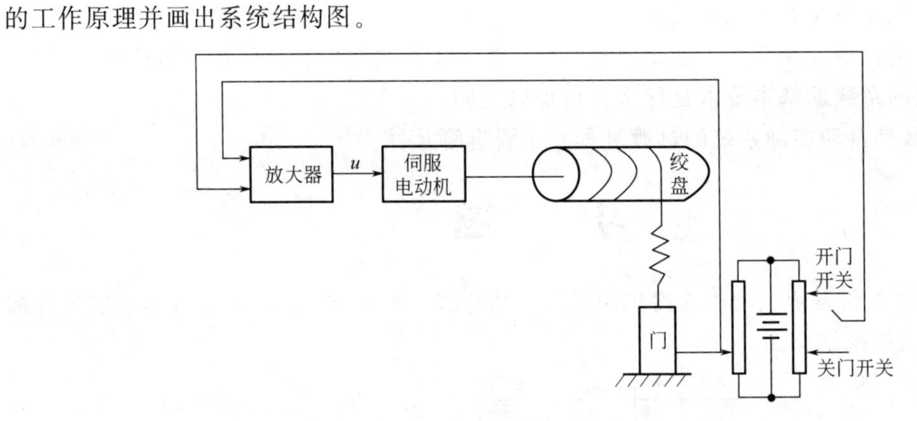

习题 1-4 图

1-5　习题 1-5 图是电阻炉温度自动控制系统示意图。分析系统保持炉温恒定的工作过程，指出系统的被控对象、被控量以及各部件的作用，画出系统的结构图，指出系统属于哪种类型？

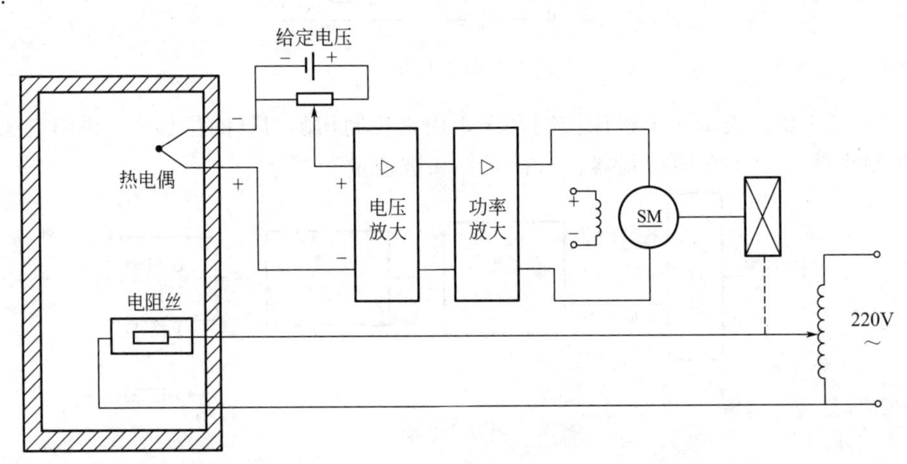

习题 1-5 图

1-6　习题 1-6 图为水温控制系统示意图。冷水在热交换器中由通入的蒸汽加热，从而得到一定温度的热水。冷水流量变化用流量计测量。试绘制系统结构图，并说明为了保持热水温度为期望值，系统是如何工作的？系统的被控对象和控制装置各是什么？

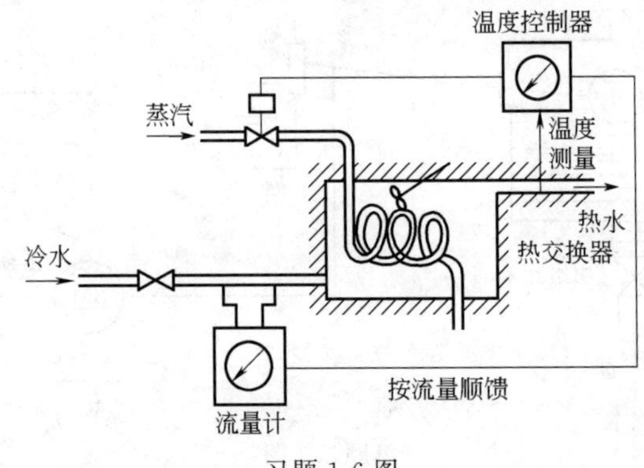

习题 1-6 图

1-7 许多机器，像车床、铣床和磨床，都配有跟随器，用来复现模板的外形。习题1-7图是一种跟随器系统的原理图。试说明其工作原理，画出系统结构图。

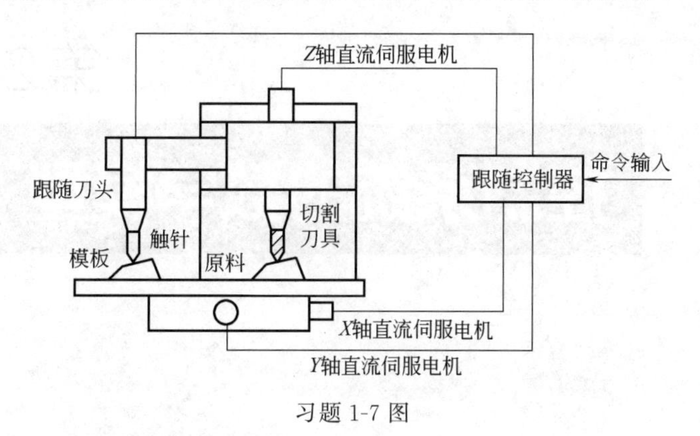

习题1-7图

1-8 判定下列方程描述的系统是线性定常系统、线性时变系统还是非线性系统。式中$r(t)$是输入信号，$c(t)$是输出信号。

(1) $c(t)=2r(t)+t\dfrac{\mathrm{d}^2r(t)}{\mathrm{d}t^2}$

(2) $c(t)=[r(t)]^2$

(3) $c(t)=5+r(t)\cos\omega t$

(4) $\dfrac{\mathrm{d}^3c(t)}{\mathrm{d}t^3}+3\dfrac{\mathrm{d}^2c(t)}{\mathrm{d}t^2}+6\dfrac{\mathrm{d}c(t)}{\mathrm{d}t}+c(t)=r(t)$

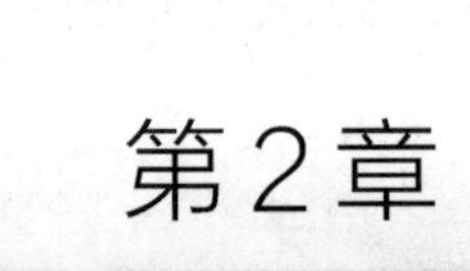

第2章 控制系统的数学模型

分析和设计控制系统的第一步是建立系统的数学模型。本章首先介绍控制系统数学模型的概念，然后阐述分析、设计控制系统常用的几种数学模型，包括微分方程、传递函数、结构图和信号流图。本章学习应了解机理分析建模的基本方法，并着重了解这些数学模型之间的相互关系。

【本章重点】

1） 熟练掌握建立系统微分方程的方法和步骤；

2） 正确理解传递函数的概念，熟练掌握典型环节的数学模型及特点；

3） 熟练掌握结构图、信号流图的组成及绘制方法；

4） 熟练运用结构图等效变换和化简的方法求取传递函数；

5） 熟练掌握运用梅森公式求取系统传递函数的方法。

2.1 控制系统数学模型概述

为了从理论上对控制系统的性能进行分析，首要的任务就是建立系统的数学模型。经典控制理论和现代控制理论都以数学模型为基础。建立控制系统的数学模型是分析和设计控制系统的基础。系统的数学模型有多种形式。在时域中，数学模型一般采用微分方程、差分方程和状态方程表示；复数域中有传递函数、动态结构图；在频域中则采用频率特性来表示。本章只介绍微分方程、传递函数和动态结构图等数学模型的建立和应用。

2.1.1 数学模型的定义

控制系统的数学模型就是描述系统输入量、输出量以及内部各变量之间关系的数学表达式。要分析动态系统，首先应推导出它的数学模型。数学模型是用数学方法分析系统的基础，数学分析能够用准确的数学语言描述系统的工作过程和特性。

自动控制原理就是将实际控制系统进行抽象化，用数学符号来描述系统的工作过程和特性，用数学表达式来描述控制系统的原理，进而可以采用数学的方法对系统进行分析和设计。因此推导出一个合理的数学模型，是整个分析过程中最重要的环节。

数学模型可以有许多不同的形式。根据具体系统和条件的不同，一种数学模型可能比另一种更合适。例如，在单输入单输出线性定常系统的瞬态响应或频率响应分析中，采用传递函数表达式可能比其他方法更为方便；在最佳控制问题中，采用状态空间表达式更有利。一旦获得了系统的数学模型，就可以用各种分析方法和计算机工具对系统进行分析和设计。

2.1.2 数学模型的简化性与分析准确性

实际系统往往是很复杂的，都具有不同程度的非线性、时变，甚至还带有分布参数因素，很难准确地用数学表达式描述各个变量间的关系。在工程上为了寻求一种行之有效的方法，必须对问题进行简化，忽略一些次要因素，避免数学处理上的困难，同时又不影响分析系统的准确性。一般来说，在求解一个新问题时，常常需要建立一个简化的数学模型，以对问题的解能有一个一般的了解。然后，再建立系统的较完善的数学模型，并用来对系统进行比较精确的分析。

在推导合理的简化数学模型时，当忽略了非线性因素，并认为参数是集中、定常时，描述系统的数学模型为线性定常微分方程，而对应的系统就近似为线性系统，线性系统的特点之一就是可以应用叠加原理。若考虑了非线性因素，则数学模型就为非线性微分方程，对应的系统为非线性系统。若参数是非定常的，则对应的系统是时变系统。

线性定常参数模型只是在低频范围工作时才适合，当频率相当高时，由于被忽略的分布参数特性可能变为系统动态特性中的重要因素，所以仍作为线性定常参数模型来研究是不恰当的。例如，在低频范围工作时，弹簧的质量可以忽略，但在高频范围工作时，弹簧的质量却可能变成系统的重要性质。因此，数学模型的简化是在一定的条件下进行的。如果这些被忽略掉的因素对响应的影响较小，那么简化模型的分析结果与物理系统的实验研究结果将能很好地吻合。分析结果的准确程度，取决于数学模型对给定物理系统的近似程度，因此必须在模型的简化性和分析结果的准确性之间做出折中的考虑。

2.1.3 数学模型的分类

数学模型是对系统运动规律的定量描述，表现为各种形式的数学表达式。根据数学模型的功能不同，可以把数学模型分为以下几种类型。

(1) 静态模型与动态模型 描述系统静态（工作状态不变或慢变过程）特性的模型，称为静态数学模型。静态数学模型一般是以代数方程表示的，数学表达式中的变量不依赖于时间，是输入输出之间的稳态关系。

描述系统动态或瞬态特性的模型，称为动态数学模型。动态数学模型中的变量依赖于时间，一般是微分方程形式。静态数学模型可以看成是动态数学模型的特殊情况。

(2) 输入输出描述模型与内部描述模型 描述系统输入与输出之间关系的数学模型称为输入输出描述模型，如微分方程、传递函数、频率特性等数学模型。

状态空间模型描述了系统内部状态和系统输入输出之间的关系，所以称为内部描述模型。内部描述模型不仅描述了系统输入输出之间的关系，而且描述了系统内部信息传递关系。所以状态空间模型比输入输出模型更深入地揭示了系统的动态特性。

(3) 连续时间模型与离散时间模型 根据数学模型所描述的系统中的信号是连续信号还是离散信号，数学模型分为连续时间模型和离散时间模型。连续数学模型有微分方程、传递函数、状态空间表达式等。离散数学模型有差分方程、脉冲传递函数、离散状态空间表达式等。

(4) 参数模型与非参数模型 从描述方式上看，数学模型分为参数模型和非参数模型两大类。

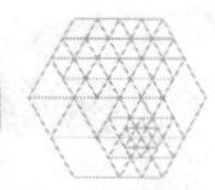

参数模型是用数学表达式表示的数学模型，如传递函数、差分方程、状态方程等。

非参数模型是直接或间接从物理系统的试验分析中得到的响应曲线表示的数学模型，如脉冲响应、阶跃响应、频率特性曲线等。

数学模型虽然有不同的表示形式，但它们之间可以互相转换，可以由一种形式的模型转换为另一种形式的模型。在经典控制理论中着重研究单输入单输出线性系统的输入量与输出量之间的对应关系，一般用输入输出描述。本章主要介绍这一类系统的建模问题。

2.1.4 控制系统的建模方法

建立系统的数学模型简称为建模。系统建模有两大类方法：一类是机理分析建模方法，称为分析法；另一类是实验建模方法，通常称为系统辨识。

(1) 分析法 机理分析建模方法是通过对系统内在机理的分析，运用各种物理、化学等定律，推导出描述系统的数学关系式，通常称为机理模型。采用机理建模必须清楚地了解系统的内部结构，所以，常称为“白箱”建模方法。机理建模得到的模型展示了系统的内在结构与联系，较好地描述了系统特性。但是，机理建模方法具有局限性，特别是当系统内部过程变化机理还不很清楚时，很难采用机理建模方法。而且，当系统结构比较复杂时，所得到的机理模型往往比较复杂，难以满足实时控制的要求。另一方面，机理建模总是基于许多简化和假设之上的，所以，机理模型与实际系统之间存在建模误差。机理分析法适用于简单、典型、通用常见的系统。

(2) 实验法 实验法也叫辨识法，是利用系统输入、输出的实验数据或者正常运行数据，构造数学模型的实验建模方法。因为系统建模方法只依赖于系统的输入输出关系，即使对系统内部机理不了解，也可以建立模型，所以常称为“黑箱”建模方法。由于系统辨识是基于建模对象的实验数据或者正常运行数据，所以，建模对象必须已经存在，并能够进行实验。而且，辨识得到的模型只反映系统输入输出的特性，不能反映系统的内在信息，难以描述系统的本质。通常在对系统一无所知的情况下，采用这种建模方法。

在一般情况下，最有效的建模方法是将机理分析建模方法与系统辨识方法结合起来。事实上，人们在建模时，对系统不是一点都不了解，只是不能准确地描述系统的定量关系，但了解系统的一些特性，例如系统的类型、阶次等，因此，系统像一只“灰箱”。实用的建模方法是尽量利用人们对物理系统的认识，由机理分析提出模型结构，然后用观测数据估计出模型参数，这种方法常称为“灰箱”建模方法，实践证明这种建模方法是非常有效的。

2.2 控制系统的时域数学模型

由上述分析可知，要想对系统进行分析和设计，首先要建立系统的数学模型。在自动控制理论中，系统的数学模型有多种形式。时域中常用的数学模型有微分方程、差分方程和状态方程。本节重点讲述以微分方程形式来描述的系统时间域数学模型。

2.2.1 控制系统微分方程的建立

微分方程是系统数学模型最基本的表达形式，利用它可以得到描述系统其他形式的数学模型。微分方程是在时域内描述系统或元件动态特性的数学表达式。通过求解微分方程，就可以获得系统在输入量作用下的输出量。

控制系统中的输出量和输入量通常都是时间 t 的函数。很多常见的元件或系统的输出量和输入量之间的关系都可以用一个微分方程表示，方程中含有输出量、输入量及它们对时间的导数或积分。这种微分方程又称为动态方程或运动方程。微分方程的阶数一般是指方程中最高导数项的阶数，又称为系统的阶数。

对于单变量线性定常系统，微分方程为

$$\begin{aligned}&a_n c^{(n)}(t)+a_{n-1}c^{(n-1)}(t)+a_{n-2}c^{(n-2)}(t)+\cdots+a_1\dot{c}(t)+a_0c(t)\\&=b_m r^{(m)}(t)+b_{m-1}r^{(m-1)}(t)+b_{m-2}r^{(m-2)}(t)+\cdots+b_1\dot{r}(t)+b_0r(t)\end{aligned}\tag{2-1}$$

式中，$m\leqslant n$，$r(t)$ 是输入信号，$c(t)$ 是输出信号，$c^{(n)}(t)$ 表示 $c(t)$ 对 t 的 n 阶导数，$a_i(i=1,2,\cdots,n)$ 和 $b_i(i=0,1,\cdots,m)$ 为由系统结构参数决定的系数。

控制系统微分方程的建立步骤如下。

① 分析。根据系统的工作原理及其各变量之间的关系，确定系统或各元件的输入量、输出量及中间变量。

② 列写。根据系统中元件的具体情况，按照它们所遵循的学科规律，围绕输入量、输出量及有关中间量，列写微分方程组。方程的个数一般要比中间变量的个数多1。为了整理方便，列写方程时可以从输入量或者从输出量开始，按照顺序列写。

③ 消去中间变量。整理出只含有输入量和输出量及其各阶导数的方程。

④ 将方程写成标准形式，即将输出量及其导数放在方程式左边，将输入量及其导数放在方程式右边，各阶导数项按阶次由高到低的顺序排列。

列写微分方程的关键是要了解元件或系统所属学科领域的有关规律而不是数学本身。当然，求解微分方程还是需要数学工具。

下面以电气系统和机械系统为例，说明如何列写系统或元件的微分方程式。

(1) 电气系统 电气系统中最常见的装置是由电阻、电感、电容、运算放大器等元件组成的电路，又称电气网络。像电阻、电感、电容这类本身不含有电源的器件称为无源器件，像运算放大器这种本身包含电源的器件称为有源器件。仅由无源器件组成的电气网络称为无源网络。如果电气网络中包含有源器件或电源，就称为有源网络。

电气网络分析的基础通常是根据基尔霍夫电流定律和电压定律写出微分方程式。

基尔霍夫电流定律：若电路有分支，它就有节点，则汇聚到某节点的所有电流之和应等于零，即

$$\sum_A i(t)=0\tag{2-2}$$

上式表示汇聚到节点 A 的电流的总和为零。

基尔霍夫电压定律：电网络的闭合回路中电势的代数和等于沿回路的电压降的代数和，即

$$\sum E=\sum Ri\tag{2-3}$$

应用此定律对回路进行分析时，必须注意元件中电流的流向及元件两端电压的参考极性。

列写方程时还经常用到理想电阻、电感、电容两端电压、电流与元件参数的关系，分别用下面各式表示

$$u=Ri$$

$$u=L\frac{\mathrm{d}i}{\mathrm{d}t}$$

$$i=C\frac{\mathrm{d}u}{\mathrm{d}t}$$

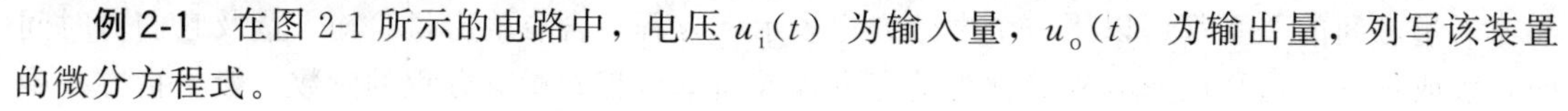

例 2-1 在图 2-1 所示的电路中，电压 $u_{\mathrm{i}}(t)$ 为输入量，$u_{\mathrm{o}}(t)$ 为输出量，列写该装置的微分方程式。

解 设回路电流 $i(t)$ 如图 2-1 所示。由基尔霍夫电压定律可得到

$$L\frac{\mathrm{d}i(t)}{\mathrm{d}t}+Ri(t)+u_{\mathrm{o}}(t)=u_{\mathrm{i}}(t) \tag{2-4}$$

式中，$i(t)$ 是中间变量。$i(t)$ 和 $u_{\mathrm{o}}(t)$ 的关系为

$$i(t)=C\frac{\mathrm{d}u_{\mathrm{o}}(t)}{\mathrm{d}t} \tag{2-5}$$

将式(2-5) 代入式(2-4)，消去中间变量 $i(t)$，可得

$$LC\frac{\mathrm{d}^2u_{\mathrm{o}}(t)}{\mathrm{d}t^2}+RC\frac{\mathrm{d}u_{\mathrm{o}}(t)}{\mathrm{d}t}+u_{\mathrm{o}}(t)=u_{\mathrm{i}}(t)$$

上式又可以写成

$$T_1T_2\frac{\mathrm{d}^2u_{\mathrm{o}}(t)}{\mathrm{d}t^2}+T_2\frac{\mathrm{d}u_{\mathrm{o}}(t)}{\mathrm{d}t}+u_{\mathrm{o}}(t)=u_{\mathrm{i}}(t)$$

其中，$T_1=L/R$，$T_2=RC$。这是一个典型的二阶线性常系数微分方程，对应的系统也称为二阶线性定常系统。

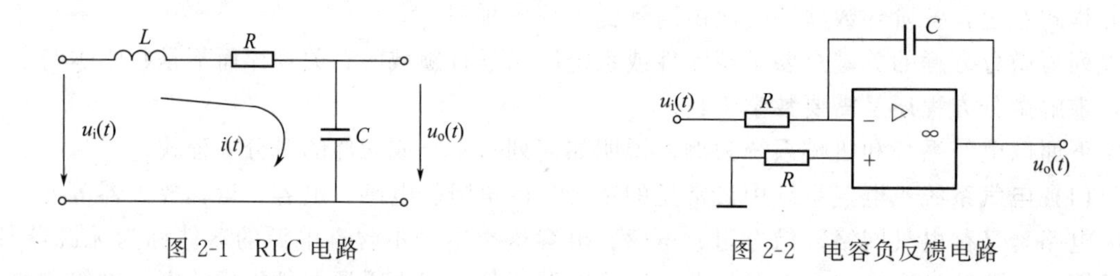

图 2-1 RLC 电路

图 2-2 电容负反馈电路

例 2-2 由理想运算放大器组成的电路如图 2-2 所示，电压 $u_{\mathrm{i}}(t)$ 为输入量，$u_{\mathrm{o}}(t)$ 为输出量，求它的微分方程式。

解 理想运算放大器正、反相输入端的电位相同，且输入电流为零。根据基尔霍夫电流定律有

$$\frac{u_{\mathrm{i}}(t)}{R}+C\frac{\mathrm{d}u_{\mathrm{o}}(t)}{\mathrm{d}t}=0$$

整理后得

$$RC\frac{\mathrm{d}u_{\mathrm{o}}(t)}{\mathrm{d}t}=-u_{\mathrm{i}}(t)$$

或

$$T\frac{\mathrm{d}u_{\mathrm{o}}(t)}{\mathrm{d}t}=-u_{\mathrm{i}}(t)$$

式中，$T=RC$ 称为时间常数。这是一个典型的一阶线性常系数微分方程，对应的系统也称为一阶线性定常系统。

(2) 机械系统 机械系统指的是存在机械运动的装置，它们遵循物理学的力学定律。机械运动包括直线运动（相应的位移称为线位移）和转动（相应的位移称为角位移）两种。

做直线运动的物体要遵循的基本力学定律是牛顿第二定律

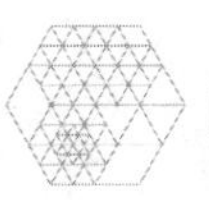

$$\Sigma F=m\frac{\mathrm{d}^2 y}{\mathrm{d}t^2} \tag{2-6}$$

式中，F 为物体所受到的力，m 为物体质量，y 是线位移，t 是时间。

转动的物体要遵循如下的牛顿转动定律

$$\Sigma T=J\frac{\mathrm{d}^2\theta}{\mathrm{d}t^2} \tag{2-7}$$

式中，T 为物体所受到的力矩，J 为物体的转动惯量，θ 为角位移。

运动着的物体，一般都要受到摩擦力的作用，摩擦力 F_c 可表示为

$$F_c=F_b+F_f=f\frac{\mathrm{d}y}{\mathrm{d}t}+F_f \tag{2-8}$$

式中，y 为位移；$F_b=f\dfrac{\mathrm{d}y}{\mathrm{d}t}$为黏性摩擦力，它与运动速度成正比；$f$ 为黏性阻尼系数；F_f 表示恒值摩擦力，又称库仑摩擦力。

对于转动的物体，摩擦力的作用体现为如下的摩擦力矩 T_c

$$T_c=T_b+T_f=K_c\frac{\mathrm{d}\theta}{\mathrm{d}t}+T_f \tag{2-9}$$

式中，$T_b=K_c\dfrac{\mathrm{d}\theta}{\mathrm{d}t}$是黏性摩擦力矩，$K_c$ 称为黏性阻尼系数，T_f 为恒值摩擦力矩。

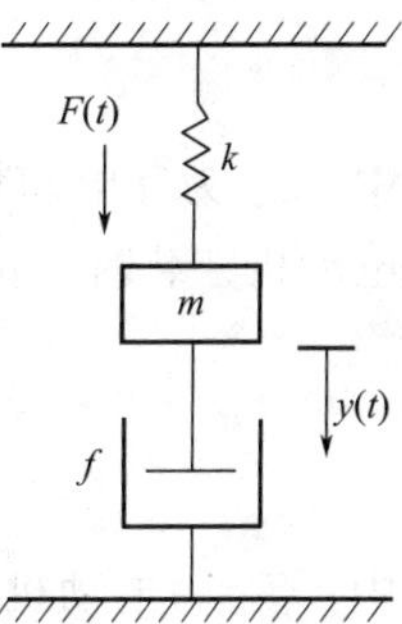

图 2-3 机械平移系统

例 2-3 一个由弹簧-质量-阻尼器组成的机械平移系统如图 2-3 所示。m 为物体质量，k 为弹簧系数，f 为黏性阻尼系数，外力 $F(t)$ 为输入量，位移 $y(t)$ 为输出量。列写系统的运动方程。

解 取向下为力和位移的正方向。当 $F(t)=0$ 时物体的平衡位置为位移 y 的零点。该物体 m 受到四个力的作用：外力 $F(t)$、弹簧的弹力 F_k、黏性摩擦力 F_b 及重力 mg。F_k、F_b 向上为正方向。由牛顿第二定律可知

$$F(t)-F_k-F_b+mg=m\frac{\mathrm{d}^2 y(t)}{\mathrm{d}t^2} \tag{2-10}$$

且

$$F_b=f\frac{\mathrm{d}y(t)}{\mathrm{d}t} \tag{2-11}$$

$$F_k=k[y(t)+y_0] \tag{2-12}$$

$$mg=ky_0 \tag{2-13}$$

式中，y_0 为 $F=0$ 且物体处于静平衡位置时的伸长量，将式(2-11)～式(2-13) 代入式(2-10) 中，得到该系统的运动方程式

$$m\frac{\mathrm{d}^2 y(t)}{\mathrm{d}t^2}+f\frac{\mathrm{d}y(t)}{\mathrm{d}t}+ky(t)=F(t)$$

或写成

$$\frac{m}{k}\frac{\mathrm{d}^2 y(t)}{\mathrm{d}t^2}+\frac{f}{k}\frac{\mathrm{d}y(t)}{\mathrm{d}t}+y(t)=\frac{1}{k}F(t)$$

该系统是二阶线性定常系统。

从该例还可以看出，物体的重力不出现在运动方程中，重力对物体的运动形式没有影响。忽略重力的作用时，列出的方程就是系统的动态方程。

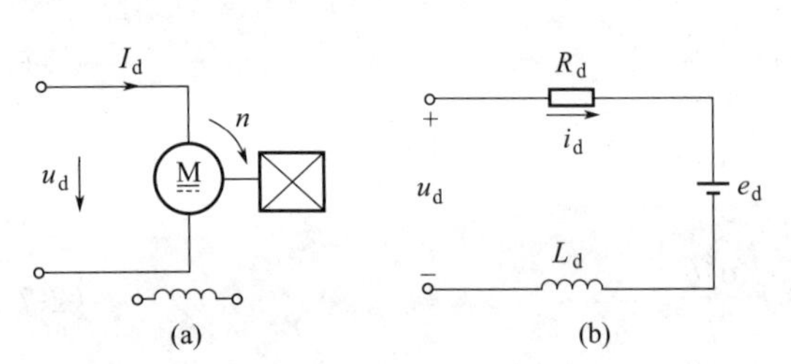

图 2-4　他励直流电动机原理图及等效电路图

例 2-4　他励直流电动机原理图如图 2-4（a）所示。其等效电路图如图 2-4（b）所示，其中 u_d、i_d、R_d、L_d、e_d 分别为电枢电压、电流、电阻、电感和反电动势。

1）确定输入、输出量　电枢电压 u_d 为输入量，它控制电动机转速的变化；电动机的转速 n 为输出量。

2）列写初始微分方程组　根据基尔霍夫定律，列写电枢回路方程

$$u_d=R_d i_d+L_d\frac{di_d}{dt}+e_d \tag{2-14}$$

$$e_d=C_e n \tag{2-15}$$

式中，C_e 为反电动势系数。磁通 Φ 为恒定时，C_e 为常数。

当电动机空载时，机械运动方程为

$$T_e=\frac{GD^2}{375}\frac{dn}{dt} \tag{2-16}$$

$$T_e=C_m i_d \tag{2-17}$$

式中，T_e 为电动机的转矩，N·m；GD^2 为电动机的飞轮惯量，N·m^2；C_m 为转矩系数，N·m/A。

2.2.2　非线性微分方程的线性化

以上推导的系统数学模型都是线性微分方程。通常把由线性微分方程描述的系统称为线性系统。线性系统的一个最重要的特点是可以运用叠加原理。当系统同时有多个输入时，可以对每个输入单独考虑，得到与每个输入对应的输出响应。这就给系统的分析研究带来了极大的方便，并且线性系统的理论已经发展得相当成熟。

严格地说，实际元件的输入量和输出量都存在不同程度的非线性，所以，纯粹的线性系统几乎不存在。例如，元件的不灵敏区、机械传动的间隙与摩擦；电阻 R、电感 L 和电容 C 等参数值与周围环境（温度、湿度、压力等）及流过它们的电流有关，也不一定是常数；电动机本身的摩擦、死区等非线性因素会使其运动方程复杂化而成为非线性系统，它们的动态方程也应是非线性微分方程。严格地说，实际系统的数学模型一般都是非线性的，而非线性微分方程没有通用的求解方法。因此，控制工作者在研究系统时总是力图在合理、可能的条件下，做某些近似或缩小一些研究问题的范围，将非线性系统线性化，把非线性方程用线性方程代替。这样就可以用线性系统理论来分析和设计系统了。虽然这种方法是近似的，但它便于分析计算，在一定的范围内能反映系统的特性，在工程实践中具有实际意义。

控制系统中，有关非线性问题可以分为两大类：一类是元件本身存在的本质非线性，如饱和特性、继电器特性，具有这样元件的系统只能采用非线性的方法分析方法进行分析和设计；另一类是系统存在非本质的非线性问题，一般这类问题可以通过小偏差法或切线法进行线性化处理。

(1) 线性化定义　工程上，常常将非线性微分方程在一定条件下转化为线性微分方程的方法称为非线性微分方程的线性化。

利用计算机能对具体非线性问题计算出结果，但仍然难以求得一些符合各类非线性系统的

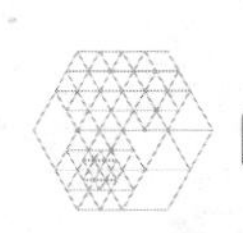

普遍规律。因此在研究系统时力图将非线性在合理、可能的条件下简化为线性问题，即所谓非线性数学模型的线性化。如果做某种近似或缩小一些研究问题的范围，可以将大部分非线性方程在一定工作范围内用近似的线性方程来代替，这样就可以用线性理论来分析和设计系统。

虽然这种方法是近似的，但在一定的工作范围内能够反映系统的特性，在工程实践中具有很大的实际意义，便于分析和处理。

(2) 非线性微分方程线性化的基本假设 非线性微分方程能进行线性化的基本假设是变量偏离其预期工作点的偏差甚小。

自动控制系统在正常情况下都处于一个稳定的工作点（平衡点），也是预期工作点，系统的输入和输出变量不变化，即它们的各阶导数均为零。这时，控制系统也不进行控制作用，一旦被控量偏离期望值而产生偏差时，控制系统便开始控制动作，以便减少或消除这个偏差。因此，控制系统中被控量的偏差不会很大，只是小偏差。

(3) 线性化方法 线性化的关键是将其中的非线性函数线性化。线性化常用的方法为小偏差法或切线法。只要变量的非线性函数在工作点处有导数或偏导数存在，就可以将非线性函数展开成泰勒级数，分解成这些变量在工作点附近的小增量的表达式，然后省略去高于一次的小增量项，就可以获得近似的线性函数。

1）**具有一个变量的非线性函数的线性化。**

对于以一个自变量作为输入量的非线性函数 $y=f(x)$，在平衡工作点（x_0，y_0）附近展开成泰勒级数为

$$y=f(x)=f(x_0)+\left.\frac{\mathrm{d}f(x)}{\mathrm{d}x}\right|_{x=x_0}(x-x_0)+\frac{1}{2!}\left.\frac{\mathrm{d}^2f(x)}{\mathrm{d}x^2}\right|_{x=x_0}(x-x_0)^2+\cdots$$

略去高于一次的增量项，得到非线性系统的线性化方程为

$$y=f(x_0)+\left.\frac{\mathrm{d}f(x)}{\mathrm{d}x}\right|_{x=x_0}(x-x_0)$$

写成增量方程，则为

$$y-y_0=\Delta y=K\Delta x$$

式中，$y_0=f(x_0)$ 为系统的静态方程；K 为比例系数，即函数在 x_0 点切线的斜率 $K=\left.\frac{\mathrm{d}f(x)}{\mathrm{d}x}\right|_{x=x_0}$；$\Delta x=x-x_0$。

2）**具有两个变量的非线性函数的线性化。**

若输出变量与两个输入变量 x_1、x_2 有非线性关系，即 $y=f(x_1,x_2)$，同样可以将方程在工作点（x_{10}，x_{20}）附近展开成泰勒级数，并忽略二阶和高阶导数项，便可得到 y 的线性化方程为

$$y=f(x_{10},x_{20})+\left.\frac{\partial f}{\partial x_1}\right|_{\substack{x_1=x_{10}\\x_2=x_{20}}}(x_1-x_{10})+\left.\frac{\partial f}{\partial x_2}\right|_{\substack{x_1=x_{10}\\x_2=x_{20}}}(x_2-x_{20})$$

写成增量方程则为

$$y-y_0=\Delta y=K_1\Delta x_1+K_2\Delta x_2$$

其中，$y_0=f(x_{10},x_{20})$ 为系统的静态方程；$K_1=\left.\frac{\partial f}{\partial x_1}\right|_{\substack{x_1=x_{10}\\x_2=x_{20}}}$；$K_2=\left.\frac{\partial f}{\partial x_2}\right|_{\substack{x_1=x_{10}\\x_2=x_{20}}}$。

在将非线性系统作线性化时，需要注意以下两点：

1）采用上述小偏差线性化的条件是在预期工作点的邻域内存在关于变量的各阶导数或偏导数。符合这个条件的非线性特性称为非本质非线性。不符合这个条件的非线性函数不能

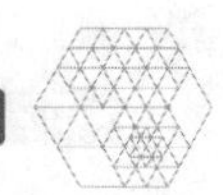

展开成泰勒级数，因此不能采用小偏差线性化方法，这种非线性特性称为本质非线性。本质非线性特性在控制系统中也经常遇到，可采用其他方法分析和研究本质非线性特性。

2）在很多情况下，对于不同的预期工作点，线性化后的方程的形式是一样的，但各项系数及常数项可能不同。

例 2-5 图 2-5 所示水箱，其中水箱截面积为 A，取输入量为流入量 $Q_1(t)$，输出量为水箱水位 $h(t)$，试写出水箱的动态方程式。

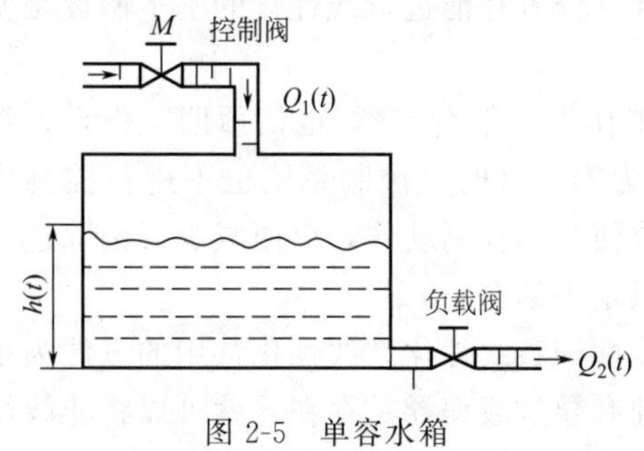

图 2-5 单容水箱

解 分析水箱工作状态可知，若流入量 $Q_1(t)$ 与流出量 $Q_2(t)$ 不相等，则蓄水量会变化

$$A\frac{\mathrm{d}h(t)}{\mathrm{d}t}=Q_1(t)-Q_2(t) \tag{2-18}$$

流出量 $Q_2(t)$ 是水位 $h(t)$ 的非线性函数

$$Q_2(t)=\alpha\sqrt{h(t)} \tag{2-19}$$

式中，α 为常数，取决于流出管路的阻力。若将式（2-19）代入式（2-18）则可得动态方程式为

$$A\frac{\mathrm{d}h(t)}{\mathrm{d}t}+\alpha\sqrt{h(t)}=Q_1(t) \tag{2-20}$$

这是一个非线性方程，是由于式(2-19）的非线性关系引起的。式(2-19）的非线性关系可以采用小偏差法进行线性化。

设水箱的稳定工作点为 $A(Q_{20}, h_0)$，则可对式(2-19）进行线性化

$$Q_2(t)-Q_{20}(t)\Big|_{\substack{Q_2=Q_{20}\\h=h_0}}=Q_2(t)-\alpha\sqrt{h_0}=\frac{\mathrm{d}Q_2}{\mathrm{d}h}\Bigg|_{\substack{Q_2=Q_{20}\\h=h_0}}(h-h_0)$$

$$\Delta Q_2(t)=\frac{1}{R}\Delta h(t)=\frac{\alpha}{2\sqrt{h_0}}\Delta h(t) \tag{2-21}$$

式中，R 是水箱在 $h(t)=h_0$，$Q_2(t)=Q_{20}$ 时水流管路的阻力系数，称为液阻。将式（2-18）也改写为增量形式，即

$$A\frac{\mathrm{d}\Delta h(t)}{\mathrm{d}t}=\Delta Q_1(t)-\Delta Q_2(t) \tag{2-22}$$

由式（2-21）代入式（2-22），消去中间变量 $\Delta Q_2(t)$ 就得到

$$AR\frac{\mathrm{d}\Delta h(t)}{\mathrm{d}t}+\Delta h(t)=R\Delta Q_1(t)$$

上式就是将式(2-20）线性化后得到的增量形式的一阶常系数线性微分方程。为了表达简便，常常省略增量符号“Δ”，写为变量形式的线性化一阶微分方程

$$AR\frac{\mathrm{d}h(t)}{\mathrm{d}t}+h(t)=RQ_1(t)$$

同样上式可写为标准化形式 $T\dfrac{\mathrm{d}h(t)}{\mathrm{d}t}+h(t)=KQ_1(t)$

式中，时间常数 $T=AR$，放大系数 $K=R$。

例 2-6 将非线性方程式 $y=\ddot{x}+\frac{1}{2}\dot{x}+2x+x^2$ 在原点附近线性化。

解 线性化后的方程为

$$y=\left(\frac{\partial y}{\partial x}\right)\Bigg|_{x=0}x+\left(\frac{\partial y}{\partial \dot{x}}\right)\Bigg|_{x=0}\dot{x}+\left(\frac{\partial y}{\partial \ddot{x}}\right)\Bigg|_{x=0}\ddot{x}$$

其中
$$\left(\frac{\partial y}{\partial x}\right)\bigg|_{x=0}=(2+2x)\bigg|_{x=0}=2$$
$$\left(\frac{\partial y}{\partial \dot{x}}\right)\bigg|_{x=0}=\frac{1}{2}$$
$$\left(\frac{\partial y}{\partial \ddot{x}}\right)\bigg|_{x=0}=1$$

则将方程线性化为
$$y=2x+\frac{1}{2}\dot{x}+\ddot{x}$$

2.3 数学基础——拉普拉斯变换

拉普拉斯变换是法国学者拉普拉斯（P. S. Laplace）首先提出的一种积分变换。拉普拉斯变换（又称拉氏变换）是分析研究线性动态系统的数学基础。也是学习自动控制原理所涉及的主要数学工具。该变换可以将许多普通函数，如正弦函数、阻尼正弦函数和指数函数，转变为复变量 s 的代数函数。诸如微分和积分这样一些运算，可以用复数平面内的代数运算来取代。用拉氏变换法求解线性微分方程，即可将复杂的微积分运算转化为代数运算，使求解过程大为简化。它是求解线性常微分方程和建立线性系统的复频域数学模型——传递函数和频率特性的有力数学工具。本节只简单回顾拉氏变换的一些基本知识，详细可以参考积分变换相关教材。

2.3.1 拉普拉斯变换的定义

若 $f(t)$ 为实变量 t 的单值函数，且 $t<0$ 时 $f(t)=0$，$t\geqslant 0$ 时 $f(t)$ 在任一有限区间上连续或分段连续，则函数 $f(t)$ 的拉氏变换为
$$F(s)=L[f(t)]=\int_0^{\infty}f(t)\mathrm{e}^{-st}\mathrm{d}t \tag{2-23}$$
式中，s 为复变量，$s=\sigma+\mathrm{j}\omega$（$\sigma$、$\omega$ 均为实数）；$F(s)$ 是函数 $f(t)$ 的拉氏变换，它是一个复变函数，通常称 $F(s)$ 为 $f(t)$ 的象函数，而称 $f(t)$ 为 $F(s)$ 的原函数；L 是表示进行拉氏变换的符号。

拉氏反变换为
$$f(t)=L^{-1}[F(s)]=\frac{1}{2\pi\mathrm{j}}\int_{\sigma-\mathrm{j}\infty}^{\sigma+\mathrm{j}\infty}F(s)\mathrm{e}^{st}\mathrm{d}s \tag{2-24}$$
式中，L^{-1} 表示进行拉氏反变换的符号。

由此可见，在一定条件下，拉氏变换能把一实数域中的实变函数 $f(t)$ 变换为一个在复数域内与之等价的复变函数 $F(s)$，反之亦然。

2.3.2 典型函数的拉氏变换

(1) 单位阶跃函数 单位阶跃函数的定义为
$$1(t)=\begin{cases}0, & t<0\\ 1, & t\geqslant 0\end{cases}$$

单位阶跃函数的拉氏变换式为

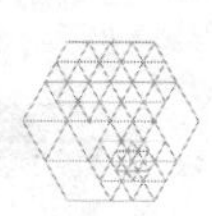

$$L[1(t)]=\int_{0}^{\infty}1(t)\mathrm{e}^{-st}\mathrm{d}t=-\left.\frac{\mathrm{e}^{-st}}{s}\right|_{0}^{\infty}=\frac{1}{s} \tag{2-25}$$

单位阶跃函数如图 2-6 所示。

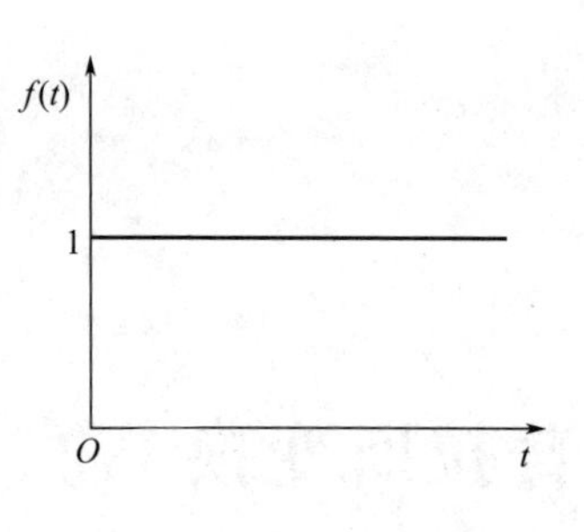

图 2-6　单位阶跃函数

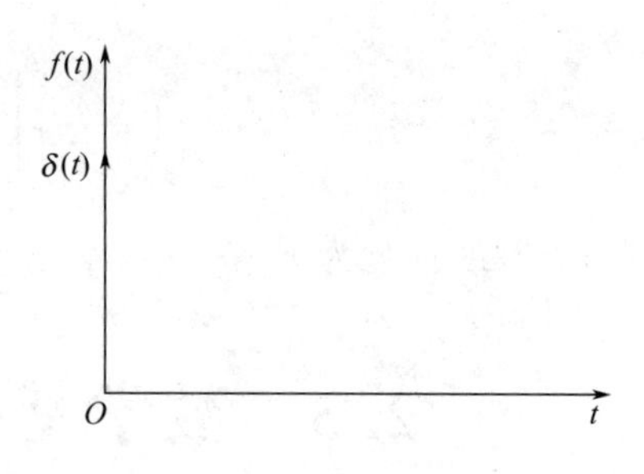

图 2-7　单位脉冲函数

(2) 单位脉冲函数　单位脉冲函数的定义为

$$\delta(t)=\begin{cases}\infty, & t=0\\ 0, & t\neq 0\end{cases}$$

$$\int_{0}^{\infty}\delta(t)\mathrm{d}t=1$$

且有特性

$$\int_{-\infty}^{\infty}\delta(t)f(t)\mathrm{d}t=f(0)$$

$f(0)$ 为 $t=0$ 时刻 $f(t)$ 的值。

单位脉冲函数的拉氏变换式为

$$L[\delta(t)]=\int_{0}^{\infty}\delta(t)\mathrm{e}^{-st}\mathrm{d}t=\mathrm{e}^{-st}\big|_{t=0}=1 \tag{2-26}$$

单位脉冲函数如图 2-7 所示。

(3) 单位斜坡函数　单位斜坡函数如图 2-8 所示，它的数学表示为

$$f(t)=\begin{cases}0, & t<0\\ t, & t\geqslant 0\end{cases}$$

为了得到单位斜坡函数的拉氏变换，利用分部积分公式

$$\int_{a}^{b}u\mathrm{d}v=uv\Big|_{a}^{b}-\int_{a}^{b}v\mathrm{d}u$$

得

$$L[f(t)]=\int_{0}^{\infty}t\mathrm{e}^{-st}\mathrm{d}t=-t\left.\frac{\mathrm{e}^{-st}}{s}\right|_{0}^{\infty}-\int_{0}^{\infty}\left(-\frac{\mathrm{e}^{-st}}{s}\right)\mathrm{d}t=\int_{0}^{\infty}\frac{\mathrm{e}^{-st}}{s}\mathrm{d}t=-\left.\frac{1}{s^{2}}\mathrm{e}^{-st}\right|_{0}^{\infty}=\frac{1}{s^{2}} \tag{2-27}$$

(4) 指数函数　指数函数如图 2-9 所示，它的数学表示为

$$f(t)=\mathrm{e}^{at},\qquad t\geqslant 0$$

它的拉氏变换为

$$L[e^{at}]=\int_0^{\infty}e^{at}e^{-st}dt=\int_0^{\infty}e^{-(s-a)t}dt$$

$$=-\frac{e^{-(s-a)t}}{s-a}\bigg|_0^{\infty}=\frac{1}{s-a} \tag{2-28}$$

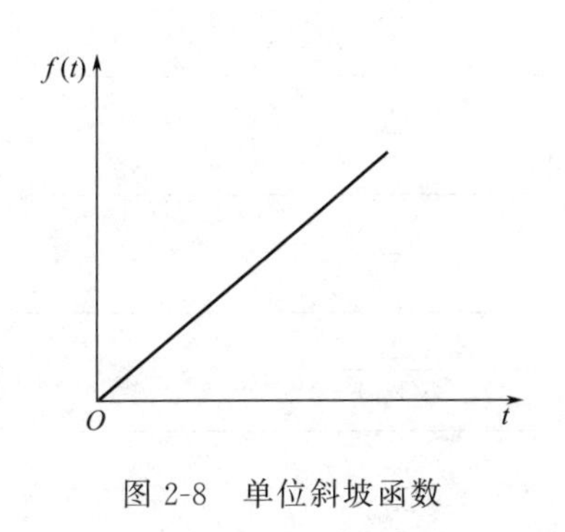

图 2-8　单位斜坡函数

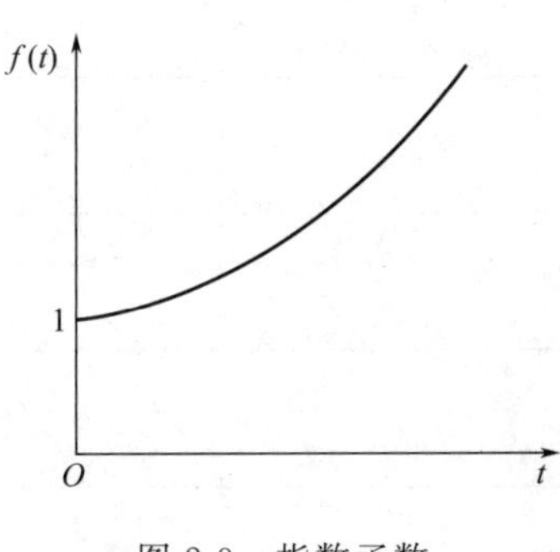

图 2-9　指数函数

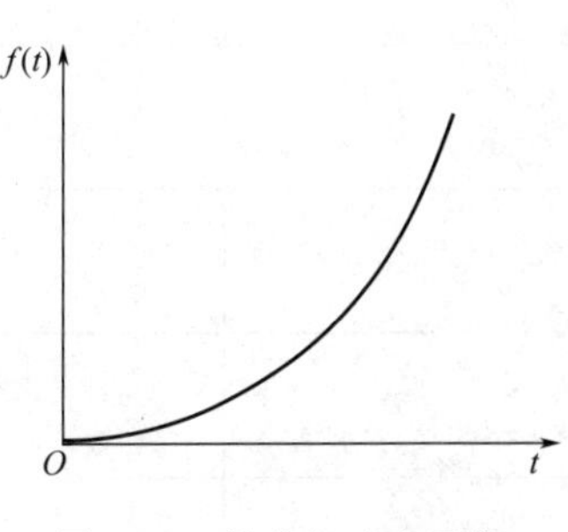

图 2-10　单位加速度函数

(5) 单位加速度函数　单位加速度函数如图 2-10 所示，它的数学表达式为

$$f(t)=\begin{cases}0, & t<0\\ \frac{1}{2}t^2, & t\geqslant 0\end{cases}$$

它的拉氏变换为

$$L[f(t)]=\int_0^{\infty}\frac{1}{2}t^2e^{-st}dt=\frac{1}{s^3} \tag{2-29}$$

(6) 正弦、余弦函数　正弦、余弦函数的拉氏变换可以利用指数函数的拉氏变换求得。由指数函数的拉氏变换，可以直接写出复指数函数的拉氏变换为

$$L[e^{j\omega t}]=\frac{1}{s-j\omega}$$

因为

$$\frac{1}{s-j\omega}=\frac{s+j\omega}{(s+j\omega)(s-j\omega)}=\frac{s+j\omega}{s^2+\omega^2}=\frac{s}{s^2+\omega^2}+j\frac{\omega}{s^2+\omega^2}$$

由欧拉公式

$$e^{j\omega t}=\cos\omega t+j\sin\omega t$$

有

$$L[e^{j\omega t}]=L[\cos\omega t+j\sin\omega t]=\frac{s}{s^2+\omega^2}+j\frac{\omega}{s^2+\omega^2}$$

分别取复指数函数的实部变换与虚部变换，则有正弦函数的拉氏变换为

$$L[\sin\omega t]=\frac{\omega}{s^2+\omega^2} \tag{2-30}$$

同时得到余弦函数的拉氏变换为

$$L[\cos\omega t]=\frac{s}{s^2+\omega^2} \tag{2-31}$$

实际应用中通常不需要根据拉氏变换定义来求解象函数和原函数，而从拉氏变换表中直接查出。常用函数的拉氏变换如表 2-1 所示。

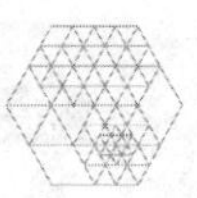

表 2-1　常用函数的拉氏变换对照表

序　号	$f(t)$	$F(s)$
1	$\delta(t)$	1
2	$1(t)$	$\frac{1}{s}$
3	t	$\frac{1}{s^2}$
4	e^{-at}	$\frac{1}{s+a}$
5	$t\mathrm{e}^{-at}$	$\frac{1}{(s+a)^2}$
6	$\sin\omega t$	$\frac{\omega}{s^2+\omega^2}$
7	$\cos\omega t$	$\frac{s}{s^2+\omega^2}$
8	$t^n(n=1,2,3,\cdots)$	$\frac{n!}{s^{n+1}}$
9	$t^n\mathrm{e}^{-at}(n=1,2,3,\cdots)$	$\frac{n!}{(s+a)^{n+1}}$
10	$\frac{1}{b-a}(\mathrm{e}^{-at}-\mathrm{e}^{-bt})$	$\frac{1}{(s+a)(s+b)}$
11	$\frac{1}{b-a}(b\mathrm{e}^{-bt}-a\mathrm{e}^{-at})$	$\frac{s}{(s+a)(s+b)}$
12	$[1+\frac{1}{a-b}(b\mathrm{e}^{-bt}a\mathrm{e}^{-at})]$	$\frac{1}{s(s+a)(s+b)}$
13	$\mathrm{e}^{-at}\sin\omega t$	$\frac{\omega}{(s+a)^2+\omega^2}$
14	$\mathrm{e}^{-at}\cos\omega t$	$\frac{s+a}{(s+a)^2+\omega^2}$
15	$\frac{1}{a^2}(at-1+\mathrm{e}^{-at})$	$\frac{1}{s^2(s+a)}$
16	$\frac{\omega_n}{\sqrt{1-\xi^2}}\mathrm{e}^{-\xi\omega_{\mathrm{n}}t}\sin\omega_{\mathrm{n}}\sqrt{1-\xi^2}\,t$	$\frac{\omega_{\mathrm{n}}^2}{s^2+2\xi\omega_{\mathrm{n}}s+\omega_{\mathrm{n}}^2}$
17	$-\frac{1}{\sqrt{1-\xi^2}}\mathrm{e}^{-\xi\omega_{\mathrm{n}}t}\sin(\omega_{\mathrm{n}}\sqrt{1-\xi^2}\,t-\theta)$ $\theta=\arctan\frac{\sqrt{1-\xi^2}}{\xi}$	$\frac{s}{s^2+2\xi\omega_{\mathrm{n}}s+\omega_{\mathrm{n}}^2}$
18	$1-\frac{1}{\sqrt{1-\xi^2}}\mathrm{e}^{-\xi\omega_{\mathrm{n}}t}\sin(\omega_{\mathrm{n}}\sqrt{1-\xi^2}\,t+\theta)$ $\theta=\arctan\frac{\sqrt{1-\xi^2}}{\xi}$	$\frac{\omega_{\mathrm{n}}^2}{s(s^2+2\xi\omega_{\mathrm{n}}s+\omega_{\mathrm{n}}^2)}$

2.3.3 拉氏变换的基本性质

拉氏变换建立了信号的时域描述和复频率域（简称复频域）描述之间的关系。当信号在一个域内有所变化时，在另一个域内依然呈现相应的变化，拉氏变换的性质（或定理）反映了这些变化的规律。利用这些性质不仅可以简便拉氏变换的运算，而且将给系统的分析研究带来方便。

(1) 线性性质 若有常数 K_1、K_2，函数 $f_1(t)$、$f_2(t)$，则有

$$L[K_1f_1(t)+K_2f_2(t)]=K_1L[f_1(t)]+K_2L[f_2(t)]=K_1F_1(s)+K_2F_2(s) \tag{2-32}$$

线性定理表明，时间函数和的拉氏变换等于每个时间函数拉氏变换之和。

(2) 微分性质 若 $L[f(t)]=F(s)$，则有

$$L\left[\frac{\mathrm{d}f(t)}{\mathrm{d}t}\right]=sF(s)-f(0) \tag{2-33}$$

式中，$f(0)$ 是函数 $f(t)$ 在 $t=0$ 时刻的值，即为 $f(t)$ 的初始值。

同理，可得 $f(t)$ 的各阶导数的拉氏变换式为

$$L\left[\frac{\mathrm{d}^2f(t)}{\mathrm{d}t^2}\right]=s^2F(s)-sf(0)-\dot{f}(0)$$

$$L\left[\frac{\mathrm{d}^3f(t)}{\mathrm{d}t^3}\right]=s^3F(s)-s^2f(0)-s\dot{f}(0)-\ddot{f}(0)$$

$$\vdots$$

$$L\left[\frac{\mathrm{d}^nf(t)}{\mathrm{d}t^n}\right]=s^nF(s)-s^{n-1}f(0)-s^{n-2}\dot{f}(0)-\cdots-f^{(n-1)}(0)$$

式中，$\dot{f}(0)$、$\ddot{f}(0)$、…是原函数各阶导数在 $t=0$ 时刻的值。

如果函数 $f(t)$ 及各阶导数在 $t=0$ 时刻的值均为零，即在零初始条件下，则函数 $f(t)$ 的各阶导数的拉氏变换可以写成

$$L[\dot{f}(t)]=sF(s)$$

$$L[\ddot{f}(t)]=s^2F(s)$$

$$\vdots$$

$$L[f^{(n)}(t)]=s^nF(s)$$

(3) 积分性质 若 $L[f(t)]=F(s)$，则有

$$L\left[\int f(t)\mathrm{d}t\right]=\frac{1}{s}F(s)+\frac{1}{s}f^{(-1)}(0) \tag{2-34}$$

式中，$f^{(-1)}(0)$ 是积分 $\int f(t)\mathrm{d}t$ 在 $t=0$ 时刻的值。

当初始条件为零时，则有

$$L\left[\int f(t)\mathrm{d}t\right]=\frac{1}{s}F(s) \tag{2-35}$$

多重积分的拉氏变换式是

$$L\left[\underbrace{\int\cdots\int}_{n} f(t)\mathrm{d}t\right]=\frac{1}{s^n}F(s)+\frac{1}{s^n}f^{(-1)}(0)+\cdots+\frac{1}{s}f^{-(n-1)}(0) \tag{2-36}$$

当初始条件为零时，则有

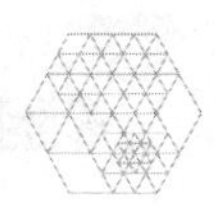

$$L[\underbrace{\int\cdots\int}_{n} f(t)\mathrm{d}t = \frac{1}{s^n}F(s) \tag{2-37}$$

(4) 平移定理 若 $L[f(t)]=F(s)$，则有

$$L[\mathrm{e}^{-at}f(t)]=F(s+a) \tag{2-38}$$

平移定理说明，在时域中 $f(t)$ 乘以 e^{-at} 的结果，是其在复变量域中把 s 平移到 $s+a$，对求解 $\mathrm{e}^{-at}f(t)$ 之类函数的拉氏变换很方便。

(5) 延时定理 若 $L[f(t)]=F(s)$，且 $t<0$ 时，$f(t)=0$，则有

$$L[f(t-\tau)]=\mathrm{e}^{-\tau s}F(s) \tag{2-39}$$

式中，函数 $f(t-\tau)$ 较原函数 $f(t)$ 沿时间轴延迟了 τ。

(6) 终值定理 若 $L[f(t)]=F(s)$，并且 $\lim\limits_{t\to\infty}f(t)$ 存在，则有

$$\lim_{t\to\infty}f(t)=f(\infty)=\lim_{s\to 0}sF(s) \tag{2-40}$$

即原函数的终值等于 s 乘以象函数的初值。

(7) 初值定理 若 $L[f(t)]=F(s)$，则有

$$\lim_{t\to 0}f(t)=\lim_{s\to\infty}sF(s) \tag{2-41}$$

即原函数的初值等于 s 乘以象函数的终值。终值定理对于求瞬态响应的稳态值是很有用的。

(8) 卷积定理 若 $L[f_1(t)]=F_1(s)$，$L[f_2(t)]=F_2(s)$，则有

$$L\left[\int_0^\infty f_1(t-\tau)f_2(\tau)\mathrm{d}\tau\right]=F_1(s)F_2(s) \tag{2-42}$$

式中，$\int_0^\infty f_1(t-\tau)f_2(\tau)\mathrm{d}\tau$ 称为函数 $f_1(t)$ 和 $f_2(t)$ 的卷积，简记为 $f(t)=f_1(t)*f_2(t)$。卷积满足交换定律 $f_1(t)*f_2(t)=f_2(t)*f_1(t)$，即

$$\int_0^\infty f_1(t-\tau)f_2(\tau)\mathrm{d}\tau=\int_0^\infty f_2(t-\tau)f_1(\tau)\mathrm{d}\tau$$

卷积定理表明：两个时间函数 $f_1(t)$、$f_2(t)$ 卷积的拉氏变换等于两个时间函数的拉氏变换的乘积。卷积定理在拉氏变换中可以简化计算。

2.3.4 拉氏反变换

由象函数 $F(s)$ 求其原函数 $f(t)$，可用下列拉氏反变换公式

$$f(t)=L^{-1}[F(s)]=\frac{1}{2\pi\mathrm{j}}\int_{\sigma-j\infty}^{\sigma+j\infty}F(s)\mathrm{e}^{st}\mathrm{d}s \tag{2-43}$$

其积分路径是 s 平面上平行于虚轴的直线 $\sigma=c>\sigma_c$，σ_c 为 $F(s)$ 的收敛横坐标。式(2-43) 右边的积分称为拉氏反演积分。式(2-43) 是求拉氏反变换的一般公式，但它是一个复变函数的积分，计算较困难，一般不太使用。控制工程中常遇到的 $F(s)$ 是有理分式函数，对于简单的象函数，直接地使用拉氏变换对照表（表 2-1）和拉氏变换的性质便可求得其原函数；对于复杂的象函数，通常采用部分分式展开法求取原函数。即将复杂的象函数$F(s)$ 分解成一些简单的基本象函数之和，而这些基本象函数的拉氏反变换通过查拉氏变换表易于求得，根据拉氏交换的线性性质，这些基本象函数的拉氏反变换叠加起来则可求得$F(s)$ 的原函数。现就部分分式展开法［也称海维赛（Heaviside）展开定理］简介如下。

象函数 $F(s)$ 通常为 s 的有理分式，一般可以表示为

$$F(s)=\frac{b_m s^m+b_{m-1}s^{m-1}+\cdots+b_1 s+b_0}{s^n+a_{n-1}s^{n-1}+\cdots+a_1 s+a_0} \tag{2-44}$$

式中，m 和 n 为正整数，通常 $m\leqslant n$；系数 $a_i(i=1,2,\cdots,n-1)$，$b_i(i=0,1,\cdots,m)$ 为常实数。首先将分母多项式因式分解

$$F(s)=\frac{b_m s^m+b_{m-1}s^{m-1}+\cdots+b_1 s+b_0}{(s-p_1)(s-p_2)\cdots(s-p_n)}$$

式中，p_1，p_2，…，p_n 是$A(s)=0$ 的根，也称为 $F(s)$ 的极点。根据这些根的性质不同，分以下几种情况讨论。

(1) $F(s)$ 的极点为各不相同的实数

$$F(s)=\frac{b_m s^m+b_{m-1}s^{m-1}+\cdots+b_1 s+b_0}{(s-p_1)(s-p_2)\cdots(s-p_n)}=\frac{A_1}{s-p_1}+\frac{A_2}{s-p_2}+\cdots+\frac{A_n}{s-p_n}=\sum_{i=1}^{n}\frac{A_i}{s-p_i}$$

式中，A_i 是待定系数，它是 $s=p_i$ 处的留数，其求法是

$$A_i=[F(s)(s-p_i)]_{s=p_i}$$

根据拉氏变换的线性定理，可求得原函数 $f(t)$ 为

$$f(t)=L^{-1}[F(s)]=L^{-1}\left[\sum_{i=1}^{n}\frac{A_i}{s-p_i}\right]=\sum_{i=1}^{n}A_i\mathrm{e}^{p_i t}$$

例 2-7 求 $F(s)=\dfrac{s+1}{s^2+5s+6}$的原函数 $f(t)$。

解 将 $F(s)$ 分解为部分分式有

$$F(s)=\frac{s+1}{s^2+5s+6}=\frac{s+1}{(s+2)(s+3)}=\frac{A_1}{s+2}+\frac{A_2}{s+3}$$

$$A_1=[F(s)(s+2)]_{s=-2}=\left.\frac{s+1}{s+3}\right|_{s=-2}=-1$$

$$A_2=[F(s)(s+3)]_{s=-3}=\left.\frac{s+1}{s+2}\right|_{s=-3}=2$$

得分解式为

$$F(s)=\frac{-1}{s+2}+\frac{2}{s+3}$$

求反变换得

$$f(t)=L^{-1}[F(s)]=L^{-1}\left[\frac{-1}{s+2}+\frac{2}{s+3}\right]=-\mathrm{e}^{-2t}+2\mathrm{e}^{-3t}$$

(2) $F(s)$ 含有共轭极点 $F(s)$ 有一对共轭复数极点 p_1、p_2，其余极点均为各不相同的实数极点。将 $F(s)$ 展开成

$$F(s)=\frac{b_m s^m+b_{m-1}s^{m-1}+\cdots+b_1 s+b_0}{(s-p_1)(s-p_2)\cdots(s-p_n)}=\frac{A_1 s+A_2}{(s-p_1)(s-p_2)}+\frac{A_3}{s-p_3}+\cdots+\frac{A_n}{s-p_n}$$

式中，A_1 和 A_2 可按下式求解

$$[F(s)(s-p_1)(s-p_2)]\Big|_{\substack{s=p_1\\ 或s=p_2}}=\left[\frac{A_1 s+A_2}{(s-p_1)(s-p_2)}+\frac{A_3}{s-p_3}+\cdots+\frac{A_n}{s-p_n}\right](s-p_1)(s-p_2)\Big|_{\substack{s=p_1\\ 或s=p_2}}$$

即

$$[F(s)(s-p_1)(s-p_2)]\Big|_{\substack{s=p_1\\ 或s=p_2}}=[A_1 s+A_2]\Big|_{\substack{s=p_1\\ 或s=p_2}}$$

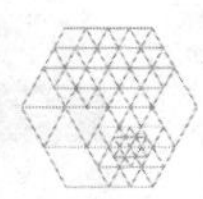

因为 p_1 和 p_2 是复数，上式两边都应该是复数，令等号两边的实部和虚部分别相等，可得两个方程式，联立求解即得 A_1 和 A_2 这两个系数。

(3) $F(s)$ 中含有重极点 设 $A(s)=0$ 有 r 个重根，则

$$F(s)=\frac{b_m s^m+b_{m-1}s^{m-1}+\cdots+b_1 s+b_0}{(s-p_0)^r(s-p_{r+1})\cdots(s-p_n)}$$

将上式展开成部分分式得

$$F(s)=\frac{A_{01}}{(s-p_0)^r}+\frac{A_{02}}{(s-p_0)^{r-1}}+\cdots+\frac{A_{0r}}{(s-p_0)}+\frac{A_{r+1}}{(s-p_{r+1})}+\cdots+\frac{A_n}{(s-p_n)}$$

式中，A_{r+1}，A_{r+2}，…，A_n 的求法与单实数极点的情况相同。

A_{01}，A_{02}，…，A_{0r} 的求法如下

$$A_{01}=[F(s)(s-p_0)^r]_{s=p_0}$$

$$A_{02}=\left[\frac{\mathrm{d}}{\mathrm{d}s}F(s)(s-p_0)^r\right]_{s=p_0}$$

$$A_{03}=\frac{1}{2!}\left[\frac{\mathrm{d}^2}{\mathrm{d}s^2}F(s)(s-p_0)^r\right]_{s=p_0}$$

$$\vdots$$

$$A_{0r}=\frac{1}{(r-1)!}\left[\frac{\mathrm{d}^{(r-1)}}{\mathrm{d}s^{(r-1)}}F(s)(s-p_0)^r\right]_{s=p_0}$$

则

$$f(t)=L^{-1}[F(s)]=\left[\frac{A_{01}}{(r-1)!}t^{(r-1)}+\frac{A_{02}}{(r-2)!}t^{(r-2)}+\cdots+A_{0r}\right]\mathrm{e}^{p_0 t}$$
$$+A_{r+1}\mathrm{e}^{p_{r+1}t}+\cdots+A_n\mathrm{e}^{p_n t}\quad(t\geqslant 0)$$

2.3.5 应用拉氏变换解线性微分方程

微分方程的求解方法，可以采用数学分析的方法来求解，也可以采用拉氏变换法来求解。采用拉氏变换法求解微分方程是带初值进行运算的，许多情况下应用更为方便。

用拉氏变换解线性微分方程，首先通过拉氏变换将微分方程化为象函数的代数方程，然后解出象函数，最后由拉氏反变换求得微分方程的解，具体步骤如下：

1）在方程两端做拉氏变换，将时域的微分方程转化为复数域中的代数方程。

2）对变换后的代数方程求解得到输出量。

3）对代数方程的输出量进行部分因式展开。

4）从拉普拉斯变换表得到输出量的拉普拉斯反变换。

例 2-8 设系统微分方程为

$$\frac{\mathrm{d}^2c(t)}{\mathrm{d}t^2}+5\frac{\mathrm{d}c(t)}{\mathrm{d}t}+6c(t)=r(t)$$

若 $r(t)=1(t)$，初始条件 $c(0)=\dot{c}(0)=0$，试求 $c(t)$。

解 将方程左边进行拉氏变换得

$$L\left[\frac{\mathrm{d}^2c(t)}{\mathrm{d}t^2}+5\frac{\mathrm{d}c(t)}{\mathrm{d}t}+6c(t)\right]$$
$$[s^2C(s)-sc(0)-\dot{c}(0)]+5[sC(s)-c(0)]+6C(s)$$
$$=(s^2+5s+6)C(s)$$

将方程右边进行拉氏变换得

$$L[r(t)]=L[1(t)]=\frac{1}{s}$$

将方程两边整理得

$$C(s)=\frac{1}{s^2+5s+6}\frac{1}{s}$$

利用部分分式将上式展开得

$$C(s)=\frac{1}{s(s+2)(s+3)}=\frac{A_1}{s}+\frac{A_2}{s+2}+\frac{A_3}{s+3}$$

确定系数 A_1、A_2、A_3 得

$$A_1=\left.\frac{1}{s(s+2)(s+3)}s\right|_{s=0}=\frac{1}{6}$$

$$A_2=\left.\frac{1}{s(s+2)(s+3)}(s+2)\right|_{s=-2}=-\frac{1}{2}$$

$$A_3=\left.\frac{1}{s(s+2)(s+3)}(s+3)\right|_{s=-3}=\frac{1}{3}$$

代入原式得

$$C(s)=\frac{\frac{1}{6}}{s}+\frac{-\frac{1}{2}}{s+2}+\frac{\frac{1}{3}}{s+3}$$

查拉氏变换表得

$$c(t)=\frac{1}{6}-\frac{1}{2}e^{-2t}+\frac{1}{3}e^{-3t}\ (t\geqslant 0)$$

2.4　控制系统的复域数学模型

经典控制理论研究的主要内容之一，就是系统输出和输入的关系，或者说如何由已知的输入量求输出量。微分方程虽然可以表示输出和输入之间的关系，但由于微分方程的求解比较困难，所以微分方程所表示的变量间的关系总是显得很复杂。传递函数是在用拉普拉斯变换方法求解线性系统常微分方程过程中引出来的复频域中的数学模型，它等同于微分方程反映系统输入、输出的动态特性，更主要的特点是简单明了。它能间接地反映结构、参数变化时对系统输出的影响，而由此找出改善系统品质的方法。同时，由此发展出了用传递函数的零极点分布、频率特性等间接地分析和设计控制系统的工程方法——根轨迹法和频率特性法。

2.4.1　传递函数

(1) 传递函数的定义　设线性定常系统的输入信号和输出信号分别为 $r(t)$ 和 $c(t)$，则这个系统的动态方程可用下列线性常系数微分方程表示

$$
\begin{aligned}
&a_n c^{(n)}(t)+a_{n-1}c^{(n-1)}(t)+a_{n-2}c^{(n-2)}(t)+\cdots+a_1\dot{c}(t)+a_0c(t)\\
&=b_m r^{(m)}(t)+b_{m-1}r^{(m-1)}(t)+b_{m-2}r^{(m-2)}(t)+\cdots+b_1\dot{r}(t)+b_0r(t)
\end{aligned}
\tag{2-45}
$$

式中，m 和 n 为正整数，通常 $m\leqslant n$；系数 $a_i(i=1,2,\cdots,n-1)$，$b_i(i=0,1,\cdots,m)$ 为常实数；$c^n(t)$ 表示 $\frac{\mathrm{d}^n c(t)}{\mathrm{d}t^n}$。线性微分方程中，各变量及其各阶导数的幂次数不超过 1。

令 $r(t)$ 和 $c(t)$ 及其各阶导数的初始条件为零，对式(2-45) 取拉氏变换得

$$
\begin{aligned}
&(a_n s^n+a_{n-1}s^{n-1}+a_{n-2}s^{n-2}+\cdots+a_1s+a_0)C(s)\\
&=(b_m s^m+b_{m-1}s^{m-1}+\cdots+b_1s+b_0)R(s)
\end{aligned}
$$

式中，s 为拉氏变换中的复数参变量，变量的拉氏变换式用大写字母表示。于是有

$$
\frac{C(s)}{R(s)}=\frac{b_m s^m+b_{m-1}s^{m-1}+\cdots+b_1s+b_0}{a_n s^n+a_{n-1}s^{n-1}+a_{n-2}s^{n-2}+\cdots+a_1s+a_0}
$$

传递函数：在初始条件（状态）为零时，线性定常系统或元件输出信号的拉氏变换式 $C(s)$ 与输入信号的拉氏变换式 $R(s)$ 之比，称为该系统或元件的传递函数。记为

$$
G(s)=\frac{C(s)}{R(s)}=\frac{L[c(t)]}{L[r(t)]} \tag{2-46}
$$

因此，知道了系统的传递函数和输入信号的拉氏变换式，根据 $C(s)=G(s)R(s)$ 就很容易求得初始条件为零时系统输出信号的拉氏变换，然后运用拉氏反变换求得输出 $c(t)$ 的时域解。

由上述可见，求系统传递函数的一个方法，就是利用它的微分方程式并取拉氏变换。

例 2-9 求图 2-1 所示的 RLC 电路的传递函数。

解 由例 2-1 知该电路的微分方程是

$$
LC\frac{\mathrm{d}^2u_\mathrm{o}(t)}{\mathrm{d}t^2}+RC\frac{\mathrm{d}u_\mathrm{o}(t)}{\mathrm{d}t}+u_\mathrm{o}(t)=u_\mathrm{i}(t)
$$

在零初始条件下对方程两边取拉氏变换得

$$
(LCs^2+RCs+1)U_\mathrm{o}(s)=U_\mathrm{i}(s)
$$

因此有

$$
G(s)=\frac{C(s)}{R(s)}=\frac{U_\mathrm{o}(s)}{U_\mathrm{i}(s)}=\frac{1}{LCs^2+RCs+1}
$$

例 2-10 求图 2-3 所示的机械系统的传递函数。

解 由例 2-3 知该电路的微分方程是

$$
m\frac{\mathrm{d}^2y(t)}{\mathrm{d}t^2}+f\frac{\mathrm{d}y(t)}{\mathrm{d}t}+ky(t)=F(t)
$$

在零初始条件下对其取拉氏变换得

$$
(ms^2+fs+k)Y(s)=F(s)
$$

因此有

$$
G(s)=\frac{C(s)}{R(s)}=\frac{Y(s)}{F(s)}=\frac{1}{ms^2+fs+k}=\frac{\frac{1}{k}}{\frac{m}{k}s^2+\frac{f}{k}s+1}
$$

(2) 传递函数的性质

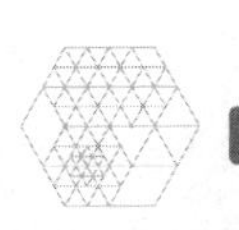

1）传递函数反映线性定常系统或元件本身的固有特性，由系统或元件的结构和参数决定，与输入信号的形式和大小无关，但与输入信号和输出信号的位置有关。因此，建立一个系统的传递函数，必须指明哪个是输入信号、哪个是输出信号下的传递函数。

2）传递函数通常适合于描述单输入单输出系统，对于多输入多输出系统，需由传递函数矩阵描述。

3）传递函数只适用于线性定常系统，是一种在复域中描述其运动特性的数学模型，它与线性常系数微分方程可以互换，一一对应。传递函数中 s 置换成微分方程中的$\frac{\mathrm{d}}{\mathrm{d}t}$，就可以将传递函数转变为微分方程。

4）传递函数具有复变函数的所有性质，若有复数零点或极点，则它们必为共轭。

5）传递函数是复变量 s 的有理真分式函数，即 $m \leqslant n$，且所有的系数均为实数（因为系统中元件参数是实数）。$m \leqslant n$ 是因为实际系统或元件总具有惯性，且能源有限，输出信号总是滞后于输入信号。

6）传递函数的拉普拉斯反变换即为系统的脉冲响应。脉冲响应 $g(t)$ 是系统在单位脉冲 $\delta(t)$ 输入时的响应。系统脉冲响应 $g(t)$ 反映了系统本身的固有特性。

由于 $$R(s)=L[\delta(t)]=1; C(s)=G(s)R(s)=G(s)$$

则有 $$c(t)=g(t)$$

（3）传递函数的局限性

1）传递函数是由拉普拉斯变换定义的，拉普拉斯变换是一种线性变换，因此传递函数只适用于线性定常系统。

2）传递函数是系统输入和输出的一种外部描述，不反映系统的内部信息。也不提供有关系统的物理结构的任何信息，许多物理上完全不同的系统，可以具有相同的传递函数。

3）传递函数是在零初始条件下定义的，它与输入信号的拉普拉斯变换的乘积仅反映了系统在零初始条件下的动态响应，不能反映非零初始条件下的全部运动规律。若要求解系统在非零初始条件下的响应，则应该先由传递函数求出系统的微分方程，然后在考虑初始条件的情况下求解该微分方程，从而得到系统在非零初始条件下的全响应。

2.4.2 典型环节的传递函数

应用因式分解，可以将线性系统的传递函数写成简单传递函数的乘积形式，这表明整个系统是由几种类型的典型环节组成的。就数学意义上而言，线性定常连续系统的传递函数总是由这些典型的因子组成，称这些因子为基本环节，或者称为典型环节。应该指出，典型环节是按照数学模型的共性划分的，它和具体元件不一定是一一对应的。或者说，典型环节只代表一种特定的数学规律，不一定是具体的元件。

从控制工程的角度出发，控制系统通常由一些元件按一定形式组合连接而成。物理本质和工作原理不同的元件，若动态特性相同，就可以用同一数学模型描述。通常将具有某种确定信息传递关系的元件或元件的一部分称为一个环节，把经常遇到的环节称为**典型环节**。因此，任何复杂的系统都可归结为由一些典型环节组成，这给建立数学模型、研究系统特性带来了极大方便。当弄清了这些基本环节的特性后，对任何系统也就容易分析其特性了。下面介绍几种最常见的典型环节。

以下叙述中设 $r(t)$ 为环节的输入信号，$c(t)$ 为输出信号，$G(s)$ 为传递函数。

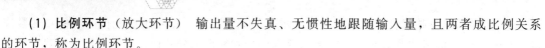

(1) 比例环节（放大环节） 输出量不失真、无惯性地跟随输入量，且两者成比例关系的环节，称为比例环节。

动态方程
$$c(t)=Kr(t)$$

传递函数
$$G(s)=\frac{C(s)}{R(s)}=K$$

式中，K 为常数，称为比例系数或放大系数。

比例环节阶跃响应曲线如图 2-11 所示。输出信号与输入信号波形相同，且没有延迟。

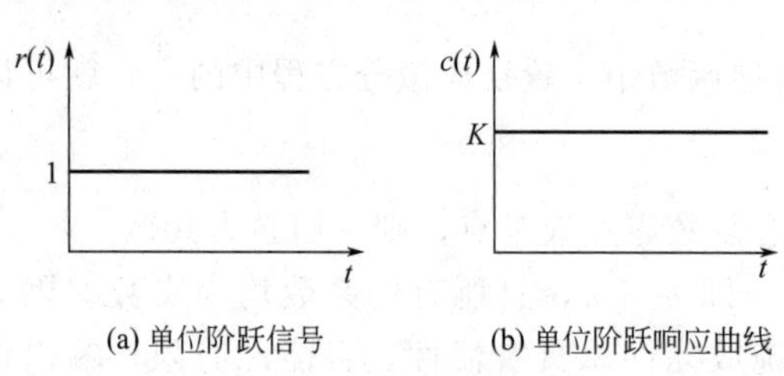

(a) 单位阶跃信号　(b) 单位阶跃响应曲线

图 2-11　比例环节阶跃响应曲线

(2) 积分环节 输出量等于输入量对时间积分的环节，称为积分环节。

动态方程 $c(t)=\dfrac{1}{T}\displaystyle\int r(t)\mathrm{d}t$

传递函数 $G(s)=\dfrac{C(s)}{R(s)}=\dfrac{1}{Ts}$

积分环节阶跃响应曲线如图 2-12 所示。阶跃响应随时间线性增长，T 为时间常数，T 值越大，响应 $c(t)$ 曲线的斜率越小，$c(t)$ 变化越慢。

特点：输出量与输入量的积分成正比。当输入信号变为零后，积分环节的输出信号将保持输入信号变为零时刻的值不变。即输入消失后，输出具有记忆功能。

例如电动机角速度与角度间的传递函数，直线运动体的速度与位移之间的传递函数。

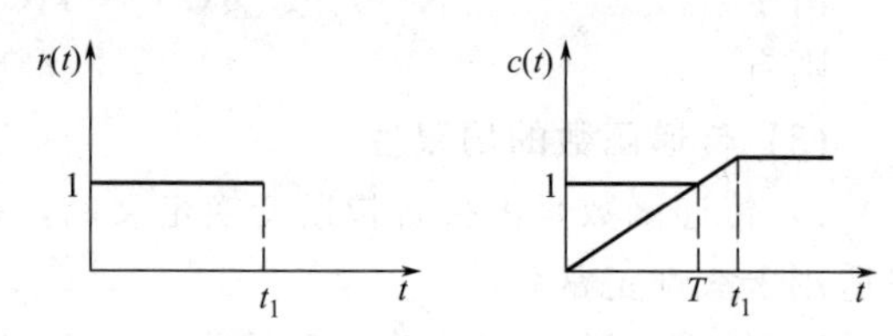

(a) 单位阶跃信号　(b) 单位阶跃响应曲线

图 2-12　积分环节阶跃响应曲线

(3) 纯微分环节 输出量等于输入量对时间微分的环节，称为纯微分环节，简称为微分环节。

动态方程
$$c(t)=T\frac{\mathrm{d}r(t)}{\mathrm{d}t}$$

传递函数
$$G(s)=\frac{C(s)}{R(s)}=Ts$$

微分环节阶跃响应曲线如图 2-13 所示，其输出量正比输入量的变化速度，能预示输入信号的变化趋势，常用来改善控制系统的动态性能。例如电路中电感元件的两端电压与输入电流之间的关系；测速发电机输出电压与输入角度间的传递函数即为微分环节。

纯微分环节的输出是输入的微分，当输入为单位阶跃函数时，输出就是脉冲函数，这在实际中是不可能的。工程上无法实现传递函数为微分环节的元件和装置，故纯微分环节在系统中不会单独出现。由于理想微分环节难以实现，所以实际情况中多用具有近似微分特性的实际微分环节来代替理想微分环节，实际微分环节可由如图 2-14(a) 所示 RC 无源网络实现，

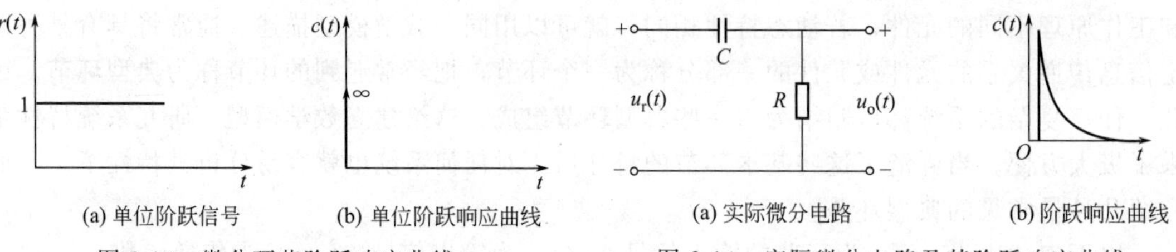

(a) 单位阶跃信号　(b) 单位阶跃响应曲线

图 2-13　微分环节阶跃响应曲线

(a) 实际微分电路　(b) 阶跃响应曲线

图 2-14　实际微分电路及其阶跃响应曲线

其阶跃响应曲线如图 2-14（b）所示，由实际微分环节的电路图可得到其传递函数为

$$G(s)=\frac{U_0(s)}{U_r(s)}=\frac{RCs}{RCs+1}=\frac{Ts}{Ts+1}$$

式中，$T=RC$，当选择较小的 T，即 $T\ll 1$ 时，$G(s)\approx Ts$，当其惯性很小时，可以用此电路作为理想微分环节来使用。

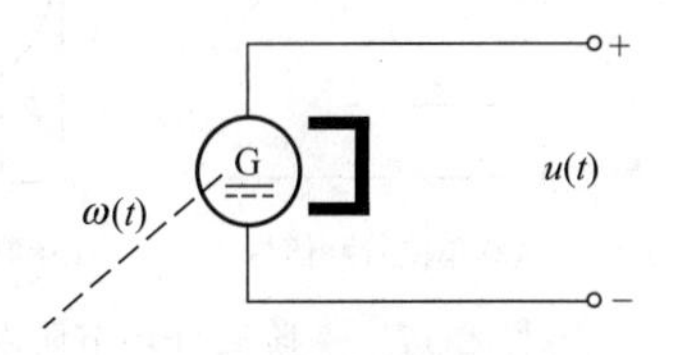

图 2-15 直流测速发电机

例 2-11 试求图 2-15 所示直流测速发电机的传递函数。

解 直流测速发电机常用作控制系统的反馈部件，它是将角速度转换为电压信号的装置，测速发电机的转速越大，则输出的电压越大，由图 2-15 有

$$u(t)=K\omega(t)=K\frac{\mathrm{d}\theta(t)}{\mathrm{d}t}$$

测速发电机的输出电压与发电机的角速度传递函数为比例环节

$$G(s)=\frac{U(s)}{\Omega(s)}=K$$

测速发电机的输出电压与发电机的转角传递函数为微分环节

$$G(s)=\frac{U(s)}{\theta(s)}=Ks$$

(4) 惯性环节 输出量与输入量之间能用一阶线性微分方程描述的环节，称为惯性环节。

动态方程 $$T\frac{\mathrm{d}c(t)}{\mathrm{d}t}+c(t)=r(t)$$

传递函数 $$G(s)=\frac{C(s)}{R(s)}=\frac{1}{Ts+1}$$

式中，T 称为惯性环节的时间常数。若 $T=0$，该环节就变成比例环节。

惯性环节阶跃响应曲线如图 2-16(b) 所示，其阶跃响应是一个单调上升曲线，其输出不能立即跟随输入量的变化，存在着惯性，且时间常数 T 越大，其惯性越大，随着时间的增加，惯性环节的输出最终趋于新的平衡。例如 RC 网络、直流电动机、单容水箱都是惯性环节。

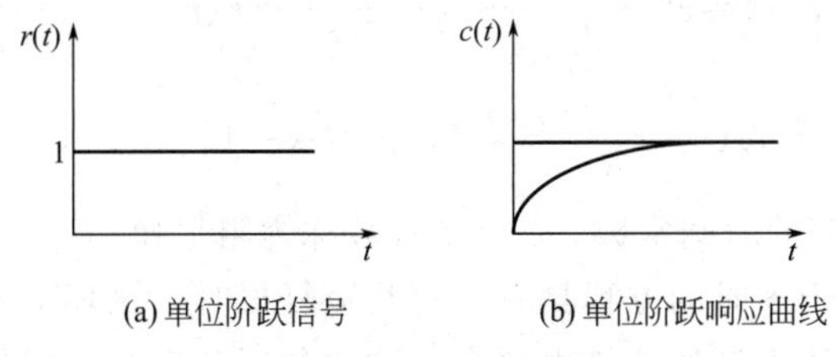

图 2-16 惯性环节阶跃响应曲线

(5) 一阶微分环节 一阶微分环节又称实际微分环节。

动态方程 $$c(t)=\tau\frac{\mathrm{d}r(t)}{\mathrm{d}t}+r(t)$$

传递函数 $$G(s)=\frac{C(s)}{R(s)}=\tau s+1$$

式中，τ 称为该环节的时间常数。一阶微分环节阶跃响应曲线如图 2-17 所示。

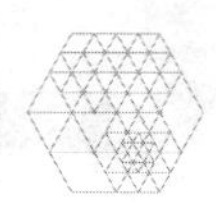

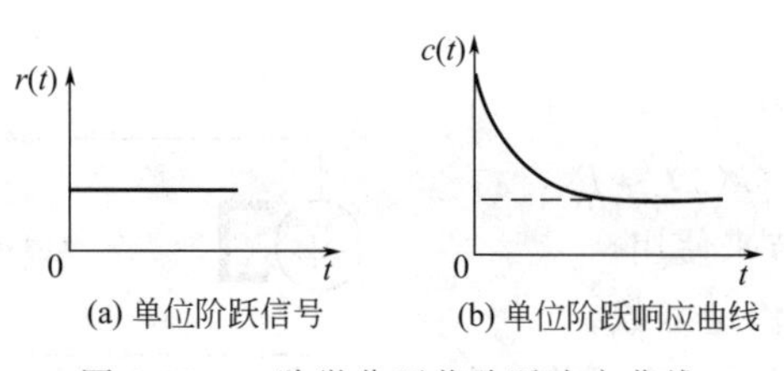

(a) 单位阶跃信号　(b) 单位阶跃响应曲线

图 2-17　一阶微分环节阶跃响应曲线

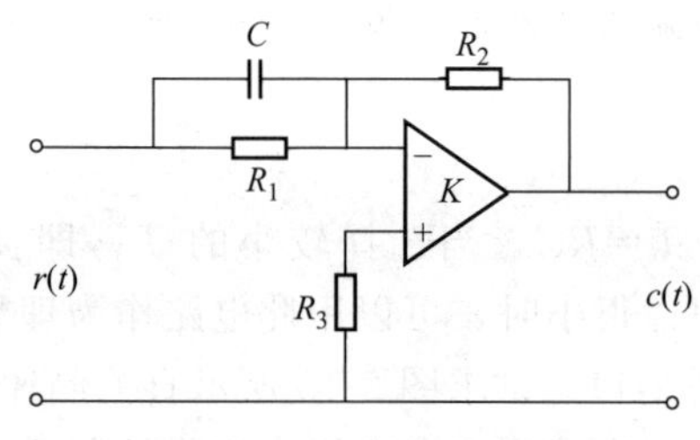

图 2-18　比例微分电路

图 2-18 所示的有源网络电路由比例环节和一阶微分环节组成，其传递函数为

$$G(s)=\frac{C(s)}{R(s)}=-\frac{R_2}{R_1}(R_1Cs+1)=-K_P(\tau s+1)$$

式中，$K_P=-\frac{R_2}{R_1}$，是这个有源网络电路的放大增益；$\tau=R_1C$ 是一阶微分环节的时间常数。这个有源网络经常用作控制器，称为比例微分（PD）控制器。

(6) 二阶振荡环节　含有两个独立的储能元件，并且所储存的能量能够相互转换，从而导致输出带有振荡性质的环节，称为振荡环节。

动态方程　$$T^2\frac{\mathrm{d}^2c(t)}{\mathrm{d}t^2}+2\xi T\frac{\mathrm{d}c(t)}{\mathrm{d}t}+c(t)=r(t)\quad(0\leqslant\xi<1)$$

传递函数　$$G(s)=\frac{C(s)}{R(s)}=\frac{1}{T^2s^2+2\xi Ts+1}=\frac{\omega_n^2}{s^2+2\xi\omega_ns+\omega_n^2}\quad(0\leqslant\xi<1)$$

式中，T、ξ、ω_n 皆为常数，且 $\omega_n=1/T$。T 为该环节的时间常数，ω_n 为无阻尼自然振荡角频率，ξ 为阻尼比。

能用二阶线性微分方程描述的系统称为二阶系统。当二阶系统的阻尼比满足 $0\leqslant\xi<1$ 时，其特征方程的根为共轭复根，这时的二阶系统才能称为振荡系统。当 $\xi>1$ 时，其特征方程有两个实根，这时的二阶系统由两个惯性环节串联而成。振荡环节的实例如 2.2 节中所列举的 RLC 电路和由弹簧-质量-阻尼器组成的机械平移系统。

(7) 二阶微分环节

动态方程　$$c(t)=\tau^2\frac{\mathrm{d}^2r(t)}{\mathrm{d}t^2}+2\xi\tau\frac{\mathrm{d}r(t)}{\mathrm{d}t}+r(t)$$

传递函数　$$G(s)=\frac{C(s)}{R(s)}=\tau^2s^2+2\xi\tau s+1$$

式中，τ 是常数，称为该环节的时间常数，ξ 也是常数称为阻尼比。

只有当上式中右边项等于零时的方程具有一对共轭复根时，该环节才能称为二阶微分环节。如果具有两个实根，则认为该环节是由两个一阶微分环节串联而成的。在控制系统中引入二阶微分环节主要是用于改善系统的动态性能。

(8) 延迟环节（又称滞后环节）　输入量作用后，输出量要等待一段时间 τ 后，才能不失真地复现输入，把这种环节称为延迟环节。

动态方程　$$c(t)=r(t-\tau)$$

传递函数　$$G(s)=\frac{C(s)}{R(s)}=\mathrm{e}^{-\tau s}$$

式中，τ 称为延时时间。

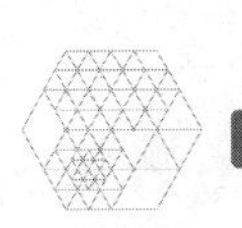

延迟环节的阶跃响应曲线如图 2-19 所示。延迟环节的输出具有和输入一样的波形，只是输出比输入有一个延迟时间 τ。例如温度、管道压力、管道流量等物理量的控制，其数学模型就包含有延迟环节。

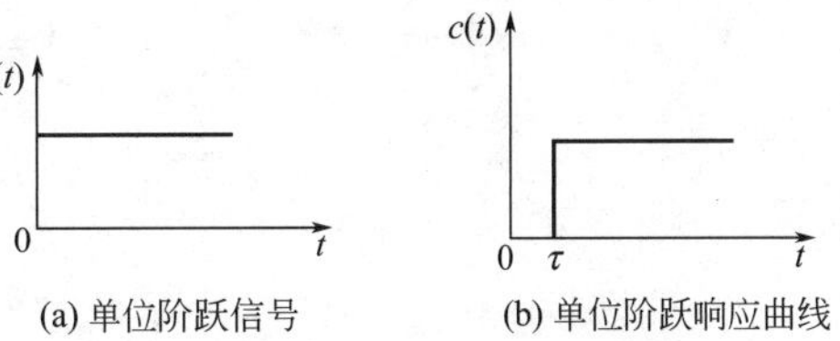

(a) 单位阶跃信号　　(b) 单位阶跃响应曲线

图 2-19　延迟环节阶跃响应曲线

延迟环节在实际中不单独存在，一般与其他环节同时出现。延迟环节与惯性环节的区别在于：惯性环节从输入开始时刻起就已有输出，只因惯性，输出要滞后一段时间才接近所要求的输出值；延迟环节从输入开始，在 $0\sim\tau$ 内，并无输出，但在 $t=\tau$ 时刻起，输出就完全等于输入。

如果对延迟环节的传递函数进行泰勒级级数展开，有

$$G(s)=\mathrm{e}^{-\tau s}=\frac{1}{\mathrm{e}^{\tau s}}=\frac{1}{1+\tau s+\frac{1}{2!}\tau^2 s^2+\mathrm{L}}$$

当延迟时间 τ 很小时，环节可以等效于一个惯性环节

$$G(s)=\mathrm{e}^{-\tau s}\approx\frac{1}{\tau s+1}$$

应该说明的是，环节是根据运动微分方程划分的，一个环节不一定代表一个元件，或许是几个元件之间的运动特性才组成一个环节。

引进系统的基本环节概念，可以引进结构图、信号流图等各种能表示系统结构的数学模型，从而能对系统做更详细的分析。

2.4.3　传递函数的标准形式

(1) 有理分式形式（多项式形式）

$$G(s)=\frac{C(s)}{R(s)}=\frac{b_m s^m+b_{m-1}s^{m-1}+\cdots+b_1 s+b_0}{a_n s^n+a_{n-1}s^{n-1}+a_{n-2}s^{n-2}+\cdots+a_1 s+a_0}=\frac{M(s)}{D(s)} \tag{2-47}$$

式中，$m\leqslant n$，$D(s)=a_n s^n+a_{n-1}s^{n-1}+a_{n-2}s^{n-2}+\cdots+a_1 s+a_0$

传递函数分母多项式 $D(s)$ 称为系统的特征多项式，$D(s)=0$ 称为系统的特征方程，$D(s)=0$ 的根称为系统的特征根或极点。

(2) 零极点形式——首 1 标准型　将传递函数的分子、分母多项式 $M(s)$、$N(s)$ 变为首 1 多项式，然后在复数范围内因式分解，可得

$$G(s)=\frac{b_m(s-z_1)(s-z_2)\cdots(s-z_m)}{a_n(s-p_1)(s-p_2)\cdots(s-p_n)}=\frac{k\prod_{j=1}^{m}(s-z_j)}{\prod_{i=1}^{n}(s-p_i)} \tag{2-48}$$

式中　z_j——传递函数分子多项式为零的 m 个根，称为传递函数的零点；

p_i——传递函数分母多项式为零的 n 个跟，称为传递函数的极点；在零极点图上，用“×”表示极点，用“○”表示零点；

k——零极点形式的传递函数增益，也称为根轨迹增益，将在第 4 章中介绍。

(3) 时间常数形式——尾 1 标准型　将传递函数的分子、分母最低次项（尾项）系数均化为 1，称为尾 1 标准型。因式分解后也称为典型环节形式，其表示形式为

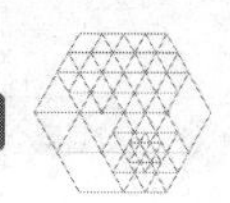

$$G(s)=\frac{K\prod_{j=1}^{m}(\tau_j s+1)}{\prod_{i=1}^{n}(T_i s+1)} \tag{2-49}$$

或

$$G(s)=\frac{K}{s^v}\frac{\prod_{j=1}^{m_1}(\tau_j s+1)\prod_{k=1}^{m_2}(\tau_k^2 s^2+2\xi_k\tau_k s+1)}{\prod_{i=1}^{n_1}(T_i s+1)\prod_{l=1}^{n_2}(T_l^2 s^2+2\xi_l T_l s+1)} \tag{2-50}$$

式中，每个因子都对应一个典型环节，τ_j，T_i 分别称为时间常数，K 称为放大倍数，$m_1+2m_2=m$；$v+n_1+2n_2=n$。
显然放大倍数 K 和根轨迹增益 k 具有如下数量关系

$$k=K\frac{\prod_{j=1}^{m}(\tau_j)}{\prod_{i=1}^{n}(T_i)} \quad 或 \quad K=k\frac{\prod_{j=1}^{m}|z_j|}{\prod_{i=1}^{n}|p_i|}$$

2.4.4 电气网络的运算阻抗与传递函数

求传递函数一般都要先列写微分方程。然而对于电气网络，采用电路理论中的运算阻抗的概念和方法，不列写微分方程也可以方便地求出相应的传递函数。

这里首先介绍运算阻抗的概念。电阻 R 的运算阻抗就是电阻 R 本身。电感 L 的运算阻抗是 Ls，电容 C 的运算阻抗是 $\frac{1}{Cs}$，其中，s 是拉氏变换的复参量。把普通电路中的电阻 R、电感 L、电容 C 全换成相应的运算阻抗，把电流 $i(t)$ 和电压 $u(t)$ 全换成相应的拉氏变换式 $I(s)$ 和 $U(s)$，把运算阻抗当成普通电阻。那么从形式上看，在零初始条件下，电路中的运算阻抗和电流、电压的拉氏变换式 $I(s)$、$U(s)$ 之间的关系满足各种电路规律，如欧姆定律、基尔霍夫电流定律和电压定律。于是采用普通的电路定律，经过简单的代数运算，就可能求解 $I(s)$、$U(s)$ 及相应的传递函数。采用运算阻抗的方法又称为运算法，相应的电路图称为运算电路。

例 2-12 在图 2-20(a) 中，电压 u_1 和 u_2 分别是输入量和输出量，求该电路的传递函数 $G(s)=\frac{U_2(s)}{U_1(s)}$。

解 将电路图 2-20(a) 变成运算电路图 2-20(b)，R 与 $\frac{1}{Cs}$ 组成简单的串联电路，于是

$$G(s)=\frac{U_2(s)}{U_1(s)}=\frac{\frac{1}{Cs}}{R+\frac{1}{Cs}}=\frac{1}{RCs+1}$$

这是一个惯性环节。

例 2-13 图 2-21 为积分电路，图 2-22 为微分电路中，电压 u_1 和 u_2 分别是输入量和输出量，是分别求积分和微分电路的传递函数 $G(s)=\frac{U_2(s)}{U_1(s)}$。

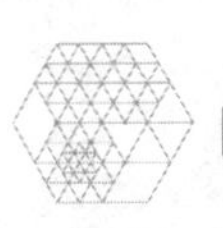

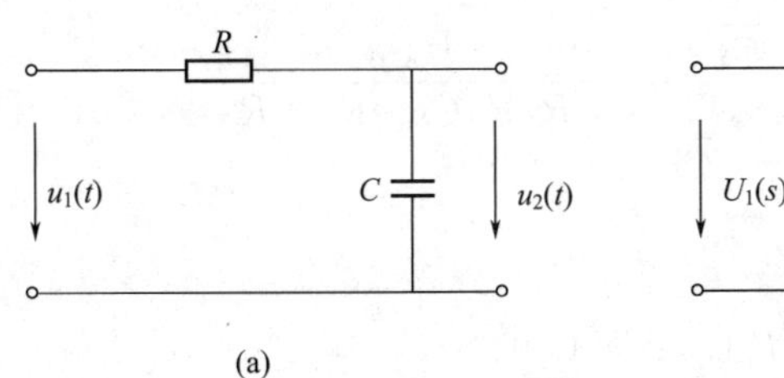

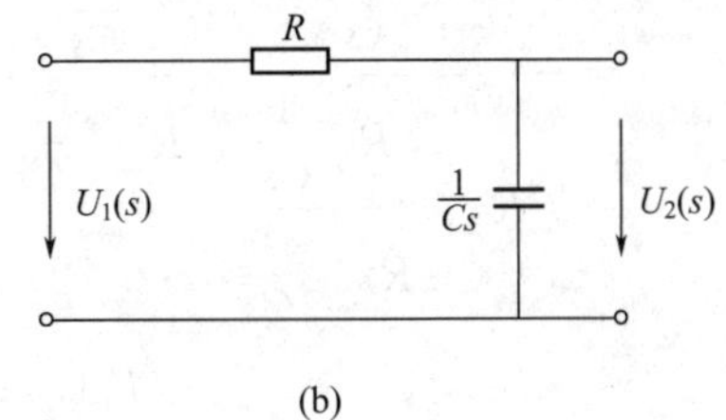

图 2-20 RC 电路

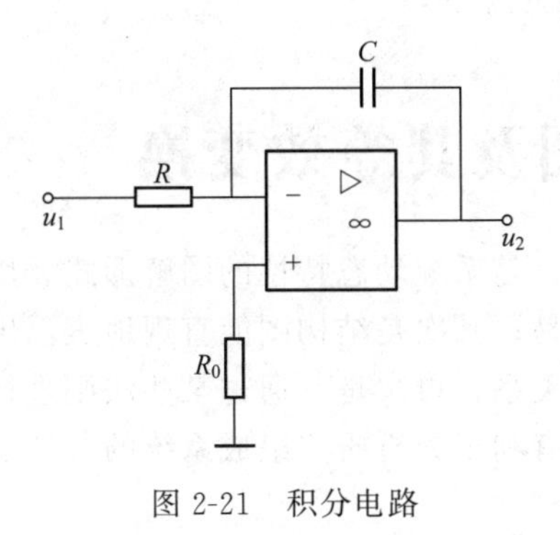

图 2-21 积分电路

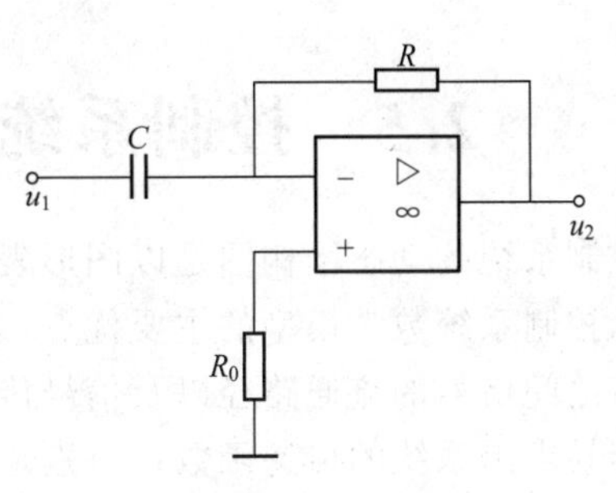

图 2-22 微分电路

解 ① 图 2-21 积分电路中，电容 C 的运算阻抗是$\frac{1}{Cs}$。这是运算放大器的反相输入，故有

$$G(s)=\frac{U_2(s)}{U_1(s)}=-\frac{\frac{1}{Cs}}{R}=-\frac{1}{RCs}$$

该电路包含一个积分环节，故称为积分电路。

② 图 2-22 微分电路中

$$G(s)=\frac{U_2(s)}{U_1(s)}=-\frac{R}{\frac{1}{Cs}}=-RCs$$

这个环节是由纯微分环节和比例环节组成，称为理想微分环节。这个传递函数是在理想运算放大器及理想的电阻、电容基础上推导出来的，对于实际元件来说，它只是在一定的限制条件下才成立。

例 2-14 在图 2-23 中，电压 u_i 和 u_o 分别是输入量和输出量，求传递函数 $G(s)=\frac{U_o(s)}{U_i(s)}$。

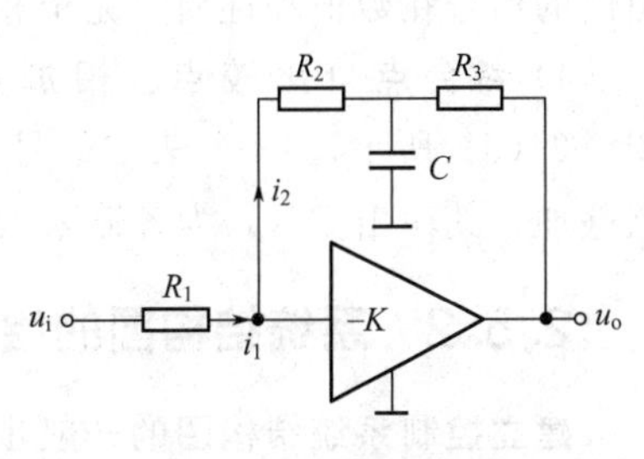

图 2-23 有源网络图

由图可得

$$I_1(s)=\frac{U_i(s)}{R_1}$$

$$I_2(s)=-\frac{U_o(s)}{R_3+R_2//\frac{1}{Cs}}\times\frac{\frac{1}{Cs}}{R_2+\frac{1}{Cs}}$$

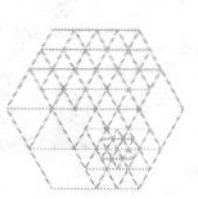

$$=-\frac{U_o(s)}{R_3+\dfrac{R_2\dfrac{1}{Cs}}{R_2+\dfrac{1}{Cs}}}\times\frac{\dfrac{1}{Cs}}{R_2+\dfrac{1}{Cs}}=-\frac{U_o(s)}{R_2R_3Cs+R_2+R_3}$$

$$I_1(s)=I_2(s)$$

三式联立，解得

$$\frac{U_o(s)}{U_i(s)}=-\frac{R_2R_3Cs+R_2+R_3}{R_1}$$

2.5 控制系统的结构图及其等效变换

控制系统的动态结构图是以图形表示的数学模型，是系统动态特性的图解形式。用结构图表示控制系统数学模型的主要优点，首先是绘制容易；其次是结构图能直观地表示出系统中环节之间信号的流通路径以及信号传递之间的动态关系；再次是，通过某些法则进行简化后，容易求出系统的传递函数；特别是通过结构图，有利于分析研究组成系统的各环节对系统性能的影响。

2.5.1 系统结构图的组成

系统结构图主要由信号线、方框、引出点、综合点等图形符号组成，如图 2-24 所示。

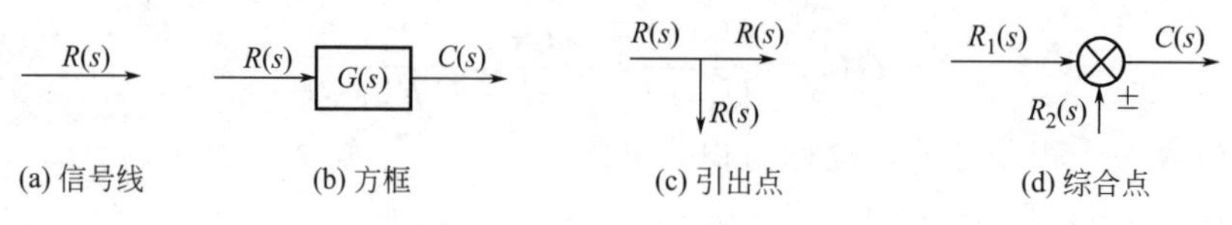

图 2-24　系统结构图的组成

1）**信号线**：带有箭头的线段，箭头表示信号的流向，信号只能沿箭头方向传递。如图 2-24(a) 所示，信号线上标记有信号名称，即信号的拉普拉斯变换。

2）**方框（环节）**：系统输入、输出的转换关系，如图 2-24(b) 所示，方框中是环节的传递函数 $G(s)$。

3）**引出点（分支点）**：表示在此位置引出信号，如图 2-24(c) 所示，且从同一信号线上引出的信号在数值和性质上完全相同，但有不同的去向。

4）**综合点（比较点、相加点）**：表示两个以上的信号在此处进行加减运算。如图 2-24(d) 所示，“＋”表示信号相加，“－”表示信号相减。当有多个输入 $R_i(s)$ 在综合点叠加，其输出 $C(s)$ 为各输入 $R_i(s)$ 的代数和，即 $C(s)=\sum R_i(s)$。

2.5.2 系统结构图的绘制

建立控制系统结构图的一般步骤如下：

1）建立控制系统各元件的微分方程，列写微分方程时，要注意相邻元件间负载效应的影响。

2）对元件的微分方程进行拉普拉斯变换，并作出各元件的结构图。

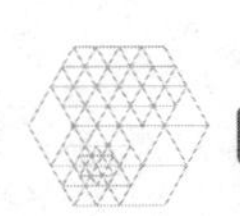

3）按照系统中各变量的传递顺序，依次将各元件的结构图连接起来，通常将系统的输入量放在左端，输出量放在右端，便得到系统的结构图。

例 2-15　在图 2-25(a) 中，电压 $u_1(t)$ 和 $u_2(t)$ 分别为输入量和输出量，绘制系统的结构图。

解　图 2-25(a) 所对应的运算电路如图 2-25(b) 所示。设中间变量 $I_1(s)$、$I_2(s)$ 和 $U_3(s)$ 如图所示。从输出量 $U_2(s)$ 开始按上述步骤列写系统方程式如下：

$$U_2(s)=\frac{1}{C_2 s}I_2(s)$$

$$I_2(s)=\frac{1}{R_2}[U_3(s)-U_2(s)]$$

$$U_3(s)=\frac{1}{C_1(s)}[I_1(s)-I_2(s)]$$

$$I_1(s)=\frac{1}{R_1}[U_1(s)-U_3(s)]$$

按着上述方程的顺序，从输出量开始绘制系统结构图，如图 2-25(c) 所示。

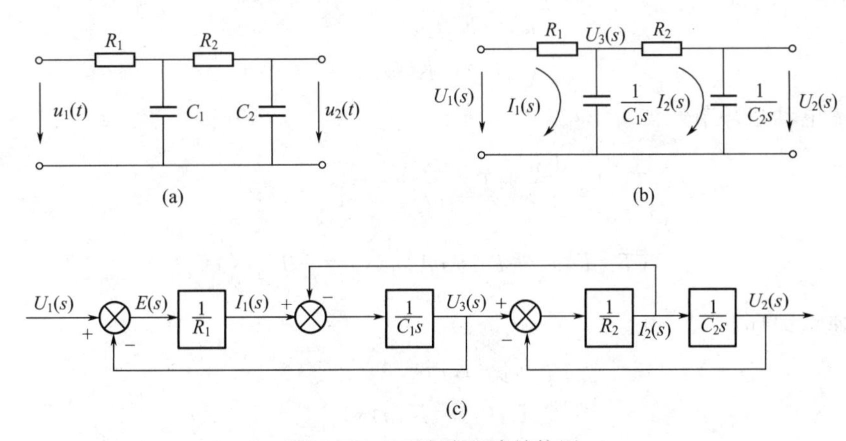

图 2-25　RC 滤波电路结构图

例 2-16　图 2-26 是单闭环直流电动机调速系统原理图，系统输入量为控制电压 u_g，输出量为电动机转速 n，试画出系统的结构图。

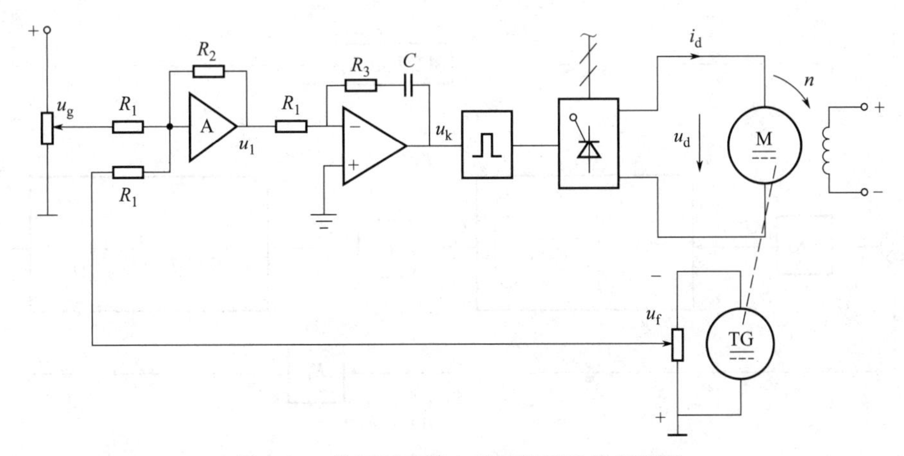

图 2-26　单闭环直流电动机调速系统原理图

解 由图 2-26 可以看出，直流电动机调速系统由比较和电压放大环节、控制器、功率放大环节、电动机以及测速发电机反馈环节组成，系统结构图如图 2-27(a) 所示。各环节的微分方程和拉氏变换式如下。

1）比较和电压运算放大环节

$$K_1=\frac{R_2}{R_1}$$

$$u_1=-K_1(u_g-u_f)$$

$$U_1(s)=-K_1[U_g(s)-U_f(s)]$$

2）PI 控制器环节

$$u_k=-\left(R_3\frac{u_1}{R_1}+\frac{1}{C}\int\frac{u_1}{R_1}\mathrm{d}t\right)$$

$$U_k(s)=-\frac{R_3}{R_1}\left(1+\frac{1}{R_3Cs}\right)U_1(s)=-K_2\left(1+\frac{1}{R_3Cs}\right)U_1(s)$$

3）晶闸管功率放大环节

$$u_d=K_au_k$$

$$U_d(s)=K_aU_k(s)$$

4）直流电动机环节

$$T_mT_d\frac{\mathrm{d}^2n}{\mathrm{d}t^2}+T_m\frac{\mathrm{d}n}{\mathrm{d}t}+n=\frac{u_d}{C_e}$$

$$(T_mT_ds^2+T_ms+1)n(s)=\frac{1}{C_e}U_d(s)$$

5）测速反馈环节

$$u_f=K_fn$$

$$U_f(s)=K_fn(s)$$

最后按信号流向将上述各环节依次连接起来，得到带有传递函数的系统结构图 2-27(b)。

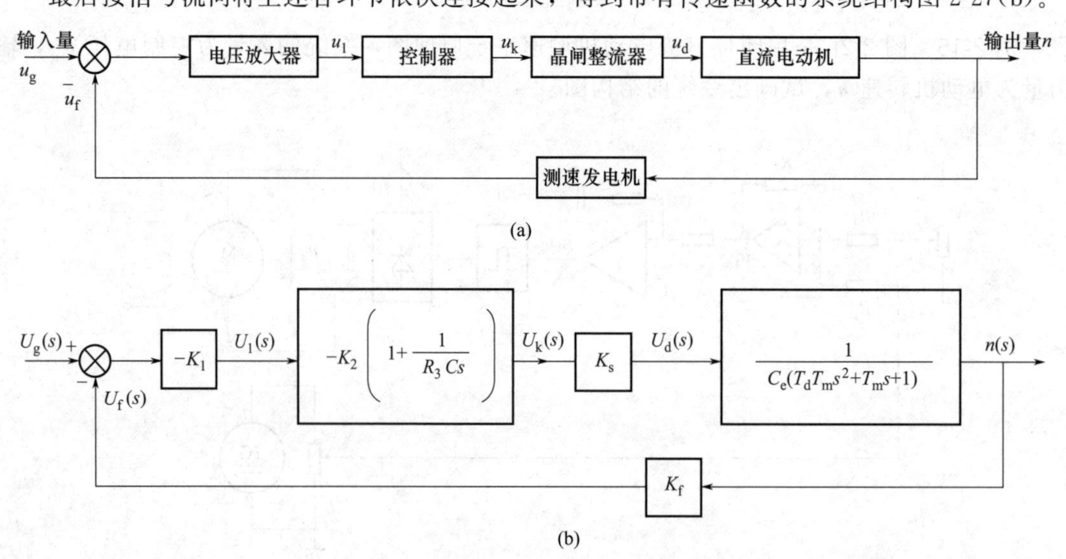

图 2-27 直流电动机调速系统结构图

2.5.3 结构图的基本变换

结构图有一套简易的等效变换规则。应用这些规则可以避免抽象的复杂数学运算，将一个复杂的结构图通过逐步的变换化简，从而求得系统或任意两个变量之间的传递函数。结构图等效变换使系统结构起到简化的作用，结构图进行变换要遵循等效原则。

等效原则：对结构图的任一部分进行变换时，变换前后该部分的输入量、输出量及其相互之间的数学关系保持不变。下面根据等效原则推导结构图基本变换规则。

(1) 串联环节的等效变换 如果几个函数方框首尾相连，前一个方框的输出是后一个方框的输入，称这种结构为串联环节。如图 2-28(a) 所示。

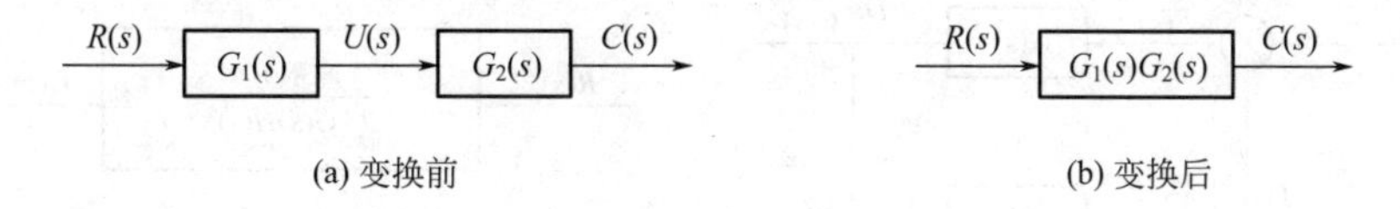

图 2-28 两个环节串联

由图可知

$$U(s)=G_1(s)R(s) \qquad C(s)=G_2(s)U(s)$$

消去中间变量 $U(s)$ 得

$$C(s)=G_1(s)G_2(s)R(s)$$

故两个串联环节等效传递函数为

$$G(s)=\frac{C(s)}{R(s)}=G_1(s)G_2(s) \tag{2-51}$$

根据式(2-51) 可以画出两个环节串联结构的简化框图，如图 2-28 (b) 所示，原来的两个函数方框简化成一个函数方框。

推论：n 个环节串联的等效传递函数等于它们 n 个传递函数的乘积。

$$G(s)=G_1(s)G_2(s)\cdots G_n(s)=\prod_{i=1}^{n}G_i(s) \tag{2-52}$$

(2) 并联环节的等效变换 两个或多个环节具有同一个输入信号，而以各自环节输出信号的代数和作为总的输出信号，这种结构称为并联。如图 2-29(a) 所示。

由图可知

$$\begin{aligned}C(s)&=C_1(s)+C_2(s)\\&=G_1(s)R(s)+G_2(s)R(s)\\&=[G_1(s)+G_2(s)]R(s)\end{aligned}$$

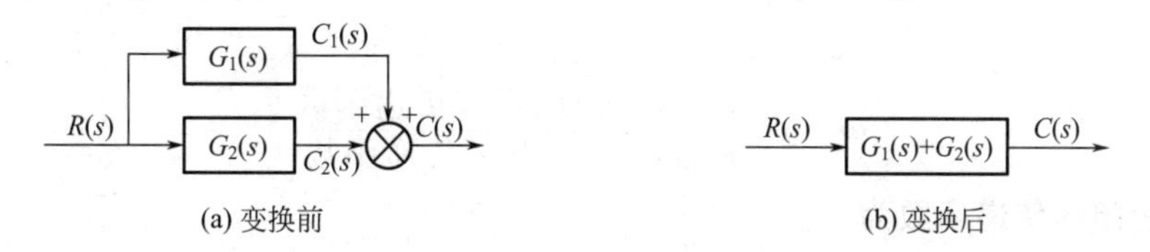

图 2-29 两个环节并联

故两个的并联环节等效传递函数为

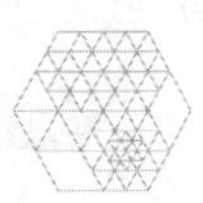

$$G(s)=\frac{C(s)}{R(s)}=G_1(s)+G_2(s) \tag{2-53}$$

根据式(2-53) 可以画出两个环节并联结构的简化框图，如图 2-29(b) 所示，原来的两个函数方框和一个相加点简化成了一个函数方框。

推论：*n* 个环节并联的等效传递函数等于它们 *n* 个传递函数的代数和。

$$G(s)=G_1(s)+G_2(s)+\cdots+G_n(s)=\sum_{i=1}^{n}G_i(s)$$

(3) 反馈回路的等效变换 将一个对象的输出信号反送到输入端的连接方式称为反馈。图 2-30(a) 是一个基本反馈回路。

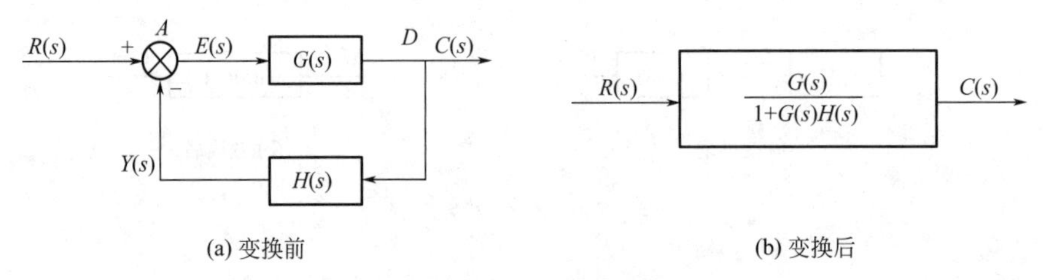

图 2-30 负反馈回路的简化

图中，$R(s)$ 是输入信号，$C(s)$ 是输出信号，$Y(s)$ 为反馈信号，$E(s)$ 为偏差信号，A 为相加点，D 为分支点。由偏差信号 $E(s)$ 至输出信号 $C(s)$ 的通道称为前向通道，传递函数 $G(s)$ 称为前向通道传递函数。由输出信号 $C(s)$ 至反馈信号 $Y(s)$ 的通道称为反馈通道，传递函数 $H(s)$ 称为反馈通道传递函数。一般输入信号 $R(s)$ 在相加点前取“+”号。此时，若反馈信号 $Y(s)$ 在相加点前取“+”号，称为正反馈；取“−”号，称为负反馈。通常相加点前的“+”可以省略，但“−”号不可以省略。

负反馈是自动控制系统中最常用的基本连接形式。对于负反馈系统由图 2-30(a) 可知

$$\begin{aligned}C(s)&=G(s)E(s)=G(s)[R(s)-Y(s)]\\&=G(s)[R(s)-H(s)C(s)]\\&=G(s)R(s)-G(s)H(s)C(s)\end{aligned}$$

负反馈回路的等效闭环传递函数为

$$\Phi(s)=\frac{C(s)}{R(s)}=\frac{G(s)}{1+G(s)H(s)} \tag{2-54}$$

根据式(2-54) 可以绘出负反馈回路简化后的框图，如图 2-30(b) 所示。

在反馈回路中，$\Phi(s)$ 称为闭环传递函数。前向通道传递函数 $G(s)$ 与反馈通道传递函数 $H(s)$ 的乘积 $G(s)H(s)$ 称为**开环传递函数**，它等于把反馈通道在输入端的相加点之前断开之后，所形成的开环结构的传递函数。所以，单回路负反馈系统的闭环传递函数可表示为

$$\Phi(s)=\frac{C(s)}{R(s)}=\frac{\text{前向通道传递函数}}{1+\text{开环传递函数}}$$

正反馈系统的闭环传递函数为

$$\Phi(s)=\frac{C(s)}{R(s)}=\frac{G(s)}{1-G(s)H(s)} \tag{2-55}$$

注意并联与反馈的区别：环节并联，各并联环节信号的流向是相同的，没有反馈，不构成回路。

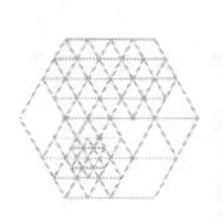

2.5.4　结构图的化简及其传递函数

结构图变换与简化是控制理论中的基本问题。简化结构图最常用的方法是采用结构图变换原则，将结构图变换为只有一个方框，从而得到系统的总传递函数。

在结构图化简过程中，一般应遵循以下两条原则：

1）结构图化简前后，其前向通路中的传递函数的乘积必须保持不变；

2）结构图化简前后，其回路中的传递函数的乘积必须保持不变。

化简结构图时，首先将结构图中显而易见的串联、并联环节和基本反馈回路用一个等效的函数框图代替。如果一个反馈回路内部存在分支点，或存在一个相加点，就称这个回路与其他回路有交叉连接，这种结构称交叉结构。化简结构图的关键就是解除交叉结构，形成无交叉的多回路结构。解除交叉连接的办法就是移动分支点或相加点。表 2-2 列出了结构图的变换规则。这些规则很容易从它代表的数学表达式来证明。

表 2-2　结构图的变换规则

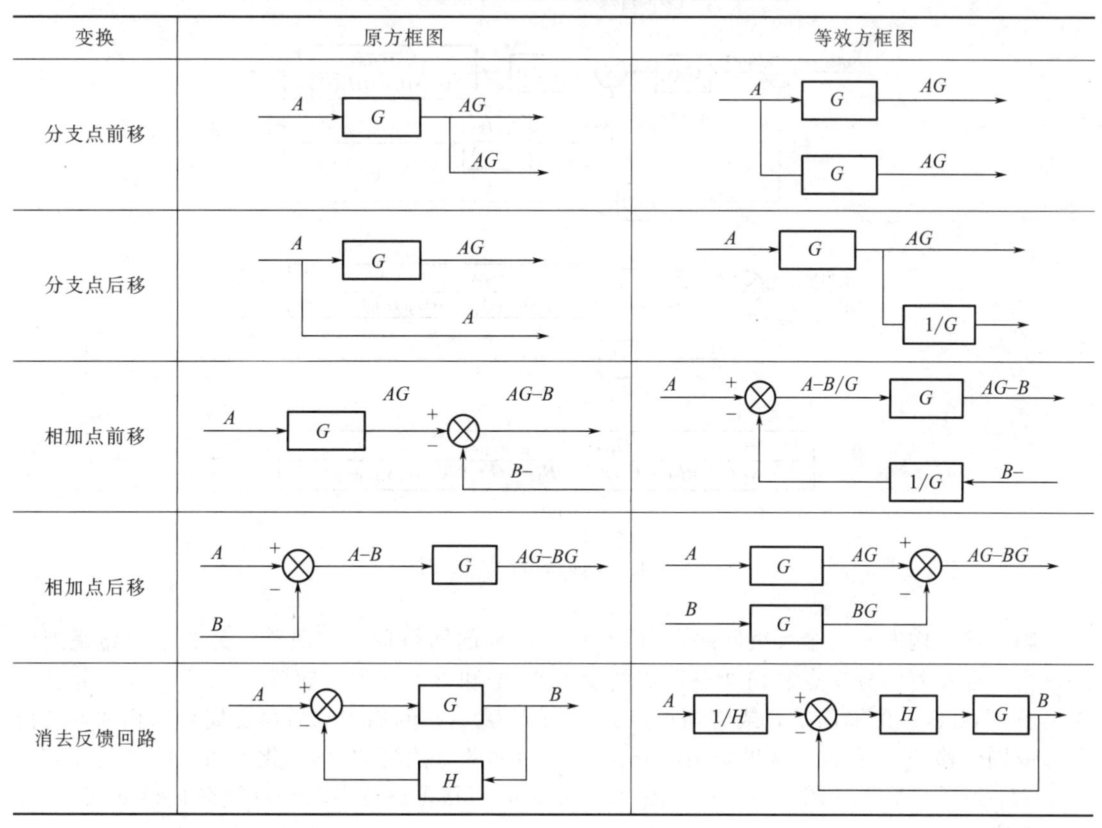

变换	原方框图	等效方框图
分支点前移	A; G; AG; AG	A; G; AG; G; AG
分支点后移	A; G; AG; A	A; G; AG; 1/G
相加点前移	A; G; AG; +; −; AG−B; B−	A; +; −; A−B/G; G; AG−B; 1/G; B−
相加点后移	A; +; −; A−B; G; AG−BG; B	A; G; AG; +; −; AG−BG; B; G; BG
消去反馈回路	A; +; −; G; B; H	A; 1/H; +; −; H; G; B

结构图化简具体步骤如下：

1）确定输入量与输出量；

2）若结构图中有交叉联系，应运用移动规则，首先将交叉消除，化为无交叉的结构；

3）对多回路结构，可由里向外进行变换，直至变换为一个等效的方框，即所求得的传递函数。

结构图化简时要注意：有效输入信号所对应的相加点尽量不要移动；分支点之间移动，相加点之间移动，尽量避免相加点和分支点之间的移动。

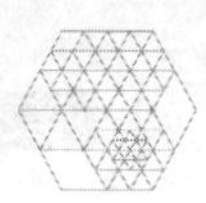

例 2-17 简化图 2-31(a) 所示的多回路系统，求闭环传递函数$\dfrac{C(s)}{R(s)}$及$\dfrac{E(s)}{R(s)}$。

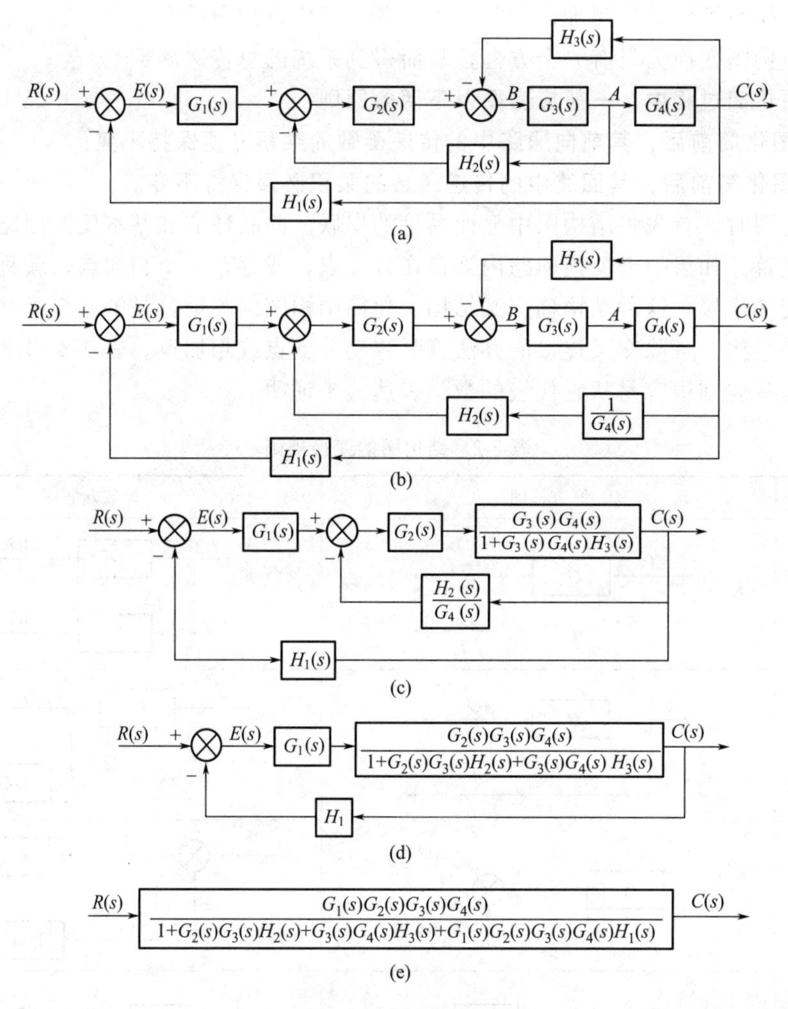

图 2-31 多回路结构图的化简

解 该结构图有 3 个反馈回路，由 $H_1(s)$ 组成的回路称为主回路，另 2 个回路是副回路。由于存在着由分支点和相加点形成的交叉点 A 和 B，首先要解除交叉。可以将分支点 A 后移到 $G_4(s)$ 的输出端，或将相加点 B 前移到 $G_2(s)$ 的输入端后再交换相邻相加点的位置，或同时移动 A 和 B。这里采用将分支点 A 后移的方法将图（a）化为图（b）。化简 G_3、G_4、H_3 副回路后得到图（c）。对于图（c）中的副回路再进行串联和反馈简化得到图（d）。由该图求得

$$\frac{C(s)}{R(s)}=\frac{\dfrac{G_1(s)G_2(s)G_3(s)G_4(s)}{1+G_2(s)G_3(s)H_2(s)+G_3(s)G_4(s)H_3(s)}}{1+\dfrac{G_1(s)G_2(s)G_3(s)G_4(s)H_1(s)}{1+G_2(s)G_3(s)H_2(s)+G_3(s)G_4(s)H_3(s)}}$$

$$=\frac{G_1(s)G_2(s)G_3(s)G_4(s)}{1+G_2(s)G_3(s)H_2(s)+G_3(s)G_4(s)H_3(s)+G_1(s)G_2(s)G_3(s)G_4(s)H_1(s)} \tag{2-56}$$

$$\frac{E(s)}{R(s)}=\frac{1}{1+\dfrac{G_1(s)G_2(s)G_3(s)G_4(s)H_1(s)}{1+G_2(s)G_3(s)H_2(s)+G_3(s)G_4(s)H_3(s)}}$$
$$=\frac{1+G_2(s)G_3(s)H_2(s)+G_3(s)G_4(s)H_3(s)}{1+G_2(s)G_3(s)H_2(s)+G_3(s)G_4(s)H_3(s)+G_1(s)G_2(s)G_3(s)G_4(s)H_1(s)} \tag{2-57}$$

利用式(2-56) 和图 2-31(d) 也可求$\dfrac{E(s)}{R(s)}$，由图 2-31(d) 知

$$E(s)=R(s)-H_1(s)C(s)=R(s)\left[1-H_1(s)\frac{C(s)}{R(s)}\right]$$
$$\frac{E(s)}{R(s)}=1-H_1(s)\frac{C(s)}{R(s)} \tag{2-58}$$

将式(2-56) 代入式(2-58) 即可求出$\dfrac{E(s)}{R(s)}$，结果与式(2-57) 相同。另外，也可用梅森增益公式求此两个传递函数，参见例 2-22。

例 2-18 系统结构图如图 2-32(a) 所示，试求系统的传递函数 $C(s)/R(s)$。

解题方法一：消除交叉链接，由内向外逐步化简，如图 2-32(b)～(g) 所示。

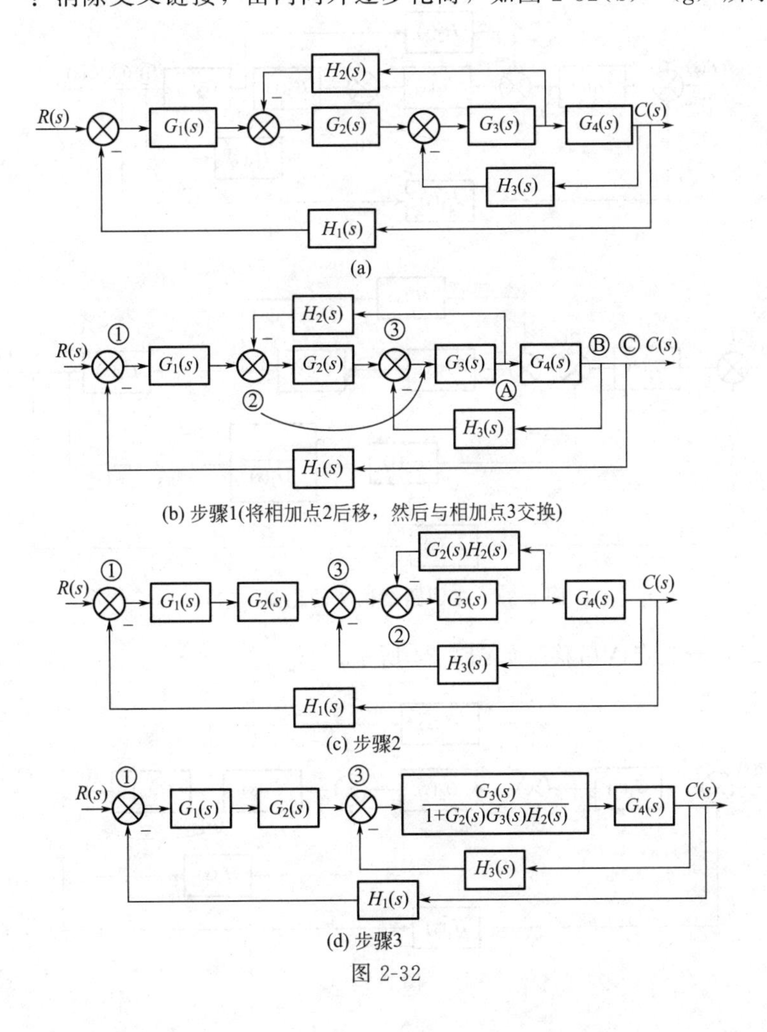

(a)

(b) 步骤1(将相加点2后移，然后与相加点3交换)

(c) 步骤2

(d) 步骤3

图 2-32

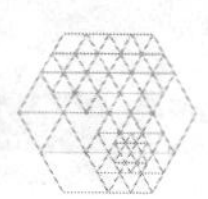

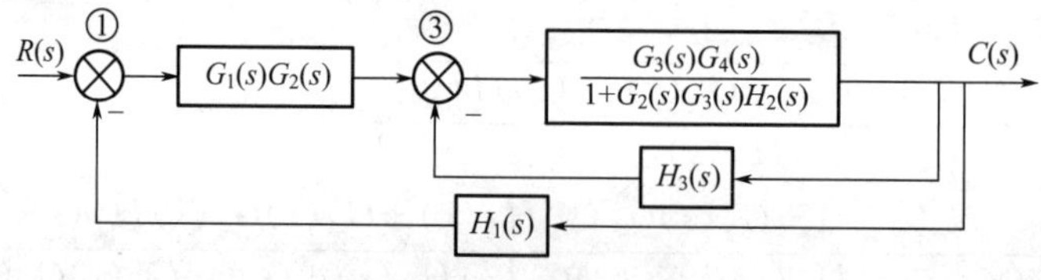

(e) 步骤4(串联环节等效变换)

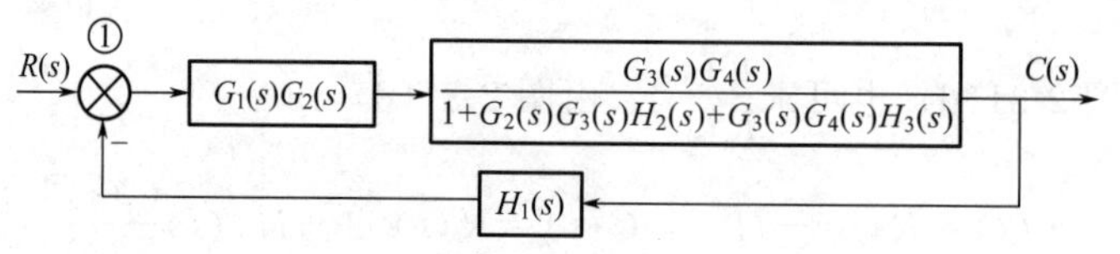

(f) 步骤5(内反馈环节等效变换)

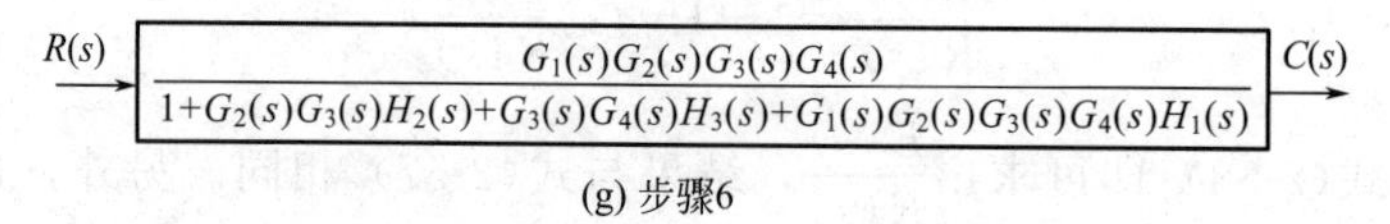

(g) 步骤6

图 2-32　多回路结构图的化简（一）

解题方法二：将相加点③前移，然后与相加点②交换。如图 2-33 所示。

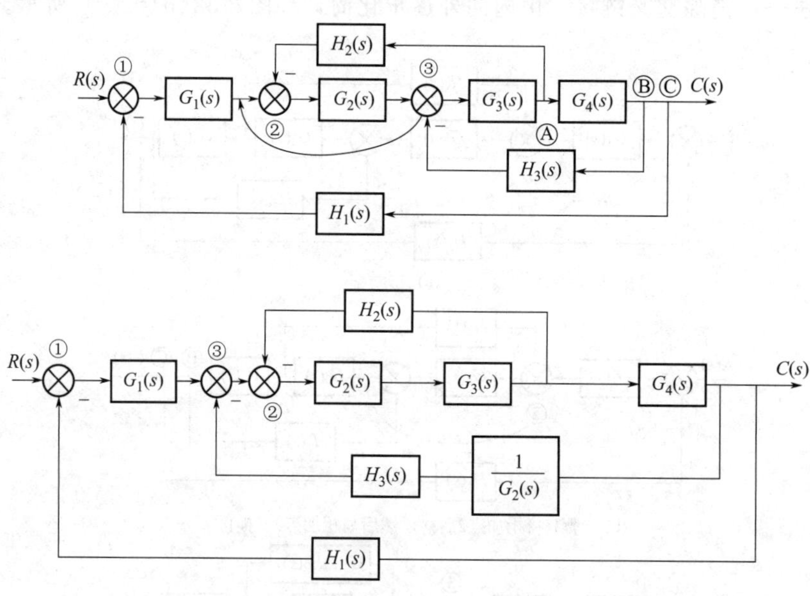

图 2-33　多回路结构图的化简（二）

解题方法三：分支点Ⓐ后移。如图 2-34 所示。

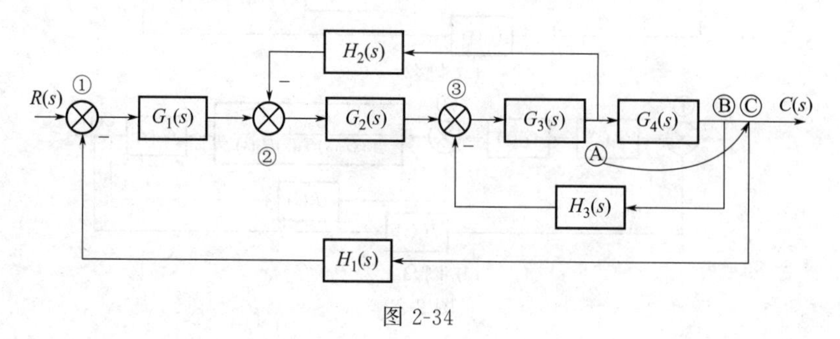

图 2-34

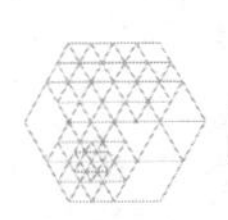

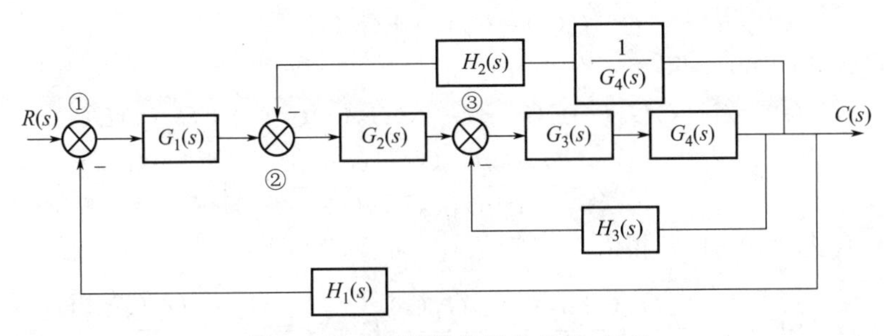

图 2-34 多回路结构图的化简（三）

解题方法四：分支点Ⓑ前移。如图 2-35 所示。

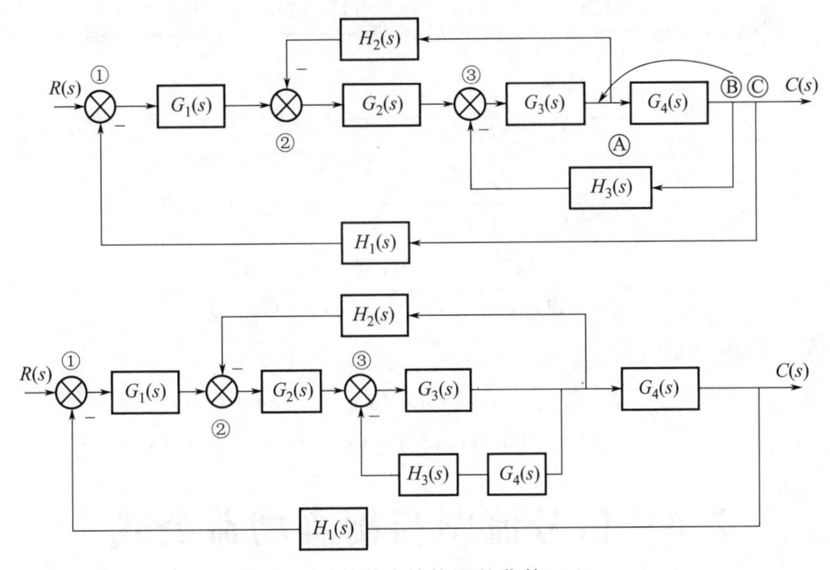

图 2-35 多回路结构图的化简（四）

结构图是线性代数方程组的图形表示，所以，简化结构图本质是求解线性代数方程组。代数法就是根据结构图写出线性代数方程组，然后用代数方法消除中间变量。代数法对环节少、信号传递复杂的结构图是很有效的。

例 2-19 系统结构如图 2-36 所示，用代数法求系统传递函数$\dfrac{C(s)}{R(s)}$。

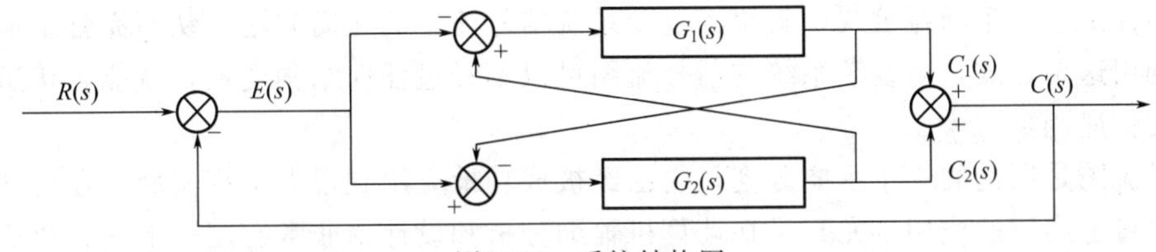

图 2-36 系统结构图

解 采用结构图化简和梅森公式都可求解，但是回路多，不易查别、容易出错。设变量 $E(s)$、$C_1(s)$、$C_2(s)$ 如图 2-36 所示。由图可知

$$E(s)=R(s)-C(s) \tag{2-59}$$

$$C_1(s)=G_1(s)[C_2(s)-E(s)] \tag{2-60}$$

$$C_2(s)=G_2(s)[E(s)-C_1(s)] \tag{2-61}$$

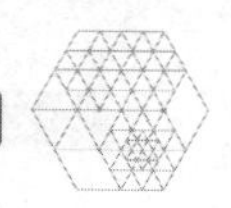

$$C(s)=C_1(s)+C_2(s) \tag{2-62}$$

将式(2-61) 代入式(2-60)，得

$$C_1(s)=G_1(s)G_2(s)E(s)-G_1(s)G_2(s)C_1(s)-G_1(s)E(s)$$

则
$$C_1(s)=\frac{G_1(s)G_2(s)-G_1(s)}{1+G_1(s)G_2(s)}E(s)$$

将 $C_1(s)$ 代入式(2-61)，得

$$C_2(s)=G_2(s)\left[E(s)-\frac{G_1(s)G_2(s)-G_1(s)}{1+G_1(s)G_2(s)}E(s)\right]=\frac{G_1(s)G_2(s)+G_2(s)}{1+G_1(s)G_2(s)}E(s)$$

将 $C_1(s)$ 和 $C_2(s)$ 代入式(2-62)，得

$$\begin{aligned}C(s)&=\frac{G_1(s)G_2(s)-G_1(s)}{1+G_1(s)G_2(s)}E(s)+\frac{G_1(s)G_2(s)+G_2(s)}{1+G_1(s)G_2(s)}E(s)\\&=\frac{2G_1(s)G_2(s)-G_1(s)+G_2(s)}{1+G_1(s)G_2(s)}E(s)\\&=\frac{2G_1(s)G_2(s)-G_1(s)+G_2(s)}{1+G_1(s)G_2(s)}[R(s)-C(s)]\end{aligned}$$

整理得
$$C(s)=\frac{2G_1(s)G_2(s)-G_1(s)+G_2(s)}{1+3G_1(s)G_2(s)-G_1(s)+G_2(s)}R(s)$$

因此，系统的传递函数为

$$\Phi(s)=\frac{C(s)}{R(s)}=\frac{2G_1(s)G_2(s)-G_1(s)+G_2(s)}{1+3G_1(s)G_2(s)-G_1(s)+G_2(s)}$$

2.6 信号流图与梅森增益公式

结构图是控制系统中经常采用的一种用图解表示控制系统的有效方法，但当系统较复杂时，对结构图的化简和推导它的传递函数就很麻烦。

1953 年，美国学者梅森（Mason）在线性系统分析中首次引进了信号流图，从而用图形表示线性代数方程组。当这个方程组代表一个物理系统时，正如它的名称的含义一样，信号流图描述了信号从系统上一点到另一点的流动情况。因为信号流图从直观上表示了系统变量间的因果关系，所以它是线性系统分析中一个有用的工具。1956 年，梅森在他发表的一篇论文中提出了一个增益公式，解决了复杂系统信号流图的化简问题，从而完善了信号流图方法。利用这个公式，对复杂系统的信号流图可以不经过任何结构变换，就能直接迅速地写出系统的传递函数。

信号流图是图论的一个重要分支，它已经被成功地应用到很多工程领域，在自动控制理论中也获得了广泛的应用，尤其是在计算机辅助分析和设计中非常有用。下面介绍信号流图的基本理论及其在自动控制理论中的应用。

2.6.1 信号流图

图 2-37(a)、(b) 所示为反馈系统的结构图和与它对应的信号流图。由图可以看出，信号流图中的网络是由一些定向线段将一些节点连接而成的。下面介绍有关信号流图的常用术语。

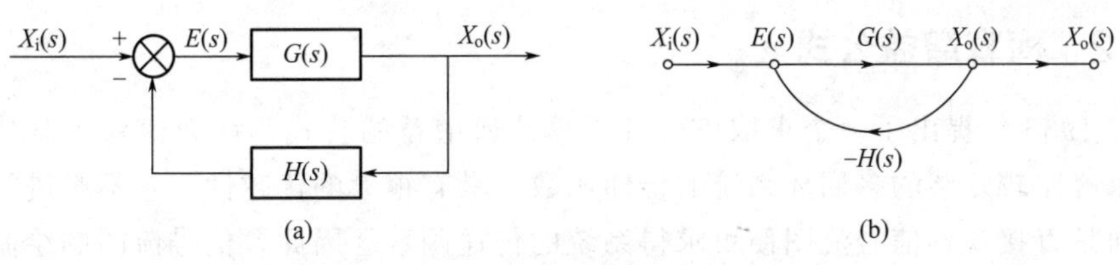

图 2-37　系统结构图与信号流图

1）节点。表示变量或信号的点称为节点。在图中用“○”表示，在“○”旁边注上信号的代号。

2）输入节点。只有输出的节点，又称为源点。例如图 2-37 中的 $X_i(s)$ 是输入节点。

3）输出节点。只有输入的节点，又称为汇点。例如图 2-37 中的 $X_o(s)$ 是输出节点。

4）混合节点。既有输入又有输出的节点称为混合节点。例如图 2-37 中的 $E(s)$ 是一个混合节点。

5）支路。定向线段称为支路，其上的箭头表明信号的流向，各支路上还标明了增益，即支路的传递函数。例如图 2-37 中从节点 $E(s)$ 到 $X_o(s)$ 为一支路，其中 $G(s)$ 为该支路的增益。

6）通路。沿支路箭头方向穿过各相连支路的路径称为通路。

7）前向通路。从输入节点到输出节点的通路上通过任何节点不多于一次的通路称为前向通路。例如图 2-37 中的 $X_i(s)$ 到 $E(s)$ 再到 $X_o(s)$ 是前向通路。

8）回路。始端与终端重合且与任何节点相交不多于一次的通道称为回路。例如图 2-37 中的 $E(s)$ 到 $X_o(s)$ 再到 $E(s)$ 是一条回路。

9）不接触回路。没有任何公共节点的回路称为不接触回路。

10）自回路。只与一个节点相交的回路称为自回路。

为了从信号流图求出系统的传递函数，需要将信号流图等效简化。表 2-3 所示为信号流图的基本简化规则。

表 2-3　信号流图的基本简化规则

支路串联	X_1 —a→ X_2 —b→ X_3	X_1 —ab→ X_3
支路并联	X_1 —a→ X_2；X_1 —b→ X_2	X_1 —$a+b$→ X_2
消去节点	X_1 —a→ X_3；X_2 —b→ X_3；X_3 —c→ X_4	X_1 —ac→ X_4；X_2 —bc→ X_4
反馈回路的简化	X_1 —a→ X_2 —b→ X_3；X_3 —c→ X_2	X_1 —$\frac{ab}{1-bc}$→ X_3
自回路的简化	X_1 —a→ X_2；X_2 —b→ X_2	X_1 —$\frac{a}{1-b}$→ X_2

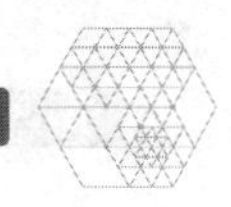

2.6.2 梅森增益公式

梅森在1956年提出了一个求取信号流图总传递增益的公式，称为梅森增益公式。这个公式对于求解比较复杂的多回环系统的传递函数，具有很大的优越性。它不必进行费时的简化过程，而是直接观察信号流图便可求得系统的传递函数。因此，信号流图的绘制是应用梅森公式的重要前提，在绘制信号流图是应注意以下几点：

1）从系统的结构图绘制信号流图时，应尽量精简节点数；

2）支路增益为1的相邻两个节点，一般可以合并成一个节点，但对于输入节点和输出节点却不可以合并；

3）在结构图比较点之前没有引出点时，只需在比较点后设置一个节点即可；

4）在结构图比较点之前有引出点时，需要在引出点和比较点各设置一个节点，分别标志两个变量，它们之间的支路增益为1。

梅森按照克莱姆规则求解线性联立方程时，将解出的分子分母多项式与信号流图的拓扑图之间巧妙联系，从而得出了梅森公式。具体证明可参考有关书籍，这里只给出梅森公式的一般形式、各符号的意义及其应用。

梅森公式的一般形式为

$$\Phi(s)=\frac{\sum_{k=1}^{n}P_k\Delta_k}{\Delta} \tag{2-63}$$

式中 $\Phi(s)$——系统的输出信号和输入信号之间的传递函数；

n——系统前向通路个数；

P_k——从输入端到输出端的第 k 条前向通路上各传递函数之积；

Δ_k——在 Δ 中，将与第 k 条前向通路相接触的回路所在项除去后所余下的部分，称余因子式。

Δ 称为特征式，且

$$\Delta=1-\sum L_i+\sum L_iL_j-\sum L_iL_jL_k+\cdots$$

式中 $\sum L_i$——所有各回路的“回路传递函数”之和；

$\sum L_iL_j$——两两互不接触的回路，其“回路传递函数”乘积之和；

$\sum L_iL_jL_k$——所有的三个互不接触的回路，其“回路传递函数”乘积之和。

“回路传递函数”指的是反馈回路的前向通路和反馈通路的传递函数的乘积，并且包括相加点前的代表反馈极性的正、负号。“相接触”指的是在框图上具有共同的重合部分，包括共同的函数方框，或共同的相加点，或共同的信号流线。框图中的任何一个变量均可作为输出信号，但输入信号必须是不受框图中其他变量影响的量。

应用梅森公式求解信号流图传递函数的具体步骤如下：

1）观察并写出所有从输入节点到输出节点的前向通道的增益；

2）观察信号流图，找出所有的回路，并写出它们的回路增益 L_1，L_2，$L_3\cdots$；

3）找出所有可能组合的2个、3个、…互不接触（无公共节点）回路，并写出回路增益；

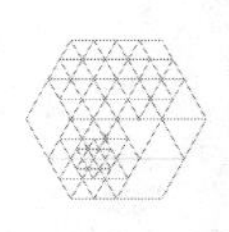

4）写出信号流图特征式；

5）分别写出与第 k 条前向通道不接触部分信号流图的特征式；

6）代入梅森增益公式。

下面举例说明应用梅森增益公式由信号流图求取控制系统传递函数的过程。

例 2-20 用梅森公式求图 2-38 所示信号流图的总传输增益。

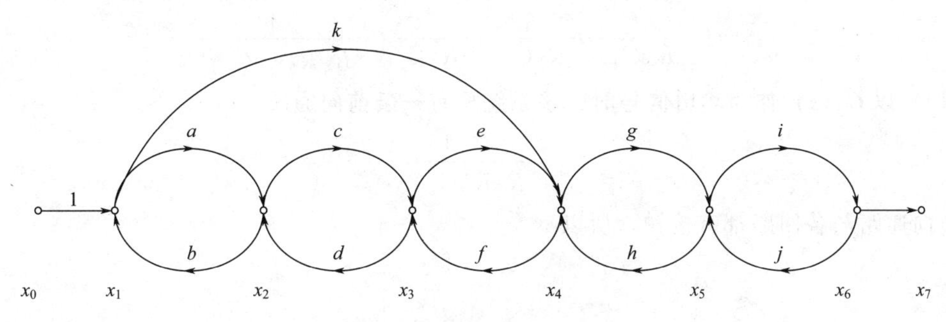

图 2-38 例 2-20 的信号流图

解 此系统有六个回环，即 ab、cd、ef、gh、ij、$kfdb$，因此

$$\sum L_1=ab+cd+ef+gh+ij+kfdb$$

两个互不接触的回环有七种组合，即 $ab-ef$、ab-gh、$ab-ij$、$cd-gh$、$cd-ij$、$ef-ij$、$kfdb-ij$，所以 $\sum L_2=abef+abgh+abij+cdgh+cdij+efij+kfdbij$

三个互不接触的回环只有 $ab-ef-ij$，故 $\sum L_3=abefij$

由此可得特征式 $\Delta=1-\sum L_1+\sum L_2-\sum L_3$

从源节点到汇节点有两条前向通道。一条为 $acegi$，它与所有的回环均接触，因此

$$p_1=acegi,\ \Delta_1=1$$

另一条前向通道为 kgi，它不与回路 cd 接触，因此

$$p_2=kgi,\ \Delta_2=1-cd$$

由此可求得系统的总传输增益为

$$T=\frac{x_7}{x_0}=\frac{\sum_{k=1}^{n}P_k\Delta_k}{\Delta}$$

$$=\frac{acegi+kgi(1-cd)}{1-(ab+cd+ef+gh+ij+kfdb)+(abef+abgh+abij+cdgh+adij+kfabij)-abefij}$$

例 2-21 对于图 2-25(c)，试用梅森增益公式法求 $\Phi(s)=U_2(s)/U_1(s)$ 和 $\Phi_e(s)=E(s)/U_1(s)$。

解 系统的信号流图为图 2-39，该图有 3 个反馈回路

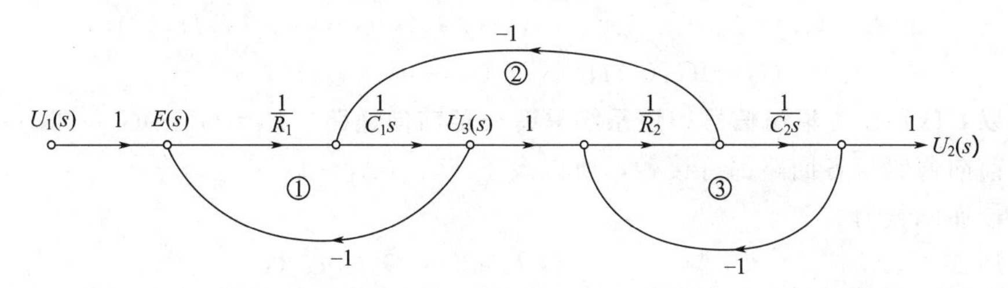

图 2-39 例 2-21 的信号流图

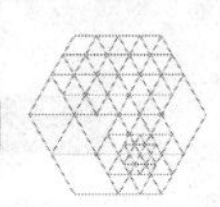

$$\sum_{i=1}^{3} L_i = L_1 + L_2 + L_3 = -\frac{1}{R_1C_1s} - \frac{1}{R_2C_1s} - \frac{1}{R_2C_2s}$$

回路 1 和回路 3 不接触，所以

$$\sum L_iL_j = L_1L_3 = \frac{1}{R_1R_2C_1C_2s^2}$$

$$\Delta = 1 + \frac{1}{R_1C_1s} + \frac{1}{R_2C_1s} + \frac{1}{R_2C_2s} + \frac{1}{R_1R_2C_1C_2s^2}$$

（1）以 $U_2(s)$ 作为输出信号时，该系统只有一条前向通路。且有

$$P_1 = \frac{1}{R_1R_2C_1C_2s^2}$$

这条前向通路与各回路都有接触，所以

$$\Delta_1 = 1$$

故

$$\Phi(s) = \frac{U_o(s)}{U_i(s)} = \frac{\dfrac{1}{R_1R_2C_1C_2s^2}}{1 + \dfrac{1}{R_1C_1s} + \dfrac{1}{R_2C_1s} + \dfrac{1}{R_2C_2s} + \dfrac{1}{R_1R_2C_1C_2s^2}}$$

$$= \frac{1}{R_1R_2C_1C_2s^2 + (R_1C_1 + R_1C_2 + R_2C_2)s + 1}$$

（2）以 $E(s)$ 为输出时，该系统也是只有一条前向通路，且 $P_1 = 1$，这条前向通路与回路 1 相接触，与回路 2、回路 3 不接触，故

$$\Delta_1 = 1 + \frac{1}{R_2C_1s} + \frac{1}{R_2C_2s}$$

所以有

$$\Phi_e(s) = \frac{E(s)}{U_1(s)} = \frac{1 + \dfrac{1}{R_2C_1s} + \dfrac{1}{R_2C_2s}}{1 + \dfrac{1}{R_1C_1s} + \dfrac{1}{R_2C_1s} + \dfrac{1}{R_2C_2s} + \dfrac{1}{R_1R_2C_1C_2s^2}}$$

$$= \frac{R_1R_2C_1C_2s^2 + (R_1C_1 + R_1C_2)s}{R_1R_2C_1C_2s^2 + (R_1C_1 + R_1C_2 + R_2C_2)s + 1}$$

例 2-22 试用梅森增益公式，求例 2-17 系统的传递函数 $\dfrac{C(s)}{R(s)}$，$\dfrac{E(s)}{R(s)}$。

解 系统的信号流图为图 2-40，该图有 3 个闭合回路，并且都不接触，所以

$$L_1 = -G_1(s)G_2(s)G_3(s)G_4(s)H_1(s),\ L_2 = -G_2(s)G_3(s)H_2(s),$$

$$L_3 = -G_3(s)G_4(s)H_3(s)$$

$$\Delta = 1 - (L_1 + L_2 + L_3) = 1 + G_1(s)G_2(s)G_3(s)G_4(s)H_1(s) + G_2(s)G_3(s)H_2(s) + G_3(s)G_4(s)H_3(s)$$

（1）以 $C(s)$ 作为输出信号，该系统只有一条前向通路 $P_1 = G_1(s)G_2(s)G_3(s)G_4(s)$

这条前向通路与各回路都有接触，所以余子式 $\Delta_1 = 1$

系统传递函数为

$$\frac{C(s)}{R(s)} = \frac{P_1\Delta_1}{\Delta} = \frac{G_1(s)G_2(s)G_3(s)G_4(s)}{1 + G_1(s)G_2(s)G_3(s)G_4(s)H_1(s) + G_2(s)G_3(s)H_2(s) + G_3(s)G_4(s)H_3(s)}$$

(2) 以 $E(s)$ 作为输出信号，该系统只有一条前向通路 $P_1=1$

这条前向通路与 L_2、L_3 回路不接触，所以余子式

$$\Delta_1=1+G_2(s)G_3(s)H_2(s)+G_3(s)G_4(s)H_3(s)$$

系统传递函数为

$$\frac{E(s)}{R(s)}=\frac{P_1\Delta_1}{\Delta}=\frac{1+G_2(s)G_3(s)H_2(s)+G_3(s)G_4(s)H_3(s)}{1+G_1(s)G_2(s)G_3(s)G_4(s)H_1(s)+G_2(s)G_3(s)H_2(s)+G_3(s)G_4(s)H_3(s)}$$

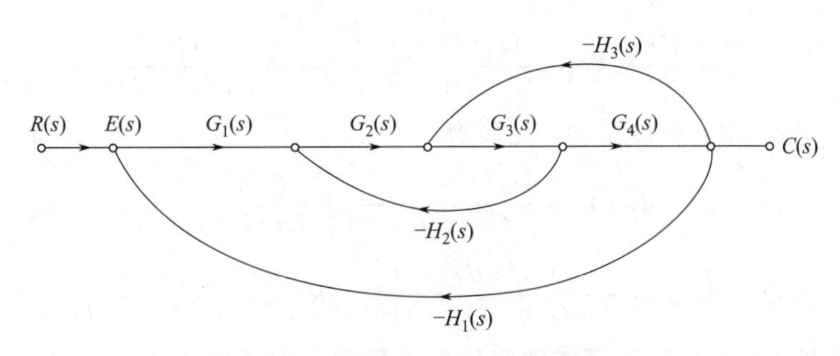

图 2-40　例 2-22 系统的信号流图

2.7　控制系统的传递函数

图 2-41 所示为控制工程中反馈控制系统的典型结构。在实际工作中，反馈控制系统一般有两类输入信号。一类是有用信号，包括参考输入、控制输入、指令输入及给定值，通常加在系统的输入端；另一类是扰动信号，一般是作用在控制对象上，也可能出现在其他元部件中，甚至夹杂在指令信号中。基于实际系统的需要，下面介绍几个系统传递函数的概念。

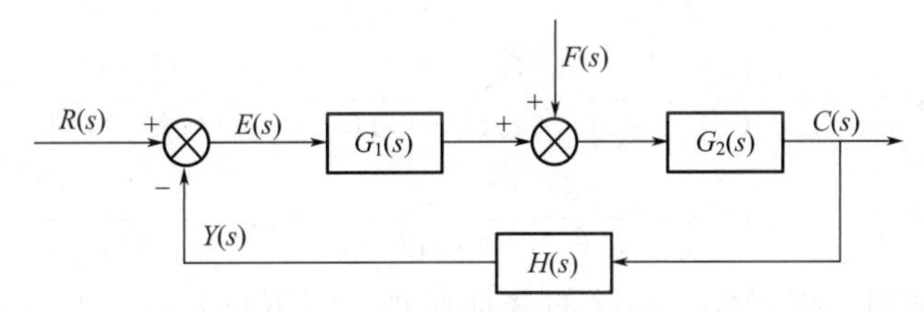

图 2-41　反馈控制系统的典型结构

图 2-41 中，$R(s)$ 为参考输入信号，$F(s)$ 为扰动输入信号，$Y(s)$ 为反馈信号，$E(s)$ 为偏差信号。

(1) 系统的开环传递函数　若 $F(s)=0$，将反馈信号 $Y(s)$ 在相加点前断开后，反馈信号 $Y(s)$ 与偏差信号 $E(s)$ 之比，称为系统的开环传递函数。

系统的前向通道传递函数

$$G(s)=G_1(s)G_2(s) \tag{2-64}$$

系统的开环传递函数

$$\frac{Y(s)}{E(s)}=G_1(s)G_2(s)H(s) \tag{2-65}$$

结论：开环传递函数等于前向通道传递函数与反馈通道传递函数的乘积。

(2) 输入信号 $R(s)$ 作用下系统的闭环传递函数　若 $F(s)=0$，则系统的输出信号的拉氏变换 $C(s)$ 与输入信号 $R(s)$ 之比，称为输出信号 $c(t)$ 对于输入信号 $r(t)$ 的闭环传递

函数。这时图 2-41 可变成图 2-42。

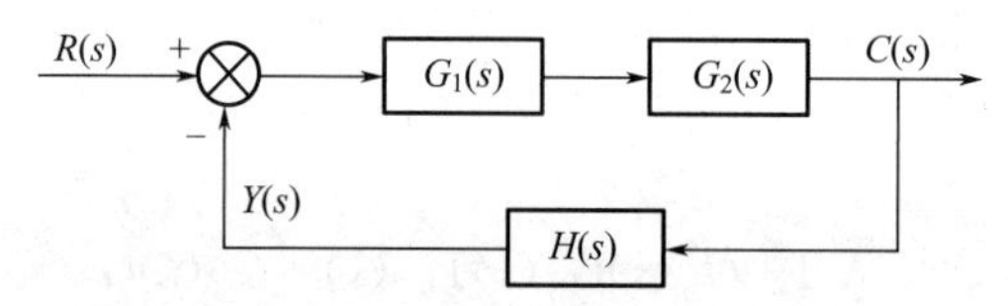

图 2-42 $F(s)$为零时的结构图

$$\Phi(s)=\frac{C(s)}{R(s)}=\frac{G_1(s)G_2(s)}{1+G_1(s)G_2(s)H(s)}=\frac{G(s)}{1+G(s)H(s)} \tag{2-66}$$

当 $H(s)=1$ 时，称为单位反馈，这时有

$$\Phi(s)=\frac{G_1(s)G_2(s)}{1+G_1(s)G_2(s)}=\frac{G(s)}{1+G(s)} \tag{2-67}$$

$$C(s)=\Phi(s)R(s)=\frac{G_1(s)G_2(s)}{1+G_1(s)G_2(s)H(s)}R(s)=\frac{G(s)}{1+G(s)H(s)}R(s) \tag{2-68}$$

(3) 扰动信号 $F(s)$ 作用下系统的闭环传递函数 为了解扰动信号对系统输出的影响，需要求出输出信号 $c(t)$ 与扰动信号 $f(t)$ 之间的关系。令 $R(s)=0$，则系统输出信号的拉氏变换 $C(s)$ 与干扰信号 $F(s)$ 之比，称为输出信号 $C(s)$ 对于扰动信号 $F(s)$ 的闭环传递函数。这时把扰动信号 $F(s)$ 看成输入信号，由于 $R(s)=0$，所以图 2-41 可变成图 2-43。因此有

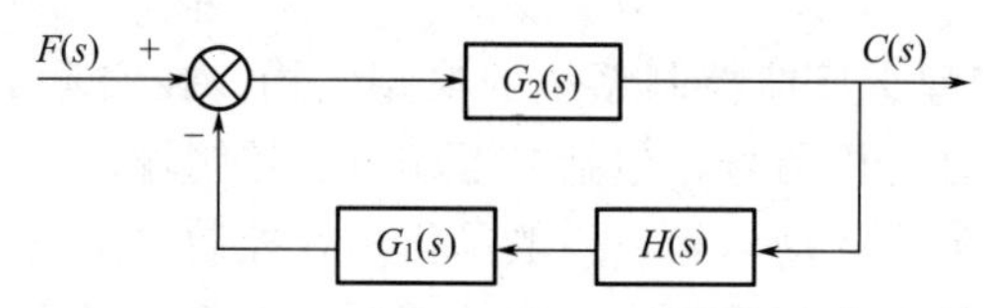

图 2-43 $R(s)$ 为零时的结构图

$$\Phi_{cf}(s)=\frac{C(s)}{F(s)}=\frac{G_2(s)}{1+G_1(s)G_2(s)H(s)}=\frac{G_2(s)}{1+G(s)H(s)} \tag{2-69}$$

$$C(s)=\Phi_{cf}(s)F(s)=\frac{G_2(s)}{1+G_1(s)G_2(s)H(s)}F(s)=\frac{G_2(s)}{1+G(s)H(s)}F(s) \tag{2-70}$$

(4) 系统的总输出 根据线性系统的叠加原理，当 $R(s)\neq 0$、$F(s)\neq 0$ 时，系统输出 $C(s)$ 应等于它们各自单独作用时的输出之和。所以有

$$\begin{aligned}C(s)&=\Phi(s)R(s)+\Phi_{cf}(s)F(s)\\&=\frac{G_1(s)G_2(s)}{1+G_1(s)G_2(s)H(s)}R(s)+\frac{G_2(s)}{1+G_1(s)G_2(s)H(s)}F(s)\end{aligned} \tag{2-71}$$

(5) 输入信号 $R(s)$ 作用下系统的偏差传递函数 偏差信号 $e(t)$ 的大小反映误差的大小，所以有必要了解偏差信号与参考输入和扰动信号之间的关系。

令 $F(s)=0$，则系统偏差信号 $E(s)$ 与输入信号 $R(s)$ 之比，即是输入信号 $R(s)$ 作用下的偏差传递函数。这时图 2-41 可变换成图 2-44，$R(s)$ 是输入量，$E(s)$ 是输出量，前向通路传递函数是 1。

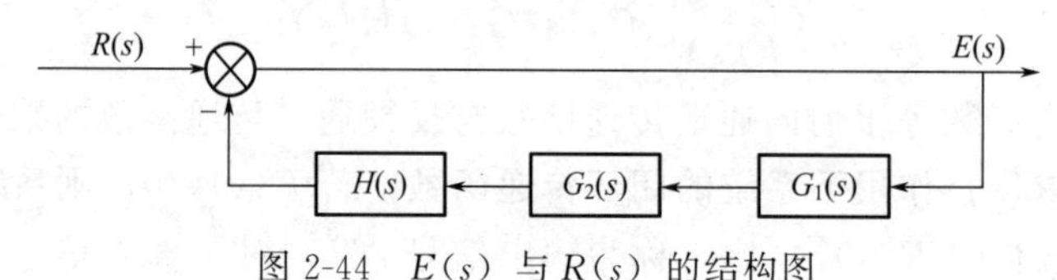

图 2-44 $E(s)$ 与 $R(s)$ 的结构图

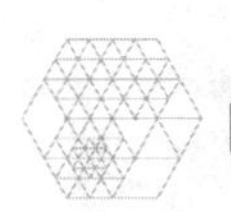

$$\Phi_e(s)=\frac{E(s)}{R(s)}=\frac{1}{1+G_1(s)G_2(s)H(s)}=\frac{1}{1+G(s)H(s)} \tag{2-72}$$

(6) 扰动信号 $F(s)$ 作用下系统的偏差传递函数 令 $R(s)=0$，则系统偏差信号 $E(s)$ 与扰动信号 $F(s)$ 只比，称为偏差信号 $E(s)$ 对于扰动信号 $F(s)$ 的闭环传递函数。这时图 2-41 可变换成图 2-45，$F(s)$ 是输入量，$E(s)$ 是输出量。

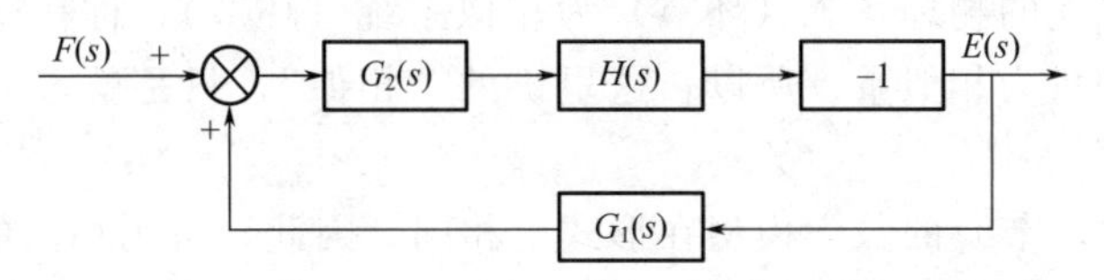

图 2-45 $E(s)$ 与 $F(s)$ 的结构图

$$\Phi_{ef}(s)=\frac{E(s)}{F(s)}=\frac{-G_2(s)H(s)}{1+G_1(s)G_2(s)H(s)}=\frac{-G_2(s)H(s)}{1+G(s)H(s)} \tag{2-73}$$

(7) 系统的总偏差 根据叠加原理，当 $R(s)\neq 0$、$F(s)\neq 0$ 时，系统的总偏差为

$$\begin{aligned}E(s)&=\Phi_e(s)R(s)+\Phi_{ef}(s)F(s)\\&=\frac{1}{1+G(s)H(s)}R(s)-\frac{G_2(s)H(s)}{1+G(s)H(s)}F(s)\end{aligned} \tag{2-74}$$

综上分析可以看到：

1) **系统闭环特征方程以及它的特征根是不变的，是由其系统本身结构决定的。**比较上面几个闭环传递函数 $\Phi(s)$、$\Phi_{cf}(s)$、$\Phi_e(s)$、$\Phi_{ef}(s)$，可以看出它们的分母是相同的，都是 $1+G_1(s)G_2(s)H(s)=1+G(s)H(s)$，即系统闭环特征表达式是相同的。同时，系统闭环特征方程 $1+G(s)H(s)=0$ 也是不变的，是由其系统本身结构决定的，这是闭环传递函数的普遍规律。

2) **闭环系统的特征多项式为其开环传递函数的分母多项式与分子多项式之和，闭环零点由前向通道传递函数零点和反馈通道传递函数极点所组成。**此结论对于扰动输入而言，结论不变。

设前向通道传递函数 $G(s)$ 和反馈通道传递函数 $H(s)$ 分别为

$$G(s)=\frac{M_1(s)}{N_1(s)},\quad H(s)=\frac{M_2(s)}{N_2(s)}$$

则开环传递函数为

$$G(s)H(s)=\frac{M_1(s)M_2(s)}{N_1(s)N_2(s)} \tag{2-75}$$

闭环传递函数为

$$\Phi(s)=\frac{G(s)}{1+G(s)H(s)}=\frac{\dfrac{M_1(s)}{N_1(s)}}{1+\dfrac{M_1(s)}{N_1(s)}\times\dfrac{M_2(s)}{N_2(s)}}=\frac{M_1(s)N_2(s)}{M_1(s)M_2(s)+N_1(s)N_2(s)} \tag{2-76}$$

反馈的引入改变了闭环系统零极点的分布，对于单位负反馈系统 [$H(s)=1$]，其闭环零点与开环零点相同。

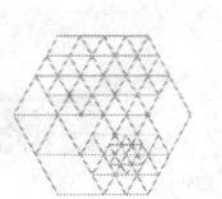

2.8 相似原理

从前面对控制系统的传递函数的研究中可以看出，对不同的物理系统（环节）可用形式相同的微分方程与传递函数来描述，即可以用形式相同的数学模型来描述。一般称能用形式相同的数学模型来描述的物理系统（环节）为相似系统（环节），称在微分方程和传递函数中占相同位置的物理量为相似量。所以，这里讲的“相似”，只是就数学形式而不是就物理实质而言的。

由于相似系统（环节）的数学模型在形式上相同，因此，可用相同的数学方法对相似系统加以研究；可以通过一种物理系统去研究另一种相似的物理系统。在工程应用中，常常使用机械、电气、液压系统或它们的联合系统，下面就讨论一下它们的相似性。

在例 2-1 和例 2-3 中分别研究了一个电网络系统和一个机械系统。对例 2-1 中的系统有

$$L\frac{\mathrm{d}i(t)}{\mathrm{d}t}+Ri(t)+u_{\mathrm{o}}(t)=u_{\mathrm{i}}(t)$$

式中，$u_{\mathrm{o}}(t)=\frac{1}{C}\int i(t)\mathrm{d}t$，代入上式可得

$$L\frac{\mathrm{d}i(t)}{\mathrm{d}t}+Ri(t)+\frac{1}{C}\int i(t)\mathrm{d}t=u_{\mathrm{i}}(t)$$

如以电量 q 表示输出有

$$L\frac{\mathrm{d}^2q(t)}{\mathrm{d}t^2}+R\frac{\mathrm{d}q(t)}{\mathrm{d}t}+\frac{1}{C}q(t)=u_{\mathrm{i}}(t)$$

则得系统的传递函数为

$$G(s)=\frac{Q(s)}{U_i(s)}=\frac{1}{Ls^2+Rs+\frac{1}{C}}$$

对例 2-3 中的系统有

$$m\frac{\mathrm{d}^2y(t)}{\mathrm{d}t^2}+f\frac{\mathrm{d}y(t)}{\mathrm{d}t}+ky(t)=F(t)$$

因此可得系统的传递函数为

$$G(s)=\frac{Y(s)}{F(s)}=\frac{1}{ms^2+fs+k}$$

显然，这两个系统为相似系统，其相似量列于表 2-4 中。这种相似称为力-电压相似。同类的相似系统很多，表 2-5 中列举了几个例子。

表 2-4　电网络系统与机械系统中的对应量

机械系统	电网络系统	机械系统	电网络系统
力 F（力矩 M）	电压 u	弹簧刚度 k	电容的倒数 $\frac{1}{C}$
质量 m（转动惯量 J）	电感 L	位移 y（角位移 θ）	电量 q
黏性阻尼系数 f	电阻 R	速度 $\dot{y}$（角速度 $\dot{\theta}$）	电流 i（或 $\dot{q}$）

表 2-5 力-电压相似系统举例

电系统	机械系统
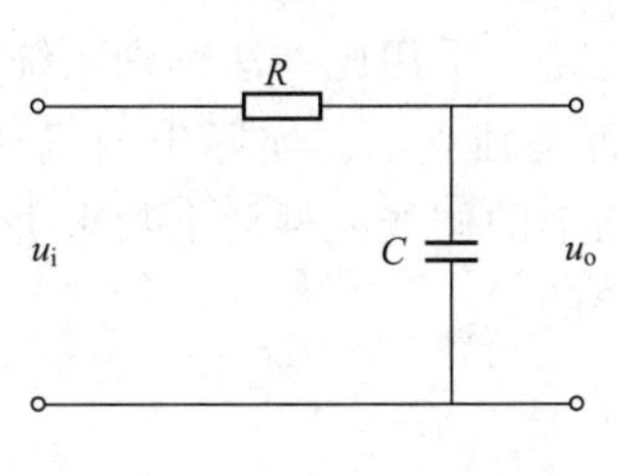 $\frac{U_O(s)}{U_I(s)}=\frac{1}{RCs+1}$	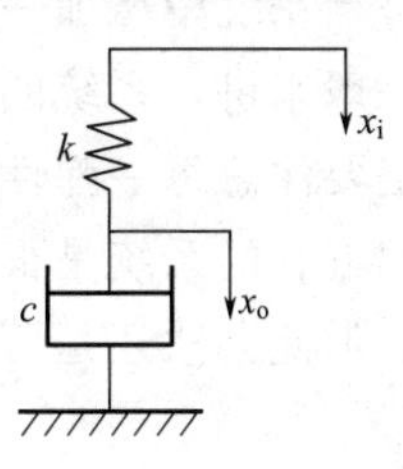 $\frac{X_O(s)}{X_I(s)}=\frac{1}{\frac{c}{k}s+1}$
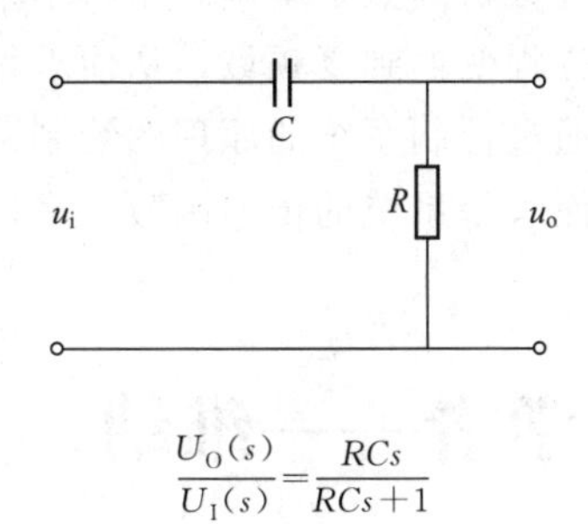 $\frac{U_O(s)}{U_I(s)}=\frac{RCs}{RCs+1}$	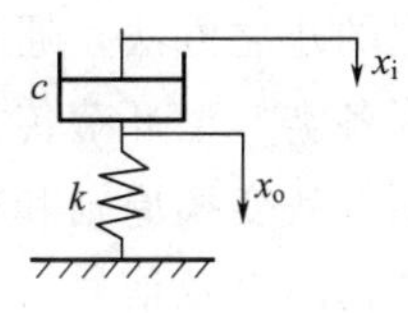 $\frac{X_O(s)}{X_I(s)}=\frac{\frac{c}{k}s}{\frac{c}{k}s+1}$
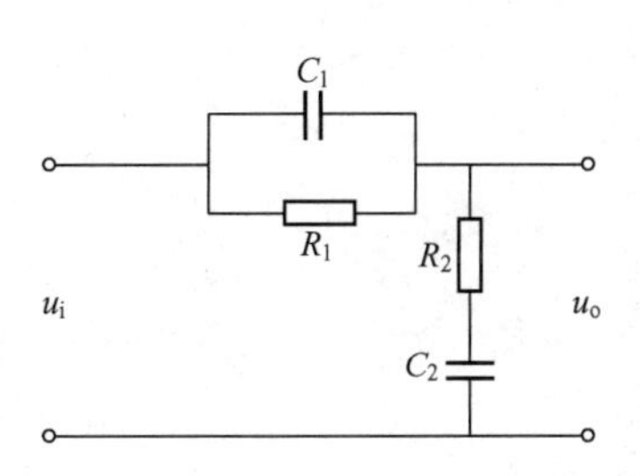 $\frac{U_O(s)}{U_I(s)}=\frac{(R_2C_2s+1)(R_1C_1s+1)}{sR_1C_2+(R_2C_2s+1)(R_1C_1s+1)}$	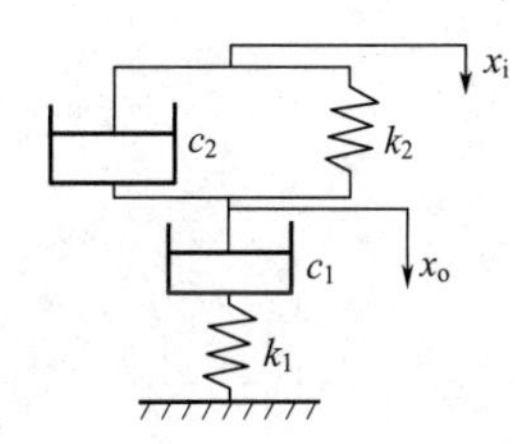 $\frac{X_O(s)}{X_I(s)}=\frac{\left(1+\frac{c_1}{k_1s}\right)\left(1+\frac{c_2}{k_2s}\right)}{\frac{c_1}{k_2s}+\left(1+\frac{c_1}{k_1s}\right)+\left(1+\frac{c_2}{k_2s}\right)}$
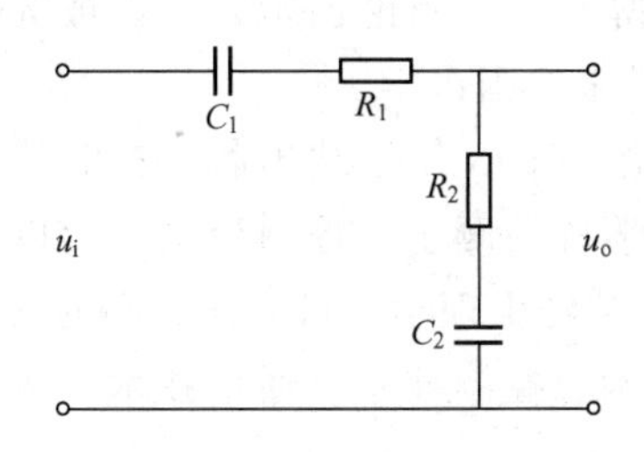 $\frac{U_O(s)}{U_I(s)}=\frac{(R_2C_2s+1)}{C_2/C_1(R_1C_1s+1)+(R_2C_2s+1)}$	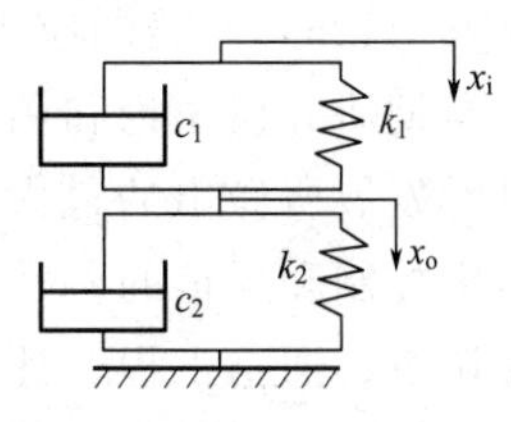 $\frac{X_O(s)}{X_I(s)}=\frac{\left(\frac{c_1}{k_1}s+1\right)}{\left(\frac{c_1}{k_1}s+1\right)+\left(\frac{c_2}{k_2}+1\right)\frac{k_2}{k_1}}$

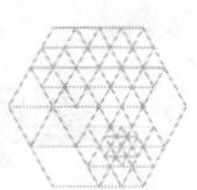

在机械、电气、液压系统中，阻尼、电阻、流阻都是耗能元件；而质量、电感、流感与弹簧、电容、流容都是储能元件，前三者可称为惯性或感性储能元件，后三者称为弹性或容性储能元件。每当系统中增加一个储能元件时，其内部就增加一层能量的交换，即增多一层信息的交换，一般来讲，系统的微分方程就增高一阶。但是，采用此办法辨别系统的微分方程阶数时，一定要注意每一弹性元件、每一惯性元件是否是独立的。实际中的机械、电气、液压系统或它们混合的系统是很复杂的，往往不能凭表面上的储能元件的个数来决定系统微分方程的阶数，但此办法还是可以帮助列写系统微分方程的。

小　　结

本章讲述了自动控制系统的数学模型的建立过程，主要介绍了控制系统的微分方程、传递函数、结构图、信号流图等。这些数学模型是进行系统分析的数学基础。学习本章要求掌握系统微分方程的建立方法，通过拉普拉斯变换把微分方程变换到复频域，从而求得系统的传递函数；掌握各类典型环节传递函数的表达式，能够通过控制系统的原理图绘制系统结构图，并熟练运用等效变换原则和梅森公式化简结构图进而求得系统的传递函数；掌握自动控制系统和系统结构图以及信号流图中的相关概念。

控制与电气学科世界著名学者——维纳

维纳（1894—1964），美国应用数学家，哈佛大学博士，控制论创始人。曾被选为美国数学会主席。早期研究概率论和函数论。1935 年曾应邀来中国讲学。

维纳对科学发展所做出的最大贡献，是创立控制论。1948 年维纳出版《控制论：关于在动物和机器中控制和通信的科学》，宣告了这门新兴学科的诞生。控制论是一门以数学为纽带，把自动调节、通信工程、计算机和计算技术以及神经生理学学科共同关心的共性问题联系起来而形成的边缘学科。《控制论》对现代计算技术、控制技术、通信技术、自动化技术、生物学和医学理论都有不同程度的影响。

维纳在其 70 年的科学生涯中，先后涉足哲学、数学、物理学和生物学等学科，并取得了丰硕成果，称得上是 20 世纪多才多艺和学识渊博的科学巨人。

思维导图

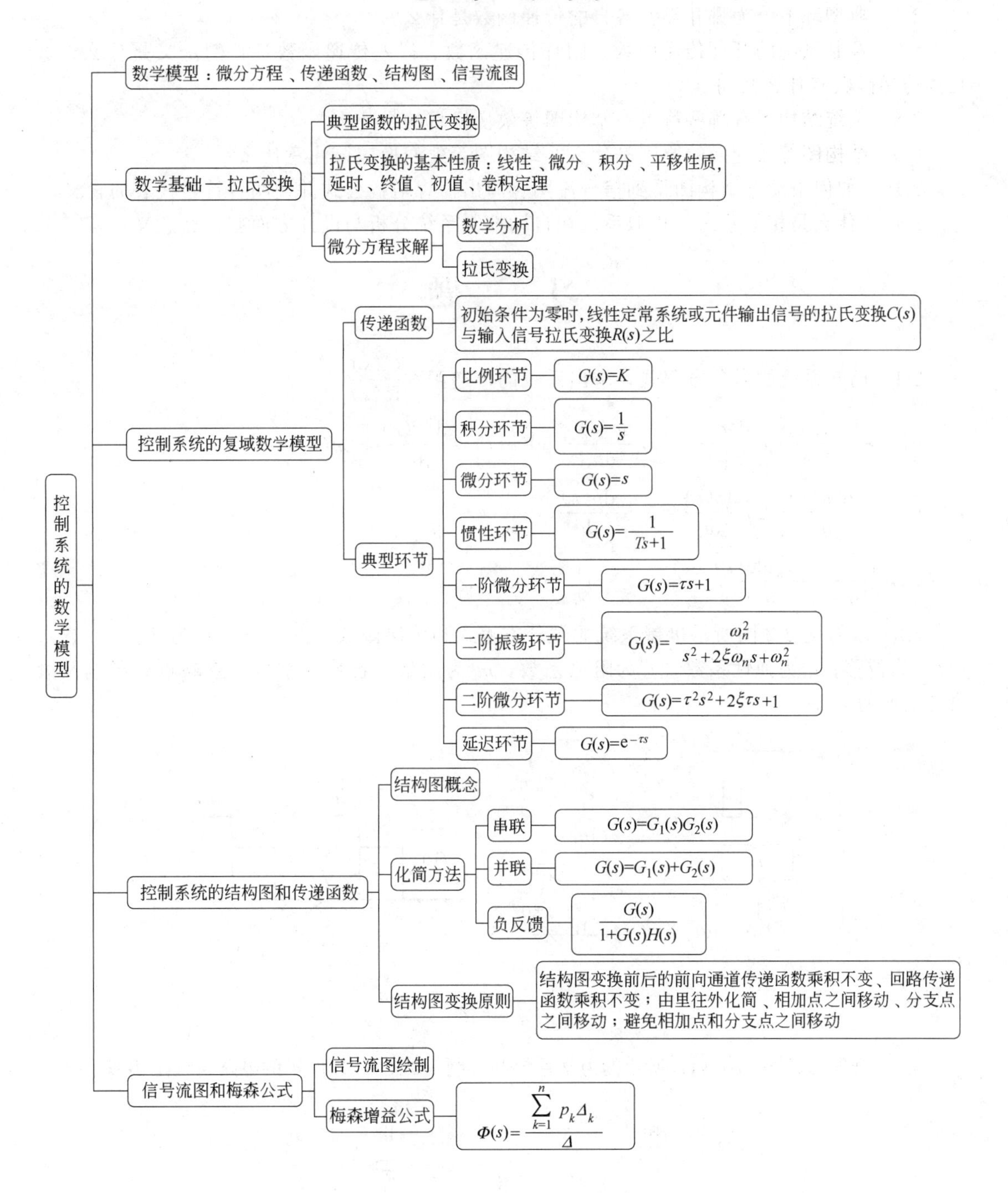

思考题

2-1 什么是系统的数学模型？系统数学模型有哪些表示方法？

2-2 建立数学模型的方法有哪些？

2-3 简述建立微分方程的一般步骤。

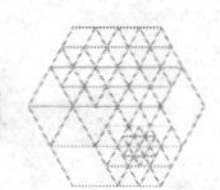

2-4　什么是传递函数？传递函数有哪些性质？传递函数有哪些局限性？

2-5　传递函数有哪几种表现形式？

2-6　典型环节分为哪几类？各自的传递函数是什么？

2-7　控制系统的开环传递函数、闭环传递函数、误差传递函数各自的定义是什么？这几类传递函数有什么共同点？

2-8　系统结构图有哪些特点？结构图等效变换目的是什么？

2-9　结构图等效变换的原则是什么？结构图等效变换应该注意什么？

2-10　如何由动态结构图得到信号流图？写出梅森增益公式并说明各符号代表的含义。

2-11　什么是相似系统？相似系统在自动控制系统分析与设计方面有什么意义？

习　题

2-1　已知系统的微分方程式，求出系统的传递函数$\dfrac{C(s)}{R(s)}$。

(1) $\dfrac{d^3c(t)}{dt^3}+15\dfrac{d^2c(t)}{dt^2}+50\dfrac{dc(t)}{dt}+500c(t)=\dfrac{d^2r(t)}{dt^2}+2r(t)$

(2) $5\dfrac{d^2c(t)}{dt^2}+25\dfrac{dc(t)}{dt}=0.5\dfrac{dr(t)}{dt}$

(3) $\dfrac{d^2c(t)}{dt^2}+3\dfrac{dc(t)}{dt}+6c(t)+4\int c(t)dt=4r(t)$

2-2　求习题2-2图所示机械系统的微分方程式和传递函数。图中$F(t)$为外力，$x(t)$、$y(t)$为位移；k为弹性系数，f为阻尼系数，m为质量，且均为常数。忽略重力影响及滑块与地面的摩擦。

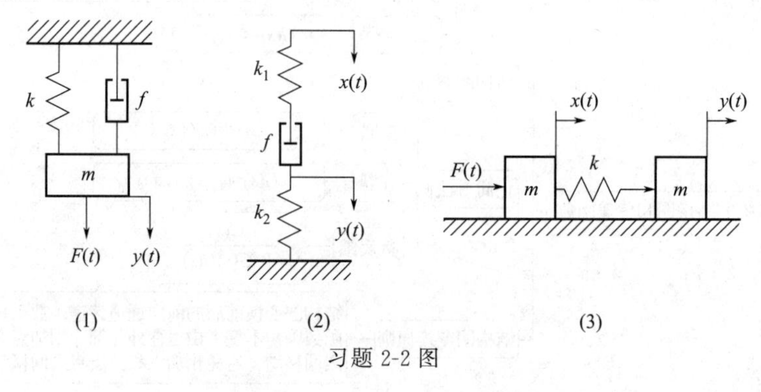

习题2-2图

2-3　证明习题2-3图（1）所示的力学系统和习题2-3图（2）所示的电路系统是相似系统。

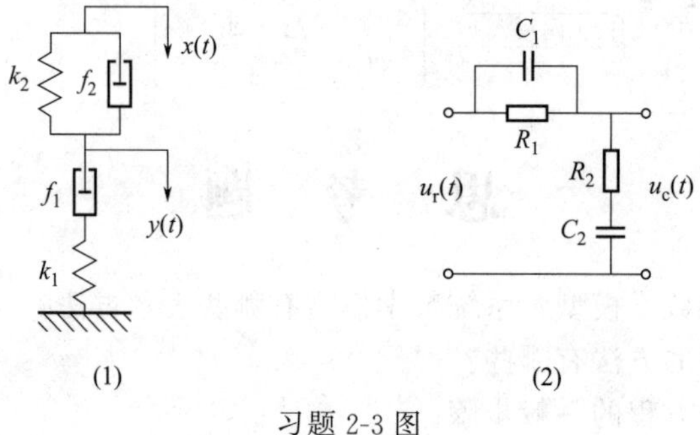

习题2-3图

2-4 求习题 2-4 图所示电网络的传递函数。图中 $u_i(t)$ 为输入量，$u_o(t)$ 为输出量。

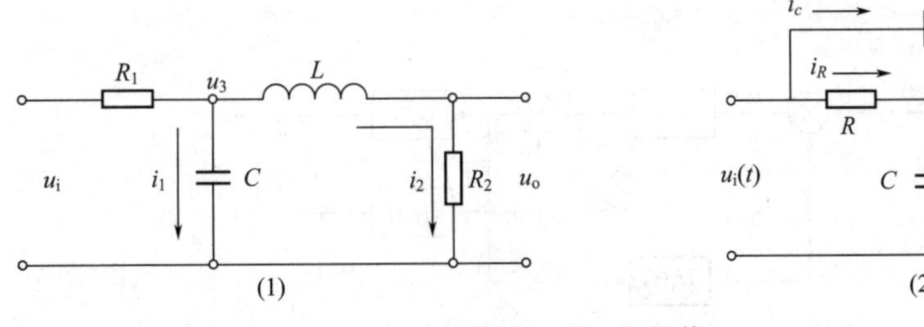

习题 2-4 图 电网络

2-5 求习题 2-5 图所示电路的传递函数 $U_o(s)/U_i(s)$。

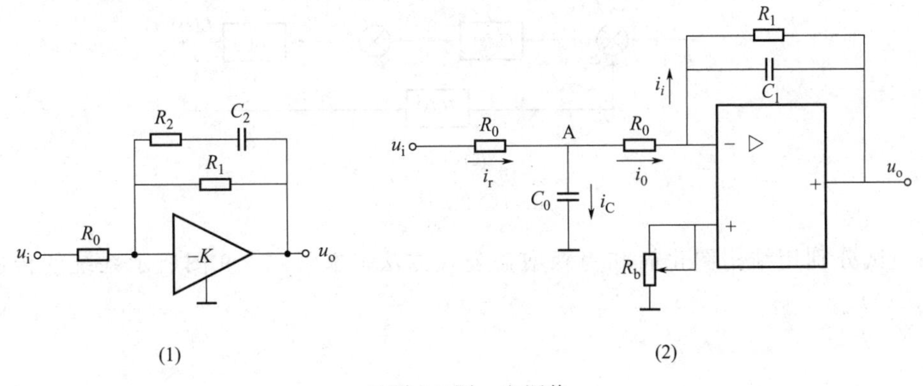

习题 2-5 图 电网络

2-6 由运算放大器组成的控制系统模拟电路如习题 2-6 图所示，求系统的闭环传递函数 $U_o(s)/U_i(s)$。

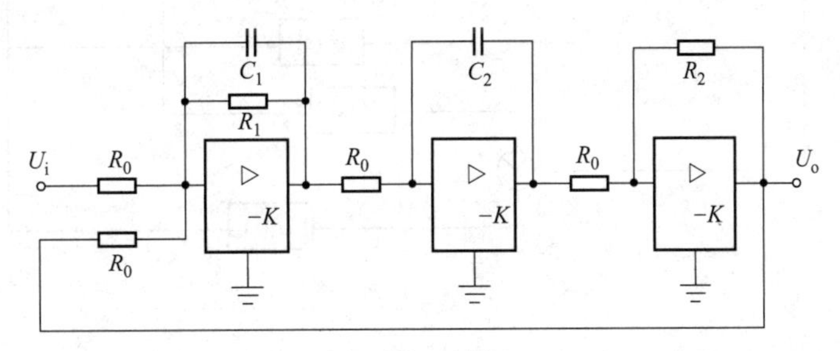

习题 2-6 图

2-7 试用结构图化简方法，求习题 2-7 图所示的系统传递函数$\frac{C(s)}{R(s)}$。

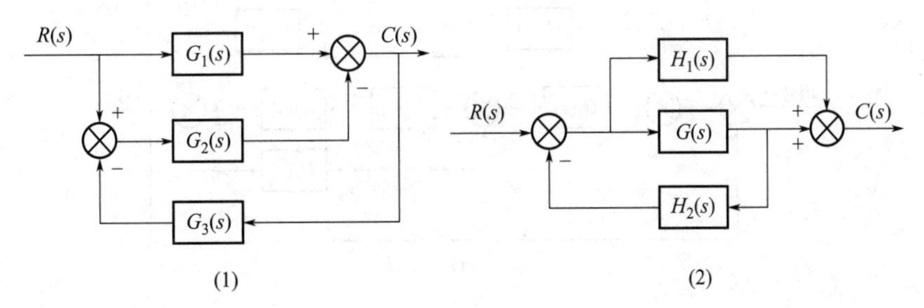

习题 2-7 图

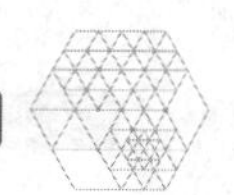

2-8　试分别用结构图化简和梅森增益公式方法，求习题 2-8 图所示系统的传递函数$\frac{C(s)}{R(s)}$和$\frac{E(s)}{R(s)}$。

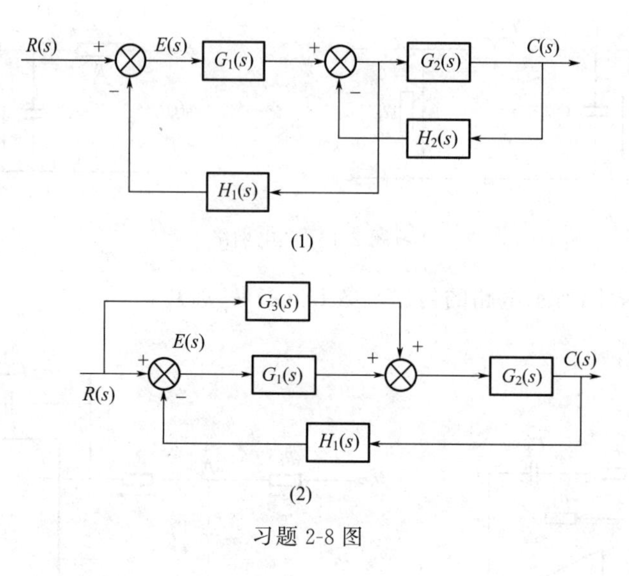

(1)

(2)

习题 2-8 图

2-9　试分别用结构图化简和梅森增益公式方法，求习题 2-9 图所示系统的传递函数$\frac{C(s)}{R(s)}$和$\frac{E(s)}{R(s)}$。

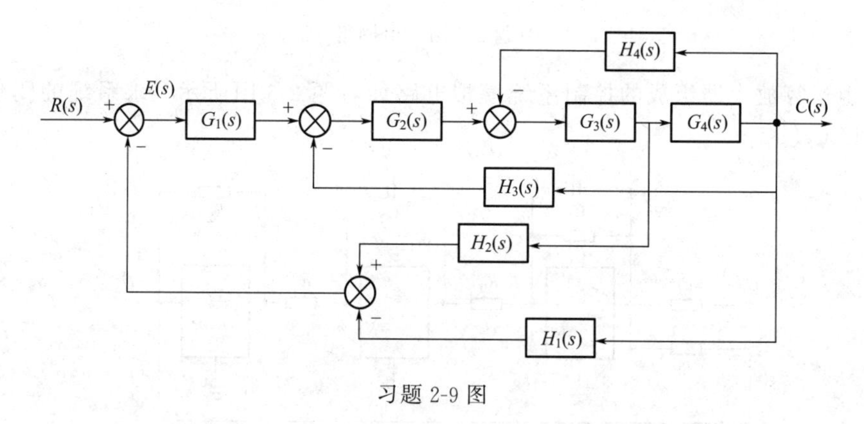

习题 2-9 图

2-10　试分别用结构图化简和梅森增益公式方法，求习题 2-10 图所示系统的传递函数$\frac{C(s)}{R(s)}$。

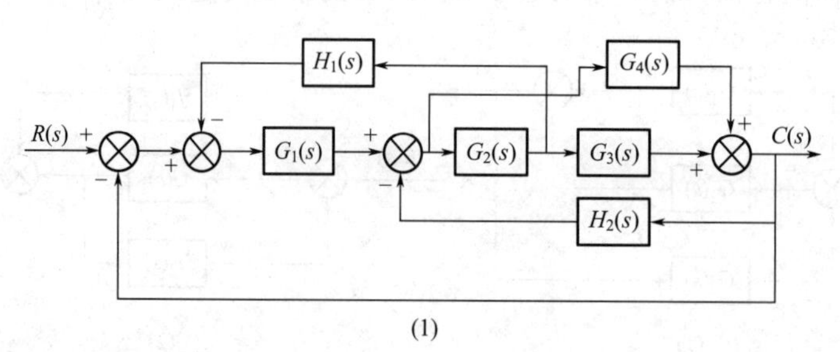

(1)

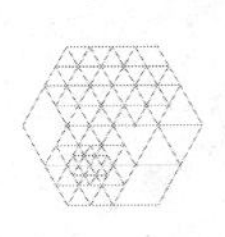

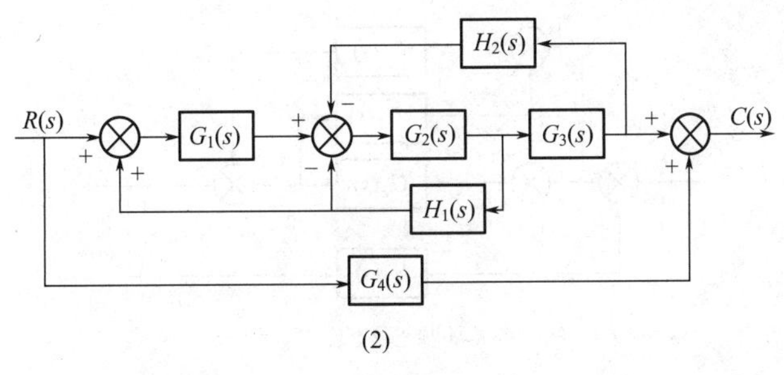

(2)

习题 2-10 图

2-11 试用变量代换方法，求习题 2-11 图所示系统的传递函数$\dfrac{C(s)}{R(s)}$。

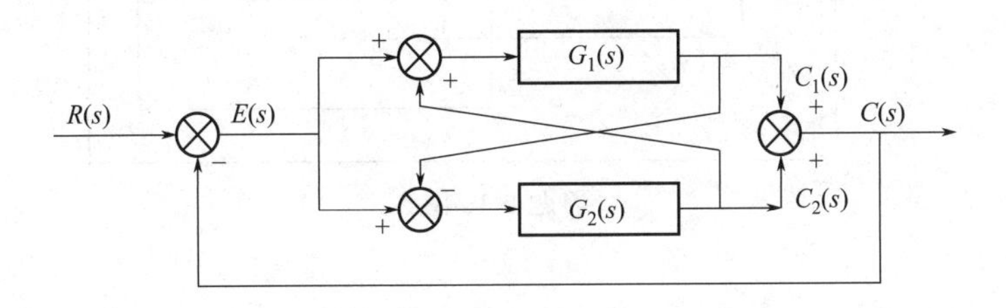

习题 2-11 图

2-12 试分别用信号流图和变量代换方法，求习题 2-12 图所示系统的传递函数$\dfrac{C(s)}{R(s)}$。

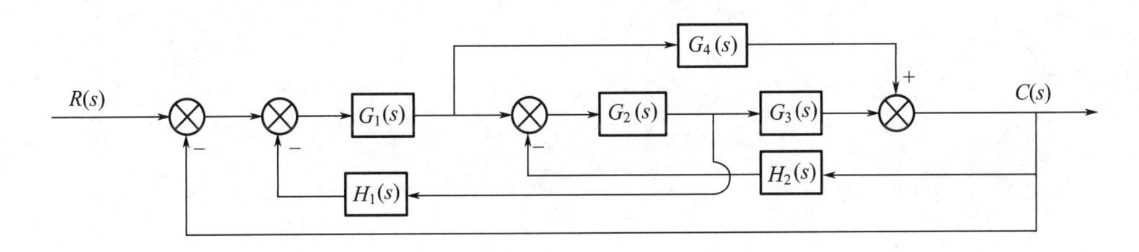

习题 2-12 图

2-13 已知系统结构如习题 2-13 图所示。试计算传递函数 $C_1(s)/R_1(s)$、$C_2(s)/R_1(s)$、$C_1(s)/R_2(s)$，$C_2(s)/R_2(s)$。

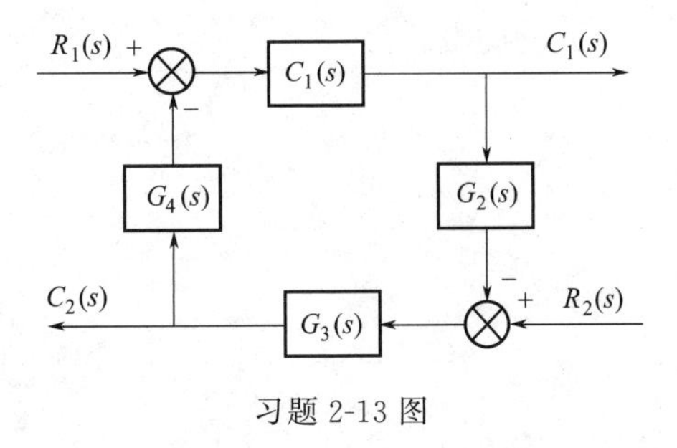

习题 2-13 图

2-14 求习题 2-14 图所示系统的闭环传递函数$\dfrac{C(s)}{R(s)}$。

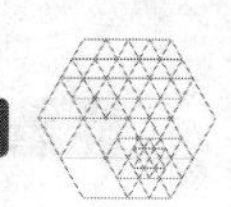

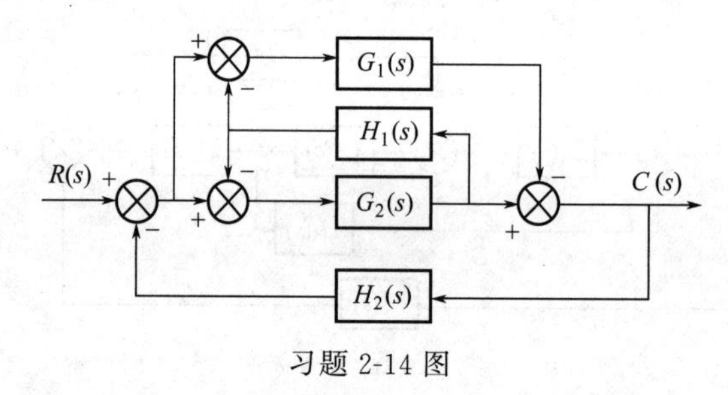

习题 2-14 图

2-15　系统动态结构如习题 2-15 图所示，试确定系统的闭环传递函数 $C(s)/R(s)$。

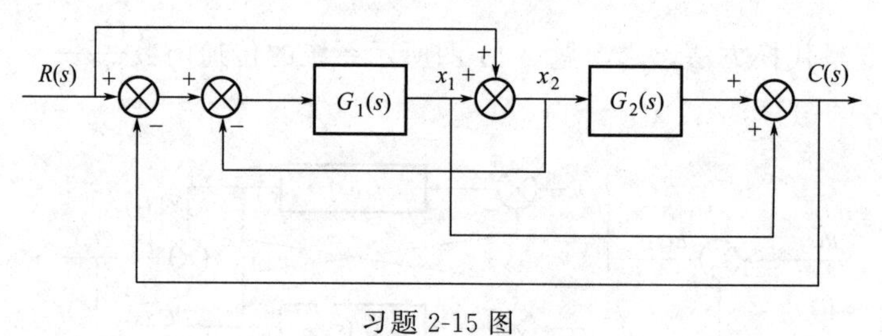

习题 2-15 图

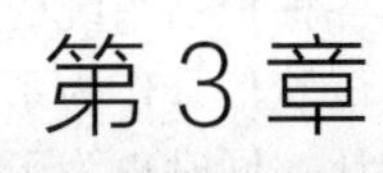

第3章 线性控制系统的时域分析法

控制系统数学模型建立之后，就可以通过数学工具对控制系统的性能进行分析，本章着重分析和研究控制系统的动态性能、稳定性和稳态性能。在经典控制理论中，针对控制系统的性能分析常用的有本章介绍的时域分析法，第 4 章介绍的复域根轨迹法和第 5 章介绍的频域分析法。

时域分析法是一种在时间域中对系统进行分析的方法，一般在输入端给系统施加典型信号，而用系统响应输出分析系统的品质。由于系统的输出一般是时间的函数，故称这种响应为时域响应。时域分析法可以提供系统时间性响应的全部信息，具有直观、准确等特点，但有时较烦琐。

本章主要围绕时域中线性控制系统的动态性能、稳定性和稳态性能展开，分别研究一阶系统、二阶系统以及高阶系统的时域响应。同时介绍控制系统的稳定性概念、劳斯-赫尔维茨稳定判据、稳态误差的计算方法以及消除或减少稳态误差的方法等。

对于稳定的控制系统，其稳态性能一般是根据系统在典型输入信号作用下引起的稳态误差作为评价指标。因此，稳态误差是系统控制准确度的一种度量。对于一个控制系统，只有在满足控制精度要求的前提下，再对它进行过渡过程的分析才具有实际价值。

【本章重点】

本章内容主要包括：时域分析、稳定性分析和稳态误差分析。

1）掌握典型一阶系统、二阶系统的数学模型及其主要参数；

2）熟练掌握二阶系统欠阻尼下的响应分析及其主要动态性能指标计算；

3）了解高阶系统阶跃响应及其与闭环零点、极点的关系，掌握闭环主导极点的概念；

4）理解稳定性定义，熟练掌握线性定常系统稳定的充要条件及劳斯稳定判据；

5）熟练掌握稳态误差的概念、计算方法和减小稳态误差的措施。

3.1 典型输入信号及系统性能指标

时域分析法中，控制系统的性能可以通过系统对输入信号的输出时间响应过程来评价。一个系统的时间响应，不仅取决于系统本身的特性，还与输入信号的形式有关。

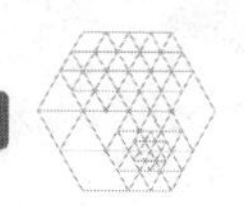

3.1.1 典型输入信号

为了对各种控制系统的性能进行比较，需要有一个共同的基准，即预先规定的一些具有特殊形式的试验信号作为系统的输入，然后比较各种系统对这些输入信号的反应。将便于进行分析和设计，同时也为了便于对各种控制系统性能的比较而确定的一些基本的输入信号或者函数，称为**典型信号**。

选取的典型输入信号尽可能简单，便于理论计算和分析处理；反映系统工作的大部分实际情况；或者能使系统工作在最不利的情况。时域分析法中一般采用如表 3-1 中的典型输入信号。

表 3-1 典型输入信号及其关系

名称	$r(t)$	时域关系	时域图形	$R(s)$	复域关系	例
单位脉冲函数	$\delta(t)=\begin{cases}\infty & t=0\\0 & t\neq 0\end{cases}$ $\int\delta(t)\mathrm{d}t=1$	↑ $\frac{\mathrm{d}}{\mathrm{d}t}$	$\delta(t)$, 0, t	1	↑ $\times s$	冲击力 脉动电信号
单位阶跃函数	$1(t)=\begin{cases}1 & t\geqslant 0\\0 & t<0\end{cases}$		$1(t)$, 1, 0, t	$\frac{1}{s}$		开关输入 负荷突变
单位斜坡函数	$f(t)=\begin{cases}t & t\geqslant 0\\0 & t<0\end{cases}$		t, 0, t	$\frac{1}{s^2}$		等速跟踪信号
单位加速度函数	$f(t)=\begin{cases}\frac{1}{2}t^2 & t\geqslant 0\\0 & t<0\end{cases}$		$\frac{1}{2}t^2$, 0, t	$\frac{1}{s^3}$		等加速度跟踪信号

正弦信号是频域分析中常用的典型信号，其数学表达式为

$$r(t)=A\sin\omega t$$

式中，A 为振幅，ω 为角频率。

正弦函数的拉普拉斯变换为

$$R(s)=L[A\sin\omega t]=\frac{A\omega}{s^2+\omega^2}$$

在实际控制过程中，如海浪对舰船的扰动力、机车上设备受到的振动力、伺服振动台的输入指令、电源及机械振动的噪声等，均可近似为正弦信号。

3.1.2 系统时域性能指标

稳定是系统工作的前提，只有系统是稳定的，分析系统的动态性能和稳态性能以及性能指标才有意义。控制系统的时域性能指标分为动态性能指标和稳态性能指标。

(1) 动态性能和稳态性能 在典型信号输入作用下，任何一个控制系统的时间响应从时间顺序上都可以划分为动态过程和稳态过程。

动态过程：系统在某一输入信号的作用下其输出量从初始状态到稳定状态的响应过程，

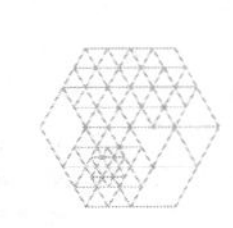

也称瞬态响应、动态响应、暂态响应或过渡过程。

稳态过程：当某一信号输入时，系统在时间趋于无穷大时的输出状态，又称稳态响应。

设系统在零初始条件下，其闭环传递函数为$\Phi(s)$，典型输入信号作用下的时间响应为

$$C(s)=\Phi(s)R(s) \tag{3-1}$$

对上式取拉氏反变换，则得典型信号作用下的时间响应为

$$c(t)=L^{-1}[C(s)]=c_{tt}(t)+c_{ss}(t) \tag{3-2}$$

式中，$c_{tt}(t)$ 为动态响应；$c_{ss}(t)$ 为稳态响应。

由此可见，控制系统在典型信号作用下的响应，通常由动态响应和稳态响应两部分组成。

(2) 动态性能指标和稳态性能指标　以控制系统的性能指标来说明系统响应的性能优劣，一般有动态性能指标和稳态性能指标。

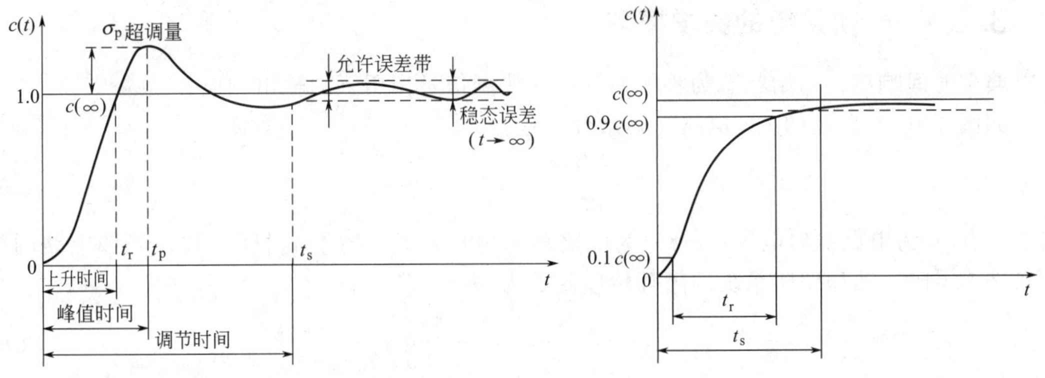

图 3-1　单位阶跃响应衰减振荡曲线　　　图 3-2　单位阶跃响应单调上升曲线

1) 动态性能指标　一般认为，阶跃输入对系统来说是最严峻的工作状态，如果系统在阶跃函数作用下的暂态性能满足要求，那么系统在其他形式函数作用下的暂态响应也是令人满意的。为此，通常在阶跃函数作用下，测定或计算系统过程的动态性能。或者说，控制系统的暂态性能指标是通过系统的阶跃响应的特征来定义的。稳定的控制系统的单位阶跃响应衰减振荡曲线如图 3-1 所示。单位阶跃响应单调上升曲线如图 3-2 所示。

① **上升时间 t_r**：对于无振荡的系统，响应从终值的10%上升到90%所需的时间；对于有振荡的系统，响应曲线从零第一次上升到稳态值所需的时间。

② **峰值时间 t_p**：阶跃响应曲线超过其稳态值而达到第一个峰值所需要的时间。

③ **最大超调量 σ_p**：系统响应的最大值 $c(t_p)$ 超出稳态值 $c(\infty)$ 的百分数。

$$\sigma_p=\frac{c(t_p)-c(\infty)}{c(\infty)}\times 100\% \tag{3-3}$$

④ **调节时间 t_s**：当系统的阶跃响应曲线衰减到允许的误差带内，并且以后不再超出该误差带的最小时间。即响应曲线满足式(3-4) 的时间。

$$\frac{|c(t)-c(\infty)|}{c(\infty)}\leqslant\Delta \tag{3-4}$$

式中，允许误差带 $\Delta=5\%$或 $\Delta=2\%$。

⑤ **振荡次数 N**：在调节时间内，响应曲线 $c(t)$ 围绕终值 $c(\infty)$ 变化的周期数。或者说，响应 $c(t)$ 穿越其稳态值 $c(\infty)$ 次数的一半。

2) 稳态性能指标　稳态误差 e_{ss} 是衡量系统控制精度或抗干扰能力的一种度量。工程

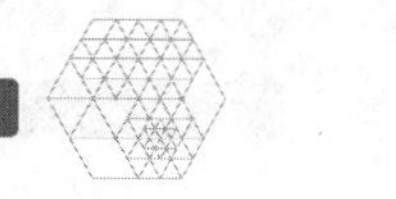

上指控制系统进入稳态后（$t\to\infty$）期望的输出与实际输出的差值，差值越小，控制精度越高。

3.2　一阶系统的时域分析

由于计算高阶微分方程的时间解比较复杂，因此时域分析法通常用于分析一、二阶系统。工程上，许多高阶系统常常具有一、二系统的时间响应特性，高阶系统也常常被简化成一、二阶系统或者它们的合成。因此深入研究一、二阶系统有着广泛的实际意义。

控制系统的过渡过程，凡可用一阶微分方程描述的，称作一阶系统。一阶系统在控制工程实践中应用广泛。一些控制元部件及简单系统，如 RC 网络、电动机、空气加热器、液面控制系统等都可看作为一阶系统。

3.2.1　一阶系统的数学模型

典型时间响应：初始状态为零的系统，在典型信号作用下的输出响应。

如图 3-3(a) 所示的 RC 电路，其微分方程为

$$T\frac{\mathrm{d}c(t)}{\mathrm{d}t}+c(t)=r(t) \tag{3-5}$$

式中，$c(t)$ 为电路输出电压；$r(t)$ 为电路输入电压；$T=RC$ 为时间常数。当该电路的初始条件为零时，典型一阶系统的闭环传递函数为

$$\Phi(s)=\frac{C(s)}{R(s)}=\frac{1}{Ts+1} \tag{3-6}$$

相应的结构图如图 3-3(b) 所示。

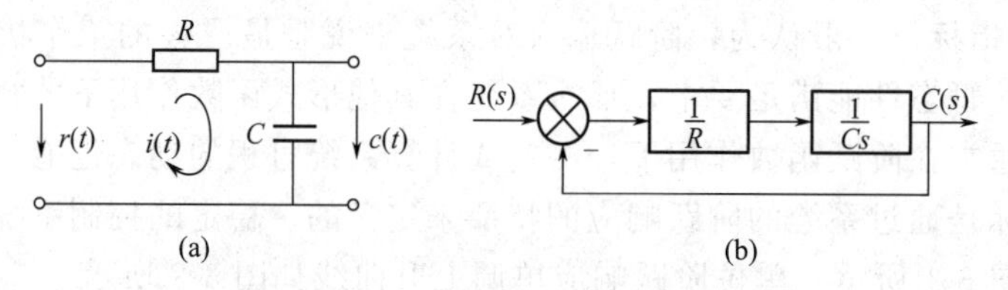

图 3-3　一阶系统电路图与结构图

式(3-6) 称为一阶系统的数学模型。由于时间常数 T 是表征系统惯性的一个主要参数，所以一阶系统有时也被称为惯性环节。应该注意，对于不同的环节，时间常数 T 可能具有不同的物理意义，但有一点是共同的，就是它总是具有时间“秒”的量纲。

3.2.2　一阶系统的单位阶跃响应

当系统的输入信号为单位阶跃函数，系统的输出就是单位阶跃响应。

由 $r(t)=1(t)$，$R(s)=\frac{1}{s}$，得系统输出的拉氏变换式为

$$C(s)=\Phi(s)R(s)=\frac{1}{Ts+1}\times\frac{1}{s} \tag{3-7}$$

取 $C(s)$ 的拉氏反变换，可得单位阶跃响应为

$$c(t)=L^{-1}\left[\frac{1}{Ts+1}\frac{1}{s}\right]=L^{-1}\left[\frac{1}{s}-\frac{T}{Ts+1}\right]=L^{-1}\left[\frac{1}{s}-\frac{1}{s+\frac{1}{T}}\right]$$

$$c(t)=1-\mathrm{e}^{-\frac{t}{T}}=c_{\mathrm{ss}}+c_{\mathrm{tt}} \quad (t \geqslant 0) \tag{3-8}$$

式中，$c_{\mathrm{ss}}=1$ 为输出的稳态分量；$c_{\mathrm{tt}}=-\mathrm{e}^{-\frac{t}{T}}$ 为输出的暂态分量。

当时间 t 趋于无穷大时，c_{tt} 衰减为零。显然，一阶系统的单位阶跃响应曲线是一条由零开始，按指数规律单调上升，最终趋于 1 的曲线，如图 3-4 所示。从图 3-4 可知一阶系统单位阶跃响应特点如下。

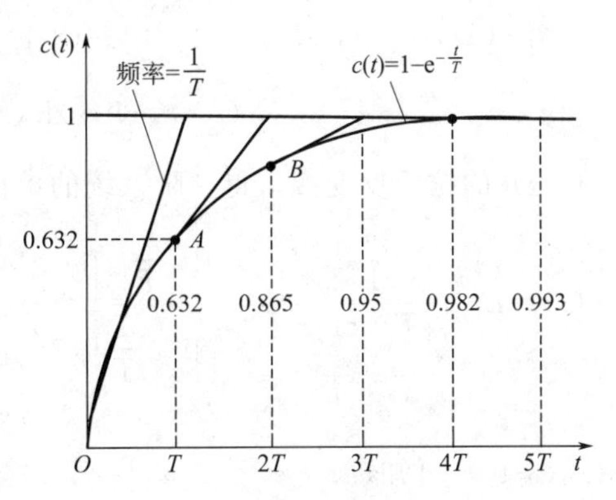

图 3-4　一阶系统的单位阶跃响应曲线

(1) 时间常数 T 是表征时间响应特性的唯一参数。当 $t=T$ 时，$c(T)=1-\mathrm{e}^{-1} \approx 0.632$，此刻系统输出达到过渡过程总变化量的 63.2%，可用实验方法求取一阶系统的时间常数 T。

(2) 在 $t=0$ 处系统响应的切线斜率等于 $\frac{1}{T}$，即

$$\left.\frac{\mathrm{d}c(t)}{\mathrm{d}t}\right|_{t=0}=\left.\frac{1}{T}\mathrm{e}^{-\frac{t}{T}}\right|_{t=0}=\frac{1}{T} \tag{3-9}$$

一阶系统的单位阶跃响应的斜率，随着时间的推移是单调下降的。

(3) 当误差带 $\Delta=5\%$时，调节时间 $t_{\mathrm{s}}=3T$；当误差带 $\Delta=2\%$时，$t_{\mathrm{s}}=4T$。显然，系统的时间常数越小，调节时间 t_{s} 越小，响应过程的快速性也越好。

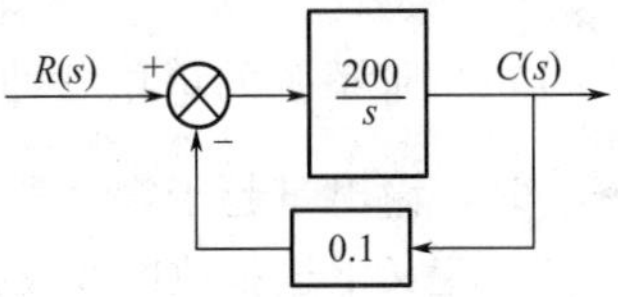

例 3-1　一阶系统其结构如图 3-5 所示。(1) 试求该系统单位阶跃响应的调节时间 t_{s}；(2) 若要求 $t_{\mathrm{s}} \leqslant 0.1\mathrm{s}$，问系统的反馈系数 τ 应取多少？

图 3-5　例 3-1 系统结构图

解　(1) 首先根据系统的结构图，写出闭环传递函数

$$\Phi(s)=\frac{C(s)}{R(s)}=\frac{\frac{200}{s}}{1+\frac{200}{s}\times 0.1}=\frac{10}{0.05s+1}$$

由闭环传递函数可知时间常数 $T=0.05\mathrm{s}$，由此可得

$$t_{\mathrm{s}}=3T=0.15\mathrm{s}\ (\text{误差带 } \Delta=5\%),\quad t_{\mathrm{s}}=4T=0.20\mathrm{s}\ (\text{误差带 } \Delta=2\%)$$

闭环传递函数分子上的数值 10 称为放大系数，相当于串接了一个 $K=10$ 的放大器，故调节时间 t_{s} 与它无关，只取决于时间常数 T。

(2) 假设反馈系数为 $\tau(\tau>0)$，即在图 3-5 中把反馈回路中的 0.1 换成 τ，那么同样可由结构图写出闭环传递函数

$$\Phi(s)=\frac{C(s)}{R(s)}=\frac{\frac{200}{s}}{1+\frac{200}{s}\tau}=\frac{\frac{1}{\tau}}{\frac{1}{200\tau}s+1}$$

由闭环传递函数可得

$$T=\frac{1}{200\tau}$$

据题意要求 $t_{\mathrm{s}} \leqslant 0.1\mathrm{s}$，则 $t_{\mathrm{s}}=3T=\frac{3}{200\tau} \leqslant 0.1$。解得反馈系数 $\tau \geqslant 0.15$。

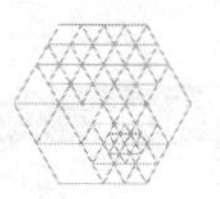

3.2.3 一阶系统的单位脉冲响应

当输入信号是单位脉冲时，系统的输出就是单位脉冲响应。

由 $r(t)=\delta(t)$，$R(s)=1$，由式(3-1) 可得一阶系统的输出响应为

$$C(s)=\Phi(s)R(s)=\frac{1}{Ts+1}R(s)=\frac{1}{Ts+1}$$

取 $C(s)$ 的拉氏反变换，得一阶系统的单位脉冲响应为

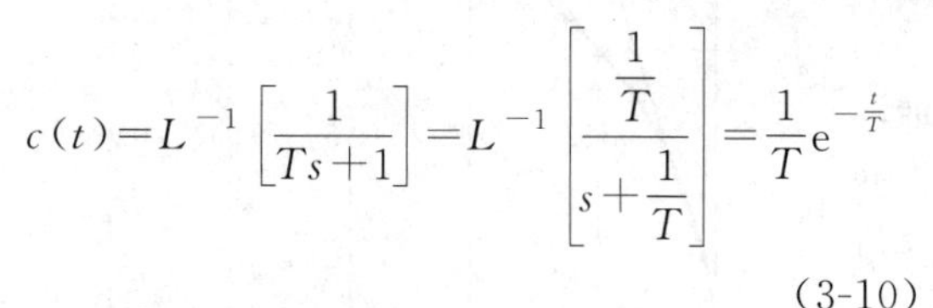

$$c(t)=L^{-1}\left[\frac{1}{Ts+1}\right]=L^{-1}\left[\frac{\frac{1}{T}}{s+\frac{1}{T}}\right]=\frac{1}{T}\mathrm{e}^{-\frac{t}{T}} \tag{3-10}$$

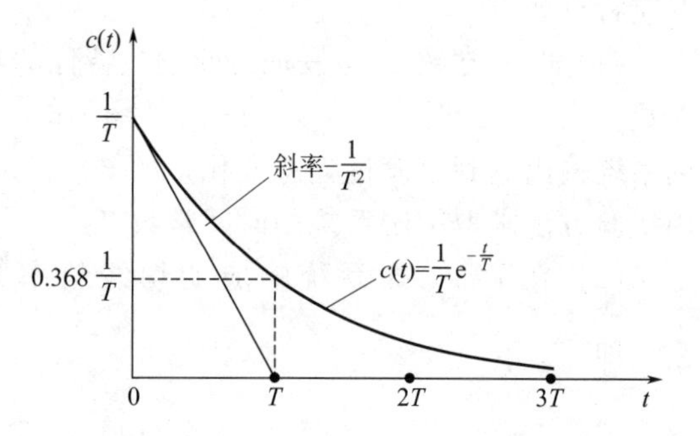

图 3-6 一阶系统的单位脉冲响应曲线

由式(3-10) 可知，

$$当\ t=0\ 时\quad c(0)=\frac{1}{T}$$

$$当\ t=T\ 时\quad c(T)=\frac{1}{T\mathrm{e}}=0.368\frac{1}{T}$$

$$当\ t=\infty 时\quad c(\infty)=0$$

一阶系统的单位脉冲响应曲线如图 3-6 所示。从该图可知一阶系统单位脉冲响应特点如下。

1）一阶系统的单位脉冲响应为一条单调下降的指数曲线。输出量的初始值为 $\frac{1}{T}$，时间 $t\to\infty$ 时，输出量趋于零，所以不存在稳态分量。

2）定义上述指数曲线衰减到其初值的 2% 为过渡过程时间 t_s（调节时间），则 $t_s=4T$。时间常数 T 反映了系统响应过程的快速性，T 越小，系统的惯性越小，过渡过程的持续时间越短，即系统响应输入信号的快速性越好。

3）鉴于工程上理想的单位脉冲函数不可能得到，而是以具有一定脉宽和有限幅度的脉冲来代替。因此，为了得到近似精度较高的单位脉冲响应，要求实际脉冲函数的宽度 h 与系统的时间常数 T 相比应足够小，一般要求 $h<0.1T$。

3.2.4 一阶系统的单位斜坡响应

当系统的输入信号为单位斜坡信号时，系统输出就是单位斜坡响应。

由 $r(t)=t$，$R(s)=\frac{1}{s^2}$，由式(3-1) 可得一阶系统的输出响应为

$$C(s)=\Phi(s)R(s)=\frac{1}{Ts+1}\,\frac{1}{s^2}$$

取 $C(s)$ 的拉氏反变换，得一阶系统的单位斜坡响应为

$$\begin{aligned}c(t)&=L^{-1}\left[\frac{1}{Ts+1}\,\frac{1}{s^2}\right]=L^{-1}\left[\frac{1}{s^2}-\frac{T}{s}+\frac{T}{s+\frac{1}{T}}\right]\\&=t-T+T\mathrm{e}^{-\frac{t}{T}}=c_{ss}+c_{tt}\quad(t\geqslant 0)\end{aligned} \tag{3-11}$$

式中，$c_{ss}=t-T$ 为输出的稳态分量；$c_{tt}=T\mathrm{e}^{-\frac{t}{T}t}$ 为输出的暂态分量，时间 t 趋于无穷衰减

为零。

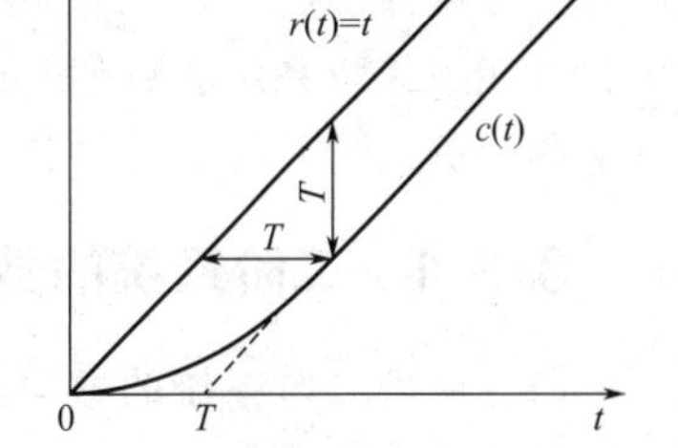

图 3-7 一阶系统单位斜坡响应曲线

一阶系统单位斜坡响应曲线如图 3-7 所示。从该图可知一阶系统单位斜坡响应特点如下。

1）响应的初始速度为

$$\left.\frac{\mathrm{d}c(t)}{\mathrm{d}t}\right|_{t=0}=1-\mathrm{e}^{-\frac{t}{T}}\Big|_{t=0}=0$$

2）一阶系统的单位斜坡响应有误差。根据式(3-11) 得

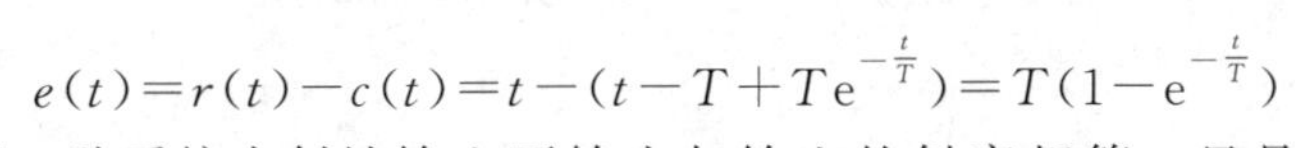

$$e(t)=r(t)-c(t)=t-(t-T+T\mathrm{e}^{-\frac{t}{T}})=T(1-\mathrm{e}^{-\frac{t}{T}})$$

即一阶系统在斜坡输入下输出与输入的斜率相等，只是滞后一个时间 T。或者说总存在着一个跟踪位置误差，其数值与时间常数 T 的数值相等。因此，时间常数 T 越小，则响应越快，误差越小，输出量对输入信号的滞后时间也越小。

3）比较图 3-4 和图 3-7 可以发现，在图 3-4 的阶跃响应曲线中，输出量 $c(t)$ 与输入量 $r(t)$ 之间的位置误差随时间增长而减小，最终趋于零。而在图 3-7 的斜坡响应曲线中，初始状态位置误差最小，随着时间的增长，输出量 $c(t)$ 与输入量 $r(t)$ 之间的位置误差逐渐加大，最后趋于常值 T。

3.2.5 三种响应之间的关系

表 3-2 一阶系统对典型信号的响应

输入信号 $r(t)$	输出信号 $c(t)$	输入信号 $r(t)$	输出信号 $c(t)$
$\delta(t)$	$\frac{1}{T}\mathrm{e}^{-\frac{t}{T}}$	t	$t-T+T\mathrm{e}^{-\frac{t}{T}}$
$1(t)$	$1-\mathrm{e}^{-\frac{t}{T}}$		

表 3-2 表明了线性定常系统的一个重要特性：**若输入信号之间呈导数或积分关系，则其对应的输出信号也呈导数或积分关系。**此性质适用于任意阶线性定常系统。因此，研究线性定常系统的时间响应，不必对每种输入信号的响应进行数学推导，而可以根据输入信号之间的关系确定输出响应，这给问题研究带来了极大的便利。

例 3-2 温度计插入温度恒定的热水后，其温度随时间变化的规律为 $c(t)=1-\mathrm{e}^{-\frac{1}{T}t}$。实验测得当 $t=60\mathrm{s}$ 时，温度计读数达到实际水温的 95%，试确定温度计的传递函数。

解 由温度计温度变化的单位阶跃响应 $c(t)=1-\mathrm{e}^{-\frac{1}{T}t}$，可知该温度计是一个惯性环节。温度计的调节时间为 $t_s=60=3T$，故 $T=20$。

由线性系统的性质可知，其脉冲响应为 $g(t)=c'(t)=\frac{1}{T}\mathrm{e}^{-\frac{1}{T}t}=\frac{1}{20}\mathrm{e}^{-\frac{1}{20}t}$

则温度计的传递函数为 $G(s)=L[g(t)]=\frac{1}{T}\frac{1}{s+\frac{1}{T}}=\frac{1}{20s+1}$

3.3 二阶系统的时域分析

凡可用二阶微分方程描述的系统，称为二阶系统。二阶系统在控制工程中应用极为广

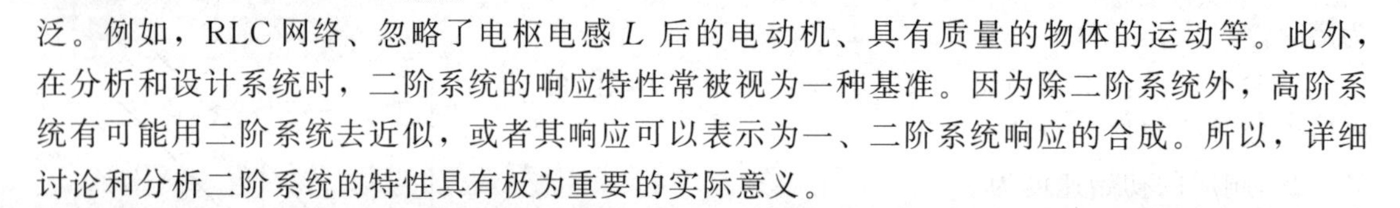

泛。例如，RLC 网络、忽略了电枢电感 L 后的电动机、具有质量的物体的运动等。此外，在分析和设计系统时，二阶系统的响应特性常被视为一种基准。因为除二阶系统外，高阶系统有可能用二阶系统去近似，或者其响应可以表示为一、二阶系统响应的合成。所以，详细讨论和分析二阶系统的特性具有极为重要的实际意义。

3.3.1 二阶系统的数学模型

(1) 典型二阶系统的数学模型 典型 RLC 电路如图 3-8（a）所示，系统是一个二阶系统，其运动方程为

$$LC\frac{\mathrm{d}^2u_0(t)}{\mathrm{d}t^2}+RC\frac{\mathrm{d}u_0(t)}{\mathrm{d}t}+u_0(t)=u_i(t) \tag{3-12}$$

式中，R、L、C 分别为电阻、电感和电容参数。在零初始条件下，输出电压和输入电压的闭环传递函数为

$$\Phi(s)=\frac{U_\mathrm{o}(s)}{U_\mathrm{i}(s)}=\frac{1}{LCs^2+RCs+1} \tag{3-13}$$

为了使研究结果具有普遍意义，通常把二阶系统的闭环传递函数写成标准形式

$$\Phi(s)=\frac{C(s)}{R(s)}=\frac{\omega_\mathrm{n}^2}{s^2+2\xi\omega_\mathrm{n}s+\omega_\mathrm{n}^2} \tag{3-14}$$

式中，ξ 为阻尼比；ω_n 为无阻尼自然振荡频率。其相对应的结构如图 3-8(b) 所示。

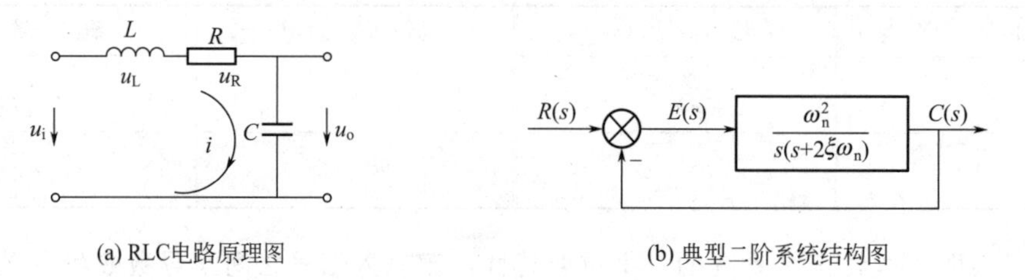

(a) RLC电路原理图　　(b) 典型二阶系统结构图

图 3-8　二阶系统电路图与结构图

将上述 RLC 系统的闭环传递函数化为标准形式，则可求得相对应的 ξ 和 ω_n 值。

$$\frac{C(s)}{R(s)}=\frac{1}{LCs^2+RCs+1}=\frac{\frac{1}{LC}}{s^2+\frac{R}{L}s+\frac{1}{LC}}=\frac{\omega_\mathrm{n}^2}{s^2+2\xi\omega_\mathrm{n}s+\omega_\mathrm{n}^2} \tag{3-15}$$

由式(3-15) 分母一一对应可求得

$$2\xi\omega_\mathrm{n}=\frac{R}{L},\quad \omega_\mathrm{n}=\sqrt{\frac{1}{LC}}$$

令式(3-14) 的闭环传递函数的分母多项式等于零，可得二阶系统的闭环特征方程

$$s^2+2\xi\omega_\mathrm{n}s+\omega_\mathrm{n}^2=0 \tag{3-16}$$

可得二阶系统的两个特征根（即闭环极点）为

$$s_{1,2}=-\xi\omega_\mathrm{n}\pm\omega_\mathrm{n}\sqrt{\xi^2-1} \tag{3-17}$$

由此可见，二阶系统的时间响应只取决于 ξ 和 ω_n 这两个参数，故称 ξ、ω_n 为二阶系统的特征参数。随着阻尼比 ξ 取值的不同，二阶系统的特征根（闭环极点）也不相同，系统的时间响应也不一样。对于不同的二阶系统，ξ 和 ω_n 的物理意义也不同。

(2) 阻尼比不同时典型二阶系统的特征根　式(3-17)表明，典型二阶系统的特征根取决于阻尼比ξ值的大小。阻尼比ξ不同，二阶系统的特征根分布不同，其动态响应也不一样，如图3-9所示，详细内容将在下节中介绍。

1) **过阻尼($\xi>1$)**　当$\xi>1$时，特征方程具有两个不同的负实根

$$s_{1,2}=-\xi\omega_n\pm\omega_n\sqrt{\xi^2-1}$$

特征根是位于s平面负实轴上的两个不相等的负实极点。与临界阻尼响应曲线相同。其上升时间要比临界阻尼响应上升的慢。

2) **临界阻尼($\xi=1$)**　当$\xi=1$时，特征方程具有两个相同的负实根

$$s_{1,2}=-\omega_n$$

特征根是位于s平面负实轴上两个相等的负实极点。单位阶跃响应是无超调、无振荡和单调上升的收敛曲线。

3) **欠阻尼($0<\xi<1$)**　当$0<\xi<1$时，特征方程具有一对共轭复根

$$s_{1,2}=-\xi\omega_n\pm j\omega_n\sqrt{1-\xi^2}$$

特征根是位于s平面左半部的一对共轭极点。单位阶跃响应是振幅随时间按指数函数规律衰减的正弦函数曲线。

4) **无阻尼($\xi=0$)**（欠阻尼的特殊情况）　当$\xi=0$时，特征方程具有一对共轭纯虚根

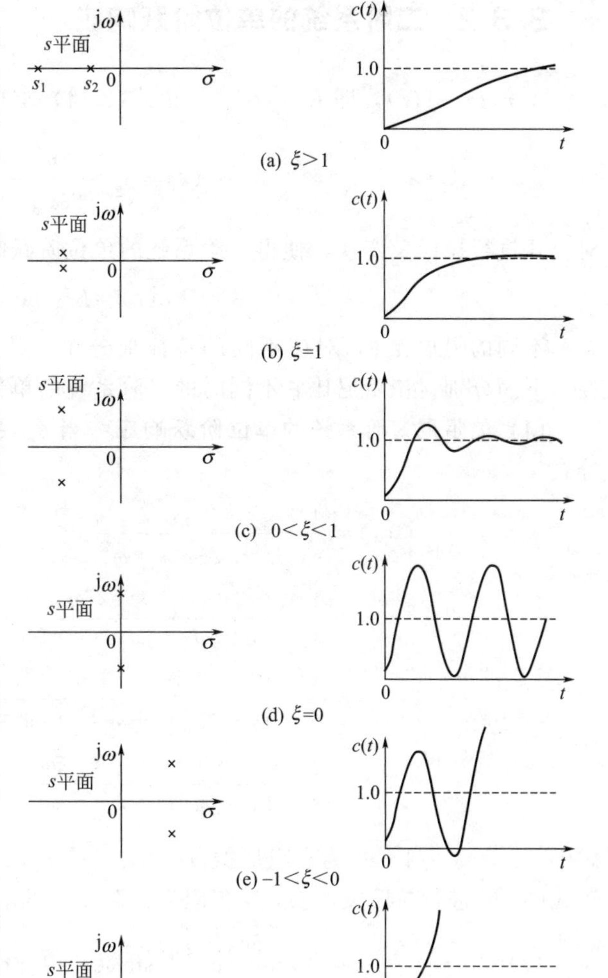

图3-9　闭环极点分布与单位阶跃响应

$$s_{1,2}=\pm j\omega_n$$

特征根位于s平面的虚轴上。单位阶跃响应是等幅振荡的正弦函数曲线。

5) **负阻尼($-1<\xi<0$)**　当$-1<\xi<0$时，特征方程具有一对正实部的共轭复根

$$s_{1,2}=-\xi\omega_n\pm j\omega_n\sqrt{1-\xi^2}$$

特征根是位于s平面右半部的一对共轭极点。单位阶跃响应是发散振荡的正弦函数曲线，系统不稳定。

6) **负阻尼($\xi<-1$)**　当$\xi<-1$时，特征方程具有两个不同的正实根

$$s_{1,2}=-\xi\omega_n\pm\omega_n\sqrt{\xi^2-1}$$

特征根是位于s平面正实轴上的两个不相等的正实极点。单位阶跃响应是单调上升、发散曲线，系统不稳定。

下面根据式(3-14)，研究二阶系统的时间响应及动态性能指标计算。无特殊说明时，假设系统的初始条件为零，即当控制信号$r(t)$作用于系统之前，系统处于静止状态。

3.3.2 二阶系统的单位阶跃响应

令 $r(t)=1(t)$，即 $R(s)=\frac{1}{s}$，由式(3-14) 求得二阶系统单位阶跃响应的拉氏变换为

$$C(s)=\frac{\omega_n^2}{s^2+2\xi\omega_n s+\omega_n^2}\times\frac{1}{s} \tag{3-18}$$

对上式进行拉氏反变换，便得二阶系统的单位阶跃响应

$$c(t)=L^{-1}[C(s)] \tag{3-19}$$

不同的阻尼比 ξ，对应不同的特征根分布，其对输入信号的时间响应也呈现不同的特性。下面分别讨论阻尼比 ξ 不同时的二阶系统的单位阶跃响应。

(1) 欠阻尼二阶系统的单位阶跃响应　当 $0<\xi<1$ 时，式(3-18) 可以展成如下的部分分式

$$\begin{aligned}C(s)&=\frac{1}{s}-\frac{s+2\xi\omega_n}{s^2+2\xi\omega_n s+\omega_n^2}\\&=\frac{1}{s}-\frac{s+2\xi\omega_n}{(s+\xi\omega_n+j\omega_d)(s+\xi\omega_n-j\omega_d)}\\&=\frac{1}{s}-\frac{s+\xi\omega_n}{(s+\xi\omega_n)^2+\omega_d^2}-\frac{\xi\omega_n}{(s+\xi\omega_n)^2+\omega_d^2}\\&=\frac{1}{s}-\frac{s+\xi\omega_n}{(s+\xi\omega_n)^2+\omega_d^2}-\frac{\xi\omega_n}{\omega_d}\times\frac{\omega_d}{(s+\xi\omega_n)^2+\omega_d^2}\end{aligned} \tag{3-20}$$

式中，$\omega_d=\omega_n\sqrt{1-\xi^2}$ 为有阻尼振荡频率。

对式(3-20)进行拉氏反变换，得欠阻尼二阶系统的响应为

$$c(t)=1-e^{-\xi\omega_n t}\cos\omega_d t-\frac{\xi\omega_n}{\omega_d}e^{-\xi\omega_n t}\sin\omega_d t=1-e^{-\xi\omega_n t}\left(\cos\omega_d t+\frac{\xi}{\sqrt{1-\xi^2}}\sin\omega_d t\right)(t\geqslant 0)$$

上式还可改写为

$$c(t)=1-\frac{e^{-\xi\omega_n t}}{\sqrt{1-\xi^2}}(\sqrt{1-\xi^2}\cos\omega_d t+\xi\sin\omega_d t)=1-\frac{e^{-\xi\omega_n t}}{\sqrt{1-\xi^2}}(\sin\theta\cos\omega_d t+\cos\theta\sin\omega_d t)$$

最后推导为

$$c(t)=1-\frac{e^{-\xi\omega_n t}}{\sqrt{1-\xi^2}}\sin(\omega_d t+\theta)\ (t\geqslant 0) \tag{3-21}$$

式中，$\theta=\arctan\frac{\sqrt{1-\xi^2}}{\xi}$，或者 $\theta=\arccos\xi$。图 3-10 所示的三角形表述了欠阻尼二阶系统各特征参数关系。此时，二阶系统单位阶跃响应的误差信号为

$$e(t)=r(t)-c(t)=\frac{e^{-\xi\omega_n t}}{\sqrt{1-\xi^2}}\sin(\omega_d t+\theta)\ (t\geqslant 0) \tag{3-22}$$

从式(3-21) 和式(3-22) 可以得出欠阻尼二阶系统单位阶跃响应的特点如下。

1) 欠阻尼二阶系统的输出响应 $c(t)$ 及误差信号 $e(t)$ 为衰减的正弦振荡曲线，如图 3-11 所示。

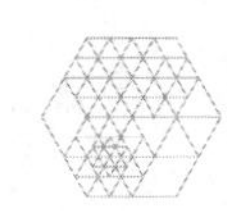

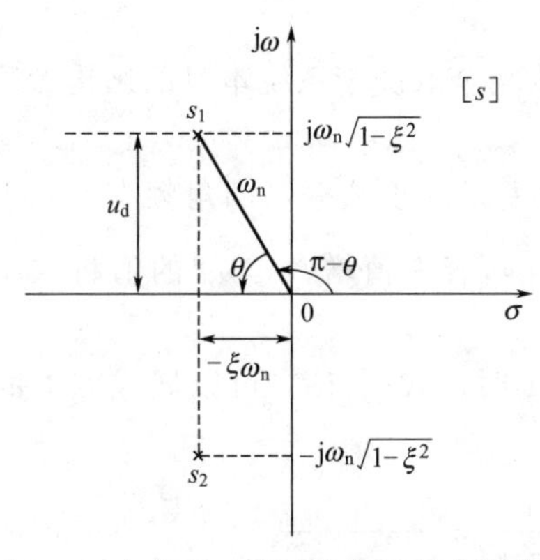

图 3-10 欠阻尼二阶系统各特征参数关系

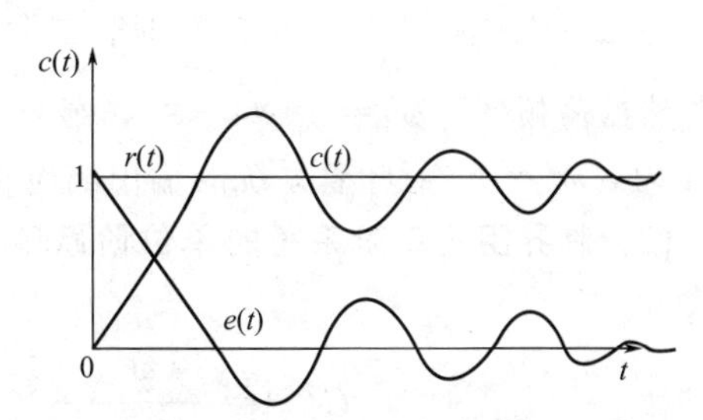

图 3-11 欠阻尼二阶系统单位阶跃响应及误差曲线

2）欠阻尼二阶系统的单位阶跃响应由暂态分量和稳态分量两部分组成。暂态分量是一个衰减的正弦振荡，衰减振荡频率是有阻尼振荡频率 ω_d，衰减振荡周期为 $T_d=\dfrac{2\pi}{\omega_d}$。曲线衰减速度取决于 $\xi\omega_n$ 值的大小，$\xi\omega_n$ 越大系统的闭环极点距离虚轴越远，暂态分量衰减越快。

3）暂态分量衰减到零后，系统的输出值达到稳态值 1，系统的稳态误差为零。

(2) 无阻尼二阶系统的单位阶跃响应 令 $\xi=0$，即无阻尼。在这种情况下，式(3-18) 为

$$C(s)=\frac{1}{s}\times\frac{\omega_n^2}{s^2+\omega_n^2}=\frac{1}{s}-\frac{s}{s^2+\omega_n^2}$$

对上式进行拉氏反变换，得无阻尼二阶系统的单位阶跃响应为

$$c(t)=1-\cos\omega_n t \quad (t\geqslant 0) \tag{3-23}$$

此时的响应称为无阻尼响应。

式(3-23) 表明，无阻尼二阶系统的单位阶跃响应是一条围绕给定值 1 的正弦形式的等幅振荡曲线，如图 3-12 所示。其振荡频率为 ω_n，无阻尼振荡频率的名称由此而来。实际上，$\xi=0$ 是欠阻尼的一种特殊情况，将 $\xi=0$ 代入式(3-21)，也可直接得到无阻尼振荡响应 $c(t)$。

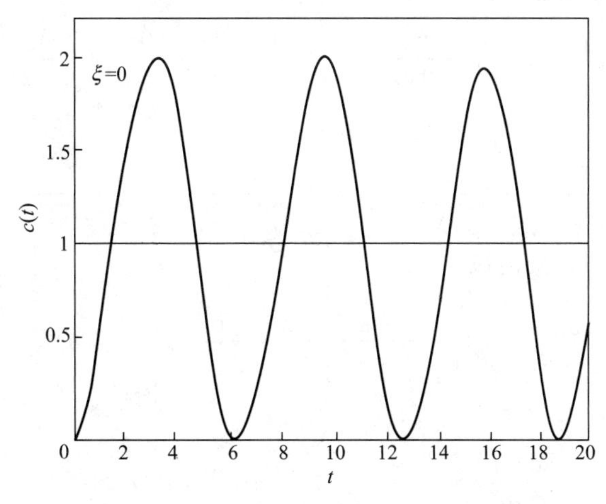

图 3-12 无阻尼二阶系统的单位阶跃响应曲线

频率 ω_n 和 ω_d 的物理意义如下：

1）ω_n 是 $\xi=0$ 时二阶系统的振荡频率。ω_n 的取值完全取决于系统本身的结构参数，是系统的固有频率，也称为自然频率。

2）ω_d 是欠阻尼（$0<\xi<1$）时，二阶系统响应为衰减的正弦振荡的角频率，称为有阻尼自然振荡频率。$\omega_d=\omega_n\sqrt{1-\xi^2}$，显然 $\omega_d\leqslant\omega_n$，且随着 ξ 值增大，ω_d 的值将减小。当 $\xi>1$ 时，$\omega_d=0$，意味着系统的输出响应将不再振荡。

(3) 临界阻尼二阶系统的单位阶跃响应 当 $\xi=1$ 时，式(3-18) 可以展成如下的部分分式

$$C(s)=\frac{\omega_n^2}{(s+\omega_n)^2}\times\frac{1}{s}=\frac{1}{s}-\frac{1}{s+\omega_n}-\frac{\omega_n}{(s+\omega_n)^2} \tag{3-24}$$

对式(3-24) 进行拉氏反变换，得临界阻尼二阶系统的单位阶跃响应为

$$c(t)=1-e^{-\omega_n t}(1+\omega_n t)\quad(t\geqslant 0) \tag{3-25}$$

此时的响应称为临界阻尼响应。

由式(3-25) 看出，临界阻尼二阶系统单位阶跃响应是一条无超调的单调上升曲线，其曲线介于欠阻尼和过阻尼曲线之间，如图 3-13 所示。又由于

$$\frac{dc(t)}{dt}=\omega_n^2 t e^{-\omega_n t}\quad(t\geqslant 0) \tag{3-26}$$

$$\left.\frac{dc(t)}{dt}\right|_{t=0}=0,\ \left.\frac{dc(t)}{dt}\right|_{t=\infty}=0,\ c(\infty)=1$$

因此，$c(t)$ 在 $t=0$ 时与横轴相切，随着时间的推移，响应过程的变化率为正，曲线单调上升；当时间趋于无穷时，变化率趋于 0，响应过程趋于常值 1。一阶系统单位阶跃响应曲线在 $t=0$ 时，斜率为$\frac{1}{T}$，根据二者响应曲线可以区分是一阶系统还是二阶临界阻尼系统。

(4) 过阻尼二阶系统的单位阶跃响应 当阻尼比 $\xi>1$ 时，称其为过阻尼。这时二阶系统具有两个不相同的负实根，即

$$s_1=-\xi\omega_n-\omega_n\sqrt{\xi^2-1} \tag{3-27}$$

$$s_2=-\xi\omega_n+\omega_n\sqrt{\xi^2-1} \tag{3-28}$$

式(3-18) 可展成如下的部分分式

$$C(s)=\frac{\omega_n^2}{(s-s_1)(s-s_2)}\times\frac{1}{s}=\frac{1}{s}+\frac{A_1}{s-s_1}+\frac{A_2}{s-s_2} \tag{3-29}$$

$$c(t)=1+A_1e^{s_1 t}+A_2e^{s_2 t} \tag{3-30}$$

其中，$A_1=\frac{1}{2\sqrt{\xi^2-1}\ (\xi+\sqrt{\xi^2-1})}$，$A_2=-\frac{1}{2\sqrt{\xi^2-1}\ (\xi-\sqrt{\xi^2-1})}$

将 A_1，A_2 代入式(3-30) 整理得

$$c(t)=1+\frac{\omega_n}{2\sqrt{\xi^2-1}}\left(\frac{e^{s_2 t}}{s_2}-\frac{e^{s_1 t}}{s_1}\right)\quad(t\geqslant 0) \tag{3-31}$$

又由于

$$\frac{dc(t)}{dt}=\frac{\omega_n}{2\sqrt{\xi^2-1}}(e^{s_2 t}-e^{s_1 t})\quad(t\geqslant 0)$$

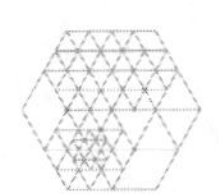

$$\left.\frac{\mathrm{d}c(t)}{\mathrm{d}t}\right|_{t=0}=0,\ \left.\frac{\mathrm{d}c(t)}{\mathrm{d}t}\right|_{t=\infty}=0,\ c(\infty)=1$$

因此，响应曲线 $c(t)$ 在 $t=0$ 时与横轴相切，随着时间 t 的增加单调上升；当时间趋于无穷时，变化率趋于 0，响应过程趋于常值 1。

由式(3-31) 可知，$\xi>1$ 时，过阻尼二阶系统的阶跃响应是一条含有两个衰减指数项的无超调单调上升的曲线，如图 3-13 所示。当 ξ 远大于 1 时，如图 3-9(a) 中，闭环极点 s_1 将比 s_2 距虚轴远得多，包含 s_1 的指数项要比包含 s_2 的指数项衰减得快，而且与 s_1 对应项的系数也小于 s_2 对应项的系数，所以 s_1 对系统响应的影响比 s_2 对系统响应的影响要小得多。因此，在求取输出信号 $c(t)$ 的近似解时，可以忽略 s_1 对系统的影响，把二阶系统近似看成一阶系统。

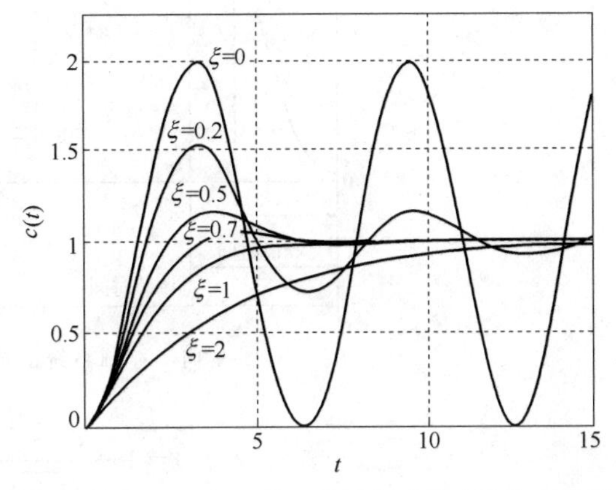

图 3-13 不同 ξ 值下的二阶系统单位阶跃响应曲线

(5) 负阻尼二阶系统的单位阶跃响应 当系统的阻尼比 ξ 为负时，称系统处于负阻尼状态。在这种情况下的响应称为负阻尼响应。例如，当 $-1<\xi<0$ 时，二阶系统负阻尼的单位阶跃响应为

$$c(t)=1-\frac{\mathrm{e}^{-\xi\omega_{\mathrm{n}}t}}{\sqrt{1-\xi^2}}\sin(\omega_{\mathrm{d}}t+\theta)\quad(t\geqslant 0)\tag{3-32}$$

式中，$\omega_{\mathrm{d}}=\omega_{\mathrm{n}}\sqrt{1-\xi^2}$；$\theta=\arccos\xi$。

从形式上看，式（3-32）与欠阻尼表达式（3-21）相同，但由于阻尼比为负，指数因子 $\mathrm{e}^{-\xi\omega_{\mathrm{n}}t}$ 具有正的幂指数，因此，单位阶跃响应发散振荡。同理，$\xi\leqslant-1$ 时，系统也呈发散状态。由此可见，负阻尼比时，系统不稳定，也就没有研究此系统的意义了。

由图 3-13 响应曲线以及上述分析可得出如下结论：

1）$\xi\geqslant1$ 过阻尼和临界阻尼系统的单位阶跃响应都是单调上升曲线，其中临界阻尼响应时间和上升时间最短，响应最快。

2）$0<\xi<1$ 欠阻尼二阶系统的单位阶跃响应是衰减振荡的正弦曲线。阻尼比 ξ 越小，振荡程度越严重，当 $\xi=0$ 时出现等幅振荡，当 $\xi<0$ 时，为发散振荡。

3）阻尼比 ξ 对系统的响应影响较大。在自然振荡频率相同的条件下，阻尼比越小，超调量越大，上升时间越短，振荡特性越强，平稳性越差。当 $\xi=0.4\sim0.8$ 时，则欠阻尼的单位阶跃响应的快速性和平稳性可以兼顾。

3.3.3 欠阻尼二阶系统的动态性能指标

评价控制系统动态性能的好坏，是通过系统对单位阶跃响应函数的特征量来表示的。因此，以欠阻尼二阶系统为例，计算各项动态性能指标，其中主要有上升时间 t_{r}、峰值时间 t_{p}、调节时间 t_{s}、最大超调量 σ_{p}（见图 3-14）和振荡次数 N 等，并分析它们与 ξ、ω_{n} 之间的关系。

(1) 上升时间 t_{r} 根据定义，当 $t=t_{\mathrm{r}}$ 时，$c(t_{\mathrm{r}})=1$。由式(3-21) 得

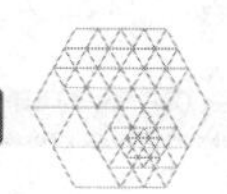

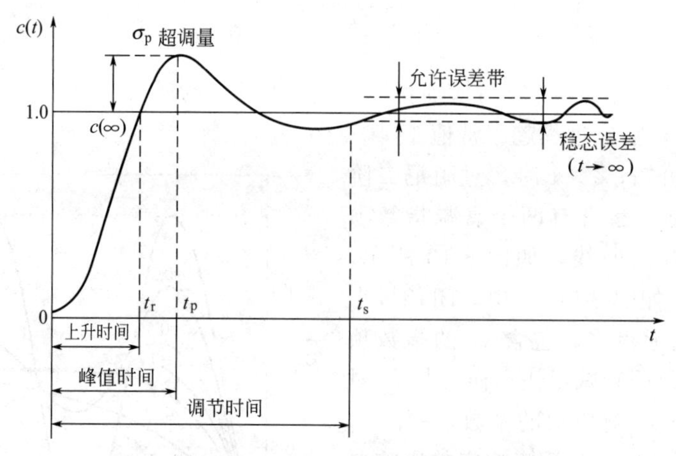

图 3-14　控制系统的单位阶跃响应性能指标

$$c(t_r)=1-\frac{e^{-\xi\omega_n t_r}}{\sqrt{1-\xi^2}}\sin(\omega_d t_r+\theta)=1$$

即
$$\frac{e^{-\xi\omega_n t_r}}{\sqrt{1-\xi^2}}\sin(\omega_d t_r+\theta)=0$$

因为
$$\frac{e^{-\xi\omega_n t_r}}{\sqrt{1-\xi^2}}\neq 0$$

所以
$$\sin(\omega_d t_r+\theta)=0$$

由上式得 $\omega_d t_r+\theta=\pi$，因此，上升时间为

$$t_r=\frac{\pi-\theta}{\omega_d}=\frac{\pi-\theta}{\omega_n\sqrt{1-\xi^2}} \tag{3-33}$$

式中，$\theta=\arctan\frac{\sqrt{1-\xi^2}}{\xi}$，或 $\theta=\arccos\xi$。其中 θ 与 $\xi\omega_n$、ω_d 以及 ξ 等的关系见图 3-15。

(2) 峰值时间 t_p 的计算　将式(3-21) 对时间 t 求导，令其等于零，并 $\left.\frac{dc(t)}{dt}\right|_{t=t_p}=0$，得

$$\xi\omega_n e^{-\xi\omega_n t_p}\sin(\omega_d t_p+\theta)-\omega_d e^{-\xi\omega_n t_p}\cos(\omega_d t_p+\theta)=0$$

整理得

$$\tan(\omega_d t_p+\theta)=\frac{\sqrt{1-\xi^2}}{\xi}$$

由图 3-10 转化为图 3-15，可确定 θ 与 ξ 的关系为 $\tan\theta=\frac{\sqrt{1-\xi^2}}{\xi}$。

则　　$\tan(\omega_d t_p+\theta)=\tan(\theta+l\pi)\quad(l=1,2,3\cdots)$

由于峰值时间 t_p 是响应 $c(t)$ 达到第一个峰值所对应的时间，故取 $\omega_d t_p+\theta=\theta+\pi$，则有

$$t_p=\frac{\pi}{\omega_d}=\frac{\pi}{\omega_n\sqrt{1-\xi^2}} \tag{3-34}$$

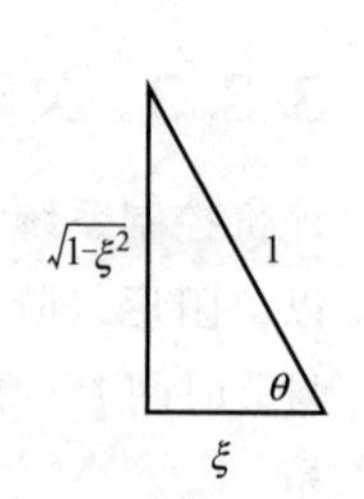

图 3-15　θ 角的定义

(3) 最大超调量 σ_p 的计算 超调量发生在峰值时间 t_p 时刻，则

$$c(t_p)=1-\frac{e^{-\xi\omega_n t_p}}{\sqrt{1-\xi^2}}\sin(\omega_d t_p+\theta)=1-\frac{e^{-\xi\omega_n\times\frac{\pi}{\omega_n\sqrt{1-\xi^2}}}}{\sqrt{1-\xi^2}}\sin\left(\omega_d\frac{\pi}{\omega_d}+\theta\right)$$

$$=1-\frac{e^{-\frac{\xi\pi}{\sqrt{1-\xi^2}}}}{\sqrt{1-\xi^2}}\sin(\pi+\theta)=1+\frac{e^{-\frac{\xi\pi}{\sqrt{1-\xi^2}}}}{\sqrt{1-\xi^2}}\sin\theta$$

$$=1+e^{-\frac{\xi\pi}{\sqrt{1-\xi^2}}}$$

根据 $c(\infty)=1$ 和超调量的定义可得

$$\sigma_p=\frac{c(t_p)-c(\infty)}{c(\infty)}\times100\%=e^{-\frac{\xi\pi}{\sqrt{1-\xi^2}}}\times100\% \tag{3-35}$$

或

$$\sigma_p=e^{-\pi\cot\theta}\times100\% \tag{3-36}$$

由式(3-35) 看出，最大超调量 σ_p 只是阻尼比 ξ 的函数，与 ω_n 无关。当二阶系统的阻尼比 ξ 确定后，即可求得相对应的超调量 σ_p。反之，如果给出了超调量 σ_p 的要求值，也可求出相对应的阻尼比 ξ 的数值。图 3-16 给出了 σ_p 与 ξ 的关系曲线。一般为了获得良好的过渡过程，选 $\xi=0.4\sim0.8$，则其相应的超调量 $\sigma_p=25\%\sim2.5\%$。小的 ξ 值，例如 $\xi<0.4$ 时会造成系统响应严重超调；而大的 ξ 值，例如 $\xi>0.8$ 时，将使系统的调节时间变长。当 ω_n 一定时，$\xi=0.7$ 附近，σ_p 较小，平稳性也好，因此，在设计二阶系统时一般选取 $\xi=0.707$ 为最佳阻尼比，此时系统的调节时间最短，超调量 $\sigma_p=4.3\%$，对应的 $\theta=45°$。

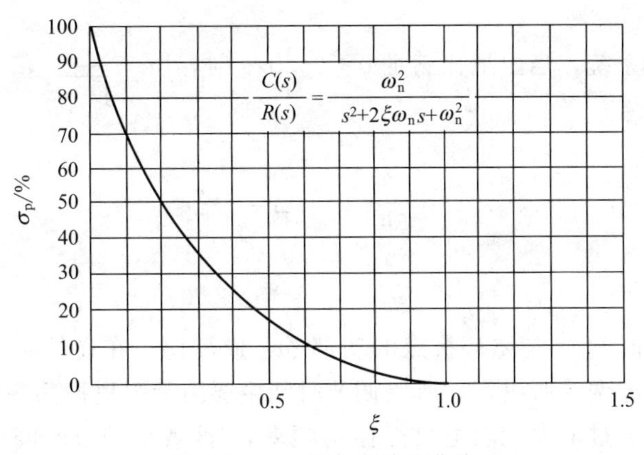

图 3-16 σ_p 与 ξ 的关系曲线

(4) 调节时间 t_s 的计算 对于欠阻尼二阶系统的单位阶跃响应表达式为

$$c(t)=1-\frac{e^{-\xi\omega_n t}}{\sqrt{1-\xi^2}}\sin(\omega_d t+\theta)\qquad(t\geqslant0)$$

这是一个衰减的正弦振荡曲线。曲线 $1\pm\frac{1}{\sqrt{1-\xi^2}}e^{-\xi\omega_n t}$ 为该系统响应 $c(t)$ 的包络线。即响应 $c(t)$ 总是包含在一对包络线之内，如图 3-17 所示。包络线的衰减速度取决于 $\xi\omega_n$ 值。

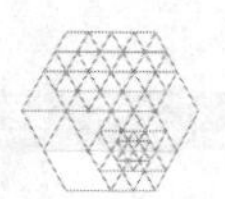

由调节时间 t_s 的定义可知，t_s 是包络线衰减到 Δ 区域所需的时间，此时 $c(\infty)=1$，则有

$$\frac{|c(t_s)-c(\infty)|}{c(\infty)}\leqslant\Delta \qquad (t\geqslant t_s)$$

$$\frac{e^{-\xi\omega_n t_s}}{\sqrt{1-\xi^2}}\sin(\omega_d t+\theta)\leqslant\Delta \qquad (t\geqslant t_s) \tag{3-37}$$

由上式可以看出，在 $0\sim t_s$ 时间范围内，满足上述条件的时间 t 值有多个，其中最大的值就是调节时间 t_s。由于正弦函数的存在，t_s 值与阻尼比 ξ 之间的函数关系不是连续的。为简单起见，可以采用近似的计算方法，忽略正弦函数的影响，认为指数衰减项到 Δ 时，过渡过程结束。

用包络线代替衰减的正弦振荡曲线为 $\dfrac{e^{-\xi\omega_n t_s}}{\sqrt{1-\xi^2}}\leqslant\Delta \qquad (t\geqslant t_s)$

$$t_s\geqslant\frac{1}{\xi\omega_n}\left(\ln\frac{1}{\Delta}+\ln\frac{1}{\sqrt{1-\xi^2}}\right) \tag{3-38}$$

式中，若取 $\Delta=5\%$ 和 $\Delta=2\%$ 时，分别得到 t_s 的计算式

$$t_s\geqslant\frac{3+\ln\dfrac{1}{\sqrt{1-\xi^2}}}{\xi\omega_n} \quad (\Delta=5\%)，t_s\geqslant\frac{4+\ln\dfrac{1}{\sqrt{1-\xi^2}}}{\xi\omega_n} \quad (\Delta=2\%)$$

表 3-3　$\ln(1/\sqrt{1-\xi^2})$ 与 ξ 关系

ξ	0	0.4	0.5	0.6	0.7	0.8	0.9
$\ln(1/\sqrt{1-\xi^2})$	0	0.087	0.144	0.223	0.337	0.51	0.83

对于欠阻尼二阶系统，当阻尼比满足 $0<\xi<0.9$ 时，$\ln\dfrac{1}{\sqrt{1-\xi^2}}$ 值很小，可以忽略，见表 3-3，则得

$$t_s=\frac{3}{\xi\omega_n} \qquad (\Delta=5\%) \tag{3-39}$$

$$t_s=\frac{4}{\xi\omega_n} \qquad (\Delta=2\%) \tag{3-40}$$

上式表明，调节时间 t_s 与闭环极点的实部 $\xi\omega_n$ 成反比。在设计系统时，阻尼系数 ξ 通常由设计要求的最大超调量所决定，所以调节时间主要由无阻尼振荡频率决定。在不改变最大超调量的情况下，通过增大无阻尼自然振荡频率 ω_n，减小调节时间，增加控制系统的快速性。

如果考虑正弦项，由于调节时间 t_s 值与 ξ 之间的复杂关系，只能用数值计算求取 $t_s=f(\xi)$ 的数学关系。调节时间 t_s 随阻尼比 ξ 变化的关系曲线如图 3-18 所示，图中 $T=\dfrac{1}{\omega_n}$。可以由图 3-18 所示曲线上测出允许误差 $\Delta=2\%$，$\Delta=5\%$ 相对应的调节时间 t_s。

图 3-18 中在 $0<\xi<1$ 范围内，不连续曲线是根据式（3-37）所得的仿真结果，不连续意味着阻尼系数 ξ 的微小变化会导致调节时间的跳跃变化。$\xi>1$ 为连续曲线，是根据式（3-30）仿真所得。由于实际响应曲线收敛到误差带内的速度比包络线快，因此按式（3-39）或式（3-40）

计算的调节时间 t_s 偏大。

图 3-18 中，调解时间对于 $\Delta=2\%$，$\xi=0.76$ 时对应的 t_s 最小；$\Delta=5\%$，$\xi=0.68$ 时对应的 t_s 最小，即快速性最好。过了曲线 $t_s(\xi)$ 最低点，t_s 将随着 ξ 的增大而近似增大。当 $\xi=0.707$ 时，调节时间也很小，超调量只有 4.3%，工程上称 $\xi=0.707$ 为最佳阻尼比，是兼顾暂态响应平稳性和快速性要求的一个较好的折中值。

对于系统的实际要求要综合考虑，例如，若对系统暂态性能的主要要求是响应的平稳性，则应该取 $\xi=0.8\sim1$，这时超调量 $\sigma_p=1.5\%\sim0$，若取 $\xi=1$，还可以实现无超调。

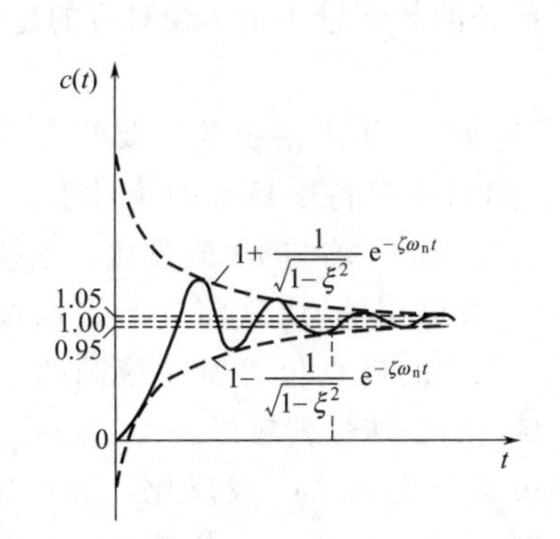

图 3-17 二阶系统单位阶跃响应的包络线

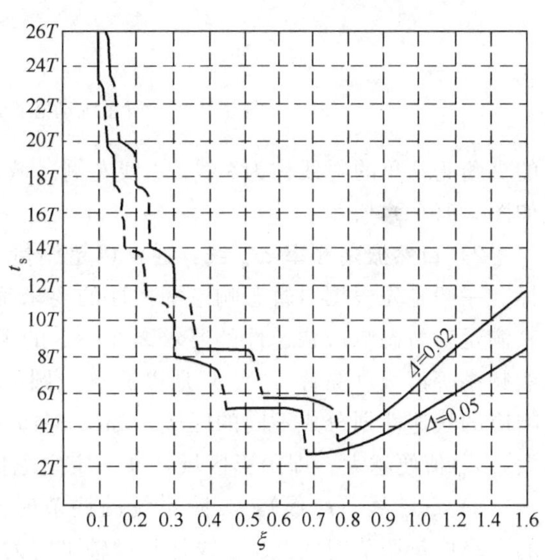

图 3-18 二阶系统 t_s 与 ξ 的关系曲线

(5) 振荡次数 N 的计算 根据振荡次数的定义，$N=\frac{t_s}{T_d}$，阻尼振荡周期 $T_d=\frac{2\pi}{\omega_d}=\frac{2\pi}{\omega_n\sqrt{1-\xi^2}}$，求得

$$N=\frac{t_s}{T_d}=\frac{t_s\omega_n\sqrt{1-\xi^2}}{2\pi}=\frac{3\sim4}{\xi\omega_n}\times\frac{\omega_n\sqrt{1-\xi^2}}{2\pi}=\frac{(1.5\sim2)\sqrt{1-\xi^2}}{\pi\xi} \tag{3-41}$$

如果用上式计算得到的 N 值为非整数，则振荡次数只取其整数即可，小数的振荡次数没有实际意义。显然，振荡次数和超调量一样只是 ξ 的函数，N 和 σ_p 都与 ξ 成反比，ξ 越小，超调量越大，振荡次数越多。

从上述各项性能指标的计算式看出，欲使二阶系统具有满意的性能指标，必须选取合适的阻尼比 ξ 和无阻尼振荡频率 ω_n。提高 ω_n 可以提高系统的响应速度；增大 ξ 可以提高系统的平稳性，使超调量和振荡系数减少。一般来说，在系统的响应速度和阻尼程度之间存在着一定的矛盾。对于既要增强系统的阻尼程度，同时又要求其具有较高响应速度的设计方案，只有通过合理的折中才能实现。

(6) 二阶系统动态性能指标与系统极点位置的关系 二阶系统的暂态特性取决于系统极点的分布，其暂态特性可用系统极点的特征参数来描述，二阶系统动态性能指标与系统极点位置关系如图 3-19 所示。

1）**阻尼比 ξ 线**：要求系统平稳性好，即阶跃响应没过大的超调量，系统的超调量仅与阻尼比 ξ 有关，阻尼比是系统平稳性最好的度量指标。由于 $\cos\theta=\xi$，由原点出发与负实轴

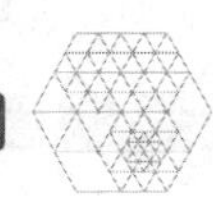

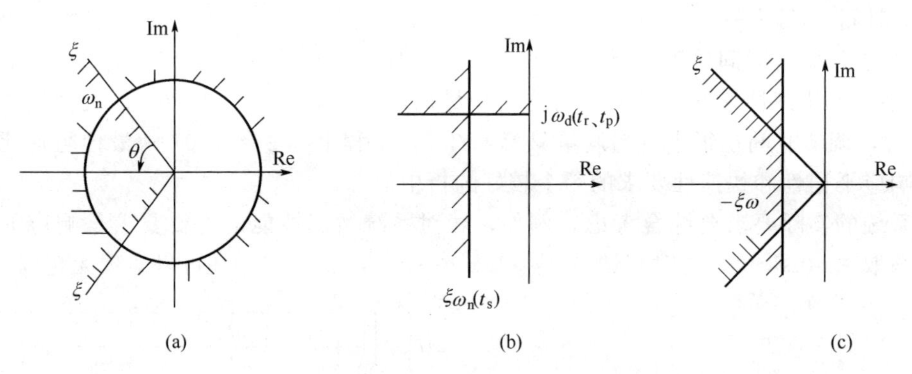

图 3-19 二阶系统动态性能指标与系统极点位置关系

的夹角为 θ 角的射线称为 ξ 线。ξ 线左侧区域，即阴影部分的超调量小于 ξ 线对应的超调量，如图 3-19(a) 所示。

2）**自然振荡频率 ω_n 线**：通常以超调量 σ_p 和调节时间 t_s 作为系统的主要暂态性能指标。一般是先根据对暂态响应平稳性的要求确定 ξ 值，然后在保持平稳性的条件下调节 ω_n 来满足对暂态响应快速性的要求。在一定的阻尼比下 t_s、t_r 和 t_p 均与 ω_n 成反比。系统的自然频率等值线（简称 ω_n 线）是以原点为圆心的同心圆，故可用等 ω_n 线将左半平面按暂态响应的快速性划分成不同的区域，如图 3-19(a) 所示。系统的极点位置所对应圆的半径越大，ω_n 值便越大，即阴影区域，在一定阻尼比下系统响应的快速性就越好。

3）**$\xi\omega_n$ 线（t_s 线）**：二阶系统的调节时间与闭环极点负实部 $\xi\omega_n$ 成反比，故可用 $\xi\omega_n$ 的大小度量调节时间。$\xi\omega_n$ 线是与虚轴平行的直线，如图 3-19(b) 所示。若系统极点都分布在 $\xi\omega_n$ 线左侧，$\xi\omega_n$ 越大，即阴影区域，t_s 越小，快速性越好。

4）**ω_d 线（t_r、t_p 线）**：t_r 和 t_p 均与有阻尼振荡频率 ω_d 有关。与实轴平行的等 ω_d 线将左半平面按有阻尼振荡频率的高低划分成不同的区域，如图 3-19(b) 所示。ω_d 越大，即阴影区域，t_r 和 t_p 越小。有时为了调节系统的 ω_d 使之避免激发受控系统的谐振频率。

5）**ξ 线和 $\xi\omega_n$ 线**：根据对超调量和调节时间的要求，可绘制对应的等 ξ 线和等 $\xi\omega_n$ 线。若系统的动态性能指标应同时满足 t_s 和 σ_p 的设计要求，极点应在图 3-19(c) 中画有阴影线的扇形域内。

例 3-3 三个典型二阶系统的单位阶跃响应曲线如图 3-20(a) 中的①、②、③所示。其中 t_{s1}、t_{s2} 分别是系统 1 和 2 的调整时间；t_{p1}、t_{p2}、t_{p3} 分别是系统 1、2 和 3 的峰值时间。试在同一 s 平面上画出三个系统的闭环极点的相对位置。

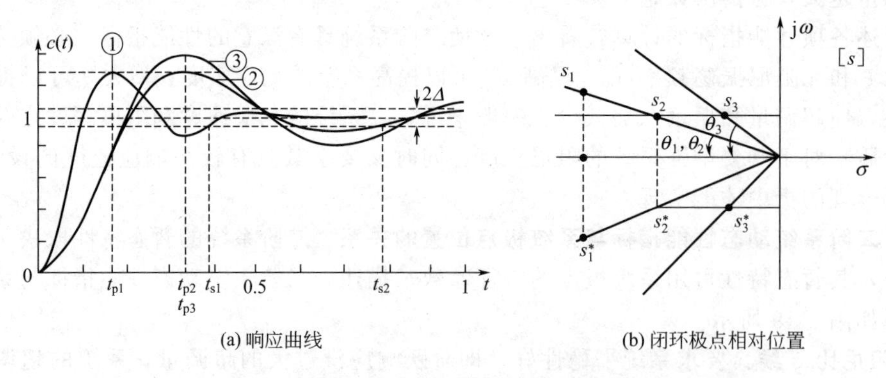

图 3-20 典型二阶系统单位阶跃响应曲线和闭环极点相对位置

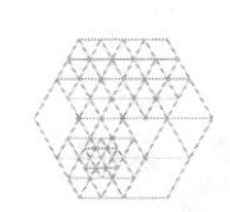

解 设三个系统对应的闭环极点分别是 s_1，s_1^*；s_2，s_2^*；s_3，s_3^*。由图 3-20(a) 曲线①，②，③可知：

1）系统 1 和系统 2 对应的响应曲线①、②的最大超调量相等 $\sigma_{p1}=\sigma_{p2}$，则阻尼比 $\xi_1=\xi_2$，即对应的 $\theta_1=\theta_2$，所以 s_1，s_2 在同一阻尼比线上。

2）系统 1 和系统 2 对应的响应曲线①、②的调节时间 $t_{s1}<t_{s2}$，且 $t_s=\dfrac{3\sim4}{\xi\omega_n}$，故有 $\xi_1\omega_{n1}>\xi_2\omega_{n2}$，所以 s_1 离虚轴比 s_2 远，可给出 s_1，s_1^*；s_2，s_2^* 的相对位置如图 3-20(b) 所示。

3）系统 2 和系统 3 对应的响应曲线②、③的峰值时间 $t_{p2}=t_{p3}$，由此根据 $t_p=\dfrac{\pi}{\omega_d}$，得 $\omega_{d2}=\omega_{d3}$，则 s_2 与 s_3 的虚部相同。因系统 2 和系统 3 最大超调量 $\sigma_{p3}>\sigma_{p2}$，故 $\xi_3<\xi_2$，即 $\theta_3>\theta_2$。综合以上条件可画出满足要求的三个系统的闭环极点如图 3-20(b) 所示。

例 3-4 设一个带速度反馈的随动系统，其结构图如图 3-21 所示。要求系统的动态性能指标为 $\sigma_p=20\%$，$t_p=1\text{s}$。试确定系统的 K 值和 τ 值，并计算响应的特征值 t_r、t_s 及 N 的值。

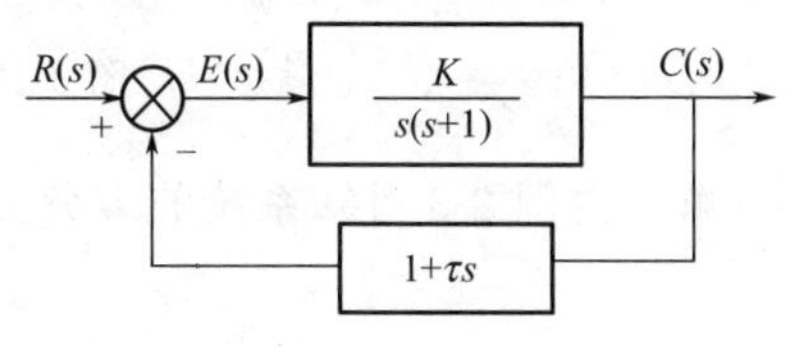

图 3-21 控制系统结构图

解 1）根据要求的超调量 $\sigma_p=20\%$，求取相应的阻尼比 ξ 值。即由

$$\sigma_p=\mathrm{e}^{-\pi\cot\theta}=0.2,\ \ln\sigma_p=-\pi\cot\theta$$

解得

$$\theta=62.86^\circ,\ \xi=\cos\theta=0.456$$

2）由已知条件 $t_p=1\text{s}$ 及已求出的 $\xi=0.456$，求无阻尼自然振荡频率 ω_n。即由

$$t_p=\frac{\pi}{\omega_d}=\frac{\pi}{\omega_n\sqrt{1-\xi^2}}$$

解得

$$\omega_n=\frac{\pi}{t_p\sqrt{1-\xi^2}}=3.53(\text{rad/s})$$

3）将此二阶系统的闭环传递函数与标准形式进行比较，求 K 及 τ 值。

$$\frac{C(s)}{R(s)}=\frac{K}{s^2+(1+K\tau)s+K}=\frac{\omega_n^2}{s^2+2\xi\omega_n s+\omega_n^2}$$

由上式得

$$1+K\tau=2\xi\omega_n,\ K=\omega_n^2$$

所以

$$K=\omega_n^2=12.5$$

$$\tau=\frac{2\xi\omega_n-1}{K}=0.178$$

4）计算 t_r、t_s 及 N。

$$\theta=\arctan\frac{\sqrt{1-\xi^2}}{\xi}=1.1\text{rad}$$

$$t_r=\frac{\pi-\theta}{\omega_n\sqrt{1-\xi^2}}=0.65\text{s}$$

$$t_s\approx\frac{3}{\xi\omega_n}=1.86\text{s}\quad(\Delta=5\%),\ t_s\approx\frac{4}{\xi\omega_n}=2.48\text{s}\quad(\Delta=2\%)$$

$$N=\frac{1.5\sqrt{1-\xi^2}}{\pi\xi}=0.93\quad(\Delta=5\%),\ N=\frac{2\sqrt{1-\xi^2}}{\pi\xi}=1.24\quad(\Delta=2\%)$$

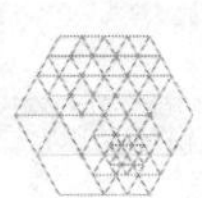

例 3-5 图 3-22(a) 是一个机械平移系统，当有 3N 的力阶跃输入作用于系统时，系统中的质量 m 作图 3-22(b) 所示的运动，试根据这个过渡过程曲线，确定质量 m、黏性摩擦系数 f 和弹簧系数 k 的数值。

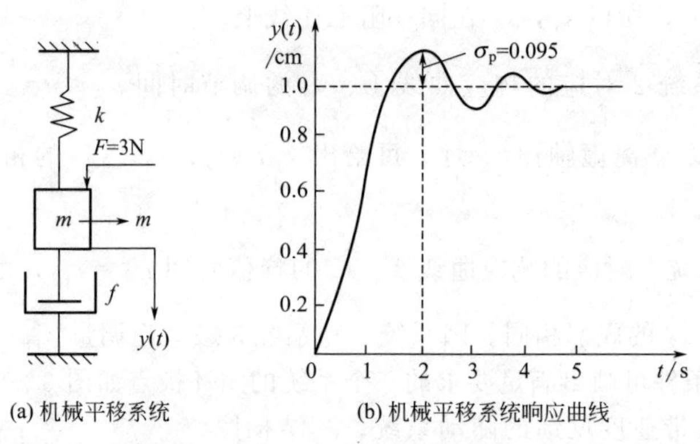

图 3-22 机械平移系统及其响应曲线

解 由例 2-3 可知系统的微分方程为

$$m\frac{\mathrm{d}^2y}{\mathrm{d}t^2}+f\frac{\mathrm{d}y}{\mathrm{d}t}+ky=F$$

上式经拉氏变换求得系统的传递函数为

$$\frac{Y(s)}{F(s)}=\frac{1}{ms^2+fs+k} \tag{3-42}$$

当输入信号 $F(t)=3\mathrm{N}$ 时，输出量的拉氏变换式为

$$Y(s)=\frac{1}{ms^2+fs+k}\times\frac{3}{s}$$

用终值定理求 $y(t)$ 的稳态终值

$$y(\infty)=\lim_{t\to\infty}y(t)=\lim_{s\to 0}sY(s)=\lim_{s\to 0}s\frac{1}{ms^2+fs+k}\times\frac{3}{s}=\frac{3}{k}$$

由图 3-22(b) 知，$y(\infty)=0.01\mathrm{m}$ 所以

$$\frac{3}{k}=0.01，k=300\mathrm{N/m}$$

由题中已知条件 $\sigma_{\mathrm{p}}=9.5\%$，求得 $\xi=0.6$。又由图 3-22(b) 知 $t_{\mathrm{p}}=2\mathrm{s}$，即

$$t_{\mathrm{p}}=\frac{\pi}{\omega_{\mathrm{n}}\sqrt{1-\xi^2}}=2$$

解得

$$\omega_{\mathrm{n}}=\frac{\pi}{2\sqrt{1-\xi^2}}=1.96\mathrm{s}^{-1}$$

将 $k=300$ 代入式(3-42) 中得

$$\frac{Y(s)}{F(s)}=\frac{1}{ms^2+fs+300}=\frac{1}{300}\frac{\frac{300}{m}}{s^2+\frac{f}{m}s+\frac{300}{m}}$$

$$\omega_{\mathrm{n}}^2=\frac{300}{m}，2\xi\omega_{\mathrm{n}}=\frac{f}{m}$$

解得 $m=78\text{kg}$，$f=2\xi\omega_n m=183.46\text{N}\cdot\text{s/m}$

3.3.4 二阶系统的单位脉冲响应

令 $r(t)=\delta(t)$，则有 $R(s)=1$。因此，对于具有标准形式闭环传递函数的二阶系统，其脉冲响应的拉氏变换式为

$$C(s)=\frac{\omega_n^2}{s^2+2\xi\omega_n s+\omega_n^2}$$

对上式进行拉氏反变换，便可得到不同阻尼比情况下的脉冲响应函数。

欠阻尼（$0<\xi<1$）时的脉冲响应为

$$c(t)=\frac{\omega_n}{\sqrt{1-\xi^2}}e^{-\xi\omega_n t}\sin\omega_n\sqrt{1-\xi^2}\,t \qquad (t\geqslant 0) \tag{3-43}$$

无阻尼（$\xi=0$）时的脉冲响应为

$$c(t)=\omega_n\sin\omega_n t \qquad (t\geqslant 0) \tag{3-44}$$

临界阻尼（$\xi=1$）时的脉冲响应为

$$c(t)=\omega_n^2 t e^{-\omega_n t} \qquad (t\geqslant 0) \tag{3-45}$$

过阻尼（$\xi>1$）时的脉冲响应为

$$c(t)=\frac{\omega_n}{2\sqrt{\xi^2-1}}\left[e^{-(\xi-\sqrt{\xi^2-1})\omega_n t}-e^{-(\xi+\sqrt{\xi^2-1})\omega_n t}\right] \qquad (t\geqslant 0) \tag{3-46}$$

上述各种情况下的脉冲响应曲线示于图 3-23 中。

单位脉冲函数是单位阶跃函数对时间的导数，所以脉冲响应，除了从 $C(s)=G(s)$ 的拉氏反变换求得外，还可以通过对单位阶跃响应的时间函数求导数而得到。

从图 3-23 可见，临界阻尼和过阻尼时的脉冲响应函数总是正值，或者等于零。对于欠阻尼情况，脉冲响应函数是围绕横轴振荡的函数，它有正值，也有负值。因此，可以得到如下结论：如果系统脉冲响应函数不改变符号，系统或处于临界阻尼状态或处于过阻尼状态。这时，相应的反映阶跃函数的响应过程不具有超调现象，而是单调地趋于某一常值。

为区分欠阻尼单位脉冲响应和欠阻尼单位阶跃响应，设 $c_1(t)$ 为欠阻尼单位阶跃响应，$c_2(t)$ 为欠阻尼单位脉冲响应。其相应的性能指标下标也一样。

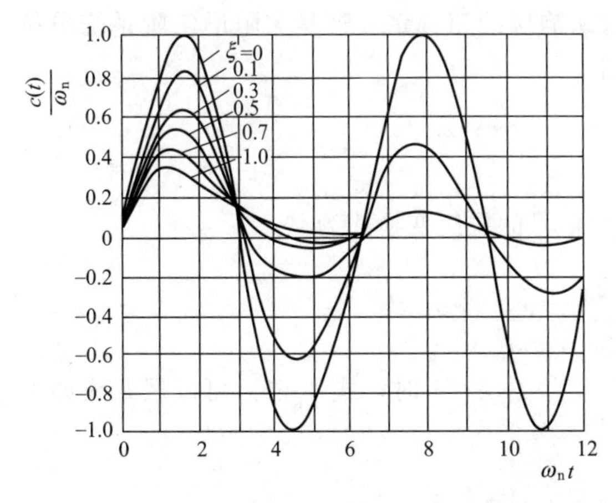

图 3-23 二阶系统的脉冲响应函数

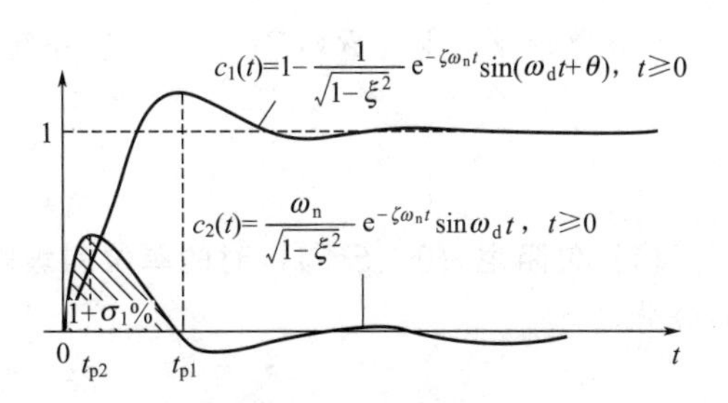

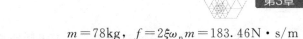

图 3-24 二阶系统的欠阻尼脉冲响应与单位阶跃响应

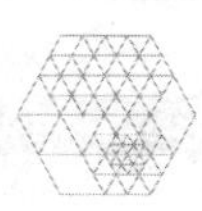

对于欠阻尼系统，对式(3-43)求导，并令其导数等于零，可求得脉冲响应函数的最大超调量发生的时间 t_{p2}，即令

$$\left.\frac{dc_2(t)}{dt}\right|_{t=t_{p2}}=\frac{d}{dt}\left(\frac{\omega_n}{\sqrt{1-\xi^2}}e^{-\xi\omega_n t}\sin\omega_n\sqrt{1-\xi^2}\,t\right)\bigg|_{t=t_{p2}}=0$$

解得

$$t_{p2}=\frac{\arctan\dfrac{\sqrt{1-\xi^2}}{\xi}}{\omega_n\sqrt{1-\xi^2}}\quad(0<\xi<1)\tag{3-47}$$

将 t_{p2} 代入式(3-43)得最大超调量为

$$\sigma_{p2}=c_2(t)\Big|_{t=t_{p2}}=\omega_n e^{-\frac{\xi}{\sqrt{1-\xi^2}}\arctan\sqrt{\frac{1-\xi^2}{\xi}}}$$

设 t_2 为单位脉冲响应响应 $c_2(t)$ 第一次过零的时刻。则

$$c_2(t)\Big|_{t=t_2}=0$$

根据式(3-43)，得

$$c_2(t_2)=\frac{\omega_n}{\sqrt{1-\xi^2}}e^{-\xi\omega_n t_2}\sin\omega_n\sqrt{1-\xi^2}\,t_2=0$$

则有

$$\sin\omega_n\sqrt{1-\xi^2}\,t_2=0$$

$$\omega_n\sqrt{1-\xi^2}\,t_2=\pi$$

$$t_2=\frac{\pi}{\omega_n\sqrt{1-\xi^2}}\tag{3-48}$$

由式(3-48)可见，欠阻尼单位脉冲响应 $c_2(t)$ 第一次过零的时刻 t_2 与其欠阻尼单位阶跃响应 $c_1(t)$ 的峰值时间 t_{p1} 完全相等。此时，对欠阻尼脉冲响应 $c_2(t)$ 从0到 t_{p1} 积分，可得

$$\int_0^{t_{p1}}c_2(t)dt=\int_0^{t_{p1}}\frac{\omega_n}{\sqrt{1-\xi^2}}e^{-\xi\omega_n t}\sin\omega_n\sqrt{1-\xi^2}\,t\,dt=1+e^{-\frac{\pi\xi}{\sqrt{1-\xi^2}}}=1+\sigma_{p1}\tag{3-49}$$

在图3-24中，由 $t=0$ 到 $t=t_{p1}$ 段的时间内，单位脉冲响应函数与横轴所包围的面积等于 $1+\sigma_{p1}$。其中，σ_{p1} 为欠阻尼二阶系统单位阶跃响应的超调量。这是欠阻尼二阶系统单位脉冲响应与单位阶跃响应特征量之间的重要关系。

3.3.5 二阶系统的单位斜坡响应

令 $r(t)=t$，则有 $R(s)=\dfrac{1}{s^2}$，对应系统输出信号的拉氏变换式为

$$C(s)=\frac{\omega_n^2}{s^2+2\xi\omega_n s+\omega_n^2}\frac{1}{s^2}\tag{3-50}$$

(1) 欠阻尼 $(0<\xi<1)$ 时的单位斜坡响应 当 $0<\xi<1$ 时，式(3-50)可以展开成如下部分分式

$$C(s)=\frac{1}{s^2}-\frac{\frac{2\xi}{\omega_n}}{s}+\frac{\frac{2\xi}{\omega_n}(s+\xi\omega_n)+(2\xi^2-1)}{s^2+2\xi\omega_n s+\omega_n^2}$$

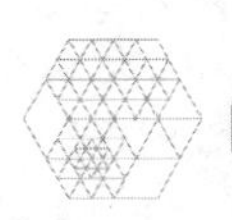

对上式两边取拉氏反变换得

$$c(t)=t-\frac{2\xi}{\omega_n}+e^{-\xi\omega_n t}\left(\frac{2\xi}{\omega_n}\cos\omega_d t+\frac{2\xi^2-1}{\omega_d}\sin\omega_d t\right)$$

$$=t-\frac{2\xi}{\omega_n}+\frac{e^{-\xi\omega_n t}}{\omega_d}\sin\left(\omega_d t+\arctan\frac{2\xi\sqrt{1-\xi^2}}{2\xi^2-1}\right)$$

$$=t-\frac{2\xi}{\omega_n}+\frac{e^{-\xi\omega_n t}}{\omega_d}\sin(\omega_d t+2\theta)\ (t\geqslant 0) \tag{3-51}$$

式中，$\omega_d=\omega_n\sqrt{1-\xi^2}$，$\theta=\arctan\frac{\sqrt{1-\xi^2}}{\xi}$，$\arctan\frac{2\xi\sqrt{1-\xi^2}}{2\xi^2-1}=2\arctan\frac{\sqrt{1-\xi^2}}{\xi}$

此时

$$e(t)=r(t)-c(t)==\frac{2\xi}{\omega_n}-\frac{e^{-\xi\omega_n t}}{\omega_d}\sin(\omega_d t+2\theta)\qquad(t\geqslant 0)$$

当 $t\to\infty$ 时，欠阻尼二阶系统斜坡响应的稳态误差为

$$e_{ss}=\lim_{t\to\infty}e(t)=\frac{2\xi}{\omega_n}$$

关于稳态误差等内容可详见 3.7 节。

(2) 临界阻尼（$\xi=1$）时的单位斜坡响应 当 $\xi=1$ 时，式(3-50) 可以展开成如下部分分式

$$C(s)=\frac{1}{s^2}-\frac{\frac{2}{\omega_n}}{s}+\frac{1}{(s+\omega_n)^2}+\frac{\frac{2}{\omega_n}}{s+\omega_n}$$

对上式两边取拉氏反变换得

$$c(t)=t-\frac{2}{\omega_n}+\frac{2}{\omega_n}\left(1+\frac{1}{2}\omega_n t\right)e^{-\omega_n t}\qquad(t\geqslant 0) \tag{3-52}$$

此时

$$e(t)=r(t)-c(t)=\frac{2}{\omega_n}-\frac{2}{\omega_n}\left(1+\frac{1}{2}\omega_n t\right)e^{-\omega_n t}$$

当 $t\to\infty$ 时，临界阻尼二阶系统斜坡响应的稳态误差为

$$e_{ss}=\lim_{t\to\infty}e(t)=\frac{2}{\omega_n}$$

(3) 过阻尼（$\xi>1$）时的单位斜坡响应

$$c(t)=t-\frac{2\xi}{\omega_n}+\frac{2\xi^2-1-2\xi\sqrt{\xi^2-1}}{2\omega_n\sqrt{\xi^2-1}}e^{-(\xi+\sqrt{\xi^2-1})\omega_n t}$$

$$+\frac{2\xi^2-1+2\xi\sqrt{\xi^2-1}}{2\omega_n\sqrt{\xi^2-1}}e^{-(\xi-\sqrt{\xi^2-1})\omega_n t}\qquad(t\geqslant 0) \tag{3-53}$$

此时

$$e(t)=r(t)-c(t)$$

$$e(t)=\frac{2\xi}{\omega_n}+\frac{2\xi^2-1-2\xi\sqrt{\xi^2-1}}{2\omega_n\sqrt{\xi^2-1}}e^{-(\xi+\sqrt{\xi^2-1})\omega_n t}-\frac{2\xi^2-1+2\xi\sqrt{\xi^2-1}}{2\omega_n\sqrt{\xi^2-1}}e^{-(\xi-\sqrt{\xi^2-1})\omega_n t}$$

当 $t\to\infty$ 时，过阻尼二阶系统斜坡响应的稳态误差也为

$$e_{ss}=\lim_{t\to\infty}e(t)=\frac{2\xi}{\omega_n}$$

二阶系统单位斜坡函数的响应还可以通过对其单位阶跃函数的响应积分求得，其中积分常数可根据 $t=0$ 时响应 $c(t)$ 的初始条件来确定。

上述三种不同阻尼状态下，当 t 趋于无穷大时，得到的稳态误差 e_{ss} 完全相同，即

$$e_{ss}=\lim_{t\to\infty}e(t)=\frac{2\xi}{\omega_n} \tag{3-54}$$

此式说明，二阶系统在跟踪单位速度函数时，稳态误差 e_{ss} 是一个常数，其值与 ω_n 成反比，与 ξ 成正比。系统放大倍数的增加会导致 ω_n 升高 ξ 减小，并在一定程度上减少系统的稳态误差，但系统的动态性能却变差了。因此，设计二阶系统时，需要在速度函数作用下的稳态误差与反映单位阶跃函数响应的超调量之间进行折中考虑，以便确定一个合理的设计方案，3.4 节将介绍改善二阶系统性能的措施。二阶系统斜坡响应曲线如图 3-25 所示，图中 K_1、K_2、K_3 为同一系统的不同开环放大倍数。K 值越大，稳态误差越小。

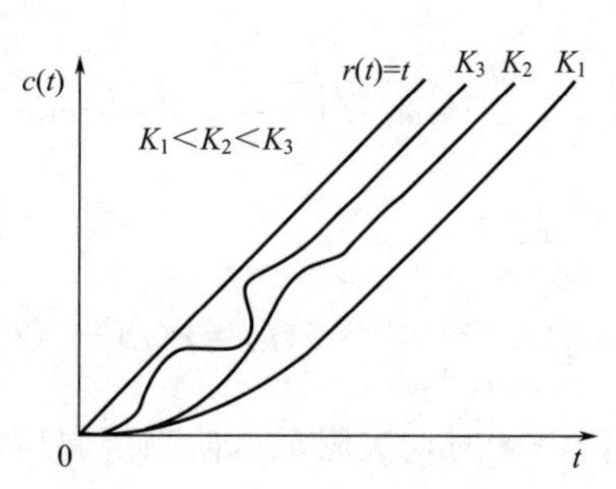

图 3-25　二阶系统反应斜坡函数的响应曲线

3.3.6　非零初始条件下的二阶系统响应

在上面分析二阶系统的响应时，曾假设系统的初始条件为零。但实际上在输入信号作用于系统的瞬间，初始条件并不一定为零，这就需要考虑初始条件的影响。本节将以二阶系统为例介绍。

设二阶系统的运动方程具有如下形式

$$a_2\ddot{c}(t)+a_1\dot{c}(t)+a_0c(t)=b_0r(t) \tag{3-55}$$

对上式进行拉氏变换，并考虑初始条件，得

$$a_2[s^2C(s)-sc(0)-\dot{c}(0)]+a_1[sC(s)-c(0)]+a_0C(s)=b_0R(s)$$

或

$$C(s)=\frac{b_0}{a_2s^2+a_1s+a_0}R(s)+\frac{a_2[c(0)s+\dot{c}(0)]+a_1c(0)}{a_2s^2+a_1s+a_0}$$

可将上式写成如下标准形式

$$C(s)=\frac{b_0}{a_0}\frac{\omega_n^2}{s^2+2\xi\omega_ns+\omega_n^2}R(s)+\frac{c(0)(s+2\xi\omega_n)+\dot{c}(0)}{s^2+2\xi\omega_ns+\omega_n^2} \tag{3-56}$$

式中，$\omega_n^2=\dfrac{a_0}{a_2}$，$2\xi\omega_n=\dfrac{a_1}{a_2}$

对式(3-56) 取拉氏反变换，便得到在控制信号 $r(t)$ 作用下反映初始条件影响的过渡过程

$$c(t)=\frac{b_0}{a_0}c_1(t)+c_2(t)$$

式中，$c_1(t)$ 为零初始条件下反映输入信号的响应分量；$c_2(t)$ 为反映初始条件 $c(0)$、$\dot{c}(0)$ 对系统响应的分量。关于 $c_1(t)$ 分量，在 3.3.2 中已做了详尽的讨论，这里只对分量 $c_2(t)$

进行重点分析。

当 $0<\xi<1$ 时，由式(3-56) 求得

$$c_2(t)=L^{-1}\left[\frac{c(0)(s+2\xi\omega_n)+\dot{c}(0)}{s^2+2\xi\omega_n s+\omega_n^2}\right]$$

$$=e^{-\xi\omega_n t}\left[c(0)\cos\omega_d t+\frac{c(0)\xi\omega_n+\dot{c}(0)}{\omega_n\sqrt{1-\xi^2}}\sin\omega_d t\right]$$

$$=\sqrt{[c(0)]^2+\left[\frac{c(0)\xi\omega_n+\dot{c}(0)}{\omega_n\sqrt{1-\xi^2}}\right]^2}\,e^{-\xi\omega_n t}\sin(\omega_d t+\theta)\quad(t\geqslant 0)\tag{3-57}$$

式中，$\theta=\arctan\dfrac{\omega_n\sqrt{1-\xi^2}}{\xi\omega_n+\dfrac{\dot{c}(0)}{c(0)}}$

当 $\xi=0$ 时，由式(3-57) 直接得

$$c_2(t)=\sqrt{[c(0)]^2+\left[\frac{\dot{c}(0)}{\omega_n}\right]^2}\sin\left[\omega_n t+\arctan\frac{\omega_n}{\dfrac{\dot{c}(0)}{c(0)}}\right]\quad(t\geqslant 0)\tag{3-58}$$

从式(3-57) 及式(3-58) 看出，系统响应中与初始条件有关的分量 $c_2(t)$ 的振荡特性和分量 $c_1(t)$ 一样，取决于系统阻尼比 ξ。ξ 值越大，则 $c_2(t)$ 的振荡特性表现得越弱。反之 ξ 值越小，则 $c_2(t)$ 的振荡特性表现得越强。当 $\xi=0$ 时，$c_2(t)$ 变为等幅振荡，其振幅与初始条件有关；当 $0<\xi<1$，且 $t\to\infty$ 时，分量 $c_2(t)$ 衰减到零。分量 $c_2(t)$ 的衰减速度取决于 $\xi\omega_n$ 的大小。

由上分析可知，对在零初始条件下输出分量 $c_1(t)$ 研究所得的结论与在非零初始条件下另一个输出分量 $c_2(t)$ 所得的结论相同。因此，在很多情况下，可不考虑非零初始条件对响应过程的影响，而只需深入研究零初始条件下的控制分量的影响即可。实际上，正是因为分量 $c_2(t)$ 与分量 $c_1(t)$ 的特征方程相同，或者说闭环极点相同，因此关于分量 $c_2(t)$ 所得的各项结论和分析分量 $c_1(t)$ 时所得到的结论完全相同。

3.4 改善二阶系统动态性能的措施

利用时域分析方法可以求出系统的动态性能指标，若动态性能指标不能满足设计要求，则要寻求改善控制系统动态性能的方法。本节只介绍测速反馈和比例-微分（PD）两种控制方法，更为复杂、更有效的方法将在以后的章节或其他课程中介绍。

3.4.1 测速反馈控制

典型二阶系统的开环传递函数标准形式为

$$G(s)=\frac{\omega_n^2}{s(s+2\xi\omega_n)}\tag{3-59}$$

如果可以对被控量 $c(t)$ 的速度进行测量，并将输出量的速度信号反馈到系统的输入端，与偏差信号相比较，则构成带有测速反馈的二阶系统，如图 3-26 所示。

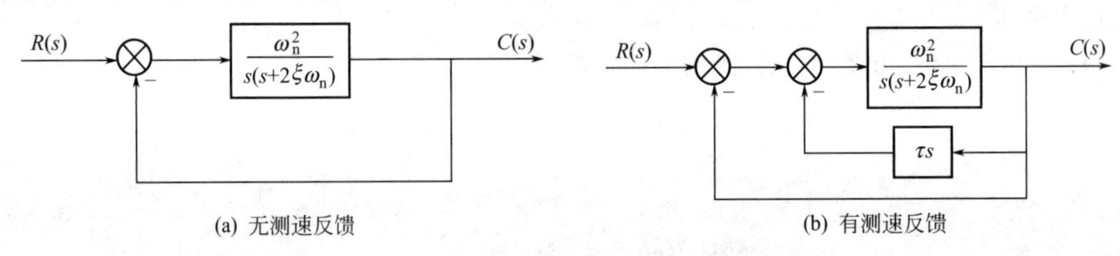

图 3-26　二阶系统

如果是二阶伺服系统，输出量是机械转角，可以用测速发电机得到正比于角速度的电压；如果被控制量是温度、压力等物理量，对其测量的结果是变化的电压或电流，可以用 RC 无源网络或 RC 和运算放大器组成的有源网络得到输出变量的微分信号。

引入测速反馈后，系统的闭环传递函数为

$$\Phi(s)=\frac{C(s)}{R(s)}=\frac{\dfrac{\omega_n^2}{s^2+2\xi\omega_n s}}{1+(1+\tau s)\dfrac{\omega_n^2}{s^2+2\xi\omega_n s}}=\frac{\omega_n^2}{s^2+(2\xi\omega_n+\tau\omega_n^2)s+\omega_n^2}$$

$$\Phi(s)=\frac{\omega_n^2}{s^2+2\left(\xi+\dfrac{1}{2}\tau\omega_n\right)\omega_n s+\omega_n^2}=\frac{\omega_n^2}{s^2+2\xi_1\omega_n s+\omega_n^2} \tag{3-60}$$

由此得出

$$\xi_1=\xi+\frac{1}{2}\tau\omega_n \tag{3-61}$$

由式（3-61）可以看出，引入测速反馈后，系统的阻尼比 ξ_1 要比原系统的阻尼比 ξ 大，因而利用测速反馈可以改善系统的各项动态性能指标。对于非标准形式的二阶系统，引入测速反馈，并适当地选取系统的其他参数，同样可以使系统的动态性能达到预定的指标。

例 3-6　已知系统结构图如图 3-27（a）所示。试分析该系统能否正常工作？若要求系统最佳阻尼比 $\xi=0.707$，系统应如何改进？

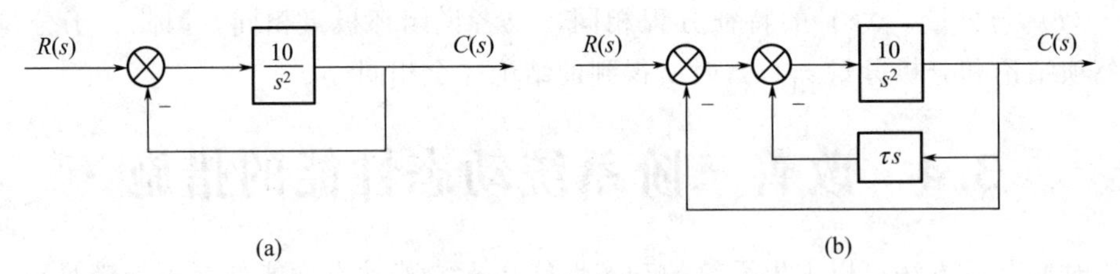

图 3-27　系统结构图

解　1）由图 3-27（a）求得系统的闭环传递函数为

$$\frac{C(s)}{R(s)}=\frac{G(s)}{1+G(s)}=\frac{\dfrac{10}{s^2}}{1+\dfrac{10}{s^2}}=\frac{10}{s^2+10}$$

由系统的闭环传递函数得出　$2\xi\omega_n=0$，$\omega_n^2=10$

阻尼系数 $\xi=0$，系统为无阻尼、等幅振荡，系统临界稳定，其单位阶跃响应 $c(t)=1-\cos\sqrt{10}t$，无阻尼自然振荡频率 $\omega_n=\sqrt{10}$ rad/s。由于输出不能反映或跟随控制信号

$r(t)=1(t)$的规律，所以系统不能正常工作。

2）欲使系统满足最佳阻尼比$\xi=0.707$的要求，可以通过加入测速反馈，即引入传递函数τs微分环节来改进原系统。改进后的系统结构图如图3-27（b）。改进后系统传递函数为

$$\frac{C(s)}{R(s)}=\frac{G(s)}{1+G(s)H(s)}=\frac{\frac{10}{s^2}}{1+\frac{10}{s^2}(1+\tau s)}=\frac{10}{s^2+10\tau s+10}$$

由系统的闭环传递函数得出 $2\xi\omega_n=10\tau$，$\omega_n^2=10$

由已知$\xi=0.707$和上列两式解出反馈系数 $\tau=\frac{2\xi\omega_n}{10}=0.447$

此时说明，加入测速负反馈后，系统的单位阶跃响应将由无阻尼时的等幅振荡转化为最佳阻尼比的振荡过程。这时超调量σ_p由100%降低到4.3%，测速负反馈提高了系统的阻尼程度。

例3-7 1）无测速反馈二阶系统的结构图如图3-28（a）所示。求此时系统的超调量σ_p、峰值时间t_p和调节时间t_s。

2）若加测速反馈时，要求闭环系统的超调量$\sigma_p=16.3\%$，峰值时间$t_p=1\text{s}$，求放大器的放大倍数K和速度反馈系数τ。

解 1）图3-28（a）无速度反馈时系统的闭环传递函数为

$$\frac{C(s)}{R(s)}=\frac{G(s)}{1+G(s)}=\frac{\frac{10}{s(s+1)}}{1+\frac{10}{s(s+1)}}=\frac{10}{s^2+s+10}$$

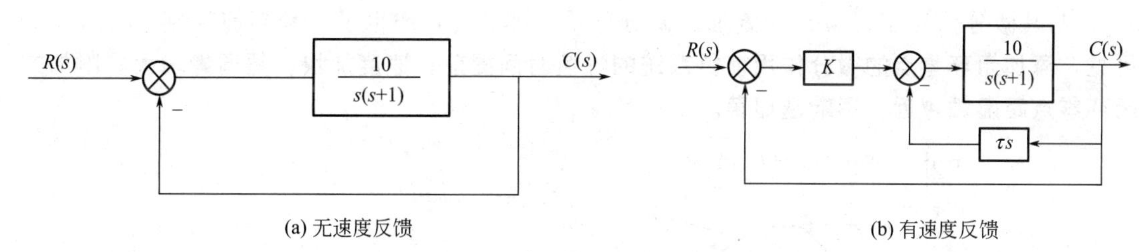

图3-28 二阶系统结构图

由系统的闭环传递函数可以得出$2\xi\omega_n=1$，$\omega_n^2=10$

解得$\omega_n=3.16\text{rad/s}$，$\xi=0.16$，$\theta=\arccos\xi=80.79°$

由此可得$\sigma_p=e^{-\pi\cot\theta}=60\%$，$t_p=\frac{\pi}{\omega_n\sqrt{1-\xi^2}}=1$，$t_s=\frac{3}{\xi\omega_n}=5.93\text{s}$

2）图3-28（b）带有测速反馈系统的开环传递函数$G(s)$和闭环传递函数分别是

$$G(s)=K\frac{\frac{10}{s(s+1)}}{1+\frac{10}{s(s+1)}\tau s}=\frac{10K}{s^2+(1+10\tau)s}$$

$$\Phi(s)=\frac{C(s)}{R(s)}=\frac{G(s)}{1+G(s)}=\frac{10K}{s^2+(1+10\tau)s+10K}$$

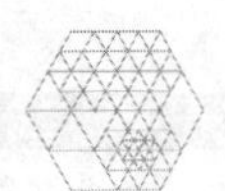

由系统的闭环传递函数可以得出 $2\xi\omega_n=1+10\tau$，$\omega_n^2=10K$

由题目给定的动态性能指标 $\sigma_p=e^{-\xi\pi/\sqrt{1-\xi^2}}=0.163$，$t_p=\dfrac{\pi}{\omega_n\sqrt{1-\xi^2}}=1$

求得 $\xi=0.5$，$\omega_n=3.63\text{rad/s}$，$t_s=\dfrac{3}{\xi\omega_n}=1.65\text{s}$

由此得出 $K=1.32$，$\tau=0.263$

由以上计算可以看出，加入测速反馈之后系统的超调量大大减少，当参数匹配合理时，过渡过程速度不仅没有减小，反而加快，调节时间也减小。

3.4.2 比例-微分控制

(1) 添加闭环零点对系统暂态特性的影响 若在原来二阶系统的基础上添加一个闭环零点 $T_ds+1\left(s=-\dfrac{1}{T_d}\right)$，则系统的闭环传递函数为

$$\frac{C(s)}{R(s)}=\frac{\omega_n^2(T_ds+1)}{s^2+2\xi\omega_ns+\omega_n^2}=\frac{\omega_n^2}{s^2+2\xi\omega_ns+\omega_n^2}+T_ds\frac{\omega_n^2}{s^2+2\xi\omega_ns+\omega_n^2}$$

具有闭环零点二阶系统的单位阶跃响应为

$$C_z(s)=\frac{\omega_n^2}{s(s^2+2\xi\omega_ns+\omega_n^2)}+T_ds\frac{\omega_n^2}{s(s^2+2\xi\omega_ns+\omega_n^2)}$$

或

$$c_z(t)=c(t)+T_d\dot{c}(t) \tag{3-62}$$

式 (3-62) 表明添加闭环零点的二阶系统的单位阶跃响应是二阶标准系统单位阶跃响应 $c(t)$ 与其微分信号 $T_d\dot{c}(t)$ 的叠加。微分分量，即 $\dot{c}(t)$ 产生了一种超前控制。由图 3-29 可见，**添加闭环零点的微分作用使得系统的峰值时间提前，速度加快，超调量增大。附加的闭环零点距虚轴越近，影响越显著。**

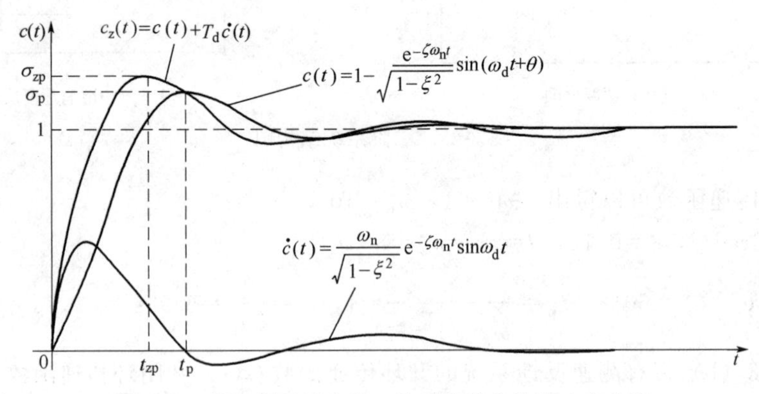

图 3-29 附加闭环零点的二阶系统单位阶跃响应曲线

(2) 比例-微分 PD 控制（添加开环零点对系统暂态特性的影响） 对于二阶系统，如果在原系统的前向通道加入比例微分环节，如图 3-30 所示，此时系统的开环传递函数变为

$$G(s)=\frac{\omega_n^2(T_ds+1)}{s(s+2\xi\omega_n)} \tag{3-63}$$

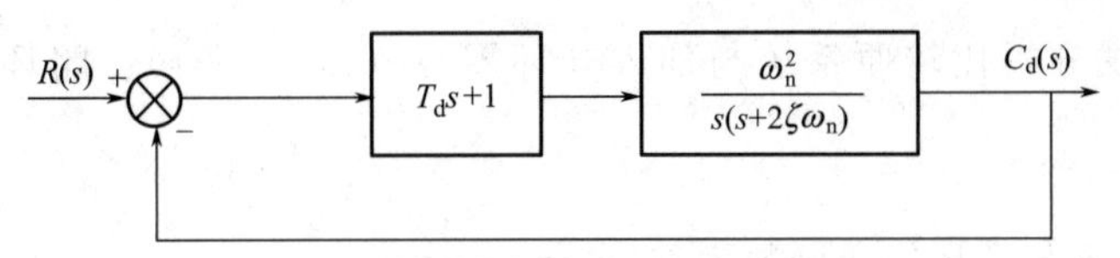

图 3-30　有比例微分控制的二阶系统

其闭环传递函数为

$$\frac{C(s)}{R(s)}=\frac{G(s)}{1+G(s)}=\frac{\omega_n^2(T_d s+1)}{s^2+2\xi_1\omega_n s+\omega_n^2} \tag{3-64}$$

式中，$\xi_1=\xi+\frac{T_d\omega_n}{2}$

由式（3-63）和式（3-64）可以看到：**在前向通道添加的开环零点（$T_d s+1$）也是系统的闭环零点；零点的这种双重性决定了它的作用也有两个方面**：一方面作为闭环零点使得系统响应加快、振荡加剧；另一方面作为开环零点使得系统的阻尼比 ξ_1 增大、改善了暂态响应的平稳性，系统的无阻尼振荡频率没有变化，合成的结果使得系统响应加快的同时，又减小了超调量，从而有效地改善了系统的暂态特性。

但是由于添加的是零点，无论是闭环零点还是开环零点，对输入端的噪声都有明显的放大作用，从而对系统的抗干扰性能是不利的。所以在实际控制系统中，通常比例微分中的微分作用，或者说零点的作用不宜过强。

下面再定量详细地分析加入比例微分作用后的单位阶跃响应及其性能变化。

当输入为单位阶跃信号 $r(t)=1$，$R(s)=\frac{1}{s}$时，由式（3-64）可得系统的响应输出为

$$C_{pd}(s)=\frac{\omega_n^2(T_d s+1)}{s^2+2\xi_1\omega_n s+\omega_n^2}\times\frac{1}{s}=\frac{\omega_n^2}{s(s^2+2\xi_1\omega_n s+\omega_n^2)}+\frac{T_d\omega_n^2}{s^2+2\xi_1\omega_n s+\omega_n^2}$$

$$=\frac{\omega_n^2}{s(s^2+2\xi_1\omega_n s+\omega_n^2)}+T_d s\frac{\omega_n^2}{s(s^2+2\xi_1\omega_n s+\omega_n^2)}=C_1(s)+T_d sC_1(s)$$

其时间响应为

$$c_{pd}(t)=c_1(t)+T_d\dot{c}_1(t) \tag{3-65}$$

式（3-65）由两部分组成，$c_1(t)$ 是阻尼比为 ξ_1 的单位阶跃响应，$T_d\dot{c}_1(t)$ 是其脉冲响应的 T_d 倍。图 3-31 为加入比例微分环节前、后二阶系统的响应图。通过前后响应 $c(t)$ 与 $c_{pd}(t)$ 图的比较，可以看到系统的前向通道中加入比例微分环节后，将使系统的阻尼比增大，因此可以有效地减小原二阶系统的阶跃响应的超调量 σ_p；又由于微分的作用，使系统阶跃响应的速度提高了，从而缩短了调节时间 t_s。可见，定量分析和上述加入零点的双重作用的定性分析结果是一致的。

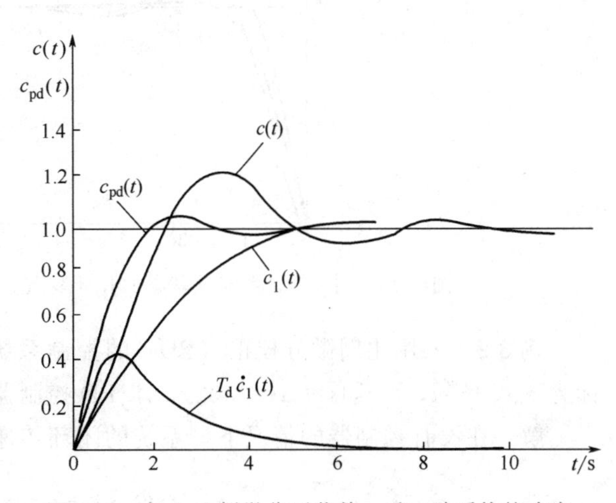

图 3-31　加入比例微分环节前、后二阶系统的响应

例 3-8　原二阶系统开环传递函数为

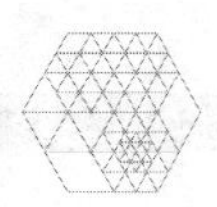

$G(s)=\dfrac{4}{s(s+2)}$，试分析比较原系统与加入开环零点（$0.25s+1$）、闭环零点（$0.25s+1$）之后的各动态响应。

解 1）原二阶系统开环传递函数为 $G(s)=\dfrac{4}{s(s+2)}$

则其闭环传递函数为 $\Phi(s)=\dfrac{G(s)}{1+G(s)}=\dfrac{4}{s^2+2s+4}=\dfrac{2^2}{s^2+2\times0.5\times2s+2^2}$

其中，$\xi=0.5$，$\omega_n=2\text{rad/s}$，原系统单位阶跃响应曲线①如图 3-32 所示。

2）加入开环零点（$0.25s+1$），比例微分作用后，开环传递函数为 $G(s)=\dfrac{4(0.25s+1)}{s(s+2)}$

则其闭环传递函数变为

$$\Phi(s)=\frac{G(s)}{1+G(s)}=\frac{\dfrac{4(0.25s+1)}{s(s+2)}}{1+\dfrac{4(0.25s+1)}{s(s+2)}}=\frac{4(0.25s+1)}{s^2+3s+4}=\frac{2^2(0.25s+1)}{s^2+2\times0.75\times2s+2^2}$$

其中，$\xi=0.75$，$\omega_n=2\text{rad/s}$，加入开环零点单位阶跃响应曲线②如图 3-32 所示。

通过曲线②与曲线①比较可以看出，加入开环零点（比例微分）后与原系统相比，阻尼比增加，自然振荡频率没有变，系统超调量减小，并且微分控制使得系统快速性变好。

3）加入闭环零点（$0.25s+1$）之后，系统的闭环传递函数为

$$\Phi(s)=\frac{4(0.25s+1)}{s^2+2s+4}=\frac{4(0.25s+1)}{s^2+2\times0.5\times2s+2^2}$$

其中，$\xi=0.5$，$\omega_n=2\text{rad/s}$，加入闭环零点单位阶跃响应曲线③如图 3-32 所示。

通过曲线③与曲线①比较可以看出，加入闭环零点后与原系统相比，阻尼比没有变，自然振荡频率没有变，但由于微分控制使得系统快速性提高，系统振荡加快，超调量加大。

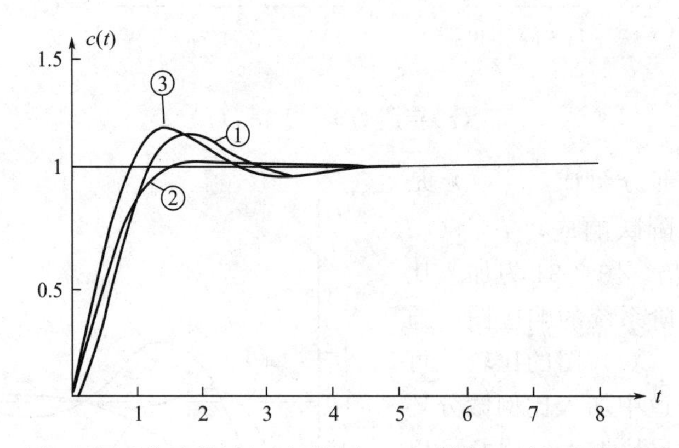

图 3-32 例 3-8 原系统及其添加开环零点（PD 控制）、闭环零点单位阶跃响应

例 3-9 采用比例微分校正（PD）的控制系统如图 3-33 所示。要求系统的动态过程指标为 $\sigma_p\leqslant16\%$，$t_s\leqslant4s$（$\Delta=0.02$），求 PD 控制器的校正参数 K_p 和 K_d。

解 在没有控制器的情况下，系统的闭环传递函数是

$$\Phi(s)=\frac{10}{s^2+s+10}$$

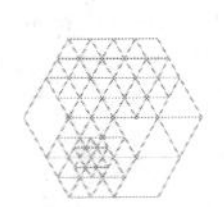

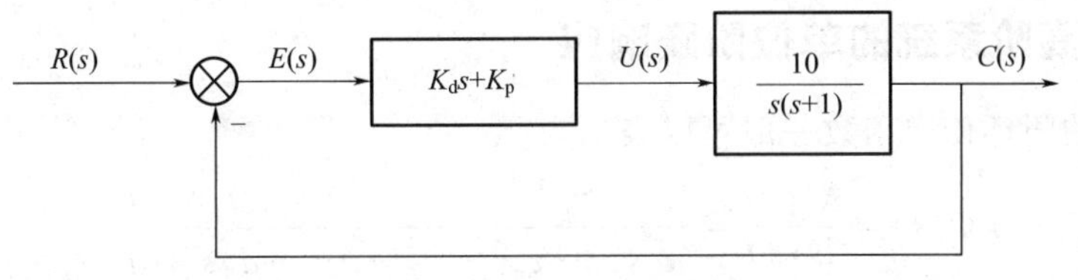

图 3-33 PD 校正的控制系统

相应的参数是 $2\xi\omega_n=1$，$\omega_n^2=10$

解得 $\omega_n=3.16$，$\xi=0.158$

求出系统的动态性能指标 $\sigma_p=60\%$，$t_s=8\text{s}$

显然，动态过程指标不满足要求。

采用 PD 控制器后，系统的闭环传递函数为

$$\Phi(s)=\frac{(K_d s+K_p)\dfrac{10}{s(s+1)}}{1+(K_d s+K_p)\dfrac{10}{s(s+1)}}=\frac{10(K_d s+K_p)}{s^2+(10K_d+1)s+10K_p}$$

$$=\frac{10K_p(\tau s+1)}{s^2+(10K_p\tau+1)s+10K_p}\quad\left(\tau=\frac{K_d}{K_p}\right)$$

对应的参数是

$$\begin{cases}\omega_n=\sqrt{10K_p}\\ \xi=\dfrac{10K_p\tau+1}{2\sqrt{10K_p}}\end{cases}\tag{3-66}$$

由已知条件 $\sigma_p=e^{-\frac{\xi\pi}{\sqrt{1-\xi^2}}}\leqslant0.16$，$t_s=\dfrac{4}{\xi\omega_n}\leqslant4$

解得 $\omega_n\geqslant2$，$\xi\geqslant0.5$

将两个值代入式（3-66）得 $K_p\geqslant0.4$，$\tau\geqslant0.25$

若取 $K_p=0.4$，$\tau=0.25$，则 $K_d=0.1$。

PD 校正后，闭环传递函数中增加了一个零点。对具有零点的二阶系统的动态性能指标没有准确简捷的计算方法，利用一些近似公式只能做估算。也可以用 Matlab 软件做出 PD 校正后系统的单位阶跃响应，并求出相应的动态性能指标，如果与要求的指标略有差别，可以适当地调整 PD 校正参数，使系统满足性能要求。

3.5 高阶系统的时域分析

控制系统中的输出信号与输入信号之间的关系由三阶或三阶以上的高阶微分方程描述的系统，称为高阶系统。

在控制工程中，几乎所有的控制系统都是高阶系统。在分析系统时，要抓住主要矛盾，忽略次要因素，使分析过程简化。例如，火炮随机系统的过程类似于二阶系统的响应过程，因此，可以将火炮高阶系统近似于二阶系统，用二阶系统的分析方法来分析火炮高阶系统。对于不能用一、二阶系统近似的高阶系统来说，其动态性能指标的确定是比较复杂的。工程上常采用闭环主导极点的概念对高阶系统进行近似分析。

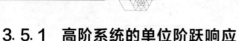

3.5.1 高阶系统的单位阶跃响应

高阶系统的闭环传递函数一般可以表示为

$$\Phi(s)=\frac{M(s)}{D(s)}=\frac{b_m s^m+b_{m-1}s^{m-1}+\cdots+b_1 s+b_0}{a_n s^n+a_{n-1}s^{n-1}+\cdots+a_1 s+a_0}$$

$$=\frac{K\prod_{j=1}^{m}(s-z_j)}{\prod_{i=1}^{q}(s-p_i)\prod_{k=1}^{r}(s^2+2\xi_k\omega_{nk}s+\omega_{nk}^2)}\quad(m\leqslant n)\tag{3-67}$$

式中，$K=\frac{b_m}{a_n}$为常数；有 r 对共轭复数极点，$s_k=-\xi_k\omega_{nk}\pm j\omega_{nk}\sqrt{1-\xi_k^2}$，$k=1, 2, \cdots, r$，$q+2r=n$。由于$M(s)$ 和 $N(s)$ 均为实系数多项式，故闭环零点 z_j 和极点 p_i 只能是实根或者共轭复根。因此在输入为单位阶跃函数时，输出量的拉氏变换式可表示为

$$C(s)=\frac{K\prod_{j=1}^{m}(s-z_j)}{\prod_{i=1}^{q}(s-p_i)\prod_{k=1}^{r}(s^2+2\xi_k\omega_{nk}s+\omega_{nk}^2)}\times\frac{1}{s}\quad(q+2r=n)\tag{3-68}$$

当 $0<\xi_k<1$ 时，将上式展成部分分式，可得

$$C(s)=\frac{A_0}{s}+\sum_{i=1}^{q}\frac{A_i}{s-p_i}+\sum_{k=1}^{r}\frac{B_k s+C_k}{s^2+2\xi_k\omega_{nk}s+\omega_{nk}^2}\tag{3-69}$$

式中，A_0 是 $C(s)$ 在输入极点处的留数，其值为闭环传递函数式（3-67）中的常数项比值，即

$$A_0=\lim_{s\to 0}sC(s)=\frac{b_0}{a_0}\tag{3-70}$$

A_i 是$C(s)$ 在闭环实数极点 P_i 处的留数，可按下式计算

$$A_i=\lim_{s\to s_i}(s-p_i)C(s)\quad(i=1,2,\cdots,q)\tag{3-71}$$

B_k 和 C_k 是与$C(s)$ 在闭环复数极点 $s_k=-\xi_k\omega_{nk}\pm j\omega_{dk}$ 处的留数有关的常系数。

设初始条件全部为零，将式（3-69）进行拉氏反变换，可得高阶系统的单位阶跃响应为

$$c(t)=A_0+\sum_{i=1}^{q}A_i e^{P_i t}+\sum_{k=1}^{r}D_k e^{-\xi_k\omega_{nk}t}\sin(\omega_{dk}t+\theta_k)\tag{3-72}$$

式中，D_k 是与$C(s)$ 在闭环复数极点 $s_k=-\xi_k\omega_{nk}\pm j\omega_{dk}$ 处的与留数有关的常系数。

$$\omega_{dk}=\omega_{nk}\sqrt{1-\xi_k^2}$$

高阶系统的暂态响应是由多个一阶系统和二阶系统暂态分量的合成，据此得出如下结论。

1）如果高阶系统所有闭环极点都具有负实部，即所有闭环极点都位于 s 左半平面，那么随着时间 t 的增长，$c(t)$ 中的指数项和阻尼正弦项均趋于零，高阶系统是稳定的，其稳态输出量为 A_0。

2）对于稳定的高阶系统，闭环极点的负实部 p_i 和$-\xi_k\omega_{nk}$ 的绝对值越大，其对应的响应分量衰减得越快；反之，则衰减缓慢。

3）高阶系统暂态响应各分量的系数 A_i 和D_k 不仅取决于闭环极点的性质和大小，而且

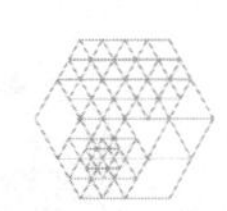

与闭环零点也有关。闭环极点全都包含在指数项和阻尼正弦项的指数中，闭环零点，虽不影响这些指数，但却影响各瞬态分量系数，即留数的大小和符号，而系统的时间响应曲线，既取决于指数项和阻尼正弦项的指数，也取决于这些项的系数。

系数大而且衰减慢的分量在瞬态响应过程中起主要作用，系数小而且衰减快的分量在瞬态响应过程中的影响很小。因此在控制工程中对高阶系统进行性能估算时，通常将系数小而且衰减快的那些瞬态响应分量略去，于是高阶系统的响应可以由低阶系统的响应去近似。

3.5.2　闭环主导极点

闭环主导极点：如果闭环极点中，有一对共轭复数极点，或者一个实数极点距虚轴最近并且周围没有零点，同时其他极点到虚轴的距离都比该极点到虚轴的距离大5倍以上，则这对或这个距虚轴最近的极点称为高阶系统的闭环主导极点。

闭环主导极点在单位阶跃响应中对应的瞬态响应分量衰减最慢且系数很大，因此它对高阶系统瞬态响应起主导作用。除闭环主导极点外，所有其他闭环极点由于其对应的响应分量随时间的推移而迅速衰减，对系统的时间响应过程影响甚微，因而统称为非主导极点。对于具有主导极点的高阶系统，分析它的动态过程时，可以由只有一对复数极点的二阶系统来近似，或者由一个实数主导极点的一阶系统来近似，这样其性能指标就可以由二阶或一阶系统的性能指标来估算。

高阶系统简化为低阶系统的具体步骤是，首先确定系统的主导极点，然后将高阶系统的传递函数写为时间常数形式，再将小时间常数项略去。经过这样的处理，可以确保简化前后的系统具有基本一致的动态性能和相同的稳态性能。

例 3-10　已知系统的闭环传递函数为 $\Phi(s)=\dfrac{(0.24s+1)}{(0.25s+1)(0.04s^2+0.24s+1)(0.0625s+1)}$，试估算系统的动态性能指标。

解　先将闭环传递函数表示为对应的零极点形式

$$\Phi(s)=\frac{384(s+4.17)}{(s+4)(s^2+6s+25)(s+16)}$$

系统的闭环主导极点为 $p_{1,2}=-3\pm \mathrm{j}4$，可以忽略非主导极点 $p_3=-16$ 和一对偶极子 $p_3=-4.17$，$z_1=-4$。将其对应的小时间常数项略去，此时降阶处理后的系统时间常数形式的闭环传递函数为

$$\Phi(s)=\frac{1}{0.04s^2+0.24s+1}=\frac{1}{0.04(s^2+6s+25)}=\frac{25}{s^2+6s+25}$$

将四阶系统简化为二阶系统后，即可按照二阶系统的动态性能指标公式计算。

由于 $2\xi\omega_n=6$，$\omega_n^2=25$　　解得 $\omega_n=5$，$\xi=0.6$，所以

$$\sigma_p=e^{-\frac{\xi\pi}{\sqrt{1-\xi^2}}}\times 100\%=9.5\%,\qquad t_s=\frac{3}{\xi\omega_n}=1\mathrm{s}\quad(\Delta=5\%)$$

3.6　线性控制系统的稳定性分析

稳定性是控制系统最重要的性能，也是系统能够正常运行的首要条件。在实际运行过程中，控制系统总会受到来自内部和外部的各种干扰。如果系统不稳定，任何微小的扰动作用

都将使系统偏离原来的平衡状态，并随时间的改变而发散，使系统最终无法正常工作。因此，分析控制系统的稳定性，并提出确保系统稳定的条件是自动控制理论的基本任务之一。本节只讨论线性定常系统稳定性，更复杂系统的稳定性将在后续课程研究。

3.6.1 稳定的概念

稳定性问题最初是从力学问题的研究中提出的。现以力学系统为例，说明平衡点及其稳定性。

(1) 平衡点 力学系统中，位移保持不变的点称为平衡点（位置），此时位移对时间的各阶导数为零。当所有的外部作用力为零时，位移保持不变的点称为原始平衡点（位置）。

图 3-34（a）表示一个小球在光滑的凹槽里面，若小球受到扰动作用偏离平衡点 a，则当扰动消失后，小球在重力和摩擦力的作用下，经过在槽内来回几次振荡最终会逐渐恢复到原平衡点 a 处，则称平衡点 a 是**稳定的平衡点**，此系统是稳定的；在图 3-34（b）中，小球只要受到一点外力扰动偏离平衡点 b，在重力作用下这种偏离越来越大，小球无法回到平衡点 b，则称平衡点 b 是**不稳定的平衡点**，此系统是不稳定的。

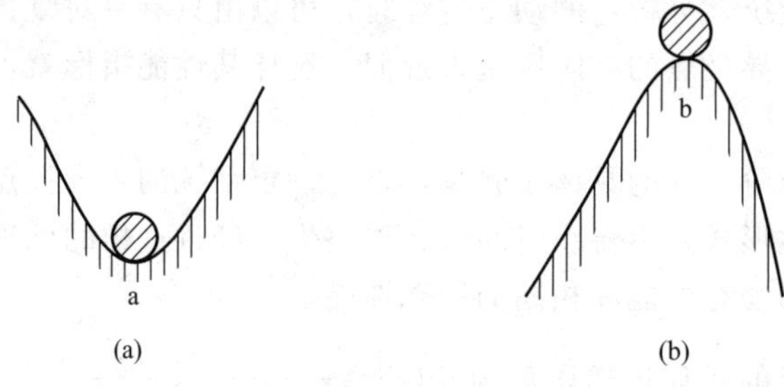

图 3-34 平衡位置点

与上述力学系统相似，一般的自动控制系统中也存在平衡点。对于一个控制系统，当所有的输入信号为零，而系统输出信号保持不变的点称为平衡点。

(2) 稳定性 上述实例说明，系统稳定性反映在干扰信号消失后的动态过程。分析线性系统的稳定性时，系统的运动稳定性才是关键。线性系统的运动稳定性与平衡状态稳定性是等价的，因此可以说，线性定常系统的稳定性也是研究平衡状态的稳定性。稳定性是指控制系统偏离平衡点后，系统自动恢复到平衡状态的能力。

对于线性控制系统，**稳定性的定义**如下：若线性控制系统在初始扰动的影响下，其动态过程随时间的推移衰减并趋于零，则称系统渐进稳定，简称稳定。反之，若在初始扰动的影响下，系统的动态过程随时间的推移而发散，则称系统不稳定。

一个控制系统在实际工作过程中，总会受到各种各样的扰动，因而不稳定的系统是不能够正常工作的。

3.6.2 线性系统稳定的充要条件

稳定性讨论的是系统在没有输入作用或者输入作用消失以后的自由运动状态。所以，通常通过分析系统的零输入响应，或者脉冲响应来分析系统的稳定性。

根据系统稳定性定义，若系统对脉冲输入信号 $\delta(t)$ 的脉冲响应 $c(t)$ 收敛，即

$$\lim_{t\to\infty} c(t)=0 \tag{3-73}$$

则系统是稳定的。

设线性定常系统微分方程为

$$a_n c^{(n)}(t)+a_{n-1}c^{(n-1)}(t)+a_{n-2}c^{(n-2)}(t)+\cdots+a_1\dot{c}(t)+a_0c(t)$$
$$=b_m r^{(m)}(t)+b_{m-1}r^{(m-1)}(t)+b_{m-2}r^{(m-2)}(t)+\cdots+b_1\dot{r}(t)+b_0r(t)$$

初始条件为 0 时，系统的闭环传递函数为

$$\Phi(s)=\frac{C(s)}{R(s)}=\frac{b_m s^m+b_{m-1}s^{m-1}+\cdots+b_1s+b_0}{a_n s^n+a_{n-1}s^{n-1}+\cdots+a_1s+a_0}$$

系统的特征方程为

$$D(s)=a_n s^n+a_{n-1}s^{n-1}+a_{n-2}s^{n-2}+\cdots a_1s+a_0=0 \tag{3-74}$$

设特征方程有 q 个实根 p_i，r 对共轭复根 $s_k=-\xi_k\omega_{nk}\pm j\omega_{dk}$，$k=1, 2, \cdots, r$，$q+2r=n$。对高阶系统的单位阶跃响应式（3-72）求导得单位脉冲响应为

$$c(t)=\sum_{i=1}^{q}C'_i e^{p_i t}+\sum_{k=1}^{r}e^{-\xi_k\omega_{nk}t}[A'_i\cos\omega_{dk}(\omega_{dk}t+\theta_k)+B'_i\sin(\omega_{dk}t+\theta_k)] \tag{3-75}$$

从式（3-75）可以看出：

1）若系统的所有的特征根全部具有负实部，则 $\lim\limits_{t\to\infty}c(t)=0$，系统是稳定的。

2）若系统的特征根中有一个或者几个为正值，则 $\lim\limits_{t\to\infty}c(t)=\infty$，系统是不稳定的。

3）若系统特征根中有一个实部为零（$p_i=0$），而其余的特征根均具有负实部时，则系统趋于常数；若有的极点实部为零（位于虚轴上），而其余的特征根均具有负实部，此时系统的输出响应等幅振荡。振荡频率就是纯虚根的正虚部，系统为临界稳定。临界稳定在工程上是不稳定的。

综上分析，得出如下结论。

1）**线性定常系统稳定的充分必要条件：系统的全部特征根或闭环极点都具有负实部，或者说都位于 s 平面的左半部。**

2）线性定常系统的稳定性由其系统本身的参数决定，即是系统本身的固有特性，与外界输入信号无关，而非线性系统则不同，常常与外界信号有关。

3）线性定常系统如果稳定，则它一定是大范围稳定，且原点是其唯一的平衡点。

3.6.3 劳斯稳定判据

线性定常系统的稳定性取决于闭环系统极点的分布，于是判断一个系统的稳定性问题便成为如何确定闭环系统极点分布的问题。确定系统极点的方法有两类：一类是直接求解特征方程的根找出极点分布；另一类是不必求解特征方程，而是通过其他方法确定极点分布，从而判断系统的稳定性，如劳斯-赫尔维茨判据、奈奎斯特判据和根轨迹法等。

英国数学家劳斯（Routh）和德国数学家赫尔维茨（Hurwitz）分别于 1877 年和 1895 年各自独立地提出了根据系统特征方程系数来判别特征根是否存在复平面的正跟及其个数，从而判断系统的稳定性。此判据由于不必求解特征方程，而用代数方法判断系统的稳定性，又称为代数稳定判据。此方法为系统稳定性的判断带来了极大的便利。

（1）劳斯稳定判据　设控制系统的特征方程式为

$$D(s)=a_n s^n+a_{n-1}s^{n-1}+a_{n-2}s^{n-2}+\cdots+a_1s+a_0=0$$

劳斯稳定判据要求将特征多项式的系数排成下面形式的表 3-4 所示，称为劳斯表。表中前两行由特征方程的系数直接构成，其他各行的数值按照表 3-4 所示逐行计算。

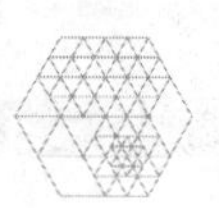

表 3-4　劳斯表

s^n	a_n	a_{n-2}	a_{n-4}	a_{n-6}	…
s^{n-1}	a_{n-1}	a_{n-3}	a_{n-5}	a_{n-7}	…
s^{n-2}	$b_1=\frac{a_{n-1}a_{n-2}-a_na_{n-3}}{a_{n-1}}$	$b_2=\frac{a_{n-1}a_{n-4}-a_na_{n-5}}{a_{n-1}}$	$b_3=\frac{a_{n-1}a_{n-6}-a_na_{n-7}}{a_{n-1}}$	b_4	…
s^{n-3}	$c_1=\frac{b_1a_{n-3}-a_{n-1}b_2}{b_1}$	$c_2=\frac{b_1a_{n-5}-a_{n-1}b_3}{b_1}$	$c_3=\frac{b_1a_{n-7}-a_{n-1}b_4}{b_1}$	c_4	…
…	…	…	…	…	…
s^0	a_0	0	0	0	0

这种过程一直进行到第 $n+1$ 行计算完为止。其中第 $n+1$ 行仅第 1 列有值，且正好是方程最后一项系数 a_0。劳斯表中系数排列呈现倒三角形。

线性定常系统稳定的必要条件：系统特征方程式所有系数均为正值，且特征方程式不缺项。

劳斯稳定判据：线性定常系统稳定的充分必要条件是劳斯表的第一列各项元素均为正数。如果劳斯表中的第一列元素有负数，则系统不稳定，并且劳斯表中第一列元素自上而下符号改变的次数等于系统正实部特征根的个数。

在计算劳斯表时，用同一个正数去乘（或除）某一行的各元素，不改变稳定性判据结果。这样可以简化运算。

例 3-11　设控制系统的特征方程为

$$D(s)=s^5+2s^4+s^3+3s^2+4s+5=0$$

应用劳斯稳定判据判断系统的稳定性。

解　方程中不缺项、各项系数均为正值，满足系统稳定的必要条件。列劳斯表如下

s^5	1	1	4	
s^4	2	3	5	
s^3	-1	3	0	（各元素乘以 2）
s^2	9	5	0	
s^1	32			（各元素乘以 9）
s^0	5			

劳斯表第 1 列不全是正数，符号改变两次（$2\to-1\to9$），说明闭环系统有两个正实部的根，即在 s 右半平面有两个闭环极点，所以系统不稳定。

(2) 劳斯稳定判据的特殊情况　运用劳斯稳定判据分析系统的稳定性时，若劳斯表中某一行第一列元素为 0，则系统不稳定或者临界稳定。

情况 1：在劳斯表的任一行中，出现第一个元素为零，而其余各元素均不为零，或部分不为零的情况。

处理方法：可用一个很小的正数 ε 代替零元素，然后继续进行计算，完成劳斯表。

例 3-12　设控制系统的特征方程为

$$D(s)=s^4+2s^3+3s^2+6s+1=0$$

应用劳斯稳定判据判断系统的稳定性。

解　方程中不缺项、各项系数均为正值，满足稳定的必要条件。列劳斯表如下

s^4	1	3	1
s^3	1	3	（同除以 2）
s^2	0 （ε）	1	
s^1	$\dfrac{3\varepsilon-1}{\varepsilon}$ （$-\infty$）		$\lim\limits_{\varepsilon\to 0}\dfrac{3\varepsilon-1}{\varepsilon}=-\infty$
s^0	1		

因为劳斯表第一列元素符号改变两次（$\varepsilon=0^+\to-\infty\to+1$），所以系统不稳定，且有两个正实部的特征根。

情况 2：在劳斯表的任一行中，出现所有元素均为零的情况。

处理方法：可用全零行的上一行元素构成一个辅助方程，并将辅助方程对 s 求导，然后用求导后的方程系数代替全零行的元素，继续计算劳斯表。辅助方程的次数总是偶数，或者存在两个大小相等符号相反的实根，或者存在两个共轭纯虚根。通过辅助方程求得的这些根，都是特征方程的根，或者说是系统的闭环极点。

例 3-13 设控制系统的特征方程为 $D(s)=s^3+2s^2+s+2=0$，应用劳斯稳定判据判断系统稳定性。

解 方程中各项系数均为正值，满足稳定的必要条件。其劳斯表为

s^3	1	1	
s^2	2	2	→构造辅助方程 $2s^2+2=0$
s^1	4	0	←辅助方程求导后的系数
s^0	2		

由上看出，劳斯表第一列元素符号相同，故系统不含具有正实部的根，而含一对纯虚根，可由辅助方程 $2s^2+2=0$ 解出 $s_{1,2}=\pm j$。根据韦达定理得知第三个根 $s_3=-2$。

例 3-14 已知系统的特征方程为 $D(s)=s^5+2s^4+3s^3+6s^2-4s-8=0$，试根据辅助方程求特征根。

解 方程中各项系数不同号，不满足系统稳定的必要条件，系统不稳定，右半平面有根。

s^5	1	3	-4	
s^4	2	6	-8	辅助方程 $2s^4+6s^2-8=0$
s^3	8	12	0	←辅助方程求导后的系数
s^2	3	-8		
s^1	$\dfrac{100}{3}$	0		
s^0	-8			

第一列元素符号变化一次，说明有一个正实部的根，可根据辅助方程

$$2s^4+6s^2-8=2(s^2-1)(s^2+4)=0$$

解得 $s_{1,2}=\pm 1$；$s_{3,4}=\pm j2$

特征方程中各项系数不同号，系统肯定不稳定。劳斯表第一列元素符号改变一次，有一个特征根在 s 平面的右半部。由辅助方程求得的根 $s_{1,2}=\pm 1$；$s_{3,4}=\pm j2$ 关于原点对称，由韦达定理可知另一个根为 $s_5=-2$。

(3) 劳斯稳定判据的应用

1) 分析参数变化对系统稳定性的影响

例 3-15 已知控制系统的结构图如图 3-35 所示，确定系统稳定时 k 的取值范围。

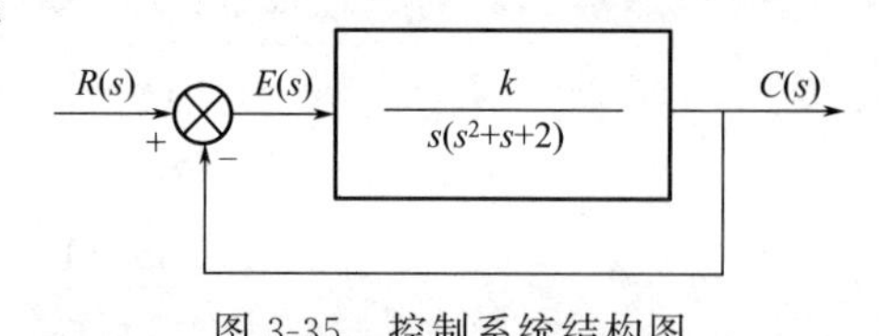

图 3-35 控制系统结构图

解 系统的闭环传递函数为

$$\frac{C(s)}{R(s)}=\frac{k}{s(s^2+s+2)+k}$$

由上式得系统的特征方程为

$$D(s)=s^3+s^2+2s+k=0$$

欲满足系统稳定的必要条件，必须使 $k>0$。列劳斯表如下

s^3	1	2	
s^2	1	k	辅助方程 $s^2+k=0$
s^1	$2-k$		
s^0	k		

要使系统稳定，必须满足 $2-k>0$，$k>0$

k 的取值范围是 $0<k<2$

当 $k=2$ 时，劳斯表 s^1 中行的所有元素都为 0，由上一行 s^2 构造辅助方程 $s^2+k=0$，解得 $s_{1,2}=\pm j\sqrt{2}$。即当 $k=2$ 时，系统等幅振荡，振荡频率为 $\omega_n=\sqrt{2}\,\text{rad/s}$。

2）改变不稳定系统的结构

① 用比例环节包围积分 原系统如图 3-36（a），包围积分环节后系统变为图 3-36（b）。

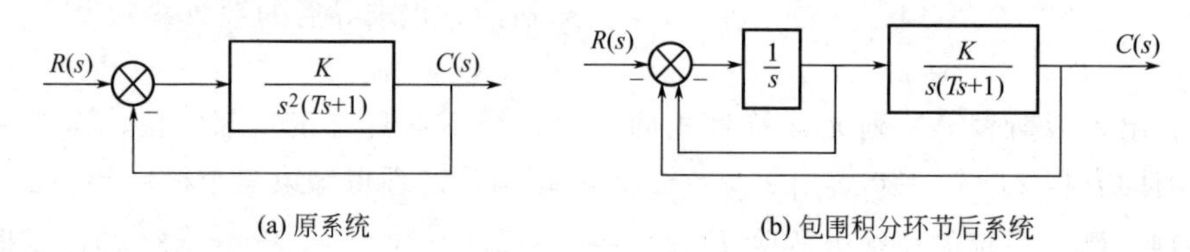

图 3-36 二阶系统

原系统的开环传递函数为

$$G(s)=\frac{K}{s^2(Ts+1)}$$

特征方程为
$$1+G(s)=1+\frac{K}{s^2(Ts+1)}=Ts^3+s^2+K=0$$

特征方程缺项，原系统不稳定。

包围积分环节后系统的开环传递函数为

$$G(s)=\frac{\frac{1}{s}}{1+\frac{1}{s}}\frac{K}{s(Ts+1)}=\frac{K}{s(s+1)(Ts+1)}$$

系统的特征方程变为

$$1+G(s)=1+\frac{K}{s(s+1)(Ts+1)}=Ts^3+(T+1)s^2+s+K=0$$

此时系统特征方程已经不缺项了，只要适当选取 K 值就可使系统稳定。列劳斯表

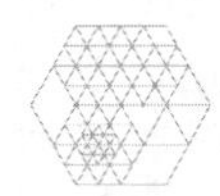

$$\begin{array}{lll} s^3 & T & 1 \\ s^2 & T+1 & K \\ s^1 & \dfrac{T+1-TK}{T+1} & \\ s^0 & K & \end{array}$$

根据劳斯判据，系统稳定的条件是 $T+1-TK>0$，$K>0$

系统稳定的 K 取值范围是 $0<K<\dfrac{T+1}{T}$

② **比例微分控制** 在图 3-36（a）不稳定系统中加入比例微分环节，如图 3-37 所示。

系统的特征方程为 $1+G(s)=1+(T_{\rm d}s+1)\dfrac{K}{s^2(Ts+1)}=Ts^3+s^2+T_{\rm d}Ks+K=0$

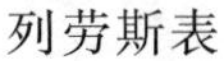

列劳斯表

$$\begin{array}{lll} s^3 & T & T_{\rm d}K \\ s^2 & 1 & K \\ s^1 & T_{\rm d}K-TK & \\ s^0 & K & \end{array}$$

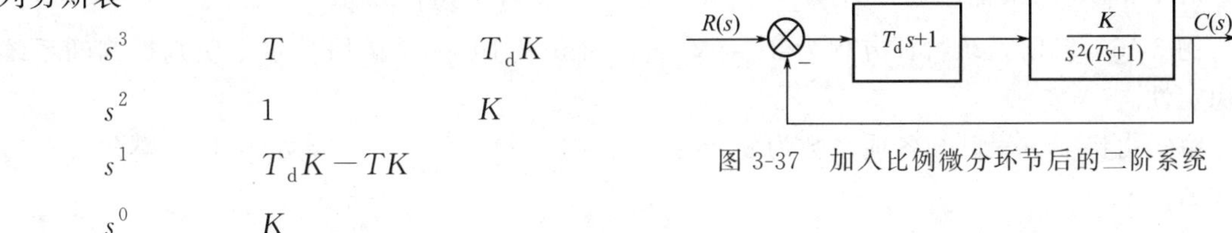

图 3-37 加入比例微分环节后的二阶系统

根据劳斯判据，系统稳定的条件是 $K(T_{\rm d}-T)>0$，$K>0$

系统稳定的 K 取值范围是 $T_{\rm d}>T$，$K>0$

可见，加入比例微分控制器，只要适当调整参数，可以使不稳定的系统变为稳定系统，同时也可以改变系统的动态性能。

3.6.4 赫尔维茨稳定判据

设系统的特征方程为

$$D(s)=a_ns^n+a_{n-1}s^{n-1}+a_{n-2}s^{n-2}+\cdots+a_1s+a_0=0$$

线性控制系统稳定的充分必要条件：特征方程的系数 a_i 为正，且由 a_i 组成的主行列式（3-76）及其顺序主子行列式 Δ_i（$i=1，\cdots，n-1$）全部为正。即

$$\Delta_n=\begin{vmatrix} a_{n-1} & a_{n-3} & a_{n-5} & \cdots & 0 & 0 \\ a_n & a_{n-2} & a_{n-4} & \cdots & 0 & 0 \\ 0 & a_{n-1} & a_{n-3} & \cdots & 0 & 0 \\ 0 & a_n & a_{n-2} & \cdots & 0 & 0 \\ 0 & 0 & a_{n-1} & \cdots & 0 & 0 \\ 0 & 0 & a_n & \cdots & 0 & 0 \\ \vdots & \vdots & \vdots & \ddots & \vdots & \vdots \\ 0 & \cdots & \cdots & \cdots & a_0 & 0 \\ 0 & \cdots & \cdots & \cdots & a_1 & 0 \\ 0 & \cdots & \cdots & \cdots & a_2 & a_0 \end{vmatrix}_{n\times n}>0 \tag{3-76}$$

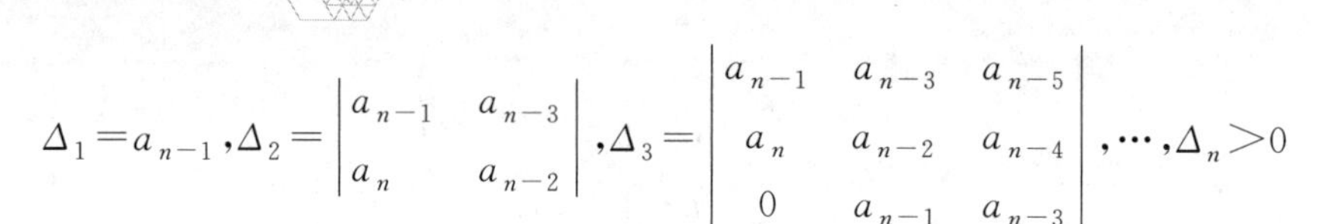

$$\Delta_1=a_{n-1},\Delta_2=\begin{vmatrix}a_{n-1}&a_{n-3}\\a_n&a_{n-2}\end{vmatrix},\Delta_3=\begin{vmatrix}a_{n-1}&a_{n-3}&a_{n-5}\\a_n&a_{n-2}&a_{n-4}\\0&a_{n-1}&a_{n-3}\end{vmatrix},\cdots,\Delta_n>0$$

显然，当系统特征方程高于 3 次时，赫尔维茨判据的计算量很大。李纳德（Lienard）证明，当所有 $\Delta_{2k+1}>0$ 时，系统是稳定的。

注意，赫尔维茨行列式的特点是第一行为第二项、第四项等偶数项的系数，第二行则为第一项、第三项等奇数项的系数；第三、第四行则重复上两行的排列，向右移动一列，而前一列则以 0 代替；以下各行，以此类推。

按照赫尔维茨稳定判据，对于 $n\leqslant 3$ 的线性控制系统，其稳定的充分必要条件还可以表示如下简单形式：

对于 $n=2$ 的系统，$a_2>0$，$a_1>0$，$a_0>0$。

对于 $n=3$ 的系统，$a_3>0$，$a_2>0$，$a_1>0$，$a_0>0$，$a_2a_1-a_3a_0>0$。

例 3-16 四阶系统特征方程为 $2s^4+s^3+3s^2+5s+10=0$，试用赫尔维茨判据判断系统的稳定性。

解 由特征方程已知各项系数为 $a_4=2$，$a_3=1$，$a_2=3$，$a_1=5$，$a_0=10$，赫尔维茨行列式 Δ_4 为

$$\Delta_4=\begin{vmatrix}1&5&0&0\\2&3&10&0\\0&1&5&0\\0&2&3&10\end{vmatrix}$$

于是

$$\Delta_1=1>0$$

$$\Delta_2=\begin{vmatrix}1&5\\2&3\end{vmatrix}=-7<0$$

由于 $\Delta_2<0$，不满足赫尔维茨行列式全部为正的条件，所以系统不稳定。Δ_3，Δ_4 可以不必再进行计算。

例 3-17 四阶系统特征方程为 $s^4+3s^3+3s^2+2s+1=0$，试用赫尔维茨判据判断系统的稳定性。

解 $n=4$，列出系数行列式

$$\Delta_4=\begin{vmatrix}3&2&0&0\\1&3&1&0\\0&3&2&0\\0&1&3&1\end{vmatrix}$$

由此计算

$$\Delta_1=3>0$$

$$\Delta_3=\begin{vmatrix}3&2&0\\1&3&1\\0&3&2\end{vmatrix}=5>0$$

根据赫尔维茨判据，当 $n>3$ 时，若 $\Delta_{2k+1}>0$，系统是稳定的。由此判定该闭环系统是稳定的。

3.7 线性控制系统的稳态性能分析

控制系统的性能包括暂态性能和稳态性能，对暂态过程关心的是系统的最大偏差和调节时间，所以用超调量、上升时间、调节时间等指标来描述系统的暂态性能。当系统的过渡过程结束后，系统就进入稳态运行状态，这时关心的是系统的输出是否是期望的输出，相差多少，其偏差量称为稳态误差。稳态误差描述了控制系统的控制精度。由于控制系统一般都工作在稳态，稳态精度直接影响产品的质量，所以，稳态误差在控制系统分析与设计中，是一项重要的性能指标。只有对稳定的系统，研究稳态误差才有意义。

控制系统中元件的不完善，如摩擦、间隙、零点漂移、元件老化等都会造成系统的误差，这种误差称**静差**。静差在一般情况下都可以根据具体情况计算出来，故本节不对上述原因造成的静差作为研究对象。只研究由于系统不能很好跟踪输入信号而引起的稳态误差，即原理性误差。系统结构引起的误差，主要取决于系统开环传递函数的形式，能够消除这个误差的唯一方法是改变系统的结构。本节主要介绍计算稳态误差的几种方法，以及如何改变系统的结构，减小或消除稳态误差的方法等。

3.7.1 控制系统误差与稳态误差

控制系统的结构如图 3-38 所示。$R(s)$ 为参考输入信号，$C(s)$ 为输出信号。

(1) 误差的两种定义 系统的误差为期望值与实际值之差。即

误差值=期望值−实际值

定义误差有两种方法，一是从输入端定义误差，另一个是从输出端定义误差。

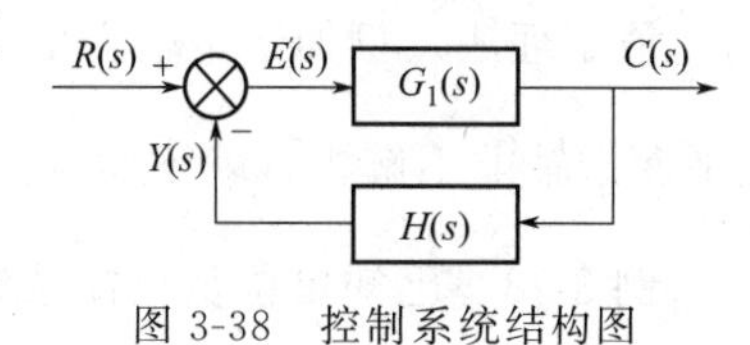

图 3-38 控制系统结构图

1) 从输入端定义误差 是指定输入信号与反馈信号之差，记为 $E_入(s)$

$$E_入(s)=R(s)-Y(s) \tag{3-77}$$

$$E_入(s)=\frac{1}{1+G(s)H(s)}R(s) \tag{3-78}$$

2) 从输出端定义误差 是指输出的期望值与实际值之差，记为 $E_出(s)$

$$E_出(s)=C_r(s)-C(s) \tag{3-79}$$

$$E_出(s)=C_r(s)-C(s)=\frac{1}{H(s)}R(s)-\frac{G(s)}{1+G(s)H(s)}R(s)$$

$$=\frac{1}{1+G(s)H(s)}\frac{1}{H(s)}R(s)=E_入(s)\frac{1}{H(s)}$$

由此得出输入端误差与输出端误差的关系为

$$E_入(s)=H(s)E_出(s) \tag{3-80}$$

当系统为单位负反馈，即 $H(s)=1$ 时，输出端误差与输入端误差大小相等，由于传感器的作用，单位不一样。对于非单位负反馈系统，$H(s)\neq 1$。此时，输出端误差与输入端误差大小不相等。

从输入端定义的误差在实际系统中是可以测量的，具有一定的物理意义。而从输出端定义的误差在系统性能指标要求方面上看，是经常使用的，但在实际控制系统中有时无法测量，因而一般只具有数学意义。以下叙述中，若没有特殊说明均指输入端定义的误差。

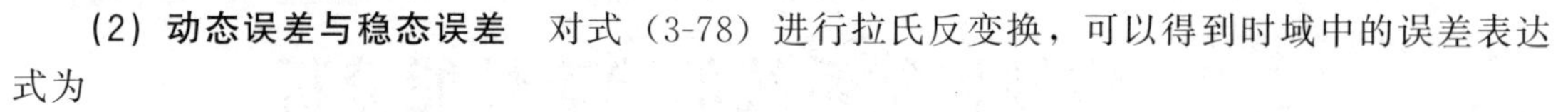

(2) 动态误差与稳态误差 对式（3-78）进行拉氏反变换，可以得到时域中的误差表达式为

$$e(t)=L^{-1}[E(s)]=L^{-1}[\Phi_e(s)R(s)]=e_{ss}(t)+e_{st}(t) \tag{3-81}$$

$e(t)$ 包含稳态分量 $e_{ss}(t)$ 和暂态分量 $e_{st}(t)$ 两部分。稳态分量 $e_{ss}(t)$ 称为稳态误差，即稳定的系统在 $t>t_s$ 瞬态过程结束后系统的期望值和实际值之差。误差信号的暂态分量 $e_{st}(t)$ 称为动态误差；

动态误差 $e_{ss}(t)$ 反映了系统在跟踪输入信号和干扰信号的整个过程中的精度。动态误差实际上反映了系统的暂态性能，最大误差实际上已经由超调量等暂态性能指标描述了。一般情况下，只关心系统的稳态误差。

3.7.2 终值定理法求稳态误差

求稳态误差时，常常只求稳态误差终值 $e_{ss}=\lim\limits_{t\to\infty}e(t)$，这时可利用拉普拉斯变换的终值定理。

终值定理法：设 $sE(s)$ 在 s 右半平面及虚轴上（除原点外）没有极点，则稳态误差终值 $e_{ss}(\infty)$ 为

$$e_{ss}=e(\infty)=\lim_{t\to\infty}e(t)=\lim_{s\to 0}sE(s) \tag{3-82}$$

当系统不稳定，或 $R(s)$ 的极点位于虚轴上以及虚轴右边时，该条件不满足，不可以采用终值定理法。例如给定输入信号为正弦信号时 $r(t)=\sin\omega t$，其象函数 $R(s)=\dfrac{\omega}{s^2+\omega^2}$，在 s 平面虚轴上不解析，就不能利用终值定理法求取系统稳态误差的终值。

例 3-18 已知单位负反馈系统的开环传递函数为 $G(s)=\dfrac{10}{s(s+4)}$，求当系统输入分别为阶跃信号、速度信号和加速度信号时的稳态误差终值。

解 系统误差信号为 $E(s)=\dfrac{1}{1+G(s)}R(s)=\dfrac{1}{1+\dfrac{10}{s(s+4)}}R(s)=\dfrac{s(s+4)}{s^2+4s+10}R(s)$

① 当输入阶跃信号 $r(t)=A$ 时，$R(s)=\dfrac{A}{s}$

$$E(s)=\frac{s(s+4)}{s^2+4s+10}\frac{A}{s}=\frac{A(s+4)}{s^2+4s+10}$$

$$sE(s)=\frac{As(s+4)}{s^2+4s+10}$$

$sE(s)$ 有两个极点 $s_{1,2}=-2\pm \mathrm{j}\sqrt{6}$，且位于 s 平面的左半部，满足终值定理条件，所以

$$e_{ss}(\infty)=\lim_{s\to 0}sE(s)=\lim_{s\to 0}\frac{As(s+4)}{s^2+4s+10}=0$$

② 当输入速度信号 $r(t)=At$ 时，$R(s)=\dfrac{A}{s^2}$

$$E(s)=\frac{s(s+4)}{s^2+4s+10}\frac{A}{s^2}=\frac{A(s+4)}{s(s^2+4s+10)}$$

$$sE(s)=\frac{A(s+4)}{s^2+4s+10}$$

$sE(s)$ 满足终值定理条件，所以 $e_{ss}(\infty)=\lim\limits_{s\to 0}sE(s)=\lim\limits_{s\to 0}\frac{A(s+4)}{s^2+4s+10}=\frac{4A}{10}=\frac{2A}{5}$

③ 当输入加速度信号 $r(t)=\frac{1}{2}At^2$ 时，$R(s)=\frac{A}{s^3}$

$$E(s)=\frac{s(s+4)}{s^2+4s+10}\frac{A}{s^3}=\frac{A(s+4)}{s^2(s^2+4s+10)}$$

$$sE(s)=\frac{A(s+4)}{s(s^2+4s+10)}$$

可见，$sE(s)$ 有两个极点位于 s 平面左半平面，有一个位于坐标原点。如果有理函数 $sE(s)$ 除了在原点有唯一的极点外，在 s 平面右半部及虚轴解析，即 $sE(s)$ 的极点均位于 s 平面的左半部（包括坐标原点），则也可以根据拉氏变换的终值定理求出系统的稳态误差。

$$e_{ss}(\infty)=\lim_{s\to 0}sE(s)=\lim_{s\to 0}\frac{A(s+4)}{s(s^2+4s+10)}=\infty$$

实际上，$sE(s)$ 并不满足在虚轴上解析的条件。严格说，此时不能采用终值定理计算稳态误差；如果使用，也只能得到无穷大的结果，而这一无穷大的结果恰与实际结果相一致，因此，从便于使用的观点出发，把 $sE(s)$ 位于原点的极点划到 s 平面左半部内进行处理。

例 3-19 已知单位负反馈控制系统的开环传递函数为 $G(s)=\frac{0.5}{s(s+1)(s^2+s+1)}$，求当速度信号 $r(t)=t$ 时，系统的稳态误差终值 $e_{ss}(\infty)$。

解 误差传递函数为

$$\frac{E(s)}{R(s)}=\frac{1}{1+G(s)}=\frac{1}{1+\frac{0.5}{s(s+1)(s^2+s+1)}}=\frac{s(s+1)(s^2+s+1)}{s(s+1)(s^2+s+1)+0.5}$$

用劳斯判据判断判断系统的稳定性，系统的特征方程为

$$s^4+2s^3+2s^2+s+0.5=0$$

列劳斯表

s^4	1	2	0.5
s^3	2	1	
s^2	3	0.5	
s^1	2		
s^0	0.5		

劳斯表第一列均为正数，没有正实根；且没有出现某一行均为 0，所以没有纯虚根。系统稳定，满足终值定理的条件。稳态误差终值为

$$e_{ss}(\infty)=\lim_{s\to 0}sE(s)=\lim_{s\to 0}s\times\frac{s(s+1)(s^2+s+1)}{s(s+1)(s^2+s+1)+0.5}\times\frac{1}{s^2}=2$$

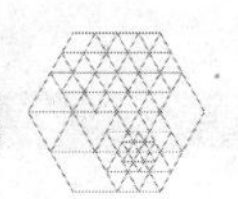

3.7.3 控制系统型别

控制系统可以按照它们跟踪阶跃输入、斜坡输入、抛物线输入等信号的能力来分类。由于系统跟踪输入信号的能力主要取决于开环传递函数中所含的积分环节的数目。所以，可以按照开环传递函数含有的积分环节的个数 v 进行分类。

将开环传递函数写成如下时间常数形式

$$G(s)H(s)=\frac{K\prod_{j=1}^{m}(T_j s+1)}{s^v\prod_{i=1}^{n}(T_i s+1)}\quad m\leqslant n \tag{3-83}$$

式中，K 为系统的开环增益；T_j、T_i 为时间常数；v 为积分环节个数，称系统型别或无差度。

无差系统是指在单位阶跃信号作用下不存在稳态误差的系统。

若含有 v 个积分环节，或者含有 v 个 $s=0$ 的极点个数，则称系统为 v 型系统。

当 $v=0$ 时，相应系统称为 0 型系统，也称为“有差系统”。

当 $v=1$ 时，相应系统称为Ⅰ型系统，也称为“一阶无差系统”。

当 $v=2$ 时，相应系统称为Ⅱ型系统，也称为“二阶无差系统”。

当 $v>2$ 时，除采用复合控制以外，一般情况下系统很难稳定，控制精度与系统的稳定性相矛盾。所以，Ⅲ型及其以上系统在实际控制中几乎不使用。

3.7.4 静态误差系数法求稳态误差

设 $sE(s)$ 满足终值定理条件。下面分别讨论阶跃信号输入、斜坡信号输入、加速度信号输入作用时一般系统的稳态误差终值，从而得到稳态误差系数的概念。

开环传递函数的时间常数形式为

$$G(s)H(s)=\frac{K(\tau_1 s+1)(\tau_2 s+1)\cdots}{s^v(T_1 s+1)(T_2 s+1)\cdots} \tag{3-84}$$

(1) 阶跃输入作用下的稳态误差与静态位置误差系数 当输入信号为 $r(t)=A\times 1(t)$ 时，误差传递函数为

$$E(s)=\frac{1}{1+G(s)H(s)}R(s)=\frac{1}{1+G(s)H(s)}\frac{A}{s} \tag{3-85}$$

$$e_{ss}(\infty)=\lim_{s\to 0}sE(s)=\frac{A}{1+\lim\limits_{s\to 0}G(s)H(s)}=\frac{A}{1+K_p} \tag{3-86}$$

定义系统的静态位置误差系数为

$$K_p=\lim_{s\to 0}G(s)H(s) \tag{3-87}$$

将式 (3-84) 代入式 (3-87) 中得

$$K_p=\lim_{s\to 0}G(s)H(s)=\lim_{s\to 0}\frac{K}{s^v} \tag{3-88}$$

则

$$\begin{cases}K_p=K,0\text{ 型系统}\\K_p=\infty,\text{Ⅰ 型系统}\\K_p=\infty,\text{Ⅱ 型系统}\end{cases} \tag{3-89}$$

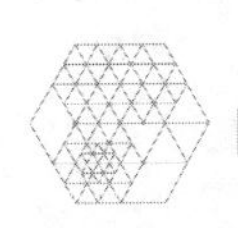

将式(3-89)代入式(3-86)中得

$$\begin{cases} e_{ss}(t)=\dfrac{A}{1+K}, 0\text{型系统} \\ e_{ss}(t)=0, \quad \text{Ⅰ型系统} \\ e_{ss}(t)=0, \quad \text{Ⅱ型系统} \end{cases} \tag{3-90}$$

不同型别时系统阶跃响应曲线如图3-39所示。如果要求系统对于阶跃输入作用不存在稳态误差，则必须选用Ⅰ型及Ⅰ型以上的系统。习惯上常把系统在阶跃输入作用下的稳态误差称为静差。因而，0型系统可称为有(静)差系统，Ⅰ型系统称为一阶无差度系统，Ⅱ型系统称为二阶无差度系统。系统的型别越高，无差跟踪典型输入信号的能力就越强。所以，系统的型别反映了系统对典型输入信号无差的度量，故又称无差度。

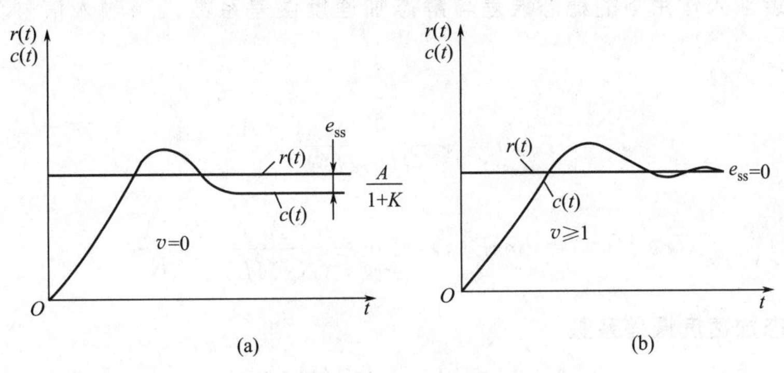

图3-39 不同型别时系统阶跃响应曲线

(2) 斜坡输入作用下的稳态误差与静态速度误差系数 当输入信号为$r(t)=At$时，误差传递函数为

$$E(s)=\frac{1}{1+G(s)H(s)}\times\frac{A}{s^2}$$

$$e_{ss}(\infty)=\lim_{s\to 0}sE(s)=\frac{A}{\lim\limits_{s\to 0}sG(s)H(s)}=\frac{A}{K_v} \tag{3-91}$$

定义系统的**静态速度误差系数**

$$K_v=\lim_{s\to 0}sG(s)H(s) \tag{3-92}$$

将式(3-84)代入式(3-92)中得

$$K_v=\lim_{s\to 0}sG(s)H(s)=\lim_{s\to 0}\frac{K}{s^{v-1}} \tag{3-93}$$

$$\begin{cases} K_v=0, \quad 0\text{型系统} \\ K_v=K, \text{Ⅰ型系统} \\ K_v=\infty, \text{Ⅱ型系统} \end{cases} \Rightarrow \begin{cases} e_{ss}(t)=\infty, \quad 0\text{型系统} \\ e_{ss}(t)=\dfrac{A}{K_v}, \text{Ⅰ型系统} \\ e_{ss}(t)=0, \quad \text{Ⅱ型系统} \end{cases}$$

不同型别时系统的斜坡响应曲线如图3-40所示。静态速度误差系数K_v的大小，反映了系统跟踪斜坡输入信号的能力。K_v越大，相应的稳态误差越小，系统的精度越高。需要说明的是，速度误差这个术语，是输入信号与输出信号之间的稳态误差，速度误差并不是速度上的误差，而是指系统在速度(斜坡)输入作用下，系统稳态输出与输入之间存在位置上的误差。

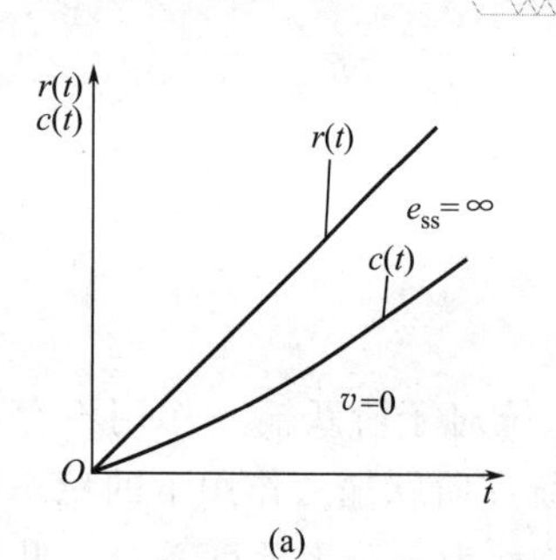

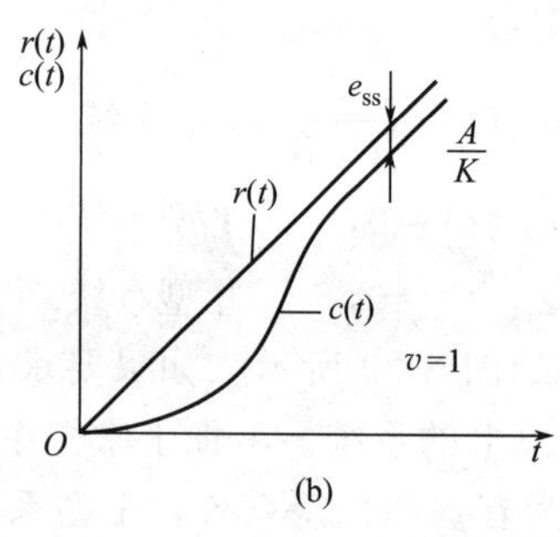

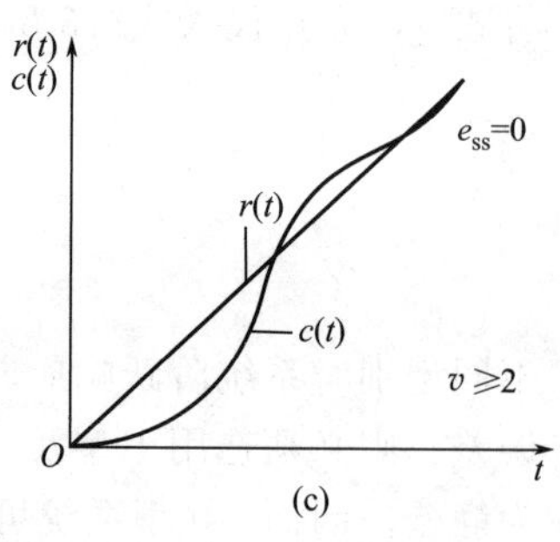

图 3-40　不同型别时系统斜坡响应曲线

(3) 加速度输入作用下的稳态误差与静态加速度误差系数　当输入信号为 $r(t)=\dfrac{A}{2}t^2$ 时，误差传递函数为

$$E(s)=\frac{1}{1+G(s)H(s)}\times\frac{A}{s^3}$$

$$e_{ss}(\infty)=\lim_{s\to 0}sE(s)=\lim_{s\to 0}\frac{A}{s^2G(s)H(s)}=\frac{A}{K_a} \tag{3-94}$$

定义系统的**静态加速度误差系数**

$$K_a=\lim_{s\to 0}s^2G(s)H(s) \tag{3-95}$$

将式（3-84）代入式（3-95）中得

$$K_a=\lim_{s\to 0}s^2G(s)H(s)=\lim_{s\to 0}\frac{K}{s^{v-2}} \tag{3-96}$$

则
$$\begin{cases}K_a=0\text{，0 型系统}\\K_a=0\text{，Ⅰ型系统}\\K_a=K\text{，Ⅱ型系统}\end{cases}\Rightarrow\begin{cases}e_{ss}(t)=\infty\text{，0 型系统}\\e_{ss}(t)=\infty\text{，Ⅰ型系统}\\e_{ss}(t)=\dfrac{A}{K}\text{，Ⅱ型系统}\end{cases}$$

不同型别时系统的加速度响应曲线如图 3-41 所示。同理，静态加速度误差系数 K_a 反映了系统跟踪加速度输入信号的能力，K_a 越大，稳态误差越小，精度越高。加速度误差是输入信号与输出信号之间的稳态误差，此时的稳态误差也并不是加速度误差，而是指系统在加速度函数输入作用下，系统稳态输出与输入之间的位置误差。

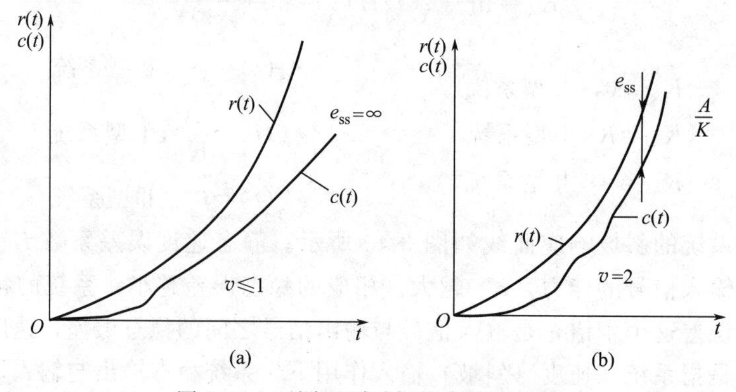

图 3-41　不同型别时加速度响应曲线

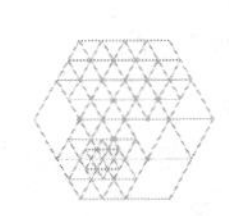

(4) 输入是线性组合信号时的稳态误差 输入信号为

$$r(t)=A_1+A_2t+\frac{A_3}{2}t^2$$

利用线性系统的叠加定理，可得系统的稳态误差为

$$e_{ss}=\frac{A_1}{1+K_p}+\frac{A_2}{K_v}+\frac{A_3}{K_a} \tag{3-97}$$

由控制系统的型别，可以很方便地计算出系统对给定输入信号的稳态误差。静态误差系数与系统的类型一样，都是从系统本身的结构特征上体现了系统消除稳态误差的能力，或者说反映了系统跟踪典型输入信号的能力。因此，定义稳态误差系数可以用来衡量稳定的单位负反馈控制系统对期望输出的稳态精度。静态误差系数是控制系统的品质指标。系数越大，稳态误差就越小。

对于0型、Ⅰ型和Ⅱ型系统，K_p、K_v、K_a 分别称为稳态位置、速度和加速度误差系数。这些名称最初来源于位置控制系统，即输入或输出信号的物理意义为位置，其一阶、二阶导数为速度和加速度。在一个实际的控制系统中，输出量可以是位置、速度、压力、温度等。输出量的物理形式对目前的分析并不重要，因此，将称输出量是"位置"，输出量的变化率是"速度"等，这就意味着，在温度控制系统中的"位置"表示输出的温度，"速度"表示输出温度的变化率等。

以上的分析结果列于表3-5中。采用稳态误差系数法求稳态误差的终值，适用于输入信号是阶跃函数、斜坡函数、加速度函数以及它们的线性组合。稳态误差系数可以用于任意型别的系统。要注意的是，定义仅适用于稳定的单位负反馈系统。

表3-5表明，同一个系统，在不同形式的输入信号作用下具有不同的稳态误差。从表中可以得出以下**系统稳态误差的结论：**

1）在相同的输入信号作用下，增加开环传递函数中积分环节个数 v，即增大系统型别，可以大幅度改善系统的稳态误差。

2）对于相同型别的系统，提高系统的开环放大系数可以改善系统的稳态误差。

3）提高系统的型别 v 和增大系统的开环放大倍数 K 可以改善系统的稳态性能，但往往会使系统的动态性能变坏，甚至变得不稳定。因此，要慎重提高系统型别和开环放大系数。

表3-5 参考输入的稳态误差 e_{ss}

系统类型	$r(t)$		
	A	At	$\frac{1}{2}At^2$
0	$\frac{A}{1+K_p}=\frac{A}{1+K}$	∞	∞
Ⅰ	0	$\frac{A}{K_v}=\frac{A}{K}$	∞
Ⅱ	0	0	$\frac{A}{K_a}=\frac{A}{K}$

例3-20 调速系统的结构图如图3-42所示。$K_c=0.05\text{V}/(\text{r/min})$，输出信号为 $c(t)$ (r/min)。求 $r(t)=1\text{V}$ 时，系统输出端稳态误差。

解 系统开环传递函数为

$$G(s)H(s)=\frac{0.1}{(0.07s+1)(0.24s+1)}$$

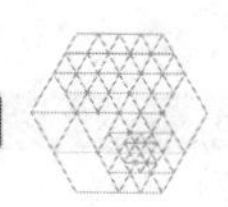

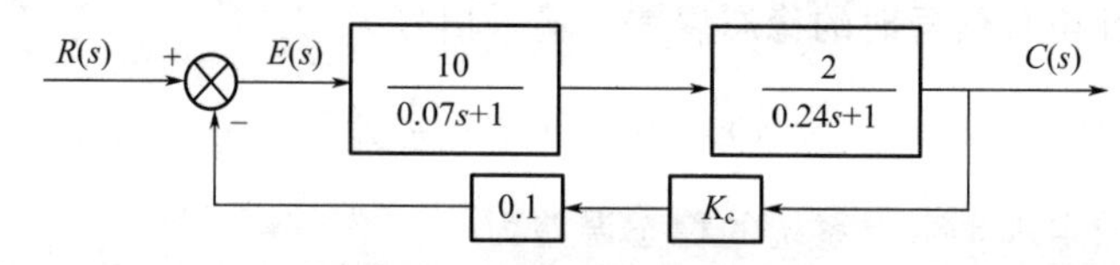

图 3-42 调速系统结构图

系统为 0 型稳定系统 $$K_p=\lim_{s\to 0}G(s)=0.1$$

当 $r(t)=1$ 时，系统输入端稳态误差 $e(\infty)=\frac{1}{1+K_p}=\frac{1}{1+0.1}=\frac{1}{1.1}$（V）

系统反馈通路传递函数为常数 $H=0.1K_c=0.005\text{V}/(\text{r/min})$。

系统输出端稳态误差 $e'_{ss}(\infty)=\frac{e_{ss}(\infty)}{H}=\frac{1}{0.005\times 1.1}=181.8\text{r/min}$

3.7.5 扰动信号作用下的稳态误差

前面已经介绍了系统在输入信号作用下的误差信号和稳态误差终值的计算。但是，所有控制系统除承受输入信号作用外，还经常处于各种扰动作用之下，如负载力矩的变动；放大器的零位和噪声；电源电压和频率的波动；环境温度的变化等。这些扰动将使系统输出量偏离期望值，造成误差。

给定输入信号作用产生的误差通常称为给定误差，简称误差；而扰动信号作用产生的误差称为系统扰动误差。

对于图 3-43 所示系统，系统总的误差为

$$E(s)=\Phi_{er}(s)R(s)+\Phi_{ef}(s)F(s)$$

$$=\frac{1}{1+G_1(s)G_2(s)H(s)}R(s)-\frac{G_2(s)H(s)}{1+G_1(s)G_2(s)H(s)}F(s)$$

式中，$\Phi_{er}(s)$ 为误差信号 $E(s)$ 对于输入信号 $R(s)$ 的闭环传递函数；$\Phi_{ef}(s)$ 为误差信号 $E(s)$ 对于扰动信号 $F(s)$ 的闭环传递函数。

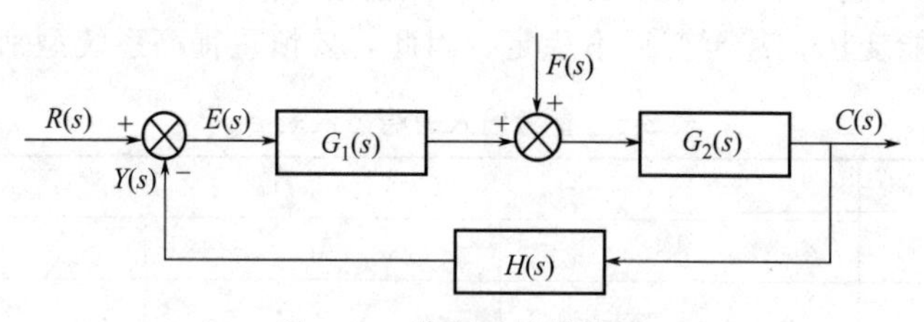

图 3-43 控制系统结构图

应用叠加定理，系统总的误差等于输入信号和扰动信号分别引起的误差代数和，可以分别计算。计算系统扰动作用下的稳态误差可以应用终值定理法，尽量不使用误差系数法。

输入端误差信号 $E(s)$ 对于扰动信号 $F(s)$ 的闭环传递函数 $\Phi_{ef}(s)$ 为

$$\Phi_{ef}(s)=\frac{E(s)}{F(s)}=\frac{-G_2(s)H(s)}{1+G_1(s)G_2(s)H(s)}$$

设

$$G_1(s)=\frac{K_1N_1(s)}{s^{v_1}D_1(s)},\ G_2(s)=\frac{K_2N_2(s)}{s^{v_2}D_2(s)}$$

$$N_1(0)=N_2(0)=D_1(0)=D_2(0)=1$$

$H(s)$ 是常数 H，则有

$$\Phi_{\mathrm{ef}}(s)=\frac{E(s)}{F(s)}=\frac{-K_2 s^{v_1} N_2(s) D_1(s) H}{s^{v_1+v_2} D_1(s) D_2(s)+K_1 K_2 N_1(s) N_2(s) H} \tag{3-98}$$

由式（3-98）可见，在 $s=0$ 时，分母第 1 项为 0，因此扰动作用下的稳态误差只与扰动作用点之前的传递函数 $G_1(s)$ 的积分环节的个数 v_1 和放大倍数 K_1 有关。而参考输入下的稳态误差与系统开环传递函数 $G_1(s)G_2(s)H(s)$ 的积分环节个数 v_1、v_2 和放大倍数 K_1、K_2 有关。在系统设计中，通常在 $G_1(s)$ 中增加积分环节 v_1 和增大放大倍数 K_1，这样既抑制了参考输入引起的稳态误差，又抑制了扰动输入引起的稳态误差。需要注意的是，在提高系统稳态性能的同时，也要考虑系统稳定性的限制。

3.7.6 动态误差系数法求动态误差

用动态误差系数法求稳态误差的关键是将误差（或偏差）传递函数展开成 s 的幂级数。这种方法的特点是能求出稳态误差的时间表达式 $e_{\mathrm{ss}}(t)$。

图 3-38 所示系统参考输入引起的误差记为 $E(s)$，将误差传递函数 $\Phi_{\mathrm{e}}(s)=\frac{E(s)}{R(s)}$在 $s=0$ 的邻域内展开成泰勒级数，得

$$\begin{aligned}\Phi_{\mathrm{e}}(s)&=\frac{E(s)}{R(s)}=\frac{1}{1+G_1(s)G_2(s)H(s)}\\&=\Phi_{\mathrm{e}}(0)+\dot{\Phi}_{\mathrm{e}}(0)s+\frac{1}{2!}\ddot{\Phi}_{\mathrm{e}}(0)s^2+\cdots+\frac{1}{l!}\Phi_{\mathrm{e}}^{(l)}(0)s^l+\cdots\end{aligned} \tag{3-99}$$

式中
$$\Phi_{\mathrm{e}}^{(l)}(0)=\frac{\mathrm{d}^l\Phi_{\mathrm{e}}(s)}{\mathrm{d}s^l}\Big|_{s=0}$$

于是误差信号 $E(s)$ 可以表示为如下级数

$$E(s)=\Phi_{\mathrm{e}}(0)R(s)+\dot{\Phi}_{\mathrm{e}}(0)sR(s)+\frac{1}{2!}\ddot{\Phi}_{\mathrm{e}}(0)s^2R(s)+\cdots+\frac{1}{l!}\Phi_{\mathrm{e}}^{(l)}(0)s^lR(s)+\cdots \tag{3-100}$$

上述无穷级数收敛于 $s=0$ 的邻域，相当于在时间域 $t\to\infty$时成立。设初始条件均为零，并忽略 $t=0$ 时的脉冲，对式（3-100）取拉氏反变换，便得到输入误差信号稳态分量的时间函数。

$$e(t)=c_0r(t)+c_1\dot{r}(t)+c_2\ddot{r}(t)+\cdots=\sum_{i=0}^{\infty}c_ir^{(i)}(t)$$

式中

$$c_i=\frac{1}{i!}\Phi_{\mathrm{e}}^{(i)}(0)\qquad i=0,1,2,3,\cdots$$

系数 c_i 称为动态误差系数。关键是将 $E(s)$ 传递函数展开成 s 的幂级数。

动态误差系数法特别适用于输入信号和扰动信号是时间 t 的有限项的幂级数的情况。此时误差传递函数的幂级数也只需要取几项就足够了。

利用式（3-99）将传递函数展开成幂级数的方法往往很麻烦。常用的方法是多项式除法，将传递函数的分子、分母多项式按 s 的升幂排列，再做多项式除法，结果仍按 s 的升幂排列。

例 3-21　已知单位负反馈系统的开环传递函数为 $G(s)H(s)=\frac{5}{s(s+1)(s+2)}$。试求：

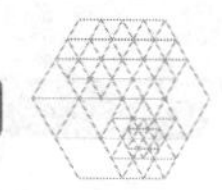

1）用静态误差系数法分别求输入信号 $r(t)=4(t)$，$r(t)=6t$，$r(t)=3t^2$ 时的稳态误差终值 e_{ss}。

2）分别求输入信号 $r(t)=4(t)$，$r(t)=6t$，$r(t)=3t^2$ 时动态误差的时间函数。

解 1）根据劳斯判据可得知系统是稳定的。

静态位置误差系数 $K_p=\lim\limits_{s\to 0}G(s)H(s)=\lim\limits_{s\to 0}\dfrac{5}{s(s+1)(s+2)}=\infty$

静态速度误差系数 $K_v=\lim\limits_{s\to 0}sG(s)H(s)=\lim\limits_{s\to 0}s\times\dfrac{5}{s(s+1)(s+2)}=2.5$

静态加速度误差系数 $K_a=\lim\limits_{s\to 0}s^2G(s)H(s)=\lim\limits_{s\to 0}s^2\times\dfrac{5}{s(s+1)(s+2)}=0$

当 $r(t)=4(t)$时，$e_{ss}=\dfrac{4}{1+K_p}=0$；当 $r(t)=6t$ 时，$e_{ss}=\dfrac{6}{K_v}=2.4$

当 $r(t)=3t^2$ 时，$e_{ss}=\dfrac{6}{K_a}=\infty$

2）求系统的动态误差

$$
\begin{aligned}
\Phi_e(s)&=\frac{E(s)}{R(s)}=\frac{1}{1+G(s)}\\
&=\frac{s(s+1)(s+2)}{s(s+1)(s+2)+5}\\
&=\frac{2s+3s^2+s^3}{5+2s+3s^2+s^3}\\
&=0.4s+0.44s^2+\cdots
\end{aligned}
$$

$$
\begin{array}{r|l}
 & 0.4s+0.44s^2+\cdots \\
\hline
5+2s+3s^2+s^3 & 2s+3s^2+s^3 \\
 & 2s+0.8s^2+1.2s^3+0.4s^4 \\
\hline
 & 2.2s^2-0.2s^3-0.4s^4 \\
 & 2.2s^2+0.88s^3+1.32s^4+0.44s^5
\end{array}
$$

$E(s)=0.4sR(s)+0.44s^2R(s)+\cdots$

$e(t)=0.4\dot{r}(t)+0.44\ddot{r}(t)+\cdots$

当 $r(t)=4$ 时，$\dot{r}(t)=\ddot{r}(t)=0$，$e(t)=0$；当 $t\to\infty$时，系统的稳态误差 $e_{ss}=0$。

当 $r(t)=6t$ 时，$\dot{r}(t)=6$，$\ddot{r}(t)=0$，$e(t)=2.4$；当 $t\to\infty$时，系统的稳态误差 $e_{ss}=2.4$。

当 $r(t)=3t^2$ 时，$\dot{r}(t)=6t$，$\ddot{r}(t)=6$，$e(t)=2.4t+0.44\times 6=2.4t+2.64$；当 $t\to\infty$ 时，系统的稳态误差 $e_{ss}=\infty$。

用动态误差系数法求的当时间 $t\to\infty$时的稳态误差与用静态误差系数法求的结果是一致的。

3.8 减小或消除稳态误差的方法

当系统在输入信号或干扰信号作用下稳态误差不能满足设计要求时，要设法减小或消除误差。

3.8.1 增大开环放大倍数

由表 3-5 得知，增大开环放大倍数 K，可以减小 0 型系统在阶跃信号作用下的稳态误差；可以减小Ⅰ型系统在速度信号作用下的稳态误差；可以减小Ⅱ型系统在加速度信号作用下的稳态误差。所以，增大开环放大倍数 K，可以有效地减小稳态误差。但是也要注意：

增大系统的开环放大倍数，只能减小某种输入信号作用下的稳态误差的数值，不能改变稳态误差的性质，对于稳态误差是0或者是∞的情况，增大K仍不能改变稳态误差是0或者是∞，但是可以减缓稳态误差趋于∞的变化速度。

对于图3-43所示系统，增大干扰作用点以前的增益K_1，可以有效地减小阶跃干扰所引起的稳态误差；增大干扰作用点以后的增益K_2，对阶跃干扰所引起的误差没有影响。

适当地增加开环增益可以减小稳态误差，但往往会影响到闭环系统的稳定性和动态性能。因此，必须在保证系统稳定和满足动态性能指标的范围内，采用增大放大倍数方法来减小系统的稳态误差。

3.8.2 增加串联积分环节

由表3-5得知，在控制系统的开环传递函数中，加入积分环节，可以提高系统的型别，改变稳态误差的性质，有效地减小稳态误差。采用PI和PID控制，是在系统中增加串联积分环节，可以减小或消除输入作用下的稳态误差。

对于图3-43所示系统，在干扰信号作用点之前增加串联积分环节，可以提高干扰信号的稳态误差的型别。可以使阶跃干扰信号作用下的稳态误差由常值变为0。如果把积分环节加在干扰作用点之后，则对于干扰作用的稳态误差没有影响。因此，在抑制干扰产生的稳态误差时，要注意串联积分环节的位置。

在系统中增加串联积分环节，会影响系统的稳定性，并使系统的动态过程变坏。因此，必须在保证系统满足动态性能指标的前提下，增加串联积分环节。

3.8.3 复合控制

复合控制是减小和消除稳态误差的有效方法，在高精度伺服系统中有着广泛的应用。复合控制是在负反馈控制的基础上增加了前馈补偿环节，形成了由输入信号或扰动信号到被控量的前馈通路。所以复合控制是反馈控制与前馈控制的结合，而其中的前馈控制属于开环控制方法。复合控制的优点是不改变系统的稳定性，缺点是要使用微分环节。复合控制包括按输入补偿和按扰动补偿两种情况。

(1) 按输入补偿的复合控制 图3-44是按输入补偿的复合控制系统结构图。图中$G_r(s)$是前馈补偿环节。$G_r(s)R(s)$称为前馈补偿信号。

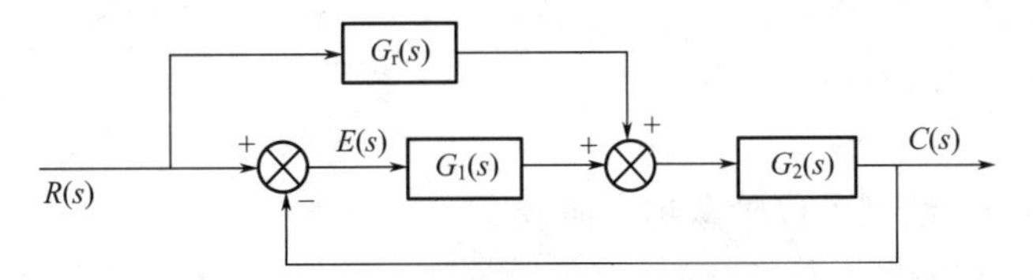

图3-44 按输入补偿的复合控制系统结构图

系统的误差传递函数为
$$\Phi_e(s)=\frac{E(s)}{R(s)}=\frac{1-G_r(s)G_2(s)}{1+G_1(s)G_2(s)}$$

若取
$$G_r(s)=\frac{1}{G_2(s)}$$

则$\Phi_e(s)=0$，从而$E(s)=0$。系统的误差为零，这就是对输入信号的误差全补偿。

(2) 按扰动补偿的复合控制 若扰动信号可以测量到，也可以采用前馈补偿方法减小和消除误差。图3-45表示按扰动补偿的复合控制系统结构图。由图可见，误差对扰动的传递

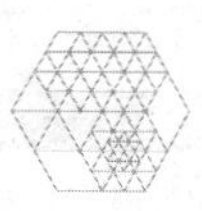

函数为

$$\Phi_{ef}(s)=\frac{E(s)}{F(s)}=\frac{-G_2(s)-G_1(s)G_2(s)G_f(s)}{1+G_1(s)G_2(s)}$$

若取

$$G_f(s)=-\frac{1}{G_1(s)}$$

则 $\Phi_{ef}(s)=0$，$E(s)=0$ 实现了对扰动的误差全补偿。

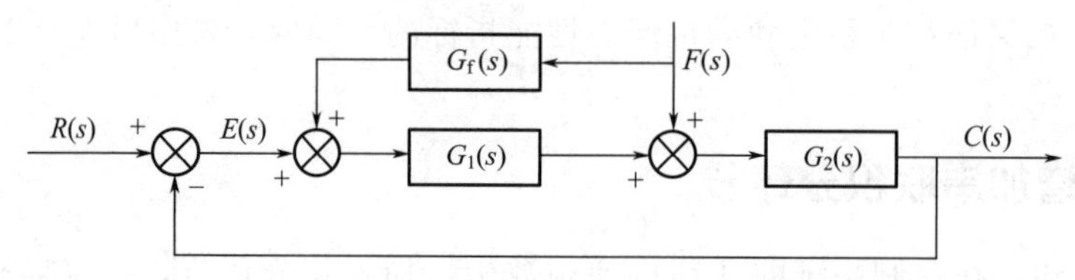

图 3-45　按扰动补偿的复合控制系统结构图

由上式可知，前馈控制不改变系统闭环传递函数的分母，不改变特征方程。这是因为前馈环节处于原系统各回路之外，也没有形成新的闭合回路。因此采用前馈补偿的复合控制不改变系统的稳定性。

3.9　基于 Matlab 的控制系统时域分析

1）如果已知系统的传递函数的系数，则可以用命令语句 step 得到系统的单位阶跃响应曲线图。其常用格式为 step（num，den），执行该命令能自动画出系统的单位阶跃响应图。

2）在已知控制系统传递函数情况下，求其单位脉冲响应可借助命令 impulse 来完成绘制。其常用格式为 impulse（num，den），执行该命令可直接绘制系统的单位脉冲响应图。应用举例如下。

例 3-22　已知系统的闭环传递函数 $\Phi(s)=\dfrac{15s+60}{s^4+13s^3+54s^2+82s+60}$，用 Matlab 求系统的单位阶跃响应和单位脉冲响应。

解　Matlab 程序代码如下。

```
num=[15,60];
den=[1,13,54,82,60];
figure(1);
step(num,den);%绘制单位阶跃响应曲线
grid on;%添加网格线
xlabel('t'),ylabel('c');%定义 x 坐标与 y 坐标
title('单位阶跃响应');%定义图名称
figure(2);
impulse(num,den);%绘制单位阶跃响应曲线
grid on;%添加网格线
xlabel('t'),ylabel('c');%定义 x 坐标与 y 坐标
title('单位脉冲响应')%定义图名称
```

运行结果见图 3-46、图 3-47。

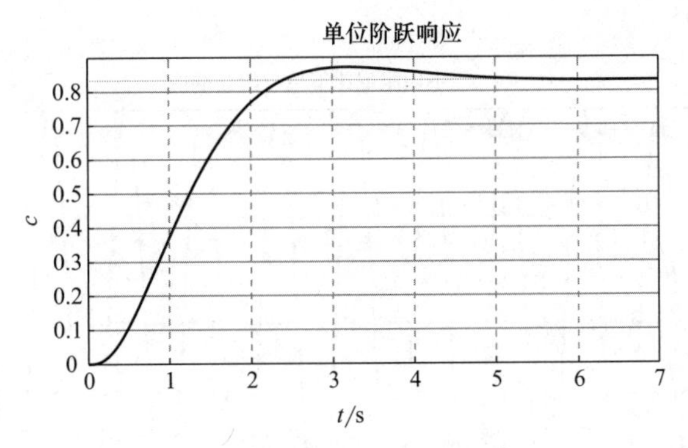

图 3-46 单位阶跃响应曲线

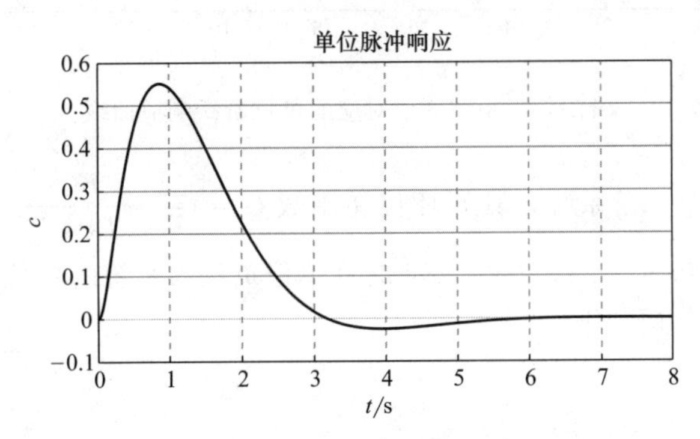

图 3-47 单位脉冲响应曲线

例 3-23 已知系统的闭环传递函数 $\Phi(s)=\dfrac{16}{s^2+8\xi s+16}$，试绘制当阻尼比 $\xi=0$、0.1、0.3、0.707、1 时的单位阶跃响应曲线。

解 Matlab 程序代码如下。

```
num=[16];
den1=[1,0,16];%ξ=0
den2=[1,0.8,16]; %ξ=0.1
den3=[1,2.4,16]; %ξ=0.3
den4=[1,5.656,16]; %ξ=0.707
den5=[1,8,16]; %ξ=1
hold on
step(num,den1)%绘制 ξ=0 的阶跃响应曲线
step(num,den2)
step(num,den3)
step(num,den4)
step(num,den5)
axis([0 16 0 2])%设置 x 轴范围为[0,16],y 轴范围为[0,2]
grid on %添加网格线
xlabel('t'),ylabel('c')%定义 x 坐标与 y 坐标
title('不同阻尼比下单位阶跃响应')
```

运行结果见图 3-48。

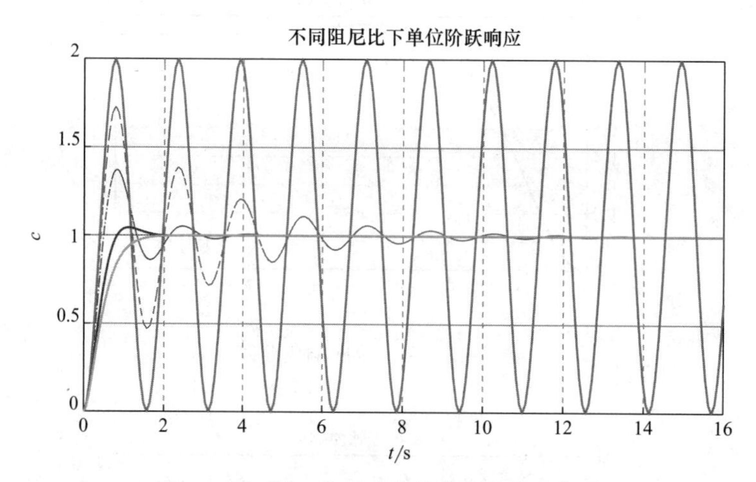

图 3-48　不同 ξ 值对应的单位阶跃响应曲线

例 3-24　已知一个二阶系统，其开环传递函数 $G(s)=\frac{K}{s(Ts+1)}$，其中 $T=1$，试绘制 K 分别为 0.1，0.2，0.5，0.8，1.0，2.4 时其单位负反馈系统的单位阶跃响应曲线。

解　Matlab 程序代码如下。

```
T=1
k=[0.1,0.2,0.5,0.8,1.0,2.4]
t=linspace(0,20,200)'
num=1;
den=conv([1,0],[T,1]);
for j=1:6 ;
      s1=tf(num * k(j),den)
    sys=feedback(s1,1)
      y(:,j)=step(sys,t);
end
plot(t,y(:,1:6))
grid
gtext('k=0.1')
gtext('k=0.2')
gtext('k=0.5')
gtext('k=0.8')
gtext('k=1.0')
gtext('k=2.4')
```

运行结果见图 3-49。

系统的闭环传递函数为 $\Phi(s)=\frac{K}{s^2+s+K}$，$K=\omega_n^2$，$2\xi\omega_n=1$。$K$ 值越大，曲线振荡频率 ω_n 越大，阻尼系数 ξ 越小；K 值越小，曲线振荡频率 ω_n 越小，阻尼系数越大。理论分析与图 3-49 仿真验证结果一致。

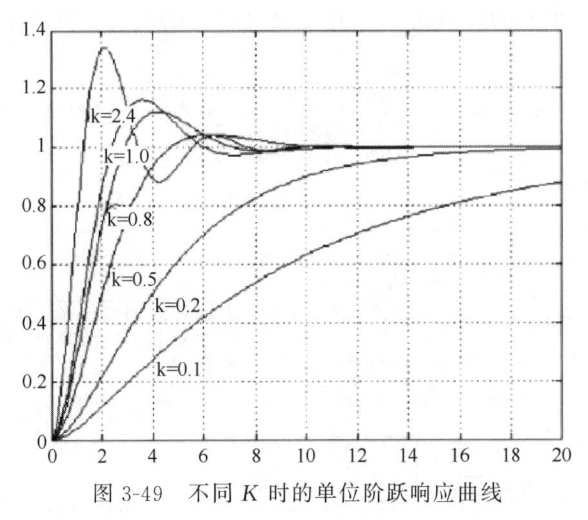

图 3-49　不同 K 时的单位阶跃响应曲线

小　结

本章是根据系统的响应去分析系统的暂态和稳态性能及稳定性，着重在时域范围内对系统的响应特性进行分析。本章主要介绍了典型输入信号及动态响应，一阶、二阶系统的时域分析及性能指标，高阶系统分析的方法，系统的稳定性、稳态误差及改善稳态误差精度的方法。主要从快速性、稳定性和准确性三方面展开对系统的分析和研究。学习本章要求掌握系统在典型信号输入下一、二阶系统响应的相关问题，以及如何对高阶系统进行分析，熟练应用劳斯判据判断线性系统是否稳定，掌握对稳态误差的计算及相关的概念。

控制与电气学科世界著名学者——麦克斯韦

麦克斯韦（1831—1879）是英国19世纪伟大的物理学家、数学家，经典电动力学的创始人。

麦克斯韦是第一个对反馈控制系统的稳定性进行系统分析并发表论文的人。他在1881年的论文“论调节器”中指出，线性定常系统的稳定性取决于系统特征方程的根是否具有负实部，他是第一个利用特征方程的根来判断系统稳定性的人。

他建立了麦克斯韦方程组，创立了经典电动力学，并且预言了电磁波的存在，提出了光的电磁说。他建立的电磁场理论，将电学、磁学、光学统一起来，是19世纪物理学发展中最辉煌的成果。

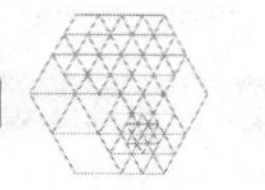

物理学历史上认为牛顿的经典力学打开了机械时代的大门，而麦克斯韦电磁学理论则为电气时代奠定了基石。

思维导图

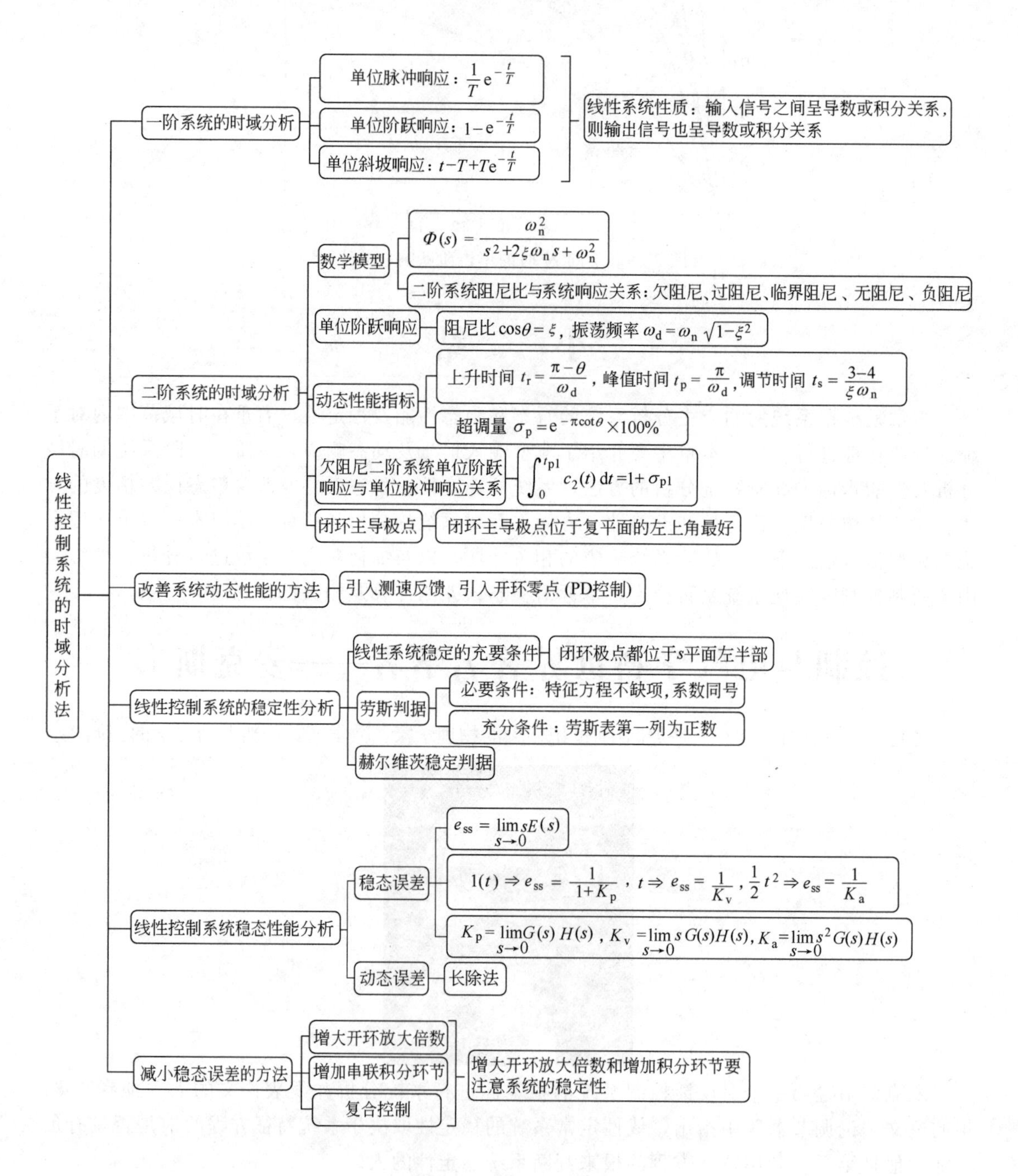

思考题

3-1 常用的典型输入信号有哪些？

3-2　什么是时域分析法？

3-3　什么是系统的动态响应和稳态响应？

3-4　系统的动态性能指标有哪些？

3-5　简述二阶系统的阻尼比与闭环极点位置、系统动态响应的关系。

3-6　对于单位阶跃响应，欠阻尼二阶系统的性能指标公式。

3-7　简述线性系统的稳定性定义，线性系统稳定的充分必要条件是什么？

3-8　改善系统动态性能常用的方法有哪些？简述其工作原理。

3-9　什么是闭环主导极点？闭环主导极点在系统分析中起什么作用？

3-10　简述劳斯稳定判据的必要条件和充分条件。

3-11　应用劳斯判据时，劳斯表第一列出现零时的两种情况是什么？如何处理？

3-12　简述推广的韦达定理内容。

3-13　什么是控制系统的误差和稳态误差？计算稳态误差一般有哪些方法？

3-14　什么是系统的型别？型别与系统的稳态误差有什么关系？

3-15　用静态误差系数法计算稳态误差的应用条件是什么？

3-16　减小或消除稳态误差常用的方法有哪些？应该注意什么？

习　题

3-1　某系统在输入信号 $r(t)=1+t$ 作用下，测得输出响应为 $c(t)=(t+0.9)-0.9e^{-10t}$，已知初始条件为零，试求该系统的传递函数。

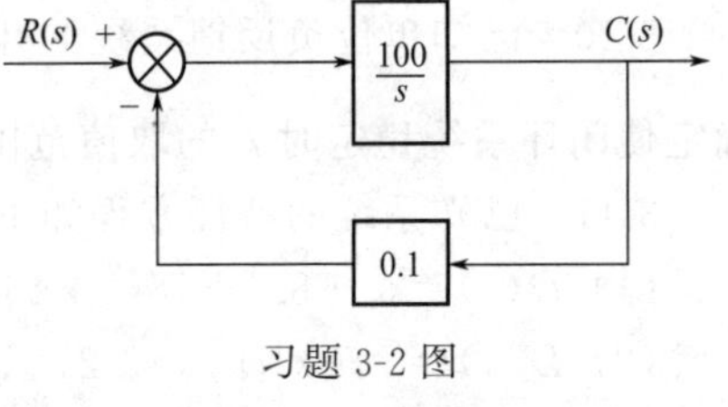

习题 3-2 图

3-2　一阶系统如习题 3-2 图所示，试求系统单位阶跃响应的调节时间 t_s。如果要求调节时间 $t_s=0.1s$，试求系统的反馈系数应如何调整？

3-3　系统结构图如习题 3-3（1）图所示。要求系统闭环增益 $K=2$，且系统阶跃响应如习题 3-3（2）图所示，试确定参数 K_1、K_2 和调节时间 t_s 的值（误差带 5%）。

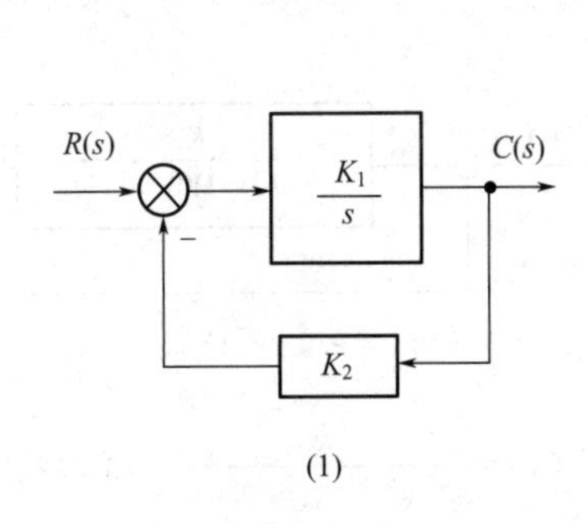

(1)

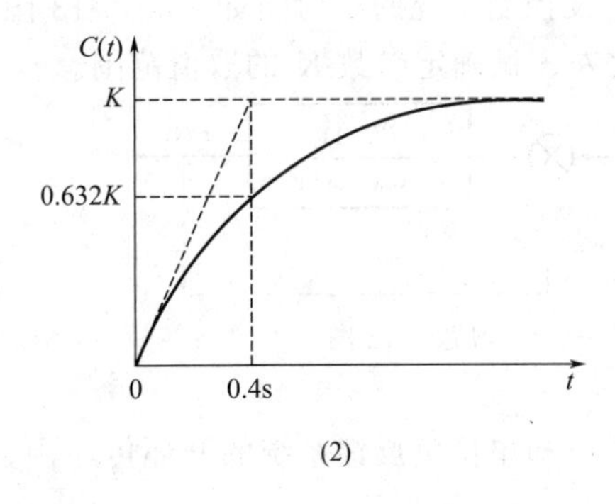

(2)

习题 3-3 图

3-4　已知单位负反馈二阶系统的闭环传递函数为 $\Phi(s)=\dfrac{25}{s^2+6s+25}$，试求单位阶跃响应的性能指标：上升时间 t_r、峰值时间 t_p、调节时间 t_s 和超调量 σ_p。

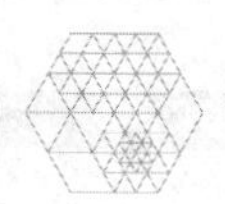

3-5　系统的闭环传递函数为$\Phi(s)=\dfrac{\omega_n^2}{s^2+2\xi\omega+\omega_n^2}$，为使系统阶跃响应最大超调量$\sigma_p<5\%$和调节时间$t_s\leqslant 2s$，试求阻尼系数$\xi$和无阻尼振荡频率$\omega_n$。

3-6　由实验测得二阶系统的单位阶跃响应曲线$c(t)$如习题3-6图所示，试求系统的阻尼比ξ及自然振荡频率ω_n。

3-7　已知控制系统结构图如习题3-7图所示。要求该系统的单位阶跃响应$c(t)$具有超调量$\sigma_p=16.3\%$，峰值时间$t_p=1s$。试确定前置放大器的增益K及内反馈系数τ。

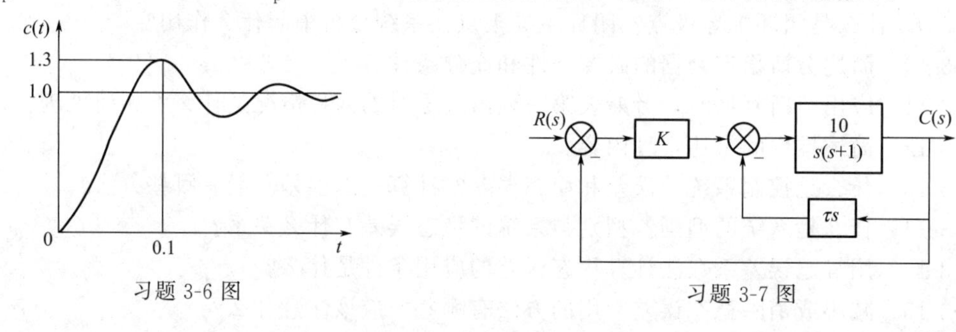

习题3-6图　　习题3-7图

3-8　已知二阶系统的单位阶跃响应为$c(t)=10-12.5e^{-1.2t}\sin(1.6t+53.1°)$，试求系统的超调量$\sigma_p$、峰值时间$t_p$和调节时间$t_s$。

3-9　给定典型二阶系统的设计指标为：超调量$\sigma_p\leqslant 5\%$，调节时间$t_s<3s$，峰值时间$t_p<1s$，为获得预期的响应特性，试在坐标轴上画出系统闭环极点的分布区域。

3-10　已知单位负反馈系统的开环传递函数为$G(s)=\dfrac{k}{s(s+1)(s+4)}$，试应用劳斯判据确定使闭环系统稳定时$k$的取值范围以及等幅振荡频率。

3-11　已知系统的特征方程如下，试利用劳斯判据判断系统的稳定性。

(1) $D(s)=s^4+8s^3+18s^2+16s+5=0$

(2) $D(s)=s^5+s^4+2s^3+2s^2+3s+5=0$

3-12　系统结构图如习题3-12图所示，若系统在单位阶跃输入作用下，其输出以$\omega_n=2rad/s$的频率做等幅振荡，试确定K和a值。

3-13　设控制系统的结构图如习题3-13图所示。要求闭环系统的特征根全部位于$s=-1$垂线之左。试确定参数K的取值范围。

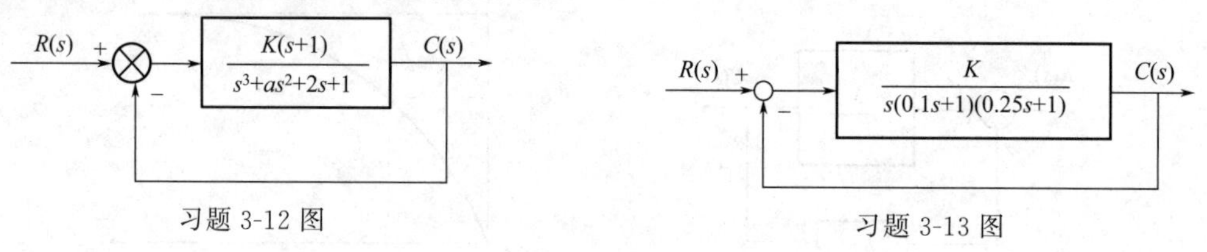

习题3-12图　　习题3-13图

3-14　已知单位负反馈系统的开环传递函数为$G(s)=\dfrac{k}{s(s^2+8s+25)}$，试根据下列要求确定$k$的取值范围：(1) 使闭环系统稳定；(2) 当$r(t)=2t$时，其稳态误差$e_{ss}(t)\leqslant 0.5$。

3-15　某控制系统的结构图如习题3-15图所示，试完成：

(1) 写出该系统的开环传递函数$G(s)$、闭环传递函数$\dfrac{C(s)}{R(s)}$和误差传递函数$\dfrac{E(s)}{R(s)}$。

(2) 求出保证阻尼比$\xi=0.7$和单位斜坡响应稳态误差$e_{ss}=0.25$情况下的参数K和

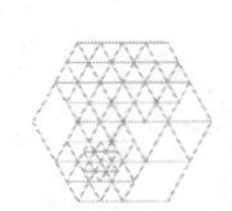

τ 值。

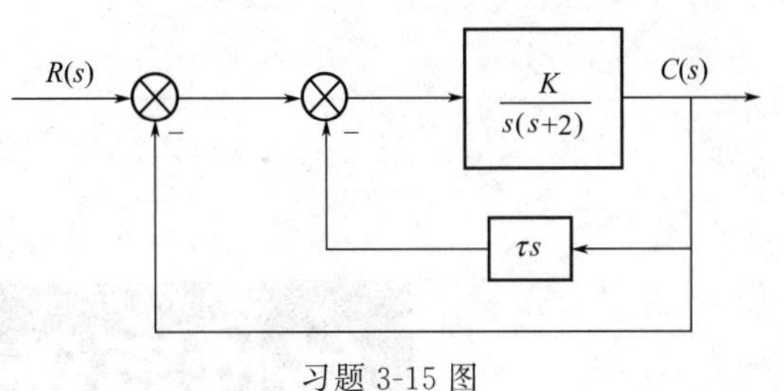

习题 3-15 图

3-16 控制系统如习题 3-16 图所示，输入信号 $r(t)=2+3t$，试求使 $e_{ss}<0.5$ 的 K 值范围。

3-17 单位负反馈系统的开环传递函数 $G(s)=\dfrac{25}{s(s+5)}$，试完成：

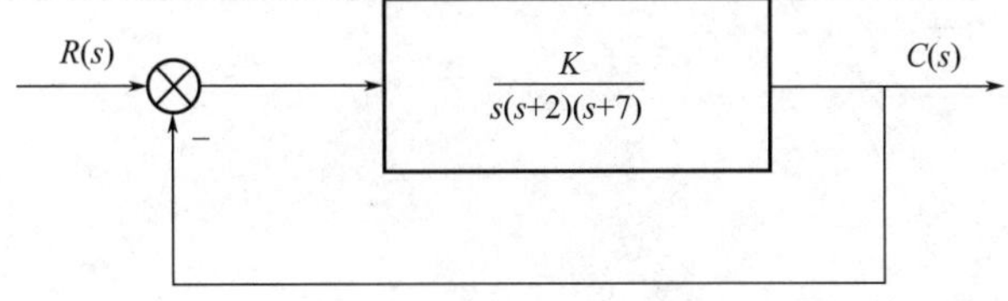

习题 3-16 图

（1）求出各静态误差系数和 $r(t)=1+2t+0.5t^2$ 时的稳态误差 e_{ss}。

（2）求当输入信号 $r(t)=1+2t+0.5t^2$，时间 $t=10s$ 时的动态误差。

3-18 系统如习题 3-18 图所示，输入斜坡函数 $r(t)=at$，试证明通过适当调节 K_i 值，使系统对斜坡输入信号的稳态误差值为零。

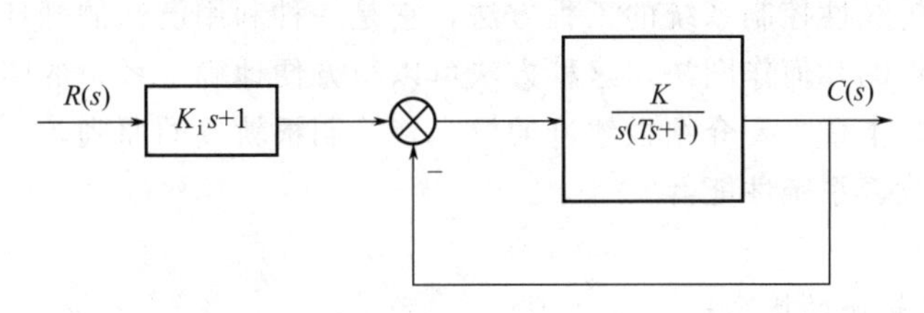

习题 3-18 图

3-19 系统如习题 3-19 图所示，已知 $r(t)=t$，$f(t)=-1$，$G_1(s)=\dfrac{5}{0.02s+1}$，$G_2(s)=\dfrac{2}{s(s+1)}$，试计算系统的稳态误差终值。

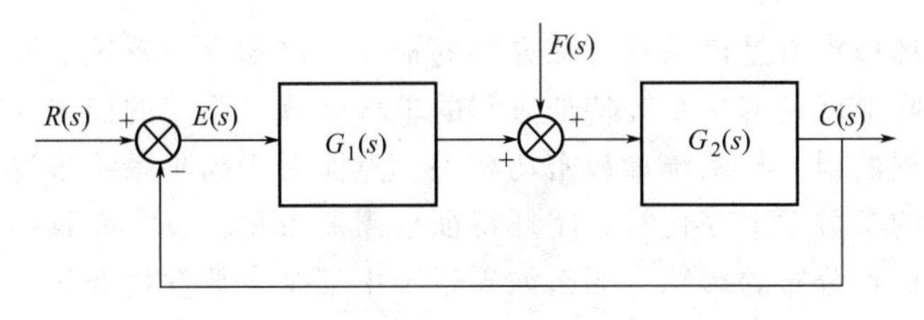

习题 3-19 图

3-20 假设可用传递函数 $\dfrac{C(s)}{R(s)}=\dfrac{1}{Ts+1}$ 描述温度计的特性，现用温度计测量盛在容器内的水温，需要 1min 才能指出实际水温 98% 的数值。如果给容器加热，水温以 10℃/min 的速度线性变化，问温度计的稳态误差有多大？

第4章 线性系统的根轨迹法

根据线性控制系统稳定的充分必要条件可知，线性系统的稳定性由其闭环极点唯一确定；而系统的动态性能甚至稳态性能也与闭环极点在 s 平面的位置密切相关。一旦系统中的某些参数发生变化，就会影响系统的闭环极点分布，从而影响系统的性能。

在分析闭环系统的稳定性以及动态性能时，要求确定闭环极点（闭环系统特征根）的位置。根轨迹图是分析线性控制系统的工程方法，它是一种利用已知的开环传递函数的极点和零点，求取闭环极点的几何作图法。这种方法可以很方便地确定系统的闭环极点，便于从图上分析系统的性能。本章主要介绍根轨迹的概念，绘制根轨迹的原则，广义根轨迹以及如何利用根轨迹分析和改善系统性能等。

【本章重点】

1）正确理解根轨迹的概念；

2）掌握根轨迹图的绘制规则，能熟练绘制180°根轨迹图、0°根轨迹图及参数根轨迹图；

3）能用根轨迹法分析系统的稳定性和动态性能；

4）掌握闭环零、极点和开环零、极点分布对系统性能的影响。

4.1　控制系统的根轨迹

反馈系统的闭环极点就是该系统特征方程的根。由已知反馈系统的开环传递函数确定其闭环极点分布，实际上就是解决系统特征方程的求根问题。系统的稳定性完全由它的特征根所决定，而特征方程的根又与系统参数密切相关。然而对于高阶系统来说，求根过程较为复杂。尤其是当系统的参数发生变化时，闭环特征根需要重复计算，而且不易直观看出系统参数变化对系统闭环极点分布的影响。那么如果系统中某个参数发生变化，特征方程的根会怎样变化，系统的稳定性又会怎样变化？当特征方程阶次较高时，手工求解方程相当烦琐。1948年，伊文思（W. R. Evans）在“控制系统的图解分析”一文中，提出一种参数变化时，系统特征根在 s 平面上的变化轨迹的方法，简称根轨迹法。

根轨迹：当开环系统某一参数（如根轨迹增益）从零变化到无穷大时，闭环特征方程的跟在 s 平面上移动的轨迹。根轨迹增益 k 是零极点形式的开环传递函数对应的系数。

根轨迹法：在已知反馈控制系统的开环零、极点分布基础上，根据一些简单规则，利用

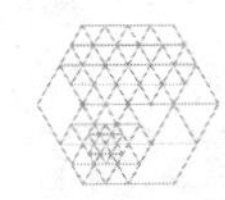

系统参数变化图解特征方程，即根据参数变化研究闭环极点分布的一种图解方法。应用根轨迹法可以确定系统的闭环极点分布，并同时可以看出参数变化对闭环极点分布的影响。这种图解分析法避免了复杂的数学计算，是分析控制系统的有效方法，在分析与设计反馈系统等方面具有重要意义。

下面结合具体例子说明根轨迹的概念。控制系统结构图如图 4-1 所示，其开环传递函数为

$$G(s)=\frac{K}{s(0.5s+1)}$$

式中，K 为开环增益。将开环传递函数 $G(s)$ 分母多项式化为零极点形式

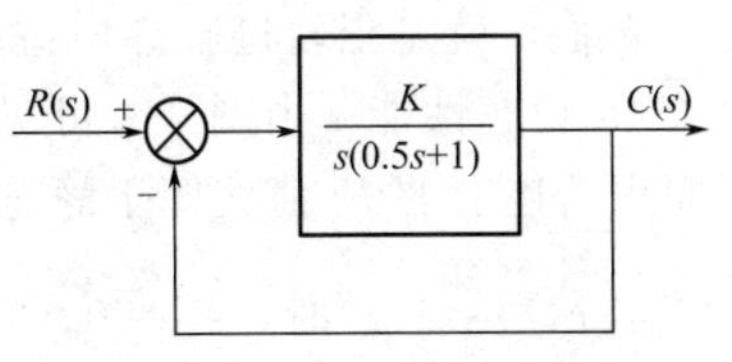

图 4-1 控制系统结构图

$$G(s)=\frac{2K}{s(s+2)}=\frac{k}{s(s+2)} \tag{4-1}$$

式中，$k=2K$，此式便是通过零、极点表达的开环传递函数的另一种重要形式。

由式(4-1) 解得两个开环极点：$p_1=0$，$p_2=-2$，绘于图 4-2 中。由式(4-1) 求得闭环传递函数为

$$\Phi(s)=\frac{C(s)}{R(s)}=\frac{G(s)}{1+G(s)}=\frac{k}{s^2+2s+k}$$

闭环系统特征方程为

$$D(s)=s^2+2s+k=0$$

由特征方程可解出两个特征根，或两个闭环极点，它们分别是

$$s_1=-1+\sqrt{1-k}\text{，}s_2=-1-\sqrt{1-k}$$

（1）研究参数 k 从 0→∞变化时对系统闭环极点 s_1，s_2 分布的影响

1）以图 4-1 系统为例，当 $k=0$ 时，系统的两个闭环极点 $s_1=0$ 及 $s_2=-2$，就是系统的开环极点。

2）当 $0<k<1$ 时，两个闭环极点 s_1 及 s_2 均为负实数，分布在（−2，0）段负实数轴上。

3）当 $k=1$ 时，$s_1=s_2=-1$，两个负实数闭环极点重合在一起于点“b”上。

4）当 $1<k<\infty$ 时，两个闭环极点变为一对共轭复数极点 $s_{1,2}=-1\pm \mathrm{j}\sqrt{k-1}$，共轭复极点的实部为常值−1，对应 $k>1$ 的闭环极点都分布在通过点（−1，j0）且平行于虚轴的直线上。当 $k\to\infty$ 时，两个闭环极点 $s_{1,2}$ 沿此直线从正、负两个方向趋于无穷远。

随参数 k 的变化，给定系统闭环极点 s_1 及 s_2 的取值，及其在 s 平面的分布如图 4-2 所示。

利用计算结果在 s 平面上描点并用平滑曲线将其连接，便得到 k（或 K）从零变化到无穷大时闭环极点在 s 平面上移动的轨迹，即根轨迹，如图 4-2 所示。图中根轨迹用粗实线表示，箭头表示 k（或 K）增大时两条根轨迹移动的方向。

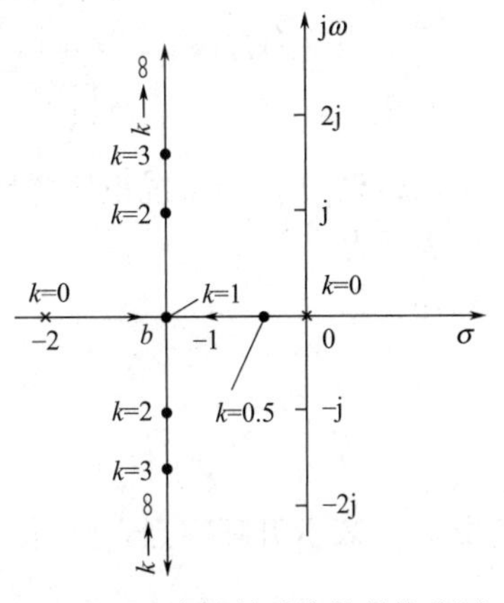

图 4-2 二阶控制系统的根轨迹图

根轨迹图直观地表示了参数由 k（或 K）从 0 变至无穷大时，闭环极点变化的情况，全面地描述了参数 k（或 K）变化对闭环极点分布的影响。

（2）依据根轨迹图分析系统性能随参数 k 的变化规律

1）稳定性　以图 4-1 系统为例，根轨迹增益 k 从零变化到无穷大时，图 4-2 所示的根轨迹全部落在 s 平面左半部，因此，当 $k>0$ 时，图 4-1 所示的系统是稳定的；如果系统根轨迹越过虚轴进入 s 平面右半部，则在相应 k 值下系统是不稳定的；根轨迹与虚轴交点处对应的 k 值，就是根轨迹临界增益，此时系统是临界稳定状态。

2）稳态性能　由图 4-2 可见，开环系统在坐标原点有一个极点，系统属于Ⅰ型系统，因而根轨迹上的 K 值就等于静态速度误差系数 K_{v}。

当 $r(t)=1(t)$ 时，$e_{\mathrm{ss}}=0$；当 $r(t)=t$ 时，$e_{\mathrm{ss}}=\dfrac{1}{K}=\dfrac{2}{k}$。

3）动态性能　由图 4-2 可见：

① 当 $0<k<1$ 时，闭环特征根为实根，系统呈过阻尼状态，阶跃响应为单调上升过程。

② 当 $k=1$ 时，闭环特征跟为二重实根，系统呈临界阻尼状态，阶跃响应仍为单调上升过程，但响应速度较 $0<k<1$ 时为快。

③ 当 $k>1$ 时，闭环特征跟为一对共轭复根，系统呈欠阻尼状态，阶跃响应为振荡衰减过程，并且随着 k 值增大，阻尼比减小，超调量增大。

上述分析表明，根轨迹与系统性能之间有着密切的联系，利用根轨迹可以分析当系统参数增大时系统动态性能的变化趋势。根据已知的开环零、极点绘制出闭环极点的轨迹。为此需要研究闭环零、极点与开环零、极点的关系。

4.1.1　闭环零、极点与开环零、极点之间的关系

控制系统的一般结构图如图 4-3 所示，相应开环传递函数为 $G(s)H(s)$。

假设 $G(s)=\dfrac{k_G\prod\limits_{j=1}^{f}(s-z_j)}{\prod\limits_{i=1}^{g}(s-p_i)}$，$H(s)=\dfrac{k_H\prod\limits_{j=f+1}^{m}(s-z_j)}{\prod\limits_{i=g+1}^{n}(s-p_i)}$

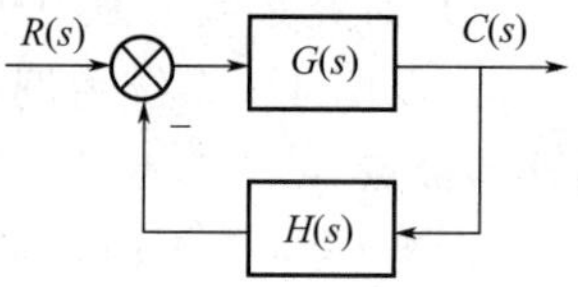

图 4-3　系统结构图

因此

$$G(s)H(s)=\frac{k\prod\limits_{j=1}^{f}(s-z_j)\prod\limits_{j=f+1}^{m}(s-z_j)}{\prod\limits_{i=1}^{g}(s-p_i)\prod\limits_{i=g+1}^{n}(s-p_i)} \tag{4-2}$$

式中，$k=k_Gk_H$ 为系统根轨迹增益。对于 m 个零点，n 个极点的开环系统，其开环传递函数可表示为

$$G(s)H(s)=\frac{k\prod\limits_{j=1}^{m}(s-z_j)}{\prod\limits_{i=1}^{n}(s-p_i)} \tag{4-3}$$

式中，z_j 表示开环零点，p_i 表示开环极点。系统闭环传递函数为

$$\Phi(s)=\frac{G(s)}{1+G(s)H(s)}=\frac{k_G\prod\limits_{j=1}^{f}(s-z_j)\prod\limits_{i=g+1}^{n}(s-p_i)}{\prod\limits_{i=1}^{n}(s-p_i)+k\prod\limits_{j=1}^{m}(s-z_j)} \tag{4-4}$$

闭环特征方程

$$\prod_{i=1}^{n}(s-p_i)+k\prod_{j=1}^{m}(s-z_j)=0 \tag{4-5}$$

由式（4-4）、式（4-5）可见：

1）闭环零点由前向通道传递函数 $G(s)$ 的零点和反馈通道传递函数 $H(s)$ 极点组成。对于单位负反馈系统 $H(s)=1$，闭环零点就是开环零点。闭环零点不随参数 k 变化，不必专门讨论。

2）闭环极点与开环零点、开环极点以及根轨迹增益 k 均有关。闭环极点随着 k 的变化而变化，闭环极点影响到系统的稳定性和动态性能，因此研究闭环极点随 k 的变化是很有必要的。

根轨迹的任务在于，由已知的开环零、极点以及根轨迹增益的变化，通过图解法找出闭环极点的分布。闭环极点确定后即可研究和确定系统的动态性能和稳态性能等。

4.1.2 根轨迹方程

负反馈控制系统的一般结构如图 4-3 所示。系统的开怀传递函数表示为

$$G(s)H(s)=\frac{k\prod_{j=1}^{m}(s-z_j)}{\prod_{i=1}^{n}(s-p_i)}$$

系统的闭环传递函数为
$$\Phi(s)=\frac{G(s)}{1+G(s)H(s)}$$

系统的闭环特征方程为

$$D(s)=1+G(s)H(s)=0 \tag{4-6}$$

即

$$G(s)H(s)=\frac{k\prod_{j=1}^{m}(s-z_j)}{\prod_{i=1}^{n}(s-p_i)}=-1 \tag{4-7}$$

显然，在 s 平面上凡是满足式（4-7）的点，即是根轨迹的点。式（4-7）称为负反馈系统的根轨迹方程。

根轨迹方程实质上是一个向量方程，由于

$$-1=1\mathrm{e}^{\mathrm{j}(2l+1)\pi}\quad(l=0,1,2,\cdots)$$

因此特征方程可以用幅值条件和相角条件来表示。

幅值条件

$$|G(s)H(s)|=\frac{k\prod_{j=1}^{m}|(s-z_j)|}{\prod_{i=1}^{n}|(s-p_i)|}=1 \tag{4-8}$$

相角条件

$$\angle G(s)H(s)=\sum_{j=1}^{m}\angle(s-z_j)-\sum_{j=1}^{n}\angle(s-p_j)=\pm(2l+1)\pi\quad(l=0,1,2,\cdots) \tag{4-9}$$

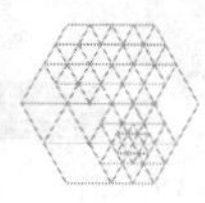

式中，$\sum_{j=1}^{m}\angle(s-z_j)$，$\sum_{i=1}^{m}\angle(s-p_i)$ 分别表示所有开环零点、极点到根轨迹某一点的向量相角之和。按式（4-9），遵循 $180°(2l+1)$ 相角条件绘制的根轨迹，称为 **180°根轨迹。**

比较式（4-8）和式（4-9）可以看出，幅值条件式与根轨迹增益 k 有关，而相角条件却与 k 无关。在 s 平面上的某个点，只要满足相角条件，则该点必在根轨迹上。至于该点所对应的 k 值，可由幅值条件得出。这意味着，在 s 平面上满足相角条件的点，必定也同时满足幅值条件。因此，相角条件是确定 s 平面上一点是否在根轨迹上的充分必要条件。

例 4-1 闭环负反馈控制系统的开环传递函数 $G(s)H(s)=\dfrac{k(s+4)}{s(s+2)(s+6.6)}$，在 s 平面上取一实验点 $s_1=-1.5+\mathrm{j}2.5$，检验该点是否为根轨迹上的点；如果是，确定该点相对应的 k 值。

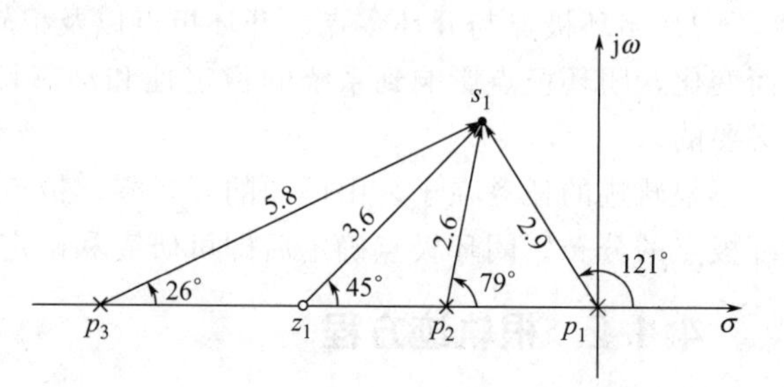

图 4-4 系统极点分布图

解 系统的开环极点 $p_1=0$、$p_2=-2$、$p_3=-6.6$ 和零点 $z_1=-4$ 标注在图 4-4 上。若 $s_1=-1.5+\mathrm{j}2.5$ 满足根轨迹的相角条件，则 s_1 点就在根轨迹上。

$$
\begin{aligned}
&\sum_{j=1}^{1}\angle(s-z_j)-\sum_{i=1}^{3}\angle(s-p_i)=\angle(s_1-z_1)-\angle(s_1-p_1)-\angle(s_1-p_2)-\angle(s_1-p_3)\\
&=\angle(-1.5+\mathrm{j}2.5+4)-\angle(-1.5+\mathrm{j}2.5)-\angle(-1.5+\mathrm{j}2.5+2)-\\
&\quad\angle(-1.5+\mathrm{j}2.5+6.6)\\
&=45°-121°-78°-26°=-180°
\end{aligned}
$$

满足相角条件，则 s_1 点在此根轨迹上，其对应的根轨迹增益 k 值为

$$
\begin{aligned}
k&=\frac{|s_1-p_1||s_1-p_2||s_1-p_3|}{|s_1-z_1|}=\frac{|-1.5+\mathrm{j}2.5||-1.5+\mathrm{j}2.5+2||-1.5+\mathrm{j}2.5+6.6|}{|-1.5+\mathrm{j}2.5+4|}\\
&=11.8
\end{aligned}
$$

4.2 绘制 180°根轨迹的基本规则

下面介绍基于给定反馈系统的开环传递函数 $G(s)H(s)$，根据根轨迹方程的相角条件绘制根轨迹的基本规则。

设已知反馈系统的开环传递函数零、极点标准形式为

$$
G(s)H(s)=\frac{k\prod_{j=1}^{m}(s-z_j)}{\prod_{i=1}^{n}(s-p_i)}=\frac{k(s-z_1)(s-z_2)\cdots(s-z_m)}{(s-p_1)(s-p_2)\cdots(s-p_n)}(n\geqslant m) \tag{4-10}
$$

式中，$s=z_j$（$j=1, 2, \cdots, m$）为系统的开环零点；$s=p_i$（$i=1, 2, \cdots, n$）为系统的开环极点。画根轨迹图时，用“×”表示极点，用“○”表示零点。

基于式（4-10）所示的开环传递函数，绘制 180°根轨迹其相角条件为

$$\angle G(s)H(s)=\sum_{j=1}^{m}\angle(s-z_j)-\sum_{i=1}^{n}(s-p_i)=\pm(2l+1)\pi \quad (l=0,1,2,\cdots) \tag{4-11}$$

系统的闭环特征方程 $1+G(s)H(s)=0$ 为

$$\prod_{i=1}^{n}(s-p_i)+k\prod_{j=1}^{m}(s-z_j)=0 \tag{4-12}$$

下面介绍绘制180°根轨迹的基本规则。

规则1 根轨迹的连续性和对称性。根轨迹连续且对称于实轴。

闭环系统的特征方程是根轨迹 k 的函数。当根轨迹增益 k 从零变化到无穷大时，特征方程的系数是连续变化的，因而特征根的变化也必然是连续的，因此，根轨迹是连续的。

实际系统的特征方程都是实系数方程，依代数定理其特征根必为实数或共轭复数，因此根轨迹必然对称于实轴。

规则2 根轨迹分支数。n 阶系统有 n 个分支。

当 $m\leqslant n$ 时，闭环系统特征方程为 n 阶系统，对于 k 任一取值都有 n 个根，当 k 从零至无穷大变化时，n 个特征根在 s 平面上连续变化，形成了 n 条根轨迹，所以根轨迹分支数等于系统的阶数。

规则3 根轨迹的起点和终点。

根轨迹起始于开环极点，终止于开环零点。当 $m<n$ 时，则有（$n-m$）条根轨迹终止于 s 平面无穷远处。

根轨迹的起点、终点分别是指根轨迹增益 $k=0$ 和 $k\to\infty$ 时根轨迹点的位置。将幅值条件式（4-8）改写为

$$k=\frac{\prod_{i=1}^{n}|(s-p_i)|}{\prod_{j=1}^{m}|(s-z_j)|}=\frac{s^{n-m}\prod_{i=1}^{n}\left|\left(1-\frac{p_i}{s}\right)\right|}{\prod_{j=1}^{m}\left|\left(1-\frac{z_j}{s}\right)\right|}$$

当 $s=p_i$ 时，$k=0$；当 $s=z_j$ 时，$k\to\infty$；当 $|s|=\infty$ 且 $n>m$ 时，$k\to\infty$。

1）当 $k=0$ 时，闭环极点与开环极点相等，即根轨迹起始于开环极点。

2）当 $k\to\infty$ 时，根轨迹方程的解为 $s=z_j$。这意味着参变量 k 趋于无穷大时，闭环极点与开环零点相重合。如果开环零点数目 m 小于开环极点数目 n 时，则可认为有 $n-m$ 个开环零点处于 s 平面上的无穷远处。因此，在 $m<n$ 情况下，当 $k\to\infty$ 时，将有 $n-m$ 个闭环极点分布在 s 平面的无穷远处。

由于实际物理系统的开环零点数目 m 通常小于或最多只能等于其开环极点数目 n，所以闭环极点数目与开环极点数目 n 相等。这样，起始于 n 个开环极点的 n 条根轨迹，便构成了反馈系统根轨迹图的全部分支。

规则4 实轴上的根轨迹。

实轴上某区段存在根轨迹的条件是其右侧的开环实极点与开环实零点的总数为奇数。共轭复数开环极点、零点对确定实轴上的根轨迹无影响。

例如，设开环传递函数 $G(s)H(s)=\dfrac{k(s-z_1)}{(s-p_1)(s-p_2)(s-p_3)}$，开环极点、零点在 s 平面上的位置如图4-5所示，其中 p_1、p_2 是共轭复数极点，p_3、z_1 在负实轴上。

在实极点 p_3 与实零点 z_1 间选试验点 s_1，则有

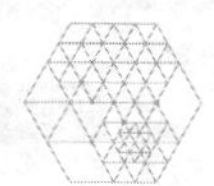

$$\angle G(s_1)H(s_1)=\angle(s_1-z_1)-\angle(s_1-p_1)-\angle(s_1-p_2)-\angle(s_1-p_3)$$
$$=0°-(-\theta)-\theta-180°=-180°$$

s_1 点满足幅角定理，说明 s_1 是根轨迹上的点。

在（$-\infty$，z_1）中间取实验点 s_2，则有

$$\angle G(s_2)H(s_2)=\angle(s_2-z_1)-\angle(s_2-p_1)-\angle(s_2-p_2)-(s_2-p_3)$$
$$=\angle(s_2-z_1)-\angle(s_2-p_3)=180°-180°=0°$$

s_2 点不满足幅角定理，说明 s_2 不是根轨迹上的点。从图 4-5 还可看到，任何一个实向量 s，例如 s_1 和共轭复向量 p_1、p_2 构成的差向量（s_1-p_1）、（s_1-p_2）与实轴正方向的夹角大小相等，符号相反，二者之和为零。因此，开环复极点、零点对实轴上的根轨迹无影响。

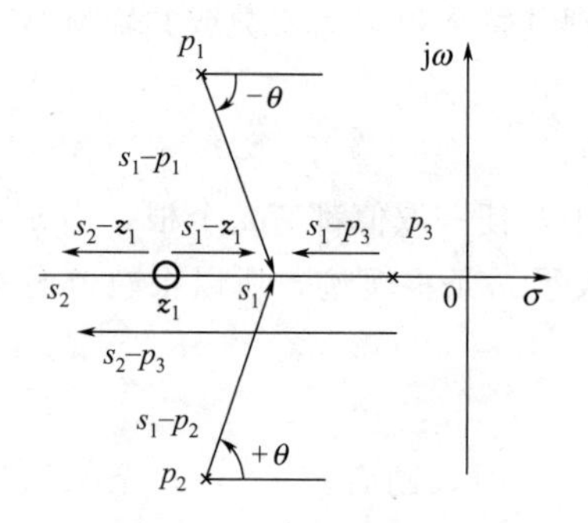

图 4-5　确定实轴上的根轨迹

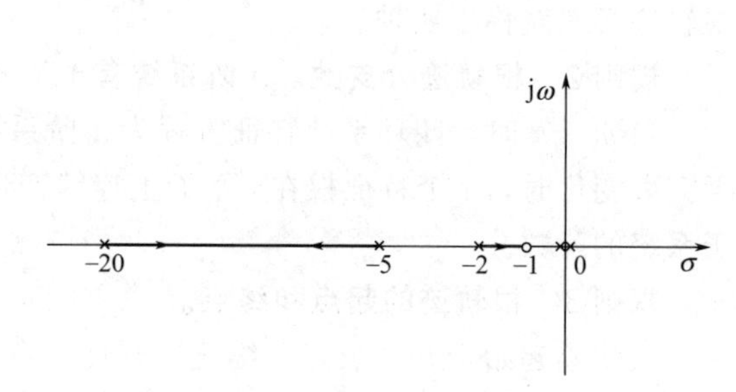

图 4-6　系统的开环零极点

例 4-2　设系统的开环传递函数为 $G(s)=\dfrac{k(s+1)}{s^2(s+2)(s+5)(s+20)}$，试画出其实轴上的根轨迹。

解　系统的开环零极点如图 4-6 所示，开环零点为－1，开环极点为－2，－5，－20 以及有两个开环极点位于原点。

区间［－20，－5］右边的开环零点数和极点数总和为 5，区间［－2，－1］右边的开环零点数和极点数总和为 3，故实轴上的根轨迹在上述两区间内。

规则 5　根轨迹的渐近线。

如果控制系统的开环零点数目 m 小于开环极点数目 n，当 $k\to\infty$时，伸向无穷远处根轨迹的渐近线共有 $n-m$ 条。这些渐近线在实轴上交于一点，渐近线坐标是（σ_a，j0），其 $\sigma_a=\dfrac{\sum\limits_{i=1}^{n}p_i-\sum\limits_{j=1}^{m}z_j}{n-m}$；$n-m$ 条渐近线与实轴正方向的夹角是 $\varphi_a=\pm\dfrac{180°(2l+1)}{n-m}$，（$l=0$，1，2，…）。

设根轨迹上存在一点，且它与 s 平面上的有限开环零点和极点相距无穷远。

(1) 渐近线与实轴正方向的夹角　可以认为，从有限的开环零、极点到位于渐近线上无穷远处一点的向量的相位角是近似相等的，用 φ_a 表示。因此相角条件可改写为

$$\sum_{j=1}^{m}\angle(s-z_j)-\sum_{j=1}^{n}(s-p_j)=(m-n)\varphi_a=\pm180°(2l+1)\quad(l=0,1,2,\cdots)$$

由此可得渐近线与实轴正方向的夹角为

$$\varphi_a=\pm\frac{180°(2l+1)}{n-m},(l=0,1,2,\cdots)$$

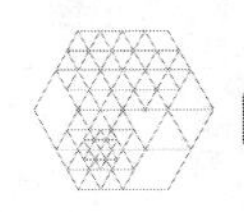

(2) 渐近线与实轴相交点的坐标　从无穷远处看，有限开环零点和极点都近似重叠在一点，设为实数 σ_a，$s-\sigma_a$ 的向量如图 4-7 所示。

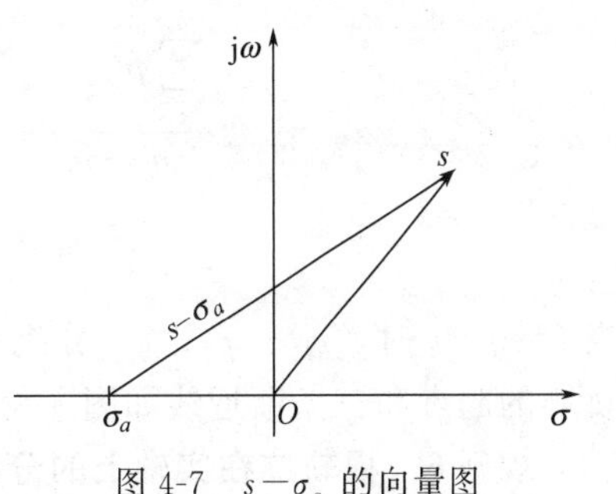

图 4-7　$s-\sigma_a$ 的向量图

$$\sigma_a=p_i=z_j \quad (i=1,2,\cdots,n;j=1,2,\cdots,m)$$

式（4-7）可改写为

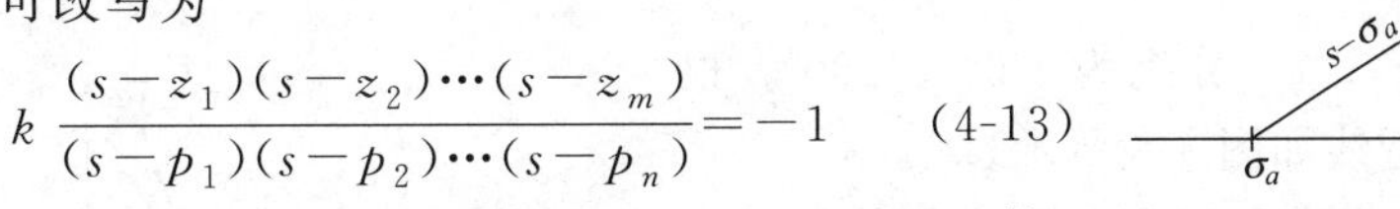

$$k\frac{(s-z_1)(s-z_2)\cdots(s-z_m)}{(s-p_1)(s-p_2)\cdots(s-p_n)}=-1 \tag{4-13}$$

当 $s\to\infty$ 时，可以认为分子分母中各个一次因式项相等，即对于渐近线上的点，有

$$s-z_1=s-z_2=\cdots=s-z_m=s-p_1\cdots=s-p_n=s-\sigma_a \tag{4-14}$$

将式（4-14）代入式（4-13）可得　$\dfrac{k}{(s-\sigma_a)^{n-m}}=-1$

$$(s-\sigma_a)^{n-m}=-k \tag{4-15}$$

利用多项式乘法和除法，由式（4-13）可得

$$-k=\frac{(s-p_1)(s-p_2)\cdots(s-p_n)}{(s-z_1)(s-z_2)\cdots(s-z_m)}=\frac{s^n-(\sum_{i=1}^{n}p_i)s^{n-1}+\cdots}{s^m-(\sum_{j=1}^{m}z_j)s^{m-1}+\cdots} \tag{4-16}$$

$$=s^{n-m}+(\sum_{j=1}^{m}z_j-\sum_{i=1}^{n}p_i)s^{n-m-1}+\cdots$$

联立式（4-15）和式（4-16）可得

$$(s-\sigma_a)^{n-m}=s^{n-m}+(\sum_{j=1}^{m}z_j-\sum_{i=1}^{n}p_i)s^{n-m-1}+\cdots$$

将 $(s-\sigma_a)^{n-m}$ 利用二项式定理展开后，上式变为

$$s^{n-m}-(n-m)\sigma_a s^{n-m-1}+\cdots=s^{n-m}+(\sum_{j=1}^{m}z_j-\sum_{i=1}^{n}p_i)s^{n-m-1}+\cdots \tag{4-17}$$

式（4-17）两边 s^{n-m-1} 的系数对应相等，故有

$$\sigma_a=\frac{\sum_{i=1}^{n}p_i-\sum_{j=1}^{m}z_j}{n-m} \tag{4-18}$$

若开环传递函数无零点，取 $\sum_{j=1}^{m}z_j=0$。

例 4-3　已知控制系统的开环传递函数为 $G(s)=\dfrac{k(s+1)}{s(s+4)(s^2+2s+2)}$，试确定根轨迹的数目、起点和终点。若终点在无穷远处，试确定渐近线和实轴的交点，以及渐近线的夹角。

解　由于在给定系统中 $n=4$，$m=1$，根轨迹有四条，起点分别在 $p_1=0$，$p_2=-4$，$p_3=-1+\mathrm{j}$ 和 $p_4=-1-\mathrm{j}$ 处。$n-m=3$，所以四条根轨迹的终点有一条终止于 $z_1=-1$，其余三条趋向无穷远处。渐近线与实轴的交点 σ_a 及夹角分别为

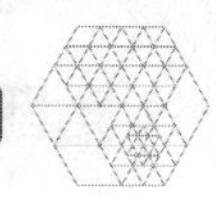

$$\sigma_a=\frac{\sum_{i=1}^{4}p_i-z_1}{n-m}=\frac{0-4-1+\mathrm{j}-1-\mathrm{j}-(-1)}{4-1}=-1.67$$

$$\varphi_a=\pm\frac{180^\circ(2l+1)}{n-m}=\pm\frac{180^\circ(2l+1)}{3}$$

当 $l=0$，1 时，φ_1、φ_2、φ_3 分别为 $\pm60^\circ$，180°。根轨迹的起点和三条渐近线如图 4-8 所示。

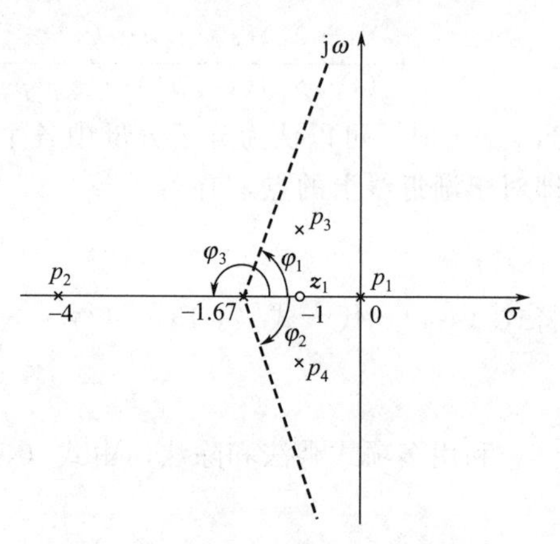

图 4-8 根轨迹的起点和渐近线

规则 6 根轨迹在实轴上的分离点与会合点。

根轨迹在实轴上的分离点或会合点的坐标应满足方程 $\frac{\mathrm{d}k}{\mathrm{d}s}=0$，或 $\sum_{i=1}^{n}\frac{1}{s-p_i}=\sum_{j=1}^{m}\frac{1}{s-z_j}$。

图 4-7 的根轨迹中的点 a 和点 b 分别是根轨迹在实轴上的分离点和会合点，显然分离点与会合点是特征方程的实数重根。

1）极值法 $\frac{\mathrm{d}k}{\mathrm{d}s}=0$ 实轴上两个相邻的开环极点之间出现分离点，即出现重根，如图 4-9 中的 a 点，此时分离点处的 k 值为实轴上根轨迹增益的最大值（如果看 a 点附近的共轭部分，则 a 点对应的 k 值为最小值）；实轴上两个相邻的开环零点之间出现会合点，如图 4-9 中的 b 点，此时会和点处的 k 值为实轴上根轨迹增益的最小值（如果看 b 点附近的共轭部分，则 b 点对应的 k 值为最大值）。因此，根轨迹在实轴上的分离点或会和点坐标可由根轨迹增益求极值 $\frac{\mathrm{d}k}{\mathrm{d}s}=0$ 的方法求得。下面进行证明。

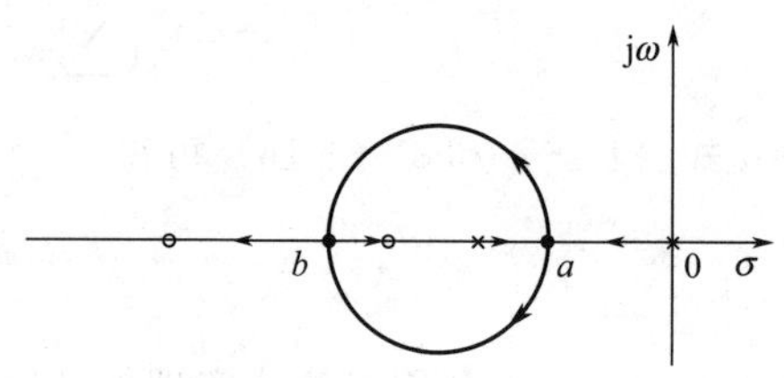

图 4-9 分离点与会合点

设开环传递函数为

$$G(s)H(s)=\frac{k\prod_{j=1}^{m}(s-z_j)}{\prod_{i=1}^{n}(s-p_i)}=\frac{kB(s)}{A(s)}$$

特征方程为

$$D(s)=1+G(s)H(s)=A(s)+kB(s)=0 \tag{4-19}$$

设特征方程有 2 重根 s_d（分离点坐标），则特征方程可以表示为

$$D(s)=A(s)+kB(s)=(s-s_\mathrm{d})^2p(s)$$

式中，$p(s)$ 是 s 的 $n-2$ 次多项式。

$$\frac{\mathrm{d}D(s)}{\mathrm{d}s}=\frac{\mathrm{d}A(s)}{\mathrm{d}s}+k\frac{\mathrm{d}B(s)}{\mathrm{d}s}=2(s-s_\mathrm{d})p(s)+(s-s_\mathrm{d})^2\frac{\mathrm{d}p(s)}{\mathrm{d}s}$$

对于重根及分离点或会合点处满足 $s=s_\mathrm{d}$，所以方程

$$\frac{\mathrm{d}D(s)}{\mathrm{d}s}=\frac{\mathrm{d}A(s)}{\mathrm{d}s}+k\frac{\mathrm{d}B(s)}{\mathrm{d}s}=0 \tag{4-20}$$

由式（4-19）得 $k=-\frac{A(s)}{B(s)}$，代入式（4-20）中得

$$B(s)\frac{\mathrm{d}A(s)}{\mathrm{d}s}-A(s)\frac{\mathrm{d}B(s)}{\mathrm{d}s}=0$$

$$\frac{\mathrm{d}}{\mathrm{d}s}\left(\frac{A(s)}{B(s)}\right)=\frac{\mathrm{d}k}{\mathrm{d}s}=0 \tag{4-21}$$

2）经典法
$$\sum_{i=1}^{n}\frac{1}{s-p_i}=\sum_{j=1}^{m}\frac{1}{s-z_j}$$

式中，p_i、z_j 为系统的开环极点和开环零点。无零点时，$\sum\limits_{i=1}^{n}\frac{1}{s-p_j}=0$，证明如下。

设根轨迹方程为
$$1+G(s)H(s)=1+\frac{k\prod\limits_{j=1}^{m}(s-z_j)}{\prod\limits_{i=1}^{n}(s-p_i)}=0$$

则闭环特征方程为 $D(s)=\prod\limits_{i=1}^{n}(s-p_i)+k\prod\limits_{j=1}^{m}(s-z_j)=0$

$$\prod_{i=1}^{n}(s-p_i)=-k\prod_{j=1}^{m}(s-z_j) \tag{4-22}$$

根轨迹在 s 平面相遇，说明闭环特征方程有重根出现。设重根为 s_{d}，根据代数方程中出现重根的条件，有

$$D'(s)=\frac{\mathrm{d}}{\mathrm{d}s}\left[\prod_{i=1}^{n}(s-p_i)+k\prod_{j=1}^{m}(s-z_j)\right]=0$$

$$\frac{\mathrm{d}}{\mathrm{d}s}\prod_{i=1}^{n}(s-p_i)=-k\frac{\mathrm{d}}{\mathrm{d}s}\prod_{j=1}^{m}(s-z_j) \tag{4-23}$$

将式（4-23）和式（4-22）等号两端对应相除，得

$$\frac{\frac{\mathrm{d}}{\mathrm{d}s}\prod\limits_{i=1}^{n}(s-p_i)}{\prod\limits_{i=1}^{n}(s-p_i)}=\frac{\frac{\mathrm{d}}{\mathrm{d}s}\prod\limits_{j=1}^{m}(s-z_j)}{\prod\limits_{j=1}^{m}(s-z_j)} \qquad \frac{\mathrm{d}\ln\prod\limits_{i=1}^{n}(s-p_i)}{\mathrm{d}s}=\frac{\mathrm{d}\ln\prod\limits_{j=1}^{m}(s-z_j)}{\mathrm{d}s}$$

$$\sum_{i=1}^{n}\frac{\mathrm{d}\ln(s-p_i)}{\mathrm{d}s}=\sum_{j=1}^{m}\frac{\mathrm{d}\ln(s-z_j)}{\mathrm{d}s}$$

$$\sum_{i=1}^{n}\frac{1}{s-p_i}=\sum_{j=1}^{m}\frac{1}{s-z_j} \tag{4-24}$$

无零点时，$\sum\limits_{i=1}^{n}\frac{1}{s-p_j}=0$。

式（4-21）和式（4-24）是分离点和会合点应满足的方程。它们的根中，经检验确实处于实轴的根轨迹上，并使 k 为正实数的根，才是实际的分离点或会合点。

例 4-4 设已知某反馈系统的开环传递函数为 $G(s)H(s)=\frac{k(s+1)}{s^2+3s+3.25}$，试计算其根轨迹与实轴的会合点坐标。

解 由已知开环传递函数求得该系统的开环极点为 $p_1=-1.5+\mathrm{j}$，$p_2=-1.5-\mathrm{j}$，开环零点为 $z_1=-1$。给定负反馈系统的开环极点与零点分布如图 4-10 所示。因为开环极点

的数目 $n=2$，所以系统的根轨迹图有两个根轨迹分支。因为开环零点的数目 $m=1$，所以当 $k\to\infty$ 时，一个根轨迹分支将沿实轴终止于开环零点 z_1，而另一个根轨迹分支则沿实轴负方向伸向无穷远。因此，始于开环极点 p_1、p_2 的两个根轨迹分支，在参变量 k 取某一特定值 k_1（$0<k_1<\infty$）时，将由复平面进入实轴，其会合点坐标按式（4-21）求得

$$\frac{\mathrm{d}k}{\mathrm{d}s}=\frac{\mathrm{d}}{\mathrm{d}s}\left[\frac{s^2+3s+3.25}{s+1}\right]=0 \quad s^2+2s-0.25=0$$

解得
$$s_1=-2.12,\ s_2=0.12$$

或者利用公式 $\frac{1}{s+1.5-\mathrm{j}}+\frac{1}{s+1.5+\mathrm{j}}=\frac{1}{s+1}$，同样可以求得 $s_1=-2.12$，$s_2=0.12$。

显见，实数 s_1 是给定系统根轨迹与实轴的会合点坐标，s_2 不在根轨迹上，舍去。给定系统的根轨迹图如图 4-10 所示。

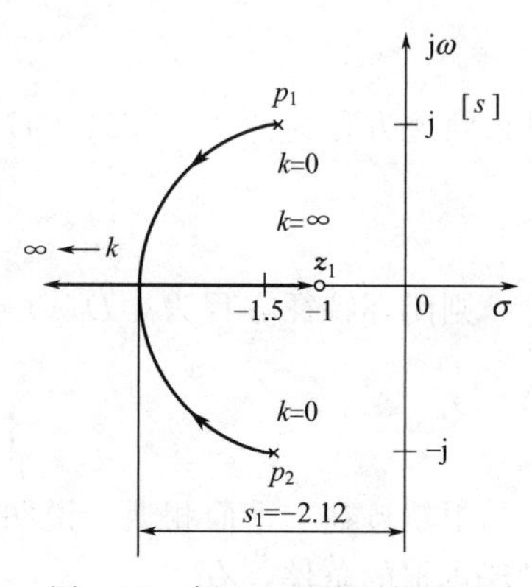

图 4-10　例 4-4 系统根轨迹图

规则 7　根轨迹与虚轴的交点。

方法 1：根轨迹与虚轴相交，意味着闭环极点中的一部分位于虚轴之上，即反馈系统特征方程含有纯虚根 $s=\pm\mathrm{j}\omega$。**将 $s=\mathrm{j}\omega$ 代入系统特征方程 $1+G(s)H(s)=0$，令实部与虚部为零**

$$\begin{cases}\mathrm{Re}[1+G(\mathrm{j}\omega)H(\mathrm{j}\omega)]=0\\ \mathrm{Im}[1+G(\mathrm{j}\omega)H(\mathrm{j}\omega)]=0\end{cases} \tag{4-25}$$

由方程组（4-25）解出根轨迹与虚轴的交点坐标 ω 以及与交点对应的参变量临界值 k_c。

方法 2：用劳斯判据求根轨迹与虚轴的交点坐标。根轨迹与虚轴相交，表明闭环系统存在纯虚根，这意味着 k 的数值使闭环系统处于临界稳定状态。令劳斯表第一列中包含 k 的项为零，即可确定根轨迹与虚轴交点上的 k 值。再利用劳斯表构造辅助方程，令其辅助方程等于零，求得纯虚根的数值 $\mathrm{j}\omega$。

例 4-5　已知系统的开环传递函数为 $G(s)=\frac{k}{s(s+1)(s+4)}$。求系统根轨迹与虚轴的交点及其对应的根轨迹增益值 k。

解　系统的闭环特征方程为 $D(s)=s(s+1)(s+4)+k=0$

方法 1：令 $s=\mathrm{j}\omega$，代入 $D(s)=0$ 中，得 $\mathrm{j}\omega(\mathrm{j}\omega+1)(\mathrm{j}\omega+4)+k=0$，化简为

$$k-5\omega^2+\mathrm{j}(4\omega-\omega^3)=0$$

分别令实部和虚部为零有
$$k-5\omega^2=0,\ 4\omega-\omega^3=0$$

解得 $\omega=\pm2$，$k=20$，根轨迹与虚轴的交点为 $\pm\mathrm{j}2$，系统的临界根轨迹增益为 $k=20$。

方法 2：采用劳斯判据，系统的闭环特征方程为

$$D(s)=s(s+1)(s+4)+k=s^3+5s^2+4s+k=0$$

列劳斯表

$$\begin{array}{lll} s^3 & 1 & 4\\ s^2 & 5 & k\\ s^1 & \frac{20-k}{5} & \\ s^0 & k & \end{array}$$

令$\frac{20-k}{5}=0$，解得根轨迹增益$k=20$。

将$k=20$代入辅助方程$5s^2+k=0$中，解得$s=\pm j2$，即为根轨迹与虚轴的交点坐标。例4-5系统根轨迹如图4-11所示。

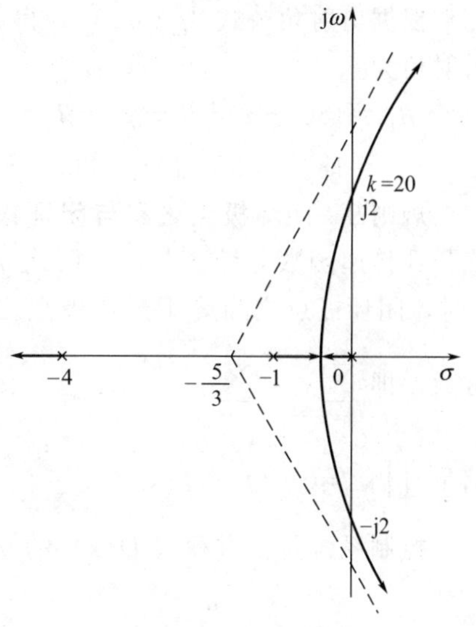

图4-11 例4-5系统根轨迹

规则8 根轨迹的出射角与入射角。

根轨迹离开开环复极点处的切线方向与实轴正方向的夹角，称为出射角，如图4-12中的θ_{p_1}，θ_{p_2}。根轨迹进入开环复零点处的切线方向与实轴正方向的夹角，称为入射角，如图4-12中的θ_{z_1}，θ_{z_2}。根轨迹的出射角按式（4-26）计算，入射角按式（4-27）计算。

因为$\theta_{p_1}=-\theta_{p_2}$，$\theta_{z_1}=-\theta_{z_2}$，所以只求$\theta_{p_1}$，$\theta_{z_1}$即可。下面以图4-13所示开环极点与开环零点分布为例，说明如何求取出射角θ_{p_1}。

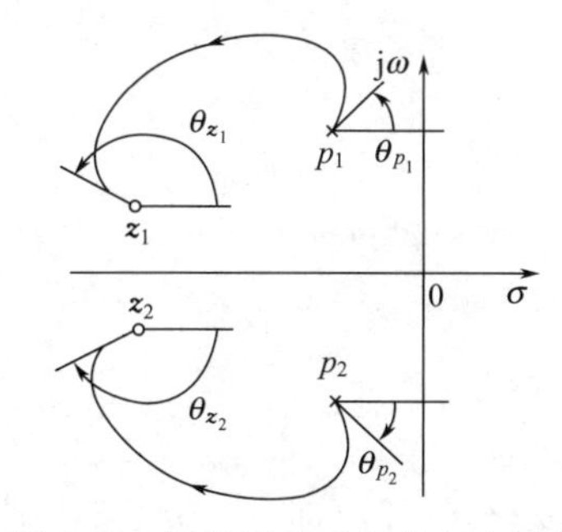

图4-12 根轨迹的出射角与入射角

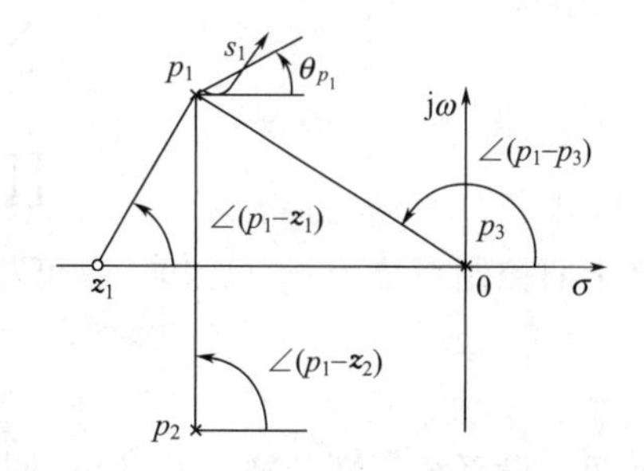

图4-13 出射角θ_{p_1}的求取

在图4-13所示的根轨迹上取一试验点s_1，使s_1无限地靠近开环复数极点p_1，即认为$s_1=p_1$，这时$\angle(s_1-p_1)=\theta_{p_1}$，依据相角条件

$$\angle G(s_1)H(s_1)=\angle(p_1-z_1)-\theta_{p_1}-\angle(p_1-p_2)-\angle(p_1-p_3)=\pm180°(2l+1)$$

由上式求得出射角θ_{p_1}为

$$\theta_{p_1}=\mp180°(2l+1)+\angle(p_1-z_1)-\angle(p_1-p_2)-\angle(p_1-p_3)$$

计算根轨迹出射角的一般表达式为

$$\boldsymbol{\theta_{p_q}=\mp180°(2l+1)+\sum_{j=1}^{m}\angle(p_q-z_j)-\sum_{\substack{i=1\\i\neq q}}^{n}\angle(p_q-p_i)\quad(l=0,1,2,\cdots)}\tag{4-26}$$

同理可求出**根轨迹入射角的计算公式为**

$$\boldsymbol{\theta_{z_q}=\pm180°(2l+1)+\sum_{i=1}^{n}\angle(z_q-p_i)-\sum_{\substack{j=1\\j\neq q}}^{m}\angle(z_q-z_j)\quad(l=0,1,2,\cdots)}\tag{4-27}$$

例4-6 已知开环传递函数为$G(s)=\dfrac{k(s+2)}{s(s+3)(s^2+2s+2)}$，它的开环零、极点位置如图4-14所示。试计算极点$-1+j1$的出射角。

解 根据题意，在图4-14中的α_1、β_1、β_2和β_3就是开环零、极点到起点$-1+j1$的矢量相角，由图得$\alpha_1=45°$，$\beta_1=135°$，$\beta_2=26.6°$，$\beta_3=90°$。

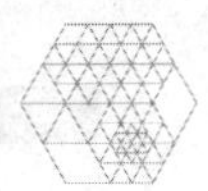

根据出射角公式式（4-26），得起点$-1+j1$的出射角为

$$\beta_4=180°+\alpha_1-\beta_1-\beta_2-\beta_3$$
$$=180°+45°-135°-26.6°-90°=-26.6°$$

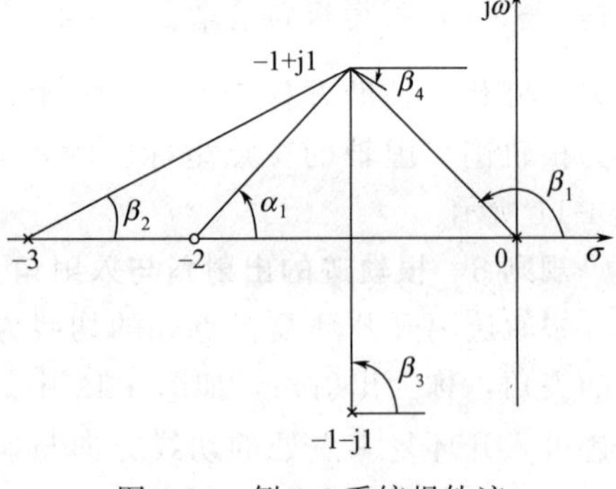

图 4-14　例 4-6 系统根轨迹

规则 9　闭环极点之和与闭环极点之积。 当系统开环传递函数分母n与分子阶次m之差$n-m\geqslant 2$时，闭环极点之和等于开环极点之和，并且等于常数，即$\sum_{i=1}^{n}s_i=\sum_{i=1}^{n}p_i=-a_{n-1}$，闭环极点的乘积满足$\prod_{i=1}^{n}s_i=(-1)^n a_0$。

控制系统特征方程式$D(s)$的n个根为s_1，s_2，…，s_n，即有

$$s^n+a_{n-1}s^{n-1}+\cdots+a_1s+a_0=(s-s_1)(s-s_2)\cdots(s-s_n)=0$$

根据代数方程根与系数的关系，可写出

$$\sum_{i=1}^{n}s_i=-a_{n-1} \tag{4-28}$$

$$\prod_{i=1}^{n}s_i=(-1)^n a_0 \tag{4-29}$$

对于稳定的控制系统，式（4-29）也可写成

$$\prod_{i=1}^{n}|s_i|=a_0$$

证明　设系统开环传递函数的分母与分子阶数之差$n-m=2$，即$m=n-2$，则开环传递函数式（4-10）表示为

$$G(s)H(s)=\frac{k(s-z_1)\cdots(s-z_m)}{(s-p_1)\cdots(s-p_n)}$$
$$=\frac{k(s^m+b_{m-1}s^{m-1}+\cdots+b_0)}{s^n+c_{n-1}s^{n-1}+\cdots+c_0}=\frac{k(s^{n-2}+b_{n-3}s^{n-3}+\cdots+b_0)}{s^n+c_{n-1}s^{n-1}+\cdots+c_0} \tag{4-30}$$

根据代数方程根与系数的关系，可写出

$$\sum_{i=1}^{n}p_i=-c_{n-1} \tag{4-31}$$

将式（4-30）代入特征方程$D(s)=1+G(s)H(s)=0$中，得

$$D(s)=(s^n+c_{n-1}s^{n-1}+c_{n-2}s^{n-2}+c_{n-3}s^{n-3}+\cdots+c_0)+(ks^{n-2}+kb_{n-3}s^{n-3}+\cdots+kb_0)$$
$$=s^n+c_{n-1}s^{n-1}+(c_{n-2}+k)s^{n-2}+(c_{n-3}+kb_{n-3})s^{n-3}+\cdots+(c_0+kb_0)=0$$

可见

$$\sum_{i=1}^{n}s_i=-c_{n-1} \tag{4-32}$$

$n-m\geqslant 2$时，特征方程第二项系数与k无关，联立式（4-28）、式（4-31）和式（4-32）得

$$\sum_{i=1}^{n}s_i=-a_{n-1}=-c_{n-1}=\sum_{i=1}^{n}p_i \tag{4-33}$$

式（4-33）表明，当 $n-m\geqslant 2$ 时，系统闭环极点之和等于其开环极点之和，并等于特征方程第二项常系数。当参变量 k 由 $0\to\infty$ 时，根轨迹一部分根左移，另一部分根必右移，且左右移动的距离增量之和为零。

规则 10 根轨迹上开环增益 K 的求取。

按相角条件绘出控制系统的根轨迹后，还需标出根轨迹上的某些点所对应的参数 k 值。求取根轨迹上的点所对应的参数值 k，利用幅值条件，即

$$k\frac{|s-z_1||s-z_2|\cdots|s-z_m|}{|s-p_1||s-p_2|\cdots|s-p_n|}=1$$

对应根轨迹上确定点 s_l，有

$$k_l=\frac{\prod_{i=1}^{n}|s_l-p_i|}{\prod_{j=1}^{m}|s_l-z_j|} \tag{4-34}$$

式中，$|s_l-p_i|$（$i=1, 2, \cdots, n$），$|s_l-z_j|$（$j=1, 2, \cdots, m$）表示 s_l 点到全部开环极点和开环零点的几何长度。无零点时上式分母为 1。

根轨迹增益 k 与开环增益 K 可以相互转化，详见 2.4.3 节。

$$k=K\frac{\prod_{j=1}^{m}(\tau_j)}{\prod_{i=1}^{n}(T_i)},\ K=k\frac{\prod_{j=1}^{m}|z_j|}{\prod_{i=1}^{n}|p_i|}$$

根据上述 10 条绘制根轨迹规则，可大致绘制出根轨迹图形。为便于查阅，将所有绘制 180°根轨迹规则统一纳入表 4-1 中。对于一般系统的根轨迹，只需应用规则 1 到规则 8 即可。常见系统的根轨迹图见表 4-2。

表 4-1 绘制 180°根轨迹的基本规则

规则	内容	基本规则
1	根轨迹的连续性和对称性	根轨迹连续且对称于实轴
2	根轨迹的分支数	根轨迹的分支数等于控制系统特征方程式的阶次 n
3	根轨迹的起点和终点	根轨迹起始于 n 个开环极点，终止于 m 个开环零点和 $(n-m)$ 个无穷远处
4	实轴上的根轨迹	实轴上某区段存在根轨迹的条件是其右侧的开环实极点与开环实零点的总数为奇数
5	根轨迹的渐近线	$n-m$ 条根轨迹渐近线在实轴上交于一点，且渐近线与实轴正方向的夹角 $\varphi_a=\pm\frac{180^\circ(2l+1)}{n-m}(l=0,1,2,\cdots,n-m-1)$ 渐近线与实轴交点坐标 $(\sigma_a, \mathrm{j}0)$，$\sigma_a=\frac{\sum_{i=1}^{n}p_i-\sum_{j=1}^{m}z_j}{n-m}$
6	根轨迹在实轴上的分离点与会合点	根轨迹在实轴上的分离点或会合点的坐标应满足方程 $\frac{\mathrm{d}k}{\mathrm{d}s}=0$ 或 $\sum_{i=1}^{n}\frac{1}{s-p_i}=\sum_{j=1}^{m}\frac{1}{s-z_j}$
7	根轨迹与虚轴的交点	将 $s=\mathrm{j}\omega$ 代入特征方程中，令实部与虚部方程为零，求得交点上的 k 值和 ω 值，也可利用劳斯判据求得

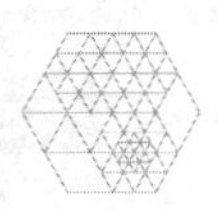

续表

规则	内容	基本规则
8	根轨迹的出射角与入射角	出射角与入射角计算公式为 $\theta_{p_q}=\mp 180°(2l+1)+\sum_{j=1}^{m}\angle(p_q-z_j)-\sum_{i=1,i\neq q}^{n}\angle(p_q-p_i)\quad(l=0,1,2,\cdots)$ $\theta_{z_q}=\pm 180°(2l+1)+\sum_{i=1}^{n}\angle(z_q-p_i)-\sum_{j=1,j\neq q}^{m}\angle(z_q-z_j)\quad(l=0,1,2,\cdots)$
9	闭环极点之和与闭环极点之积	$\sum_{i=1}^{n}s_i=\sum_{i=1}^{n}p_i=-a_{n-1}$，$\prod_{i=1}^{n}s_i=(-1)^n a_0$
10	根轨迹增益 k 与开环增益 K	$k=K\dfrac{\prod_{j=1}^{m}(\tau_j)}{\prod_{i=1}^{n}(T_i)}$

表 4-2　常见系统的根轨迹图

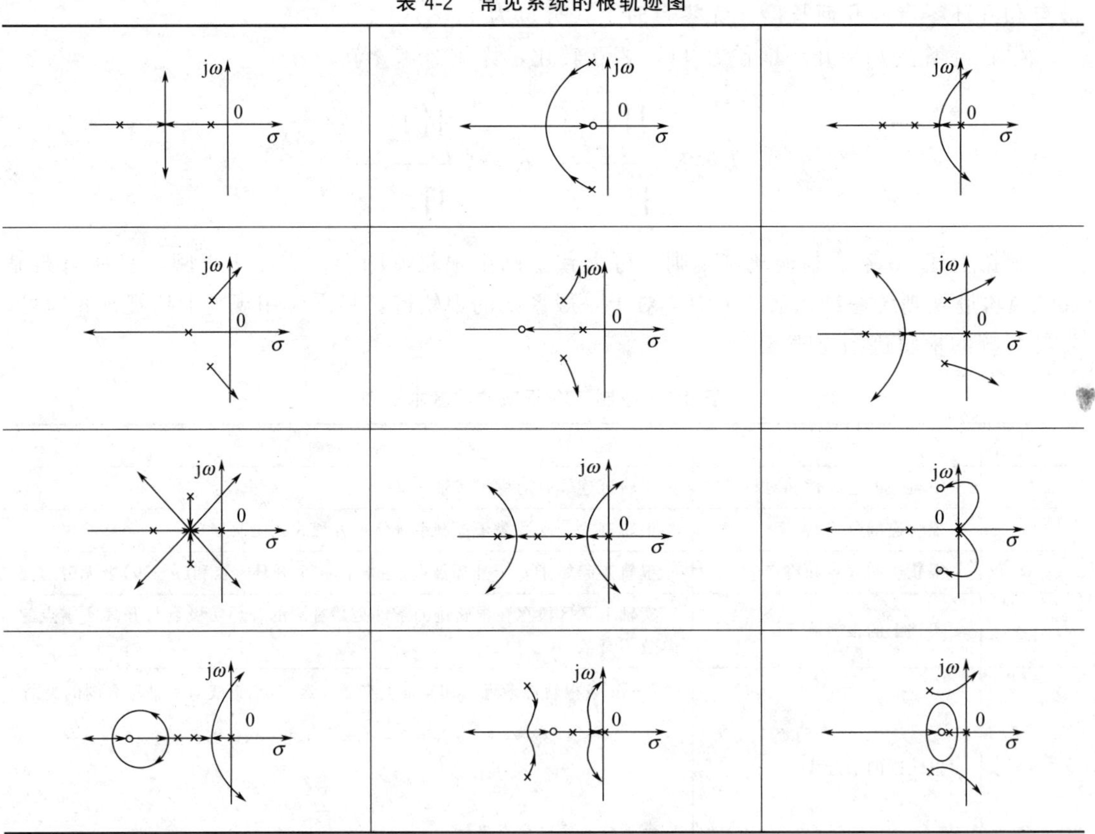

例 4-7　负反馈系统开环传递函数为 $G(s)H(s)=\dfrac{k}{s(s+2.73)(s^2+2s+2)}$，试作出该系统的根轨迹图。

解　1）系统的开环极点为 $p_1=0$，$p_2=-1+\mathrm{j}$，$p_3=-1-\mathrm{j}$，$p_4=-2.73$。

2）根轨迹的 4 个起始点为 0，-2.73 和 $-1\pm\mathrm{j}$。因为 $n=4$，$m=0$，不存在有限开环零点，所以 4 个根轨迹终点都趋向于无穷远处。

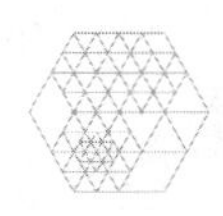

3）实轴根轨迹在区间（−2.73，0）上。

4）根轨迹渐近线与实轴夹角为

$$\varphi_a=\frac{(2l+1)\pi}{4}=45°,135°,225°,315° \quad (l=0,1,2,3)$$

或者
$$\varphi_a=\pm\frac{(2l+1)\pi}{4}=\pm45°,\pm135° \quad (l=0,1)$$

根轨迹渐近线与实轴交点为（−1.18，0）

$$\sigma_a=\frac{\sum_{i=1}^{n}p_i-\sum_{j=1}^{m}z_j}{n-m}=\frac{0-2.73-1+j1-1-j1}{4}=-1.18$$

5）求实轴上的分离点。

$$\frac{d}{ds}[s(s+2.73)(s^2+2s+2)]=0$$

得
$$4s^3+14.19s^2+14.92s+5.46=0$$

解得一个实根 $s=-2.06$，所以 $s=-2.06$ 是实轴上的分离点。

6）求根轨迹的出射角。

$$\theta_{p_2}=180°-\angle(p_2-p_1)-\angle(p_2-p_3)-\angle(p_2-p_4)=180°-135°-90°-30°=-75，\theta_{p_3}=75°$$

7）求根轨迹与虚轴的交点。从渐近线的方向可以判断，根轨迹与虚轴相交。特征方程为

$$D(s)=s^4+4.73s^3+7.46s^2+5.46s+k=0$$

令 $s=j\omega$，代入 $D(s)=0$ 中得

$$\omega^4-j4.73\omega^3-7.46\omega^2+j5.46\omega+k=0$$

令式中的实部和虚部分别等于0，则有

$$k+\omega^4-7.46\omega^2=0，5.46\omega-4.73\omega^3=0$$

解得 $\omega=\pm1.07$，$k=7.28$。即临界稳定时的根轨迹增益 $k=7.28$。

8）画根轨迹，如图4-15所示。

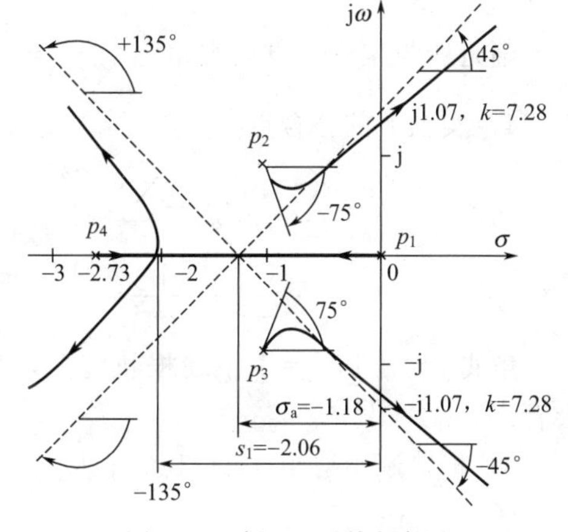

图4-15 例4-7系统根轨迹

4.3 广义根轨迹

前面介绍的仅是负反馈系统以根轨迹增益 k 作为参变量的根轨迹绘制方法。在实际系统的分析和设计过程中，有时需要分析其他参数（例如时间常数、测速反馈系数等）变化或者正反馈条件下参数变化对系统性能的影响。这种情形下绘制的参数根轨迹或零度根轨迹称为广义根轨迹。

4.3.1 参数根轨迹

绘制参数根轨迹的法则与绘制以 k 为参变量的常规根轨迹的法则完全相同，关键是构造一个“等效的开环传递函数”。下面举例说明如何构造等效开环传递函数及其根轨迹的绘制。

例 4-8 反馈系统的开环传递函数为$G(s)=\frac{1}{s(s+a)}$，试绘制系统以 a 为参变量的根轨迹。

解 给定系统的特征方程为$1+\frac{1}{s(s+a)}=0$，则

$$s^2+1+as=0$$

方程两边同除以 s^2+1，构造等效开环传递函数，化成常规根轨迹的形式

$$1+\frac{as}{s^2+1}=0$$

根据特征方程$\frac{as}{s^2+1}=-1$，可以画出以 a 为参变量的根轨迹如下。

1）开环极点数 $n=2$，极点为 $p_{1,2}=\pm\mathrm{j}$；开环零点数 $m=1$，零点为 $z_1=0$；根轨迹有 2 条分支数，两条起始于开环极点，一条终止于零点，一条终止于无穷远。

2）实轴上根轨迹区段为 $[-\infty, 0]$

3）根轨迹渐近直线

渐近线与实轴交点坐标为 $$\sigma_{\mathrm{a}}=\frac{\sum_{i=1}^{n}(p_i)-\sum_{j=1}^{m}(z_j)}{n-m}=\frac{\mathrm{j}-\mathrm{j}-0}{2-1}=0$$

渐近线与实轴正方向夹角为 $$\varphi_{\mathrm{a}}=\frac{180^\circ(2l+1)}{2-1}=180^\circ$$

4）实轴上的会合点

$$\sum_{i=1}^{n}\frac{1}{s-p_i}=\sum_{j=1}^{m}\frac{1}{s-z_j}$$

$$\frac{1}{s-\mathrm{j}}+\frac{1}{s+\mathrm{j}}=\frac{1}{s}$$

解得 $s=\pm1$，$s=1$ 不在根轨迹上，舍去；$s=-1$ 是会合点。

5）根轨迹出射角 $\theta_{p_1}=180^\circ+90^\circ-90^\circ=180^\circ$，$\theta_{p_2}=-180^\circ$

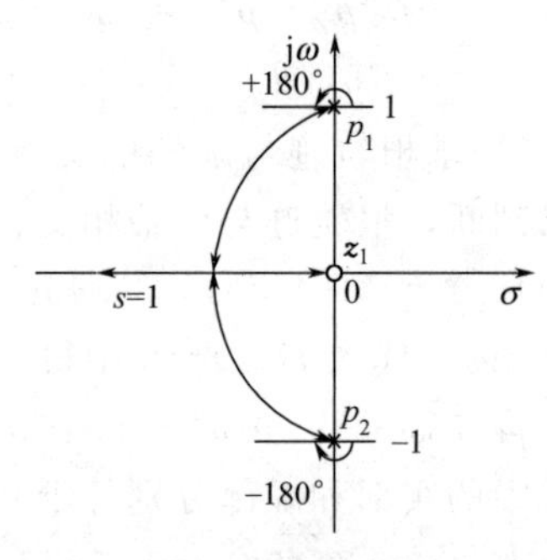

图 4-16　例 4-8 的参数根轨迹图

最后得到系统以 a 为参变量的根轨迹如图 4-16 所示。

4.3.2　0° 根轨迹

在一个较为复杂的自动控制系统中，主反馈一般均为负反馈，而局部反馈有可能出现正反馈，其结构如图 4-17 所示。这种局部正反馈的结构可能是控制对象本身的特性，也可能是为满足系统的某些性能要求在设计系统时引入的。因此在利用根轨迹对系统进行分析和综合时，有时需要绘制正反馈系统的根轨迹。

正反馈系统的根轨迹方程为

$$D(s)=1-G(s)H(s)=0$$

$$G(s)H(s)=\frac{k\prod_{j=1}^{m}(s-z_j)}{\prod_{i=1}^{n}(s-p_i)}=1\mathrm{e}^{\mathrm{j}0}$$

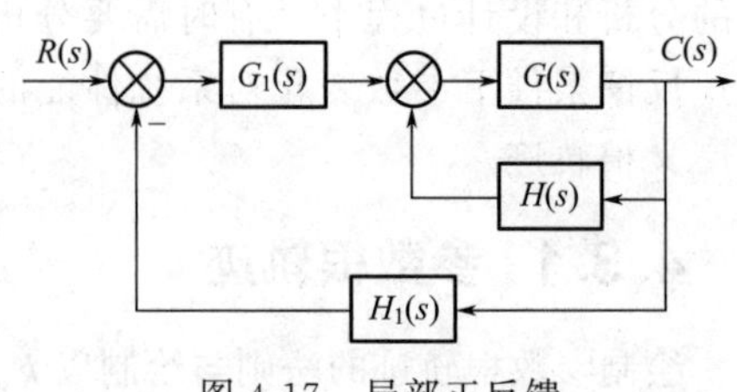

图 4-17　局部正反馈

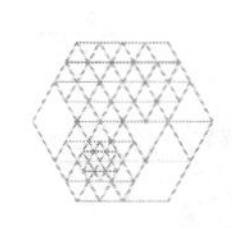

幅值条件 $$|G(s)H(s)|=\frac{k\prod_{j=1}^{m}|(s-z_j)|}{\prod_{i=1}^{n}|(s-p_i|}=1$$

相角条件 $$\angle G(s)H(s)=\sum_{j=1}^{m}\angle(s-z_j)-\sum_{j=1}^{n}(s-p_j)=\pm 2l\pi \quad (l=0,1,2,\cdots)$$

0°根轨迹的幅值条件与180°根轨迹的幅值条件一致，而二者相角条件有所不同。因此，绘制180°根轨迹法则中与相角条件无关的法则可直接用来绘制0°根轨迹，而与相角条件有关的规则4、规则5、规则7、规则8需要相应修改，修改后的规则如下。

规则4 实轴上的根轨迹。实轴上某区段存在根轨迹的条件是其右侧的开环实极点与开环实零点的总数为偶数。

规则5 根轨迹渐近线与实轴正方向的夹角

$$\boldsymbol{\varphi_a=\pm\frac{180^\circ(2l)}{n-m}} \quad (l=0,1,\cdots,n-m-1)$$

规则7 0°根轨迹与虚轴的交点坐标及参变量的临界值为特征方程组 $\boldsymbol{1-G(s)H(s)=0}$ 的解。

规则8 根轨迹的出射角和入射角。

出射角 $$\theta_{p_q}=\pm 180^\circ(2l)+\sum_{j=1}^{m}\angle(p_q-z_j)-\sum_{\substack{i=1\\ i\neq q}}^{n}\angle(p_q-p_i) \quad (l=0,1,2,\cdots)$$

入射角 $$\theta_{z_q}=\pm 180^\circ(2l)+\sum_{i=1}^{n}\angle(z_q-p_i)-\sum_{\substack{j=1\\ j\neq q}}^{m}\angle(z_q-z_j) \quad (l=0,1,2,\cdots)$$

绘制0°根轨迹如表4-3所示。

在应用中，除了上述正反馈时用到零度根轨迹之外，对于 s 平面右半平面有开环零极点的系统（非最小相位系统）绘制根轨迹时，也可能用到零度根轨迹。另外，由于参量根轨迹的引入，变形以后的根轨迹方程也可能出现 $\dfrac{k\prod_{j=1}^{m}(s-z_j)}{\prod_{i=1}^{n}(s-p_i)}=1$ 的情形，也要按0°根轨迹规则绘制。

区别是0°还是180°根轨迹在于看由特征方程、给定开环传递函数及 k 值变化范围确定的 $\dfrac{k\prod_{j=1}^{m}(s-z_j)}{\prod_{i=1}^{n}(s-p_i)}$ 的值是+1还是−1。如果是+1就按0°根轨迹规则绘制，是−1则按180°根轨迹规则绘制。

例4-9 设某正反馈系统的开环传递函数为 $G(s)H(s)=\dfrac{k(s+2)}{(s+3)(s^2+2s+2)}$，试绘制该系统的根轨迹图。

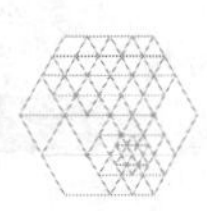

表 4-3　绘制 0°根轨迹的基本规则

序号	内　容	基本规则
1	根轨迹的连续性和对称性	根轨迹连续且对称于实轴
2	根轨迹的分支数	根轨迹的分支数等于控制系统特征方程式的阶次 n
3	根轨迹的起点和终点	根轨迹起始于 n 个开环极点，终止于 m 个开环零点和 $(n-m)$ 个无穷远处
4	实轴上的根轨迹	实轴上某区段存在根轨迹的条件是其右侧的开环实极点与开环实零点的总数为偶数
5	根轨迹的渐近线	$n-m$ 条根轨迹渐近线在实轴上交于一点，且渐近线与实轴正方向的夹角 $\varphi_a=\dfrac{\pm 180°(2l)}{n-m}(l=0,1,2,\cdots n-m-1)$ 渐近线与实轴交点坐标 $(\sigma_a,\mathrm{j}0)$，$\sigma_a=\dfrac{\sum_{i=1}^{n}p_i-\sum_{j=1}^{m}z_j}{n-m}$
6	根轨迹在实轴上的分离点与会合点	根轨迹在实轴上的分离点或会合点的坐标应满足方程 $\dfrac{\mathrm{d}k}{\mathrm{d}s}=0$ 或 $\sum_{i=1}^{n}\dfrac{1}{s-p_i}=\sum_{j=1}^{m}\dfrac{1}{s-z_j}$
7	根轨迹与虚轴的交点	将 $s=\mathrm{j}\omega$ 代入特征方程中，令实部与虚部方程为零，求得交点上的 k_c 值和 ω 值，也可利用劳斯判据求得
8	根轨迹的出射角与入射角	出射角与入射角计算公式为 $\theta_{p_q}=\pm 180°(2l)+\sum_{j=1}^{m}\angle(p_q-z_j)-\sum_{i=1,i\neq q}^{n}\angle(p_q-p_i)\quad(l=0,1,2,\cdots)$ $\theta_{z_q}=\pm 180°(2l)+\sum_{i=1}^{n}\angle(z_q-p_i)-\sum_{j=1,j\neq q}^{m}\angle(z_l-z_j)\quad(l=0,1,2,\cdots)$
9	根之和与根之积	$\sum_{i=1}^{n}s_i=-a_{n-1}$，$\prod_{i=1}^{n}s_i=(-1)^n a_0$
10	根轨迹增益 k 与开环增益 K	$k=K\dfrac{\prod_{j=1}^{m}(\tau_j)}{\prod_{i=1}^{n}(T_i)}$

解　1）开环极点数 $n=3$，开环极点分别为 $p_1=-1+\mathrm{j}$，$p_2=-1-\mathrm{j}$，$p_3=-3$；开环零点数 $m=1$，零点为 $z_1=-2$。

2）根轨迹起始于 3 个开环极点。由于 $n-m=2$，随着参变量 $k\to\infty$，其中一条根轨迹止于开环零点 $z_1=-2$，其余两条伸向 s 平面的无穷远处。

3）实轴根轨迹在区间 $[-2,+\infty]$ 及 $[-3,-\infty]$ 上。

4）根轨迹渐近线与实轴正方向夹角为 $\varphi_a=\dfrac{180°(2l)}{2}=0°，180°\quad(l=0，1)$

注意，如本例所见，仅有两条渐近线且都与实轴重合的情况，计算渐近线在实轴上的交点坐标已无意义，故从略。

5）求实轴上的分离点

$$\frac{\mathrm{d}}{\mathrm{d}s}\left[\frac{(s+3)(s^2+2s+2)}{(s+2)}\right]=0$$

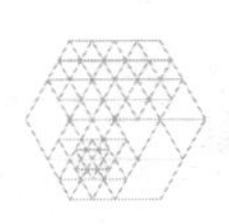

得出 $s=-0.8$，其对应的根轨迹增益为

$$k_1=\frac{|s-p_1|\times|s-p_2|\times|s-p_3|}{|s-z_1|}$$

$|s-p_1|=|s-p_2|=1.02$，$|s-p_3|=2.2$，$|s-z_1|=1.2$，解得 $k=1.9$。

6）根轨迹的出射角

$$\begin{aligned}\theta_{p1}&=0^\circ+\angle(p_1-z_1)-\angle(p_1-p_2)-\angle(p_1-p_3)\\&=0^\circ+45^\circ-90^\circ-27^\circ=-72^\circ\end{aligned}$$

$$\theta_{p2}=+72^\circ$$

7）求根轨迹与虚轴的交点。

将 $s=\mathrm{j}\omega$ 代入特征方程 $1-G(s)H(s)=0$ 中得

$$(s+3)(s^2+2s+2)-k(s+2)=0$$

$$s^3+5s^2+8s+6-ks-2k=0$$

$$-\mathrm{j}\omega^3-5\omega^2+8\mathrm{j}\omega+6-\mathrm{j}k\omega-2k=0$$

$$(-5\omega^2+6-2k)+\mathrm{j}(-\omega^3+8\omega-k\omega)=0$$

令实部和虚部分别等于0，则有

$$-5\omega^2+(6-2k)=0$$

$$-\omega^3+(8-k)\omega=0$$

得出一个根轨迹分支与虚轴的交点坐标为 $\omega=0$，临界值 $k=3$。

8）画根轨迹，如图4-18所示。

综上分析，当 $k<3$ 时，系统是稳定的；当 $k\geqslant 3$ 时，系统是不稳定的。由此可见，给定的正反馈系统并不是绝对不稳定，当参变量 k 的取值介于0～3之间时，即使是正反馈系统，系统仍能稳定地工作，只有当 $k>3$ 时系统才变为不稳定。

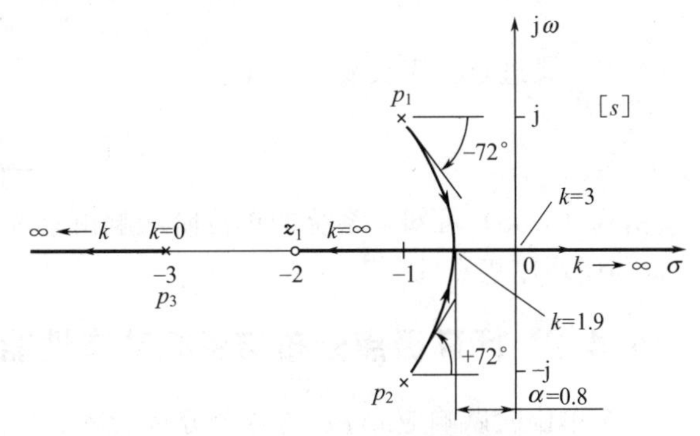

图4-18 例4-9系统根轨迹图

4.4 闭环零、极点分布对系统性能的影响

根据根轨迹的绘制规则绘制出控制系统的根轨迹后，即可利用根轨迹对系统进行定性或定量的分析。借助系统的根轨迹，得到系统参数的变化对系统闭环极点影响的趋势，从而根据闭环极点的位置确定系统在某参数下系统的稳定性、动态性能和稳态性能等。

4.4.1 系统闭环零、极点分布与阶跃响应的数学关系式

设 n 阶系统的闭环传递函数为

$$\Phi(s)=\frac{C(s)}{R(s)}=\frac{k\prod_{j=1}^{m}(s-z_j)}{\prod_{i=1}^{n}(s-s_i)} \tag{4-35}$$

式中，k 为系统的根轨迹增益；z_j 闭环零点；s_i 闭环极点。

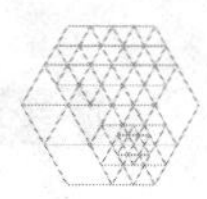

在单位阶跃 $r(t)=1(t)$ 的作用下，其输出的拉氏变换式为

$$C(s)=\Phi(s)R(s)=\frac{k\prod_{j=1}^{m}(s-z_j)}{\prod_{i=1}^{n}(s-s_i)}\times\frac{1}{s}$$

设在 $\Phi(s)$ 中无重极点（此假设只是为了推导过程简单，若无此假设，也不影响结论），则用部分分式法可将 $C(s)$ 分解成

$$C(s)=\frac{A_0}{s}+\frac{A_1}{s-s_1}+\cdots+\frac{A_n}{s-s_n}=\frac{A_0}{s}+\sum_{i=1}^{n}\frac{A_i}{s-s_i} \tag{4-36}$$

式中 A_0、A_i 是 $s=0$ 和 $s=s_i$ 处的留数，如下式

$$A_0=\left.\frac{k\prod_{j=1}^{m}(s-z_j)}{\prod_{i=1}^{n}(s-s_i)}\right|_{s=0}=\frac{k\prod_{j=1}^{m}(-z_j)}{\prod_{i=1}^{n}(-s_i)},\ A_i=\left.\frac{k\prod_{j=1}^{m}(s-z_j)}{s\prod_{\substack{l=1\\l\neq i}}^{n}(s-s_l)}\right|_{s=s_i}=\frac{k\prod_{j=1}^{m}(s_i-z_j)}{s_i\prod_{\substack{l=1\\l\neq i}}^{n}(s_i-s_l)} \tag{4-37}$$

对（4-36）式进行拉氏反变换，得

$$c(t)=A_0+\sum_{i=1}^{n}A_i e^{s_i t} \tag{4-38}$$

由式（4-38）可知，系统的单位阶跃响由系统的闭环极点 s_i 及其 A_i 系数决定，而系数 A_i 也与闭环零极点的分布有关。

4.4.2 闭环极点分布与系统动态性能关系

系统单位阶跃响应 $c(t)$ 的各个分量衰减的快慢取决于 s_i 的负实部大小，各分量所对应的系数 A_i 取决于闭环系统零点和极点的分布，因而闭环系统的零、极点分布决定了系统动态性能。从控制系统性能角度讲，希望系统的输出尽可能复现输入，即要求系统动态过程的快速性和平稳性好，要达到这一要求，闭环零极点在 s 平面的分布应符合以下几点要求。

1）要求闭环系统稳定，必须使所有的闭环极点 s_i 位于 s 平面左半部，闭环极点距离虚轴越远，系统的相对稳定性越好。

2）希望系统动态过程是单调的，即系统是临界阻尼或者过阻尼，则要求闭环极点全部位于负实轴上。动态过程的调节时间主要取决于距离虚轴最近的极点。

3）要求系统快速性好，应使阶跃响应式中的每个瞬态分量 $A_i e^{s_i t}$ 衰减得快，有两条途径。

① 每个分量 $e^{s_i t}$ 衰减得快，则闭环极点 s_i 应远离虚轴。

② 每个分量 A_i 要小，由式（4-37）可知，应使分母大，分子小。即闭环极点之间的距离 $|s_i-s_l|$ 要大，闭环零点 z_j 与相应闭环极点 s_i 间距尽量靠近。

4）要求系统平稳性好、振荡小，复数主导极点最好在 ξ 线与负实轴 $\pm45°$ 夹角线附近。$\xi=\cos45°=0.707$，此时系统的平稳性和快速性都较理想。

闭环极点分布与系统动态性能关系如图 4-19 所示。上述关于闭环零、极点合理分布原则性的结论，为利用闭环零、极点直接对系统动态过程的性能定性分析提供了依据。

例 4-10 负反馈控制系统的开环传递函数为 $G(s)H(s)=\frac{k(s+4)}{s(s+2)}$，试确定系统的最小

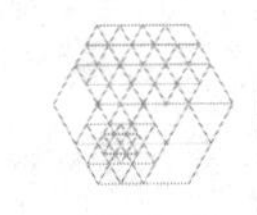

阻尼比 $\xi_{\min}$，并用根轨迹分析系统的性能。

解 （1）绘制根轨迹

1）开环极点数 $n=2$，极点为 $p_1=0$，$p_2=-2$；开环零点数 $m=1$，零点为 $z_1=-4$ 根轨迹有2条分支数，两条起始于开环极点，一条终止于零点，一条终止于无穷远。

2）实轴上的根轨迹区段分别为 $[-2, 0]$ 和 $[-\infty, -4]$。

3）求根轨迹分离点和会和点。

根据 $\dfrac{1}{s}+\dfrac{1}{s+2}=\dfrac{1}{s+4}$ 求得分离点 $s_1=-1.2$，会合点 $s_2=-6.8$

分离点 $s_1=-1.2$ 对应的根轨迹增益为

$$k_1=\frac{|s||s+2|}{|s+4|}=\frac{1.2\times0.8}{2.8}=0.34$$

图 4-19 闭环极点分布与系统动态性能关系

分离点 $s_2=-6.8$ 对应的根轨迹增益 $k_2=\dfrac{|s||s+2|}{|s+4|}=\dfrac{6.8\times4.8}{2.8}=11.7$

4）根轨迹是以零点为圆心，以零点到分离点距离为半径的一个圆。其根轨迹如图 4-20 所示。

（2）系统最小阻尼比的确定 由图 4-20 可知半径是 $r=\dfrac{6.8-1.2}{2}=2.8$，直角三角形中，

$$\cos\alpha=\frac{2.8}{4}=0.7$$

$\alpha=45.57°$，$\theta=44.43°$，$\xi_{\min}=\cos\theta=0.714$

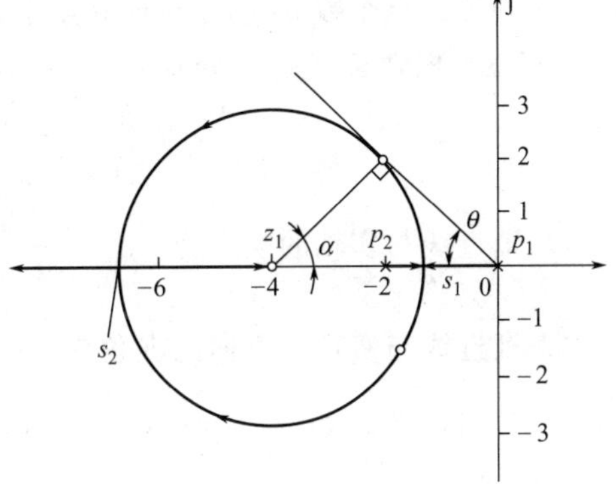

图 4-20 例 4-10 根轨迹图

（3）系统性能分析

1）稳定性 根轨迹始终在 s 左半平面，所以无论 k 取何值系统都是稳定的。

2）稳态性能 开环传递函数时间常数形式为

$$G(s)H(s)=\frac{k(s+4)}{s(s+2)}=\frac{2k(0.25s+1)}{s(0.5s+1)}$$

系统是Ⅰ型系统，因此输入是单位阶跃信号时的稳态误差是0；输入是单位斜坡信号时的稳态误差是 $e_{ss}=\dfrac{1}{K_v}=\dfrac{1}{2k}$；输入是加速度信号时的稳态误差是 $e_{ss}=\infty$。

3）动态性能

① 当 $k<0.34$ 或 $k>11.7$ 时，系统有两个不相等的负实根，系统是过阻尼状态，阶跃响应是单调上升曲线。

② 当 $0.34<k<11.7$ 时，系统有一对共轭复根，系统是欠阻尼状态，阶跃响应是衰减振荡曲线。随着 k 的增大，系统闭环极点逐渐远离虚轴，系统的响应速度逐渐加快。

③ 当 $k=0.34$ 或 $k=11.7$ 时，系统有两个相等的负实根，系统为临界阻尼状态，阶跃响应是单调上升曲线。

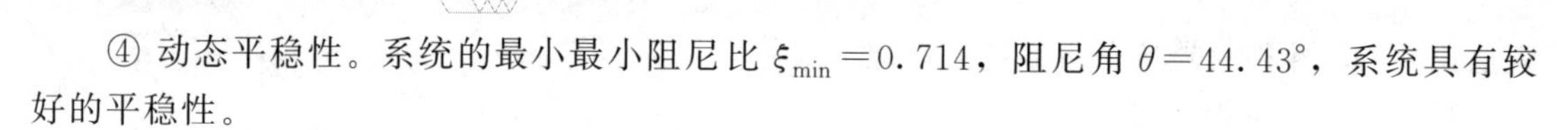

④ 动态平稳性。系统的最小最小阻尼比 $\xi_{\min}=0.714$，阻尼角 $\theta=44.43°$，系统具有较好的平稳性。

4.4.3 利用主导极点估算系统的性能指标

离虚轴最近的闭环极点对系统动态过程性能的影响最大，起着主要的决定作用。如果满足实部相差5倍以上的条件，则远离虚轴的闭环极点所产生的影响可以被忽略，离虚轴最近的一个（或一对）闭环极点称为闭环主导极点。闭环主导极点在动态过程中起主导作用，因此计算性能指标时，在一定条件下就可以只考虑暂态分量中主导极点所对应的分量，把高阶系统近似成一阶或二阶系统，直接应用一阶或二阶系统的动态性能指标公式计算。

例 4-11 已知负反馈系统的开环传递函数为 $G(s)H(s)=\dfrac{K}{s(s+1)(0.5s+1)}$，试应用根轨迹法分析系统的稳定性和动态性能，并计算闭环主导极点具有 $\xi=0.5$ 阻尼比时的性能指标。

解 首先把开环传递函数的典型环节形式化成零极点形式

$$G(s)=\frac{2K}{s(s+1)(s+2)}=\frac{k}{s(s+1)(s+2)}$$

式中，k 是根轨迹增益，K 是系统的开环放大倍数，其中 $k=2K$。

1）作根轨迹图

① 开环极点个数 $n=3$，开环零点个数 $m=0$，开环极点分别为 $p_1=0$，$p_2=-1$，$p_3=-2$，有三条根轨迹，起点分别是 $p_1=0$，$p_2=-1$，$p_3=-2$，终点均为无穷远。实轴上 $[0,-1)$，$(-2,-\infty)$ 区段存在根轨迹。

② 渐近线与实轴的交点为 $\sigma_a=\dfrac{\sum\limits_{i=1}^{n}p_i-\sum\limits_{j=1}^{m}z_j}{n-m}=\dfrac{-1-2}{3-0}=-1$

③ 渐近线与实轴正方向的夹角为 $\varphi_a=\dfrac{\pm180°\ (2k+1)}{n-m}=\pm60°,\ 180°$

④ 分离点坐标 $k=-s(s+1)(s+2)\ =-(s^3+3s^2+2s)$

$$\frac{\mathrm{d}k}{\mathrm{d}s}=3s^2+6s+2=0$$

解得 $s_1=-0.42$，$s_2=-1.58$（舍去），分离点为 $s_1=-0.42$。

分离点对应的 k 值为

$$k=|s_1||s_1+1||s_1+2|=|-0.42||-0.42+1||-0.42+2|=0.38$$

⑤ 求与虚轴的交点。

采用劳斯稳定判据方法。特征方程为 $s^3+3s^2+2s+k=0$，劳斯表为

$$\begin{array}{lll}
s^3 & 1 & 2\\
s^2 & 3 & k\\
s^1 & \dfrac{6-k}{3} & \\
s^0 & k &
\end{array}$$

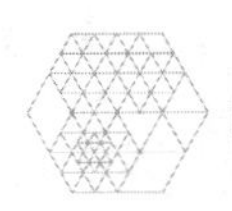

令$\frac{6-k}{3}=0$，解得$k=6$

将$k=6$代入辅助方程$3s^2+k=0$中，解得$s_{1,2}=\pm j\sqrt{2}$，$\omega_{1,2}=\pm\sqrt{2}$。即根轨迹与虚轴的交点坐标为（0，$\pm j\sqrt{2}$），其对应的$k=6$（$K=3$）。画出根轨迹如图4-21所示。

2）系统稳定性和动态性能分析。

当$0<k<0.38$时，系统为过阻尼状态，阶跃响应为单调上升曲线；当$0.38<k<6$时，系统为欠阻尼状态，阶跃响应为衰减振荡曲线；当$k=6$（$K=3$）时，有两个闭环极点在纯虚轴上，系统为临界稳定，阶跃响应为等幅振荡曲线；当$k>6$（$K>3$）时，有两条根轨迹分支进入s右半平面，系统变为不稳定，阶跃响应为发散振荡曲线。

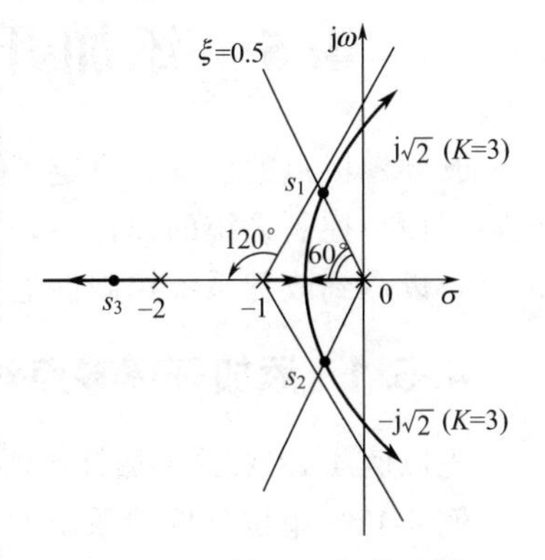

图4-21　例4-11根轨迹图

3）根据对阻尼比的要求，确定闭环主导极点s_1、s_2，估算系统的性能指标

由$\xi=0.5$，$\cos\theta=\xi$，解得$\theta=60°$。如图4-21，画$\theta=60°$等阻尼线，该阻尼线与根轨迹的交点即为相应的闭环极点。

设该闭环极点为$s_{1,2}=a\pm j\sqrt{3}a$，另一闭环极点为$s_3=\lambda$。

则特征方程为$D(s)=(s-s_1)(s-s_2)(s-s_3)=(s-a-j\sqrt{3}a)(s-a+j\sqrt{3}a)(s-\lambda)$

$$=s^3+(-2a-\lambda)s^2+(2a\lambda+4a^2)s-4a^2\lambda$$

$$=s^3+3s^2+2s+k=0$$

与特征方程$D(s)=s^3+3s^2+2s+k$比较有$-2a-\lambda=3$，$2a\lambda+4a^2=2$，$k=-4a^2\lambda$

解得$a=-0.33$，$\lambda=-2.34$，$k=1.02$，则闭环极点为

$$s_{1,2}=-0.33\pm j0.57,\quad s_3=-2.34$$

对应的系统闭环传递函数为$\Phi(s)=\dfrac{1.02}{(s+2.34)(s+0.33+j0.57)(s+0.33-j0.57)}$

3个闭环极点中，s_3至虚轴的距离与s_1（或s_2）至虚轴的距离比为$\frac{2.34}{0.33}\approx7$（倍），可以确认$s_{1,2}$是系统的闭环主导极点，可将原来的三阶系统近似视为二阶系统。

二阶系统的传递函数为

$$\Phi(s)=\frac{1.02}{2.34(s+0.33+j0.57)(s+0.33-j0.57)}=\frac{0.44}{s^2+0.66s+0.44}$$

对照二阶系统标准表达式得$2\xi\omega_n=0.66$，$\omega_n^2=0.44$和$\xi=0.5$，解得$\omega_n=0.66$。

根据二阶系统的动态性能指标公式计算得

调节时间　$$t_s=\frac{3}{\xi\omega_n}=\frac{3}{0.33}=9.1\text{s}\quad(\Delta=5\%)$$

超调量　$$\sigma=e^{-\frac{\xi\pi}{\sqrt{1-\xi^2}}}\Big|_{\xi=0.5}=16.3\%$$

系统为Ⅰ型系统，系统在单位阶跃信号作用下的稳态误差为零。

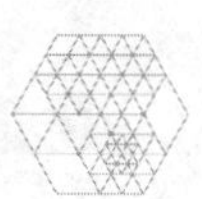

系统的静态速度误差系数为 $K_v=\lim\limits_{s\to 0}sG(s)H(s)=\lim\limits_{s\to 0}s\dfrac{1.02}{s(s+1)(s+2)}=0.51$

系统在单位斜坡信号作用下的稳态误差为 $e_{ss}(\infty)=\dfrac{1}{K_v}=1.96$

4.5 添加开环零、极点对根轨迹的影响

开环零极点的位置，决定了根轨迹的形状，而根轨迹的形状又与系统的控制性能密切相关，因而在控制系统的设计中，一般就是用改变系统的零、极点配置的方法来改变根轨迹的形状，以达到改善系统控制性能的目的。

4.5.1 添加开环零点对根轨迹的影响

先以例 4-12 来看添加开环零点对根轨迹形状产生的影响。

例 4-12 单位负反馈系统的开环传递函数分别为

$$G_1(s)=\frac{k}{s^2(s+3)},\quad G_2(s)=\frac{k(s+6)}{s^2(s+3)},\quad G_3(s)=\frac{k(s+1)}{s^2(s+3)}$$

试分别绘制三个系统的根轨迹，并讨论添加零点对根轨迹的影响。

解 （1）对于原系统开环传递函数 $G_1(s)=\dfrac{k}{s^2(s+3)}$

渐近直线与实轴交点坐标为 $\sigma_a=\dfrac{\prod\limits_{i=1}^{n}p_i-\prod\limits_{j-1}^{m}z_j}{n-m}=\dfrac{-3-0}{3}=-1$

渐近直线与实轴夹角为 $\varphi_a=\pm\dfrac{180^\circ(2l+1)}{n-m}=\pm 60^\circ，180^\circ \quad (l=0，1)$

其根轨迹如图 4-22（a）所示。

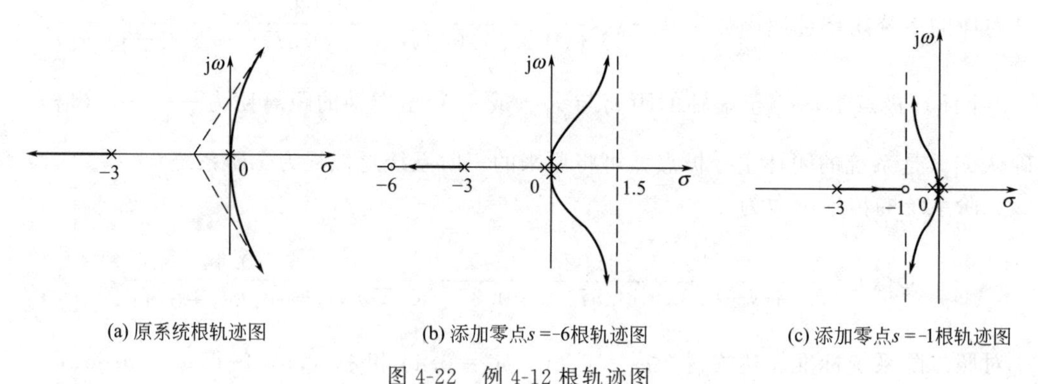

图 4-22 例 4-12 根轨迹图

（2）添加开环零点 $s=-6$，开环传递函数变为 $G_2(s)=\dfrac{k(s+6)}{s^2(s+3)}$

渐近直线与实轴交点坐标为 $\sigma_a=\dfrac{\prod\limits_{i=1}^{n}p_i-\prod\limits_{j-1}^{m}z_j}{n-m}=\dfrac{-3+6}{2}=\dfrac{3}{2}$

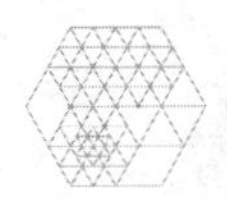

渐近直线与实轴夹角为　$\varphi_a=\pm\dfrac{180^\circ(2l+1)}{n-m}=\pm 90^\circ \quad (l=0)$

其根轨迹如图 4-22（b）所示。

（3）添加开环零点 $s=-1$，开环传递函数变为 $G_3(s)=\dfrac{k(s+1)}{s^2(s+3)}$

渐近线与实轴交点坐标为　$\sigma_a=\dfrac{\prod\limits_{i=1}^{n}p_i-\prod\limits_{j-1}^{m}z_j}{n-m}=\dfrac{-3+1}{2}=-1$

渐近线与实轴夹角为　$\varphi_a=\pm\dfrac{180^\circ(2l+1)}{n-m}=\pm 90^\circ \quad (l=0)$

其根轨迹如图 4-22（c）所示。

结论：若添加的开环零点适当，通常使系统的根轨迹左移或弯曲，提高系统的稳定性，有利于改善系统的动态性能，系统的动态响应时间缩短，超调量减小。添加开环零点相当于 PD 控制，与第 3 章和第 6 章分析的结论一致。

4.5.2 添加开环极点对根轨迹的影响

添加开环极点对根轨迹产生的影响仍用一个例子加以说明。

例 4-13　单位负反馈系统的开环传递函数为分别为

$$G_1(s)=\frac{k}{s(s+2)},G_2(s)=\frac{k}{s(s+2)(s+4)},G_3(s)=\frac{k}{s^2(s+2)}$$

试分别绘制三个系统的根轨迹，并讨论添加极点对根轨迹的影响。

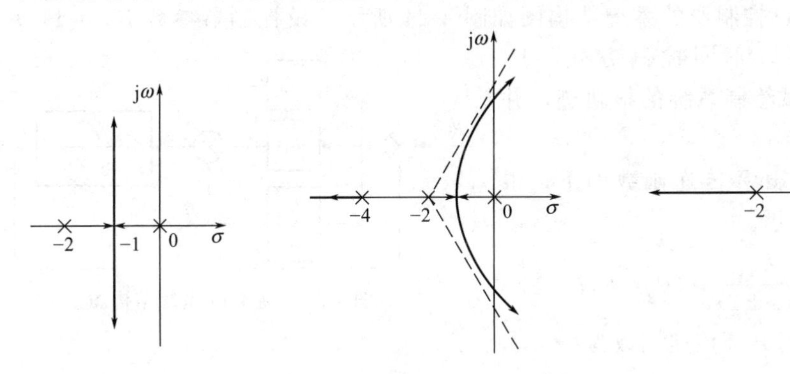

图 4-23　例 4-13 根轨迹图

解　（1）原系统开环传递函数　$G_1(s)=\dfrac{k}{s(s+2)}$

渐近直线与实轴交点坐标为　$\sigma_a=\dfrac{\prod\limits_{i=1}^{n}p_i-\prod\limits_{j-1}^{m}z_j}{n-m}=\dfrac{-2-0}{2}=-1$

渐近直线与实轴夹角为　$\varphi_a=\pm\dfrac{180^\circ(2l+1)}{n-m}=\pm 90^\circ \quad (l=0)$

由$\dfrac{1}{s}+\dfrac{1}{s+2}=0$，解得分离点坐标为 $s=-1$。根轨迹如图 4-23（a）所示。无论 k 取何

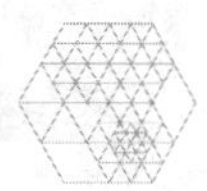

值，系统都稳定。

（2）添加开环极点 $s=-4$，开环传递函数变为 $G_2(s)=\dfrac{k}{s(s+2)(s+4)}$

渐近线与实轴交点坐标为 $$\sigma_a=\frac{\prod\limits_{i=1}^{n}p_i-\prod\limits_{j-1}^{m}z_j}{n-m}=\frac{0-2-4}{3}=-2$$

渐近线与实轴夹角为 $$\varphi_a=\pm\frac{180^\circ(2l+1)}{n-m}=\pm60^\circ，180^\circ\quad(l=0，1)$$

由 $\dfrac{1}{s}+\dfrac{1}{s+2}+\dfrac{1}{s+4}=0$，求得分离点坐标为 $s_1=-0.84$。

根轨迹如图 4-23（b）所示。系统是有条件稳定。

（3）添加开环极点 $s=0$，开环传递函数变为 $G_3(s)=\dfrac{k}{s^2(s+2)}$

渐近线与实轴交点坐标为 $$\sigma_a=\frac{\prod\limits_{i=1}^{n}p_i-\prod\limits_{j-1}^{m}z_j}{n-m}=\frac{-2}{3}$$

渐近线与实轴夹角为 $$\varphi_a=\pm\frac{180^\circ(2l+1)}{n-m}=\pm60^\circ，180^\circ\quad(l=0，1)$$

根轨迹如图 4-23（c）所示。不论 k 取何值，系统均不稳定。

结论：添加开环极点，通常使系统的根轨迹向右移动或弯曲，降低系统的稳定性，降低系统的动态性能。

例 4-14 采用PID控制器的系统结构图如图 4-24 所示，设控制器参数 $K_P=1$，$K_I=1.5$，$K_D=0.25$。当取不同控制方式（P，PD，PI，PID）时，试绘制系统的根轨迹，并加以分析。

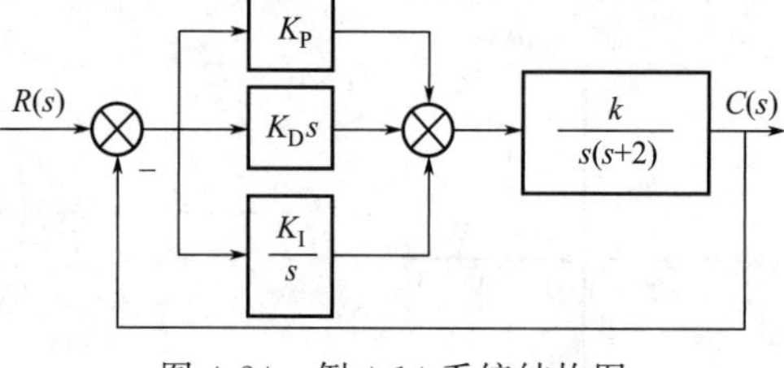

图 4-24 例 4-14 系统结构图

1）P 控制：此时开环传递函数如下，根轨迹如图 4-25（a）所示。

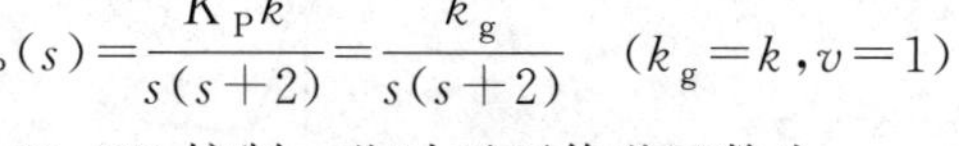

$$G_P(s)=\frac{K_P k}{s(s+2)}=\frac{k_g}{s(s+2)}\quad(k_g=k,v=1)$$

2）PD 控制：此时开环传递函数为

$$G_{PD}(s)=(0.25s+1)\frac{k}{s(s+2)}=\frac{0.25k(s+4)}{s(s+2)}=\frac{k_g(s+4)}{s(s+2)}\quad\left(k_g=\frac{k}{4},v=1\right)$$

根轨迹如图 4-25（b）所示。根轨迹向左偏移，系统的稳定性和动态性能变好。

3）PI 控制：此时开环传递函数为

$$G_{PI}(s)=\left(1+\frac{1.5}{s}\right)\frac{k}{s(s+2)}=\frac{k_g(s+1.5)}{s^2(s+2)}\quad(k_g=k,v=2)$$

系统由Ⅰ型变为Ⅱ型，稳态性能明显改善，但由于引入积分，根轨迹图 4-25（c）右偏，系统的稳定性和动态性能变差。

4）PID 控制：此时开环传递函数为

$$G_{PID}(s)=\left(1+\frac{1.5}{s}+0.25s\right)\frac{k}{s(s+2)}=\frac{k(0.25s^2+s+1.5)}{s^2(s+2)}$$

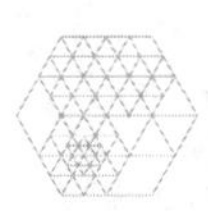

$$=\frac{0.25k(s^2+4s+6)}{s^2(s+2)}=\frac{k_g(s+2+j\sqrt{2})(s+2-j\sqrt{2})}{s^2(s+2)}(k_g=\frac{k}{4},v=2)$$

根轨迹如图 4-25（d）所示。PID 控制综合了微分控制和积分控制的优点，既可以改善系统的动态性能，又保留了Ⅱ型系统的稳态性能。所以，适当选择参数 K_P、K_I 和 K_D 可以有效改善系统的性能。

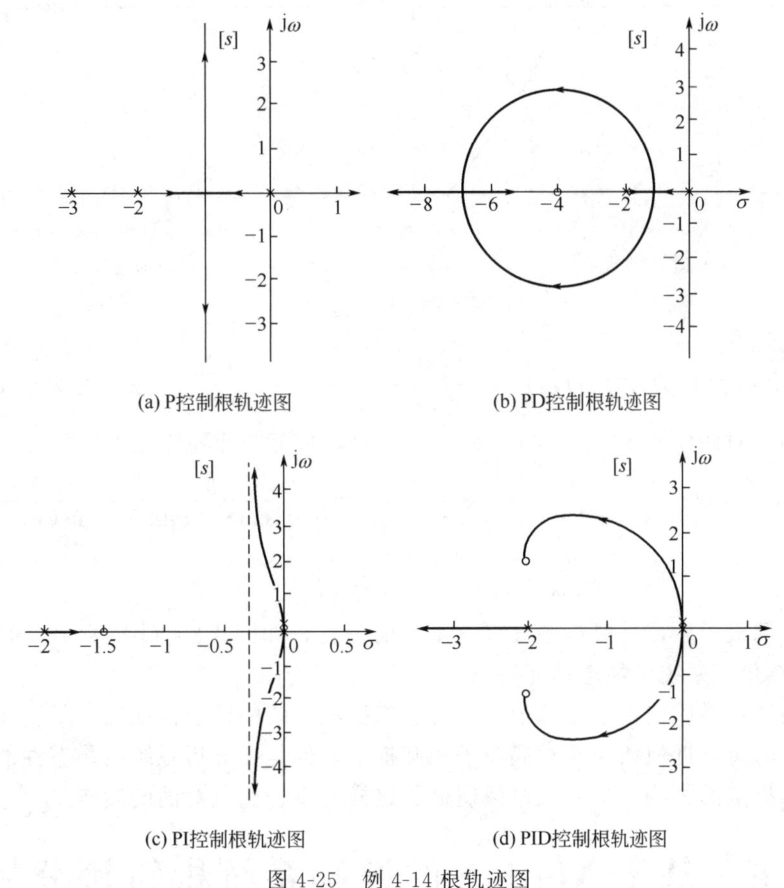

图 4-25 例 4-14 根轨迹图

4.5.3 添加开环偶极子对根轨迹的影响

偶极子是指在控制系统中与其他零、极点之间的距离相比较，相距很近的一对零点和极点。由式（4-37）及分析得知，当闭环极点 s_i 与闭环零点 z_j 靠得很近时，对应的 A_i 很小，$A_i e^{s_i t}$ 很小，也就是相当于 $c(t)$ 中的这个分量可以忽略。在实际中，可以有意识地在系统中加入适当的零点，以抵消对动态过程影响较大的不利极点，使系统的动态过程的性能获得改善。

如果在系统的开环传递函数中添加一对开环偶极子 z_c 和 p_c（$|p_c|<|z_c|$），由于这对开环零点和极点重合或相近，到其他较远处根轨迹上点的向量可近似视为相等，也就是 $|s-z_c|\approx|s-p_c|$，$\angle(s-z_c)\approx\angle(s-p_c)$。所以它们在幅值和幅角条件中将相互抵消。这就是说，开环偶极子几乎不影响较远处根轨迹的形状和根轨迹增益值。

若添加的开环偶极子靠近原点，则它们将基本上不影响根轨迹主分支以及位于其上的闭环主导极点的位置和其相应的开环根轨迹增益，因而对系统的暂态特性不会产生较大的影响，但是会提高系统的开环放大倍数，提高系统的稳态性能。下面将以一个例子来说明。

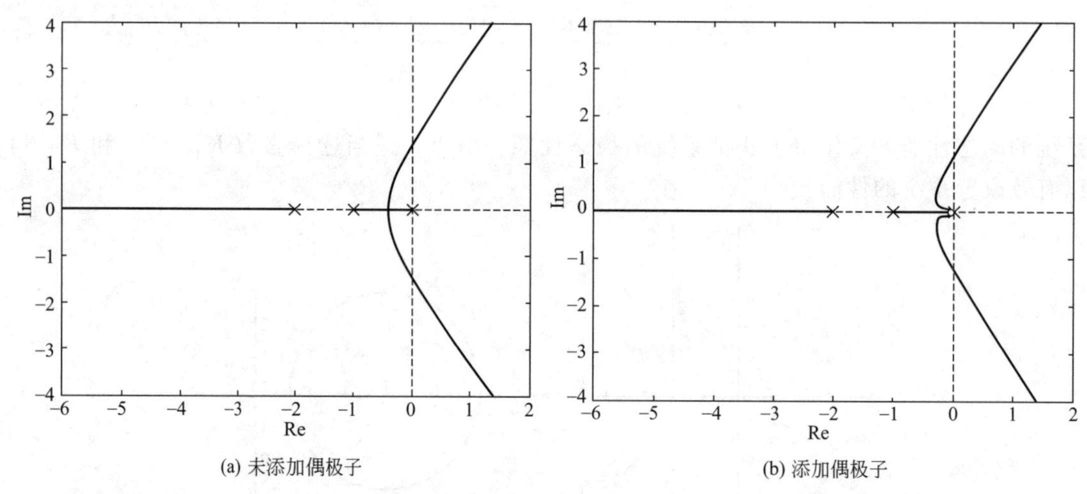

图 4-26　根轨迹图

系统开环传递函数为 $G(s)H(s)=\dfrac{k}{s(s+1)(s+2)}=\dfrac{0.5k}{s(s+1)(0.5s+1)}$，根轨迹如图 4-26（a）所示。当添加一对偶极子 $z_c=-0.1$，$p_c=-0.01$，系统的开环传递函数变为

$$G(s)H(s)=\frac{k}{s(s+1)(s+2)}\times\frac{s+0.1}{s+0.01}=\frac{0.1k(10s+1)}{0.02s(s+1)(0.5s+1)(100s+1)}$$

$$=\frac{5k(10s+1)}{s(s+1)(0.5s+1)(100s+1)}$$

增加这对偶极子后，其根轨迹没有发生大的变化，如图 4-26（b）所示，但其开环放大倍数提高了 10 倍，系统的稳态性能得以改善。

第 6 章的频域滞后校正也是基于这个思想来提高系统的稳态性能的。尽管在分析系统的动态性能指标时可以近似认为这对偶极子相互抵消，但是在分析系统的稳态性能时，要考虑所有闭环零、极点的影响，不能忽略像偶极子这样的零、极点对消的影响。

4.6　基于 Matlab 的控制系统根轨迹分析

Matlab 控制系统工具箱提供了函数 rlocus（ ）用来绘制系统的根轨迹，它既可以用于连续时间系统也可以用于离散时间系统。该命令的两种基本形式为

rlocus（num，den），　　　　rlocus（num，den，k）

应用举例如下。

例 4-15　设控制系统的开环传递函数 $G(s)=\dfrac{k(s+1)}{s^2(s+a)}$，试完成：

1）画出 $a=10$、9、8、3 时的根轨迹。

2）比较不同 a 时的根轨迹，能得出什么结论？

解　Matlab 程序代码如下。

```
num=[1 1];
den1=conv([1 0 0],[1 10]);
den2=conv([1 0 0],[1 9]);
den3=conv([1 0 0],[1 8]);
```

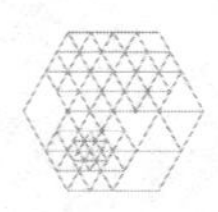


```
den4=conv([1 0 0],[1 3]);
figure(1)
subplot(2,2,1)%将界面划分为 2*2 的区块,并在第一个区块内作图
rlocus(num,den1);
axis([-10 0 -4 4])%定义坐标轴区间,x:[-10,0],y:[-4,4]
title('a=10')%定义图表名称:a=10
subplot(2,2,2);
rlocus(num,den2)
axis([-9 0 -4 4])
title('a=9')
subplot(2,2,3)
rlocus(num,den3);
axis([-8 0 -4 4])
title('a=8')
subplot(2,2,4)
rlocus(num,den4);
axis([-8 0 -4 4])
title('a=3')
```

运行结果见图 4-27。

由图 4-27 四个图可见，极点向右移动相当于某些惯性或振荡环节的时间常数增大，根轨迹右移，系统的稳定性变差。

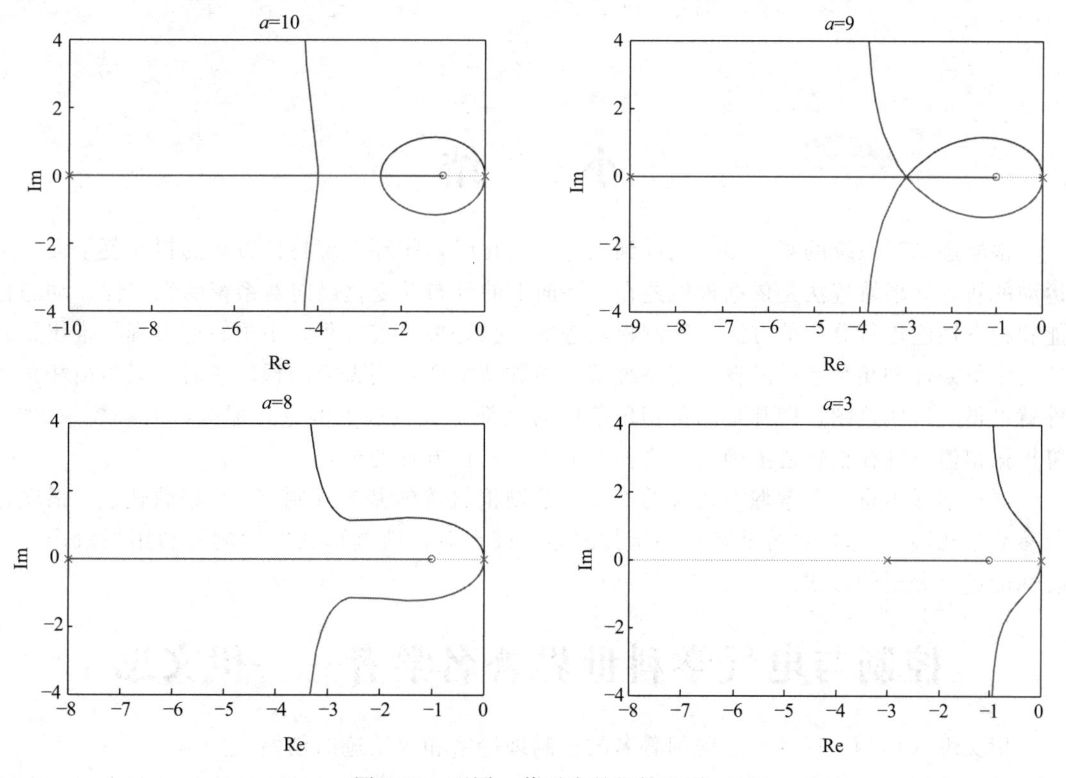

图 4-27 不同 a 值对应的根轨迹图

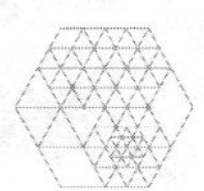

例 4-16 负反馈控制系统的开环传递函数 $G(s)H(s)=\dfrac{k}{s(s+2.73)(s^2+2s+2)}$，试作出该系统根轨迹图。

解 Matlab 程序代码如下。

```
    num=[1];
    den=[conv([1 0],conv([1 2.73],[1 2 2]))];
rlocus(num,den)
grid on
```

运行结果见图 4-28。

由图 4-28 可见：当 $k=7.23$ 时，系统为临界稳定；当 $0<k\leqslant7.23$ 时，系统稳定；当 $k>7.23$ 时，系统不稳定。

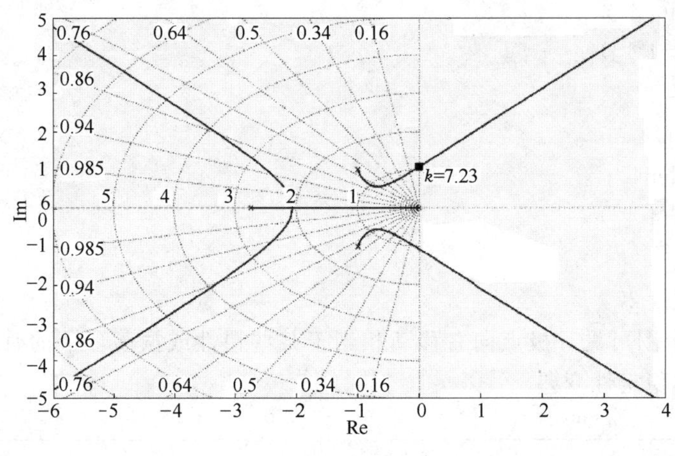

图 4-28 根轨迹图

小 结

根轨迹是当系统的某一参数从零到无穷大变化时，闭环系统特征方程的根在复平面 s 上运动的轨迹。根轨迹法是依据根轨迹在 s 平面上的分布及变化趋向对系统的稳定性、动态性能和稳态性能进行分析的方法。绘制根轨迹的依据是根轨迹方程，由根轨迹方程可推出根轨迹的幅值条件和相角条件。在绘制系统某一参数从零变化到无穷的根轨迹时，只需由相角条件就可得到根轨迹图，即凡是满足相角条件的点都是根轨迹上的点。那么，当参数一定时，可根据幅值条件在根轨迹上确定与之相应的点（特征方程的根）。

通过学习本章，要掌握根轨迹的概念，绘制根轨迹的基本规则（180°根轨迹、0°根轨迹及参数根轨迹），增加系统开环传递函数的零、极点对根轨迹形状的影响及利用根轨迹对系统性能进行分析的方法。

控制与电气学科世界著名学者——伊文思

伊文思（1920—1999）是美国著名的控制理论家和根轨迹的创始人。

在经典控制理论中，根轨迹法占有十分重要的地位，它同时域法、频域法可称是三分天

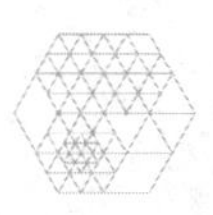

下。伊文思所从事的飞机导航和控制领域中，涉及许多动态系统的稳定性问题。麦克斯韦和劳斯曾做过对特征方程根的研究工作。但伊文思另辟新径，利用系统参数变化时特征方程根的变化轨迹来研究系统的性能，开创了新的思维和研究方法。伊文思的根轨迹方法一提出即受到控制领域学者的广泛重视，并应用至今。

由于在控制领域的突出贡献，伊文思于 1987 年获得了美国机械工程师学会 Rufus Oldenburger 奖章，1988 年获得了美国控制学会 Richard E. Bellman Control Heritage 奖章。

思维导图

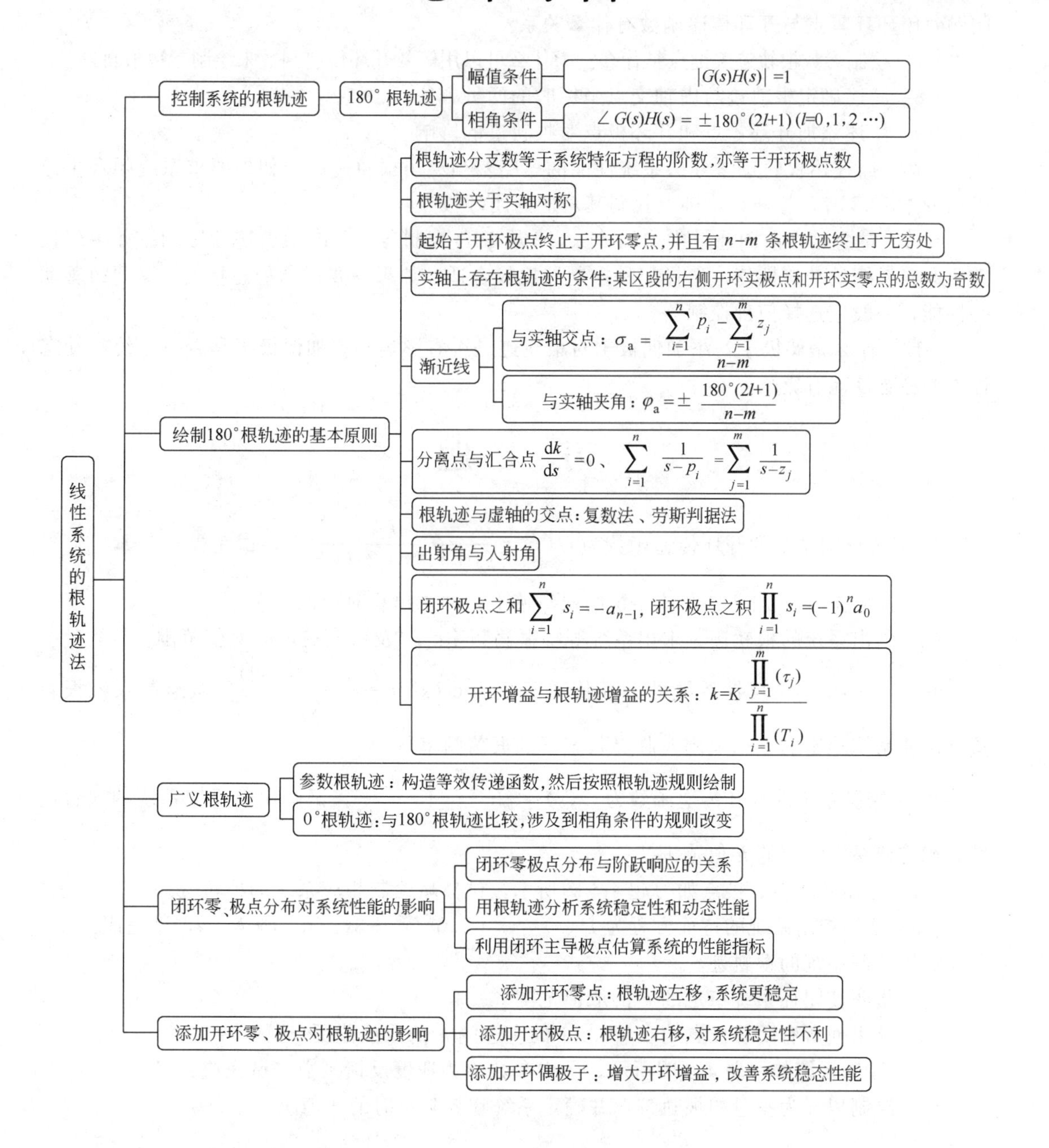

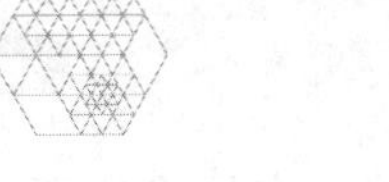

思　考　题

4-1　什么是根轨迹？简述发明根轨迹的背景及意义。

4-2　180°和0°根轨迹的幅值条件和相角条件各是什么？

4-3　为什么说相角条件是判断平面上某点是否在根轨迹上的充要条件？幅值条件在根轨迹分析中到什么作用？

4-4　试简述画180°根轨迹的10条规则，画0°根轨迹的10条规则。

4-5　根轨迹增益k和开环放大倍数K各自是怎么定义的，两者之间的关系如何？

4-6　在根轨迹分析中主要研究闭环极点随某参数的变化轨迹，为什么不研究闭环零点问题？闭环环零点与开环传递函数有什么关系？

4-7　绘制参数根轨迹关键点是什么？为什么可以用等效开环传递函数来绘制参数根轨迹？

4-8　简述确定根轨迹与虚轴交点坐标时的两种方法。

4-9　简述添加开环零点和开环极点对根轨迹的影响。

4-10　简述用根轨迹法分析系统性能的思路？当绘出根轨迹后，如果要求系统闭环主导极点的$\xi=0.707$，怎样在轨迹上找到其对应的闭环极点？

4-11　试总结在前向通道中增加PD、PI或PID控制器对系统根轨迹的影响。如果仅仅需要改善系统的动态性能，选择何种控制器比较合适？如果既要提高稳态精度，又要改善动态性能，一般应选择何种控制器？

4-12　什么是偶极子？添加偶极子对根轨迹是否有影响？添加偶极子是否对系统的动态性能和稳态性能有影响？

习　　题

4-1　负反馈系统的开环传递函数为$G(s)=\dfrac{k}{(s+1)(s+2)(s+4)}$，试完成：

（1）证明$s_1=-1+\mathrm{j}\sqrt{3}$在该系统的根轨迹上，并求出相对应的$k$值。

（2）画出系统的根轨迹，求出系统等幅振荡频率，以及系统稳定的k值范围。

4-2　已知单位负反馈系统的开环传递函数为$G(s)=\dfrac{k(s^2+2s+2)}{s^3}$，试绘制系统根轨迹，求使系统稳定的$k$值范围及临界状态下的振荡频率。

4-3　控制系统的开环传递函数为$G(s)=\dfrac{k(s+1)}{s^2(s+2)(s+4)}$，试画出负反馈系统的根轨迹图，确定使系统稳定的$k$值范围。

4-4　已知开环零、极点如习题4-4图所示，试概略绘制相应系统的根轨迹。

4-5　已知控制系统的特征方程为$D(s)=(s+1.5)(s^2+3s+4.5)+k=0$，试完成：

（1）绘制系统的根轨迹。

（2）指明使闭环系统稳定的k的取值范围。

（3）求出使所有闭环极点均在$s=-1$的左边的k的取值范围。

4-6　控制系统如习题4-6图所示，图中参数τ为速度反馈系数。试完成：

（1）绘制以τ为参量的根轨迹，并确定系统临界阻尼时的τ值。

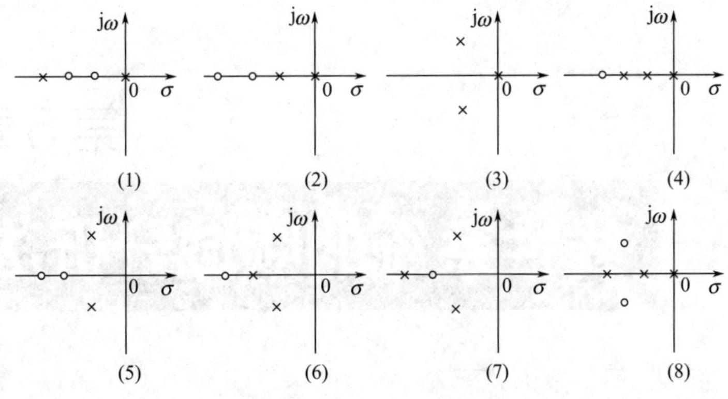

习题 4-4 图　开环零、极点分布图

（2）欲使系统的单位阶跃响应的超调量 $\sigma_p \leqslant 16.3\%$，试从根轨迹上确定 τ 应取的值和闭环极点。

4-7　单位反馈控制系统如习题 4-7 图所示，试绘制以 k 和 α 为参变量的根轨迹。

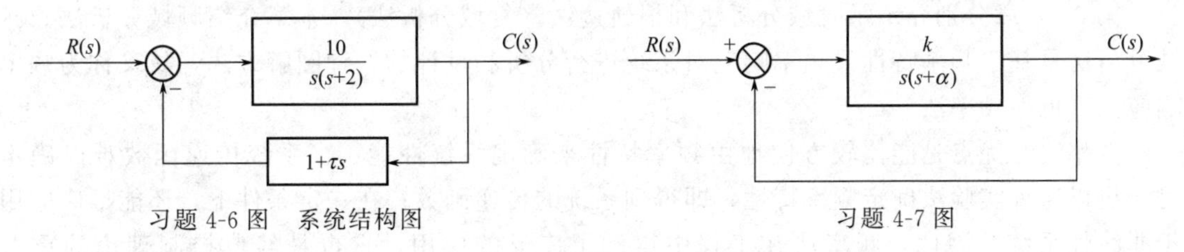

习题 4-6 图　系统结构图

习题 4-7 图

4-8　系统结构如习题 4-8 图所示，试绘制参数变化时根轨迹的大致图形，并由根轨迹图完成下述问题：

（1）确定系统临界稳定时的 a 值及在稳定范围内 a 值的取值范围。

（2）确定系统阶跃响应无超调时 a 的取值范围。

（3）确定系统阶跃响应有超调时 a 的取值范围。

（4）系统出现等幅振荡时的振荡频率。

4-9　设系统开环传递函数为 $G(s)H(s)=\dfrac{20}{(s+4)(s+b)}$，试画出 b 从零变化到无穷时的根轨迹图。

4-10　设系统开环传递函数为 $G(s)H(s)=\dfrac{k}{s(s+1)(s+2)}$，试分别画出负反馈系统和正反馈系统时的根轨迹，并加以对比分析。

4-11　系统结构如习题 4-11 图所示，试完成：

（1）绘出 k 从 $-\infty$ 变化 $+\infty$ 时的根轨迹图。

（2）确定系统稳定时的最小阻尼比。

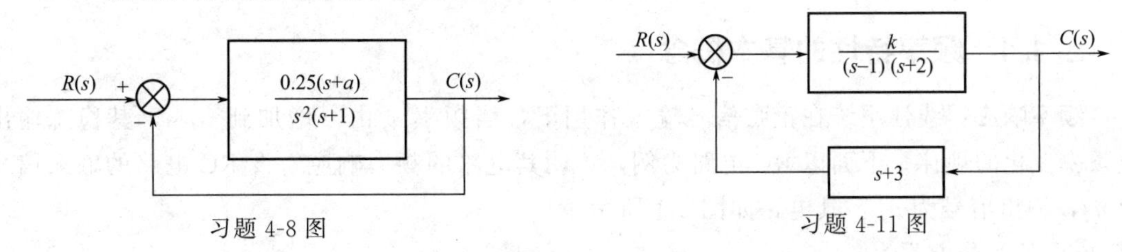

习题 4-8 图

习题 4-11 图

第5章 线性系统的频域分析法

第 3、4 章分别介绍了时域分析法和根轨迹法（复域分析法），本章介绍频域分析法。频域分析法是基于频率特性或频率响应对系统进行分析和设计的一种图解方法，故又称为频率响应法，也称频率法。

频率法的优点是能比较方便地由频率特性来确定系统性能；当系统传递函数难以确定时，可以通过实验法确定频率特性，即得到系统的传递函数；在一定条件下，还能推广应用于非线性系统。因此，频率法在工程中得到了广泛的应用，它也是经典控制理论的重要内容。

本章将介绍频率响应、频率特性的概念、频率持性曲线的绘制方法，研究频域稳定判据和频域性能指标的估算等。控制系统的频域校正问题，将在第 6 章介绍。

【本章重点】

1）正确理解频率特性的概念，频率特性与传递函数的关系；

2）熟练掌握典型环节的频率特性，由开环系统传递函数能熟练绘制出其对数频率特性图示和幅相图（奈奎斯特曲线）；

3）熟练运用奈奎斯特稳定判据进行稳定性分析；

4）由最小相位系统的频率特性求出系统的开环传递函数；

5）理解相对稳定性的概念，掌握稳定裕度的计算；

6）掌握最小相位系统时域指标与频域指标的关系。

5.1 频率特性的基本概念和表示方法

5.1.1 频率特性的基本概念

频率响应：线性系统在正弦信号输入作用下，当频率 ω 由 0 增加到 $+\infty$，其稳态输出随频率变化的规律。下面以 RC 电路为例，说明其电路的频率响应。设 RC 电路的输入信号为 u_i，输出信号为 u_o，其电路如图 5-1 所示。

RC 电路的微分方程为 $$u_i(t)=Ri(t)+u_o(t)$$

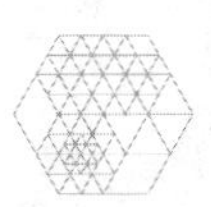
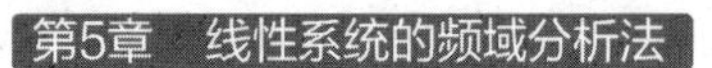

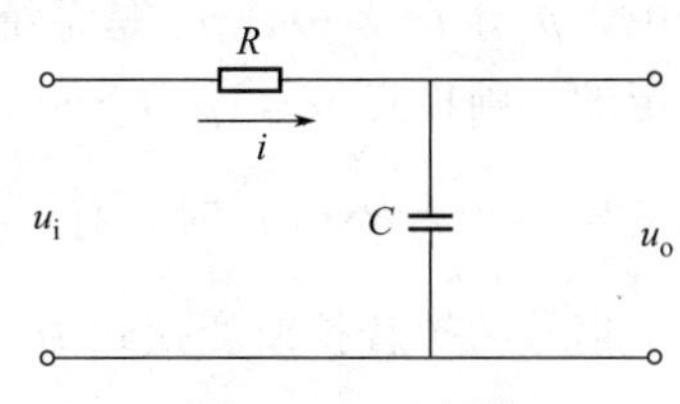

图 5-1 RC 电路

$$i(t)=c\frac{\mathrm{d}u_o(t)}{\mathrm{d}t} \tag{5-1}$$

从以上两式消去中间变量 $i(t)$ 后可得

$$T\frac{\mathrm{d}u_o(t)}{\mathrm{d}t}+u_o(t)=u_i(t) \tag{5-2}$$

式中 $T=RC$，对上式进行拉普拉斯变换，可以求得此电路的传递函数

$$G(s)=\frac{U_o(s)}{U_i(s)}=\frac{1}{Ts+1} \tag{5-3}$$

当输入为正弦电压信号时　　$u_i=U_{1m}\sin\omega t$，$U_i(s)=\dfrac{U_{1m}\omega}{s^2+\omega^2}$

由式（5-3）可得电路的输出电压为　$U_o(s)=\dfrac{1}{Ts+1}\times\dfrac{U_{1m}\omega}{s^2+\omega^2}$

对上式进行拉普拉斯反变换得

$$u_o(t)=\frac{U_{1m}T\omega}{1+T^2\omega^2}\mathrm{e}^{-\frac{t}{T}}+\frac{U_{1m}}{\sqrt{1+T^2\omega^2}}\sin(\omega t-\arctan\omega T) \tag{5-4}$$

上式中，第一项是输出的暂态分量，第二项是输出的稳态分量。当时间 $t\to\infty$ 时，暂态分量趋近于零，所以上述电路的稳态分量为

$$u_o(t)=\frac{U_{1m}}{\sqrt{1+T^2\omega^2}}\sin(\omega t-\arctan\omega T)=U_{1m}A(\omega)\sin[\omega t+\varphi(\omega)] \tag{5-5}$$

对 $G(s)$ 做变量代换 $s=\mathrm{j}\omega$，得到电路的频率特性

$$G(\mathrm{j}\omega)=\frac{1}{1+\mathrm{j}T\omega}=\frac{1}{\sqrt{1+T^2\omega^2}}\angle-\arctan\omega T=A(\omega)\angle\varphi(\omega) \tag{5-6}$$

其中幅频特性　　$A(\omega)=|G(\mathrm{j}\omega)|=\dfrac{1}{\sqrt{1+T^2\omega^2}}$

相频特性　　$\varphi(\omega)=\angle G(\mathrm{j}\omega)=-\arctan\omega T$

由此可见，一个稳定的线性定常系统，在正弦输入信号作用下，其输出量在稳态时也是一个与输入信号同频率的正弦信号。输出信号的振幅和相位是不同于输入信号的振幅和相位的频率函数，如图 5-2 所示。

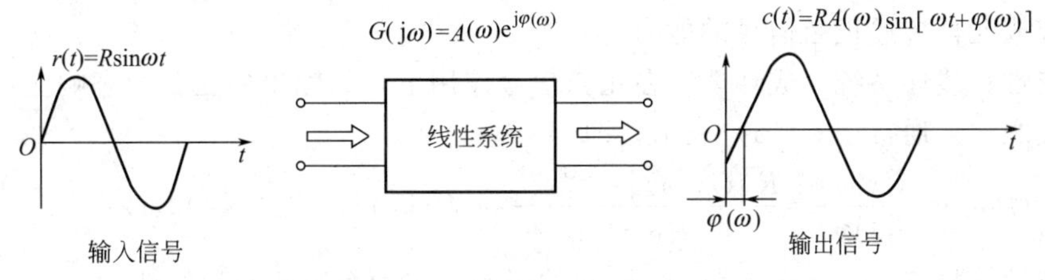

图 5-2　频率响应示意图

上述结论，除了用实验方法说明外，还可以从理论上给予证明，证明如下。

设线性定常系统的传递函数可以表示为

$$G(s)=\frac{C(s)}{R(s)}=\frac{b_m s^m+b_{m-1}s^{m-1}+\cdots+b_1 s^1+b_0}{a_n s^n+a_{n-1}s^{n-1}+\cdots+a_1 s+a_0}=\frac{M(s)}{D(s)} \tag{5-7}$$

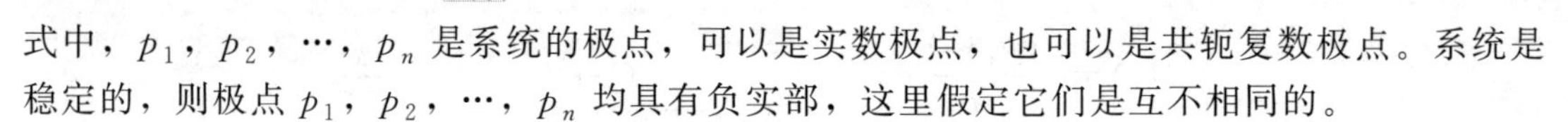

式中，p_1，p_2，…，p_n 是系统的极点，可以是实数极点，也可以是共轭复数极点。系统是稳定的，则极点 p_1，p_2，…，p_n 均具有负实部，这里假定它们是互不相同的。

当信号 $r(t)=R\sin\omega t$ 时，有 $\qquad R(s)=\dfrac{R\omega}{(s+\mathrm{j}\omega)(s-\mathrm{j}\omega)}$

输出信号的拉普拉斯变换式为

$$\begin{aligned}C(s)=G(s)R(s)&=\frac{M(s)}{(s-p_1)(s-p_2)\cdots(s-p_n)}\frac{R\omega}{(s+\mathrm{j}\omega)(s-\mathrm{j}\omega)}\\&=\frac{a_1}{s+\mathrm{j}\omega}+\frac{a_2}{s-\mathrm{j}\omega}+\frac{b_1}{s-p_1}+\frac{b_2}{s-p_2}+\cdots\frac{b_n}{s-p_n}\end{aligned}\tag{5-8}$$

式中，a_1，a_2 及 b_1，b_2，…，b_n 均为待定系数。

对式（5-8）进行拉普拉斯反变换，可得系统对正弦输入信号的响应为

$$c(t)=a_1\mathrm{e}^{-\mathrm{j}\omega t}+a_2\mathrm{e}^{\mathrm{j}\omega t}+\sum_{i=1}^{n}b_i\mathrm{e}^{p_it}\tag{5-9}$$

p_i 具有负实部，$\lim\limits_{t\to\infty}e^{p_it}=0$。因此，当 $t\to\infty$，输出的稳态分量 $c_{ss}(t)$ 为

$$c_{ss}(t)=\lim_{t\to\infty}c(t)=a_1\mathrm{e}^{-\mathrm{j}\omega t}+a_2\mathrm{e}^{\mathrm{j}\omega t}\tag{5-10}$$

由留数法可知，待定系数 a_1，a_2 为

$$a_1=G(s)\frac{R\omega}{(s+\mathrm{j}\omega)(s-\mathrm{j}\omega)}(s+\mathrm{j}\omega)\bigg|_{s=-\mathrm{j}\omega}=\frac{R}{-2\mathrm{j}}G(-\mathrm{j}\omega)=\frac{R}{-2\mathrm{j}}|G(\mathrm{j}\omega)|\mathrm{e}^{-\mathrm{j}\varphi(\omega)}\tag{5-11}$$

$$a_2=G(s)\frac{R\omega}{(s+\mathrm{j}\omega)(s-\mathrm{j}\omega)}(s-\mathrm{j}\omega)\bigg|_{s=\mathrm{j}\omega}=\frac{R}{2\mathrm{j}}G(\mathrm{j}\omega)=\frac{R}{2\mathrm{j}}|G(\mathrm{j}\omega)|\mathrm{e}^{\mathrm{j}\varphi(\omega)}\tag{5-12}$$

式中

$$\angle G(\mathrm{j}\omega)=\varphi(\omega)$$

将式（5-11）、式（5-12）代入式（5-10）中得

$$\begin{aligned}c_{ss}(t)=a_1\mathrm{e}^{-\mathrm{j}\omega t}+a_2\mathrm{e}^{\mathrm{j}\omega t}&=\frac{R}{-2\mathrm{j}}|G(\mathrm{j}\omega)|\mathrm{e}^{-\mathrm{j}[\omega t+\varphi(\omega)]}+\frac{R}{2\mathrm{j}}|G(\mathrm{j}\omega)|\mathrm{e}^{\mathrm{j}[\omega t+\varphi(\omega)]}\\&=R|G(\mathrm{j}\omega)|\frac{\mathrm{e}^{\mathrm{j}[\omega t+\varphi(\omega)]}-\mathrm{e}^{-\mathrm{j}[\omega t+\varphi(\omega)]}}{2\mathrm{j}}\end{aligned}\tag{5-13}$$

利用欧拉公式得

$$c_{ss}(t)=R|G(\mathrm{j}\omega)|\sin[\omega t+\varphi(\omega)]\tag{5-14}$$

可见对于稳定的线性定常系统，当输入信号是正弦信号 $r(t)=R\sin\omega t$ 时，其稳态输出量 $c_{ss}(t)$ 也是同一频率的正弦信号，但其振幅和相位不同。可以说，频率特性描述了不同频率下系统或元件传递正弦信号的能力。

频率特性：线性系统（或环节）在正弦信号作用下，其输出的正弦稳态响应与输入正弦信号的复数之比。通常用 $G(\mathrm{j}\omega)$ 表示，即

$$G(\mathrm{j}\omega)=\frac{C(\mathrm{j}\omega)}{R(\mathrm{j}\omega)}=\frac{R|G(\mathrm{j}\omega)|\mathrm{e}^{\mathrm{j}\angle G(\mathrm{j}\omega)}}{R\mathrm{e}^{\mathrm{j}\angle 0}}=|G(\mathrm{j}\omega)|\mathrm{e}^{\mathrm{j}\angle G(\mathrm{j}\omega)}=A(\omega)\mathrm{e}^{\mathrm{j}\angle\varphi(\omega)}\tag{5-15}$$

幅频特性：幅值 $A(\omega)=|G(\mathrm{j}\omega)|$ 是 ω 的函数，称为系统的幅频特性。

相频特性：相角 $\varphi(\omega)=\angle G(\mathrm{j}\omega)$ 是 ω 的函数，称为系统的相频特性。

频率特性包含其幅频特性和相频特性。频率特性表示了线性定常系统或环节在稳态情况下，输出、输入正弦函数信号间的一种数学关系。频率特性虽然表达的是频率响应的稳态特性，但包含了系统的全部动态结构参数，反映了系统的内在性质，即当频率 ω 由 $0\to\infty$ 的稳态特性，反映了系统的全部动态性能。

若已知系统的传递函数 $G(s)$，只要将复变量 s 用 $j\omega$ 代替，就可直接得到系统的频率特性 $G(j\omega)$

$$G(j\omega)=G(s)\big|_{s=j\omega} \tag{5-16}$$

频率特性就是在 $s=j\omega$ 时的传递函数，它和微分方程以及传递函数一样，是系统或环节的一种数学模型，也描述了系统的运动规律及其性能。这就是频率响应法能够从频率特性出发去研究系统的理论依据。频率特性、微分方程和传递函数，这三种数学模型之间的关系如图 5-3 所示。

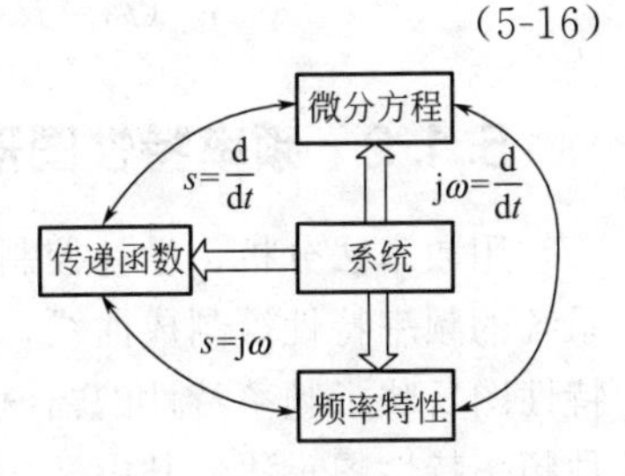

图 5-3　线性系统三种数学模型之间的关系

频率特性 $G(j\omega)$ 是一复变量，除了写成指数形式外，还可用实部和虚部形式来描述，即

$$G(j\omega)=P(\omega)+jQ(\omega) \tag{5-17}$$

$P(\omega)$ 为频率特性 $G(j\omega)$ 的实部，称为**实频特性**；$Q(\omega)$ 为 $G(j\omega)$ 的虚部，称为**虚频特性**。

$$A(\omega)=|G(j\omega)|=\sqrt{P^2(\omega)+Q^2(\omega)}$$

$$\varphi(\omega)=\angle G(j\omega)=\begin{cases}\arctan\dfrac{Q(\omega)}{P(\omega)}, P(\omega)>0\\ \pi-\arctan\dfrac{Q(\omega)}{P(\omega)}, P(\omega)<0\end{cases}$$

一般取 $-180°<\varphi(\omega)\leqslant 180°$。

例 5-1　某系统结构如图 5-4 所示，试根据频率特性的物理意义，求 $r(t)=\sin 2t$ 输入信号作用时，系统的稳态输出 $c(t)$ 和稳态误差 $e_{ss}(t)$。

解　系统闭环传递函数为　$\Phi(s)=\dfrac{C(s)}{R(s)}=\dfrac{G(s)}{1+G(s)}=\dfrac{\frac{1}{s+1}}{1+\frac{1}{s+1}}=\dfrac{1}{s+2}$

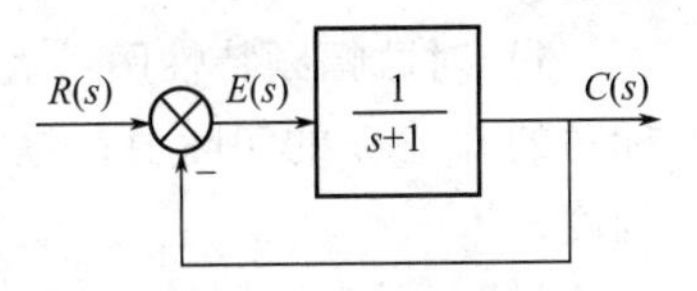

图 5-4　系统结构图

频率特性为 $\Phi(j\omega)=\dfrac{1}{j\omega+2}=\dfrac{1}{\sqrt{4+\omega^2}}\angle-\arctan\dfrac{\omega}{2}$

当 $r(t)=\sin 2t$，振幅 $R=1$，频率 $\omega=2$ 时

$$A(\omega)\big|_{\omega=2}=\frac{1}{\sqrt{4+\omega^2}}=\frac{1}{\sqrt{8}}=\frac{\sqrt{2}}{4},\quad \varphi(\omega)\big|_{\omega=2}=-\arctan\frac{\omega}{2}=-45°$$

$$c_{ss}(t)=RA(\omega)\sin[\omega t+\varphi(\omega)]=\frac{\sqrt{2}}{4}\sin(2t-45°)$$

误差传递函数为　$\Phi_e(s)=\dfrac{E(s)}{R(s)}=\dfrac{1}{1+G(s)}=\dfrac{1}{1+\frac{1}{s+1}}=\dfrac{s+1}{s+2}$

频率特性为　$\Phi_e(j\omega)=\dfrac{j\omega+1}{j\omega+2}=\dfrac{\sqrt{\omega^2+1}}{\sqrt{\omega^2+4}}\angle\arctan\omega-\arctan\dfrac{\omega}{2}$

当 $r(t)=\sin 2t$ 时，振幅 $R=1$，频率 $\omega=2$ 时

$$A_e(\omega)=\frac{\sqrt{\omega^2+1}}{\sqrt{\omega^2+4}}=\frac{\sqrt{10}}{4},\ \phi_e(\omega)=\angle\arctan\omega-\arctan\frac{\omega}{2}=18.4°$$

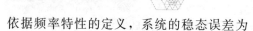

依据频率特性的定义，系统的稳态误差为

$$e_{ss}(t)=RA_e(\omega)\sin[\omega t+\phi_e(\omega)]=\frac{\sqrt{10}}{4}\sin(2t+18.4^\circ)$$

5.1.2 频率特性图形表示方法

用频率法分析、设计控制系统时，往往不是从频率特性的函数表达式出发，而是将线性系统的频率特性绘制成曲线，并根据这些曲线运用图解法对系统进行分析和研究。这些频率特性图反映了频率特性的幅值、相位与频率之间的关系。表 5-1 中给出控制工程中常见的 4 种频率特性图示法，其中 2、3 两种图示方法在实际中应用最为广泛。

表 5-1　常用频率特性曲线及其坐标

序号	名称	图形常用名	坐标系
1	幅频特性曲线 相频特性曲线	频率特性图	直角坐标
2	对数幅频特性曲线 对数相频特性曲线	对数频率特性图、伯德图	对数坐标
3	幅相频率特性曲线	极坐标图、奈奎斯特图	极坐标
4	对数幅相特性曲线	对数幅相图、尼柯尔斯图	对数幅相坐标

5.2 对数频率特性图（伯德图）

5.2.1 对数频率特性图

对数频率特性图又称为伯德（Bode）图。**伯德图由对数幅频特性图和对数相频特性图组成。**

1）对数幅频特性图：表明幅频特性与频率的关系，横坐标是频率 ω，以对数分度，但标写的却是 ω 的实际值；纵坐标 $L(\omega)=20\lg A(\omega)$，单位是分贝（dB），以分贝值作线性刻度。

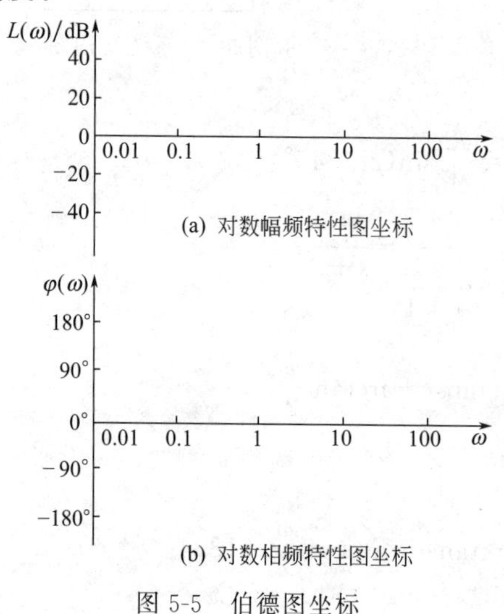

(a) 对数幅频特性图坐标

(b) 对数相频特性图坐标

图 5-5　伯德图坐标

2）对数相频特性图：表明相频特性与频率的关系，横坐标是频率 ω，以对数分度；纵坐标是相角，用 $\varphi(\omega)$ 或者 $\angle G(j\omega)$ 表示，单位是度（°）或弧度（rad），纵坐标是线性刻度的。

画伯德图时，两幅图经常按频率上下对齐，因此容易看出同一角频率时的幅值和相位。伯德图坐标如图 5-5 所示。

两幅图的横坐标都是角频率 ω，单位是 rad/s（弧度/秒），采用对数分度。横轴上标示的是角频率 ω，但它的长度实际上是按 $\lg\omega$ 来刻度的，对数分度值见表 5-2，对数横坐标刻度如图 5-6 所示。坐标轴任意两点 ω_1 和 ω_2（设 $\omega_2>\omega_1$）之间的距离为 $\lg\omega_2-\lg\omega_1$，而不是 $\omega_2-\omega_1$。由 ω 变到 10ω

的频带宽度称为10倍频程，记为dec。每个dec沿着走过的间距为一个单位长度。由于lg0 $=-\infty$，所以横轴上没有频率为0的点。具体作图时，横坐标轴的最低频率要根据所研究的频率范围选定。

表5-2　对数分度值

ω	1	2	3	4	5	6	7	8	9	10
$\lg\omega$	0	0.301	0.477	0.602	0.699	0.778	0.845	0.903	0.954	1

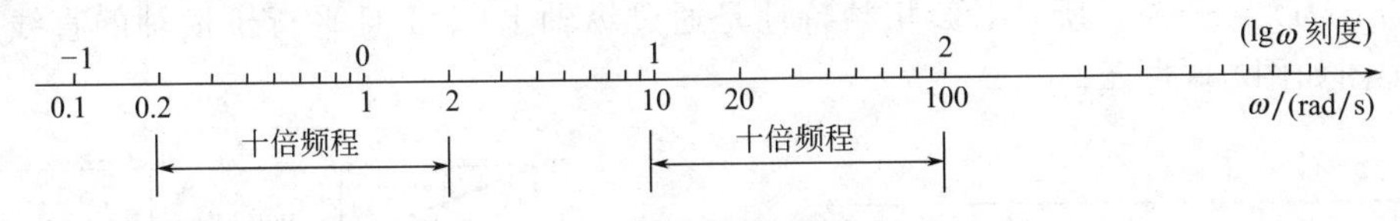

图5-6　对数坐标刻度图

由于纵坐标是线性分度，横坐标是对数分度，由此构成的坐标系称为半对数坐标系，所以对数频率特性图是绘制在半对数坐标系上。

采用对数坐标图的优点较多，主要表现在以下几个方面：

1）横坐标采用对数刻度，相对展宽了低频、压缩了高频。因此可以在较大频率范围内反映频率特性的变化。

2）便于利用对数运算可将幅值的乘除运算化为加减运算。当绘制由多个环节串联而成的系统的对数幅频特性曲线时，只要将各环节的对数幅频特性叠加起来即可，从而简化了作图的过程。

3）若将实验所得的频率特性数据整理并用分段直线画出对数频率特性，则很容易写出实验对象的频率特性或传递函数。

5.2.2　典型环节对数频率特性图

(1) 比例环节

传递函数为　$$G(s)=K$$

频率特性为　$$G(j\omega)=K$$

对数幅频特性为　$$L(\omega)=20\lg|G(j\omega)|=20\lg K$$

对数相频特性为　$$\varphi(\omega)=\angle G(j\omega)=0°$$

比例环节的伯德图见图5-7。对数幅频特性是平行于横轴的直线，经过纵坐标轴上的 $20\lg K$（dB）点。当 $K>1$ 时，直线位于横轴上方；当 $K<1$ 时，直线位于横轴下方。对数相频特性是与横轴相重合的直线（零度直线）。改变 K 值，对数幅频特性图中的直线 $20\lg K$ 向上或向下平移，但对数相频特性不改变。

(2) 积分环节

传递函数为　$$G(s)=\frac{1}{s}$$

频率特性为　$$G(j\omega)=\frac{1}{j\omega}=\frac{1}{\omega}e^{-j90°}$$

对数幅频特性为　$$L(\omega)=20\lg|G(j\omega)|=20\lg\frac{1}{\omega}=-20\lg\omega$$

对数相频特性为　$$\varphi(\omega)=\angle G(j\omega)=-90°$$

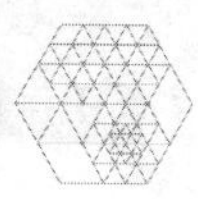

横坐标实际上是 $\lg\omega$，把 $\lg\omega$ 看成是横轴的自变量，而纵轴是函数 $L(\omega)=-20\lg\omega$，因此积分环节的对数幅频特性曲线是一条斜率为-20dB/dec 的直线。当 $\omega=1$ 时，$L(\omega)=0$，所以该直线在 $\omega=1$ 处穿越横轴（或称 0dB 线）。由于

$$20\lg\frac{1}{10\omega}-20\lg\frac{1}{\omega}=-20\lg 10\omega+20\lg\omega=-20\text{dB}$$

在该直线上，当频率由 ω 增大到 10ω 时，纵坐标的数值减少 20dB，因此记其斜率为-20dB/dec。于是积分环节的对数幅频特性是过（1，0）点斜率为-20dB/dec 的斜直线。

因为 $\varphi(\omega)=-90°$，所以对数相频特性是通过纵轴上$-90°$且平行于横轴的直线。积分环节伯德图如图 5-8 所示。

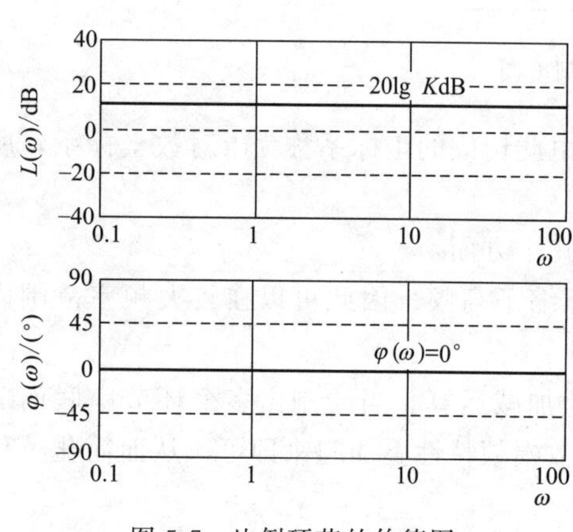

图 5-7　比例环节的伯德图

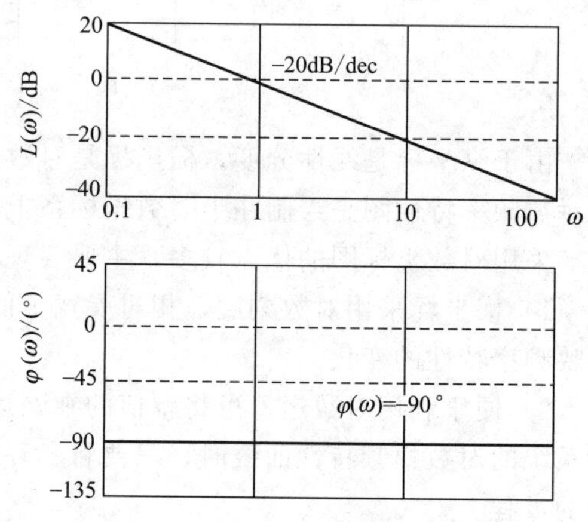

图 5-8　积分环节的伯德图

如果 v 个积分环节串联，则传递函数为

$$G(s)=\frac{1}{s^v}$$

其对数幅频特性为

$$L(\omega)=20\lg|G(j\omega)|=20\lg\frac{1}{\omega^v}=-20v\lg\omega$$

当 $\omega=1$ 时，$L(\omega)=0$ dB，所以该对数幅频特性是过（1，0）点斜率为$-20v$dB/dec 的斜直线。

相角

$$\varphi(\omega)=-90°v$$

它的对数相频特性是通过纵轴上$-90°v$ 且平行于横轴的直线。

如果一个比例环节 K 和 v 个积分环节串联，则整个环节的传递函数和频率特性分别为

$$G(s)=\frac{K}{s^v},\quad G(j\omega)=\frac{K}{j^v\omega^v}$$

对数幅频特性为 $L(\omega)=20\lg|G(j\omega)|=20\lg\dfrac{K}{\omega^v}=20\lg K-20v\lg\omega$

类似于直线方程 $y=b+kx$，对数幅频特性是通过点（1，$20\lg K$），斜率为$-20v$dB/dec 的直线。对数相频特性为 $\varphi(\omega)=-90°v$，是一条平行于横轴的直线。

(3) 惯性环节

传递函数为

$$G(s)=\frac{1}{Ts+1}$$

频率特性为

$$G(j\omega)=\frac{1}{j\omega T+1}=\frac{1}{\sqrt{1+T^2\omega^2}}\angle-\arctan T\omega$$

对数幅频特性为

$$L(\omega)=20\lg|G(\mathrm{j}\omega)|=20\lg\frac{1}{\sqrt{T^2\omega^2+1}}=-20\lg\sqrt{T^2\omega^2+1} \tag{5-18}$$

1）低频段　在 $\omega T \ll 1$，即 $\omega \ll 1/T$ 时，略去式（5-18）中的 $T^2\omega^2$，得

$$L(\omega)\approx -20\lg 1=0\mathrm{dB}$$

$L(\omega)$ 的低频渐近线是 0dB 水平线，该线与横轴重合。

2）高频段　在 $\omega T \gg 1$，即 $\omega \gg 1/T$ 时，略去式（5-18）中的 1，得

$$L(\omega)\approx -20\lg T\omega=-20\lg T-20\lg\omega$$

当 $\omega=1/T$ 时，$L(\omega)=0\mathrm{dB}$；当 $\omega=10/T$ 时，$L(\omega)=-20\mathrm{dB}$。表明 $L(\omega)$ 高频渐近线是一条经过点（$1/T$，0）斜率为 $-20\mathrm{dB/dec}$ 的直线。

惯性环节的渐近对数幅频特性为

$$L_a(\omega)=\begin{cases}0, & \omega\leqslant\dfrac{1}{T}\\ -20\lg T\omega, & \omega\geqslant\dfrac{1}{T}\end{cases}$$

两条直线的交点频率 $\omega_n=1/T$，为转折频率，在绘制渐近对数幅频特性时，它是一个重要参数。

渐近特性曲线和精确特性曲线相比，存在误差，误差表达式为

$$\Delta L(\omega)=L(\omega)-L_a(\omega)=\begin{cases}-20\lg\sqrt{T^2\omega^2+1}, & \omega\leqslant\dfrac{1}{T}\\ -20\lg\sqrt{T^2\omega^2+1}+20\lg T\omega, & \omega\geqslant\dfrac{1}{T}\end{cases} \tag{5-19}$$

误差最大值出现在转折频率 $\omega_n=1/T$ 处，其数值为 $\Delta L(\omega)=-20\lg\sqrt{2}=-3.01$

图 5-9 为惯性环节伯德图。一般情况下，工程上采用渐近特性曲线，若要求曲线精度高时，可画出渐近特性曲线，然后按式（5-18）或表 5-3 中的数值进行修正。

表 5-3　惯性环节渐近对数幅频特性误差表

ωT	0.1	0.25	0.4	0.5	1.0	2.0	2.5	4.0	10
误差 dB	−0.04	−0.26	−0.65	−1.0	−3.01	−1.0	−0.65	−0.26	−0.04

对数相频特性为 $\varphi(\omega)=-\arctan T\omega$

当 $\omega\to 0$ 时，$\varphi(\omega)\to 0°$；当 $\omega=1/T$ 时，$\varphi(\omega)=-45°$；当 $\omega\to\infty$时，$\varphi(\omega)\to -90°$。

相角和频率是反正切函数，相角对于转折点（$1/T$，$-45°$）是斜对称的，相频特性曲线如图 5-9 所示。

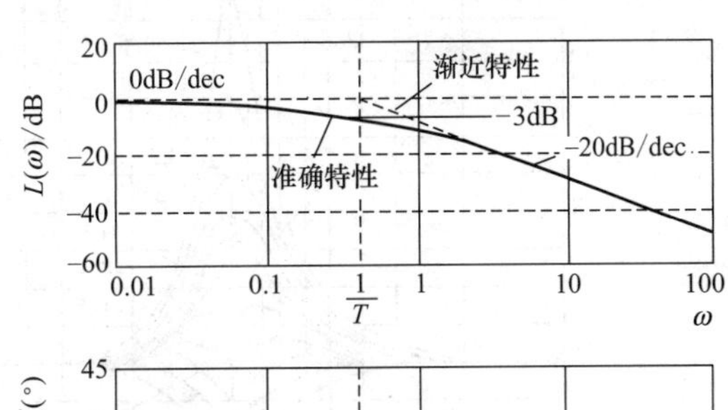

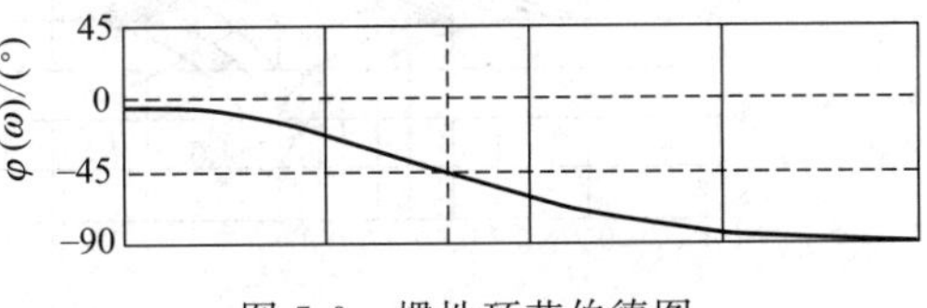

图 5-9　惯性环节伯德图

（4）振荡环节

传递函数为 $G(s)=\dfrac{1}{T^2s^2+2\xi Ts+1}$

频率特性为 $G(\mathrm{j}\omega)=\dfrac{1}{1-T^2\omega^2+\mathrm{j}2\xi T\omega}$

对数幅频特性为

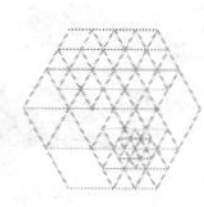

$$L(\omega)=20\lg|G(j\omega)|=20\lg A(\omega)=20\lg\frac{1}{\sqrt{(1-T^2\omega^2)^2+(2\xi T\omega)^2}} \tag{5-20}$$

1）低频段　在 $\omega T\ll 1$，即 $\omega\ll 1/T$ 时，式（5-20）略去 $T^2\omega^2$ 及 $2\xi T\omega$ 项，得

$$L(\omega)\approx -20\lg 1=0\text{dB}$$

$L(\omega)$ 的低频渐近线是 0dB 水平线，该线与横轴重合。

2）高频段　在 $\omega T\gg 1$，即 $\omega\gg 1/T$ 时，式（5-20）略去 1 和 $2\xi T\omega$，可得

$$L(\omega)\approx -20\lg T^2\omega^2=-40\lg T\omega=-40\lg T-40\lg\omega \tag{5-21}$$

当 $\omega=1/T$ 时，$L(\omega)=0$dB；当 $\omega=10/T$ 时，$L(\omega)=-40$dB。表明 $L(\omega)$ 高频渐近线是一条经过点（$1/T$，0）斜率为 -40dB/dec 的直线。

振荡环节渐近对数幅频特性为

$$L_a(\omega)=\begin{cases}0, & \omega\leqslant\dfrac{1}{T}\\ -40\lg T\omega, & \omega\geqslant\dfrac{1}{T}\end{cases}$$

振荡环节对数幅频特性是角频率 ω 和阻尼比 ξ 的二元函数，它的精确曲线较复杂。渐近对数幅频特性，并没有考虑阻尼比 ξ 的影响，但精确的对数幅频特性是和 ξ 有关的，在 ω_n 处的值为 $-20\lg 2\xi$。渐近特性曲线和准确特性曲线相比，存在误差，误差表达式为

$$\Delta L(\omega)=L(\omega)-L_a(\omega)=\begin{cases}-20\lg\sqrt{(1-T^2\omega^2)^2+(2\xi T\omega)^2}, & \omega\leqslant\dfrac{1}{T}\\ -20\lg\sqrt{(1-T^2\omega^2)^2+(2\xi T\omega)^2}+40\lg T\omega, & \omega\geqslant\dfrac{1}{T}\end{cases} \tag{5-22}$$

根据式（5-22）绘出的振荡环节的误差曲线如图 5-10（a）所示，可利用图 5-10（a）对渐近线进行修正，得到实际的对数幅频特性曲线如图 5-10（b）所示。阻尼比 ξ 越小，误差越大；和惯性环节一样，误差较大的范围在 $0.1\omega_n\sim 10\omega_n$ 内，可以在此频率范围内对渐近直线进行修正得到实际的对数频率特性。

由误差曲线可以看到，当 ξ 较小，即 $\xi<0.707$ 时，在 $\omega=\omega_n$ 的附近将出现谐振峰值，ξ 越小谐振峰值越大。谐振峰值对应的频率称为谐振频率。

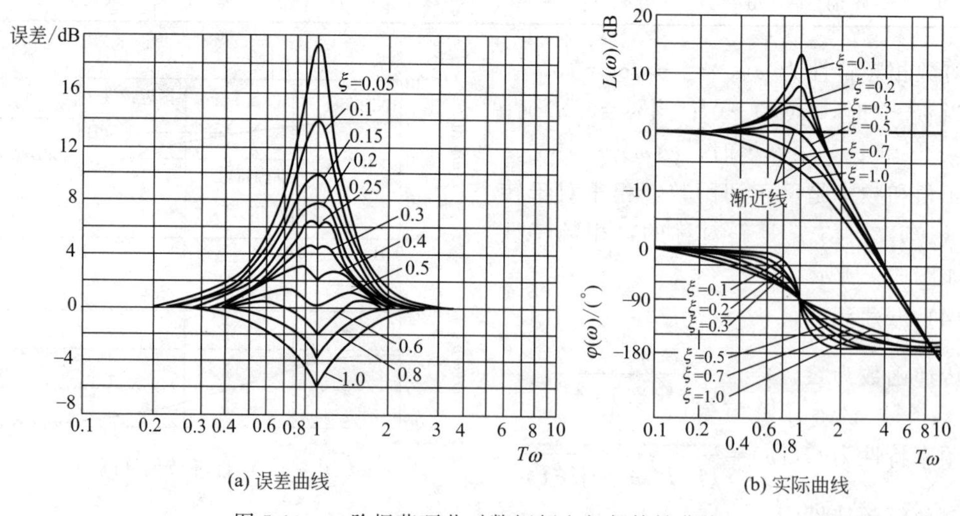

图 5-10　二阶振荡环节对数幅频和相频特性曲线

令
$$\frac{\mathrm{d}A(\omega)}{\mathrm{d}\omega}=\frac{4(1-T^2\omega^2)T^2\omega+8\xi^2T^2\omega}{-2[(1-T^2\omega^2)^2+(2\xi T\omega)^2]^{\frac{3}{2}}}=0$$

求得谐振频率

$$\omega_r=\omega_n\sqrt{1-2\xi^2},\ \xi<0.707 \tag{5-23}$$

将 ω_r 代入 $A(\omega)$ 中得谐振峰值 $$A(\omega_r)=\frac{1}{2\xi\sqrt{1-\xi^2}},\ \xi<0.707$$

$$L(\omega_r)=20\lg A(\omega_r)=20\lg\frac{1}{2\xi\sqrt{1-\xi^2}},\ \xi<0.707$$

转折频率 ω_n 对应的 $L(\omega_n)$ 值为 $$A(\omega_n)=\frac{1}{2\xi},\ \xi<0.707$$

$$L(\omega_n)=20\lg A(\omega_n)=20\lg\frac{1}{2\xi}$$

由式（5-23）可知，当 $\xi<0.707$ 出现谐振时，$\omega_r<\omega_n$。ξ 越小 ω_r 越接近 ω_n，$\xi=0$ 时，$\omega_r=\omega_n$。对应一定的阻尼比 ξ 和无阻尼振荡频率 ω_n 下的谐振峰值等参数的二阶振荡幅频特性如图 5-11 所示。

对数相频特性为

$$\varphi(\omega)=\begin{cases}-\arctan\dfrac{2\xi T\omega}{1-T^2\omega^2}, & \omega\leqslant\dfrac{1}{T}\\ -180^\circ+\arctan\dfrac{2\xi T\omega}{T^2\omega^2-1}, & \omega>\dfrac{1}{T}\end{cases} \tag{5-24}$$

当 $\omega\to0$ 时，$\varphi(\omega)\to0^\circ$；当 $\omega=1/T=\omega_n$ 时，$\varphi(\omega)=-90^\circ$；当 $\omega\to\infty$时，$\varphi(\omega)\to-180^\circ$。

对数相频特性曲线关于（$1/T$，-90°）对称，由式（5-24）可绘出对数相频特性曲线，如图 5-10 所示。

(5) 延迟环节

传递函数为 $$G(s)=\mathrm{e}^{-\tau s}$$

频率特性为 $$G(\mathrm{j}\omega)=\mathrm{e}^{-\mathrm{j}\omega\tau}$$

对数幅频特性为 $$L(\omega)=20\lg A(\omega)=20\lg1=0\mathrm{dB}$$

对数相频特性为 $$\varphi(\omega)=-\tau\omega(\mathrm{rad})=-57.3^\circ\tau\omega$$

延迟环节对数幅频特性为零分贝线，对数相频特性与角频率 ω 成非线性变化。$\tau=0.5$ 时可绘制出延迟环节的对数频率特性图，如图 5-12 所示。如果不采取对消措施，高频时将造成严重的相位滞后。这类延迟环节通常存在于热力、液压和气动等系统中。

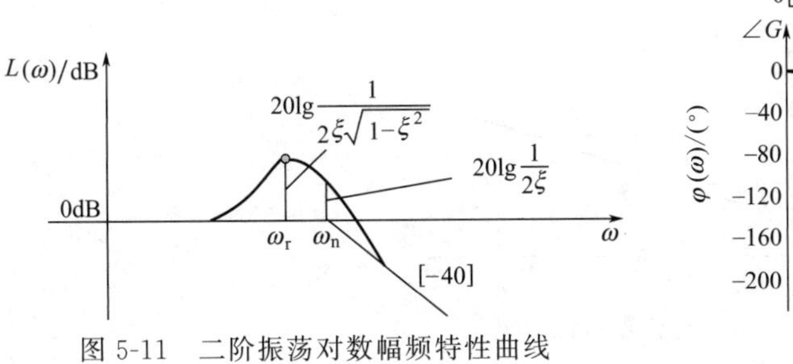

图 5-11 二阶振荡对数幅频特性曲线

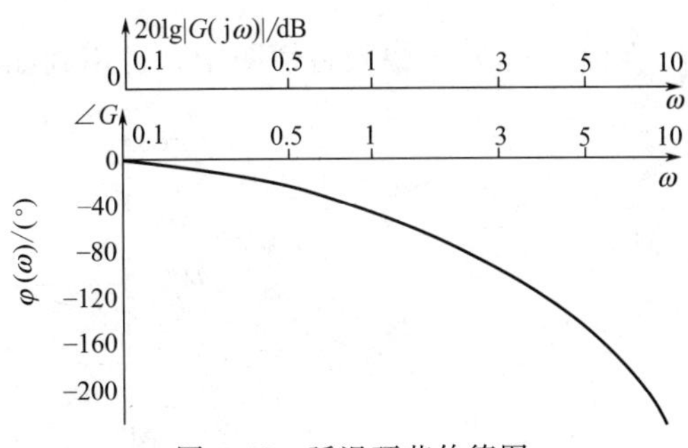

图 5-12 延迟环节伯德图

（6）微分环节 纯微分环节、一阶微分环节、二阶微分环节都属于微分环节。纯微分环节与积分环节、一阶微分环节与惯性环节、二阶微分环节与振荡环节的传递函数互为倒数，即有下述关系成立

$$G_2(s)=\frac{1}{G_1(s)}$$

设 $G_1(\mathrm{j}\omega)=A_1(\omega)\mathrm{e}^{\mathrm{j}\varphi_1(\omega)}$，则 $$A_2(\omega)=\frac{1}{A_1(\omega)},\ \varphi_2(\omega)=-\varphi_1(\omega)$$

$$L_2(\omega)=20\lg A_2(\omega)=20\lg\frac{1}{A_1(\omega)}=-L_1(\omega)$$

传递函数互为倒数的典型环节，对数幅频曲线关于 0dB 线对称，对数相频曲线关于 0° 线对称。所以纯微分环节、一阶微分环节、二阶微分环节的伯德图如图 5-13 所示。

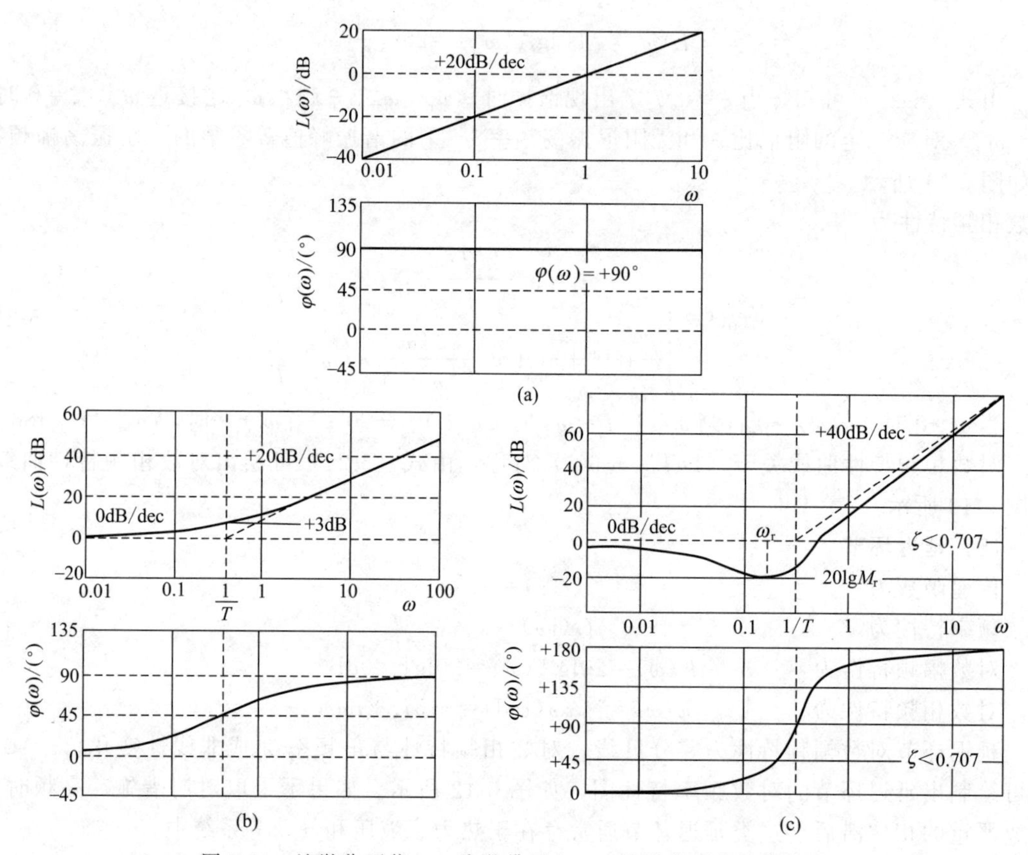

图 5-13 纯微分环节、一阶微分环节、二阶微分环节的伯德图

在图 5-14 对数幅频特性图中，常用到如下直线方程

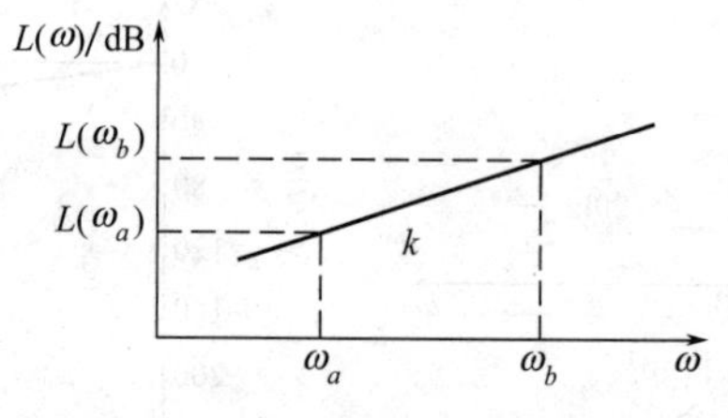

图 5-14 对数幅频特性图

$$k=\frac{L(\omega_b)-L(\omega_a)}{\lg\omega_b-\lg\omega_a} \tag{5-25}$$

式中，$[\omega_a, L(\omega_a)]$ 和 $[\omega_b, L(\omega_b)]$ 为半对数坐标系中直线上的两点，k 为直线斜率。

5.2.3 开环对数频率特性图绘制

系统开环传递函数通常可以写成若干典型环节相乘的形式，即

$$G(s)H(s)=\frac{K}{s^v}\frac{\prod_{j=1}^{m_1}(\tau_j s+1)\prod_{k=1}^{m_2}(\tau_k^2 s^2+2\xi_k\tau_k s+1)}{\prod_{i=1}^{n_1}(T_i s+1)\prod_{l=1}^{n_2}(T_l^2 s^2+2\xi_l T_l s+1)}=\prod_{i=1}^{n}G_i(s) \tag{5-26}$$

式中，$m_1+2m_2=m$；$v+n_1+2n_2=n$。

系统开环频率特性为

$$G(\mathrm{j}\omega)H(\mathrm{j}\omega)=A(\omega)\mathrm{e}^{\mathrm{j}\varphi(\omega)} \tag{5-27}$$

式中
$$A(\omega)=\prod_{i=1}^{n}A_i(\omega),\quad \varphi(\omega)=\sum_{i=1}^{n}\varphi_i(\omega)$$

开环对数幅频特性为

$$\begin{aligned}L(\omega)&=20\lg A(\omega)=20\lg A_1(\omega)+20\lg A_2(\omega)+\cdots+20\lg A_n(\omega)\\&=L_1(\omega)+L_2(\omega)+L_3(\omega)+\cdots+L_n(\omega)=\sum_{i=1}^{n}L_i(\omega)\end{aligned} \tag{5-28}$$

开环对数相频特性为

$$\varphi(\omega)=\varphi_1(\omega)+\varphi_2(\omega)+\cdots+\varphi_n(\omega)=\sum_{i=1}^{n}\varphi_i(\omega) \tag{5-29}$$

式中，$L_i(\omega)$ 和 $\varphi_i(\omega)$ 分别表示各典型环节的对数幅频特性和对数相频特性。

可见，当开环系统由若干典型环节串联组成时，其对数幅频特性和相频特性分别为各典型环节的对数幅频特性和相频特性之和。

例 5-2 已知系统的开环传递函数为 $G(s)=\dfrac{K}{(T_1 s+1)(T_2 s+1)}(T_1>T_2)$，试绘制系统的开环对数频率特性图。

解 开环系统由三个环节组成：比例环节 K、惯性环节 $\dfrac{1}{T_1 s+1}$、$\dfrac{1}{T_2 s+1}$。

开环系统的对数幅频特性为

$$L(\omega)=L_1(\omega)+L_2(\omega)+L_3(\omega)=20\lg K+20\lg\sqrt{1+T_1^2\omega^2}+20\lg\sqrt{1+T_2^2\omega^2}$$
$$\varphi(\omega)=\varphi_1(\omega)+\varphi_2(\omega)+\varphi_3(\omega)=0-\arctan T_1\omega-\arctan T_2\omega$$

分别画出三个环节的对数幅频渐近直线和相频特性曲线，然后叠加，如图 5-15 所示。

从例 5-2 可以看出，对于多个环节串联的开环传递函数，其对数幅频特性的渐近线在每一个转折频率处的斜率发生改变，只要掌握了渐近线的低频特性和各环节转折频率对应的斜率变化，就可以根据以下开环对数幅频特性曲线的绘制步骤，很快画出开环对数幅频特性曲线。

(1) 开环对数幅频特性曲线的绘制

1）在半对数坐标纸上标出横轴及纵轴的刻度。

2）把开环传递函数写成典型环节传递函数乘积形式，确定系统开环增益 K 和型别 v，

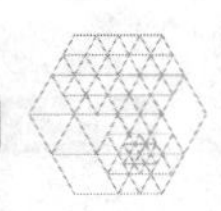

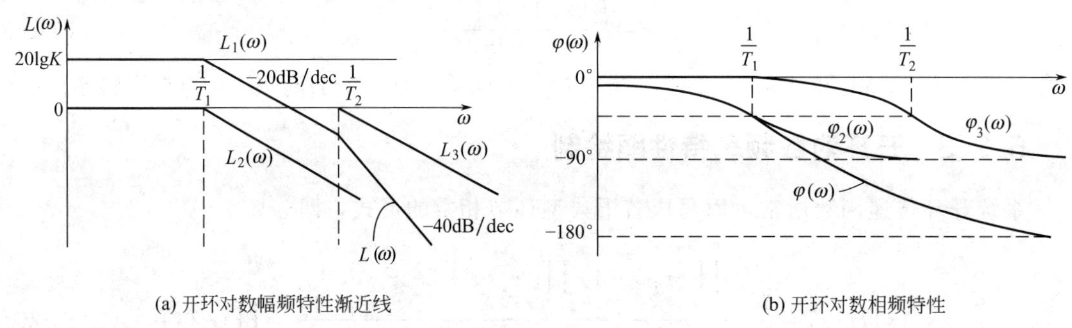

图 5-15　例 5-2 开环系统对数频率特性图

把各典型环节的转折频率由小到大依次标注在横频率轴上。

3）绘制低频段渐近线。由于低频段渐近线的频率特性为 $K/(\mathrm{j}\omega)^v$，所以低频段对数幅频渐近线是过点（1,20lg$K$），斜率为 $-20v$dB/dec 的直线，如图 5-16 所示。

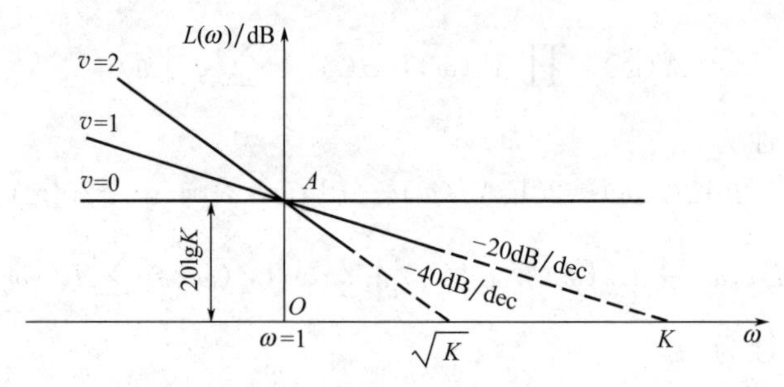

图 5-16　开环对数幅频特性的低频起始段

4）以低频段为起始段，沿频率增大的方向每遇到一个转折频率就改变一次渐近直线的斜率。

遇到惯性环节的转折频率，斜率减少 20dB/dec。

遇到一阶微分环节的转折频率，斜率增加 20dB/dec。

遇到振荡环节的转折频率，斜率减少 40dB/dec。

遇到二阶微分环节的转折频率，斜率增加 40dB/dec。

最右端高频渐近线斜率为 $-20(n-m)$dB/dec，其中 n 为 $G(s)$ 分母的阶次，m 为 $G(s)$ 分子的阶次。

5）如有必要，可利用误差修正曲线对系统对数幅频渐近特性曲线进行修正。通常只需修正转折频率附近的曲线。

开环对数幅频特性 $L(\omega)$ 穿过 0 分贝线对应的频率，称为幅值穿越频率，或称为截止频率、剪切频率，记为 ω_c。它是频域分析中及系统设计中的一个重要参数。

(2) 开环对数相频特性曲线的绘制　分别绘制各个典型环节的对数相频特性曲线，再沿频率增大的方向逐点叠加，最后将相加点连接成光滑曲线。

例 5-3　系统开环传递函数 $G(s)=\dfrac{64(s+2)}{s(s+0.5)(s^2+3.2s+64)}$，试绘制该系统开环对数频率特性图。

解　1）将传递函数化为典型环节形式　　$G(s)=\dfrac{4(0.5s+1)}{s(2s+1)\left(\dfrac{s^2}{8^2}+0.4\times\dfrac{s}{8}+1\right)}$

此开环传递函数由比例、积分、惯性、一阶微分和二阶振荡共 5 个环节组成。将这 5 个环节的伯德图和转折频率标示于表 5-4 中。

表 5-4 环节转折频率及其伯德图

环节名称	比例积分 $\frac{4}{s}$	惯性 $\frac{1}{2s+1}$	一阶微分 $0.5s+1$	二阶振荡 $\frac{1}{\left(\frac{s^2}{8^2}+0.4\times\frac{s}{8}+1\right)}$
转折频率		0.5	2	8
伯德图	−20	−20	+20	−40

2）低频段渐近线由 $4/s$ 决定，过点（1，20lg4），即点（1，12）作斜率为 −20dB/dec 的直线。低频段渐近线如图 5-17 中虚线所示。

3）按表 5-4 在图中由低到高的顺序标出转折频率，从低频段开始每遇到一个环节的转折频率改变渐近线的斜率。当 $\omega\to\infty$ 时，高频段渐近线斜率为 $-20(n-m)=-20(4-1)=-60$dB/dec。由此绘制出渐近对数幅频特性曲线 $L(\omega)$，如图 5-17 所示。

4）如有必要，可利用误差曲线对 $L(\omega)$ 渐近直线进行修正。

5）绘制对数相频特性曲线。比例环节相角恒为 0°，积分环节相角恒为 −90°，惯性环节、一阶微分环节和振荡环节的对数相频特性分别如图 5-17 中曲线①、②、③。将上述典型环节对数相频特性进行叠加，得到系统开环相频特性 $\varphi(\omega)$ 如图 5-17 中曲线④。当 $\omega\to\infty$ 时，$\varphi(\omega)=-(n-m)\times 90°=-270°$。根据这些数据就可绘制出相频特性的近似图形，如图 5-17 所示。

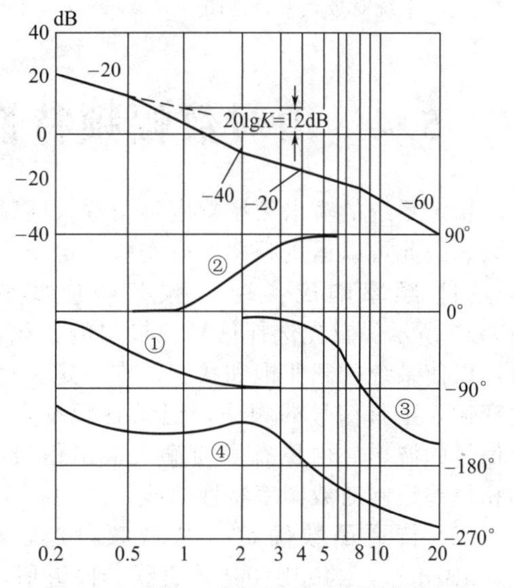

图 5-17 例 5-3 系统开环对数频率特性图

5.3 最小相位系统与非最小相位系统

如果系统的开环传递函数在右半 s 平面上没有极点和零点，则称该系统为最小相位系统。如果开环传递函数在右半 s 平面上有一个极点或零点，或者包含延迟环节 $e^{-\tau s}$，则称该系统为**非最小相位系统**。

最小相位系统的特征：在系统的开环频率特性中，最小相位系统相角变化量的绝对值相对最小，其对数幅频特性与对数相频特性之间存在着一一对应关系。根据对数幅频特性可以唯一地确定相应的相频特性和传递函数，反之亦然，因此在进行系统性能分析和综合校正时，仅需要绘制出对数幅频特性曲线 $L(\omega)$ 即可。对于式（5-26）所描述的最小相位系统，当 ω 从 $0\to\infty$，$L(\omega)$ 的斜率由 $-20v$dB/dec 变为 $-(n-m)20$dB/dec 时，$L(\omega)$ 则由 $-v90°$ 变为 $-(n-m)90°$；在某些频段范围，当 $L(\omega)$ 的斜率有正增量（或负增量）时，$\varphi(\omega)$ 相应也有正增量（或负增量）；且当 $L(\omega)$ 的斜率对称时，$\varphi(\omega)$ 曲线也是对称的。

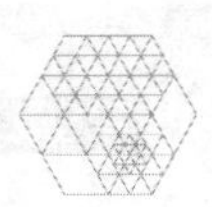

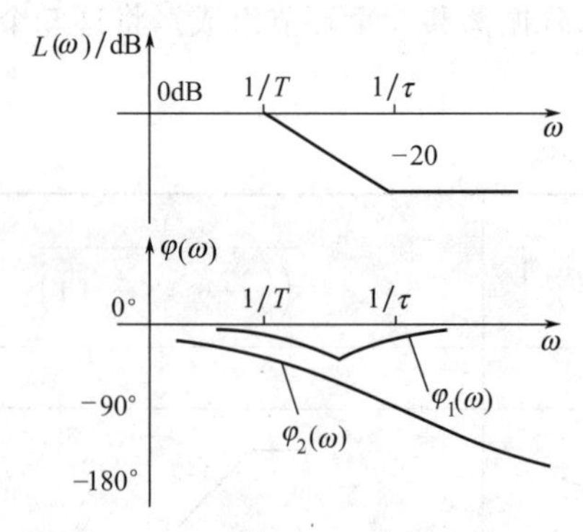

图 5-18　最小相位和非最小相位系统对数频率特性图

对于传递函数 $G_1(s)=\dfrac{\tau s+1}{Ts+1}$，

$$G_2(s)=\frac{-\tau s+1}{Ts+1}(0<\tau<T)$$

可计算其对数幅频是完全相同的，表达式为

$$20\lg|G_1(\mathrm{j}\omega)|=20\lg|G_2(\mathrm{j}\omega)|=20\lg\sqrt{\tau^2\omega^2+1}-20\lg\sqrt{T^2\omega^2+1}$$

其相频特性差异很大，其表达式为

$$\varphi_1(\omega)=\arctan\tau\omega-\arctan T\omega$$

$$\varphi_2(\omega)=-\arctan\tau\omega-\arctan T\omega$$

随着频率 ω 的增加，$\varphi_1(\omega)$ 的相角变化范围很小，而 $\varphi_2(\omega)$ 则由 0°开始，一直变化到－180°，如图 5-18 所示。

5.4　由对数幅频特性曲线确定开环传递函数

稳定系统的输出频率响应是与输入同频率的正弦信号，且其幅值和相角的变化为频率的函数，因此可以运用频率响应实验确定稳定系统的数学模型。实验原理如图 5-19 所示。

(1) 频率响应实验　频率响应实验原理如图 5-19 所示。首先选择信号源输出的正弦信号的幅值，以使系统处于非饱和状态。在一定频率范围内，改变输入正弦信号的频率，记录各频率点处系统输出信号的波形。由稳态段的输入输出信号的幅值比和相位差绘制对数频率特性曲线。

图 5-19　频率响应实验原理图

(2) 传递函数确定　从低频段起，将实验测得的对数幅频特性曲线用斜率为 0、±20dB/dec、±40dB/dec 等直线分段近似，求得系统的对数幅频特性曲线的渐近线。

由对数幅频特性实验曲线 $L(\omega)$ 可以确定最小相位系统的传递函数，这是对数幅频渐近特性曲线绘制的逆问题，下面举例说明其方法和步骤。

例 5-4　图 5-20 为由频率响应实验获得的某最小相位系统的对数幅频渐近特性曲线，试确定该系统的传递函数。

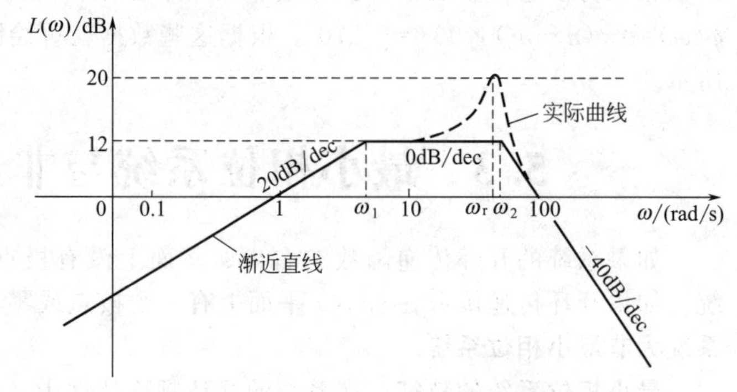

图 5-20　系统对数幅频特性曲线

解　1）确定系统积分或微分环节的个数。由图 5-20 可知低频对数幅频渐近直线斜率为＋20dB/dec，说明系统含有一个微分环节。

2）确定系统传递函数表达式。图中有两个转折频率：在 ω_1 处，斜率减少 20dB/dec，对应惯性环节；在 ω_2 处，斜率减少 40dB/dec，附近存在谐振现象，对应振荡环节。

因此所测系统应具有的传递函数为

$$G(s)=\frac{Ks}{\left(\dfrac{s}{\omega_1}+1\right)\left(\dfrac{s^2}{\omega_2^2}+2\xi\dfrac{s}{\omega_2}+1\right)}$$

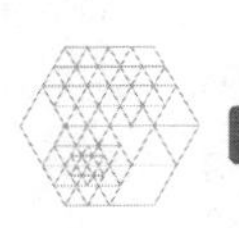

式中，参数 ω_1、ω_2、ξ 及 K 待定。

3）由给定条件确定传递函数中的待定参数。

低频渐近线的方程为 $$L(\omega)=20\lg K\omega$$

由图 5-20 可知，当 $\omega=1$ 时，$L(\omega)=0$，则得 $K=1$。

根据直线方程式 $$\frac{L(\omega_b)-L(\omega_a)}{\lg\omega_b-\lg\omega_a}=k$$

将点（1,0）、点（ω_1,12）和 $k=20$，代入直线方程 $\frac{12-0}{\lg\omega_1-\lg 1}=20$，得 $\omega_1=4$。

将点（ω_2,12）、点（100,0）和 $k=-40$，代入直线方程 $\frac{12-0}{\lg\omega_2-\lg 100}=-40$，得 $\omega_2=50$。

在谐振频率 ω_r 处，谐振峰值为 $20\lg\frac{1}{2\xi\sqrt{1-\xi^2}}=20-12=8$，解得 $\xi=0.2$。

根据上述解得的参数，写出传递函数 $$G(s)=\frac{s}{\left(\frac{s}{4}+1\right)\left(\frac{s^2}{50^2}+0.4\times\frac{s}{50}+1\right)}$$

5.5　幅相频率特性图（奈奎斯特曲线）

幅相频率特性图又称为奈奎斯特（Nyquist）图或极坐标图。频率特性 $G(j\omega)=A(\omega)e^{j\varphi(\omega)}$ 是个复变量，在复平面上可以用一个点或一个矢量表示。

幅相频率特性图：在直角坐标或极坐标平面上，以频率 ω 为参变量，当 ω 由 $-\infty$ 变化到 $+\infty$ 时，$G(j\omega)$ 矢量的端点走过的轨迹。画极坐标图有两种方法：第一种是求出每个 ω 对应的实部和虚部并在图中标出相应位置；第二种是求出每个 ω 对应的幅值和相位，在图中标出相应位置，如图 5-21 所示。

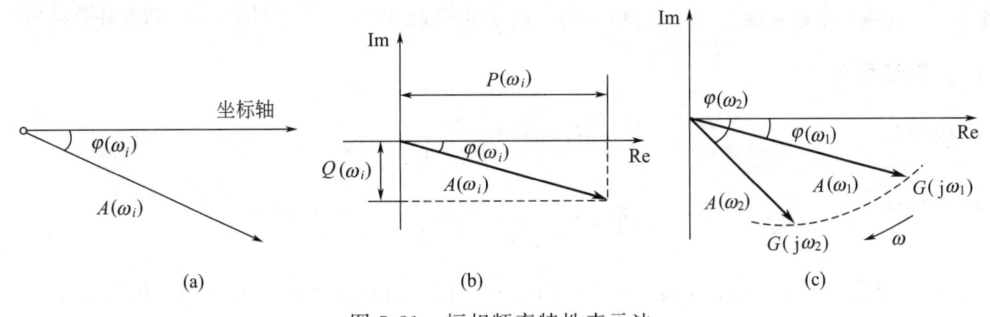

图 5-21　幅相频率特性表示法

幅频特性是 ω 的偶函数，相频率特性是 ω 的奇函数，因此，绘制图形时，利用对称性原理，一般只绘制 ω 由 $0\to+\infty$ 的幅相频率特性曲线，用小箭头表示频率 ω 增大的变化方向。一般情况下，依据作图原理，粗略地绘制幅相频率特性图的概略图。极坐标图的优点是在一张图上就可以较容易地得到全部频率范围内的频率特性。

5.5.1　典型环节的幅相图

(1) 比例环节

传递函数 $$G(s)=K$$

频率特性 $$G(\mathrm{j}\omega)=K=K\angle 0^\circ$$

K 与 ω 自变量无关，幅值为恒值 K；相位为 0°与 ω 自变量无关，比例环节的幅相图是实轴上的一个点，如图 5-22 所示。

(2) 积分环节

传递函数 $$G(s)=\frac{1}{s}$$

频率特性 $$G(\mathrm{j}\omega)=\frac{1}{\mathrm{j}\omega}=\frac{1}{\omega}\angle -90^\circ$$

当 $\omega\rightarrow 0$ 时，$A(\omega)\rightarrow\infty$；当 $\omega\rightarrow\infty$时，$A(\omega)=0$。

当 ω 由 $0^+\rightarrow\infty$时，其相位 $\varphi(\omega)$ 恒为-90°，幅值大小与 ω 成反比。积分环节的幅相图为从虚轴$-\mathrm{j}\infty$出发，沿负虚轴逐渐衰减到 0 的直线，如图 5-23 所示。

(3) 微分环节

传递函数 $$G(s)=s$$

频率特性 $$G(\mathrm{j}\omega)=\mathrm{j}\omega=\omega\angle +90^\circ$$

当 $\omega\rightarrow 0$ 时，$A(\omega)\rightarrow 0$；当 $\omega\rightarrow\infty$时，$A(\omega)=\infty$。

当 ω 由 $0^+\rightarrow\infty$时，其相位 $\varphi(\omega)$ 恒为$+90^\circ$，幅值大小与 ω 成正比。微分环节的幅相图是从坐标原点出发，沿正虚轴趋于$+\mathrm{j}\infty$处的直线，如图 5-24 所示。

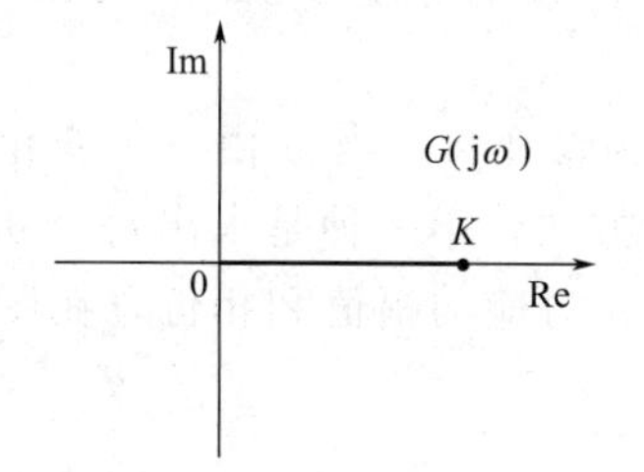

图 5-22 比例环节幅相图

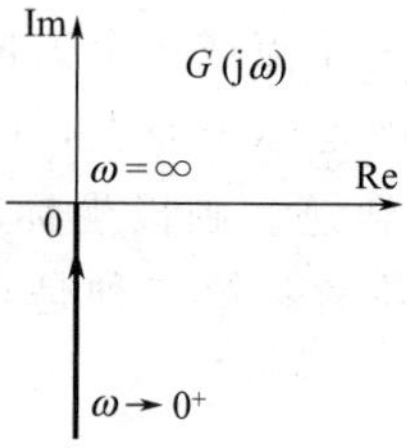

图 5-23 积分环节幅相图

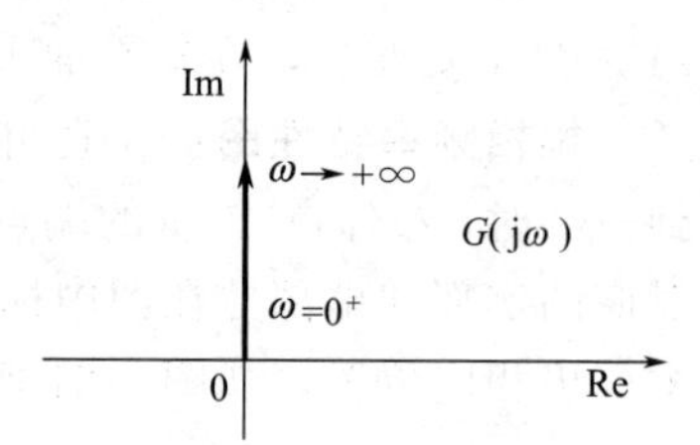

图 5-24 微分环节幅相图

(4) 惯性环节

传递函数 $$G(s)=\frac{1}{Ts+1}$$

频率特性 $$G(\mathrm{j}\omega)=\frac{1}{\mathrm{j}\omega T+1}=\frac{1}{\sqrt{\omega^2T^2+1}}\angle -\arctan T\omega$$

当 $\omega=0$ 时，$A(\omega)=1$，$\varphi(\omega)=0^\circ$；当 $\omega\rightarrow\infty$时，$A(\omega)=0$，$\varphi(\omega)=-90^\circ$。

当 ω 由 $0\rightarrow\infty$时，幅值由 1 变到 0，相位由 0°转到-90°。惯性环节幅相图在第四象限，是一个以点（1/2,j0）为圆心，1/2 为半径的半圆，如图 5-25 所示。证明如下。

由于 $$G(\mathrm{j}\omega)=\frac{1}{\mathrm{j}\omega T+1}=\frac{1-\mathrm{j}\omega T}{1+T^2\omega^2}=X+\mathrm{j}Y$$

$$X=\frac{1}{1+T^2\omega^2} \tag{5-30}$$

$$Y=\frac{-\omega T}{1+T^2\omega^2} \tag{5-31}$$

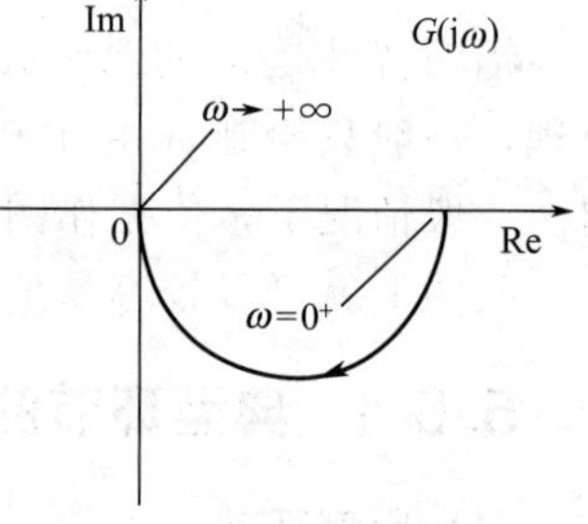

图 5-25 惯性环节的幅相图

式（5-31）除以式（5-30）得

$$-\omega T=\frac{Y}{X} \tag{5-32}$$

将式（5-32）代入式（5-31）整理后得

$$\left(X-\frac{1}{2}\right)^2+Y^2=\left(\frac{1}{2}\right)^2 \tag{5-33}$$

由式（5-33）圆的方程表明，惯性环节幅相特性曲线是一个半圆，当 X 为正值时，Y 是一个负值，表明曲线位于实轴下方，是一个半圆。

(5) 振荡环节　传递函数　$G(s)=\dfrac{1}{T^2s^2+2\xi Ts+1}=\dfrac{\omega_n^2}{s^2+2\xi\omega_n s+\omega_n^2}$

频率特性　$$G(j\omega)=\frac{1}{(1-T^2\omega^2)+j2\xi T\omega}$$

幅频特性　$$|G(j\omega)|=\frac{1}{\sqrt{(1-T^2\omega^2)^2+(2\xi T\omega)^2}}$$

相频特性　$$\angle G(j\omega)=\begin{cases}-\arctan\dfrac{2\xi T\omega}{1-T^2\omega^2}, & \omega\leqslant\dfrac{1}{T}\\ -180^\circ+\arctan\dfrac{2\xi T\omega}{T^2\omega^2-1}, & \omega>\dfrac{1}{T}\end{cases}$$

实频特性　$$P(\omega)=\frac{1-T^2\omega}{(1-T^2\omega^2)^2+(2\xi T\omega)^2}$$

虚频特性　$$Q(\omega)=\frac{-2\xi T\omega}{(1-T^2\omega^2)^2+(2\xi T\omega)^2}$$

振荡环节的频率特性是频率 ω 和阻尼比 ξ 的二元函数。由上述各式可列表 5-5。

表 5-5　振荡环节频率特性表

ω	$\angle G(j\omega)$	$\lvert G(j\omega)\rvert$	$P(\omega)$	$Q(\omega)$
0	0°	1	1	0
$1/T$	-90°	$1/(2\xi)$	0	$-1/(2\xi)$
∞	-180°	0	0	0

1）由表 5-5 可绘制出振荡环节的幅相图，如图 5-26 所示。振荡环节幅相图的起点与终点都与阻尼比 ξ 无关，曲线起始于正实轴（1,j0）点，顺时针经第四象限后交负虚轴于 $\left(0,-j\dfrac{1}{2\xi}\right)$，然后图形进入第三象限，当 $\omega\to\infty$ 时，$G(j\omega)$ 曲线与负实轴相切并终止于坐标原点。与负虚轴相交时 $\angle G(j\omega)=-90^\circ$，频率 ω_n 对应的幅值为 $1/(2\xi)$。

当 $0<\xi<0.707$ 时，随着 ω 增加，幅频 $|G(j\omega)|$ 先增加然后逐渐衰减到零，某一频率 ω_r 处幅值达到最大值 A_r，此频率称为谐振频率 $\omega_r=\omega_n\sqrt{1-2\xi^2}$，谐振峰值 $A_r=|G(j\omega)|=\dfrac{1}{2\xi\sqrt{1-\xi^2}}$。谐振峰值只与阻尼比 ξ 有关，与 ω_n 无关。振荡环节的阻尼比 ξ 越小，谐振峰值越大（平稳性越差，超调量越大）；ξ 越小，谐振频率 ω_r 越接近无阻尼振荡频率 ω_n。

2）幅频特性 $|G(j\omega)|$ 与 ω 两种典型曲线分别如图 5-27 中曲线①和②所示。曲线①为当 $\xi>0.707$ 时，无谐振单调衰减曲线。曲线②为当 $\xi<0.707$ 时，出现谐振时的曲线。但只要 $\xi<1$，振荡环节的阶跃响应仍会出现超调和振荡现象。

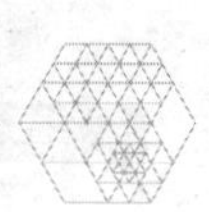

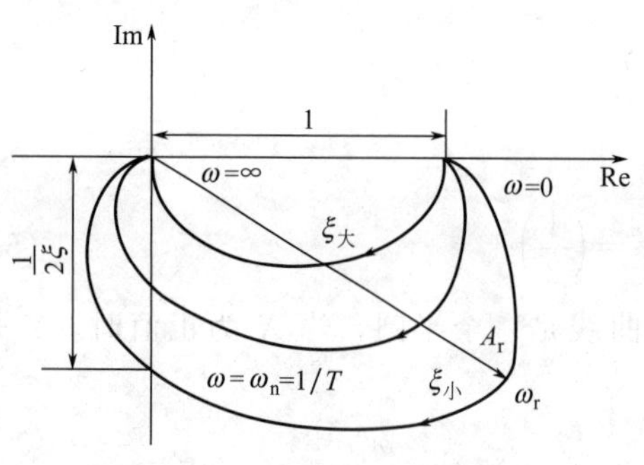

图 5-26 振荡环节的幅相图

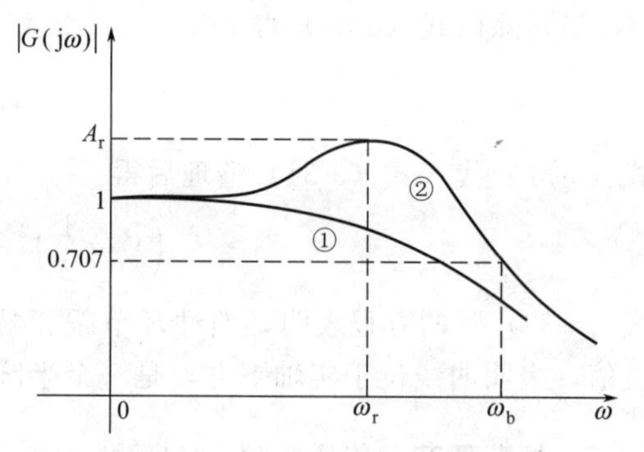

图 5-27 振荡环节的幅频特性图

(6) 一阶微分环节 传递函数 $G(s)=Ts+1$

频率特性 $G(j\omega)=jT\omega+1=\sqrt{T^2\omega^2+1}\angle\arctan T\omega$

当 $\omega\to0$ 时，$A(\omega)\to1$；当 $\omega\to\infty$时，$A(\omega)=\infty$，$\angle G(j\omega)\to+90°$。

微分环节的福相图是由（1,j0）点出发，平行于虚轴而一直向上延伸的直线，如图 5-28 所示。

(7) 二阶微分环节 传递函数 $G(s)=T^2s^2+2\xi Ts+1=\frac{s^2}{\omega_n^2}+\frac{2\xi s}{\omega_n}+1$

频率特性 $G(j\omega)=1-\frac{\omega^2}{\omega_n^2}+j\frac{2\xi\omega}{\omega_n}=\sqrt{(1-\omega^2/\omega_n^2)^2+4\xi^2(\omega/\omega_n)^2}\angle\frac{2\xi\omega/\omega_n}{1-\omega^2/\omega_n^2}$

当 $\omega=0$ 时，$A(\omega)=1$，$\varphi(\omega)=0°$；当 $\omega\to\infty$时，$A(\omega)\to\infty$，$\varphi(\omega)=180°$。即当 ω 增加时，$G(j\omega)$ 的实部越来越负，虚部越来越正，如图 5-29 所示。

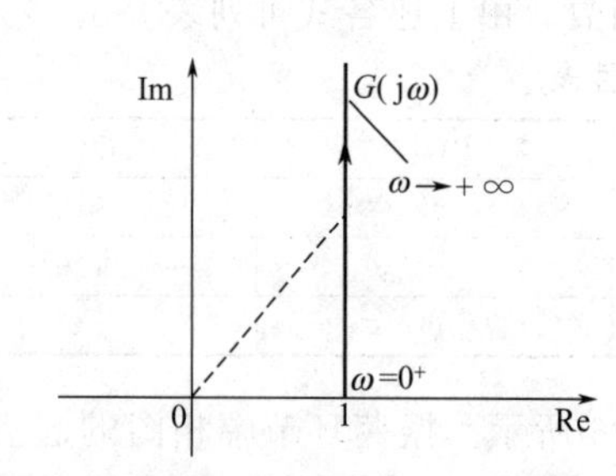

图 5-28 一阶微分环节幅相图

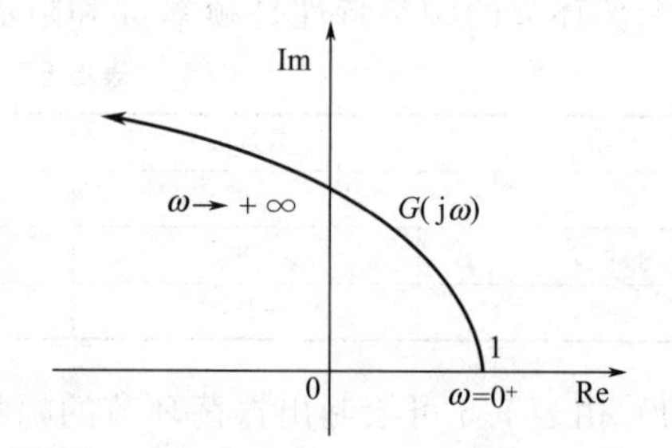

图 5-29 二阶微分环节幅相图

(8) 延迟环节 传递函数 $G(s)=e^{-\tau s}$

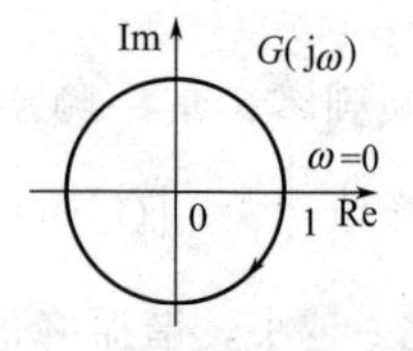

图 5-30 延迟环节幅相图

频率特性 $G(j\omega)=e^{-\tau\omega}=\angle-\tau\omega=\angle-57.3\tau\omega$

延迟环节的幅频特性 $A(\omega)$ 是与角频率 ω 无关的常量，其相频特性$\angle G(j\omega)=-57.3\tau\omega°$是与角频率 ω 成正比的滞后相角。延迟环节的幅相特性图是圆心在原点，半径为 1 的圆，当 $\omega\to\infty$时，幅相特性曲线从（1,j0）点出发，周而复始地沿顺时针方向转动，τ 越大，曲线转动得越快，如图 5-30 所示。

5.5.2 开环系统幅相图的绘制

开环传递函数通常可以写成若干个典型环节相乘的形式

$$G(s)H(s)=\prod_{i=1}^{n}G_i(s)$$

典型环节的频率特性　　$G_i(\mathrm{j}\omega)=A_i(\omega)\mathrm{e}^{\mathrm{j}\varphi_i(\omega)}$

则系统开环频率特性　　$G(\mathrm{j}\omega)H(\mathrm{j}\omega)=A(\omega)\mathrm{e}^{\mathrm{j}\varphi(\omega)}$

系统开环幅频特性和开环相频特性为 $A(\omega)=\prod_{i=1}^{n}A_i(\omega)$，$\varphi(\omega)=\sum_{i=1}^{n}\varphi_i(\omega)$

开环系统的幅频特性等于各环节的幅频特性之积，开环相频特性等于各环节的相频特性之和，进而开环系统频率特性可以理解为各个典型环节频率特性的合成。有了各 ω 值下的幅值和相位的数据，系统的开环幅相图就可以绘制出来。

绘制幅相图一般把系统开环传递函数写成时间常数形式

$$G(s)=\frac{K\prod_{\mathrm{j}=1}^{m}(\tau_{\mathrm{j}}s+1)}{s^{v}\prod_{i=1}^{n-v}(T_i s+1)}$$

其开环频率特性为

$$G(\mathrm{j}\omega)=\frac{K\prod_{\mathrm{j}=1}^{m}(\mathrm{j}\omega\tau_{\mathrm{j}}+1)}{(\mathrm{j}\omega)^{v}\prod_{i=1}^{n-v}(\mathrm{j}\omega T_i+1)}$$

根据开环系统频率特性的表达式通过取点、计算和作图等可以绘制出系统的开环幅相图。在控制工程中，一般只画出幅相图的大致形状，绘图的过程中要把握好"三点一限"，即起点、终点、与负实轴的交点以及图形所经过的象限。

(1) 开环幅相图的起始段　当 $\omega\to 0$ 时，$G(\mathrm{j}\omega)$ 的低频段表达式为

$$\lim_{\omega\to 0}G(\mathrm{j}\omega)=\lim_{\omega\to 0}\frac{K}{\omega^{v}}\mathrm{e}^{-\mathrm{j}v90^\circ}=\lim_{\omega\to 0}\frac{K}{\omega^{v}}\angle -v90^\circ$$

0 型系统（$v=0$）：$A(0)=K,\varphi(0)=0^\circ$，幅相图起始于实轴上的点 K 处。

Ⅰ型系统（$v=1$）：$A(0)=\infty,\varphi(0)=-90^\circ$，幅相图起始于$-90^\circ$的无穷远处。

Ⅱ型系统（$v=2$）：$A(0)=\infty,\varphi(0)=-180^\circ$，幅相图起始于$-180^\circ$的无穷远处。

幅相图的低频起始段取决于系统积分环节的个数 v 和比例增益 K。从起点处，幅相特性随 ω 开始变化，有相位超前则曲线逆时针方向转，有相位滞后则曲线顺时针方向转，如图 5-31 所示。

(2) 开环幅相图的终止段　当开环系统为最小相位系统时，一般 $n>m$，故当 $\omega\to\infty$时，有

$$\lim_{\omega\to\infty}G(\mathrm{j}\omega)=0\angle -90^\circ(n-m)$$

终止段取决于分母多项式和分子多项式的差（$n-m$），并以$-90^\circ(n-m)$的角度终止于原点，如图 5-31 所示。

(3) 开环幅相图与负实轴的交点　开环幅相图与负实轴交点频率 ω_{g} 由 $\mathrm{Im}[G(\mathrm{j}\omega)]=0$ 求出，代入 $\mathrm{Re}[G(\mathrm{j}\omega_{\mathrm{g}})]$，即可求得与负实轴的交点坐标。或者令$\angle G(\mathrm{j}\omega)=-180^\circ$，解出交点频率 ω_{g}，再代入$|G(\mathrm{j}\omega_{\mathrm{g}})|$中求得与负实轴的交点坐标。

(4) 开环幅相图的变化规律　分子上有时间常数的环节，幅相特性的相位超前，幅相图向逆时针方向变化；而分母上有时间常数的环节，相位滞后，幅相图向顺时针方向变化。如果开环传递函数中无零点，则随 ω 增大，相角连续减小，曲线平滑地变化；如果开环传递函数中有零点，曲线会有凹凸。

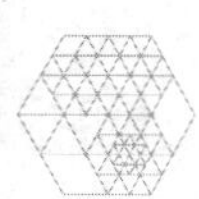

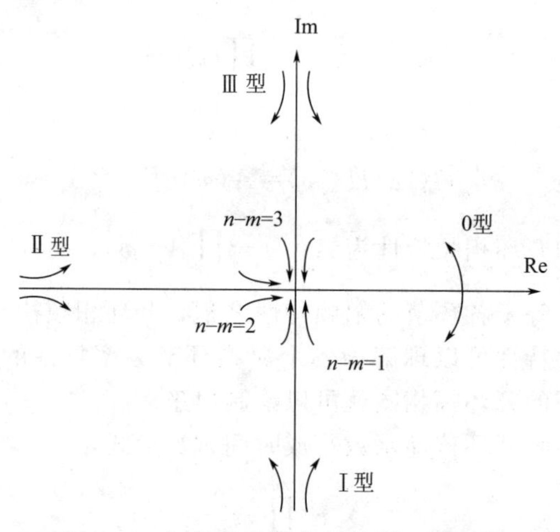

图 5-31　幅相特性图的起始段、终止段

根据上述规则可以近似画出最小相位系统的幅相图，常见系统的传递函数和幅相图见表 5-6。

表 5-6　常见系统的传递函数和幅相图

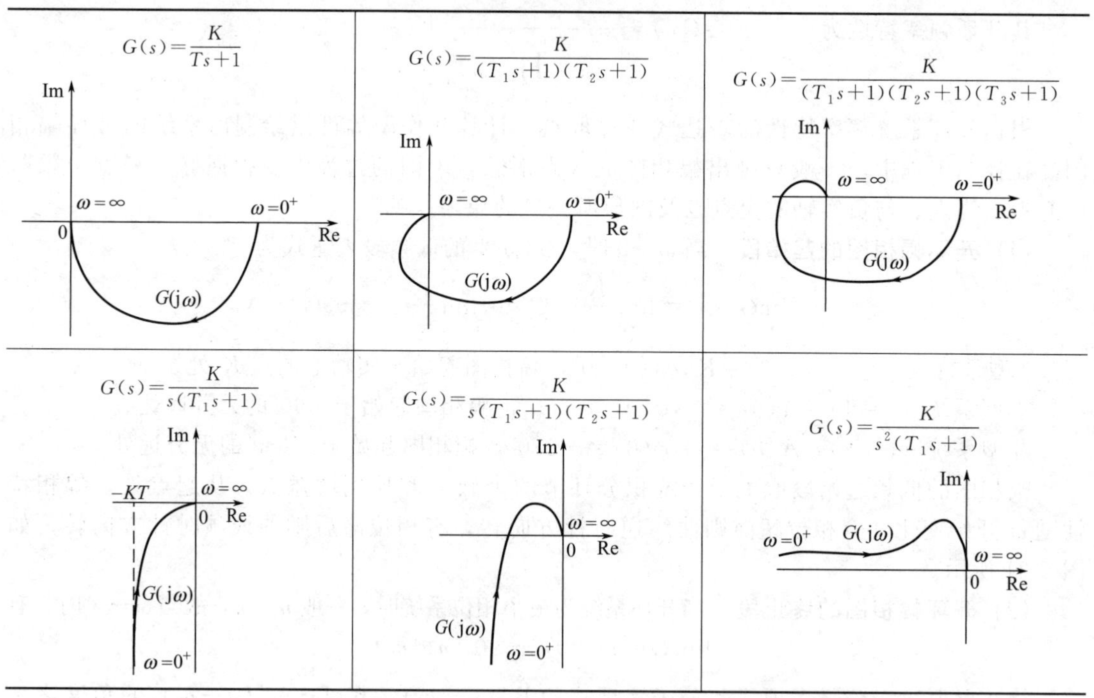

例 5-5　Ⅰ型系统的开环传递函数 $G(s)=\frac{K}{s(Ts+1)}$，试绘制系统的开环幅相图。

解　由 $G(s)$ 表达式可知，频率特性为

$$G(\mathrm{j}\omega)=\frac{K}{\mathrm{j}\omega(\mathrm{j}\omega T+1)}=\frac{-KT}{T^2\omega^2+1}-\mathrm{j}\frac{K}{\omega(T^2\omega^2+1)}=P(\omega)+\mathrm{j}Q(\omega)$$

$$|G(\mathrm{j}\omega)|=\frac{K}{\omega\sqrt{T^2\omega^2+1}},\ \angle G(\mathrm{j}\omega)=-90^\circ-\arctan\omega T$$

1）幅相图起始段：系统是Ⅰ型系统，幅相图起始于 -90° 无穷远处。$\omega=0$ 时，$P(\omega)=$

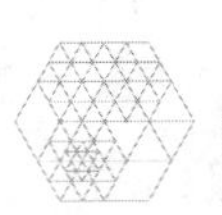

$-KT$，$Q(\omega)=-\infty$，$G(\mathrm{j}\omega)$ 低频段渐近线是一条过点（$-KT,\mathrm{j}0$），且平行于虚轴的直线。

2）幅相图终止段：$n-m=2$，图形以 $-180°$ 角终止于原点。

3）根据上述可以大致画出幅相图［图 5-32（a）］。若根据 $P(\omega)$、$Q(\omega)$ 和其渐近直线，还可绘制出频率特性较准确的图形，如图 5-32（b）。图 5-32（a）、（b）虽然有些差别，但它们所反映的系统特性却是一致的，也不影响奈奎斯特稳定判据的应用。

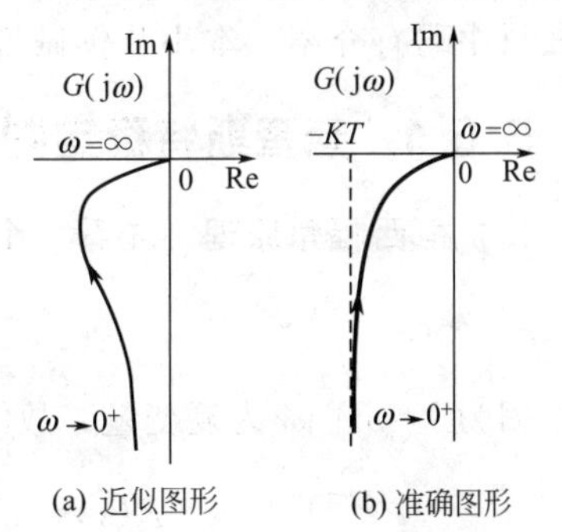

图 5-32 例 5-5 系统的幅相图

例 5-6 $G(s)=\dfrac{5(s+2)(s+3)}{s^2(s+1)}$ 为系统的开环传递函数，试绘制系统的开环幅相图。

解 系统的开环频率特性为

$$G(\mathrm{j}\omega)=\frac{-5(\mathrm{j}\omega+2)(\mathrm{j}\omega+3)}{\omega^2(\mathrm{j}\omega+1)}=\frac{5\sqrt{\omega^2+4}\sqrt{\omega^2+9}}{\omega^2\sqrt{\omega^2+1}}\angle-180°+\arctan\frac{\omega}{2}+\arctan\frac{\omega}{3}-\arctan\omega$$

1）幅相图起始段：系统是Ⅱ型系统，系统幅相图起始点为 $-180°$ 无穷远处。

由相角表达式可知，当 $\omega=0^+$ 时 $\qquad \arctan\dfrac{\omega}{2}+\arctan\dfrac{\omega}{3}<\arctan\omega$

显然 $\qquad -180°+\arctan\dfrac{\omega}{2}+\arctan\dfrac{\omega}{3}-\arctan\omega<-180°$

即幅相图起始点在负实轴线的上部。

2）幅相图终止段：$n-m=1$，幅相图以 $-90°$ 收敛于原点。

3）求与负实轴的交点坐标

令 $\angle G(\mathrm{j}\omega)=-180°+\arctan\dfrac{\omega}{2}+\arctan\dfrac{\omega}{3}-\arctan\omega=-180°$

$$\arctan\frac{\omega}{2}+\arctan\frac{\omega}{3}=\arctan\omega$$

两边取正切得 $\qquad \dfrac{\omega/2+\omega/3}{1-\omega^2/6}=\omega$

解得 $\omega_g=1$，代入 $|G(\mathrm{j}\omega)|$ 中得 $|G(\mathrm{j}\omega_g)|=25$，画出系统的幅相图如图 5-33 所示。

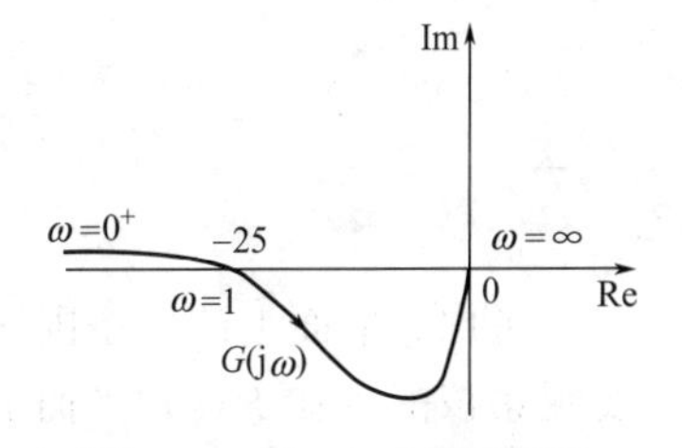

图 5-33 例 5-6 系统幅相图

5.6 奈奎斯特稳定判据

劳斯稳定判据和根轨迹判据分别用系统的闭环特征方程和开环传递函数来判别系统的稳定性。虽然它们可以判别系统的稳定性，但必须知道系统的闭环或开环传递函数，而有些实际系统的传递函数是难以列写的。

1932 年，奈奎斯特提出了另一种判定闭环系统稳定性的方法，称为奈奎斯特（Nyquist）稳定判据。这个判据的主要特点是利用开环频率特性判定闭环系统的稳定性。开环频率特性容易画，若不知道传递函数，还可由实验测出开环频率特性。此外，奈奎斯特稳定判据还能够指出系统稳定的程度，提示改善系统稳定性的方法。因此，奈奎斯特稳定判据在频域控制理论中有重要的地位。

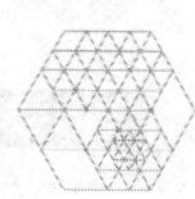

奈奎斯特稳定判据的数学基础是复变函数中的柯西幅角原理，基于该原理在一般复变函数教材中均有介绍，本小节仅做说明性叙述，不进行数学证明。

5.6.1 奈奎斯特稳定判据的数学基础

(1) 柯西幅角原理 先看一个自变量为 s 的复变函数

$$F(s)=1+\frac{2}{s}=\frac{s+2}{s}$$

因为 $s=\sigma+j\omega$ 为复变量，故 $F(s)$ 也是复变量，即

$$F(s)=1+\frac{2}{\sigma+j\omega}=1+\frac{2\sigma}{\sigma^2+\omega^2}-j\left(\frac{2\omega}{\sigma^2+\omega^2}\right)$$

$F(s)$ 的实部和虚部分别为

$$u=1+\frac{2\sigma}{\sigma^2+\omega^2},\ v=\frac{-2\omega}{\sigma^2+\omega^2}$$

如果 s 平面上的点 A 位于 $s=-1+j$ 处，则相应的 $F(s)$ 平面上有 A' 点与之对应。它的 u 和 v 分别为：

$$u=1-\frac{2}{2}=0 \quad v=-\frac{2}{2}=-1$$

图 5-34 表示出 s 与 $F(s)$ 两平面上的 A 点和 A' 点，用箭头说明了 A 点到 A' 点的映射。

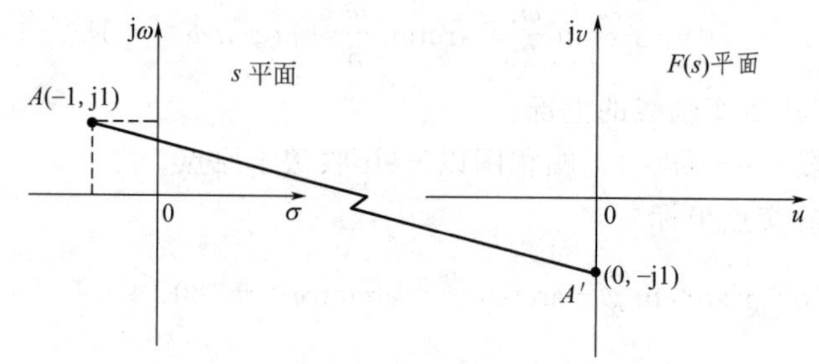

图 5-34 A 点到 A' 点的映射

考虑 s 平面上的一条围线（封闭曲线），如图 5-35（a）s 平面中的 $ABCDEFGH$ 所示，要观察该围线在 $F(s)$ 平面上的映射，先求 A，C，E，G 四个点，有如下结果

$$\begin{aligned} s_A&=-1+j1 & u_{A'}+jv_{A'}&=0-j1\\ s_C&=+1+j1 & u_{C'}+jv_{C'}&=2-j1\\ s_E&=+1-j1 & u_{E'}+jv_{E'}&=2+j1\\ s_G&=-1-j1 & u_{G'}+jv_{G'}&=0+j1 \end{aligned}$$

当然，仅此四点还不足以确定 $F(s)$ 平面上的全部映射围线，事实上，它是如图 5-35（b）所示的形状。$F(s)$ 有一个极点 $s=0$、一个零点 $s=-2$。图 5-35（a）中，s 平面上的围线包围了 $F(s)$ 的极点（原点）而不包围其零点。若 s 沿 s 平面中的围线顺时针变化，则对应的映射点沿围线 $A'B'C'D'E'F'G'H'$ 逆时针旋转并包围了 $F(s)$ 平面上的原点。

如果让 s 平面上的围线同时包围 $F(s)$ 的零点，如图 5-36 所示，把 AHG 段移到通过 $\sigma=-3$ 的 $A_1H_1G_1$，则新的映射围线在 $F(s)$ 平面上不包围原点。

如果再把 s 平面围线的 CDE 段移到 $\sigma=-1$ 的 $C_2D_2E_2$，如图 5-37 所示。这时 $A_1C_2D_2E_2G_1H_1$ 包围了 $F(s)$ 的零点，但不包围其极点。此时，$F(s)$ 平面上的围线包围了原点，而方向都是顺时针的。

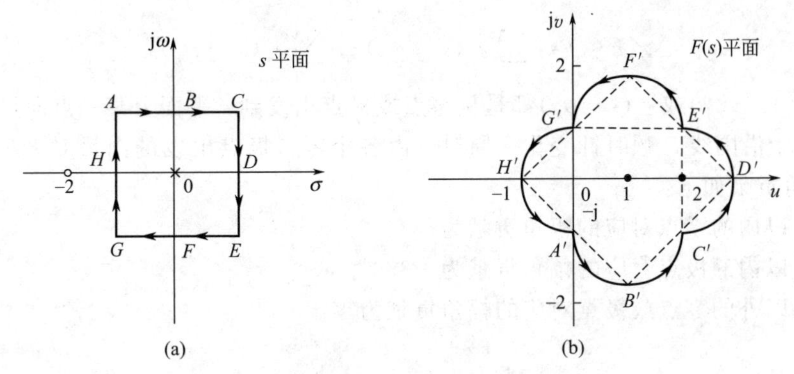

图 5-35　s 平面围线在 $F(s)$ 平面的映射（一）

$N=P-Z=1-0=1$，Γ'逆时针包围原点一周

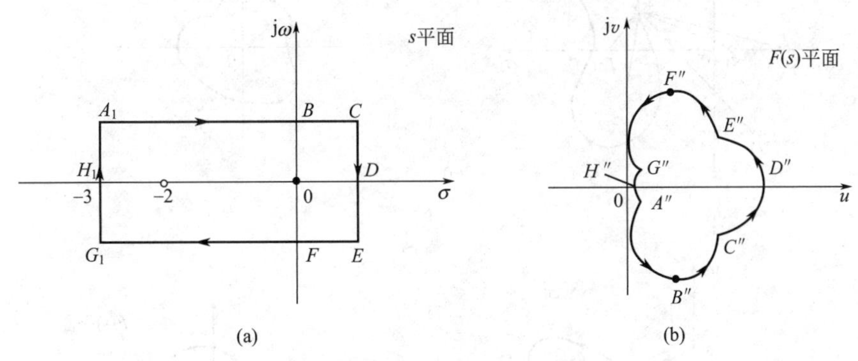

图 5-36　s 平面围线在 $F(s)$ 平面的映射（二）

$N=P-Z=1-1=0$，Γ'不包围原点

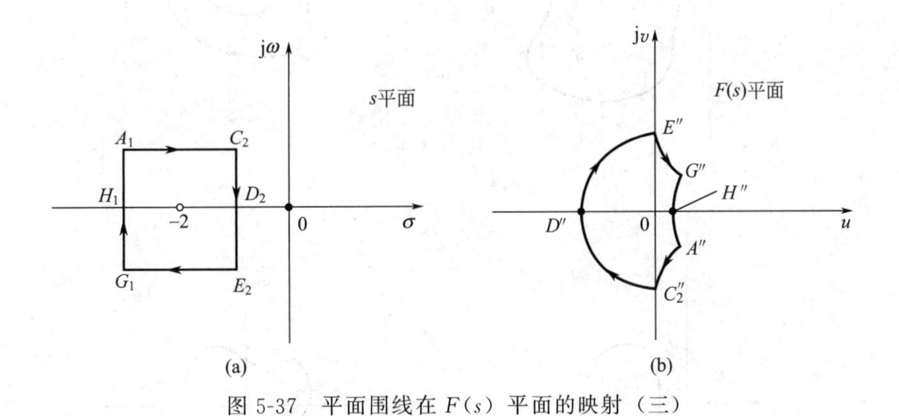

图 5-37　平面围线在 $F(s)$ 平面的映射（三）

$N=P-Z=0-1=-1$，Γ'顺时针包围原点一周

现将以上例子的 $F(s)$ 所表现的映射关系推广到如下的一般情况。

$F(s)$ 写成

$$F(s)=\frac{\prod_{j=1}^{m}(s-z_j)}{\prod_{i=1}^{n}(s-p_i)} \tag{5-34}$$

式中，z_j 和 p_i 分别为 $F(s)$ 的零点和极点，$F(s)$ 的幅角为

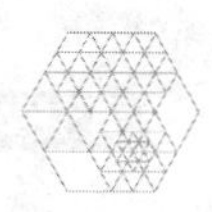

$$\angle F(s)=\sum_{j=1}^{m}\angle(s-z_j)-\sum_{i=1}^{n}\angle(s-p_i) \tag{5-35}$$

每一个$\angle(s-z_j)$或$\angle(s-p_i)$都是从零点或极点出发到 s 平面上某一点向量的幅角（见图 5-38）。当 s 沿围线Γ 顺时针变化一周时，由各个零、极点出发的向量对$\angle F(s)$ 的增量所提供的幅角贡献如下：

1）在Γ 以内的零点对应的幅角贡献为$-360°$。

2）在Γ 以内的极点对应的幅角贡献为$+360°$。

3）在Γ 以外的零点或极点对应的幅角贡献为零。

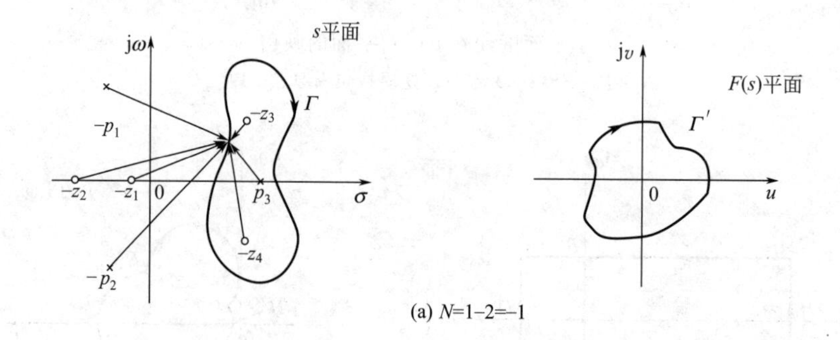

(a) N=1−2=−1

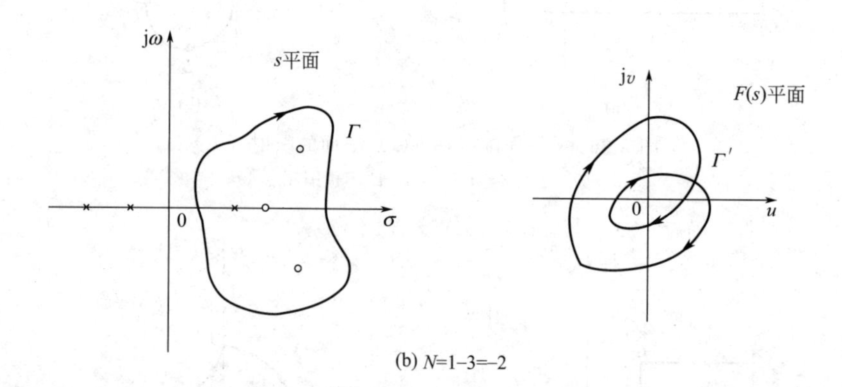

(b) N=1−3=−2

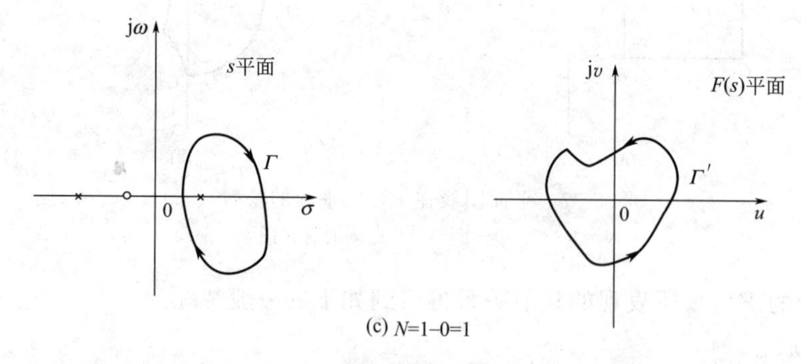

(c) N=1−0=1

图 5-38　柯西幅角原理说明

因此，如果 $F(s)$ 在围线Γ 内有 Z 个零点和 P 个极点，则当 s 沿围线Γ 顺时针变化一周时，映射围线Γ'的幅角增量为

$$\Delta\angle F(s)=Z(-360°)-P(-360°)=(P-Z)(360°)$$

其中 $P-Z$ 表示映射围线 Γ' 逆时针包围原点的次数。由此，可得柯西幅角原理。

柯西幅角原理： 设 $F(s)$ 在 Γ 上及 Γ 内除有限个数的极点外是处处解析的，$F(s)$ 在 Γ 上既无极点也无零点，则当围线 Γ 走向为顺时针时，有

$$N=P-Z \tag{5-36}$$

其中，Z 为 $F(s)$ 在 Γ 内的零点个数；P 为 $F(s)$ 在 Γ 内的极点个数；N 为映射围线 Γ' 包围 $F(s)$ 原点的次数，以逆时针为正，顺时针为负。

图 5-38 (a) 中，$N=P-Z=1-2=-1$，故 Γ' 顺时针包围原点一周；

图 5-38 (b) 中，$N=P-Z=1-3=-2$，故 Γ' 顺时针包围原点两周；

图 5-38 (c) 中，$N=P-Z=1-0=1$，故 Γ' 逆时针包围原点一周；

柯西幅角原理对于 s 平面中满足定理条件的任何封闭曲线都成立。奈奎斯特稳定性判据就是在 s 平面上选取一个特定的封闭曲线，并利用公式 $N=P-Z$ 得出的。

(2) 构造辅助函数　设开环系统传递函数为 $G(s)H(s)=\dfrac{M(s)}{N(s)}$

引入辅助函数

$$F(s)=1+G(s)H(s)=1+\frac{M(s)}{N(s)}=\frac{N(s)+M(s)}{N(s)}=\frac{K\prod_{i=1}^{n}(s-z_i)}{\prod_{i=1}^{n}(s-p_i)} \tag{5-37}$$

辅助函数 $F(s)$ 具有以下特点。

1) 辅助函数 $F(s)$ 的零点是系统闭环传递函数的极点，$F(s)$ 的极点是系统开环传递函数的极点。

2) $F(s)$ 的零点个数和极点个数相同，均为 n 个。

3) $F(s)$ 与开环传递函数 $G(s)H(s)$ 之间只差常量 1。

4) $F(s)=1+G(s)H(s)$ 的几何意义为：$F(s)$ 平面的坐标原点就是 $G(s)H(s)$ 平面上的 (−1, j0) 点，如图 5-39 所示。

5) 映射曲线 Γ_F 对 $F(s)$ 平面坐标原点的包围就是映射曲线 Γ_{GH} 对 $G(s)H(s)$ 平面 (−1, j0) 点的包围。

图 5-40 表示了幅角原理及其映射 Γ_F 曲线与 Γ_{GH} 曲线之间的关系。

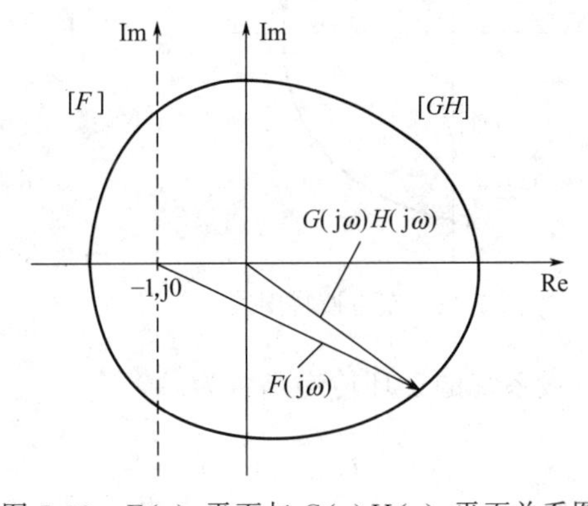

图 5-39　$F(s)$ 平面与 $G(s)H(s)$ 平面关系图

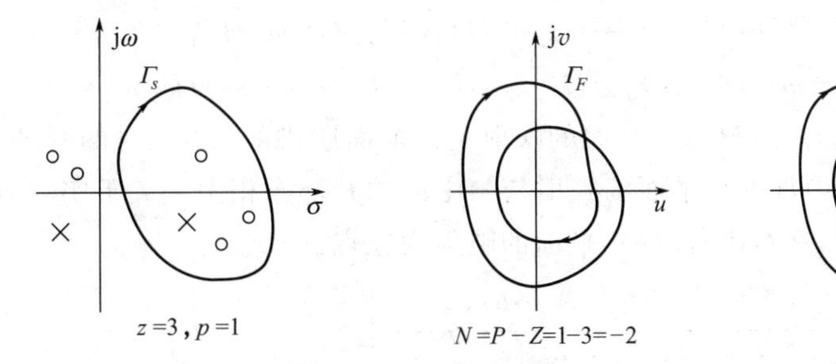

图 5-40　幅角原理及其映射关系

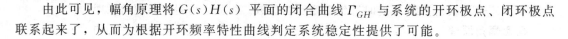

由此可见，幅角原理将$G(s)H(s)$平面的闭合曲线Γ_{GH}与系统的开环极点、闭环极点联系起来了，从而为根据开环频率特性曲线判定系统稳定性提供了可能。

5.6.2 典型的奈奎斯特稳定判据

(1) 虚轴上无开环极点时的奈奎斯特围线及其稳定判据 闭环系统稳定的充要条件是：系统的闭环极点［辅助函数$F(s)$的零点］必须全部位于s左半平面。在使用奈奎斯特稳定判据分析系统的稳定性面临的问题是：当已知开环传递函数的极点时，如何判断$F(s)=1+G(s)H(s)$在s平面的右半平面有无零点的问题，也就是说闭环传递函数在s平面右半部有无极点的问题。

如果有一个s平面的封闭围线Γ_s顺时针包围整个s平面的右半部，则Γ_s在$F(s)$平面上的映射围线Γ_F包围原点的次数N，即相当于Γ_s在$G(s)H(s)$平面上的映射围线Γ_{GH}包围$(-1,\mathrm{j}0)$点的次数N。其中N应为

$$N=P(s\text{ 平面右半部开环极点数})-Z(s\text{ 平面右半部闭环极点数}) \tag{5-38}$$

当已知s平面右半部开环极点个数P以及映射围线Γ_{GH}包围$(-1,\mathrm{j}0)$点的次数N时，利用公式$Z=P-N$，可求得s平面右半部闭环极点个数Z，从而确定闭环系统的稳定性。若$Z=0$，闭环系统稳定，否则不稳定。

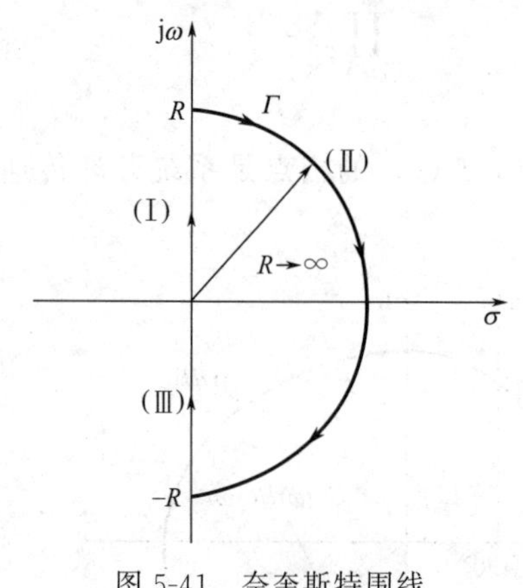

图 5-41 奈奎斯特围线

以上提出的指导思想，需要构造一个能包围整个s平面右半部的封闭围线Γ，即奈奎斯特围线，并且它需符合幅角定理条件。

假定$F(s)$在虚轴上没有零、极点。首先构造一条封闭曲线Γ_s，如图5-41所示，它按顺时针方向包围整个s平面右半部，称它为奈奎斯特围线。它可以分为以下三段。

Ⅰ段：正虚轴$s=\mathrm{j}\omega$，ω由0变化到$+\infty$。

Ⅱ段：半径为无限大的右半圆$s=R\mathrm{e}^{\mathrm{j}\theta}$，$R\to\infty$，$\theta$由$\frac{\pi}{2}$变化到$-\frac{\pi}{2}$。

Ⅲ段：负虚轴$s=\mathrm{j}\omega$，ω由$-\infty$变化到0。

设系统的开环传递函数为

$$G(s)H(s)=\frac{b_m s^m+b_{m-1}s^{m-1}+\cdots+b_1 s+b_0}{a_n s^n+a_{n-1}s^{n-1}+\cdots+a_1 s+a_0},\quad n>m \tag{5-39}$$

现在分析围线Γ_s在$G(s)H(s)$平面上的映射。

1）第Ⅰ段、第Ⅲ段映射：是ω由$0\to\infty$和ω由$-\infty\to 0$时的$G(\mathrm{j}\omega)H(\mathrm{j}\omega)$幅相图

$$G(s)H(s)\big|_{s=\mathrm{j}\omega}=|G(\mathrm{j}\omega)H(\mathrm{j}\omega)|\angle G(\mathrm{j}\omega)H(\mathrm{j}\omega)$$

$$G(s)H(s)\big|_{s=-\mathrm{j}\omega}=|G(-\mathrm{j}\omega)H(-\mathrm{j}\omega)|\angle G(-\mathrm{j}\omega)H(-\mathrm{j}\omega)=|G(\mathrm{j}\omega)H(\mathrm{j}\omega)|\angle -G(\mathrm{j}\omega)H(\mathrm{j}\omega)$$

围线Γ_s的第Ⅰ段在$G(s)H(s)$平面的映射正是前面所讲的$\omega>0$时的开环频率特性的幅相图，而第Ⅲ段在$G(s)H(s)$平面的映射与第Ⅰ段的开环幅相图是关于实轴对称的。

2）第Ⅱ段：围线Γ_s在$G(s)H(s)$平面的映射为原点。

$$G(s)H(s)\big|_{s=\lim\limits_{R\to\infty}R\mathrm{e}^{\mathrm{j}\theta}}=\left.\frac{b_m s^m+b_{m-1}s^{m-1}+\cdots b_1 s+b_0}{a_n s^n+a_{n-1}s^{n-1}+\cdots+a_1 s+a_0}\right|_{s=\lim\limits_{R\to\infty}R\mathrm{e}^{\mathrm{j}\theta}}=\left(\lim_{R\to\infty}\frac{b_m}{a_n R^{n-m}}\right)\mathrm{e}^{-\mathrm{j}(n-m)\theta}$$

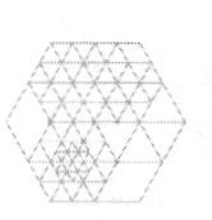

$$=\begin{cases}\dfrac{b_m}{a_n} & (n=m)\\ 0\angle-(n-m)\theta & (n>m)\end{cases} \tag{5-40}$$

上式表明，Γ 的无穷大半圆部分在 $G(s)H(s)$ 平面上的映射为 $G(s)H(s)$ 平面上的原点或者实轴上的一点。奈奎斯特围线 Γ_s 关于 $G(s)H(s)$ 的映射曲线 Γ_{GH} 称为奈奎斯特曲线 $G(j\omega)H(j\omega)$，它就是系统开环频率特性的幅相图，即奈奎斯特曲线。

虚轴上无开环极点时的奈奎斯特稳定判据： 若闭环系统在 s 平面右半部有 P 个开环极点，当 ω 从 $-\infty$ 变化到 $+\infty$ 时，奈奎斯特曲线 $G(j\omega)H(j\omega)$ 对 $(-1,j0)$ 点的包围周数为 N（逆时针 $N>0$，顺时针 $N<0$），则系统在 s 平面右半部的闭环极点个数为 $Z=P-N$。若 $Z=0$，则闭环系统稳定；否则不稳定。

奈奎斯特稳定判据又可叙述如下：若闭环系统有 P 个正实部的开环极点，当 ω 从 $-\infty$ 变化到 $+\infty$，闭环系统稳定的充要条件是奈奎斯特曲线逆时针方向包围 $(-1,j0)$ 点 P 周，即 $N=P$。

例 5-7 开环稳定系统 $G(s)H(s)=\dfrac{K}{(T_1s+1)(T_2s+1)(T_3s+1)}$，其奈奎斯特曲线如图 5-42 (a)、(b) 所示，判定闭环系统的稳定性。

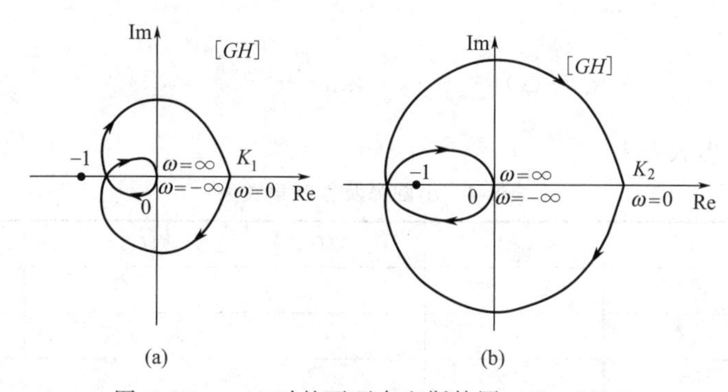

图 5-42 $v=0$ 时的开环奈奎斯特图（$K_1<K_2$）

解 系统开环稳定，开环极点个数 $P=0$。

1) 图 5-42 (a) 中，ω 从 $-\infty$ 变化到 $+\infty$ 时，闭合的开环奈奎斯特曲线不包围 $(-1,j0)$ 点，即 $N=0$，则 $Z=P-N=0$，系统在 s 平面右半部无有闭环极点，闭环系统稳定。

2) 图 5-42 (b) 中，ω 从 $-\infty$ 变化到 $+\infty$ 时，闭合的开环奈奎斯特曲线顺时针包围 $(-1,j0)$ 点 2 周，即 $N=-2$，则 $Z=P-N=2$，系统在 s 平面右半部有两个闭环极点，闭环系统不稳定。

(2) 虚轴上有开环极点时的奈奎斯特围线及其奈奎斯特稳定判据 根据柯西幅角原理，s 平面奈奎斯特围线 Γ_s 上应当没有开环传递函数 $G(s)H(s)$ 的极点和零点，但实际控制系统的开环传递函数常常有积分环节，在 Γ_s 的路径上（s 平面的原点处）有极点，不满足幅角原理应用条件。为了应用幅角原理，使奈奎斯特围线不经过原点而又能包围整个 s 平面右半部，在原点附近以原点为圆心作一半径为无穷小的右半圆进行修正，并用以下四段曲线构成奈奎斯特围线。

Ⅰ段：正虚轴 $s=j\omega$，ω 由 0^+ 变化到 $+\infty$。

Ⅱ段：半径为无穷大的右半圆 $s=Re^{j\theta}$，$R\to\infty$，θ 由 $\dfrac{\pi}{2}$ 变化到 $-\dfrac{\pi}{2}$。

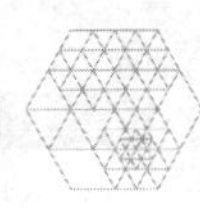

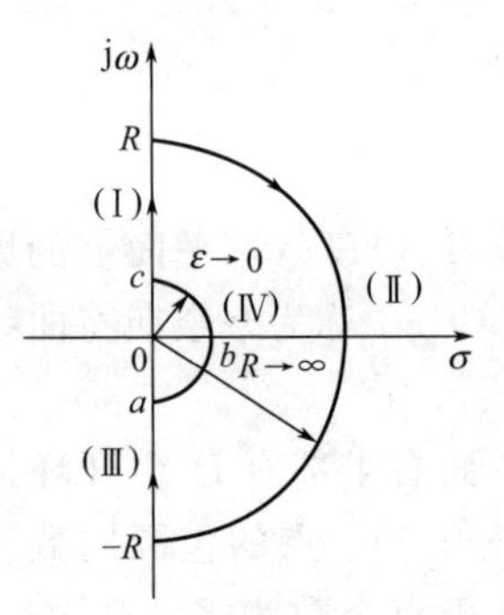

图 5-43　开环系统含积分环节的奈奎斯特围线

Ⅲ段：负虚轴 $s=\mathrm{j}\omega$，ω 由 $-\infty$ 变化到 0^-。

Ⅳ段：半径为无穷小的右半圆 $s=\varepsilon \mathrm{e}^{\mathrm{j}\theta}$，$\varepsilon \to 0$。$\theta$ 由 $-\dfrac{\pi}{2}$ 变化到 $\dfrac{\pi}{2}$，如图 5-43 所示。

可见 $v\neq 0$ 时的奈奎斯特围线与 $v=0$ 时的奈奎斯特围线只在原点附近不同。

设开环系统的传递函数为

$$G(s)H(s)=\frac{K\prod_{j=1}^{m}(\tau_j s+1)}{s^v\prod_{i=1}^{n-v}(T_i s+1)},\quad v\geqslant 1 \tag{5-41}$$

现在分析围线 Γ_s 在 $G(s)H(s)$ 平面上的映射。

1）第Ⅰ段、第Ⅲ段：是 ω 由 $0^+\to+\infty$ 和 ω 由 $-\infty\to 0^-$ 时的 $G(\mathrm{j}\omega)H(\mathrm{j}\omega)$ 幅相图。

2）第Ⅱ段：围线 Γ_s 在 $G(s)H(s)$ 平面的映射为坐标原点。

3）第Ⅳ段半径为无穷小的右半圆：其映射为顺时针转动的无穷大圆弧，旋转的角度为 $v\pi$。

$$G(s)H(s)\Big|_{s=\lim\limits_{\varepsilon\to 0}\varepsilon \mathrm{e}^{\mathrm{j}\theta}}=\lim_{\varepsilon\to 0}\frac{K}{\varepsilon^v}\mathrm{e}^{-\mathrm{j}v\theta}=\infty \mathrm{e}^{-\mathrm{j}v\theta} \tag{5-42}$$

根据上式可列出表 5-7。

表 5-7　小圆弧及其映射关系

映射前小圆位置	s	θ	$\lvert G(s)H(s)\rvert$	$\angle G(s)H(s)=-v\theta$	映射后大圆位置
a	$\mathrm{j}0^-$	$-\pi/2$	∞	$v\pi/2$	a'
b	ε	0	∞	0	b'
c	$\mathrm{j}0^+$	$\pi/2$	∞	$-v\pi/2$	c'

小圆由 a 点→b 点→c 点映射后为大圆弧的 a'点→b'点→c'点，即 θ 由 $-\pi/2\to 0\to\pi/2$，映射后为大圆弧 θ'由 $v\pi/2\to 0\to -v\pi/2$。Ⅰ型系统大圆弧顺时针转动角度 π，Ⅱ型系统大圆弧顺时针转动角度 2π，Ⅲ型系统大圆弧顺时针转动角度 3π。图 5-44 和图 5-47（e）分别为含有 1、2 个积分环节和含有 3 个积分环节的奈奎斯特图。

综合以上，绘制奈奎斯特围线 Γ_s 的映射围线 Γ_{GH} 时，可以不必考虑 s 在无穷大半圆上变化时的映射，而需考虑 s 在整个虚轴和原点或原点附近的小半圆上的映射。需注意的是，若开环传递函数含有 v 个积分环节，ω 由 $-\infty\to\infty$，指的 ω 是由 $-\infty\to 0^-\to 0\to 0^+\to\infty$，此时，奈奎斯特曲线需要顺时针增补 $v\pi$ 角度的无穷大半径的圆弧。

虚轴上有开环极点时的奈奎斯特稳定判据： 当 ω 由 $-\infty\to\infty$ 变化时，增补后的开环奈奎斯特曲线逆时针方向包围（-1,j0）点 P 周，当 $N=P$ 时，闭环系统稳定，否则不稳定。P 是开环传递函数正实部极点的个数。

例 5-8　三个系统开环传递函数的奈奎斯特曲线如图 5-44 所示，系统开环稳定，试判断三个闭环系统的稳定性。

解　系统开环稳定，$P=0$。

1）图 5-44（a）、（b）中，ω 从 $-\infty$ 变化到 $+\infty$ 时，闭合的开环奈奎斯特曲线顺时针包

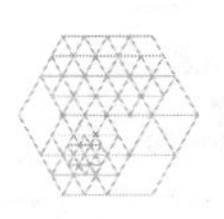

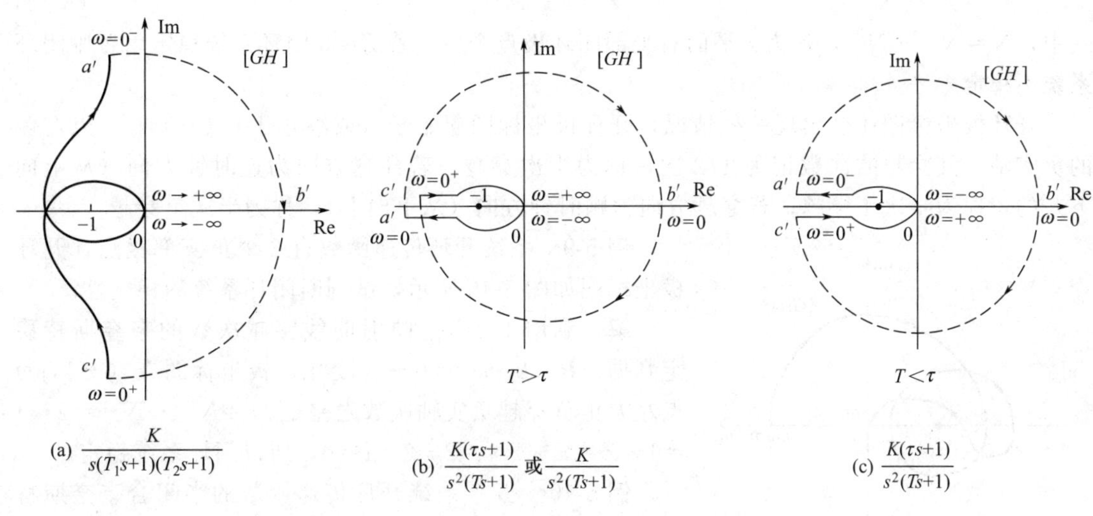

图 5-44　例 5-8 增补后的闭合奈奎斯特曲线

围（−1,j0）点 2 周，即 $N=-2$，则 $Z=P-N=2$，系统在 s 平面右半部上有两个闭环极点，该闭环系统不稳定。

2）图 5-44（c）中，ω 从 $-\infty$ 变化到 $+\infty$ 时，闭合的开环奈奎斯特曲线不包围（−1,j0），即 $N=0$，则 $Z=P-N=0$，系统在 s 平面右半部上没有闭环极点，该闭环系统稳定。

（3）奈奎斯特稳定判据在 $1/2\Gamma_{GH}$ 映射曲线上的应用　考虑到 Γ_{GH} 曲线的对称性，在利用奈奎斯特图判别闭环系统稳定性时，为了简便起见，通常只绘制出 ω 从 $0\to0^+\to\infty$ 段的 $\frac{1}{2}\Gamma_{GH}$ 映射曲线，此时确定系统在 s 平面右半部极点个数公式为

$$Z=P-2N \tag{5-43}$$

P 为开环系统在 s 平面右半部的极点个数，N 是正频部分对应的奈奎斯特曲线包围（−1,j0）点的周数。若 $Z=0$，闭环系统稳定，否则不稳定。

对于Ⅰ型以上的系统，需注意补充 $\omega=0\to0^+$ 时奈奎斯特映射曲线。

（4）利用穿越次数的奈奎斯特稳定判据　对于复杂的开环极坐标图，采用“包围周数”的概念判定闭环系统稳定性容易出错。开环频率特性轨迹包围（−1,j0）点，必然穿越 −1 到 $-\infty$ 这段负实轴。为了简化判定过程，引入正、负穿越的概念。

如果开环极坐标图以逆时针方向包围（−1，j0）点一周，则此曲线必然从上向下穿越负实轴的（$-\infty$，−1）线段一次。由于这种穿越伴随着相角增加，故称为正穿越，表示为 N^+。反之，开环极坐标图按顺时针方向包围（−1,j0）点一周，则此曲线必然从下向上穿越负实轴的（$-\infty$，−1）线段一次。这种穿越伴随着相角减小，故称为负穿越，表示为 N^-。正、负穿越次数 N^+、N^- 标识如图 5-45 所示。

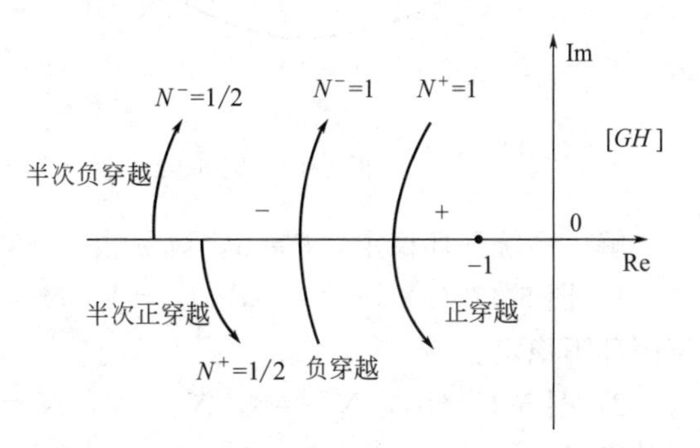

图 5-45　正、负穿越

利用奈奎斯特稳定判据在 $1/2\Gamma_{GH}$ 映射曲线上的应用，公式为

$$Z=P-2N \tag{5-44}$$

式中，$N=N^{+}-N^{-}$，Z 为 s 平面右半部闭环极点个数，若 $Z=0$ 闭环系统稳定，否则闭环系统不稳定。

开环极坐标图还会出现一种情况，开环极坐标图起始于（或终止于）（-1,j0）点左侧的负实轴。其穿越的次数记为 1/2 次，称为半次穿越。若穿越方向为逆时针方向（从上向下）的，称为半次正穿越；若穿越方向为顺时针方向（从下向上），称为半次负穿越。

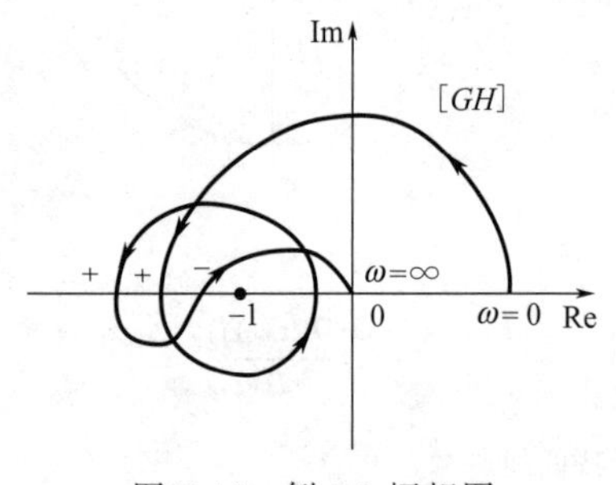

图 5-46　例 5-9 幅相图

例 5-9　系统开环传递函数有 2 个正实部极点，开环极坐标图如图 5-46 所示，试判断闭环系统的稳定性。

解　利用 $1/2\Gamma_{GH}$ 映射曲线穿越次数的奈奎斯特稳定判据。$P=2$，ω 由 $0\to\infty$ 变化，极坐标图在（-1,j0）点左方正负穿越负实轴次数之差是 $N=N^{+}-N^{-}=2-1=1$，$Z=P-2N=2-2\times1=0$，所以闭环系统稳定。

例 5-10　五个系统开环传递函数的半闭合奈奎斯特曲线如图 5-47 所示，系统开环稳定，试判断五个闭环系统的稳定性。

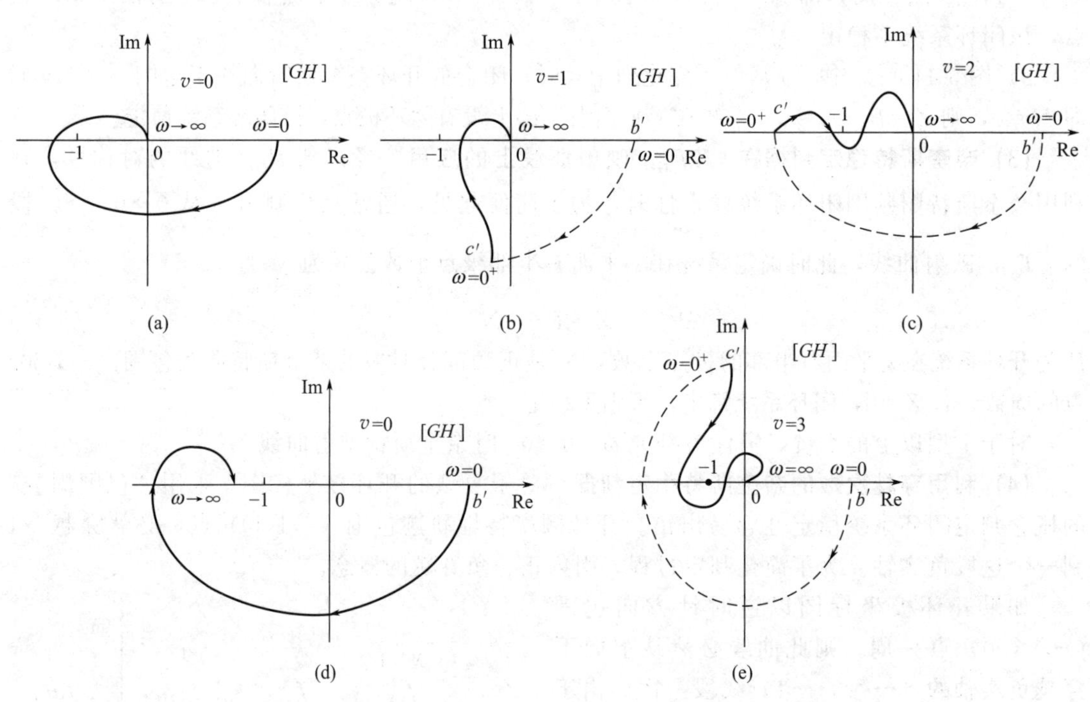

图 5-47　例 5-10 半闭合奈奎斯特曲线（箭头画法一个样）

解　系统开环稳定，$P=0$，当 ω 由 $0\to0^{+}\to\infty$ 时

1）图 5-47（a），$N^{+}=0$，$N^{-}=1$，$N=N^{+}-N^{-}=-1$，$Z=P-2N=2$。图（a）系统闭环不稳定。

2）图 5-47（b），$N^{+}=0$，$N^{-}=0$，$N=N^{+}-N^{-}=0$，$Z=P-2N=0$。图（b）系统闭环稳定。

3）图 5-47（c），$N^{+}=1$，$N^{-}=1$，$N=N^{+}-N^{-}=0$，$Z=P-2N=0$。图（c）系统闭环稳定。

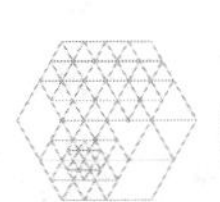

4）图 5-47（d），$N^+=1/2$，$N^-=1$，$N=N^+-N^-=-1/2$，$Z=P-2N=1$。图（d）系统闭环不稳定。

5）图 5-47（e），$N^+=1$，$N^-=1$，$N=N^+-N^-=0$，$Z=P-2N=0$。图（e）系统闭环稳定。

5.6.3 基于对数频率特性的奈奎斯特稳定判据

在工程上，常用对数频率特性图，即伯德图对控制系统进行分析和设计。把奈奎斯特稳定判据的条件“翻译”到伯德图上，直接应用伯德图来判别闭环系统的稳定性将更为方便。因此，对数频率稳定判据也称为伯德图在奈奎斯特稳定判据中的应用，是奈奎斯特稳定判据的另一种形式。

奈奎斯特图和相应的伯德图有如下的对应关系：

1）奈奎斯特图上的单位圆对应于伯德图上的 0dB 线，奈奎斯特图中单位圆以外的区域，对应于对数幅频特性中 0dB 线以上的区域。

2）奈奎斯特图上的负实轴对应于伯德图的$-180°$相位线。

奈奎斯特图在（-1,j0）点左方的正、负穿越在伯德图上的表示为：在 $L(\omega)>0$dB 的频段内，随着 ω 的增加，相频特性 $\varphi(\omega)$ 曲线由下而上穿过$-180°$线，相位增加，称为正穿越。反之，相频特性 $\varphi(\omega)$ 曲线由上而下穿越$-180°$线，相角减少，称为负穿越。

对数频率奈奎斯特稳定判据表述如下：P 为 s 平面右半部开环极点个数，Z 为 s 平面右半部闭环极点个数，当 ω 由 $0\to\infty$ 变化时，在开环对数幅频特性大于 0dB 的所有频段内，增补后的相频特性曲线对$-180°$线的正、负穿越次数之差为 N，即 $N=N^+-N^-$，若 $Z=P-2N=0$，闭环系统稳定，否则，闭环系统不稳定。

需强调的是，当开环系统含有 v 个积分环节时，相频特性应增补 ω 由 $0\to0^+$ 部分的 $0°\to-90°v$ 线。

例 5-11 系统开环伯德图和开环正实部极点个数 P 如图 5-48 所示，判定闭环系统稳定性。

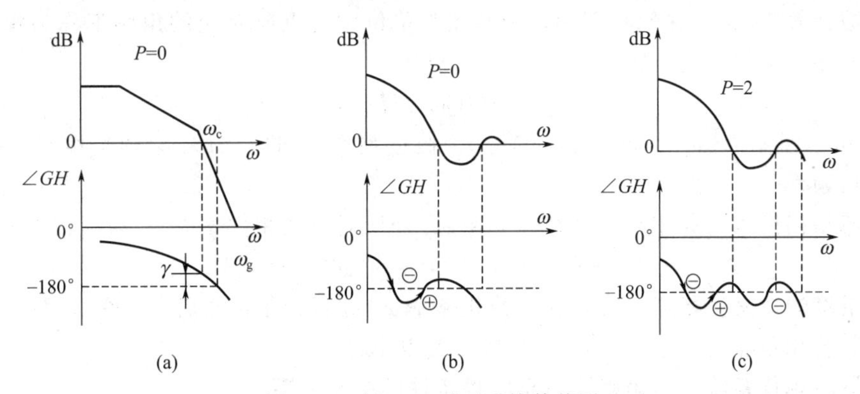

图 5-48 例 5-11 开环系统伯德图

解 1）图 5-48（a），$P=0$，对数幅频特性 $L(\omega)>0$ 的频段内，相频特性曲线没有穿越$-180°$线，$N^+=N^-=0$，$N=N^+-N^-=0$，$Z=P-2N=0$，故闭环系统稳定。

2）图 5-48（b），$P=0$，对数幅频特性 $L(\omega)>0$ 的所有频段内，相频特性曲线对$-180°$线的正、负穿越次数 $N^+=N^-=1$，$N=N^+-N^-=0$，$Z=P-2N=0$，故闭环系统稳定。

3）图 5-48（c），$P=2$，对数幅频特性 $L(\omega)>0$ 的所有频段内，相频特性曲线对$-180°$

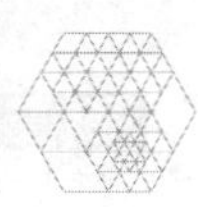

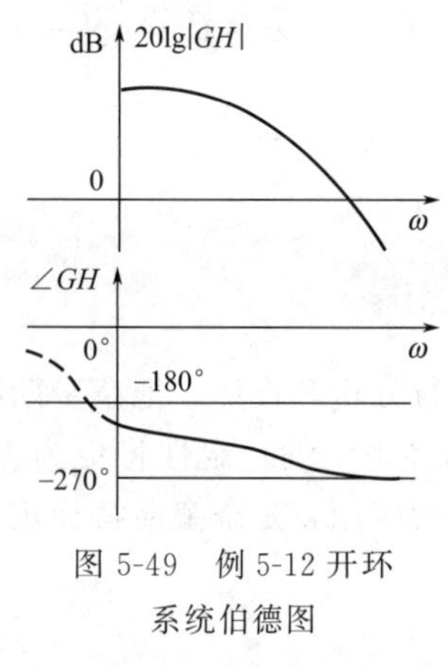

图 5-49　例 5-12 开环系统伯德图

线的正、负穿越次数 $N^+=1$，$N^-=2$，$N=N^+-N^-=-1$，$Z=P-2N=2-2\times(-1)=4$，故闭环系统不稳定。

例 5-12　Ⅱ型最小相位系统开环伯德图如图 5-49 所示，试判定闭环系统的稳定性。

解　由条件可知 $P=0$。该开环系统含有 2 个积分环节，用虚线绘出相频特性的增补部分 $0°\to-180°$线。当 $\omega\to0$ 时，$\varphi(0)\to0°$，当 $\omega\to0^+$ 时，$\varphi(0^+)\to-180°$；在 $L(\omega)>0$dB 的频段内，相频特性对$-180°$线穿越次数 $N^+=0$，$N^-=1$，$N=N^+-N^-=-1$，$Z=P-2N=2$，故闭环系统不稳定。

5.7　控制系统的相对稳定性

5.7.1　稳定裕度

前面介绍的稳定判据是分析系统是否稳定，称为绝对稳定性分析。而对一个稳定的系统而言，还有一个稳定的程度，即相对稳定性的概念。相对稳定性与系统的动态性能指标有着密切的关系。在设计一个控制系统时，不仅要求系统是绝对稳定的，而且还应保证系统具有一定的稳定程度。

对于一个最小相位系统而言，$G(\mathrm{j}\omega)H(\mathrm{j}\omega)$ 奈奎斯特曲线越靠近 $(-1,\mathrm{j}0)$，系统阶跃响应的振荡就越强烈，系统相对稳定性就越差。因此，可用 $G(\mathrm{j}\omega)H(\mathrm{j}\omega)$ 奈奎斯特曲线对点 $(-1,\mathrm{j}0)$ 的接近程度来表示系统的相对稳定性。一般采用相角裕度和幅值裕度来定量地表示系统的相对稳定性。

相角裕度和幅值裕度是系统开环频域指标，它们与闭环系统的动态性能密切相关。

(1) 截止频率 ω_c　在幅相图中，幅相图与单位圆交点所对应的角频率称为幅值穿越频率，也称为截止频率、剪切频率，记为 ω_c。显然

$$A(\omega_c)=|G(\mathrm{j}\omega_c)H(\mathrm{j}\omega_c)|=1 \tag{5-45}$$

在 Bode 图上，$L(\omega_c)=20\lg A(\omega_c)=0$，截止频率 ω_c 即是开环幅频特性与 0dB 线交点所对应的角频率。

(2) 相角裕度 γ　频率特性在截止频率 ω_c 处所对应的相位 $\varphi(\omega_c)$ 与$-180°$之差，即

$$\gamma=\varphi(\omega_c)-(-180°)=180°+\varphi(\omega_c) \tag{5-46}$$

相角裕度的意义：稳定系统在开环截止频率 ω_c 处若相角再滞后 γ（度），系统处于临界稳定状态；若相角滞后大于 γ（度），系统将变得不稳定。

对于最小相位系统，相角裕度与系统稳定性的关系如下：

$\gamma(\omega_c)>0$，系统稳定；$\gamma(\omega_c)=0$，系统临界稳定；$\gamma(\omega_c)<0$，系统不稳定。

一个良好的控制系统，通常要求相角裕度 γ 在 30°～60°之间。

(3) 幅值裕度　相角穿越频率：开环频率特性的相角为$-180°$的角频率称为相角穿越频率，记为 ω_g。

$$\angle G(\mathrm{j}\omega_g)H(\mathrm{j}\omega_g)=\varphi(\omega_g)=-180° \tag{5-47}$$

幅值裕度 K_g：开环幅频特性幅值的倒数

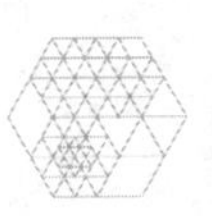

$$K_g=\frac{1}{|G(j\omega_g)H(j\omega_g)|}=\frac{1}{A(\omega_g)} \tag{5-48}$$

幅值裕度的意义： 对于闭环系统，如果系统开环幅频特性再增大 K_g 倍，则系统将处于临界稳定状态。

复平面中 γ 和 K_g 的表示如图 5-50（a）所示。

对式（5-48）两边取对数，得到对数坐标下的幅值裕度定义

$$20\lg K_g=-20\lg A(\omega_g)\quad(\text{dB}) \tag{5-49}$$

K_g 的分贝值等于 $L(\omega_g)$ 与 0dB 之间的距离（0dB 下为正）。$A(\omega_g)<1$，则 $K_g>1$、$20\lg K_g>0$dB，幅值裕度为正；反之幅值裕度为负。当开环放大系数变化而其它参数不变时，ω_g 不变，但 $A(\omega_g)$ 变化。

半对数坐标图中 γ 和 K_g 的表示如图 5-50（b）所示。

对于最小相位系统，幅值裕度与系统稳定性关系如下：

$K_g(\text{dB})>0$dB，系统稳定；$K_g(\text{dB})=0$dB，系统临界稳定；$K_g(\text{dB})<0$dB，系统不稳定。

一个良好的系统，一般要求 $K_g=2\sim3.16$，或 $K_g=6\sim10$dB。

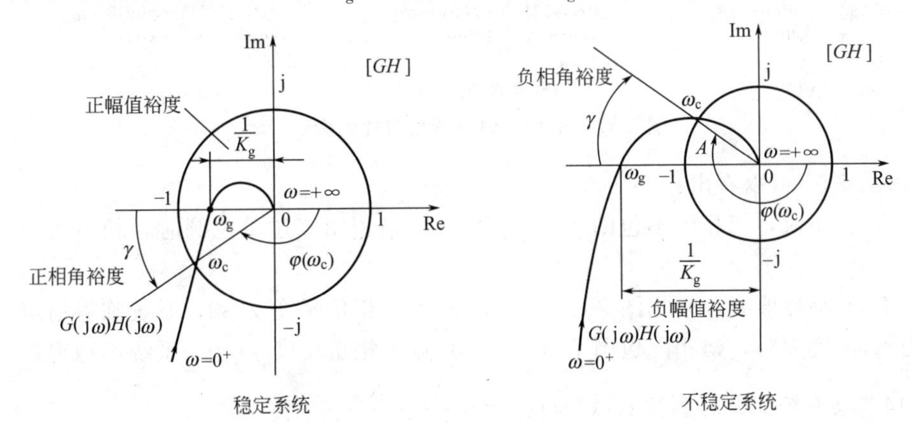

(a) 极坐标平面

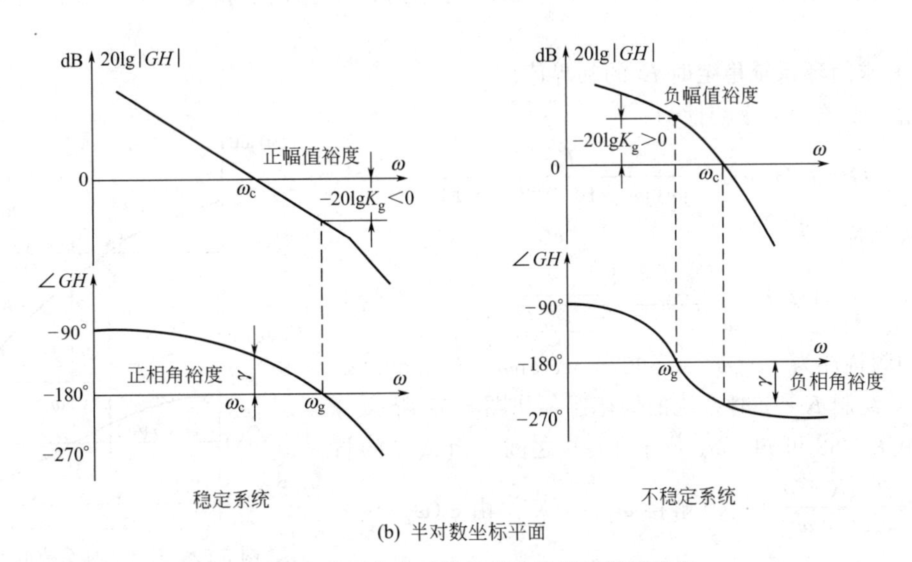

(b) 半对数坐标平面

图 5-50　稳定和不稳定系统的相角裕度和幅值裕度

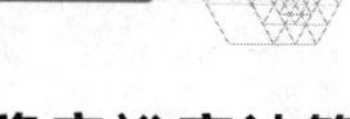

5.7.2 稳定裕度计算

计算相角裕度 γ，首先要计算截止频率 ω_c。求 ω_c 较方便的方法是由 $G(s)H(s)$ 绘制 $L(\omega)$ 曲线，由 $L(\omega)$ 曲线与 0dB 线的交点确定 ω_c。

计算幅值裕度 K_g，首先确定相角穿越频率 ω_g。对于阶数不太高的系统，可直接用三角方程 $\angle G(j\omega_g)H(j\omega_g)=-180°$，求解 ω_g。或者是将 $G(j\omega_g)H(j\omega_g)$ 写成实部和虚部形式，令虚部为零而解得 ω_g。

例 5-13 最小相位开环传递函数为 $G(s)H(s)=\dfrac{K}{(T_1s+1)(T_2s+1)(T_3s+1)}$，幅相曲线如图 5-51 所示，分析开环增益 K 大小对系统稳定性的影响。

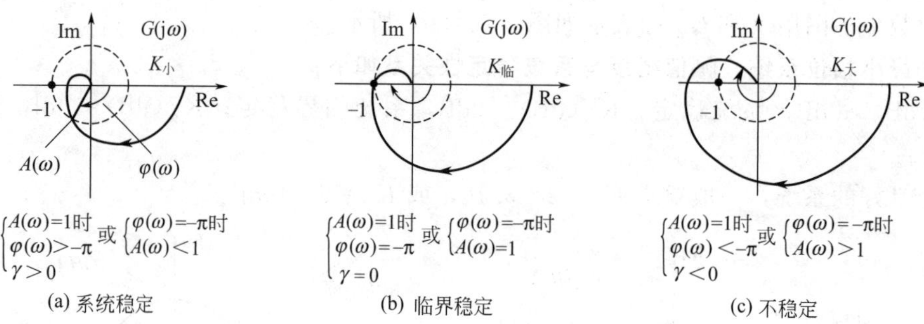

图 5-51 K 增大时系统稳定性的变化

解 由图 5-51 可以看出：

1）当 K 较小时，幅相图不包围（-1,j0）点，幅相图穿过单位圆时，相角裕度 $\gamma>0$，系统稳定。

2）当 K 取临界值时，幅相图穿过（-1,j0）点，相角裕度 $\gamma=0$，系统临界稳定。

3）当 K 再增大时，幅相图包围了（-1,j0）点，相角裕度 $\gamma<0$，系统不稳定。

例 5-14 某系统的开环函数 $G(s)H(s)=\dfrac{K}{s(s+1)(0.2s+1)}$

1）试求当 $K=2$ 和 $K=20$ 时，系统的相角裕度与幅值裕度，并判断闭环系统的稳定性。

2）求闭环系统稳定时 K 的临界值。

解 系统的频率特性为

$$G(j\omega)H(j\omega)=\frac{K}{j\omega(j\omega+1)(0.2j\omega+1)}$$

幅频特性为

$$A(\omega)=\frac{K}{\omega\sqrt{\omega^2+1}\sqrt{0.2^2\omega^2+1}} \tag{5-50}$$

相频特性为 $\varphi(\omega)=-90°-\arctan\omega-\arctan0.2\omega$

1）绘制 $K=2$ 时系统的伯德图，如图 5-52 所示。

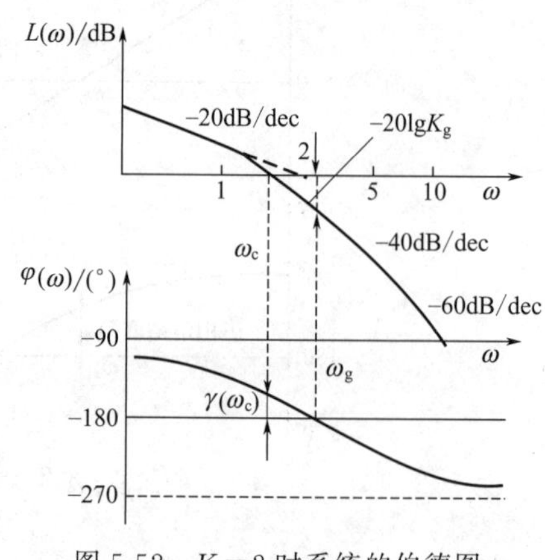

图 5-52 $K=2$ 时系统的伯德图

由图 5-52 可知，ω_c 位于 1～5 之间，由该段的折线方程 $\dfrac{20\lg K-0}{\lg1-\lg\omega_c}=-40$ 解得 $\omega_c=\sqrt{K}$。由 $\varphi(\omega_g)=-180°$，求 ω_g

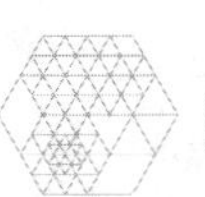

$$-90°-\arctan(\omega_g)-\arctan(0.2\omega_g)=-180°$$

$$\arctan(\omega_g)+\arctan(0.2\omega_g)=90°$$

等式两边取正切 $\dfrac{\omega_g+0.2\omega_g}{1-0.2\omega_g^2}=\tan 90°$ 解得 $\omega_g=\sqrt{5}$。

相角裕度 $\gamma=180°+\varphi(\omega_c)=180°-90°-\arctan\omega_c-\arctan(0.2\omega_c)$

幅值裕度 $K_g=\dfrac{1}{A(\omega_g)}$，$A(\omega_g)=\dfrac{2}{\omega_g\sqrt{\omega_g^2+1}\sqrt{0.2^2\omega_g^2+1}}$

当 $K=2$ 时，$\omega_c=\sqrt{2}$，解得 $\gamma=19.5°$，$K_g=3$，$20\lg K_g=9.54\text{dB}$。

当 $K=20$ 时，$\omega_c=\sqrt{20}=4.47$，解得 $\gamma=-29.2°$，$K_g=0.3$，$20\lg K_g=-10.46\text{dB}$。

可见，当 $K=2$ 时，$\gamma>0$，$20\lg K_g>0$，闭环系统稳定；当 $K=20$ 时，$\gamma<0$，$20\lg K_g<0$，闭环系统不稳定。

显然，如果系统开环放大倍数 K 选择过大，就会对系统稳定性造成不利影响。减小 K 可使系统稳定裕度加大，但这样会使斜坡输入信号作用时的系统稳态误差增大。所以，工程上为了获得满意的系统动态过程，一般要求相角裕度 $\gamma=30°\sim60°$，幅值裕度 $K_g>2$。同时，采取必要的校正措施，使系统兼顾稳态性能与动态性能的要求。

2）相角裕度 $\gamma=0$ 时，系统处于临界稳定，即 $\gamma=180°+\varphi(\omega_c)=0°$

$$180°-90°-\arctan\omega_c-\arctan(0.2\omega_c)=0$$

$$\arctan\omega_c+\arctan(0.2\omega_c)=90°$$

$$\frac{\omega_c+0.2\omega_c}{1-0.2\omega_c^2}=\tan 90°$$

解得 $\omega_c=\omega_g=\sqrt{5}$，将 $\omega_c=\sqrt{5}$代入式（5-50）中，令 $A(\omega)=1$ 求得 $K=6$。

5.8 利用开环对数幅频特性分析系统性能

分析控制系统的性能，可以用开环频率特性估算，也可以通过闭环频率特性分析。控制系统性能的优劣以性能指标来衡量，一般分为时域性能指标和频域性能指标。频域性能指标包括开环频域指标和闭环频域指标，频域性能指标与时域暂态性能指标对照如表 5-8 所示。

表 5-8 系统频域性能指标与时域暂态性能指标对照表

系统暂态响应特性	频域性能指标		时域暂态性能指标
	基于开环频率特性	基于闭环频率特性	
相对稳定性	相角裕度 γ，幅值裕度 K_g，在截止频率 ω_c 附近幅频曲线斜率为-20dB/dec频率宽度 h	谐振峰值 M_r	超调量 σ_p，振荡次数 N
快速性	截止频率 ω_c	带宽频率 ω_b，谐振频率 ω_r	调节时间 t_s，上升时间 t_r，峰值时间 t_p

时域性能指标包括静态性能指标和动态性能指标。静态性能指标包括稳态误差 e_{ss}、无差度 v 以及开环放大系数 K。动态性能指标包括调节时间 t_s、超调量 σ_p、上升时间 t_r、峰值时间 t_p 和振荡次数 N 等。常用的时域动态性能指标是 t_s 和 σ_p。

开环频域性能指标有截止频率 ω_c、相角裕度 γ 和幅值裕度 K_g，常用的是 ω_c 和 γ。

闭环频域性能指标有谐振频率 ω_r、带宽频率 ω_b 和谐振峰值 M_r，常用的是 ω_b 和 M_r。

虽然这些频域性能指标没有时域指标那样直观，但在二阶系统中，它们与时域指标有着确定的对应关系，在高阶系统中也有着近似的对应关系。

根据开环频率特性来分析系统性能是控制系统分析和设计的一种主要方法，它的特点是简便实用。但在工程实际中，有时也需对闭环频率特性有所了解，并据此来分析系统性能。

5.8.1 开环幅频特性“三频段”与系统性能的关系

在分析系统性能时，频域指标没有时域指标直接、准确。因此，一般利用频率指标和时域指标之间的关系进行系统性能分析。因为对数频率特性应用的广泛性和便利性，本节以对数幅频图为基础，利用频域指标和时域指标的关系估算系统的时域响应性能。

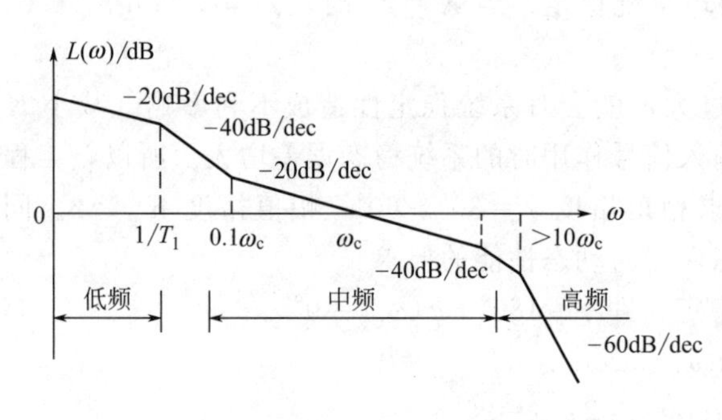

图 5-53 对数频率特性三频段的划分

实际系统的开环对数幅频特性 $L(\omega)$ 一般都符合如图 5-53 所示的特征：左端低频部分较高；右端高频部分较低。将开环幅频特性 $L(\omega)$ 分成三个频段：低频段、中频段和高频段。

低频段：第一个转折频率以前的频段。

中频段：截止频率 ω_c 附近的区段，即对数幅频特性 $L(\omega)$ 穿过 0dB 线的频段。

高频段：频率远大于 ω_c（$\omega > 10\omega_c$）的频段。

需要指出，开环对数频率特性三频段的划分是相对的，各频段之间没有严格的界限，与电子科学与技术学科中的频率划分不同，一般控制系统的频段范围在 0.01～100rad/s 之间。下面分析各频段与系统性能之间的关系。

(1) 低频段与系统稳态性能的关系 低频段通常是指开环对数幅频渐近线 $L(\omega)$ 在第一个转折频率以前的区段，这一段的特性主要由积分环节 v 和开环增益 K 决定。

设低频段对应的传递函数为 $G(s)=\dfrac{K}{s^v}\quad(n\geqslant m)$

则低频段的对数幅频特性为

$$L(\omega)=20\lg A(\omega)=20\lg\frac{K}{\omega^v}=20\lg K-v\times 20\lg\omega$$

低频段的开环对数幅频特性曲线如图 5-54 所示，渐近线斜率与系统型别有关，斜率为 $-v\times 20$dB/dec。

低频渐近线（或其延长线）交于 0dB 线处的频率值 ω_0 和开环增益 K 的关系为 $K=\omega_0^v$。

低频段斜率越负、位置越高，对应积分环节数目越多、开环增益越大。在闭环系统稳定的条件下，其稳态误差越小，稳态性能越好。因此，根据 $L(\omega)$ 低频段很容易确定系统型别 v

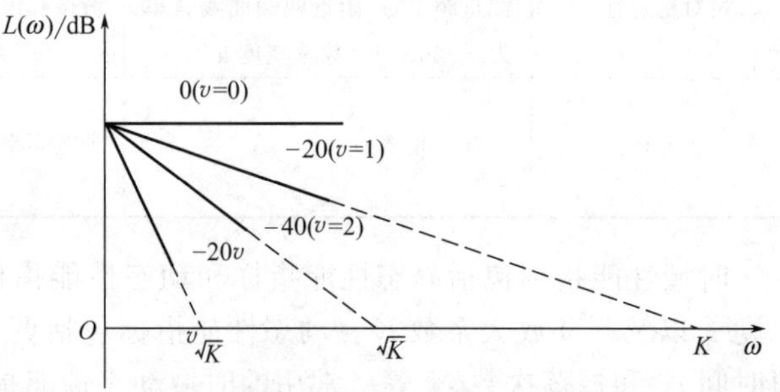

图 5-54 低频段的开环对数幅频特性曲线

和开环增益K，利用第3章中介绍的静态误差系数法可以求出系统在给定输入下的稳态误差。

(2) 中频段与系统动态性能的关系 中频段集中反映了系统动态响应的快速性和平稳性，即系统的动态性能。下面对中频段斜率分别为-20dB/dec和-40dB/dec两种情况及其动态特性进行分析。

1) 截止频率ω_c与系统动态性能的关系 设系统开环对数幅频特性曲线的中频段斜率为-20dB/dec，且占据频段比较宽，如图5-55 (a) 所示。若只从与中频段相关的平稳性和快速性来考虑，可近似认为整个曲线是一条斜率为-20dB/dec的直线。其对应的开环传递函数为

$$G(s)\approx\frac{K}{s}=\frac{\omega_c}{s}$$

相角裕度 $$\gamma=180°+\varphi(\omega_c)\approx180°-90°=90°$$

相角裕度$\gamma\approx90°$，系统很稳定。

闭环传递函数 $$\Phi(s)=\frac{G(s)}{1+G(s)}=\frac{\dfrac{\omega_c}{s}}{1+\dfrac{\omega_c}{s}}=\frac{1}{\dfrac{1}{\omega_c}s+1}$$

这相当于一阶系统。其阶跃响应按指数规律变化，无振荡。

调节时间 $$t_s\approx3T=\frac{3}{\omega_c}$$

可见，在一定条件下，ω_c越大，t_s就越小，系统响应也越快，截止频率ω_c反映了系统响应的快速性。

2) 中频段斜率与系统动态性能的关系 设系统开环对数幅频特性曲线的中频段斜率为-40dB/dec，且占据频段较宽，如图5-55 (b) 所示。同理，可近似认为整个曲线是一条斜率为-40dB/dec的直线。其开环传递函数为

$$G(s)\approx\frac{K}{s^2}=\frac{\omega_c^2}{s^2}$$

相角裕度 $$\gamma=180°+\varphi(\omega_c)\approx180°-180°=0°$$

相角裕度$\gamma\approx0°$，系统处于临界稳定状态。

闭环传递函数为 $$\Phi(s)=\frac{G(s)}{1+G(s)}=\frac{\dfrac{\omega_c^2}{s^2}}{1+\dfrac{\omega_c^2}{s^2}}=\frac{\omega_c^2}{s^2+\omega_c^2}$$

可见，系统含有一对闭环共轭纯虚根$\pm j\omega_c$，这相当于无阻尼二阶系统，系统处于临界稳定状态。

最小相位系统对数幅频$L(\omega)$与相角$\varphi(\omega)$有唯一对应关系，$L(\omega)$斜率越负，则$\varphi(\omega)$越小。在开环截止频率ω_c处，$L(\omega)$的斜率对相角裕度γ的影响最大，越远离ω_c，$L(\omega)$的斜率对γ的影响就越小。

如果$L(\omega)$曲线的中频段斜率为-20dB/dec，并且占据较宽的频率范围，则相角裕度γ就较大（接近90°），系统的超调量就很小。如果中频段斜率为-40dB/dec，且占据较宽的频率范围，则相角裕度γ就很小（接近0°），系统的平稳性和快速性会变得很差。可进一步

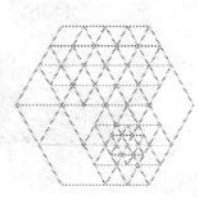

推知，若以-60dB/dec或更负的斜率穿越ω_c，则系统难以稳定。因此，为保证系统具有满意的动态性能，希望$L(\omega)$以-20dB/dec的斜率穿越0dB线，且具有一定的中频宽度，以期得到满意的平稳性，并通过提高ω_c来保证系统的快速性。

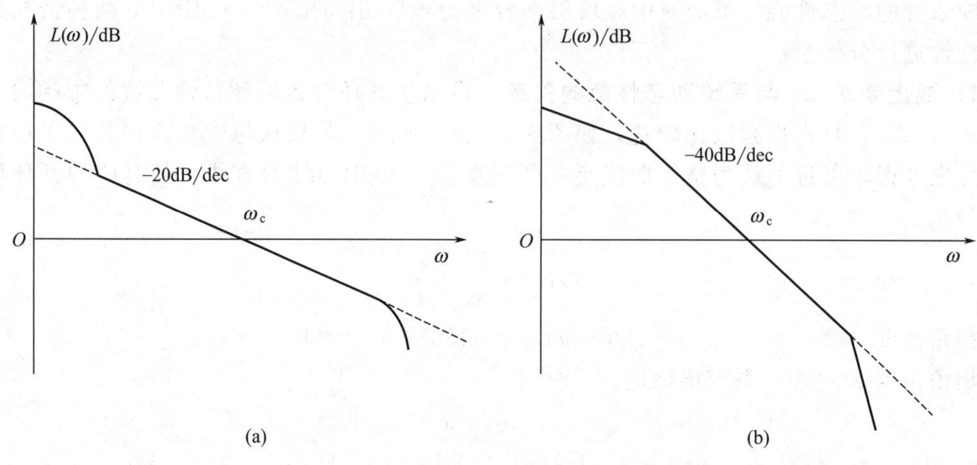

图 5-55　中频段的开环对数幅频特性曲线

(3) 高频段与系统抗高频干扰能力的关系　$L(\omega)$的高频段特性是由小时间常数的环节构成的，其转折频率均远离截止频率ω_c，所以对系统的动态性能影响不大。但是，从系统抗干扰的角度出发，研究高频段的特性是具有实际意义的，现说明如下。

在开环幅频特性的高频段，一般$L(\omega)=20\lg|G(\mathrm{j}\omega)|\leqslant 0$，即$|G(\mathrm{j}\omega)|\leqslant 1$，故有

$$|\Phi(\mathrm{j}\omega)|=\frac{|G(\mathrm{j}\omega)|}{|1+G(\mathrm{j}\omega)|}\approx|G(\mathrm{j}\omega)| \tag{5-51}$$

即在高频段，闭环幅频特性与开环幅频特性近似相等。

因此，$L(\omega)$特性的高频段的幅值，直接反映出系统对输入高频信号的抑制能力，开环幅频特性高频段的分贝值越低，说明系统对高频信号的衰减作用越大，即系统的抗高频干扰能力越强。

三频段的概念对利用开环频率特性分析闭环系统性能及工程设计指出了方向。**通常希望开环对数幅频特性应具有下述特点。**

1）如果要求系统在阶跃或斜坡作用下无稳态误差，则$L(\omega)$的低频段应保持-20dB/dec或-40dB/dec的斜率。低频段应有较高的分贝值以保证系统的稳态精度。

2）$L(\omega)$曲线应以-20dB/dec的斜率穿过0dB线，且具有一定的中频段宽度。这样能保证系统有足够的稳定裕度，保证闭环系统有良好的平稳性。

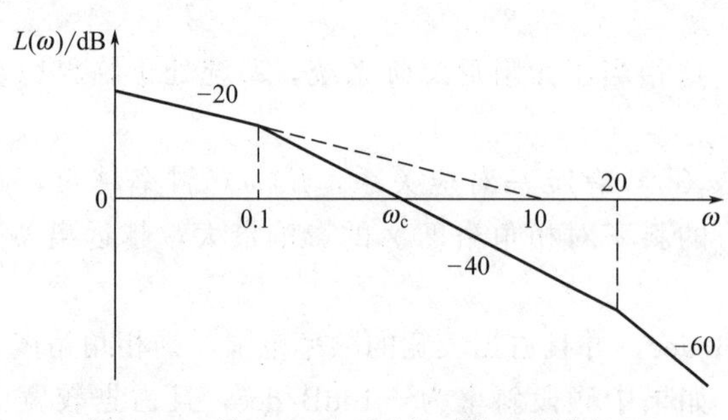

图 5-56　例 5-15 开环系统对数幅频特性图

3）$L(\omega)$应具有较高的截止频率ω_c以提高闭环系统的快速性。

4）$L(\omega)$的高频段应尽可能低，以增强系统的抗干扰能力。

例 5-15　已知最小相位系统对数幅频特性$L(\omega)$如图 5-56 所示，试确定：1）开环传递函数$G(s)$。2）由γ确定系统的稳定性。3）将$L(\omega)$右移 10 倍频，讨论对系统的影响。

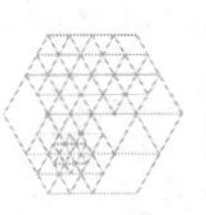

解 1）由图可知开环放大倍数 $K=10$，则系统的开环传递函数为

$$G(s)=\frac{10}{s(10s+1)(0.05s+1)}$$

2）由 $\frac{10}{\omega_c \times 10\omega_c}=1$，求得截止频率 $\omega_c=1\text{rad/s}$，则相角裕度 γ 为

$$\gamma=180°-90°-\arctan 10\omega_c-\arctan 0.05\omega_c=2.8°>0$$

相角裕度 $\gamma=2.8°>0°$，系统稳定，但是相对稳定性较差。

3）将 $L(\omega)$ 右移 10 倍频，则传递函数变为

$$G(s)=\frac{100}{s(s+1)(0.005s+1)}$$

截止频率也增大 10 倍变为 $\omega_c=10\text{rad/s}$，此时相角裕度 γ 为

$$\gamma=180°-90°-\arctan\omega_c-\arctan 0.005\omega_c=2.8°$$

右移 10 倍频后，相角裕度 γ 没有变化，所以系统的超调量 σ_p 也没有变化，开环截止频率 ω_c 增大，系统的调节时间 t_s 减小。开环放大倍数增大 10 倍，对于输入为单位斜坡信号的稳态误差减小 10 倍。

例 5-16 $G(s)=\frac{K(T_1s+1)}{s^2(T_2s+1)}$，$T_1>T_2$ 是系统的开环传递函数，试分析相角裕度 γ 与参数 T_1、T_2 的关系。

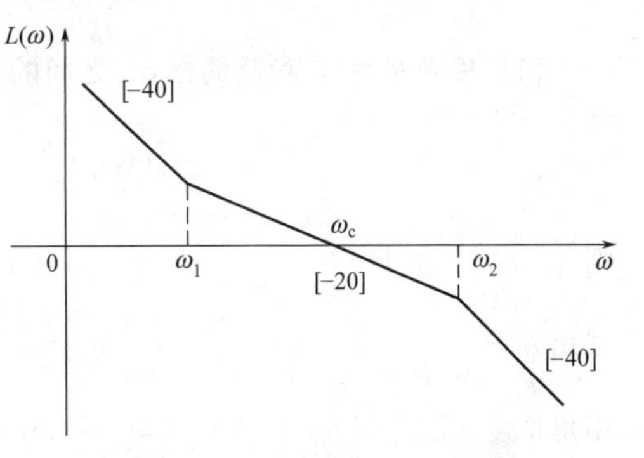

图 5-57 例 5-16 系统对数幅频特性图

解 绘制系统开环对数幅频特性如图 5-57。

系统的相角裕度为 $\gamma=180°+\angle G(j\omega_c)=180°+(-180°+\arctan T_1\omega_c-\arctan T_2\omega_c)$

$$=\arctan\frac{\omega_c}{\omega_1}-\arctan\frac{\omega_c}{\omega_2} \tag{5-52}$$

式中，$\omega_1=1/T_1$，$\omega_2=1/T_2$。由式（5-52）可知，若 ω_c 不变，ω_1 减小和 ω_2 增加，会使得中频段宽度提高，相角裕度增加。因此，中频段保持足够的宽度，可以提高系统的相角裕度。

5.8.2 二阶系统开环频域指标与时域指标的关系

二阶系统的开环传递函数为 $G(s)=\frac{\omega_n^2}{s(s+2\xi\omega_n)}$

系统的开环频率特性为 $G(j\omega)=\frac{\omega_n^2}{j\omega(j\omega+2\xi\omega_n)}$

幅频特性为 $A(\omega)=\frac{\omega_n^2}{\omega\sqrt{\omega^2+(2\xi\omega_n)^2}}$

相频特性为 $\varphi(\omega)=-90°-\arctan\frac{\omega}{2\xi\omega_n}$

二阶系统的开环对数频率特性曲线如图 5-58 所示。在时域分析法中，二阶系统的性能分析中主要是用超调量 σ_p 来衡量系统的平稳性，用调节时间 t_s 来衡量系统的快速性。而在频率特性法中，常用相角裕度 γ 来衡量系统的相对稳定性，用截止频率 ω_c 来反映系统的快速性。下面来分析它们之间的关系。

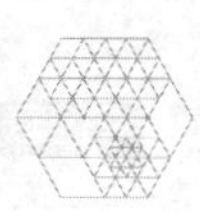

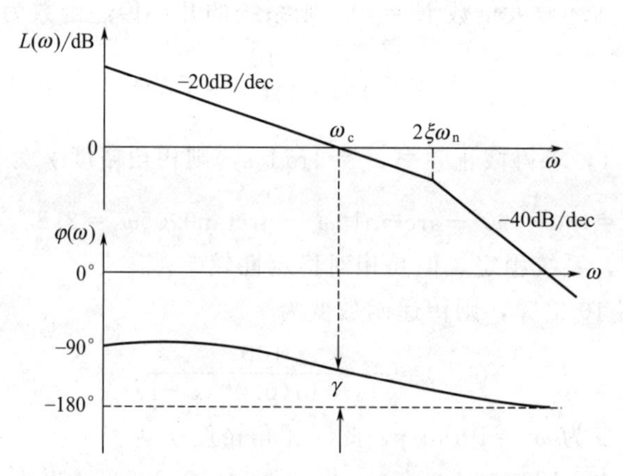

图 5-58 二级系统开环对数频率特性曲线

(1) 相角裕度 γ 和超调量 σ_p 之间的关系 计算二阶系统的截止频率 ω_c，令

$$|A(\omega_c)|=\frac{{\omega_n}^2}{\omega_c\sqrt{{\omega_c}^2+(2\xi\omega_n)^2}}=1$$

则

$$\omega_c^4+4\xi^2\omega_n^2\omega_c^2-\omega_n^4=0$$

截止频率

$$\omega_c=\omega_n\sqrt{\sqrt{1+4\xi^4}-2\xi^2} \tag{5-53}$$

相角裕度

$$\gamma=180°+\varphi(\omega_c)=180°-90°-\arctan\frac{\omega_c}{2\xi\omega_n}=\arctan\frac{2\xi\omega_n}{\omega_c} \tag{5-54}$$

将式（5-53）代入式（5-54）得

$$\gamma=\arctan\frac{2\xi}{\sqrt{\sqrt{1+4\xi^4}-2\xi^2}} \tag{5-55}$$

可见，对于典型二阶系统，相角裕度 γ 只与系统的阻尼比 ξ 有关。

当 $0<\xi<0.707$ 时，即有

$$\xi=0.01\gamma \tag{5-56}$$

二阶系统 σ_p、M_r、γ 与 ξ 之间的关系曲线如图 5-59 所示。从曲线可知，ξ 越大，则 γ 越大，系统的平稳性及相对稳定性越高。当相角裕度 $\gamma=30°\sim60°$时，阻尼比 $\xi=0.3\sim0.6$，相对应的超调量 $\sigma_p=37\%\sim9.5\%$。

(2) 截止频率 ω_c、相角裕度 γ 与调节时间 t_s 之间的关系 由时域分析法可知，典型二阶系统调节时间

$$t_s=\frac{3\sim4}{\xi\omega_n} \tag{5-57}$$

将式（5-53）与式（5-57）相乘，得

$$t_s\omega_c=\frac{3\sim4}{\xi}\sqrt{\sqrt{1+4\xi^4}-2\xi^2} \tag{5-58}$$

再由式（5-55）和式（5-58）可得

$$t_s\omega_c=\frac{6\sim8}{\tan\gamma} \tag{5-59}$$

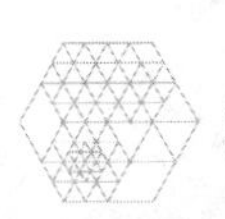

将式（5-59）的函数关系绘成曲线，如图 5-60 所示。可见，调节时间 t_s 与截止频率 ω_c 和相角裕度 γ 都有关。$t_s\omega_c$ 与相角裕度 γ 成反比；在 γ 不变时，截止频率 ω_c 越高，调节时间 t_s 越短，系统的响应速度越快，故可用截止频率 ω_c 来表征系统暂态响应的快速性。

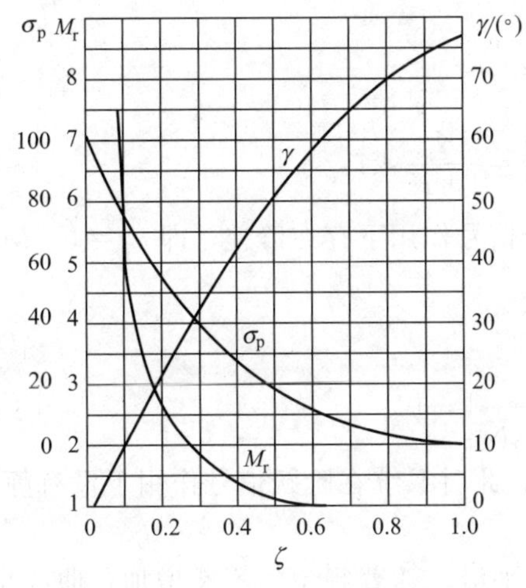

图 5-59 二阶系统 σ_p、M_r、γ 与 ξ 之间的关系曲线

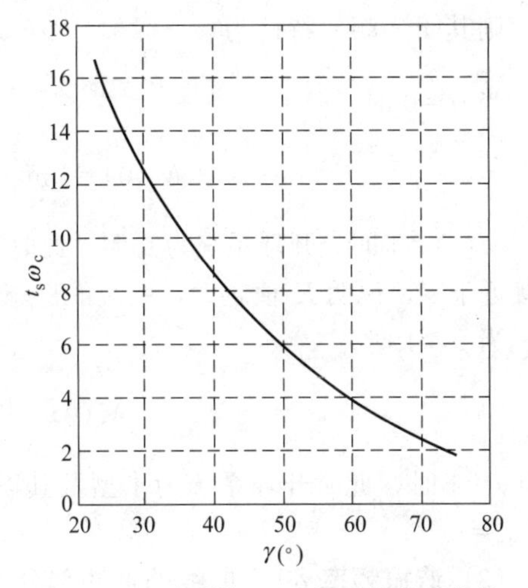

图 5-60 二阶系统 $t_s\omega_c$ 与 γ 的关系曲线

5.9 利用闭环频率特性分析系统性能

5.9.1 闭环频率特性的频域指标

对单位负反馈系统，开环频率特性 $G(\mathrm{j}\omega)$ 与闭环频率特性 $M(\mathrm{j}\omega)$ 的关系为

$$M(\mathrm{j}\omega)=\frac{G(\mathrm{j}\omega)}{1+G(\mathrm{j}\omega)} \tag{5-60}$$

利用计算机辅助或者尼柯尔斯图等，可以根据开环频率特性求得系统的闭环频率特性，通过闭环频率特性间接反映系统的性能。作用在控制系统的信号除了控制输入外，常伴随输入端和输出端的多种确定性扰动和随机噪声，因而闭环系统的频域性能指标应该反映控制系统跟踪控制输入信号和抑制干扰信号的能力。图 5-61 为闭环幅频特性的典型形状，由图可见，闭环幅频特性的低频部分变化缓慢，较为平滑，随着 ω 增大，幅频特性出现最大值 $M(\omega_r)$，继而以较大的陡度衰减至零，闭环频率的频域性能指标如下。

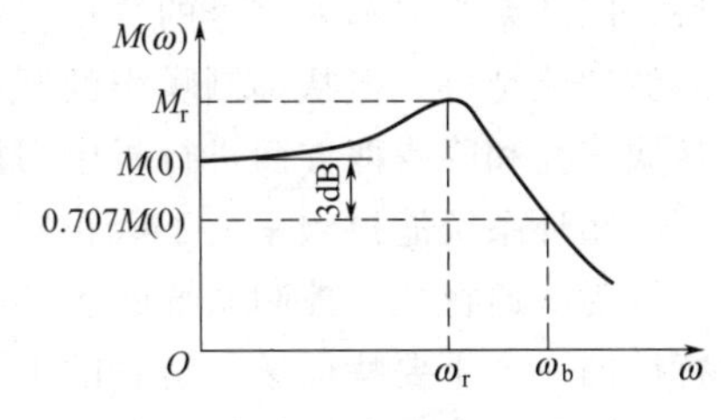

图 5-61 闭环幅频特性曲线

(1) 零频幅值 $M(0)$ $M(0)$ 是 $\omega=0$ 时的闭环幅频值，也是系统单位阶跃响应的稳态值，它表征了系统跟踪阶跃信号输入时的稳态精度。如果 $M(0)=1$，则意味着当阶跃函数作用于系统时，系统响应的稳态值与输入值一致，即此时系统的稳态误差为 0。$M(0)$ 值越接近 1，系统的稳态精度越高。

对于单位负反馈系统，设其低频段的开环传递函数为

$$G(s)=\frac{K}{s^v}$$

式中，v 为开环系统含有积分环节的个数。

其闭环传递函数为 $$\Phi(s)=\frac{G(s)}{1+G(s)}=\frac{K}{s^{v}+K}$$

则其闭环频率特性为 $$\Phi(\mathrm{j}\omega)=\frac{K}{(\mathrm{j}\omega)^{v}+K}$$

当 $v=0$ 时

$$M(0)=\lim_{\omega\to 0}\left|\frac{K}{(\mathrm{j}\omega)^{0}+K}\right|=\frac{K}{1+K}<1 \tag{5-61}$$

$M(0)\neq 1$ 时，开环系统为 0 型，此时系统在阶跃信号作用下存在静差，即 $e_{ss}\neq 0$。$M(0)$ 越接近于零，说明 K 值越大，系统的稳态误差越小。

当 $v\geqslant 1$ 时

$$M(0)=\lim_{\omega\to 0}\left|\frac{K}{(\mathrm{j}\omega)^{v}+K}\right|=1 \tag{5-62}$$

$M(0)=1$ 时，此时开环系统为Ⅰ型及其以上的系统，此时系统在阶跃信号作用下没有静差，即 $e_{ss}=0$。

(2) 谐振频率 ω_r 曲线的低频部分变化缓慢、平滑，随着频率的不断增加，曲线出现大于 $M(0)$ 的波峰，称这种现象为谐振，对应的频率为谐振频率 ω_r。它在一定程度上反映了系统的快速性。ω_r 越大，系统动态响应越快。

(3) 谐振峰值 M_r 幅频特性最大值 M_m 与零频幅值 $M(0)$ 之比称为此系统的谐振峰值 $M_r=\dfrac{M_m}{M(0)}$。M_r 反映了系统的相对稳定性，M_r 值大，系统的阶跃响应的超调量大，相对稳定性较差。当 $v\geqslant 1$ 时，$M(0)=1$，$M_r=M_m$。

(4) 带宽频率 ω_b 闭环幅频 $M(\omega)$ 从零频率处 $M(0)$ 衰减到 $0.707M(0)$（或对数幅频曲线下降 3dB）时对应的频率 ω_b 称为带宽频率，也称为闭环截止频率。$0\sim\omega_b$ 的频率范围称为系统的频带宽度，简称带宽。系统的带宽反映了系统对噪声的滤波特性和瞬态响应特性。带宽越宽，说明信号对高频信号的衰减小，跟踪快变信号的能力强，即动态响应的速度快，闭环系统对输入信号的复现也就越好，但是容易将高频扰动信号引入系统。带宽越宽，滤波性能越好，但从抑制噪声的观点看，系统的带宽不宜太大。所以在设计系统时带宽需要从快速性和降噪两方面进行折中考虑。

闭环系统滤掉频率大于截止频率 ω_b 的信号分量，保持频率低于截止频率的信号分量，这称为低通特性。控制系统的闭环频率特性一般具有低通滤波器的特点，而描述低通滤波器特性的一个重要特征量，是它的带宽。

综上所述，在已知系统稳定的条件下，可以根据系统的闭环幅频特性曲线，对系统进行定性分析。零频幅值 $M(0)$ 反映系统的稳态误差；谐振峰值 M_r 反映系统的平稳性；带宽频率 ω_b 反映系统的快速性；闭环幅频 $M(\omega)$ 在 ω_b 处的斜率反映系统抗干扰的能力。

5.9.2 二阶系统闭环频域指标与时域指标的关系

二阶系统开环传递函数标准式为 $$G(s)=\frac{\omega_n^2}{s(s+2\xi\omega_n)}$$

二阶系统闭环传递函数的标准式为 $$\Phi(s)=\frac{C(s)}{R(s)}=\frac{\omega_n^2}{s^2+2\xi\omega_n s+\omega_n^2}\quad(0<\xi<1)$$

二阶系统闭环幅频特性 $M(\omega)=\dfrac{\omega_n^2}{\sqrt{(\omega_n^2-\omega^2)^2+(2\xi\omega_n\omega)^2}}$ (5-63)

(1) 谐振峰值 M_r 与超调量 σ_p 的关系　由二阶振荡环节幅相特性的讨论可知，典型二阶系统的谐振频率 ω_r 和谐振峰值 M_m 为

$$\omega_r=\omega_n\sqrt{1-2\xi^2}\quad(0\leqslant\xi\leqslant0.707) \tag{5-64}$$

$$M_r=M_m=\frac{1}{2\xi\sqrt{1-\xi^2}}\quad(0\leqslant\xi\leqslant0.707) \tag{5-65}$$

将式（5-65）所描述的谐振峰值 M_r 与阻尼比 ξ 的函数关系一并绘于图5-59中。曲线表明，M_r 和 σ_p 一样，都反映了系统的平稳性和相对稳定性，M_r 越小，系统的阻尼性能越好。$M_r=1.2\sim1.5$ 时，对应 $\sigma_p=20\%\sim30\%$，这时的动态过程适度振荡，平稳性和快速性均较好。控制工程中常以 $M_r=1.3$ 作为系统设计的依据。若 $M_r>2$，则 $\sigma_p>40\%$。

(2) 闭环谐振频率 ω_r、带宽频率 ω_b 与调整时间 t_s 的关系　根据带宽的定义，在带宽频率 ω_b 处，典型二阶系统闭环频率特性的幅值为

$$M(\omega)=\frac{\omega_n^2}{\sqrt{(\omega_n^2-\omega^2)^2+(2\xi\omega_n\omega)^2}}=\frac{\sqrt{2}}{2}$$

由此解出

$$\omega_b=\omega_n\sqrt{(1-2\xi^2)+\sqrt{2-4\xi^2+4\xi^4}} \tag{5-66}$$

二阶系统单位阶跃响应的调节时间 $t_s=\dfrac{3\sim4}{\xi\omega_n}$ $(\Delta=5\%\sim2\%)$ (5-67)

将式（5-67）与式（5-64）相乘，得二阶系统调节时间 t_s 与 ω_r 的关系为

$$\omega_r t_s=\frac{3\sim4}{\xi}\sqrt{1-2\xi^2} \tag{5-68}$$

将式（5-67）与式（5-66）相乘，得 t_s 与 ω_b 的关系为

$$\omega_b t_s=\frac{3\sim4}{\xi}\sqrt{(1-2\xi^2)+\sqrt{2-4\xi^2+4\xi^4}} \tag{5-69}$$

根据式（5-69）可以求得 $\omega_b t_s$ 与 M_r 的函数关系，并绘成曲线如图5-62所示。在 ξ 或者 M_r、σ_p 一定的情况下，ω_b 或者 ω_r 越大，t_s 就越小。因此，ω_b、ω_r 表征了控制系统的响应速度。在一般情况下，为提高系统的响应速度，要求系统具有较宽的带宽。但从抑制噪声角度来看，系统的带宽又不宜过宽。通常，在设计控制系统过程中，需在上述两个相互矛盾的方面折中考虑。

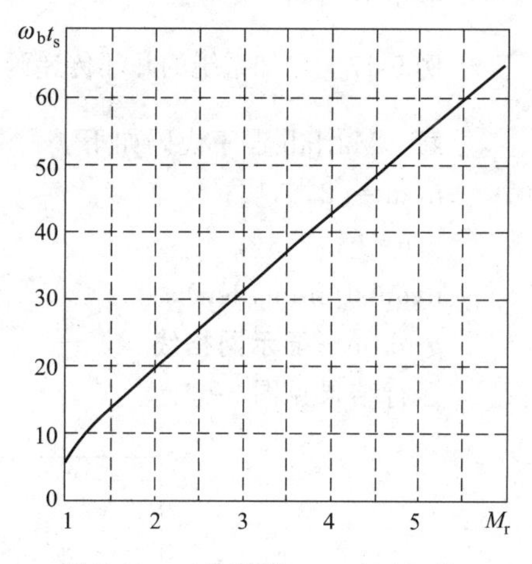

图5-62　二阶系统 $\omega_b t_s$ 与 M_r 的关系曲线

5.9.3 高阶系统频域指标和时域指标的关系

常用的开环频域指标有截止频率 ω_c 和相角裕度 γ；常用的闭环频域指标有谐振角频率 ω_r、带宽频率 ω_b 和谐振峰值 M_r。对于高阶系统，开环频域指标、闭环频域指标与系统时域指标不存在像二阶系统那样简单的定量关系，要想导出它们之间的关系式是很困难的。如果高阶系统中，有一对复数极点构成闭环主导极点时，则可以近似地按二阶系统的闭环频域指标与时域指标之间的关系来进行分析。如果不能简化为二阶系统时，在工程实践中，常用一些经验公式来近似地估算高阶系统的动态性能指标。一般情况下，采用下面的经验公式来

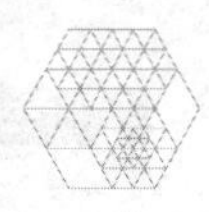

表征频域指标和时域指标之间的关系。

$$\omega_b = 1.6\omega_c \tag{5-70}$$

$$M_r = \frac{1}{\sin\gamma} \tag{5-71}$$

$$\sigma_p = 0.16 + 0.4(M_r - 1), 0 \leqslant M_r \leqslant 1.8 \tag{5-72}$$

$$t_s = \frac{\pi}{\omega_c}[2 + 1.5(M_r - 1) + 2.5(M_r - 1)^2], 0 \leqslant M_r \leqslant 1.8 \tag{5-73}$$

5.10 基于 Matlab 的控制系统频域分析

控制系统的奈奎斯特图既可以判断系统闭环稳定性，又可以确定相对稳定性，Matlab 提供的 nyquist（num，den）语言可以比较精确地绘制出奈奎斯特图。其常用格式为：

Nyquist（num，den），无返回参数，直接绘制系统的奈奎斯特图；

[rel,img,w]=nyquist(num,den)，有返回参数，不绘图，返回实部 rel，虚部 img 及相应的频率 ω。

控制系统的 Bode 图由对数幅频特性和相频特性两幅图组成，对应连续线性时不变系统，可以通过 Matlab 命令 Bode 来绘制。

其常用格式为 Bode（num，den），无返回变量，直接绘制系统 Bode 图。

margin 命令可以求得相对稳定性参数（幅值裕度，相角裕度）。它的命令格式为

[gm,pm,wpc,wpc]=margin(mag,phase,w)或 margin(mag,phase,w)

命令的输入参数为幅值（不是以 dB 为单位）、相角与频率矢量。

应用举例如下。

例 5-17 已知系统的开环传递函数为 $G(s)=\dfrac{2s^2+5s+1}{s^2+2s+3}$，试利用 Matlab 绘制奈奎斯特图。

解 Matlab 程序代码如下。

```
num=[2,5,1];
den=[1,2,3];
nyquist(num,den);
grid on%显示网格线
```

运行结果见图 5-63。

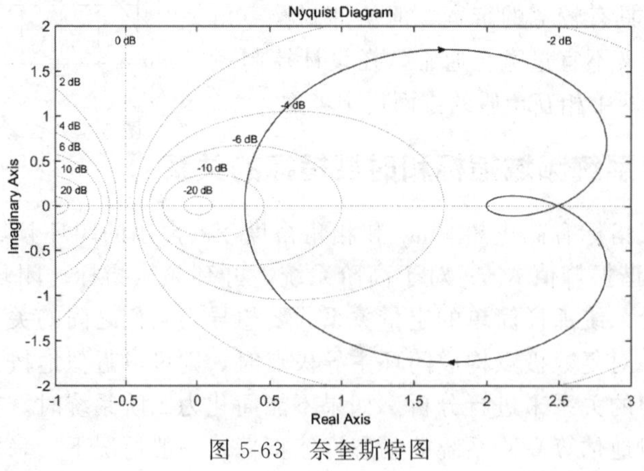

图 5-63 奈奎斯特图

例 5-18　单位负反馈系统的开环传递函数为 $G(s)=\dfrac{1000(0.1s+1)}{s(2.5s+1)(0.007s+1)(0.005s+1)}$，试利用 Matlab 软件完成以下内容。

1）作系统伯德图，并计算开环截止频率 ω_c，相角裕度 γ，幅值裕度 K_g。

2）作闭环系统单位阶跃响应曲线。计算超调量 σ_p、调节时间 t_s、峰值时间 t_p。

解　1）Matlab 程序代码如下。

```
num=[100,1000];
den1=conv([1 0],[2.5 1]);
den2=conv([0.007 1],[0.005 1]);
den=conv(den1,den2);
G=tf(num,den);
bode(G)
[Gm,Pm,Wcg,Wcp]=margin(G)
```

运行曲线见图 5-64。

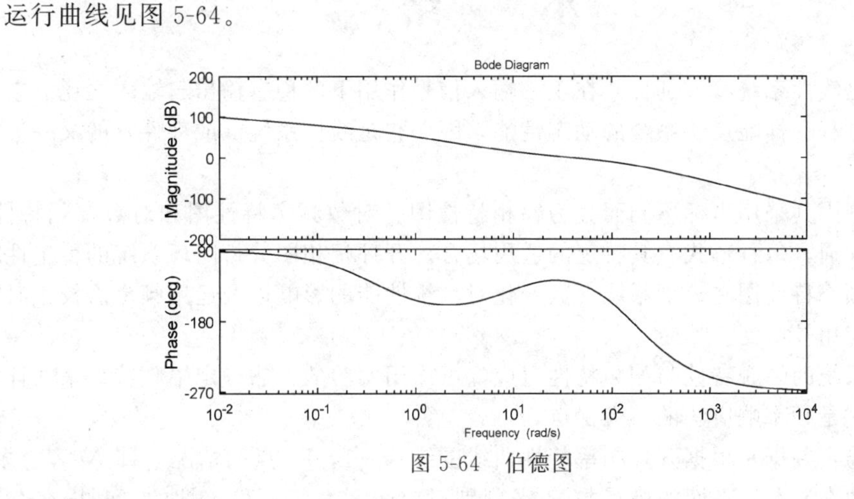

图 5-64　伯德图

输出结果：

```
Gm = 7.5830
Pm =49.8764
Wcg =158.9984
Wcp = 39.0834
```

注意在上述输出结果中，Gm 为幅值裕度 K_g（不是分贝值），Pm 为相角裕度 γ，Wcg 为相角 −180°穿越频率，Wcp 为开环截止频率 ω_c。

2）Matlab 程序代码如下。

```
num=[100,1000];
den1=conv([1 0],[2.5 1]);
den2=conv([0.007 1],[0.005 1]);
den=conv(den1,den2);
G=tf(num,den);
sys=feedback(G,1,-1);
step(sys)
```

运行曲线见图 5-65。

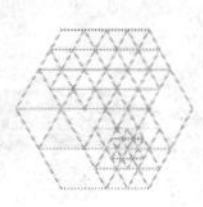

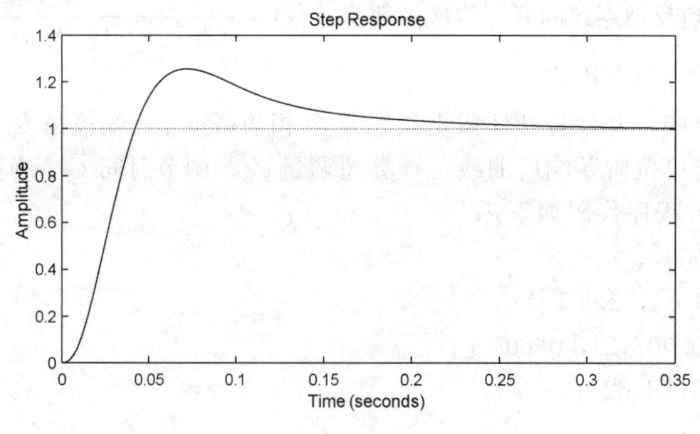

图 5-65　单位阶跃响应曲线

小　结

频率特性是线性系统（或部件）在正弦输入信号作用下的稳态输出与输入之比。它和传递函数、微分方程一样能反映系统的动态性能，因而它是线性系统（或部件）的又一形式的数学模型。

频率特性图因其采用坐标不同而分为幅相特性图、对数频率特性图和对数幅相特性图。各种形式之间互通，每种形式有其特定的适用场合。开环幅相图分析闭环系统的稳定性时比较直观；对数频率特性图在分析系统参数变化对系统性能的影响以及运用频率法校正时很方便，实际工程应用较广泛。

最小相位系统的幅频特性与相频特性对应。可以用实验的方法确定幅频特性来估计它们的数学模型，这是频率响应法的一大优点。

奈奎斯特稳定判据是根据开环频率特性曲线围绕（-1,j0）点的情况（即 N 等于多少）和开环传递函数在 s 右半平面的极点数 P 来判别对应闭环系统的稳定性的。利用奈奎斯特判据不仅可以判断系统的稳定性，同时引出相角裕度 γ 和增益裕度 K_g 的概念来表述系统的稳定程度。

开环频域指标（ω_c，γ）或闭环频域指标（ω_b，ω_r 和 M_r）与系统的时域指标密切相关。它们之间对于二阶系统系统有着准确的对应关系，高阶系统有着近似的关系，可以利用这些关系估算闭环系统的时域指标。

电子信息与电气学科世界著名学者——奈奎斯特

奈奎斯特（1889—1976）是美国物理学家，1917 年获得耶鲁大学哲学博士学位，曾在美国电信 AT&T 公司与贝尔实验室任职。

他总结的奈奎斯特采样定理是信息论、特别是通信与信号处理学科中的一个重要基本结论。1932 年奈奎斯特发表了著名的“奈奎斯特判据”（Nyquist criteion）的论文。“奈奎斯特判据”现在仍是自动控制理论方面一个主要的理论工具之一，

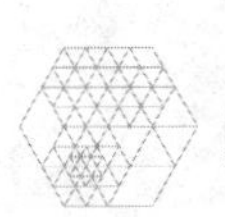

影响深远。奈奎斯特在担任贝尔电话实验室的工程师的期间，在热噪声（Johnson-Nyquist noise）和反馈放大器稳定性方面做出了巨大的贡献。

奈奎斯特为近代信息理论做出了突出贡献，为后来香农的信息论奠定了基础。

思维导图

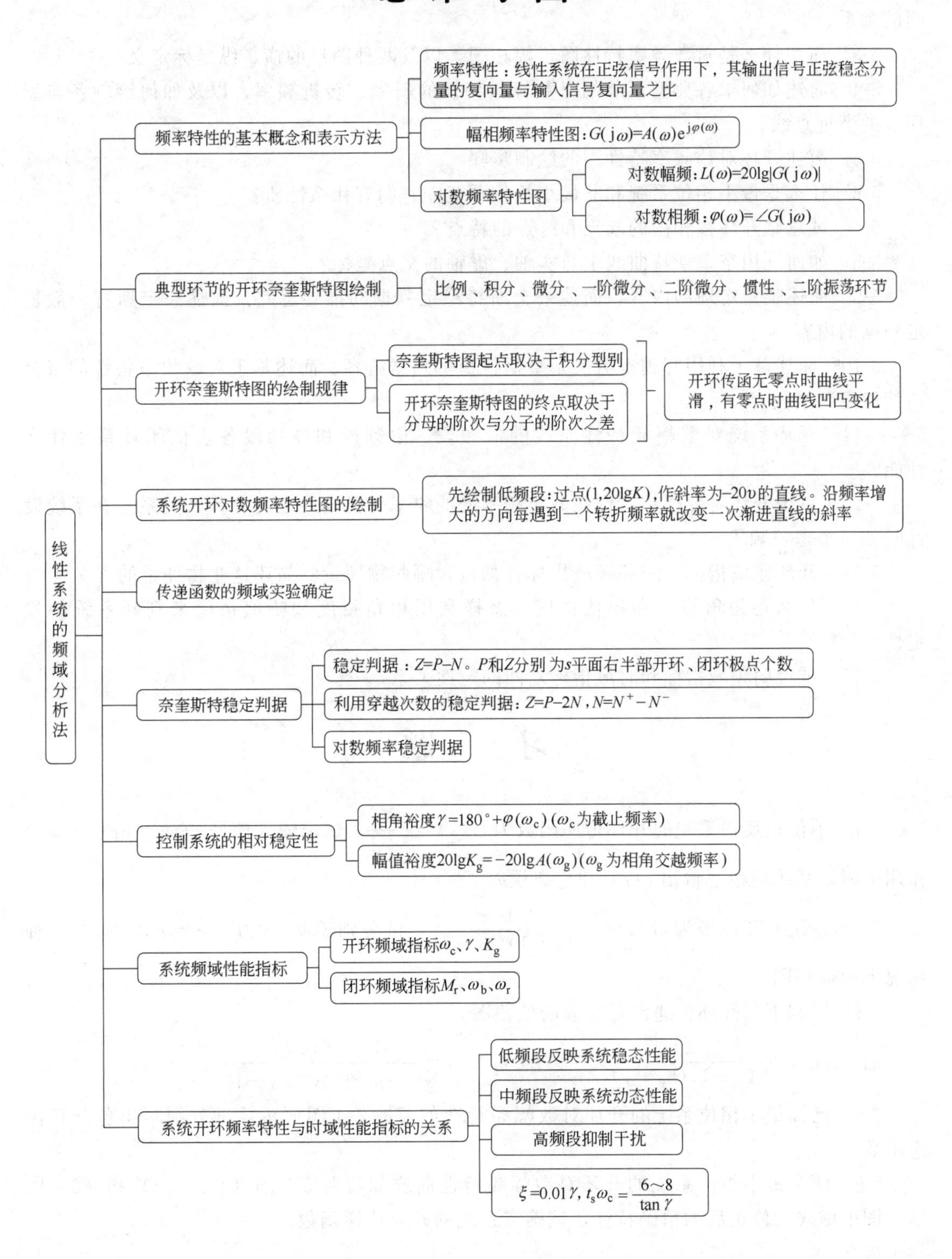

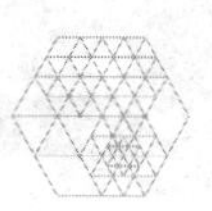

思 考 题

5-1 什么是系统的频率特性、幅频特性和相频特性？

5-2 控制系统正弦稳态响应存在的前提是什么？试说明系统的传递函数和频率响应之间的关系。

5-3 简述什么是对数频率特性图、幅相图，以及两种图形的横、纵坐标定义。

5-4 简述如何求各典型环节的对数幅频特性的斜率、转折频率，以及如何绘制各典型环节的渐近直线。

5-5 简述开环对数频率特性图的绘制步骤。

5-6 什么是最小相位系统和非最小相位系统？它们有什么性质？

5-7 试总结开环幅相图的起点和终点的特点。

5-8 如何利用奈奎斯特曲线求与实轴、虚轴的交点坐标？

5-9 简述辐角定理的内容，简述奈奎斯特稳定判据的推导思路。简述奈奎斯特一般稳定判据的内容。

5-10 简述基于利用穿越次数的奈奎斯特稳定判据内容。简述基于对数频率特性的奈奎斯特稳定判据内容。

5-11 开环系统对数幅频特性曲线的低频段、中频段和高频段各表征闭环系统什么性能？

5-12 系统开环对数幅频特性在截止频率处的斜率和稳定性之间有什么关系？在系统设计时如何考虑三频段？

5-13 开环频域指标、闭环频域指标各都包含哪些物理量？简述这些物理量的含义？

5-14 什么是相角裕度和幅值裕度？怎样利用相角裕度和幅值裕度来判断系统的稳定性？

5-15 试说明频域指标和时域指标之间的定性关系。

习 题

5-1 单位负反馈系统的开环传递函数为$G(s)=\dfrac{1}{s+1}$，试求输入信号$r(t)=\sin(t+30°)$作用下时，系统的稳态输出$c(t)$和稳态误差$e_{ss}(t)$。

5-2 系统开环传函为$G(s)=\dfrac{1}{(Ts+1)(\tau s-1)}$，试分别绘制$\tau<T$，$\tau=T$，$\tau>T$三种情况下的幅相图。

5-3 绘制下列开环传递函数对应的伯德图。

(1) $G(s)=\dfrac{2}{(2s+1)(8s+1)}$ (2) $G(s)=\dfrac{40(s+0.5)}{s(s+0.2)(s^2+s+1)}$

5-4 已知最小相位系统的开环对数幅频特性如习题5-4图所示，试分别写出各开环传递函数。

5-5 两个最小相位系统的开环对数幅频特性曲线如习题5-5图(1)、(2)和(3)所示，图中虚线为修正后的精确特性，试确定系统的开环传递函数。

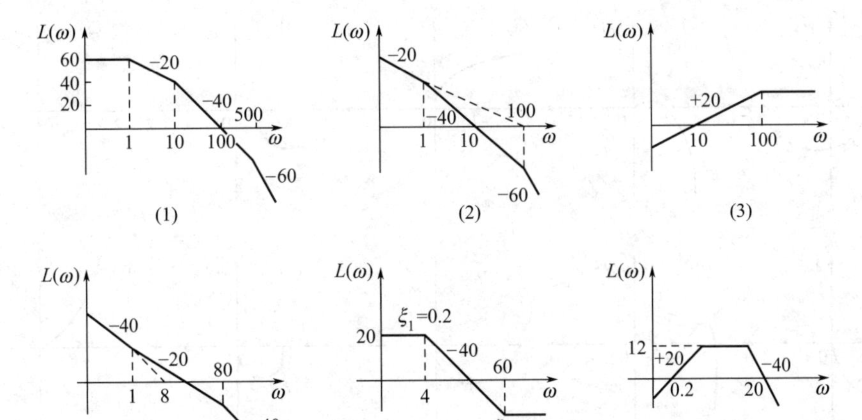

习题 5-4 图

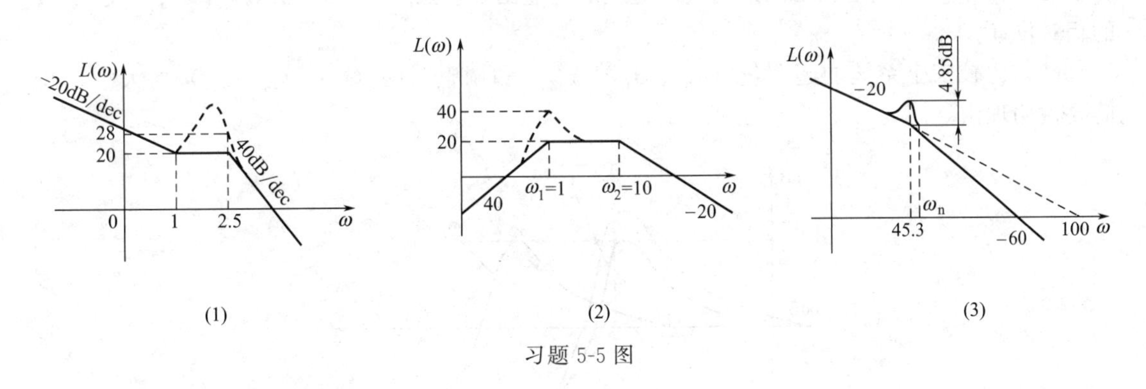

习题 5-5 图

5-6　系统开环传递函数为 $G(s)=\dfrac{K}{(s+0.5)(s+1)(s+2)}$，试分别绘制 $K=5$ 和 $K=15$ 时的幅相图，并判断闭环系统的稳定性。

5-7　已知（1）～（10）开环传递函数和其对应的奈奎斯特曲线（习题 5-7 图）。试根据奈奎斯特稳定判据，判断图（1）～（10）所示曲线对应闭环系统的稳定性。

（1）$G(s)=\dfrac{K}{(T_1s+1)(T_2s+1)(T_3s+1)}$　（2）$G(s)=\dfrac{K}{s(T_1s+1)(T_2s+1)}$

（3）$G(s)=\dfrac{K}{s^2(Ts+1)}$　（4）$G(s)=\dfrac{K(T_1s+1)}{s^2(T_2s+1)}$　$(T_1>T_2)$

（5）$G(s)=\dfrac{K}{s^3}$　（6）$G(s)=\dfrac{K(T_1s+1)(T_2s+1)}{s^3}$

（7）$G(s)=\dfrac{K(T_5s+1)(T_6s+1)}{s(T_1s+1)(T_2s+1)(T_3s+1)(T_4s+1)}$　（8）$G(s)=\dfrac{K}{T_1s-1}$　$(K>1)$

（9）$G(s)=\dfrac{K}{T_1s-1}$　$(K<1)$　（10）$G(s)=\dfrac{K}{s(T_1s-1)}(K<1)$

5-8　典型二阶系统的传递函数为 $G(s)=\dfrac{\omega_n^2}{s^2+2\xi\omega_ns+\omega_n^2}$，习题 5-8 图给出该传递函数对应不同参数值时的三条对数幅频特性曲线①、②和③，试完成：

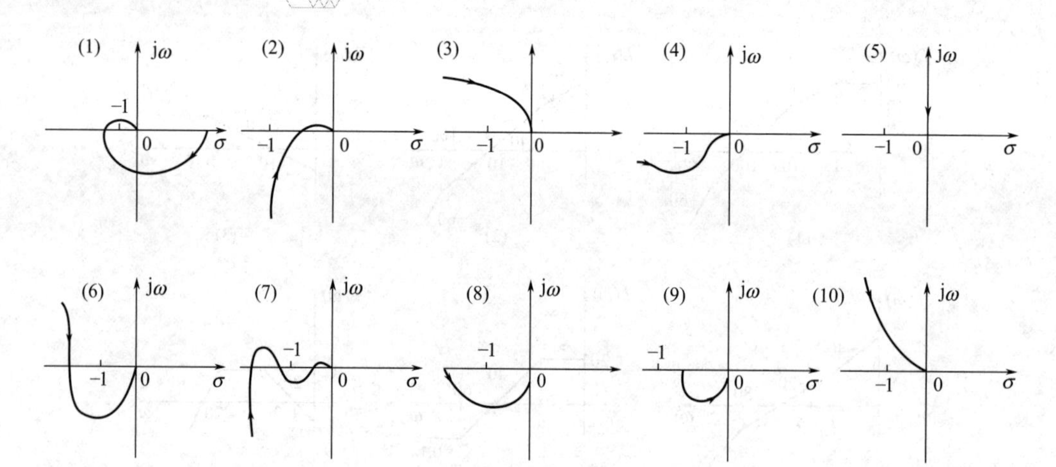

习题 5-7 图

（1）在［s］平面上画出三条曲线所对应的传递函数极点（s_1，$s_1{}^*$；s_2，$s_2{}^*$；s_3，$s_3{}^*$）的相对位置。

（2）比较三个系统的超调量（σ_{p1}、σ_{p2}、σ_{p3}）和调整时间（t_{s1}、t_{s2}、t_{s3}）的大小，并简要说明理由。

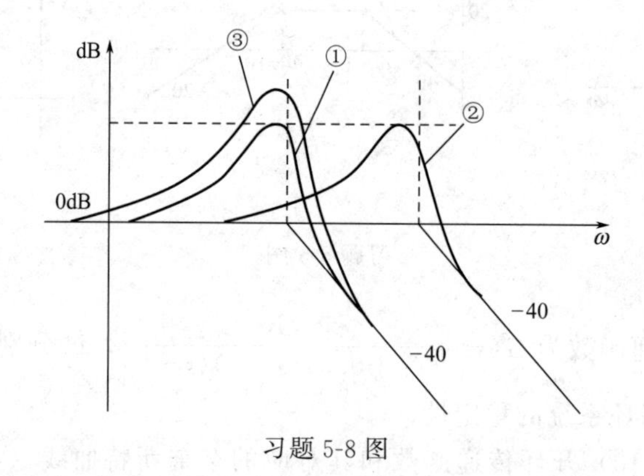

习题 5-8 图

5-9　最小相位系统的开环伯德图如习题 5-9 图所示，图中曲线①、②、③和④分别表示放大系数 K 为不同值时的对数幅频特性，试判断对应的闭环系统的稳定性。

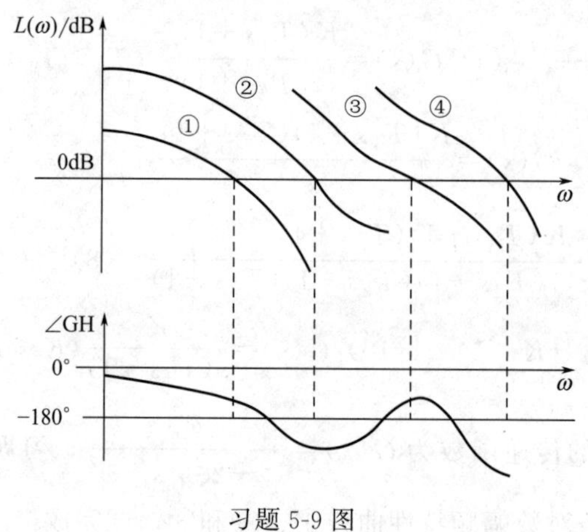

习题 5-9 图

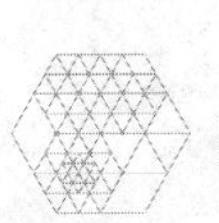

5-10　典型二阶系统的伯德图如习题 5-10 图所示，已知参数 $\omega_n=3$，$\xi=0.7$，试确定截止频率 ω_c 和相角裕度 γ。

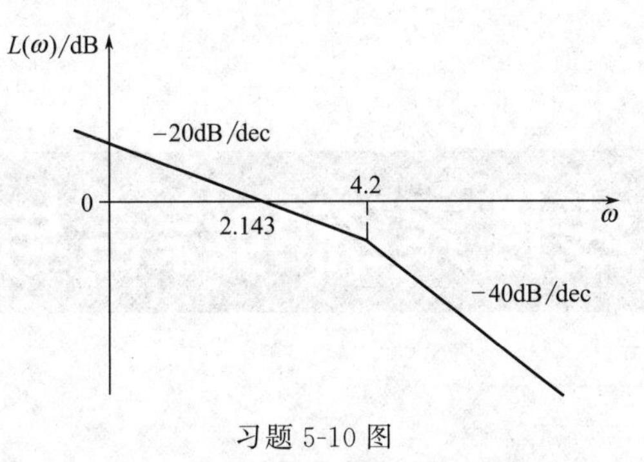

习题 5-10 图

5-11　已知负反馈系统的开环传递函数为 $G(s)H(s)=\dfrac{K}{s(0.2s+1)(0.05s+1)}$，试完成：

(1) $K=1$ 时系统的相角裕度和幅值裕度。

(2) 求通过调整增益 K 值大小，使得系统的幅值裕度 $20\lg K_g=20\text{dB}$，相角裕度 $\gamma\geqslant 40°$。

5-12　已知最小相位系统的开环对数幅频渐近特性如习题 5-12 图所示，试完成：

(1) 写出系统的开环传递函数。

(2) 利用稳定裕度判别系统的稳定性。

(3) 若要求系统具有 30°稳定裕度，试求开环放大系数 K 应改变的倍数。

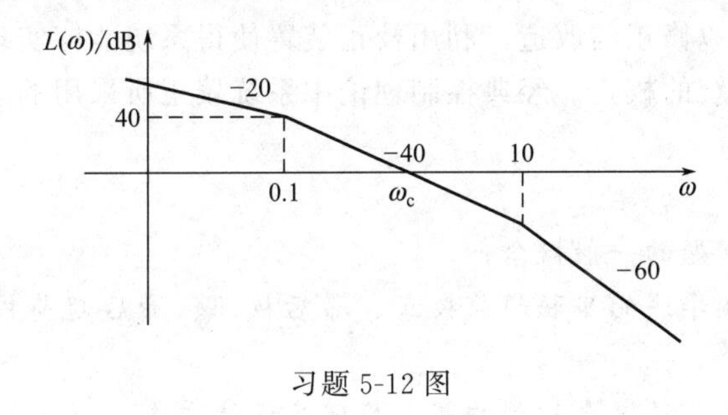

习题 5-12 图

5-13　最小相位系统伯德图如习题 5-13 图所示。试计算该系统在 $r(t)=\dfrac{1}{2}t^2$ 作用下的稳态误差和相角裕度。

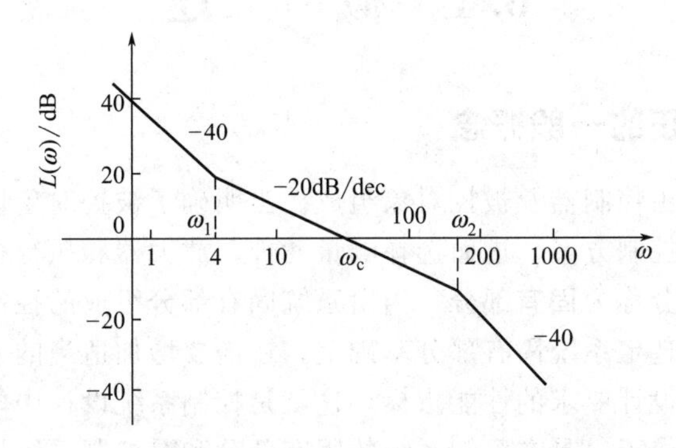

习题 5-13 图

第6章 线性系统的综合与校正

前面各章较为详细地讨论了系统分析的方法。系统分析，就是在已经给定系统的结构、参数和工作条件下，对它的数学模型进行分析，包括稳定性分析、动态性能分析和稳态性能分析，以及分析某些参数变化对上述性能的影响。系统分析的目的是设计一个满意的控制系统，当现有系统不满足要求时，需要找到改善系统性能的方法，这就是系统的校正。

描述控制系统特性的方法有时域分析法、根轨迹法和频域分析法等。在系统分析的基础上将原有系统的特性加以修正与改造，利用校正装置使得系统能够实现给定的性能指标，这样的工程方法，称为系统的校正。经典控制理论中系统校正所采用的主要方法有根轨迹法和频率特性法。

【本章重点】

1）明确系统校正问题的一般概念；

2）熟练掌握基于频率法的串联超前校正、滞后校正、滞后超前校正的分析法设计和期望频率特性法设计；

3）了解反馈校正和前馈复合控制的基本原理及设计方法；

4）了解反馈校正的基本原理及设计方法。

6.1 概　　述

6.1.1 系统校正的一般概念

自动控制系统一般由控制器及被控对象组成。当明确了被控对象后，就可根据给定的技术、经济等指标来确定控制方案，进而选择测量元件、放大器和执行机构等构成控制系统的基本部分，这些基本部分称为**固有部分**。当由系统固有部分组成的控制系统不能满足性能指标的设计要求时，在已选定系统固有部分基础上，还需要增加适当的元件，使重新组合起来的控制系统能全面满足设计要求的性能指标，这就是控制系统设计中的综合与校正。

控制系统的综合与校正，是在已知系统的固有部分和对控制系统提出的性能指标基础上进行的。**校正**就是在系统不可变部分的基础上，加入适当的校正装置，使系统整个特性发生变化，从而使系统满足给定的各项性能指标。校正要解决的问题就是增加必要的元件，使重

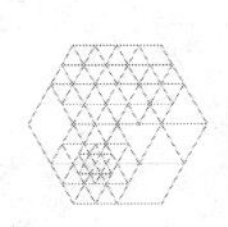

新组合起来的控制系统能全面满足设计要求的性能指标。加入校正元件后，将使原系统在性能指标方面的缺陷得到补偿。

从数学角度看校正是改变了系统的传递函数，即系统的闭环零点和极点发生了变化，适当选取校正装置可以使系统具有期望的闭环零、极点，从而使系统达到期望的特性。而从物理角度来看校正是将原来的控制信号 $e(t)$ 转变为 $m(t)$，即变成了新的控制信号，如图 6-1 所示。

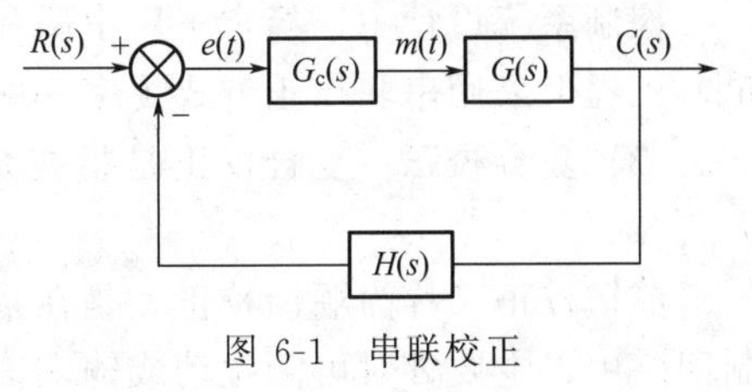

图 6-1　串联校正

6.1.2　校正方式

在选择了校正装置后，就要知道校正装置应放在系统中什么位置，按照校正装置在系统中的连接方式，可分为串联校正、反馈校正和复合校正。

(1) 串联校正　把校正装置串接于系统前向通道之中，这种形式称为串联校正。为了避免功率损耗，应尽量选择小功率的校正元件，一般串联校正环节安置在前向通道中能量较低的部位上，如接在系统误差测量点和放大器之间，如图 6-1 所示。图中，$G(s)$、$H(s)$ 为系统的不可变部分，$G_c(s)$ 为校正部分。

校正前系统的闭环传递函数为 $\Phi(s)=\dfrac{G(s)}{1+G(s)H(s)}$

串联校正后系统的闭环传递函数为 $\Phi_c(s)=\dfrac{G_c(s)G(s)}{1+G_c(s)G(s)H(s)}$

串联校正分析简单，应用范围广，工程上较多采用串联校正。串联校正还可分为串联超前校正、串联滞后校正和串联滞后-超前校正；校正装置又分无源校正装置和有源校正装置两类。无源串联校正装置通常由 RC 网络组成，结构简单，成本低，但会使信号产生幅值衰减，因此常常附加放大器。有源串联校正装置由 RC 网络和运算放大器组成，参数可调，工业控制中常用的 PID 控制器就是一种有源串联校正装置。

(2) 局部反馈校正　校正装置接在系统的局部反馈通道中，简称为反馈校正或并联校正。校正环节一般位于内反馈通道中，连接方式如图 6-2 所示。

校正前系统的闭环传递函数为

$$\Phi(s)=\frac{G_1(s)G_2(s)}{1+G_1(s)G_2(s)H(s)}$$

反馈校正后系统的闭环传递函数为

$$\Phi_c(s)=\frac{G_1(s)G_2(s)}{1+G_2(s)G_c(s)+G_1(s)G_2(s)H(s)}$$

可见，反馈校正也改变了系统的闭环传递函数，选择适当的校正装置同样能使系统具有给定的性能指标。

反馈校正装置接在反馈通路中，接收的信号通常来自系统输出端或执行机构的输出端，即反馈校正的信号是从高功率点传向低功率点，因此，反馈校正一般无需附加放大器，也不宜采用有源元件。为了保证反馈回路稳定，反馈校正所包围的环

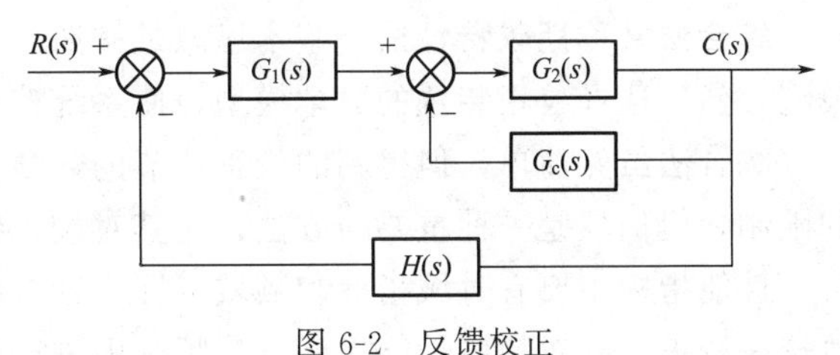

图 6-2　反馈校正

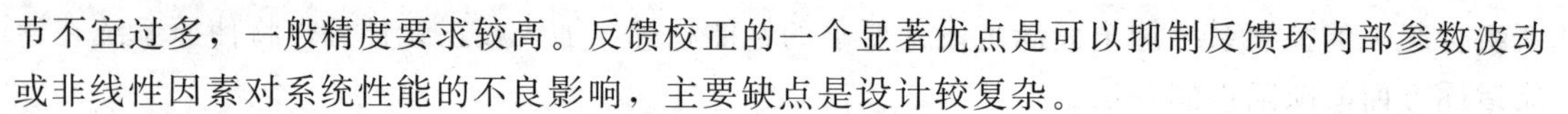

节不宜过多，一般精度要求较高。反馈校正的一个显著优点是可以抑制反馈环内部参数波动或非线性因素对系统性能的不良影响，主要缺点是设计较复杂。

控制系统设计中，经常采用串联和反馈校正这两种方式，串联校正要比反馈校正设计简单，工程上采用串联校正方式更多一些。

(3) 复合校正 复合校正是指在系统中同时采用前馈校正和反馈校正的一种综合校正方式。

前馈校正又称为顺馈校正，是在系统主反馈回路之外采用的校正方式。校正方式不在控制回路中，主要针对可测扰动或输入信号进行设计。前馈校正的信号取自闭环外，所以不影响系统的特征方程，属于开环控制。

前馈校正的作用通常有两种：1）对参考输入信号进行整形和滤波，即按输入补偿的前馈校正；2）对扰动信号进行测量、转换后接入系统，形成一条附加的对扰动影响进行补偿的通道，即按扰动补偿的前馈控制，分别如图 6-3（a）、（b）所示。

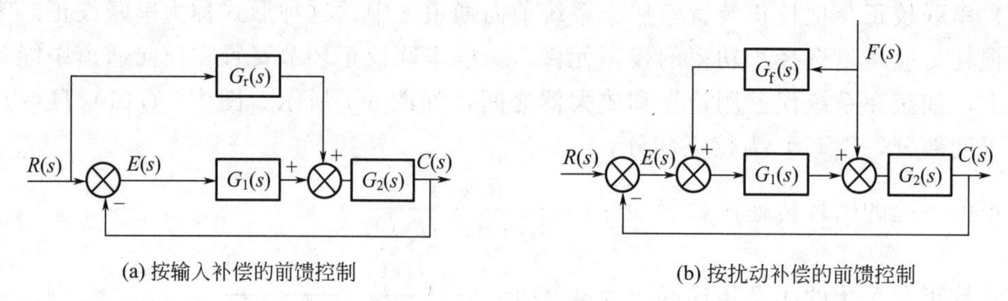

图 6-3 前馈控制

在系统设计中，具体采用何种校正方式，主要取决于系统结构的特点、采用的元件、信号的性质、经济条件以及设计者的经验等因素。除了上述几种校正方式外，也可以采用混合校正方式。例如，在串联校正的基础上再进行反馈校正，这样可以综合两种校正的优点。控制系统的校正不会像系统分析那样只有单一答案，能够满足性能指标的校正方案不是唯一的。

6.1.3 校正方法

确定了校正方案后，就是确定校正装置的结构和参数。目前主要有两大类校正方法：分析法和综合法。

分析法又称**试探法**，这种方法是把校正装置归结为易于实现的几种类型，例如，超前校正、滞后校正、滞后-超前校正等。它们的结构已知，而参数可调。设计者首先根据经验确定校正方案，然后根据系统的性能指标要求，恰当地选择某一类型的校正装置，然后再确定这些校正装置的结构和参数。分析试探法的优点是校正装置简单，可以设计成产品，例如，工业上常用的 PID 调节器等。因此，这种方法在工程上得到了广泛的应用。

综合法又称**期望特性法**，基本思想是按照设计任务所要求的性能指标，构造期望的数学模型，然后选择校正装置的数学模型，使系统校正后的数学模型等于期望的数学模型。

综合法虽然简单，但得到的校正环节的数学模型一般比较复杂，在实际应用中受到很大的限制，但仍然是一种重要的方法，尤其对校正装置的选择有很好的指导作用。

性能指标主要有时域指标和频域指标。针对时域性能指标，在时域内进行的校正称为根轨迹法校正；针对频域性能指标，在频域内进行的校正称为频域法校正。根轨迹法校正是基于根轨迹分析法，通过增加新的，或者消去原有的开环零点或开环极点来改变原根轨迹走向，得到新的闭环极点，从而使系统实现给定的性能指标，达到设计要求。如果性能指标以时域特征量——阻尼比、自然振荡频率或超调量、调节时间、上升时间及稳态误差等给出时，避免指标换算，可以采用根轨迹法校正。频域法校正是基于开环频率特性的校正使闭环系统满足给定的动静态特性指标的要求。在控制系统设计中，如果性能指标以频域特征量——开环频率特性的相角裕度、截止频率以及开环增益 K、稳态误差等给出时，为了避免指标换算，一般采用频率特性法校正。

一般来说，用频域法进行校正比较简单。目前，工程技术上多习惯采用频率特性法进行设计。频域法的设计指标是间接指标，频域法虽然简单，但只是一种间接方法。时域指标和频域指标是可以相互转换的，对于典型二阶系统存在着明确的数学关系，对于高阶系统也有简单的近似关系。常用的时域、频域指标及其换算关系见表 6-1 和表 6-2。本书只介绍常用的频域校正方法。

表 6-1 二阶系统的时域和频域性能指标

类别	性能指标	计算公式
时域指标	超调量	$\sigma_p = e^{-\frac{\xi\pi}{\sqrt{1-\xi^2}}} \times 100\%$
	调节时间	$t_s = \frac{3}{\xi\omega_n}$ $(\Delta=5\%)$；$t_s = \frac{4}{\xi\omega_w}$ $(\Delta=2\%)$
频域指标	谐振峰值	$M_r = \frac{1}{2\xi\sqrt{1-\xi^2}}$ $(\xi \leqslant 0.707)$
	谐振频率	$\omega_r = \omega_n\sqrt{1-2\xi^2}$
	带宽频率	$\omega_b = \omega_n\sqrt{(1-2\xi^2)+\sqrt{2-4\xi^2+4\xi^4}}$
	截止频率	$\omega_c = \omega_n\sqrt{\sqrt{4\xi^4+1}-2\xi^2}$
	相角裕度	$\gamma = \arctan\frac{\xi}{\sqrt{\sqrt{1+4\xi^4}-2\xi^2}}$
时频换算	调节时间	$t_s = \frac{6}{\omega_c\tan\gamma}$
	超调量	$\sigma_p = e^{-\pi\sqrt{\frac{M_r-\sqrt{M_r^2-1}}{M_r+\sqrt{M_r^2-1}}}} \times 100\%$

表 6-2 高阶系统性能指标的经验公式

性能指标	经验公式
谐振峰值	$M_r = \frac{1}{\sin\gamma}$ （或者 $\xi = 0.01\gamma$）
超调量	$\sigma_p = 0.16 + 0.4(M_r - 1)$ $(1 \leqslant M_r \leqslant 1.8)$
调节时间	$t_s = \frac{k\pi}{\omega_c}$，$k = 2 + 1.5(M_r - 1) + 2.5(M_r - 1)^2$ $(1 \leqslant M_r \leqslant 1.8)$

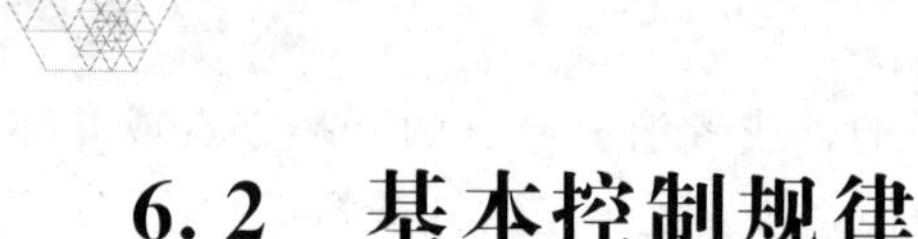

6.2 基本控制规律

在确定校正装置的具体形式时，应先了解校正装置所提供的控制规律，以便选择相应的元件。通常采用比例（P）、积分（I）、微分（D）等基本控制规律，或者采用它们的某些组合。例如，比例-微分（PD）、比例-积分（PI）、比例-积分-微分（PID）等，以实现对系统的有效控制。这些控制规律用有源模拟电路很容易实现，技术成熟。另外，数字计算机可把PID等控制规律编成程序对系统进行实时控制。

6.2.1 比例（P）控制规律

具有比例控制规律的控制器，称为比例控制器，其特性和比例环节完全相同，它实质上是一个可调增益的放大器。比例控制只改变信号的增益而不影响相位。比例控制结构如图6-4（a）所示。

动态方程为
$$m(t)=K_{\mathrm{p}}e(t)$$

传递函数为
$$\frac{M(s)}{E(s)}=K_{\mathrm{p}}$$

频率特性为
$$\frac{M(\mathrm{j}\omega)}{E(\mathrm{j}\omega)}=K_{\mathrm{p}}$$

式中，K_{p}为比例系数，或称P控制器比例增益。

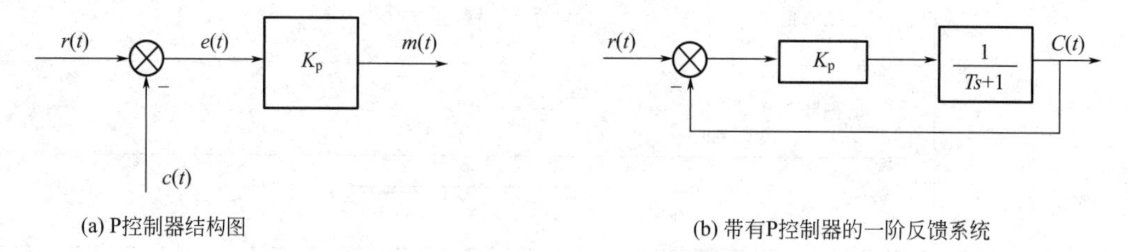

(a) P控制器结构图　　(b) 带有P控制器的一阶反馈系统

图 6-4　P控制器用于一阶反馈系统

考虑如图6-4（b）所示的带有比例P控制器的反馈系统，系统的闭环传递函数为

$$\frac{C(s)}{R(s)}=\frac{\dfrac{K_{\mathrm{p}}}{Ts+1}}{1+\dfrac{K_{\mathrm{p}}}{Ts+1}}=\frac{K_{\mathrm{p}}}{Ts+1+K_{\mathrm{p}}}=\frac{K_{\mathrm{p}}}{1+K_{\mathrm{p}}}\ \frac{1}{\dfrac{T}{1+K_{\mathrm{p}}}s+1}$$

显然，K_{p}越大，稳态精度越高，系统的时间常数$T'=\dfrac{T}{1+K_{\mathrm{p}}}$越小，意味着系统的反应速度越快。将系统的一阶惯性环节换成二阶振荡环节，仍可得到类似的结论。

比例控制器 K_{p} 的作用：

1）在系统中增大比例系数K_{p}，可减少系统的稳态误差以提高稳态精度。

2）增大K_{p}可降低系统的惯性，减少系统的时间常数，可改善系统的快速性。

3）提高K_{p}往往会降低系统的相对稳定性，甚至会造成系统的不稳定，因此在调节K_{p}时，要加以注意。在系统校正设计中，很少单独采用比例控制。

6.2.2 比例-微分（PD）控制规律

具有比例-微分控制规律的控制器，称为比例微分控制器，又称PD控制器。其结构如

图 6-5（a）所示。

动态方程为
$$m(t)=K_{p}e(t)+K_{p}\tau\frac{de(t)}{dt}$$

传递函数为
$$\frac{M(s)}{E(s)}=K_{p}(\tau s+1)$$

式中，K_p 为比例系数；τ 为微分时间常数。

微分控制器的输出 $\tau\frac{de(t)}{dt}$ 与输入信号 $e(t)$ 的变化率成正比，即微分控制只在动态过程中才会起作用，对恒定稳态情况则起阻断作用。因此，微分控制在任何情况下都不能单独使用。通常微分控制总是和比例控制一起使用。

从图 6-5（b）微分控制的输出信号 $m(t)$ 在时间上比 $e(t)$“提前”了，这显示了微分控制的“预测作用”。正是由于这种对动态过程的“预测”作用，微分控制使得系统的响应速度变快，超调减小，振荡减轻。

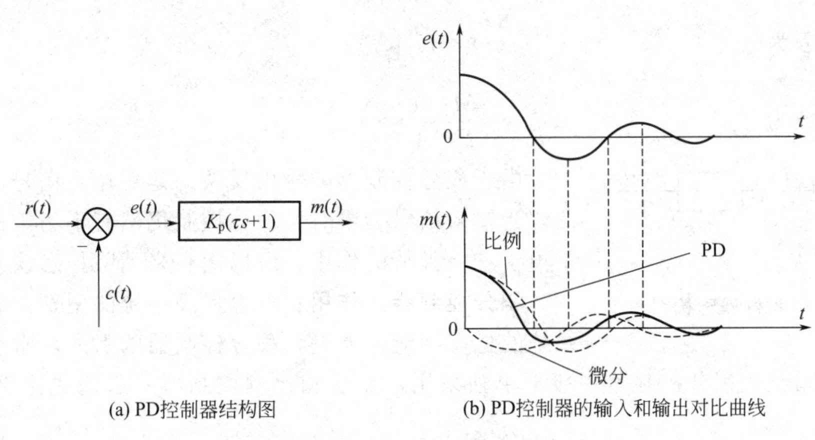

(a) PD控制器结构图　　(b) PD控制器的输入和输出对比曲线

图 6-5　PD 控制器及对系统的影响

例 6-1　系统如图 6-6 所示，其中，$G_0(s)=\frac{1}{s^2}$，试分析比例-微分控制器 $G_c(s)=K_p(\tau s+1)$ 对该系统性能的影响。

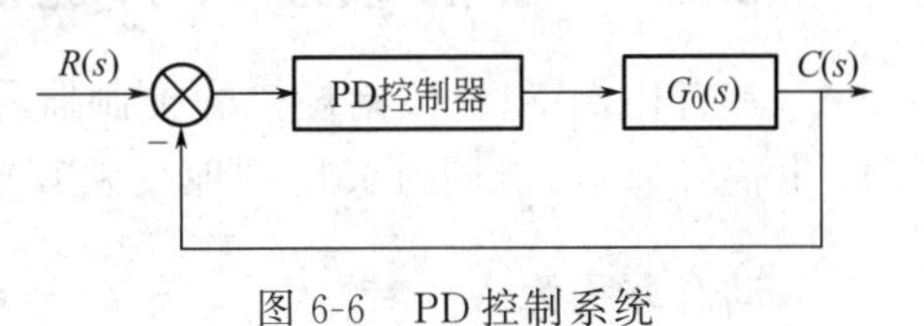

图 6-6　PD 控制系统

解　无 PD 控制器时，系统特征方程为 $s^2+1=0$

从特征方程看，该系统的阻尼比等于零，其输出信号 $c(t)$ 为等幅振荡形式，系统处于临界稳定状态。

接入 PD 控制器后，系统的开环传递函数变为　$G_c(s)G_0(s)=\frac{K_p(\tau s+1)}{s^2}$

系统特征方程变为
$$s^2+K_p\tau s+K_p=0$$

这时系统的阻尼比为 $\xi=\frac{\tau\sqrt{K_p}}{2}$，阻尼比大于零，因此系统是稳定的。这是因为 PD 控制器的加入提高了系统的阻尼程度，使特征方程 s 项的系数由零增大，系统的阻尼程度可通过改变 PD 控制器参数 K_p 和 τ 来调整。从该例中可以看出，PD 控制器可以改善系统的稳定性，调节动态性能。

比例微分控制器 PD 的作用：

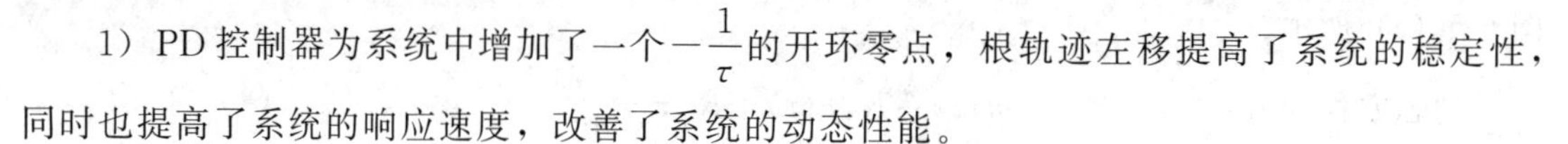

1）PD 控制器为系统中增加了一个$-\frac{1}{\tau}$的开环零点，根轨迹左移提高了系统的稳定性，同时也提高了系统的响应速度，改善了系统的动态性能。

2）微分环节提供了一个正的超前相角，增加了相角裕度（使相频特性向上拉），提高了系统的相对稳定性。

3）微分环节增加了阻尼程度，减小了超调量，使系统的响应速度提高。微分控制器能反映输入信号的变化趋势，产生有效的早期修正信号，具有“预见”性，有提前调节作用，可以提高系统的快速性。但是微分控制器对噪声敏感，易将其他干扰信号引入控制系统中。在一般情况下微分控制器不单独使用。

6.2.3 积分（I）控制规律

具有积分控制规律的控制器称为积分控制器（I 控制器）。积分控制器的输出信号$m(t)$是输入量$e(t)$对时间的积分，其结构如图 6-7 所示。

动态方程为

$$m(t)=K_{\mathrm{i}}\int_0^t e(t)\mathrm{d}t$$

传递函数为

$$\frac{M(s)}{E(s)}=\frac{K_{\mathrm{i}}}{s}$$

图 6-7　I 控制器结构图

由于积分控制器的输出反映的是对输入信号的积累，因此，当输入信号为零时，积分控制仍然有不为零的输出。正是由于这一独特的作用，可以用它来消除稳态误差。

积分控制器的作用：可以提高系统的型别，有利于改善系统的稳态性能。但是，积分控制器的引入，常会影响系统的稳定性。因此，积分控制器一般不单独采用，而是和比例控制器一起构成比例-积分控制器后再使用。

6.2.4 比例-积分（PI）控制规律

具有比例-积分控制规律的控制器称为比例积分控制器，又称为 PI 控制器。PI 控制器的输出信号$m(t)$能同时成比例地反映其输入信号$e(t)$和它的积分，其结构如图 6-8 所示。

动态方程为

$$m(t)=K_{\mathrm{p}}e(t)+\frac{K_{\mathrm{p}}}{T_{\mathrm{i}}}\int_0^t e(t)\mathrm{d}t$$

传递函数为

$$\frac{M(s)}{E(s)}=K_{\mathrm{p}}\left(1+\frac{1}{T_{\mathrm{i}}s}\right)=\frac{K_{\mathrm{p}}}{T_{\mathrm{i}}}\times\frac{T_{\mathrm{i}}s+1}{s}$$

比例积分控制器 PI 的作用：在保证系统稳定的基础上提高系统的型别，从而提高系统的稳定精度，改善其稳态性能。在串联校正中，相当于在系统中增加一个位于原点的开环极点，同时增加了一个位于 s 左半平面的开环零点。位于原点的开环极点提高了系统的型别，减小了系统的稳态误差，改善了稳态性能；而增加的开环零点提高了系统的阻尼程度，减小了 PI 控制器极点对系统稳定性和动态过程产生的不利影响。比例-积分控制在工程实际中应用比较广泛。

例 6-2　设 PI 控制系统如图 6-9 所示，其中，$G_0(s)=\frac{K_0}{s(T_0s+1)}$，试比较分析加入 PI 控制器$G_{\mathrm{c}}(s)=K_{\mathrm{p}}\left(1+\frac{1}{T_{\mathrm{i}}s}\right)$对系统性能的影响。

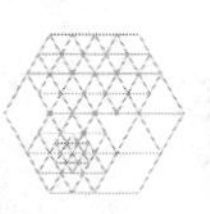

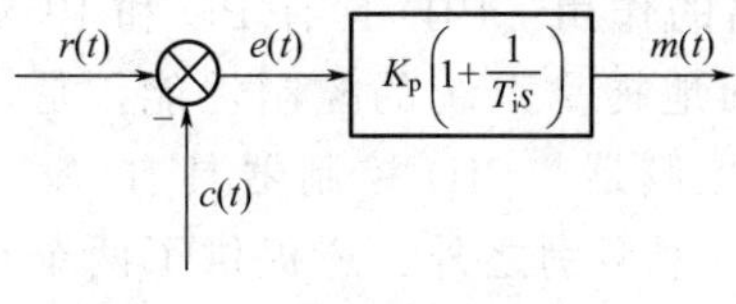

图 6-8 PI 控制器结构图

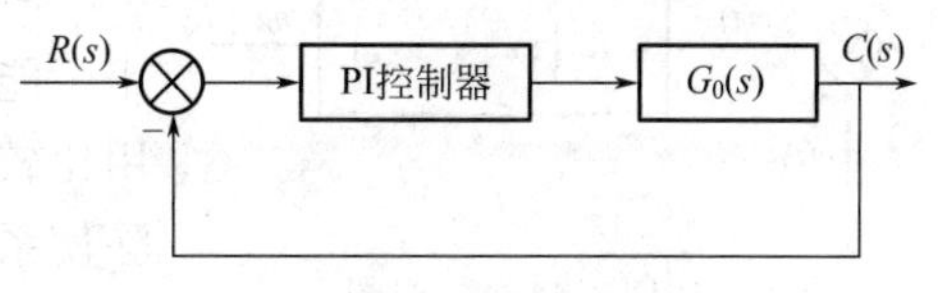

图 6-9 PI 控制系统

解 1）稳态性能 未加 PI 控制器时，系统是Ⅰ型，加入 PI 控制器后，系统的开环传递函数为

$$G(s)=G_c(s)G_0(s)=\frac{K_0K_p(T_is+1)}{T_is^2(T_0s+1)}$$

从上式看出，控制系统变为Ⅱ型，对阶跃信号、斜坡信号的稳态误差为零，如果参数选择合适，加速度响应的稳态误差也可以明显下降。这说明 PI 控制器改善了系统的稳态性能。

2）稳定性

① 不加比例只加积分环节时，$G_c(s)=\frac{K_p}{T_is}$，系统的开环传递函数为

$$G(s)=G_0(s)G_c(s)=\frac{K_0K_p}{T_is^2(Ts+1)}$$

闭环系统的特征方程为

$$D(s)=T_is^2(T_0s+1)+K_0K_p=T_iT_0s^3+T_is^2+K_0K_p=0$$

显然，上式中缺 s 的一次项，系统不稳定。

② 加入比例-积分环节时，控制器的传递函数为 $G_c(s)=\frac{K_p(T_is+1)}{T_is}$

系统的开环传递函数为 $G(s)=G_c(s)G_0(s)=\frac{K_0K_p(T_is+1)}{T_is^2(T_0s+1)}$

闭环系统的特征方程为 $D(s)=1+G_c(s)G_0(s)=0$

$$T_iT_0s^3+T_is^2+K_0K_pT_is+K_0K_p=0$$

从上式看出，只要合理选择参数就能使系统稳定。这说明 PI 控制器使系统的型别从Ⅰ型上升到Ⅱ型，并可满足系统稳定的要求。

6.2.5 比例-积分-微分（PID）控制规律

由比例、积分、微分环节组成的控制器称为比例-积分-微分控制器，简称为 PID 控制器，其结构如图 6-10 所示。这种组合具有三种单独控制规律各自的特点。

动态方程为 $$m(t)=K_pe(t)+\frac{K_p}{T_i}\int_0^t e(t)\mathrm{d}t+K_p\tau\frac{\mathrm{d}e(t)}{\mathrm{d}t}$$

传递函数为 $$\frac{M(s)}{E(s)}=K_p\left(1+\frac{1}{T_is}+\tau s\right)$$

$$\frac{M(s)}{E(s)}=\frac{K_p}{T_i}\times\frac{T_i\tau s^2+T_is+1}{s}$$

若 $4\tau/T_i<1$，传递函数可以近似写成

$$\frac{M(s)}{E(s)}=\frac{K_p}{T_i}\times\frac{(\tau s+1)(T_is+1)}{s}$$

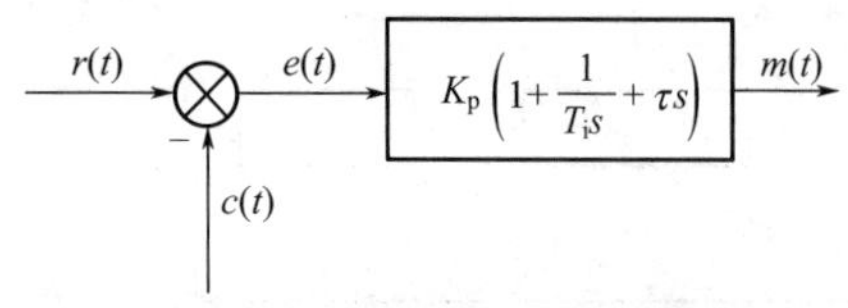

图 6-10　PID控制器结构图

PID控制器的作用：PID具有PD和PI双重作用，能够较全面地提高系统的控制性能，是一种应用比较广泛的控制器。PID控制器具有一个极点，除使系统提高一个型别之外，还提供了两个负实零点。PID控制规律保持了PI控制规律提高系统稳态性能的优点，同时比PI控制器多提供一个负实零点，从而在动态性能方面比PI控制器更具有优越性。

一般来说，PID控制器在系统频域校正中，积分部分发生在系统频率特性的低频段，以提高系统的稳定性能；微分部分发生在系统频率特性的中频段，以改善系统的动态性能。

6.3　串联校正

6.3.1　串联超前校正（PD）

如果一个串联校正网络频率特性具有正的相位角，就称为超前校正。一般当系统的动态性能不满足要求时，采用超前校正。超前校正改善系统的动态性能指标，校正中频段部分，使相角变化平缓。

超前校正的基本原理：利用超前校正网络的相位超前特性来增大系统的相角裕度，改变原系统中频区的形状，使截止频率 ω_c 处的直线斜率为 -20dB/dec，并且要求校正网络的最大相角出现在系统的截止频率处。

PD控制器属于超前校正。理想PD控制器在物理上很难实现，而且近似PD控制器比理想PD控制器的抗干扰能力强，因为在高频段理想PD控制器频率特性为 $+20$dB/dec上升直线，而近似PD控制器在 $\omega=\frac{1}{T}$ 处，幅值衰减，相当于高频噪声信号衰减，抗干扰能力增强。因此，在实际工程中，一般采用近似PD控制器，其传递函数为

$$G_c(s)=\frac{1+\alpha Ts}{1+Ts}\quad(\alpha>1)\tag{6-1}$$

(1) 超前校正网络及其幅频特性　有源超前校正网络如图6-11所示。从传递函数可知，要想提供超前相角，必须 $\alpha T>T$，即 $\alpha>1$。超前校正的零、极点分布如图6-12所示。其中，零点总是位于极点的右边，改变 α 和 T 的值，零、极点即可位于 s 平面负实轴上任意位置，从而产生不同的校正效果。

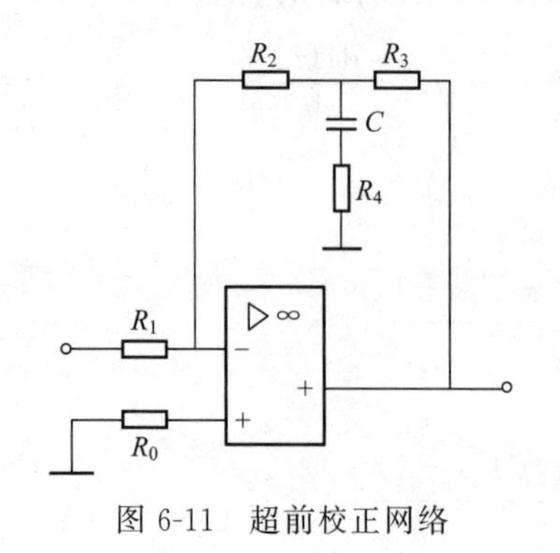

图 6-11　超前校正网络

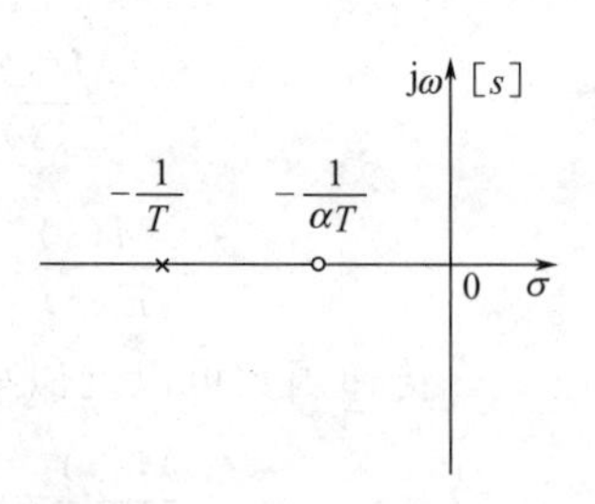

图 6-12　超前校正零、极点

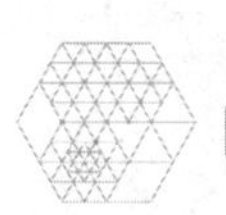

该电路的传递函数为

$$G_c(s)=-\frac{k_c(1+\tau s)}{1+Ts} \qquad (\tau>T)$$

式中

$$k_c=\frac{R_2+R_3}{R_1},\ \tau=\left(\frac{R_2R_3}{R_2+R_3}+R_4\right)C,\ T=R_4C,\ R_0=R_1$$

令 $\tau=\alpha T$，不考虑 k_c，得超前校正传递函数为

$$G_c(s)=\frac{\alpha Ts+1}{Ts+1} \qquad (\alpha>1)$$

超前校正网络的频率特性为

$$G_c(j\omega)=\frac{j\alpha T\omega+1}{jT\omega+1} \qquad (\alpha>1) \tag{6-2}$$

其相频特性为

$$\varphi(\omega)=\angle G_c(j\omega)=\arctan\alpha T\omega-\arctan T\omega \tag{6-3}$$

$$\varphi(\omega)=\arctan\frac{\alpha T\omega-T\omega}{1+\alpha T^2\omega^2} \tag{6-4}$$

幅频特性为

$$20\lg|G_c(j\omega)|=20\lg\frac{\sqrt{1+(\alpha T\omega)^2}}{\sqrt{1+(T\omega)^2}} \tag{6-5}$$

超前校正装置的伯德图如图6-13所示。

由式（6-4）可看出，相频特性 $\varphi(\omega)$ 除了是角频率 ω 的函数外，还和 α 值有关，不同 α 值的相频特性曲线如图6-14（a）所示。

从图6-13伯德图可以看出，超前校正对频率在$\frac{1}{\alpha T}\sim\frac{1}{T}$之间的输入信号有微分作用，具有超前相角，超前校正的名称由此而得。同时，在最大超前相角角频率 ω_m 处，具有最大超前相角 φ_m。

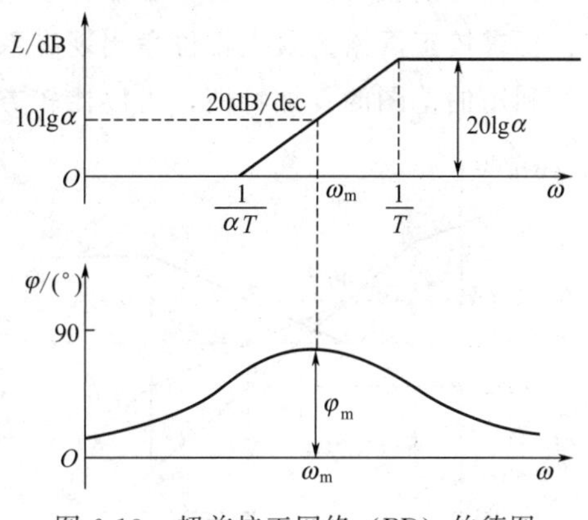

图6-13 超前校正网络（PD）伯德图

由式（6-3）对 $\varphi(\omega)$ 求导得

$$\frac{d\varphi(\omega)}{d\omega}=\frac{\alpha T}{1+\alpha^2T^2\omega^2}-\frac{T}{1+T^2\omega^2}$$

令$\frac{d\varphi(\omega)}{d\omega}=0$，可求得相频特性 $\varphi(\omega)$的最大值 φ_m 及对应的角频率 ω_m 分别为

$$\omega_m=\frac{1}{\sqrt{\alpha}T} \tag{6-6}$$

$$\varphi_m=\arctan\frac{\alpha-1}{2\sqrt{\alpha}}=\arcsin\frac{\alpha-1}{\alpha+1} \tag{6-7}$$

$$\alpha=\frac{1+\sin\varphi_m}{1-\sin\varphi_m} \tag{6-8}$$

设 ω_1 为频率$\frac{1}{\alpha T}$和$\frac{1}{T}$的几何中心，则应有

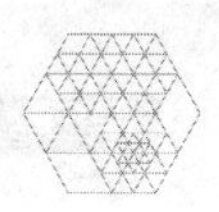

$$\lg\omega_1=\frac{1}{2}\left(\lg\frac{1}{\alpha T}+\lg\frac{1}{T}\right)$$

解得 $\omega_1=\frac{1}{\sqrt{\alpha}T}$，恰好与式（6-6）完全相同，故最大超前相角角频率 ω_m 是频率$\frac{1}{\alpha T}$和$\frac{1}{T}$的几何中心。

式（6-7）是最大超前相角计算公式，$\varphi_m(\omega)$ 只与参数 α 有关。α 越大，$\varphi_m(\omega)$ 越大，对系统补偿相角也越大，对高频干扰越严重，其原因是超前校正近似为一阶微分环节。图6-14（b）给出了 φ_m 与 α 的关系曲线。当 $\alpha>20$ 时，$\varphi_m(\omega)=65°$的增加就不显著了。一般取 $\alpha=5\sim20$，超前校正补偿的相角不超过 65°。

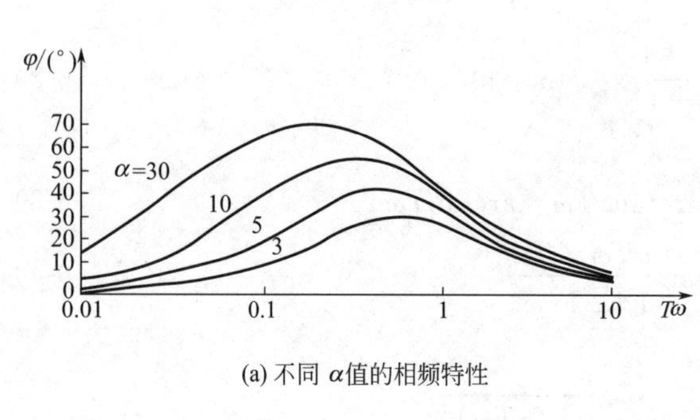

(a) 不同 α值的相频特性

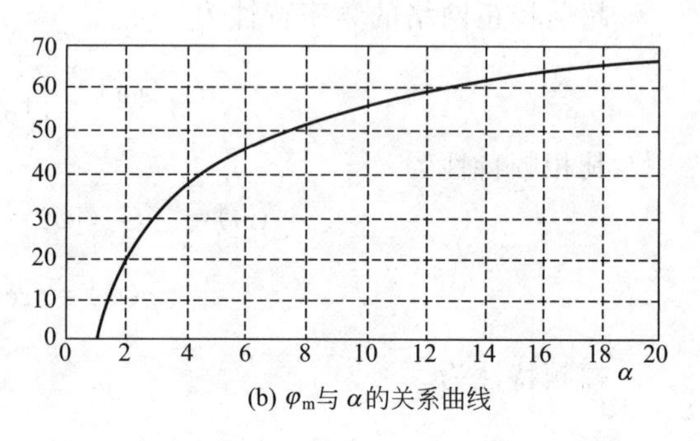

(b) φ_m与 α的关系曲线

图 6-14　$\varphi(\omega)$、φ_m 与 α 的关系

(2) 超前校正设计　基本思路：利用超前校正网络的相位超前特性来增大系统的相角裕度，要求校正网络的最大相位角出现在系统的截止频率处。

利用伯德图的叠加特性，可以比较方便地在原系统伯德图上，添加超前校正网络的伯德图。由于在原系统的中频段加入校正装置 $G_c(s)$，而 $G_c(s)$ 中微分先起作用，叠加后就将系统原幅频特性曲线向上抬，所以校正后系统的截止频率 ω_c 大于原系统的截止频率 ω_{c0}，即 $\omega_c>\omega_{c0}$。需要将原幅频特性曲线抬高多少呢？由于系统校正后要在 ω_c 处过零，也就是校正前原幅频特性曲线与校正装置的幅频特性曲线在 ω_c 处叠加为零。由于校正装置的幅频特性曲线在 ω_c 处的高度为 $10\lg\alpha$，因此只要满足原幅频特性曲线在 ω_c 处的高度 $20\lg|G_0(j\omega_c)|$ 与 $10\lg\alpha$ 相等，就可以使校正后的系统幅频特性曲线恰好穿过 ω_c，并且此时$\omega_c=\omega_m$，满足校正后系统在 ω_c 处的相角达到最大值，系统超前校正原理伯德图如图 6-15 所示。

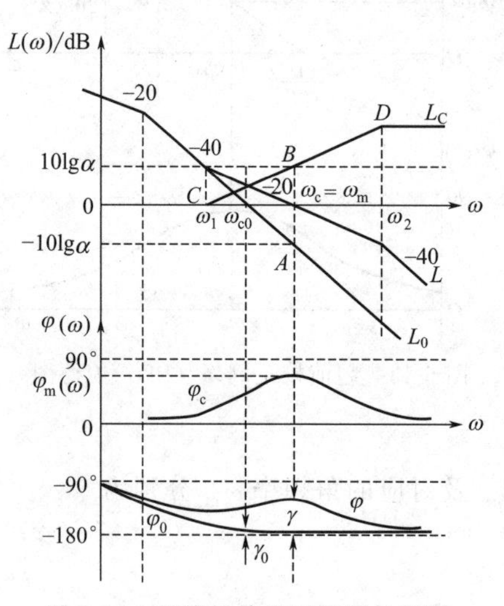

图 6-15　系统超前校正原理伯德图

将 $\omega_m=\frac{1}{\sqrt{\alpha}T}$代入式（6-5）中，得其最大相角处所对应的幅值为

$$20\lg|G_c(j\omega)|=20\lg\sqrt{\alpha}=10\lg\alpha$$

校正后系统的传递函数用 $G(s)$ 表示，即

$$G(s)=G_0(s)G_c(s)$$

当 $\omega=\omega_c=\omega_m$ 时

$$20\lg|G(j\omega_c)|=20\lg|G_0(j\omega_c)|+20\lg|G_c(j\omega_c)|=0\text{dB}$$

所以

$$20\lg|G_0(j\omega_c)|=-20\lg|G_c(j\omega_c)|=-10\lg\alpha$$

当系统要求 $\omega_c>\omega_{c0}$ 时，可以采用超前校正方法。

超前校正设计步骤：

① 根据稳态误差的要求，确定系统的型别和开环增益 K。

② 根据开环增益 K，绘制未校正系统的伯德图，确定原系统频率响应的 ω_{c0}、γ_0、K_{g0}。

③ 根据给定的相角裕度 γ，计算校正装置需要提供的最大超前相角

$$\varphi_m=\gamma-\gamma_0+\Delta\gamma$$

未校正系统的截止频率 ω_{c0} 处的斜率为 -40dB/dec 时，追加的超前相角 $\Delta\gamma=5°\sim15°$；当未校正系统的截止频率 ω_{c0} 处的斜率为 -60dB/dec 时，追加的超前相角 $\Delta\gamma=15°\sim25°$。如果 $\varphi_m>60°$，则一级超前校正不能达到要求的 γ 指标。

④ 由 φ_m 和 $\alpha=\dfrac{1+\sin\varphi_m}{1-\sin\varphi_m}$，确定参数 α 值。

⑤ 由 α 确定 ω_c 和 T 值。

由 $20\lg|G_0(j\omega_c)|=-10\lg\alpha$，或者 $\alpha=\dfrac{1}{|G_0(j\omega_c)|^2}$，确定 ω_c；

由 α 和 $\omega_c=\dfrac{1}{T\sqrt{\alpha}}$，确定 T 值。写出校正装置的传递函数 $G_c(s)=\dfrac{\alpha Ts+1}{Ts+1}$。

⑥ 画出校正后系统的伯德图，验算校正后系统的各项性能指标是否满足要求。如果不满足要求，则可改变 $\Delta\gamma$ 值，按照上述步骤重新设计。

若已知系统校正后截止频率 ω_c，则上述步骤①和②不变，其余的步骤即可改为：利用 $20\lg|G_0(j\omega_c)|=-10\lg\alpha$，确定出 α 值；再根据 $\omega_c=\dfrac{1}{T\sqrt{\alpha}}$ 确定 T 值，写出校正装置的传递函数 $G_c(s)=\dfrac{1+\alpha Ts}{1+Ts}$。

例 6-3 考虑二阶单位负反馈控制系统，开环传递函数为 $G_0(s)=\dfrac{K}{s(0.5s+1)}$，给定设计要求为：系统的相角裕度不小于 50°，系统斜坡响应的稳态误差为 5%。

解 ① 根据稳态误差的要求 $e_{ss}=\dfrac{1}{K}\leqslant0.05$，求得 $K\geqslant20$，取 $K=20$。

② 画伯德图，求出未校正系统的频率响应。

当 $\omega=1$ 时，$20\lg K=20\lg20=26$dB

开环传递函数伯德图如图 6-16 所示，由

$$20\lg\frac{20}{\omega_{c0}\sqrt{(0.5\omega_{c0})^2+1}}=0 \Rightarrow \frac{20}{0.5\omega_{c0}^2}=1 \text{ 得截止频率 } \omega_{c0}=6.3\text{rad/s}$$

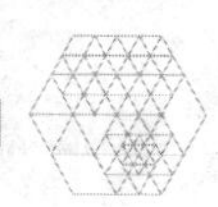

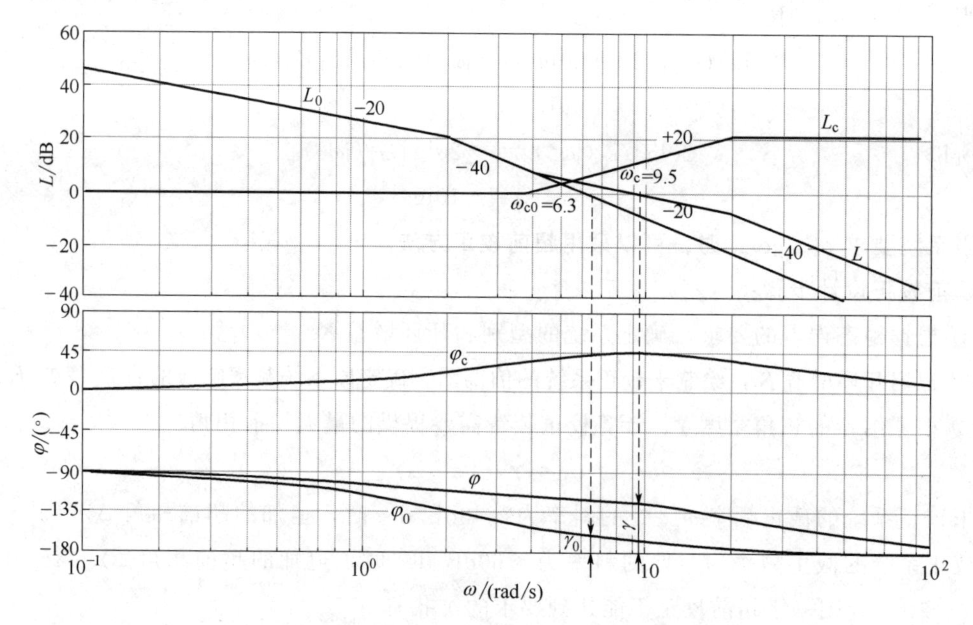

图 6-16　例 6-3 系统校正前、后的伯德图

则 $\gamma_0=180°+\angle G_0(\mathrm{j}\omega_{c0})=180°+(-90°-\arctan 0.5\times 6.3)=17.6°<50°, K_g=\infty$

可见未加校正时，系统是稳定的，但相角裕度低于性能指标的要求，因此采用超前校正。

③ 计算串联超前校正最大超前相角 φ_m 和 α 值。

取 $\Delta\gamma=10.6°$，则 $\varphi_m=\gamma-\gamma_0+\Delta\gamma=50°-17.6°+10.6°=43°$

$$\alpha=\frac{1+\sin\varphi_m}{1-\sin\varphi_m}=5.25$$

④ 由 φ_m 和 α 确定 ω_c。

由
$$20\lg|G_0(\mathrm{j}\omega_c)|=-10\lg\alpha \text{ 或 } \alpha=\frac{1}{|G_0(\mathrm{j}\omega_c)|^2}$$

得
$$5.25=\frac{\omega_c^2(1+0.25\omega_c^2)}{400}$$

则截止频率
$$\omega_c=9.5\mathrm{rad/s}$$

根据 $\omega_c=\omega_m=\dfrac{1}{T\sqrt{\alpha}}$，解得 $T=0.05\mathrm{s}$，$\alpha T=0.26\mathrm{s}$。

可得超前校正的传递函数为 $G_c(s)=\dfrac{\alpha Ts+1}{Ts+1}=\dfrac{0.26s+1}{0.05s+1}=\dfrac{\frac{1}{3.8}s+1}{\frac{1}{20}s+1}$

⑤ 校验。校正后系统的开环传递函数为

$$G(s)=G_0(s)G_c(s)=\frac{20(0.26s+1)}{s(0.5s+1)(0.05s+1)}$$

当 $\omega_c=9.5\mathrm{rad/s}$ 时，相角裕度

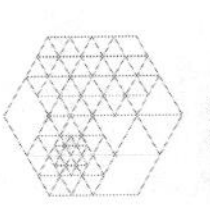

$$\gamma = 180° + \angle G(j\omega_c)$$
$$= 180° - 90° + \arctan(0.24\omega_c) - \arctan(0.5\omega_c) - \arctan(0.046\omega_c)$$
$$= 55° > 50°$$

经检验满足设计要求。如果不满足要求，则增大 $\Delta\gamma$ 值，从步骤③开始重新计算。

综上所述，串联超前校正装置使系统的相角裕度增大，从而降低了系统的超调量。系统校正完后，$\omega_c > \omega_{c0}$，由于 $t_s = \frac{k\pi}{\omega_c}$，$\omega_c$ 变大，使调节时间 t_s 下降，系统响应速度加快。

在有些情况下，串联超前校正的应用受到限制。例如，当未校正系统的相角在所需截止频率附近向负相角急剧减小时，采用串联超前校正往往效果不大。或者，当需要超前相角的数量很大时，超前校正网络的系数 α 选得很大，从而使系统带宽过大，高频噪声能较顺利地通过系统，降低系统的抗干扰能力，严重时可能导致系统失控。在此类情况下，应当考虑其他类型的校正。

6.3.2 串联滞后校正（PI）

在控制系统中，采用具有滞后相角的校正装置对系统的特性进行校正，称为滞后校正。PI 控制器就属于滞后校正网络。其传递函数为

$$G_c(s) = \frac{\beta Ts + 1}{Ts + 1} \quad (\beta < 1) \tag{6-9}$$

(1) 滞后校正网络及其幅频特性 有源滞后校正网络如图 6-17 所示。该电路的传递函数为

$$G_c(s) = -k_c \frac{\beta Ts + 1}{Ts + 1} \quad (\beta < 1)$$

式中 $T = R_3 C$，$\beta = \frac{R_2}{R_2 + R_3}$，$k_c = \frac{R_2 + R_3}{R_1}$，$R_0 = R_1$

不考虑 k_c，滞后校正网络传递函数为

$$G_c(s) = \frac{\beta Ts + 1}{Ts + 1} \quad (\beta < 1)$$

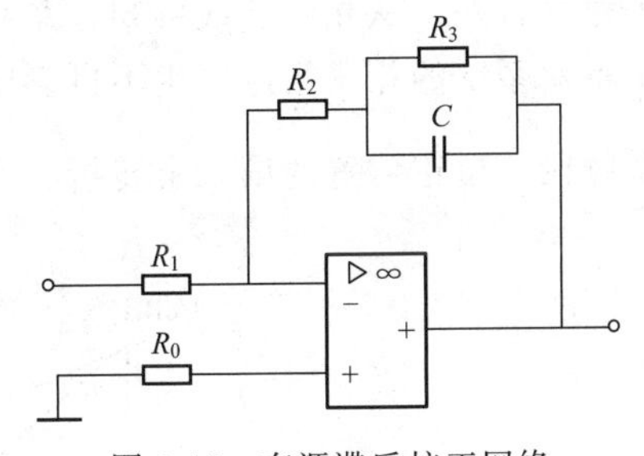

图 6-17 有源滞后校正网络

频率特性为 $G_c(j\omega) = \frac{j\beta T\omega + 1}{jT\omega + 1}$

相频特性为 $\angle G_c(j\omega) = \varphi(\omega) = \arctan\beta T\omega - \arctan T\omega$

滞后校正装置的伯德图如图 6-18（a）所示，在 $\frac{1}{T}$ 和 $\frac{1}{\beta T}$ 之间，积分先起作用。

$\frac{1}{\beta T}$ 处的幅值为 $L\left(\frac{1}{\beta T}\right) = -20\left(\lg\frac{1}{\beta T} - \lg\frac{1}{T}\right) = 20\lg\beta$

与超前校正类似，ω_m 也正好出现在频率 $\frac{1}{T}$ 和 $\frac{1}{\beta T}$ 的几何中心处。

令 $\frac{d\varphi(\omega)}{d\omega} = 0$，求得

$$\omega_m = \frac{1}{\sqrt{\beta}T}$$

$$\varphi_m = \arcsin\frac{1-\beta}{1+\beta}$$

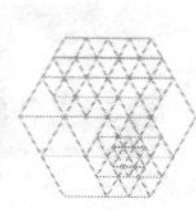

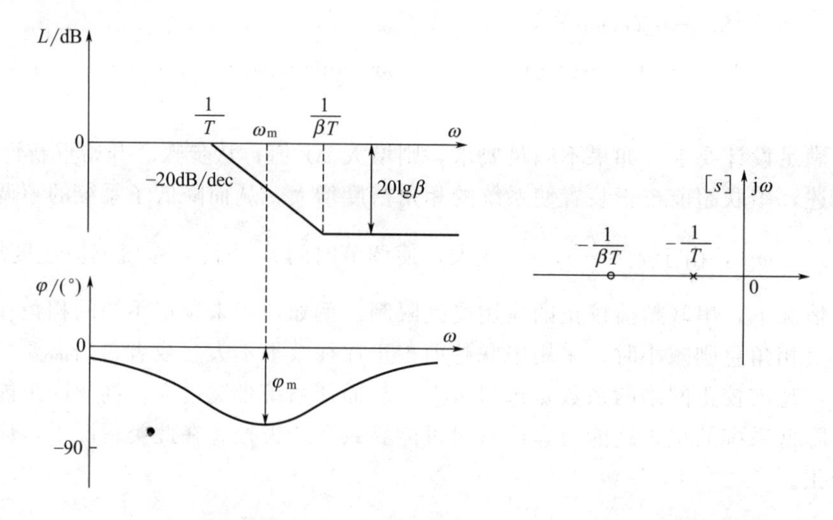

(a) 滞后校正网络(PI)伯德图　　(b) 滞后校正零、极点图

图 6-18　滞后校正网络伯德图和零、极点图

滞后校正零、极点分布如图 6-18（b）所示。零点位于极点的左侧，实际上这对零、极点就是所谓的偶极子。改变 β 和 T 的值，即可以在 s 平面上合理配置偶极子，提高系统的开环增益，从而达到改善系统稳态性能的目的，而又不影响系统原有的动态性能。

(2) 滞后校正设计　以图 6-19 来阐述相位滞后校正的工作原理。原有系统的开环对数幅频和相频特性为 L_0、φ_0。L_0 在中频段截止频率 ω_{c0} 附近为 -40dB/dec，系统动态响应的平稳性较差。从相频曲线可知，系统接近于临界稳定。在原系统中串入滞后校正装置时，为了不对系统的相角裕度产生不良影响，要使校正装置产生的最大滞后相角处于未校正系统的低频段，校正装置的第二个转折频率 $\dfrac{1}{\beta T}$ 远小于 ω_c，一般取 $\dfrac{1}{\beta T}=\left(\dfrac{1}{10}\sim\dfrac{1}{5}\right)\omega_c$。

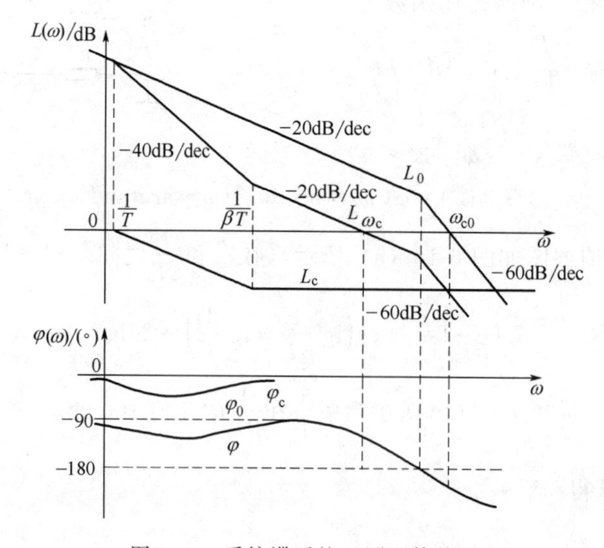

图 6-19　系统滞后校正原理伯德图

串联滞后校正是利用滞后装置的高频幅值衰减特性，使校正后系统的截止频率下降。滞后校正装置提供的最大滞后相角远离系统的截止频率 ω_c，因此相角滞后特性对系统的动态

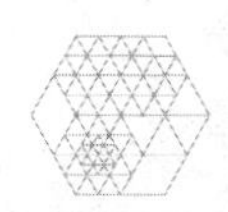

性能和稳定性的影响非常小。在 ω_c 处校正装置提供的相角很小，校正后系统的相角裕度是靠原系统的相角储备提供的，从而使系统获得足够的相角裕度。

从串联滞后校正的频率响应来看，它本质是一种低通滤波器。经串联滞后校正的系统对低频信号具有较强的放大能力，从而提高系统的稳态性能；而对频率较高的信号具有衰减特性，削弱中高频噪声信号，增强抗干扰能力，防止系统不稳定。高频衰减特性使系统的带宽变窄，降低了控制系统的快速性。可以说，滞后校正是以牺牲快速性换取了系统的稳定性。

另外，串入相位滞后校正环节后并没有改变原系统最低频段的特性，故不会影响原系统的稳态精度。如果在加入上述滞后校正装置的同时，适当提高开环增益，可进一步改善系统的稳态性能。所以对稳定性和稳态性能要求高的系统常采用滞后校正。

当 $\omega_c < \omega_{c0}$，$\gamma_0(\omega_{c0}) < \gamma$，并且 $\gamma_0(\omega_c) > \gamma$ 时，可以考虑采用滞后校正。

滞后校正设计步骤：

① 根据稳态误差要求，确定系统型别和开环增益 K。

② 利用已确定的 K，绘制未校正系统的伯德图，确定原系统的频率特性 ω_{c0}、γ_0 (ω_{c0})、K_{g0}。

③ 当校正后系统的截止频率 ω_c 未知时，可以利用式（6-10），求截止频率 ω_c。式中 γ 是要求的相角裕度，$\Delta\gamma = 10° \sim 15°$ 是补偿相角。

$$\gamma_0(\omega_c) = 180° + \angle G_0(\mathrm{j}\omega_c) = \gamma + \Delta\gamma \tag{6-10}$$

④ 令未校正系统的伯德图在 ω_c 处的增益为 $-20\lg\beta$，由此确定滞后校正网络参数 β

$$20\lg|G_0(\mathrm{j}\omega_c)| + 20\lg\beta = 0 \text{ 或 } \beta = \frac{1}{|G_0(\mathrm{j}\omega_c)|}$$

⑤ 确定参数 T。由 β 和 $\frac{1}{\beta T} = \left(\frac{1}{10} \sim \frac{1}{5}\right)\omega_c$，求得 T。由此写出校正装置的传递函数为 $G_c(s) = \frac{\beta T s + 1}{T s + 1}$。

⑥ 画出校正后系统的伯德图，验算校正后系统的各项性能指标，若达不到设计指标要求，则要调整参数 $\frac{1}{\beta T} = \left(\frac{1}{10} \sim \frac{1}{5}\right)\omega_c$，重新校正计算。

例 6-4　设某控制系统不可变部分的开环传递函数为 $G_0(s) = \frac{K}{s(s+1)(0.5s+1)}$，要求系统具有如下性能指标：①开环增益 $K = 5\mathrm{s}^{-1}$。②相角裕度 $\gamma \geqslant 40°$。③幅值裕度 $K_g(\mathrm{dB}) \geqslant 10\mathrm{dB}$。试确定串联滞后校正装置的参数。

解　① 计算考虑开环增益的未校正系统的频率响应 ω_{c0}、γ_0、K_{g0}。

由 $\frac{5}{0.5\omega_{c0}^3} = 1$ 解得 $\omega_{c0} = 2.1\mathrm{rad/s}$

则
$$\angle G_0(\mathrm{j}\omega_{c0}) = -90° - \arctan\omega_{c0} - \arctan 0.5\omega_{c0} = -200°$$
得
$$\gamma_0 = 180° + \angle G_0(\mathrm{j}\omega_{c0}) = -20°$$
根据相位交界频率的定义有 $\angle G_0(\mathrm{j}\omega_{g0}) = -180°$，解得 $\omega_{g0} = 1.4\mathrm{rad/s}$。

则
$$K_{g0} = -20\lg \left.\frac{5}{\omega_{g0}\sqrt{\omega_{g0}^2+1}\sqrt{(0.5\omega_{g0})^2+1}}\right|_{\omega_{g0}=\sqrt{2}} = -4.4\mathrm{dB}$$

$\gamma_0(\omega_{c0}) = -20° < 40°$，$K_{g0} = -4.4\mathrm{dB} < 0\mathrm{dB}$

系统不稳定，故需校正，且因 $\angle G_0(\mathrm{j}\omega_{c0}) = -200°$ 相位负得较厉害，不能采用相位超前校正，故采用滞后校正方案。

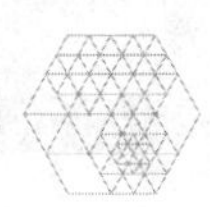

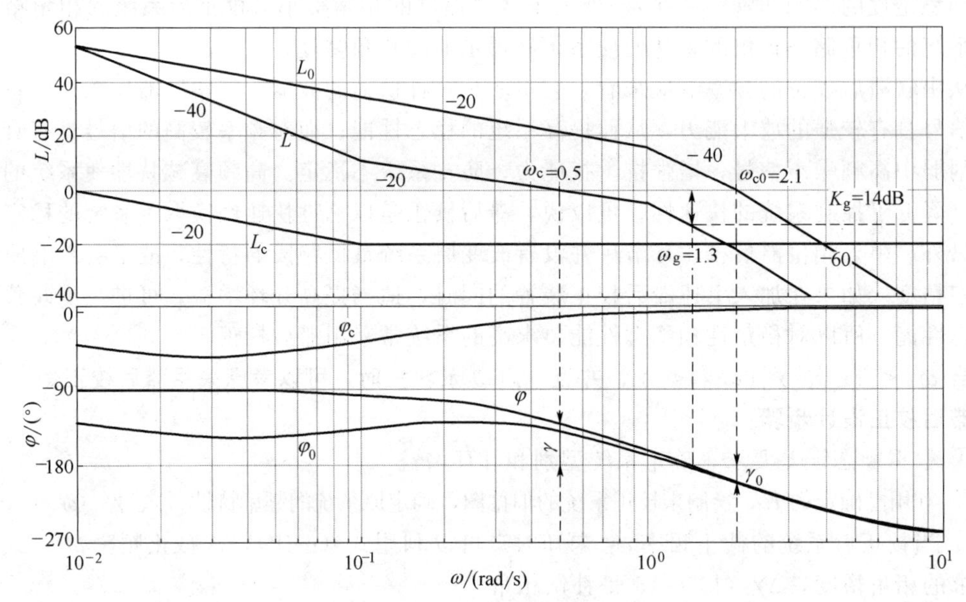

图 6-20　例 6-4 系统校正前、后的伯德图

② 依据对相角裕度 $\gamma_0(\omega_c)=\gamma+\Delta\gamma=40^\circ+10^\circ=50^\circ$ 的要求，确定截止频率 ω_c。

由

$$\gamma_0(\omega_c)=180^\circ+\angle G_0(j\omega_c)=50^\circ$$

$$180^\circ-90^\circ-\arctan\omega_c-\arctan 0.5\omega_c=50^\circ$$

得

$$\arctan\omega_c+\arctan 0.5\omega_c=40^\circ$$

$$\frac{\omega_c+0.5\omega_c}{1-0.5\omega_c^2}=\tan 40^\circ$$

解得

$$\omega_c=0.5\mathrm{rad/s}$$

③ 由 ω_c 确定 β。

$$\beta=\frac{1}{|G_0(j\omega_c)|}=\frac{0.5\sqrt{0.5^2+1}\sqrt{(0.5\times0.5)^2+1}}{5}=0.1$$

④ 确定参数 T。

取 $\frac{1}{\beta T}=\frac{1}{5}\omega_c=\frac{1}{5}\times0.5=0.1$，求得 $\beta T=10$，$T=100$。

滞后校正装置的传递函数为　$G_c(s)=\frac{\beta Ts+1}{Ts+1}=\frac{10s+1}{100s+1}$

⑤ 验算校正系统的性能指标

校正后，系统的开环传递函数为

$$G(s)=G_0(s)G_c(s)=\frac{5}{s(s+1)(0.5s+1)}\frac{(10s+1)}{(100s+1)}$$

经验算校正后系统的相角裕度 $\gamma=40.2^\circ$，$K_g=14\mathrm{dB}$。相角裕度刚满足要求，或者取 $\frac{1}{\beta T}=\frac{1}{10}\omega_c$，重新校正设计。

例 6-4 的伯德图见图 6-20。

对于 ω_c 稍小于 ω_{c0} 的情形，就大多数未校正系统来说，只采用串联滞后校正却很难满足性能指标关于动态性能方面的要求，通常还需采用串联超前校正才能使性能指标全面得到满足，这便是串联滞后-超前校正方案。

(3) 串联超前校正和滞后校正的比较

1）超前校正是利用超前网络的相角超前特性对系统进行校正，而滞后校正则是利用滞后网络的幅值在高频段的衰减特性。

2）用频率法进行超前校正，目的是提高开环对数幅频渐近线在截止频率处的斜率（−20dB/dec）和相角裕度，并增大系统的频带宽度。频带的变宽意味着校正后的系统响应变快，调整时间缩短。

3）对同一系统超前校正系统的频带宽度一般总大于滞后校正系统，因此，如果要求校正后的系统具有宽的频带和良好的瞬态响应，则采用超前校止。当噪声电平较高时，显然频带越宽的系统抗噪声干扰的能力也越差，此种情况，宜对系统采用滞后校正。

4）超前校正需要增加一个附加的放大器，以补偿超前校正网络对系统增益的衰减。

5）滞后校正虽然能改善系统的静态精度，但它促使系统的频带变窄，瞬态响应速度变慢。如果要求校正后的系统既有快速的瞬态响应，又有高的静态精度，则应采用滞后-超前校正。比较如表 6-3 所示。

表 6-3 相角超前校正网络和滞后校正网络的比较

校正网络	超前校正网络	滞后校正网络
目的	在伯德图上提供超前角，提高相角裕度。在 s 平面上，使系统具有预期的主导极点	利用幅值衰减提高系统相角裕度，或伯德图上的相角裕度基本不变的同时，增大系统的稳态误差系数
效果	1. 增大系统的带宽 2. 增大高频段增益	减小系统带宽
优点	1. 能获得预期响应 2. 能改善系统的动态性能	1. 能抑止高频噪声 2. 能减小系统的误差，改善平稳性
缺点	1. 需附加放大器增益 2. 增大系统带宽，系统对噪声更加敏感 3. 要求 RC 网络具有很大的电阻和电容	1. 减缓响应速度，降低快速性 2. 要求 RC 网络具有很大的电阻和电容
适用场合	要求系统有快速响应时	对系统的稳态误差及稳定程度有明确要求时
不适用场合	在交接频率附近，系统的相角急剧下降时	在满足相角裕度的要求后，系统没有足够的低频响应时

6.3.3 串联滞后-超前校正（PID）

由于滞后校正和超前校正各有特点，有时会把超前校正和滞后校正综合起来应用，这种校正网络称为滞后-超前校正网络。其传递函数为

$$G_c(s)=\frac{\alpha T_1 s+1}{T_1 s+1}\times\frac{\beta T_2 s+1}{T_2 s+1} \qquad (\beta<1,\alpha>1,T_1<T_2) \tag{6-11}$$

(1) 滞后-超前网络及其幅频特性 有源滞后-超前网络如图 6-21(a)，其零、极点配置如图 6-21（b）所示。

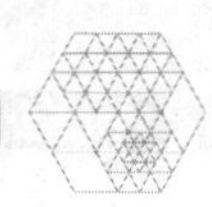

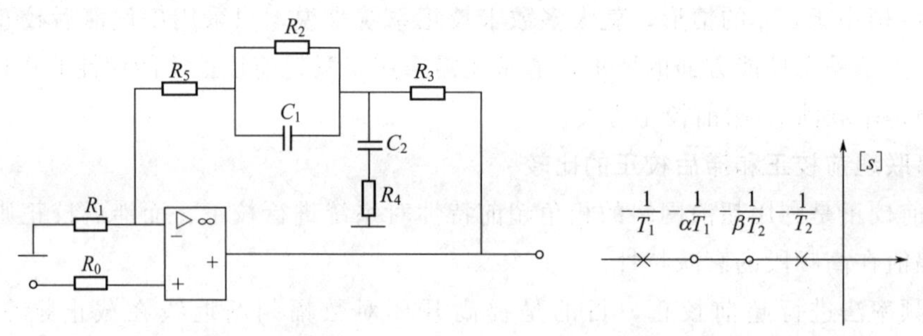

(a) 滞后-超前校正网络 (b) 滞后-超前校正零、极点配置

图 6-21 有源滞后-超前网络及校正零、极点配置

其传递函数为 $G_c(s)=-k\dfrac{\alpha T_1s+1}{T_1s+1}\times\dfrac{\beta T_2s+1}{T_2s+1}$ $(\beta<1，\alpha>1)$

式中
$$\beta T_2=\frac{R_1R_2}{R_1+R_2}C_1，T_1=R_4C_2，T_2=R_2C_1，$$
$$k=\frac{R_2+R_1}{R_1}，\alpha T_1=(R_3+R_4)C_2$$

当不考虑 k 时，PID 控制器的传递函数为式（6-11），由此式可知 PID 控制器的频率特性为

$$G_c(j\omega)=\frac{1+j\alpha T_1\omega}{1+jT_1\omega}\times\frac{1+j\beta T_2\omega}{1+jT_2\omega}\quad(\beta<1,\alpha>1)$$

分子分母的前一项构成了超前校正网络，分子分母的后一项构成了滞后校正网络。其伯德图如图 6-22 所示。由图可知 $\omega_1=\dfrac{1}{T_2}$，$\omega_2=\dfrac{1}{\beta T_2}$，$\omega_3=\dfrac{1}{\alpha T_1}$，$\omega_4=\dfrac{1}{T_1}$。

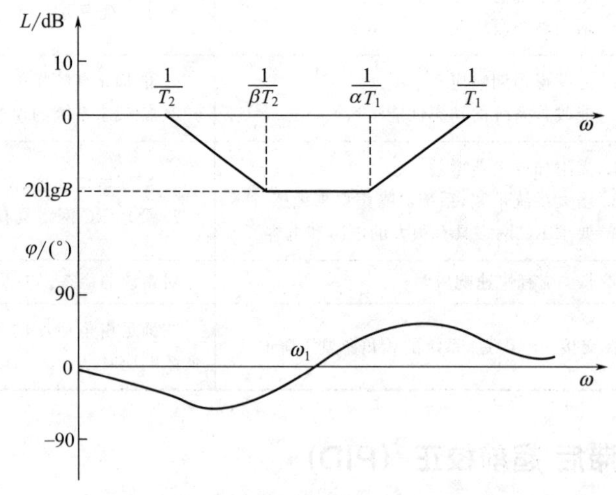

图 6-22 滞后-超前校正网络（PID）的伯德图

(2) 滞后-超前校正设计 超前校正通常可以改善控制系统的快速性和超调量，主要用来改变未校正系统的中频段形状，以便提高系统的动态性能。而滞后校正主要用来校正系统的低频段，用来增大未校正系统的开环增益。如果既需要有快速响应特性，又要获得良好的稳态精度，则可以采用滞后-超前校正。滞后-超前校正具有互补性，滞后校正部分和超前校正部分既发挥了各自的长处，同时又用对方的长处弥补了自己的短处。

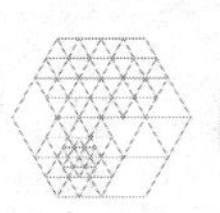

1）滞后-超前校正设计方案

① 若 $\omega_c > \omega_{c0}$，$\gamma_0(\omega_{c0}) < \gamma$，则可以考虑超前校正。

② 若 $\omega_c < \omega_{c0}$，$\gamma_0(\omega_{c0}) < \gamma$，并且 $\gamma_0(\omega_c) > \gamma$，则可以采用滞后校正。

③ 若 $\omega_c < \omega_{c0}$，$\gamma_0(\omega_{c0}) < \gamma$，并且 $\gamma_0(\omega_c) < \gamma$，则可以采用滞后-超前校正。

设计滞后—超前校正装置可以采用先超前、后滞后，或者先滞后、后超前两种设计方案。

2）按先超前，后滞后方案设计步骤

① 根据校正前系统的开环传递函数 $G_0(s)$ 和对稳态误差的要求，确定控制系统开环增益 K。

② 利用已确定 K，绘制未校正系统的伯德图，确定原系统的频率响应 ω_{c0}、γ_0、K_{g0}。

③ 若条件未给 ω_c 时，可选 $\omega_c = \omega_{g0}$。

④ 按先超前、后滞后方案确定校正装置。

a. 根据给定的相角裕度 γ，计算校正装置需要提供的最大超前角 φ_m。

$$\varphi_m = \gamma - \gamma_0(\omega_c) + (5° \sim 10°)$$

$$\alpha = \frac{1+\sin\varphi_m}{1-\sin\varphi_m}$$

再由 α 和 $\omega_c = \dfrac{1}{T_1\sqrt{\alpha}}$，确定 T_1 值。由此写出校正装置的传递函数 $G_{cc}(s) = \dfrac{\alpha T_1 s+1}{T_1 s+1}$。

b. 超前校正后系统的传递函数为 $G'(s) = G_{cc}(s)G_0(s)$。

c. 滞后校正设计。

由 $20\lg|G'(j\omega_c)| = -20\lg\beta$，或 $\beta = \dfrac{1}{|G'(j\omega_c)|}$，确定 β

由 β 和 $\dfrac{1}{\beta T_2} = \left(\dfrac{1}{10} \sim \dfrac{1}{5}\right)\omega_c$，确定 T_2

由此写出滞后校正装置的传递函数 $G_{cz}(s) = \dfrac{\beta T_2 s+1}{T_2 s+1}$

⑤ 画出校正后系统的伯德图，验算校正后系统的性能指标是否满足要求。

3）按先滞后，后超前方案设计步骤

① 根据校正前系统的开环传递函数 $G_0(s)$ 和对稳态误差的要求，确定控制系统开环增益 K。

② 利用已确定 K，绘制未校正系统的伯德图，确定原系统的频率响应 ω_{c0}、γ_0、K_{g0}。

③ 若条件未给 ω_c 时，可选 $\omega_c = \omega_{g0}$。

④ 按先滞后、后超前的方法确定校正装置。

a. 确定滞后校正装置。取 $\beta = 0.1$，根据 $\dfrac{1}{\beta T_2} = \left(\dfrac{1}{15} \sim \dfrac{1}{5}\right)\omega_c$，求得 T_2，写出滞后校正装置

$$G_{cz}(s) = \frac{\beta T_2 s+1}{T_2 s+1}$$

b. 确定超前校正装置。取 $\alpha = 10$，过 $[\omega_c, -L_0(\omega_c)]$ 点作 $+20$dB/dec 直线，设该线与 0dB 直线相交点为 ω_4，与 $20\lg\beta$ 直线相交点为 ω_3。

根据直线方程 $\dfrac{L_c(\omega_c) - 0}{\lg\omega_c - \lg\omega_4} = +20$，求得 ω_4，即得 $T_1 = \dfrac{1}{\omega_4}$，写出超前校正装置

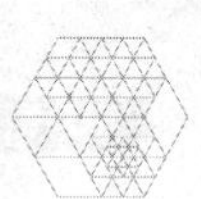

$$G_{cc}(s)=\frac{\alpha T_1 s+1}{T_1 s+1}$$

⑤ 画出校正后系统的伯德图，验算校正后系统的性能指标是否满足要求。

例 6-5 设某控制系统不可变部分的开环传递函数为 $G_0(s)=\dfrac{K}{s(s+1)(0.5s+1)}$，要求系统具有如下性能指标：①开环增益 $K=10\mathrm{s}^{-1}$。②相角裕度 $\gamma \geqslant 45°$。③幅值裕度 $K_g \geqslant$ 10dB。试设计滞后-超前校正装置的参数。

解 方案一：采用先超前再滞后校正方法。

1）画出考虑开环增益的未校正系统的伯德图如图 6-23 所示。

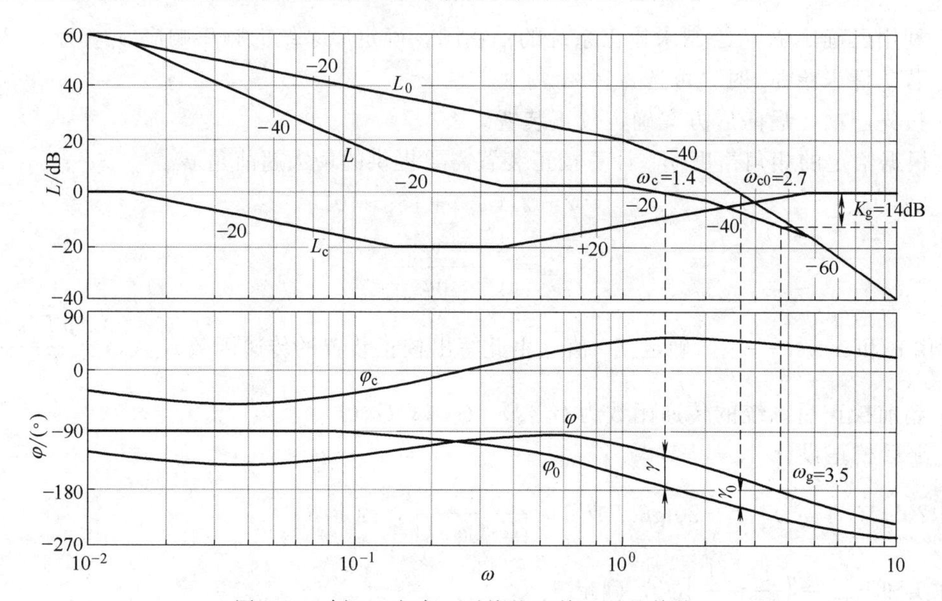

图 6-23 例 6-5 方案一系统校正前、后的伯德图

由图并根据近似公式得 $\dfrac{10}{0.5\omega_c^3}\approx 1$ $\omega_{c0}=2.7\mathrm{rad/s}$

未校正系统的相角裕度

$$\gamma_0=180°+\angle G_0(j\omega_{c0})=180°-90°-\arctan\omega_{c0}-\arctan 0.5\omega_{c0}=-33°$$

确定相角交越频率 ω_{g0}，幅值裕度 K_{g_0}。

由 $\angle G_0(j\omega_g)=-90°-\arctan\omega_{g0}-\arctan 0.5\omega_{g0}=-180°$

解得 $\omega_{g0}=1.4\mathrm{rad/s}$，$K_{g0}=-20\lg\dfrac{10}{\omega_{g0}\sqrt{1+\omega_{g0}^2}\sqrt{1+0.25\omega_{g0}^2}}=-11<0\mathrm{dB}$

性能指标不合乎要求，故需要校正。$20\lg|G_0(j\omega)|$ 以 −60dB/dec 过 0dB/dec 线，只加一个超前校正网络不能满足相角裕度的要求。如果让中频段（ω_{c0} 附近）特性衰减，再让超前校正发挥作用，可能使性能指标满足要求，中频段特性衰减正好由滞后校正完成。因此，决定采用滞后-超前校正。

2）选择校正后的频率 ω_c。若 ω_c 取值过大，则要补偿的相角过大，实现困难；若 ω_c 取值过小，则对系统响应的快速性不利，对完全复现输入信号也可能不利。当系统对 ω_c 无特殊要求时，一般可选对应 $\angle G_0(j\omega)=-180°$ 的频率，即 ω_{g0} 作为 ω_c，则 $\omega_c=1.4\mathrm{rad/s}$。

同时，$\omega_c<\omega_{c0}$，且 $\gamma_0(\omega_c)=(180°-90°-\arctan\omega_c-\arctan 0.5\omega_c)\big|_{\omega_c=1.4}=0.5°<\gamma=45°$

可见，只采用滞后校正不满足设计要求，与以上分析一致，需采用滞后—超前校正。

3）确定超前校正装置参数。若确定 $\omega_c=1.4\text{rad/s}$，则

$\varphi_m=\gamma-\gamma_0(\omega_c)+(5°\sim10°)=45°-(180°-90°-\arctan\omega_c-\arctan0.5\omega_c)+10°=55°$

$$\alpha=\frac{1+\sin\varphi_m}{1-\sin\varphi_m}=10$$

将 $\alpha=10$，$\omega_c=1.4$ 代入 $\omega_c=\dfrac{1}{T_1\sqrt{\alpha}}$中，求得 $T_1=0.22$。

超前校正装置的传递函数为 $G_{cc}(s)=\dfrac{\alpha T_1 s+1}{T_1 s+1}=\dfrac{2.2s+1}{0.22s+1}$

超前校正后系统的传递函数为 $G'(s)=G_{cc}(s)G_0(s)=\dfrac{2.2s+1}{0.22s+1}\dfrac{10}{s(s+1)(0.5s+1)}$

4）确定滞后校正参数。由 $20\lg|G'(j\omega_c)|=-20\lg\beta$ 确定 β

$$\beta=\frac{1}{|G'(j\omega_c)|}=\frac{1}{|G_0(j\omega_c)G_{cc}(j\omega_c)|_{\omega_c=1.4}}=\frac{1}{\left|\dfrac{10}{s(s+1)(0.5s+1)}\dfrac{2.2s+1}{0.22s+1}\right|}=0.095$$

由$\dfrac{1}{\beta T_2}=\dfrac{\omega_c}{10}$，求得 $T_2=75$。

滞后校正装置的传递函数为 $G_{cz}(s)=\dfrac{\beta T_2 s+1}{T_2 s+1}=\dfrac{7.5s+1}{75s+1}$

校正后系统的传递函数为 $G(s)=G_{cz}(s)G_{cc}(s)G_0(s)=\dfrac{7.5s+1}{75s+1}\dfrac{2.2s+1}{0.22s+1}\dfrac{10}{s(s+1)(0.5s+1)}$

5）校验性能指标。

当 $\omega_c=1.4\text{rad/s}$ 时，$\angle G_0(j\omega_c)=-180°$

则 $\gamma=180°+\angle G(j\omega_c)=\angle G_{cz}(j\omega_c)+\angle G_{cc}(j\omega_c)$

$=\arctan7.5\omega_c-\arctan75\omega_c+\arctan2.2\omega_c-\arctan0.22\omega_c=50°>45°$

系统校正前后伯德图如图 6-23 所示，由图得 $\omega_g=3.5\text{rad/s}$，幅值裕度 $K_g=14\text{dB}>10\text{dB}$。说明校正后的系统完全符合性能指标要求。

方案二：采用先滞后再超前校正方法。

1）同方案一。

2）同方案一。

画出考虑开环增益的未校正系统的伯德图如图 6-24 所示。

3）确定滞后校正参数。

取 $\omega_2=\dfrac{1}{\beta T_2}=\dfrac{1}{14}\omega_c$，得 $\beta T_2=10$，根据工程经验选 $\beta=0.1$，可得 $T_2=100$。滞后校正的传递函数为

$$G_{cz}(s)=\frac{\beta T_2 s+1}{T_2 s+1}=\frac{10s+1}{100s+1}$$

4）确定超前校正参数。确定超前校正部分参数的原则是要保证校正后的系统截止频率 $\omega_c=1.4\text{rad/s}$。由图 6-24 得

$$L_0(\omega_c)=20\lg|G_0(j\omega_c)|=20\lg\left.\frac{10}{\omega_c\sqrt{1+\omega_c^2}\sqrt{1+0.25\omega_c^2}}\right|_{\omega_c=1.4}=11\text{dB}$$

所以
$$L_c(\omega_c)=20\lg|G_c(j\omega_c)|=-11\text{dB}$$

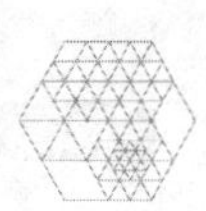

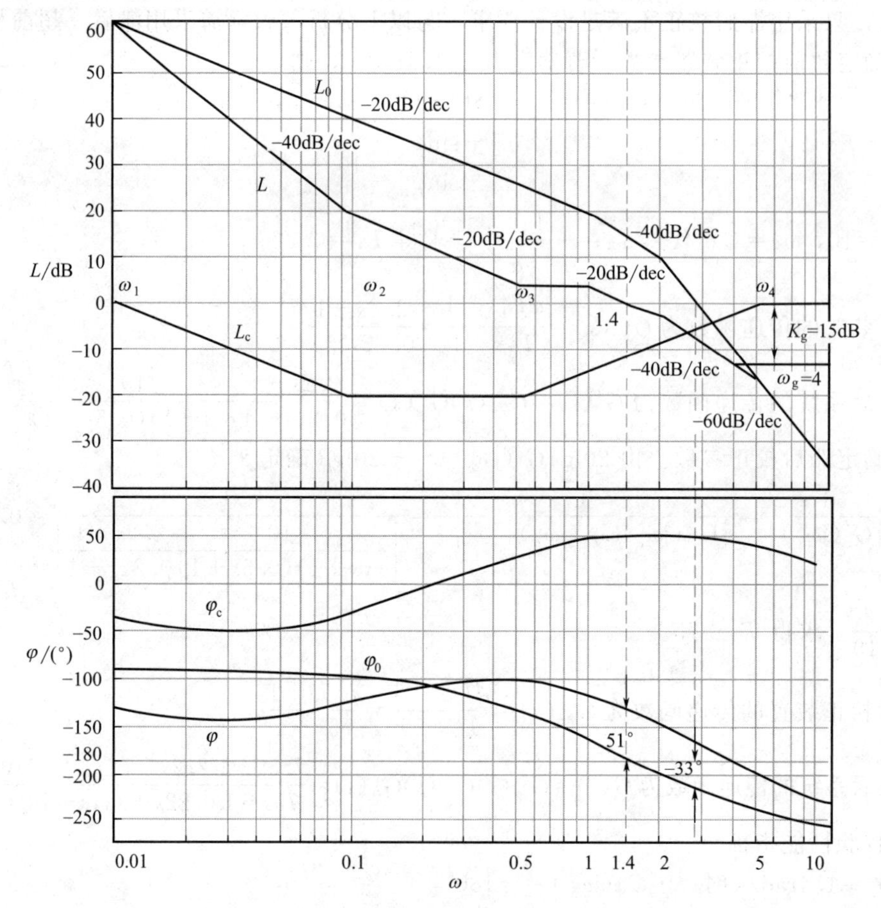

图 6-24　方案二例 6-5 系统校正前、后的伯德图

在图 6-24 中，过（1.4rad/s，－11dB）点作＋20dB/dec 直线，设该线与 0dB 直线相交点为 ω_4，则

$$\frac{L_c(\omega_c)-0}{\lg\omega_c-\lg\omega_4}=+20\ ,\ \frac{-11-0}{\lg 1.4-\lg\omega_4}=+20$$

求得　$\omega_4=5$，$T_1=\dfrac{1}{\omega_4}=0.2$，取 $\alpha=10$

得超前校正部分的传递函数为　　$G_{cc}(s)=\dfrac{\alpha T_1 s+1}{T_1 s+1}=\dfrac{2s+1}{0.2s+1}$

最后求得滞后-超前校正装置的传递函数为

$$G_c(s)=G_{cz}(s)G_{cc}(s)=\frac{10s+1}{100s+1}\times\frac{2s+1}{0.2s+1}$$

5）校验性能指标。校正后系统的开环传递函数为　$G(s)=G_0(s)G_{cz}(s)G_{cc}(s)$

当 $\omega_c=1.4$rad/s 时，$\angle G_0(j\omega_c)=-180°$

则
$$\begin{aligned}\gamma&=180°+\angle G(j\omega_c)=\angle G_{cz}(j\omega_c)+\angle G_{cc}(j\omega_c)\\&=\arctan 10\omega_c+\arctan 2\omega_c-\arctan 100\omega_c-\arctan 0.2\omega_c\\&=51°>45°\end{aligned}$$

由图 6-24 得 $\omega_g=4$rad/s，幅值裕度 $K_g=15\text{dB}>10\text{dB}$。说明校正后的系统完全符合性能指标要求。

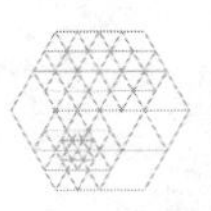

尽管两种方案答案不一样，但都能满足设计要求。由此可见，校正设计答案不唯一。

6.4　期望频率特性法

前面介绍的串联校正分析法是先根据要求的性能指标和未校正系统的特性，选择串联校正装置的结构，然后设计它的参数，这种方法具有试探性，所以称为试探法和分析法。下面介绍串联校正综合法，它是根据给定的性能指标求出期望的开环频率特性，然后与未校正系统的频率特性进行比较，最后确定系统校正装置的形式及参数。综合法的主要依据是期望频率特性，所以又称为期望频率特性法。

(1) 期望频率特性法基本概念　期望频率特性法就是将对系统要求的性能指标转化为期望的对数幅频特性，然后再与原系统的幅频特性进行比较，从而得出校正装置的形式和参数。只有最小相位系统的对数幅频特性和相频特性之间有确定的关系，所以期望频率特性法仅适合于最小相位系统的校正。由于工程上的系统大多是最小相位系统，再加上期望频率特性法简单、易行，因此，期望频率特性法在工程上有着广泛的应用。

设希望的开环频率特性为 $G(j\omega)$，原系统的开环频率特性为 $G_0(j\omega)$，串联校正装置的频率特性为 $G_c(j\omega)$，则有 $G(j\omega)=G_0(j\omega)G_c(j\omega)$，即 $G_c(j\omega)=\dfrac{G(j\omega)}{G_0(j\omega)}$。

其对数幅频特性为

$$L_c(j\omega)=L(j\omega)-L_0(j\omega) \tag{6-12}$$

式（6-12）表明，对于期望的校正系统，当确定了期望对数幅频特性之后，就可以得到校正装置的对数幅频特性，从而写出校正装置的传递函数。

一般认为，开环对数幅频特性＋30～－15dB/dec 的范围称为中频段。典型系统的对数幅频特性如图 6-25 所示。可将开环幅频特性分为三个区域：低频段主要反映系统的稳态性能，其增益要选得足够大，以保证系统稳态精度的要求；中频段主要反映系统的动态性能，一般以－20dB/dec 的斜率穿越 0dB 线，并保持一定的宽度，用 h 来表示，其值为 $h=\dfrac{\omega_3}{\omega_2}$，以保证合适的相角裕度和幅值裕度，从而使系统得到良好的动态性能。高频段的增益要尽可能小，以抑制系统的噪声；与中频段两侧相连的直线斜率为－40dB/dec。

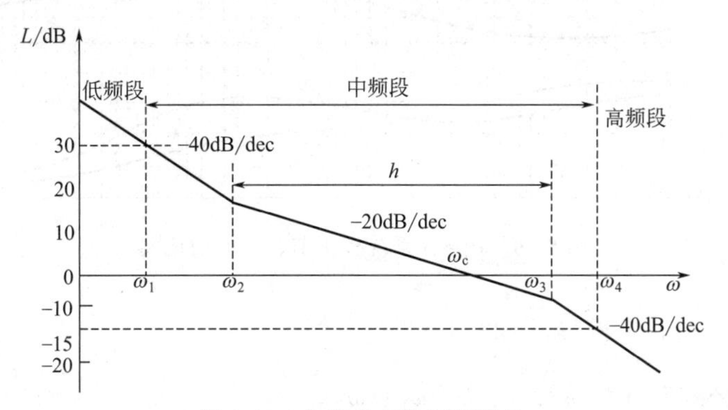

图 6-25　典型的对数幅频特性

在用“期望特性”进行校正时，常用相互转化的公式为

$$\sigma_p=0.16+0.4(M_r-1),\quad \omega_c=\frac{k\pi}{t_s},\quad k=2+1.5(M_r-1)+2.5(M_r-1)^2,$$

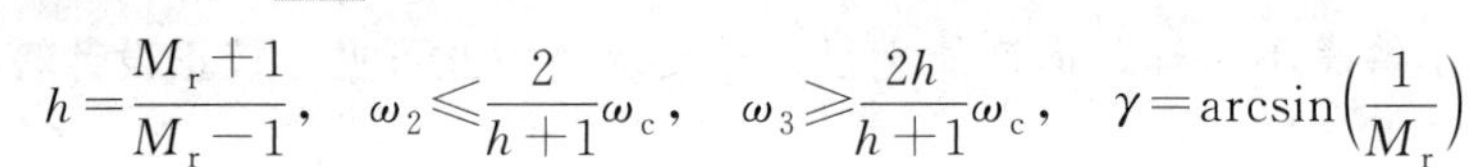

$$h=\frac{M_r+1}{M_r-1},\quad \omega_2\leqslant\frac{2}{h+1}\omega_c,\quad \omega_3\geqslant\frac{2h}{h+1}\omega_c,\quad \gamma=\arcsin\left(\frac{1}{M_r}\right)$$

(2) 期望频率特性法校正设计步骤

1）根据对系统型别及稳态误差的要求，确定型别及开环增益 K。

2）绘制考虑开环增益后，未校正系统的幅频特性曲线 $L_0(\omega)$。

3）根据动态性能指标的要求，由经验公式计算频率指标 ω_c 和 γ。

4）绘制系统期望幅频特性曲线 $L(\omega)$。

① 根据已确定型别和开环增益 K，绘制期望低频特性曲线。

② 根据 ω_c、γ、h、ω_2、ω_3 绘制中频段特性曲线。为了保证系统具有足够的相角裕度，取中频段的斜率 -20dB/dec。

③ 绘制期望特性低频、中频过渡曲线，斜率一般为 -40dB/dec。一般高频和系统不可变部分斜率一致，以利于设计装置简单。

5）由 $L(\omega)-L_0(\omega)=L_c(\omega)$ 得到校正装置对数幅频特性曲线 $L_c(\omega)$。由此写出校正传递函数 $G_c(s)$。

6）验算，检验校正系统后的性能指标是否满足要求。

例 6-6 设某控制系统不可变部分的传递函数为 $G_0(s)=\dfrac{K}{s(0.9s+1)(0.007s+1)}$，要求设计串联校正装置使系统满足性能指标：①开环增益 $1000s^{-1}$。②单位阶跃响应最大超调量 $\sigma_p\leqslant30\%$。③调整时间 $t_s\leqslant0.25$s。

解 ① 绘制考虑开环增益的未校正系统的对数幅频特性图。如图 6-26 所示。

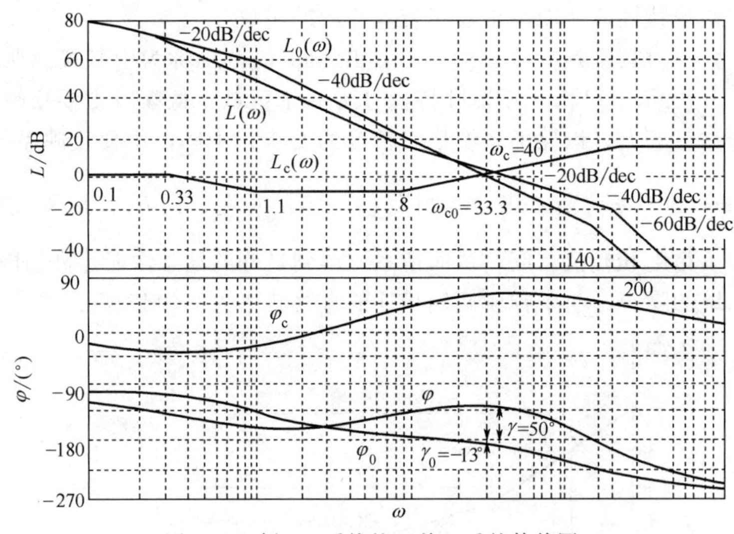

图 6-26　例 6-6 系统校正前、后的伯德图

由 $\dfrac{1000}{0.9\omega_{c0}^2}=1$，求得 $\omega_{c0}=33.3$rad/s。

② 由"经验公式"计算 ω_c、γ、h、ω_2、ω_3。

由 $\sigma_p=0.16+0.4(M_r-1)$，求得 $M_r=1.35$

由 $k=2+1.5(M_r-1)+2.5(M_r-1)^2$，求得 $k=2.83$

$\omega_c=\dfrac{k\pi}{t_s}=\dfrac{2.83\pi}{0.25}=35.5$rad/s，为留有裕量，取 $\omega_c=40$rad/s

$\gamma=\arcsin\dfrac{1}{M_r}=\arcsin\dfrac{1}{1.35}=47.8°$，为留有裕量，取 $\gamma=50°$

$h=\dfrac{M_r+1}{M_r-1}=\dfrac{1.35+1}{1.35-1}=6.7$

$\omega_2\leqslant\dfrac{2}{h+1}\omega_c=\dfrac{2}{6.7+1}\times40=10\text{rad/s}$，取 $\omega_2=8\text{rad/s}$

$\omega_3\geqslant\dfrac{2h}{h+1}\omega_c=\dfrac{2\times6.7}{6.7+1}\times40=69\text{rad/s}$，取 $\omega_3=140\text{rad/s}$

③ 绘制期望频率特性图。

期望的低频段的斜率应为－20dB/dec，已知未校正系统的型别为“I”，因此期望特性低频段与系统不可变部分的低频段重合。过 $\omega_c=40$dB/dec 点作－20dB/dec 的直线，其上下限频率分别为 $\omega_2=8$rad/s，$\omega_3=140$rad/s。过 ω_2 点作－40dB/dec 的直线，与低频段交于频率 $\omega_1=0.33$rad/s；过 ω_3 点作－40dB/dec 的直线，取 $\omega_4=200$rad/s（一般由经验确定）；为了使高频段与 $L_0(\omega)$ 平行，过 ω_4 点作－60dB/dec 直线，从而完成期望特性曲线 $L(\omega)$。

④ 确定校正环节对数幅频特性。

将曲线 $L(\omega)$ 与曲线 $L_0(\omega)$ 相减，得到校正环节对数幅频特性曲线 $L_c(\omega)$，由此根据曲线 $L_c(\omega)$ 写出校正装置曲线传递函数为

$$G_c(s)=\frac{(0.9s+1)(0.125s+1)}{(3s+1)(0.005s+1)}$$

⑤ 验算性能指标。

校正后系统的传递函数为

$$G(s)=G_c(s)G_0(s)=\frac{(0.9s+1)(0.125s+1)}{(3s+1)(0.005s+1)}\frac{1000}{s(0.9s+1)(0.007s+1)}$$
$$=\frac{1000(0.125s+1)}{s(3s+1)(0.005s+1)(0.007s+1)}$$

由 $h=\dfrac{\omega_3}{\omega_2}=\dfrac{140}{8}=17.5$ 得

$$M_r=\frac{h+1}{h-1}=1.12, k=2+1.5(M_r-1)+2.5(M_r-1)^2=2.22$$

$$\sigma_p=0.16+0.4(M_r-1)=20.8\%<30\%$$

由 $\omega_c=40$rad/s 求得 $t_s=\dfrac{k\pi}{\omega_c}=\dfrac{2.22\times3.14}{40}=0.17\text{s}<0.25\text{s}$

经检验最大超调量 σ_p 和调节时间 t_s 都满足给定性能指标。

6.5 反馈校正

在工程实践中，通过附加局部反馈部件，以改变系统的结构和参量，可达到改善系统性能的目的，这种方法一般称作反馈校正或并联校正。控制系统采用反馈校正后，除了能得到与串联校正相同的效果外，反馈校正还具有改善控制性能的特殊功能。

6.5.1 反馈校正功能

(1) 比例负反馈可以减弱被反馈包围部分的惯性，从而扩展其频带，提高响应速度 如

图 6-27（a）所示，当不加比例负反馈（$K_f=0$）时，其传递函数为

$$G(s)=\frac{K_0}{T_0 s+1}$$

当加入比例负反馈（$K_f \neq 0$）时，其传递函数为

$$\frac{C(s)}{R(s)}=\frac{\dfrac{K_0}{T_0 s+1}}{1+\dfrac{K_0}{T_0 s+1}K_f}=\frac{K_0}{T_0 s+1+K_0 K_f}=\frac{\dfrac{K_0}{1+K_0 K_f}}{\dfrac{T_0}{1+K_0 K_f}s+1}=\frac{K}{Ts+1}$$

式中
$$T=\frac{T_0}{1+K_0 K_f}<T_0,\quad K=\frac{K_0}{1+K_0 K_f}<K_0$$

从闭环传递函数的形式看，此种情况仍是惯性环节。由于 $T<T_0$，其惯性将减弱，T 与反馈系数 K_f 成反比，从而使调节时间 t_s 缩短，提高了系统或环节的快速性。从频域角度看，比例负反馈可使环节或系统的频带得到展宽，其展宽的倍数基本上与反馈系数 K_f 成正比。同时，放大倍数降低了 $1+K_0 K_f$ 倍，这是不希望的。可通过提高放大环节的增益得到补偿，即可变为图 6-27（b）。只要适当地提高 K_1 的数值即可解决增益减小的问题。

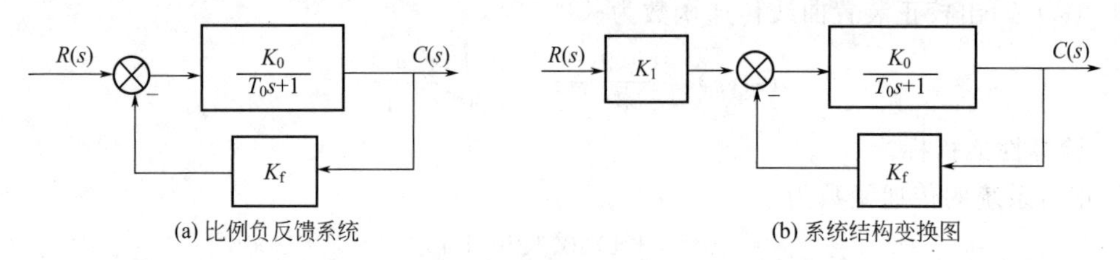

图 6-27　比例负反馈系统及其结构变换图

（2）负反馈可以减弱参数变化对系统性能的影响　在控制系统中，为了减弱系统对参数变化的敏感性，一般多采用负反馈校正。

比较图 6-28（a）和（b），无反馈和有反馈时系统输出对参数变化的敏感性。

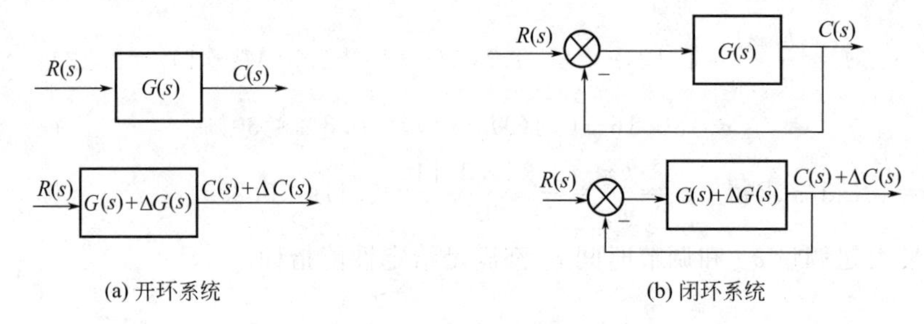

图 6-28　负反馈的影响

如图 6-28（a）所示的开环系统，假设由于参数的变化，系统传递函数 $G(s)$ 的变化量为 $\Delta G(s)$，相应的输出变化量为 $\Delta C(s)$。这时开环系统的输出为

$$C(s)+\Delta C(s)=[G(s)+\Delta G(s)]R(s)$$

则有
$$C(s)=G(s)R(s)$$

$$\Delta C(s)=\Delta G(s)R(s) \tag{6-13}$$

式（6-13）表明，对于开环系统，参数变化引起输出的变化量 $\Delta C(s)$ 与传递函数的变化量 $\Delta G(s)$ 成正比。而对于如图 6-28(b) 所示的闭环负反馈系统，如果也发生上述参数变

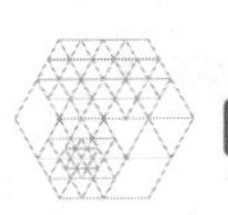

化，则闭环系统的输出为

$$C(s)+\Delta C(s)=\frac{G(s)+\Delta G(s)}{1+G(s)+\Delta G(s)}R(s)$$

一般情况下，$|G(s)|\gg|\Delta G(s)|$，于是有

$$C(s)\approx\frac{G(s)}{1+G(s)+\Delta G(s)}R(s)\approx\frac{G(s)}{1+G(s)}R(s)$$

$$\Delta C(s)\approx\frac{\Delta G(s)}{1+G(s)+\Delta G(s)}R(s)\approx\frac{\Delta G(s)}{1+G(s)}R(s) \tag{6-14}$$

比较式（6-13）和式（6-14）发现，因参数变化，闭环系统输出的 $\Delta C(s)$ 是开环系统输出变化的$\dfrac{1}{1+G(s)}$倍。在系统工作的主要频段内，通常$|1+G(s)|$的值远大于1，因此负反馈能明显地减弱参数变化对控制系统性能的影响，而串联校正不具备这个特点。如果说开环系统必须采用高性能的元件，以便减小参数变化对控制系统性能的影响，那么对于负反馈系统来说，就可选用性能一般的元件。用负反馈包围局部元、部件的校正方法在电液伺服控制系统中经常被采用。

（3）微分负反馈可以增加系统的阻尼，改善系统的相对稳定性　图 6-29 是一个带微分负反馈的二阶系统。原系统的传递函数为

$$G(s)=\frac{\omega_n^2}{s^2+2\xi\omega_n s+\omega_n^2}$$

其阻尼比为 ξ，固有频率为 ω_n，加入微分环节以后，系统的传递函数为

$$\frac{C(s)}{R(s)}=\frac{\omega_n^2}{s^2+(2\xi\omega_n+\tau\omega_n^2)s+\omega_n^2}$$

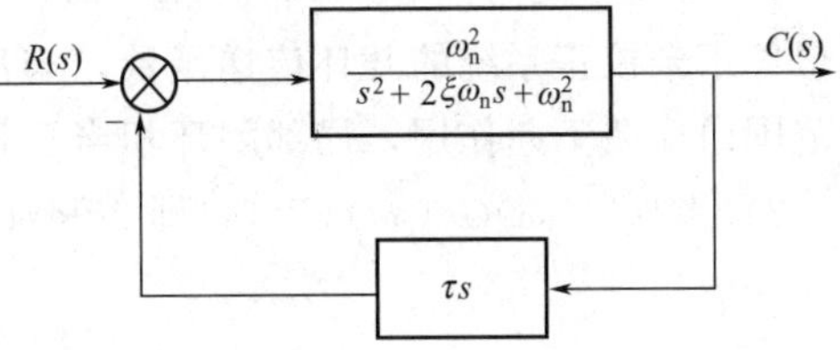

图 6-29　微分负反馈系统

显然，微分反馈后的阻尼比为　$\xi_1=\xi+\dfrac{1}{2}\tau\omega_n$

和原系统相比，阻尼大为提高，且不影响系统的固有频率。微分负反馈在动态中可以增加阻尼比，改善系统的相对稳定性。微分负反馈是反馈校正中使用最广泛的一种控制方式。

（4）负反馈可以消除系统固有部分中的不希望有的特性　如图 6-30 所示，其中原系统中 $G_2(s)$ 可能含有严重的非线性，或其特性对系统不利，是不希望有的特性，现用局部负反馈校正消除其对系统的影响。

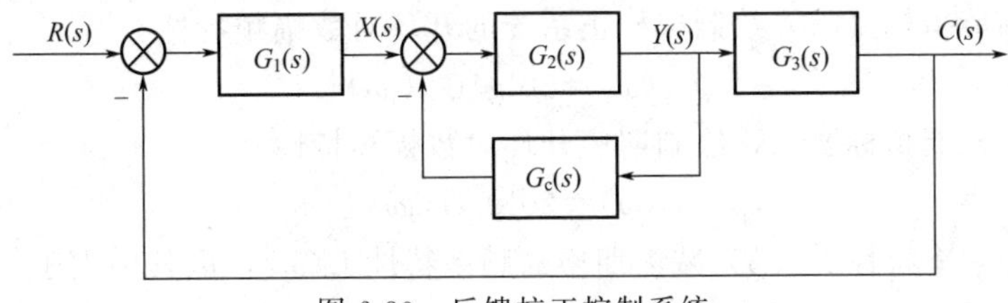

图 6-30　反馈校正控制系统

内反馈回路的闭环传递函数　$\dfrac{Y(s)}{X(s)}=\dfrac{G_2(s)}{1+G_2(s)G_c(s)}$

频率特性为　$\dfrac{Y(j\omega)}{X(j\omega)}=\dfrac{G_2(j\omega)}{1+G_2(j\omega)G_c(j\omega)}$

如果在常用的频段内选取　$|G_2(j\omega)G_c(j\omega)|\gg1$

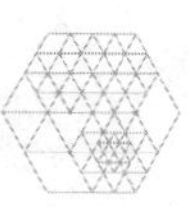

则在此频段内的频率特性为 $$\frac{Y(j\omega)}{X(j\omega)} \approx \frac{1}{G_c(j\omega)} \tag{6-15}$$

式（6-15）表明，在满足 $|G_2(j\omega)G_c(j\omega)| \gg 1$ 的频段内，如果 $G_2(j\omega)$ 是不希望的，那么就可以选择 $G_c(j\omega)$ 组成新的特性，消除 $G_2(j\omega)$ 对系统的影响。

6.5.2 用频率法分析反馈校正系统

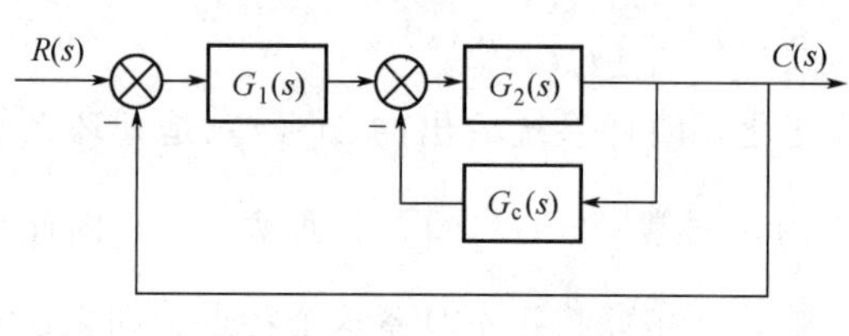

图 6-31 反馈校正控制系统

如图 6-31 所示，未校正系统开环传递函数为

$$G_0(s)=G_1(s)G_2(s) \tag{6-16}$$

加入 $G_c(s)$ 后校正系统开环传递函数为

$$G(s)=\frac{G_1(s)G_2(s)}{1+G_2(s)G_c(s)}=\frac{G_0(s)}{1+G_2(s)G_c(s)} \tag{6-17}$$

1）当 $|G_2(j\omega)G_c(j\omega)| \ll 1$，即 $20\lg|G_2(j\omega)G_c(j\omega)|<0$ 时，由式（6-17）可知

$$G(s) \approx G_0(s) \tag{6-18}$$

式（6-18）表明，在 $|G_2(j\omega)G_c(j\omega)| \ll 1$ 的频带范围内，校正系统开环传递函数 $G(s)$ 近似等于未校正系统的开环传递函数，与反馈传递函数 $G_c(s)$ 无关。也就是说，在这个频带范围内反馈不起作用，局部闭环相当于开路。

2）当 $|G_2(j\omega)G_c(j\omega)| \gg 1$，即 $20\lg|G_2(j\omega)G_c(j\omega)|>0$ 时，由式（6-17）可知

$$G(s) \approx \frac{G_0(s)}{G_2(s)G_c(s)} \tag{6-19}$$

$$G_2(s)G_c(s) \approx \frac{G_0(s)}{G(s)} \tag{6-20}$$

式（6-20）表明，在 $|G_2(j\omega)G_c(j\omega)| \gg 1$ 的频带范围内，画出未校正系统的开环对数频率特性 $L_0(\omega)$，然后减去期望开环对数频率特性 $L(\omega)$，可以获得近似的 $G_2(s)G_c(s)$ 对数幅频特性。由于 $G_2(s)$ 是已知的，因此反馈校正装置 $G_c(s)$ 可立即求得。

在反馈校正过程中，应当注意校正的频带范围条件，即 $|G_2(j\omega)G_c(j\omega)| \gg 1$，同时要保证小闭环反馈回路的稳定性。

反馈校正设计步骤如下：

① 按稳态性能指标要求，绘制未校正系统的开环对数幅频特性

$$L_0(\omega)=20\lg|G_0(j\omega)|$$

② 根据给定性能指标要求，绘制期望开环对数幅频特性

$$L(\omega)=20\lg|G(j\omega)|$$

③ 用原有的频率特性 $L_0(\omega)$ 减去期望的频率特性 $L(\omega)$，取其中大于 0dB 的那段幅频特性作为 $20\lg|G_2(j\omega)G_c(j\omega)|$，由此写出 $G_2(s)G_c(s)$ 传递函数。

$$20\lg|G_2(j\omega)G_c(j\omega)|=L_0(\omega)-L(\omega), \quad \forall [L_0(\omega)-L(\omega)]>0$$

④ 检验局部反馈回路稳定性。检查期望的频率特性 $L(\omega)$ 的截止频率 ω_c 附近 $20\lg|G_2(j\omega)G_c(j\omega)|>0$ 的程度，即 $20\lg|G_2(j\omega)G_c(j\omega)| \gg 1$ 设计更准确。

⑤ 由 $G_2(s)G_c(s)$ 求出 $G_c(s)$。

若当 $G_1(s)=1$ 时，$G_0(s)=G_1(s)G_2(s)=G_2(s)$。由式（6-19）可知，在受校正的

$|G_0(j\omega)G_c(j\omega)|\gg1$ 频段内，有 $G(j\omega)=\dfrac{1}{G_c(j\omega)}$。即反馈通道控制器频率响应 $G_c(j\omega)$ 的幅频特性为期望特性 $20\lg|G(j\omega)|$ 的中频区特性的倒特性。期望频率特性 $G(s)$ 的幅频特性与控制器 $G_c(s)$ 的幅频特性关于 0dB 线对称，画出 $G_c(s)$ 的幅频特性，由此可写出 $G_c(s)$ 的传递函数。

⑥ 验算，验证设计指标是否满足要求。

例 6-7 设系统如图 6-32 所示，要求设计负反馈控制器 $G_c(s)$ 使系统达到如下指标：稳态位置误差等于零，稳态速度误差系数 $K_v=200\text{s}^{-1}$，相角裕度 $\gamma(\omega_c)\geqslant45°$。

解 ① 由结构图可以设 $G_1(s)=\dfrac{0.1K_1}{s}$，$G_2(s)=\dfrac{10K_2}{(0.1s+1)(0.01s+1)}$

根据系统稳态误差要求，选 $K_1K_2=200$，绘制下列对象特性的伯德图 $L_0(\omega)$ 如图 6-33 所示，有

$$G_0(s)=G_1(s)G_2(s)=\frac{200}{s(0.1s+1)(0.01s+1)}$$

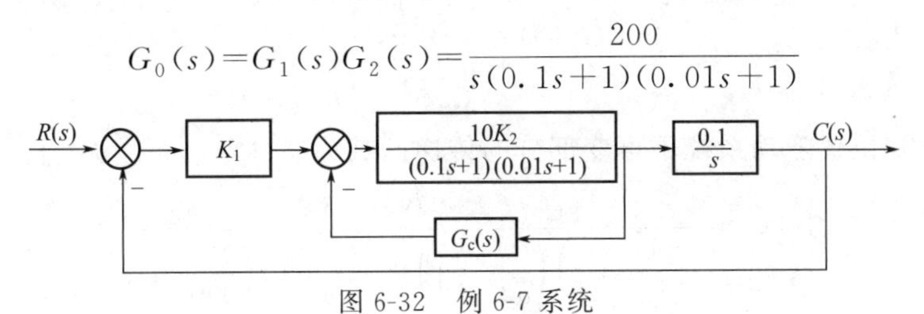

图 6-32 例 6-7 系统

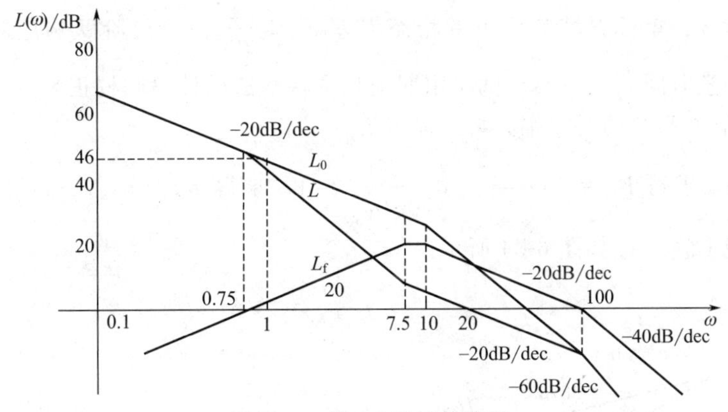

图 6-33 例 6-7 系统伯德图

绘制 $G_0(s)$ 的伯德图 $L_0(\omega)$ 如图 6-33 所示。由图可见，$L_0(\omega)$ 以 −40dB/dec 过 0dB 线，显然不能满足系统指标的要求。

② 期望频率特性的设计。低频段不变，中频段由于指标中未提 ω_c 的要求，可以根据经验选 $\omega_c=20\text{s}^{-1}$。

高中频部分：过 $\omega_c=20\text{s}^{-1}$ 点作 −20dB/dec 直线，交 $L_0(\omega)$ 线于 $\omega_2=100\text{s}^{-1}$，高频部分同 $L_0(\omega)$。

低中频部分：考虑到中频区应有一定的宽度及 $\gamma(\omega_c)\geqslant45°$ 的要求，预选 $\omega_1=7.5\text{s}^{-1}$，过 ω_1 作 −40dB/dec 的直线交 $L_0(\omega)$ 于 $\omega_0=0.75\text{s}^{-1}$，于是整个期望特性设计完毕。

③ 检验。从校正后的期望频率特性上写出校正后系统的传递函数为

$$G(s)=\frac{200\left(\dfrac{1}{7.5}s+1\right)}{s\left(\dfrac{1}{0.75}s+1\right)\left(\dfrac{1}{100}s+1\right)^2}$$

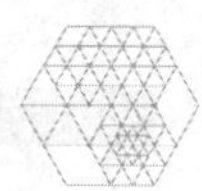

当 $\omega_c=20\text{rad/s}$ 时，$\gamma(\omega_c)=180°+\angle G(\text{j}\omega_c)=49°$，满足设计要求。

④ 校正装置的求取。

在 0dB 以上部分，作 $L_0(\omega)-L(\omega)=L_f(\omega)$ 曲线，由图看出 ω：0.75～100rad/dec 范围内，满足 $20\lg|G_2(\text{j}\omega)G_c(\text{j}\omega)|>0$。$L_f(\omega)<0$ 部分，反馈作用可以忽略，为了简化校正结构，将 $20\lg|G_2(\text{j}\omega)G_c(\text{j}\omega)|>0$ 部分两端延长，而不是取 $L_0(\omega)-L(\omega)=L_f(\omega)$，整个 $L_f(\omega)$ 曲线如图 6-33 所示。根据 $L_f(\omega)$ 幅频特性写出 $G_2(s)G_c(s)$ 传递函数为

$$G_2(s)G_c(s)=\frac{\frac{1}{0.75}s}{\left(\frac{1}{7.5}s+1\right)\left(\frac{1}{10}s+1\right)\left(\frac{1}{100}s+1\right)}$$

则

$$G_c(s)=\frac{\frac{1}{7.5K_2}s}{\left(\frac{1}{7.5}s+1\right)}$$

例 6-8 已知位置随动系统不可变部分的传递函数为

$$G_0(s)=\frac{K_v}{s\left(\frac{1}{10}s+1\right)\left(\frac{1}{50}s+1\right)\left(\frac{1}{100}s+1\right)\left(\frac{1}{200}s+1\right)}$$

要求性能指标：单位斜坡响应下的稳态误差 $e_{ss}\leqslant\frac{1}{200}$；单位阶跃响应超调量 $\sigma_p\leqslant30$；单位阶跃响应调整时间 $t_s\leqslant0.7\text{s}$。试应用期望频率特性法设计串联校正装置。

解 1）绘制原系统的对数幅频特性曲线 $L_0(\omega)$。

由 $e_{ss}=\frac{1}{K_v}$，求得 $K_v=200\text{s}^{-1}$。由 $\frac{200}{0.1\omega_{c0}^2}=1$，求得 $\omega_{c0}=44.7\text{rad/s}$。绘制原系统对数幅频特性曲线 $L_0(\omega)$，如图 6-34 所示。

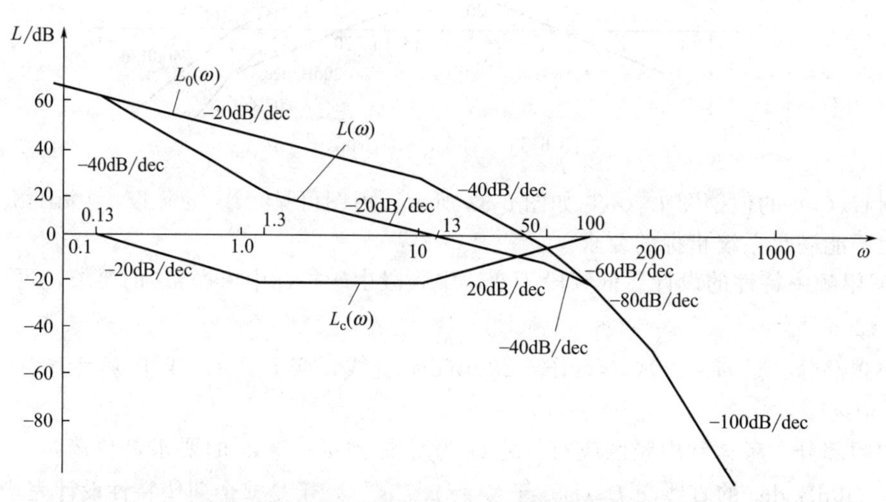

图 6-34　控制系统串联校正的开环幅频特性图

2）按要求的设计指标绘制期望幅频特性曲线 $L_0(\omega)$。

① 根据中频段要求，ω_c 附近应是斜率为 −20dB/dec 斜直线。

首先，将给定的时域指标 σ_p、t_s 换算成频域指标 γ、h 及 ω_c。

由 $\sigma_p=0.16+0.4(M_r-1)=0.3$，求得 $M_r=1.35$

由 $k=2+1.5(M_r-1)+2.5(M_r-1)^2$，求得 $k=2.83$

$\omega_c=\dfrac{k\pi}{t_s}=\dfrac{2.83\pi}{0.7}=12.7\text{rad/s}$，取 $\omega_c=13\text{rad/s}$

$\gamma=\arcsin\dfrac{1}{M_r}=\arcsin\dfrac{1}{1.35}=47.8°$，为留有裕量，取 $\gamma=50°$

计算中频区宽度 $h=\dfrac{M_r+1}{M_r-1}=\dfrac{1.35+1}{1.35-1}=6.7$

过 $\omega_c=13\text{rad/s}$ 作斜率为 -20dB/dec 斜直线，这便是期望特性的中频区特性。其上下限角频率为 ω_3 及 ω_2，其取值范围为

$$\omega_2\leqslant\frac{2}{h+1}\omega_c=\frac{2}{6.7+1}\times13=3.37，取\ \omega_2=\frac{1}{10}\omega_c=1.3\text{rad/s}$$

$$\omega_3\geqslant\frac{2h}{h+1}\omega_c=\frac{2\times6.7}{6.7+1}\times13=22.6\text{rad/s}，取\ \omega_3=50\text{rad/s}$$

由此取得中频区特性的实际宽度为 $h=\dfrac{\omega_3}{\omega_2}=\dfrac{50}{1.3}\approx38.5$

满足 $h\geqslant6.7$ 的要求，即根据上面初选的角频率 ω_2 及 ω_3 可以保证相角裕度 $\gamma=50°$的要求。

② 绘制期望频率特性的低频段与中频段的衔接频段。

过点 $\omega_2=1.3\text{rad/s}$，作斜率等于 -40dB/dec 斜直线，该直线与低频区特性曲线相交，其交点对应的角频率为 $\omega_1=0.13\text{rad/s}$。

③ 绘制期望特性的高频区特性。

待校正系统的高频段，即 $\omega_3=50\text{rad/s}$ 以后斜率是 $-60\text{dB/dec}\sim-100\text{dB/dec}$ 的频段，因此具有良好的抑制高频干扰能力，故可使期望特性的高频段斜率与待校正系统的高频段一致。

④ 绘制期望特性中频与高频段之间的衔接频段。

过点 $\omega_3=50\text{rad/s}$，作斜率等于 -40dB/dec 斜直线。该条直线与高频区特性相交，其交点对应的角频率 $\omega_4=100\text{rad/s}$。角频率 $\omega_4=100\text{rad/s}$ 便是期望特性由中频到高频的第四个转折频率。它的第五个转折频率 ω_5 等于 200rad/s。

3）由期望幅频特性曲线求出期望系统的传递函数，写出校正装置 $G_c(s)$的传递函数。

由精确作图可知，$\omega_4=100\text{rad/s}$ 时，直线斜率由 -40dB/dec 变为 -80dB/dec，设计时一般采用的都是惯性环节，不用振荡环节，因此出现了重极点。由期望幅频特性 $L(\omega)$写出校正后系统的传递函数为

$$G(s)=\frac{200\left(\dfrac{1}{1.3}s+1\right)}{s\left(\dfrac{1}{0.13}s+1\right)\left(\dfrac{1}{50}s+1\right)\left(\dfrac{1}{100}s+1\right)^2\left(\dfrac{1}{200}s+1\right)}$$

又因为

$$G_0(s)=\frac{200}{s\left(\dfrac{1}{10}s+1\right)\left(\dfrac{1}{50}s+1\right)\left(\dfrac{1}{100}s+1\right)\left(\dfrac{1}{200}s+1\right)}$$

由 $G_c(s)=\dfrac{G(s)}{G_0(s)}$，写出校正装置 $G_c(s)$的传递函数为

$$G_c(s)=\frac{G(s)}{G_0(s)}=\frac{\left(\frac{1}{1.3}s+1\right)\left(\frac{1}{10}s+1\right)}{\left(\frac{1}{0.13}s+1\right)\left(\frac{1}{100}s+1\right)}$$

或者由期望特性曲线 $L(\omega)$ 减去未校正系统特性曲线 $L_0(\omega)$，得到控制装置 $L(\omega)$ 特性曲线，由此写出控制装置的传递函数 $G_c(s)$。

4）检验性能指标。

由 $\omega_c=13\text{rad/s}$ 计算校正后系统开环频率响应 $G(j\omega)$ 相角裕度

$$\gamma=180°+\angle G(j\omega_c)=51.8°>50°$$

满足性能指标要求

例 6-9 对于例 6-8 所示的位置随动系统，试应用频率特性法设计反馈控制器及其结构参数。

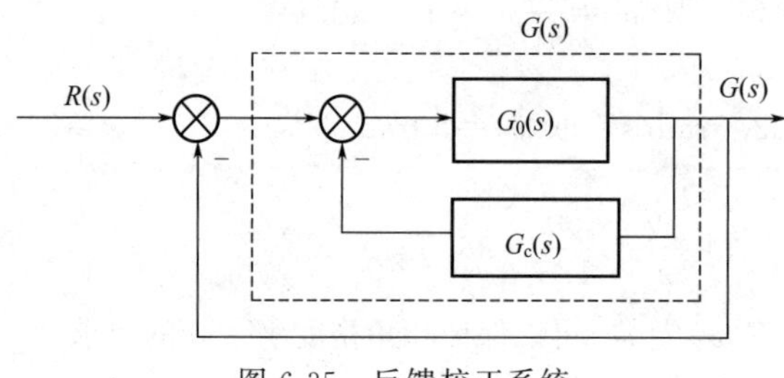

图 6-35 反馈校正系统

解 反馈校正系统如图 6-35 所示。按下列步骤设计反馈控制器 $G_c(s)$ 结构并确定其参数。

1）绘制系统期望特性 $L(\omega)$。绘制过程见例 6-8，特性曲线示如图 6-36 所示。

2）初选期望特性 $L(\omega)$ 的中频区特性的倒特性为反馈校正通道频率响应 $G_c(j\omega)$ 的幅频特性 $L_c(\omega)$，如图 6-36 所示。

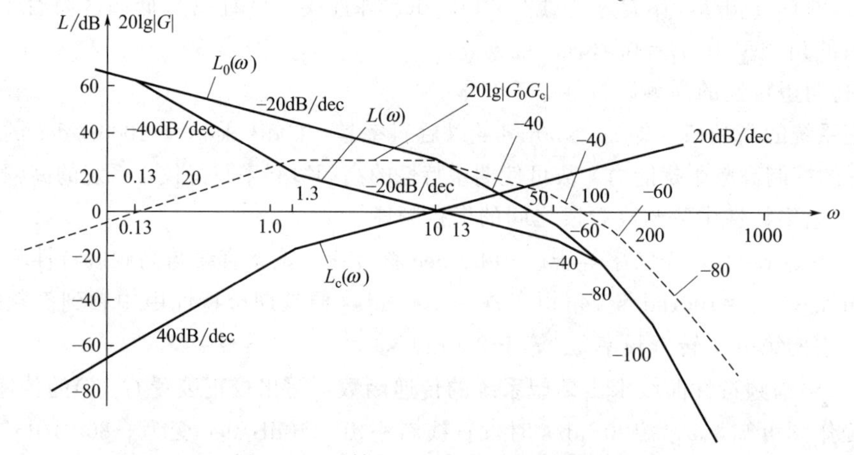

图 6-36 反馈校正系统开环幅频特性图

3）$L_0(\omega)$ 与 $L(\omega)$ 叠加得曲线 $20\lg|G_0(j\omega)G_c(j\omega)|$。从图 6-36 可见，$20\lg|G_0(j\omega)G_c(j\omega)|\geqslant 0$ 的频带为 0.13～71rad/s；$20\lg|G_0(j\omega)G_c(j\omega)|\leqslant 0$ 的频带为 0～0.13rad/s 及 71rad/s～∞。

4）期望特性 $L(\omega)$ 的整个中频区乃至低、中频区特性间的过渡特性及中频、中频区特性间的过渡特性基本上位于频带 0.13～71rad/s 之内。期望特性 $L(\omega)$ 的低频区特性位于频带 0～0.13rad/s，其高频区特性位于频带 71rad/s～∞。由此可见，反馈校正初选的频率响应 $G_c(j\omega)$ 是合适的。

5）写出与图 6-36 所示的幅频特性 $L_c(\omega)$ 相对应的传递函数为

$$G_c(s)=\frac{K_f s^2}{Ts+1}=\frac{0.0592s^2}{\frac{1}{1.3}s+1}=\frac{0.0592s^2}{0.77s+1}$$

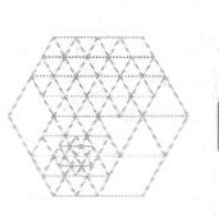

在 $\omega_c=13\mathrm{rad/s}$ 时，$|G(j\omega_c)|=1$，则 $\dfrac{K_f\omega_c^2}{0.77\omega_c}=1$，解得 $K_f=0.0592$。

6.6 基于Matlab的控制系统校正

针对控制系统校正，需要用到伯德图中的一些参数，可借助 Matlab 提供的 2 个命令语句来辅助求解伯德图的相关参数。

(1) [mag,phase,w]=bode(num,den) 有返回参数，无绘制图形，返回 Bode 图的幅度、相位和频率。

(2) [Gm,Pm,Wcg,Wcp]=margin(sys) 返回增益裕度 Gm，相角裕度 Pm，相位穿越频率 Wcg 和截止频率 Wcp。

除以上 2 条辅助分析命令语言外，还需借助三次样条数据插值 spline 命令语言，其常用格式为

yq=spline(x,y,xq) 返回 xq 对应的插值 yq，其 yq 由 x 和 y 的关系式决定。

例 6-10 考虑二阶单位负反馈控制系统，开环传递函数为 $G_0(s)=\dfrac{K}{s(0.5s+1)}$，试用伯德图设计超前校正装置，给定设计要求为：系统的相角裕度不小于 50°，系统的斜坡响应的稳态误差为 5%。

解 Matlab 程序代码如下。

```
ng=20;
dg=[0.5 1 0];
G0=tf(ng,dg);
dPm=50+10.6;%附加量取10.6°后所需相角裕度
[mag,phase,w]=bode(G0);%返回G0的幅度、相位、频率
Mag=20*log10(mag);
[Gm,Pm,Wcg,Wcp]=margin(G0);%返回G0的幅值裕度、相角裕度、相角交越频率和截止频率
phi=(dPm-Pm)*pi/180;%所需补偿的相角裕度
alpha=(1+sin(phi))/(1-sin(phi));%求α
Mn=-10*log10(alpha);
Wcgn=spline(Mag,w,Mn);%求截止频率
T=1/Wcgn/sqrt(alpha);%确定周期T
Tz=alpha*T;
disp('串联超前校正的传递函数为')
Gc=tf([Tz 1],[T 1])%串联超前校正的传递函数
figure(1)
bode(G0,G0*Gc);%绘制校正前后的Bode图
grid on
F0=feedback(G0,1);%开环传函为G0,构成单位负反馈
F=feedback(G0*Gc,1);
figure(2)
```

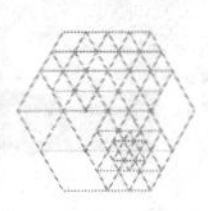

step(F0,F)%绘制校正前后的单位阶跃响应

grid on

运行曲线见图 6-37、图 6-38。

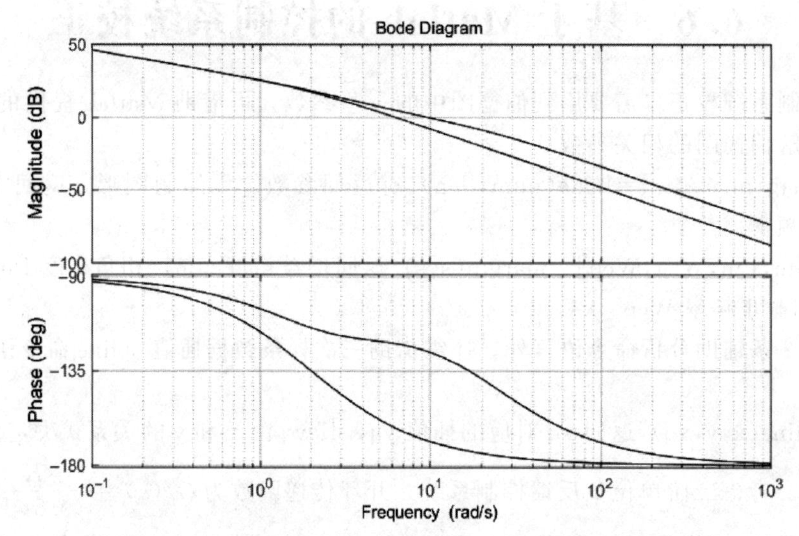

图 6-37　系统校正前后及校正装置的对频率特性图

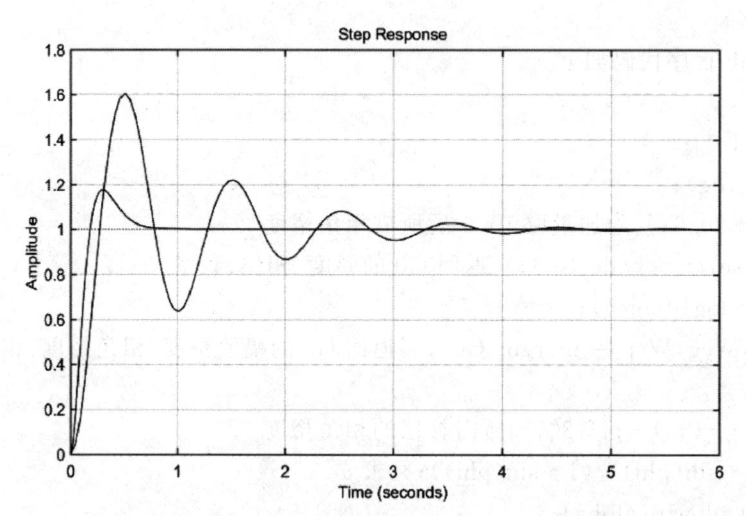

图 6-38　系统校正前后的单位阶跃响应曲线

输出结果：

串联超前校正的传递函数为

Gc=

0.2414 s+1

——————————————————————

0.04643s+1

例 6-11　系统不可变部分的开环传递函数为 $G_0(s)=\dfrac{K}{s(s+1)(0.5s+1)}$，要求系统具有如下性能指标：①开环增益 $K=5s^{-1}$。②相角裕度 $\gamma\geqslant 40°$。③幅值裕度 $K_g(\mathrm{dB})\geqslant 10\mathrm{dB}$。试确定串联滞后校正装置的参数。

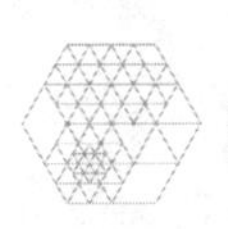

解　Matlab程序代码如下。

```
num=5;
den=[0.5 1.5 1 0];
G0=tf(num,den);%构造校正前传递函数
[mag,phase,w]=bode(G0);%求G0的幅度、角度、角频率
paim=40+10-180;%补偿后相角
wc=spline(phase,w,paim);%由三次样条插值函数中函数见关系求截止频率
magdb=-20*log10(mag);%求幅值裕度
mdb=spline(w,magdb,wc);%求wc对应的幅度
beta=10^(mdb/20);%求β
T=5/(beta*wc);%求T
disp('串联滞后校正的传递函数为')
Gc=tf([beta*T 1],[T 1])%构造校正装置的传递函数
F0=feedback(G0,1);%构造未校正闭环传递函数
F=feedback(G0*Gc,1);%构造校正后闭环传递函数
figure(1);
bode(G0,Gc,G0*Gc);%绘制未校正与校正后Bode图
grid on;
figure(2);
step(F0,F);%绘制未校正与校正后阶跃响应图
grid on
axis([0 20 -1 2])%定义阶跃响应图坐标范围:x[0,20],y[-1,2]
```

运行曲线见图6-39、图6-40。

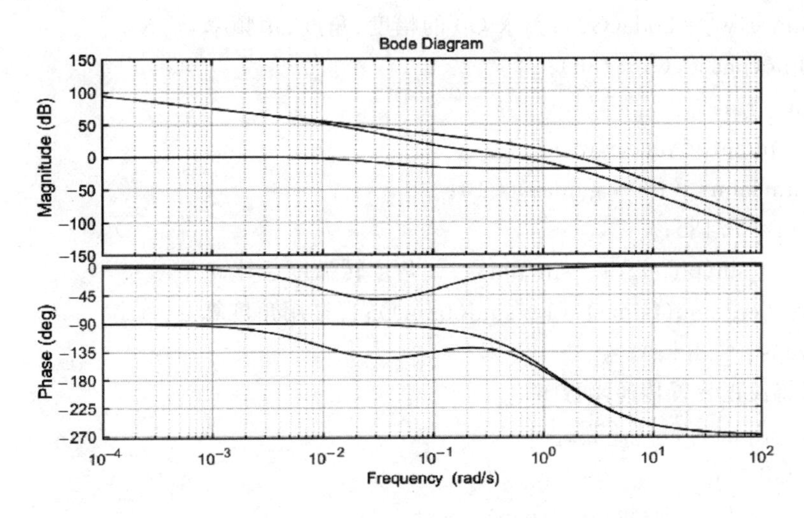

图6-39　系统校正前后及校正装置的对数频率特性图

输出结果：串联滞后校正的传递函数为

```
Gc=
10.17s+1
——————————————————————
```

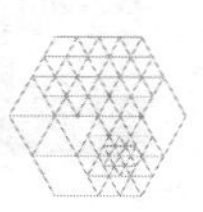

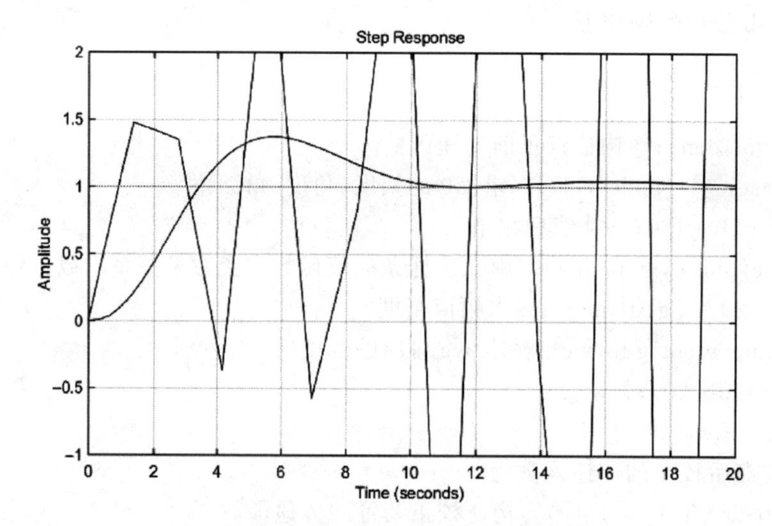

图 6-40　系统校正前后的单位阶跃响应曲线

90.09s+1

例 6-12　系统不可变部分的开环传递函数为 $G_0(s)=\dfrac{K}{s(s+1)(0.5s+1)}$，要求系统具有如下性能指标：①开环增益 $K=10\text{s}^{-1}$。②相角裕度 $\gamma\geqslant 40°$。③幅值裕度 $K_g(\text{dB})\geqslant 10\text{dB}$。试设计滞后-超前校正装置的参数。

解　Matlab 程序代码如下。

```
num=10;
den=[0.5 1.5 1 0];
G0=tf(num,den);
[mag,phase,w]=bode(G0);%求 G0 的幅度、角度、角频率
wc=spline(phase,w,-180);
gamaaim=45;
gama0=spline(w,phase,wc);
faim=gamaaim-(180+gama0)+10;
phi=faim*pi/180;
alpha=(1+sin(phi))/(1-sin(phi));%角度转弧度后算 α
%alpha=(1+sind(faim))/(1-sind(faim));直接用角度算 α
T=1/wc/sqrt(alpha);
disp('超前校正装置传递函数')
Gcc=tf([alpha*T 1],[T 1])
Gchao=G0*Gcc;
[mag1,phase1,w1]=bode(Gchao);
mdb=spline(w1,mag1,wc);
beta=1/mdb;
T2=10/beta/wc;
disp('滞后校正装置传递函数')
Gcz=tf([beta*T2 1],[T2 1])
```

```
G=Gchao * Gcz;
F0=feedback(G0,1);%构造未校正闭环传递函数
F=feedback(G,1);%构造校正后闭环传递函数
figure(1);
bode(G0,G,Gcc * Gcz);%绘制未校正与校正后 Bode 图以及校正装置 Bode 图
grid on;
figure(2);
step(F0,F);%绘制未校正与校正后阶跃响应图
grid on
axis([0 20 -1 2])%定义阶跃响应图坐标范围:x[0,20],y[-1,2]
```

运行曲线见图 6-41、图 6-42。

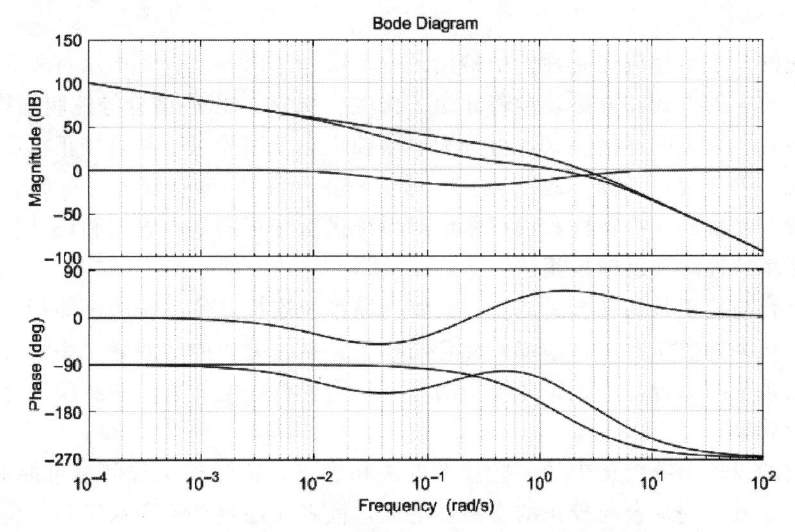

图 6-41　系统校正前后及校正装置的对数频率特性图

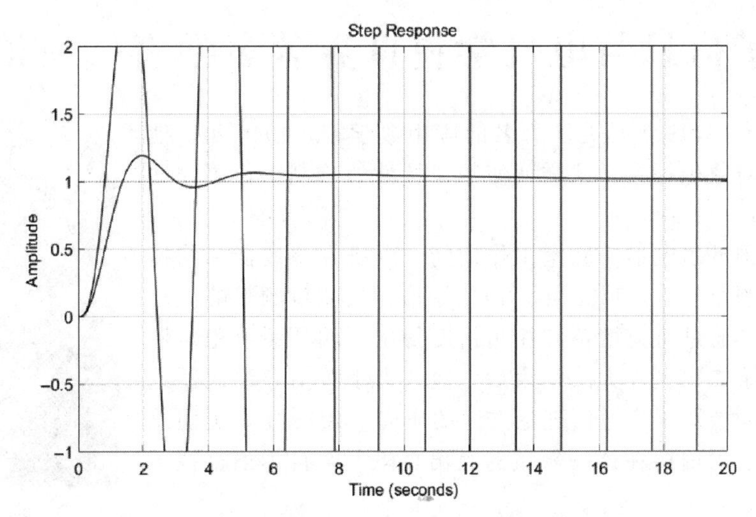

图 6-42　系统校正前后的单位阶跃响应曲线

输出结果：

超前校正装置传递函数

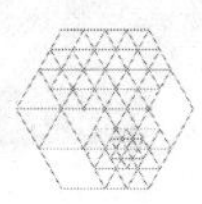

Gcc＝
2.243s＋1
——————————————————
0.223s＋1
滞后校正装置传递函数
Gcz＝
7.071s＋1
——————————————————
74.76s＋1

小　　结

控制系统的校正是经典控制理论中最接近生产实际的内容之一。本章首先介绍了综合与校正的概念、校正的方式和方法，接着介绍了比例、积分、比例-微分等控制规律。

按校正装置与系统的连接方式，可分为串联校正、反馈校正和复合校正。串联校正是常用的校正方式。串联校正又分为超前校正、滞后校正和滞后-超前校正。本章重点介绍了串联校正各个校正装置的频率特性和用频率法对系统进行校正的基本思想和设计步骤。同时又介绍了期望频率特性法和反馈校正法。

系统的综合与校正是选择合适的校正装置与原系统连接，使系统的性能指标得到改善或补偿的过程。从某种意义上讲，系统的综合与校正是系统分析的逆问题，系统分析的结果具有唯一性，而系统的综合与校正是非唯一的，并且需要有一定的方法和经验通过多次试探才能收到较好的效果。

本章介绍的只是系统校正中的一些基本方法和思路，实际和工程问题可能要复杂得多，比起系统分析，系统的综合与校正的实践性更强，读者应注重理论联系实际，将自己所学的理论应用到实践中去，并在实际工程和科研中发挥更大的作用。

电子信息与电气学科世界著名学者——伯德

伯德（1905—1982）是美国著名的应用数学家，1940年，他首次引入了半对数坐标系，这样就使频率特性的绘制工作更加适用于工程设计。

伯德在美国贝尔电话实验室工作期间，以研究滤波器和均衡器开始了他的职业生涯。1938年，他使用增益及相位频率响应法绘制复杂函数，通过研究增益和相角裕度得出了闭环系统稳定性的判断方法。第二次世界大战结束后，他致力于包括导弹武器系统在内的军事领域及现代通信理论方面的研究。1948年，美国总统杜鲁门为了表彰伯德在这一领域的突出贡献，亲自为伯德授予了总统奖章。

在很多科学和工程协会中伯德担任重要的会员或研究员，1969年，他被美国电子电气工程协会授予“IEEE爱迪生奖章”。

思维导图

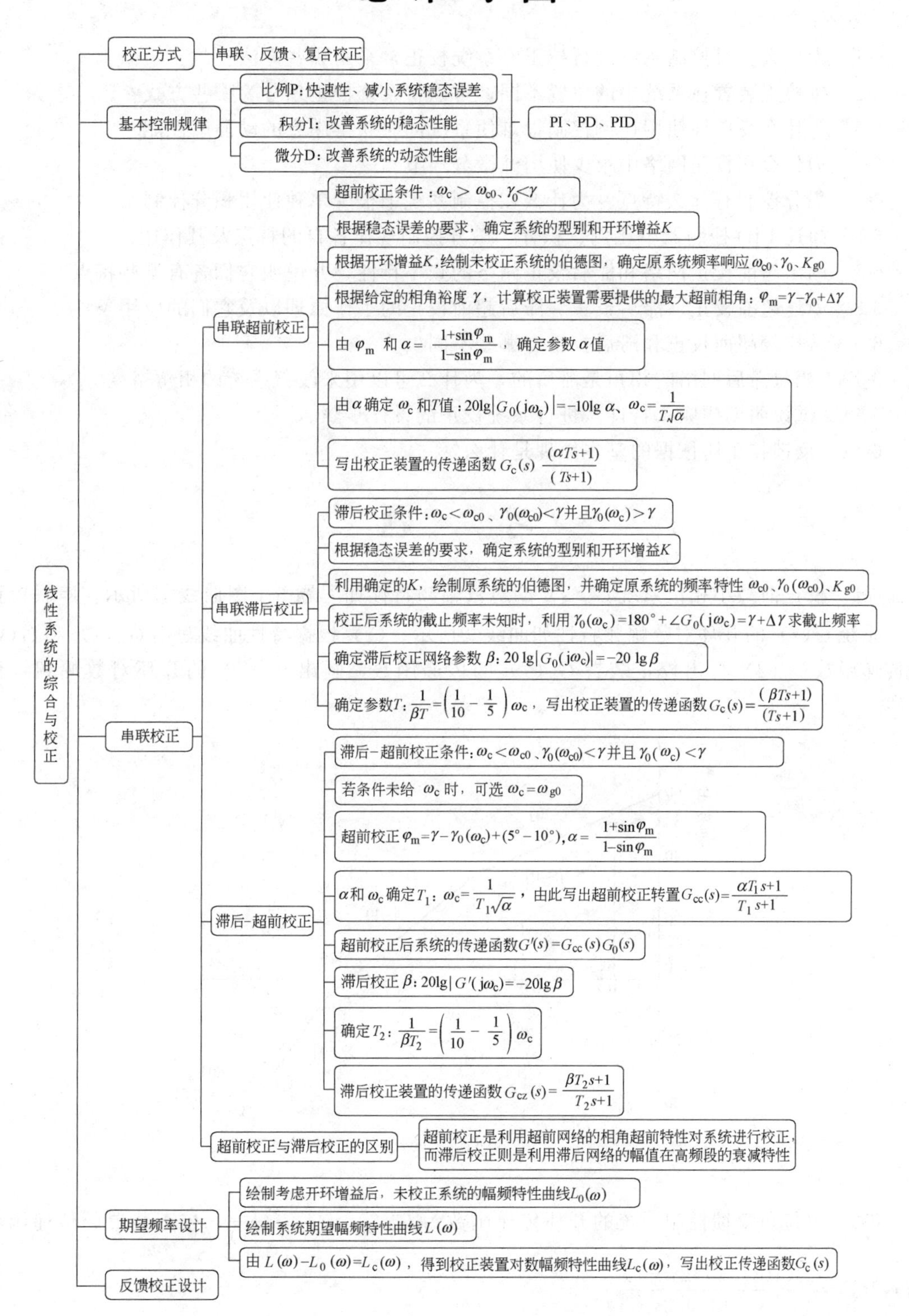

线性系统的综合与校正
校正方式
串联、反馈、复合校正
基本控制规律
比例P：快速性、减小系统稳态误差
积分I：改善系统的稳态性能
微分D：改善系统的动态性能
PI、PD、PID
串联校正
串联超前校正
超前校正条件：$\omega_c > \omega_{c0}$、$\gamma_0<\gamma$
根据稳态误差的要求，确定系统的型别和开环增益K
根据开环增益K，绘制未校正系统的伯德图，确定原系统频率响应 ω_{c0}、γ_0、K_{g0}
根据给定的相角裕度 γ，计算校正装置需要提供的最大超前相角：$\varphi_m=\gamma-\gamma_0+\Delta\gamma$
由 φ_m 和 $\alpha=\frac{1+\sin\varphi_m}{1-\sin\varphi_m}$，确定参数α值
由α确定 ω_c 和T值：$20\lg|G_0(j\omega_c)|=-10\lg\alpha$、$\omega_c=\frac{1}{T\sqrt{\alpha}}$
写出校正装置的传递函数 $G_c(s)\ \frac{(\alpha Ts+1)}{(Ts+1)}$
串联滞后校正
滞后校正条件：$\omega_c<\omega_{c0}$、$\gamma_0(\omega_{c0})<\gamma$并且$\gamma_0(\omega_c)>\gamma$
根据稳态误差的要求，确定系统的型别和开环增益K
利用确定的K，绘制原系统的伯德图，并确定原系统的频率特性 ω_{c0}、$\gamma_0(\omega_{c0})$、K_{g0}
校正后系统的截止频率未知时，利用 $\gamma_0(\omega_c)=180°+\angle G_0(j\omega_c)=\gamma+\Delta\gamma$ 求截止频率
确定滞后校正网络参数 β：$20\lg|G_0(j\omega_c)|=-20\lg\beta$
确定参数T：$\frac{1}{\beta T}=\left(\frac{1}{10}-\frac{1}{5}\right)\omega_c$，写出校正装置的传递函数$G_c(s)=\frac{(\beta Ts+1)}{(Ts+1)}$
滞后-超前校正
滞后-超前校正条件：$\omega_c<\omega_{c0}$、$\gamma_0(\omega_{c0})<\gamma$并且 $\gamma_0(\omega_c)<\gamma$
若条件未给 ω_c 时，可选 $\omega_c=\omega_{g0}$
超前校正 $\varphi_m=\gamma-\gamma_0(\omega_c)+(5°-10°)$，$\alpha=\frac{1+\sin\varphi_m}{1-\sin\varphi_m}$
α和 ω_c 确定 T_1：$\omega_c=\frac{1}{T_1\sqrt{\alpha}}$，由此写出超前校正转置$G_{cc}(s)=\frac{\alpha T_1 s+1}{T_1 s+1}$
超前校正后系统的传递函数$G'(s)=G_{cc}(s)G_0(s)$
滞后校正 β：$20\lg|G'(j\omega_c)=-20\lg\beta$
确定 T_2：$\frac{1}{\beta T_2}=\left(\frac{1}{10}-\frac{1}{5}\right)\omega_c$
滞后校正装置的传递函数 $G_{cz}(s)=\frac{\beta T_2 s+1}{T_2 s+1}$
超前校正与滞后校正的区别
超前校正是利用超前网络的相角超前特性对系统进行校正，而滞后校正则是利用滞后网络的幅值在高频段的衰减特性
期望频率设计
绘制考虑开环增益后，未校正系统的幅频特性曲线$L_0(\omega)$
绘制系统期望幅频特性曲线 $L(\omega)$
由 $L(\omega)-L_0(\omega)=L_c(\omega)$，得到校正装置对数幅频特性曲线$L_c(\omega)$，写出校正传递函数$G_c(s)$
反馈校正设计

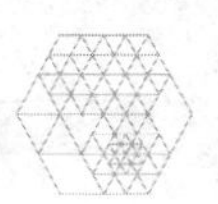

思　考　题

6-1　为什么要对控制系统进行校正？系统校正常采用哪些方法？

6-2　按校正装置在系统中的位置不同，可以将系统校正划分为哪些方式？

6-3　为什么说单纯使用比例控制很难使系统同时获得满意的动静态性能？

6-4　为什么在校正网络中很少使用纯微分环节？

6-5　积分控制有什么特点？为什么在控制系统中很少单独使用积分控制？

6-6　简述 PID 控制器中比例、积分、微分控制规律各自的特点及其作用。

6-7　画出超前校正网络和滞后校正网络的频率特性，并说明它们各有哪些特点？

6-8　简述超前校正、滞后校正、滞后超前校正的工作原理以及它们的应用条件。

6-9　试比较超前校正和滞后校正有哪些不同。

6-10　相位滞后网络的相角是滞后的，为什么可以用来改善系统的相角裕度？

6-11　试说明期望频率特性法进行系统校正的设计步骤。

6-12　反馈校正所依据的基本原理是什么？

习　题

6-1　校正前最小相位系统 $G_0(s)$ 的对数幅频特性如习题 6-1 图曲线①所示。串联校正后，系统 $G(s)$ 的开环对数幅频特性如曲线②所示。(1) 根据特性曲线写出 $G_0(s)$ 和 $G(s)$ 的传递函数；(2) 写出校正装置 $G_c(s)$ 的传递函数，画出 $G_c(s)$ 的开环对数幅频特性曲线。

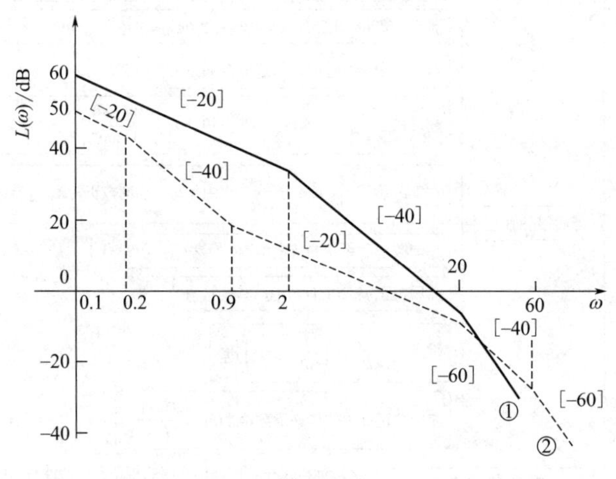

习题 6-1 图

6-2　单位负反馈控制系统的开环传递函数为 $G_0(s)=\dfrac{8}{s(2s+1)}$，校正装置的传递函数为 $G_c(s)=\dfrac{(10s+1)(2s+1)}{(100s+1)(0.2s+1)}$。

(1) 画出原系统和校正装置及其校正后系统的对数幅频特性曲线。

(2) 试计算校正前后系统的截止频率 ω_c 和相角裕度 γ，说明此校正是什么性质的校正。

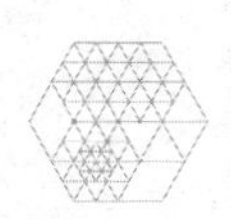

6-3　设单位负反馈控制系统的开环传递函数为$G_0(s)=\frac{4K}{s(s+2)}$，试设计一串联校正装置使得系统在斜坡输入下的稳态误差$e_{ss}\leqslant 0.05$，相角裕度$\gamma\geqslant 54°$。

6-4　设单位负反馈系统的开环传递函数为$G_0(s)=\frac{K}{s(s+1)(0.25s+1)}$，要求校正后系统的静态速度误差系数$K_v\geqslant 5$，相角裕度$\gamma\geqslant 45°$，试设计串联滞后校正装置。

6-5　设单位负反馈系统的开环传递函数为$G_0(s)=\frac{K}{s(0.05s+1)(0.25s+1)(0.1s+1)}$，要求校正后系统的静态速度误差系数$K_v\geqslant 12$，超调量$\sigma_p\leqslant 30\%$，调整时间$t_s\leqslant 6\text{s}$，试设计串联滞后校正装置。

6-6　某单位负反馈系统的开环传递函数为$G_0(s)=\frac{K\mathrm{e}^{-0.03s}}{s(s+1)(0.2s+1)}$，要求系统的开环增益$K=30$，截止频率$\omega_c\geqslant 2.5\text{rad/s}$，相角裕度$\gamma=40°\pm 5°$。

（1）判断采用何种串联校正方式能达到系统要求，并说明理由。

（2）若采用滞后-超前校正，校正装置的传递函数为$G_c(s)=\frac{(2s+1)(s+1)}{(20s+1)(0.01s+1)}$，求校正后系统的截止频率$\omega_c$和相角裕度$\gamma$，检验能否满足系统要求。

6-7　设单位负反馈系统的开环传递函数为$G_0(s)=\frac{K}{s(0.12s+1)(0.02s+1)}$，欲使校正后系统满足开环增益$K\geqslant 70$，超调量$\sigma_p\leqslant 40\%$，调节时间$t_s\leqslant 1.0\text{s}$的性能指标，试采用期望频率特性法设计串联校正环节$G_c(s)$。

第7章 非线性系统的分析

以上各章阐述了线性定常系统的分析与综合。如果系统中元、部件输入-输出静特性的非线性程度不严重，并满足可线性化条件，则可用线性控制理论对系统进行分析、研究。凡不能作线性化处理的非线性特性均称作“本质”型非线性，而能做线性化处理的非线性特性均称作“非本质”型非线性。

非线性问题包含的范围非常广泛，数学关系比较复杂。因此，对于非线性控制系统，目前还没有统一、通用的分析设计方法。本章讨论的非线性系统主要是本质非线性系统，主要介绍工程上常用的描述函数法和相平面分析法。

【本章重点】

1）掌握描述函数的概念及使用条件，会求非线性系统的描述函数；

2）熟悉典型非线性环节的描述函数和负倒描述函数的特性，能用描述函数法分析非线性系统的稳定性，计算自然振荡频率和幅值；

3）掌握相平面法的有关概念和相平面图的性质；

4）掌握用解析法和等倾线法绘制相平面图，掌握用相平面法分析控制系统的性能。

7.1 非线性系统概述

7.1.1 非线性现象的普遍性

组成实际控制系统的元部件总存在一定程度的非线性。例如，晶体管放大器有一个线性工作范围，超出这个范围，放大器就会出现饱和现象；电动机输出轴上总是存在摩擦力矩和负载力矩，只有在输入超过启动电压后，电动机才会转动，存在不灵敏区；而当输入达到饱和电压时，由于电机磁性材料的非线性，输出转矩会出现饱和，因而限制了电机的最大转速；各种传动机构由于机械加工和装配上的缺陷，在传动过程中总存在着间隙；开关或继电器会导致信号的跳变等。

实际控制系统中，非线性因素广泛存在，线性系统模型只是在一定条件下忽略了非线性因素影响或进行了线性化处理后的理想模型。当系统中包含有本质非线性元件，或者输入的信号过强，使某些元件超出了其线性工作范围时，再用线性分析方法来研究这些系统的性能，得出的结果往往与实际情况相差很远，甚至得出错误的结论。

由于非线性系统不满足叠加原理，前 6 章介绍的线性系统分析设计方法原则上不再适用，因此必须寻求研究非线性控制系统的方法。

7.1.2　典型的非线性特性

实际控制系统中的非线性特性种类很多。常见的典型非线性特性有如下几种。

(1) 饱和特性　只能在一定的范围内保持输出和输入之间的线性关系，当输入超出该范围时，其输出限定为一个常值，这种特性称为饱和特性，其特性如图 7-1 所示。图中，$e(t)$、$x(t)$ 分别为非线性元件的输入、输出信号，其数学表达式为

$$x(t)=\begin{cases}ka, & e(t)>a\\ ke(t), & -a\leqslant e(t)\leqslant +a\\ -ka, & e(t)<-a\end{cases} \tag{7-1}$$

图 7-1　饱和特性

式中，a 为线性区宽度；k 为线性区特性的斜率。

当放大器工作在线性工作区时，输入－输出关系所呈现的放大倍数为比例关系 k；当输入信号的幅值超过 a 时，放大器的输出保持正的常数值 $+ka$，不再具有放大功能；当输入信号的幅值小于 $-a$ 时，放大器的输出保持负常数值 $-ka$，比例关系不成立。

在放大器的线性工作区内，叠加原理是适用的。但是输入信号正反向过大时，放大器的工作进入饱和工作区，就不满足叠加原理了。从图 7-1 上可以看到，在饱和点上，信号虽然是连续的，但是导数不存在。

饱和特性在控制系统中普遍存在。调节器一般都是电子器件组成的，输入信号不可能再大时，就形成饱和输出。有时饱和特性是在执行单元形成的，如阀门开度不能再大、电磁关系中的磁路饱和等。因此在分析一个控制系统时，一般都要把饱和特性的影响考虑在内，如图 7-2 所示。

(2) 死区特性　输入量超过一定值后才有输出的特性称为死区特性，或不灵敏区特性，如图 7-3 所示，其数学表达式为

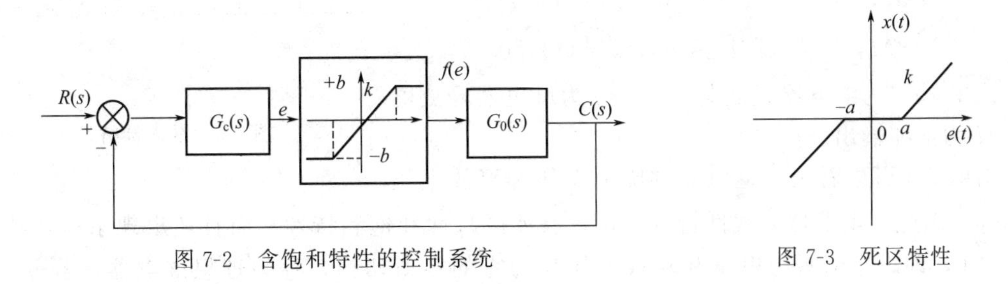

图 7-2　含饱和特性的控制系统

图 7-3　死区特性

$$x(t)=\begin{cases}0, & |e(t)|\leqslant a\\ k[e(t)-a\,\mathrm{sign}e(t)], & |e(t)|>a\end{cases} \tag{7-2}$$

式中，a 为死区宽度；k 为线性输出的斜率。

$$\mathrm{sign}e(t)=\begin{cases}+1, & e(t)>0\\ -1, & e(t)<0\end{cases}$$

死区又称不灵敏区，在不灵敏区内控制单元的输入端虽然有输入信号（$|e(t)|<a$），但是其输出为零。当输入信号大于一定数值（$|e(t)|>a$）时，其输出与输入是线性关系。

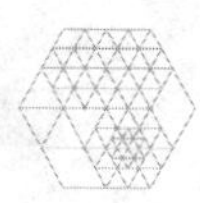

死区特性常见于许多控制设备与控制装置中。当不灵敏区很小时，或者对于系统的运行无不良影响时，一般情况下可忽略不计。但是，对于控制精度要求很高的系统，测量值中的不灵敏区应引起重视。如伺服电动机的死区电压，其测量元件的不灵敏区属于死区非线性特性，在控制系统设计时，需要考虑死区特性，通过改善闭环系统动态性能来消除或减弱死区特性带来的影响。

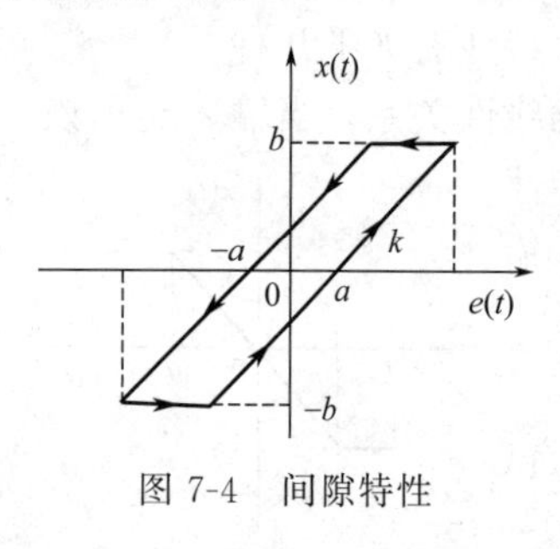

图 7-4　间隙特性

(3) 间隙特性　间隙特性也称为滞环特性。间隙非线性的特点是：当输入量改变方向时，输出量保持不变，一直到输入量的变化超出一定的数值（间隙消除）后，输出量才跟着变化。各种传动机构中，由于加工精度和运行部件动作的需要，总会存在间隙。齿轮传动的间隙及液压传动的油隙等都属于间隙特性。在齿轮传动中，当主动轮改变方向时，从动轮保持原位不动，直到间隙消除之后才改变方向。间隙特性如图 7-4 所示，其数学表达式为

$$x(t)=\begin{cases}k\left[e(t)-a\,\mathrm{sign}\dot{x}(t)\right], & \dot{x}\neq 0\\ b\,\mathrm{sign}e(t), & \dot{x}=0\end{cases} \tag{7-3}$$

控制系统中有间隙特性存在时，将使系统输出信号在相位上产生滞后，从而使系统的稳定裕度减少，稳定性变差。

(4) 继电器特性　继电器是广泛用于控制系统和保护装置中的器件。由于继电器吸合及释放状态下的磁阻不同，吸合与释放电压是不相同的。因此，继电器的特性有一个滞环，输入输出关系不完全是单值的，这种特性称为具有滞环的三位置继电特性。典型继电器特性示于图 7-5 所示，其数学表达式为

$$x(t)=\begin{cases}0, & -me_0<e(t)<e_0,\dot{e}(t)>0\\ 0, & -e_0<e(t)<me_0,\dot{e}(t)<0\\ M\,\mathrm{sign}e(t), & |e(t)|\geqslant e_0\\ M, & e(t)\geqslant me_0,\dot{e}(t)<0\\ -M, & e(t)\leqslant -me_0,\dot{e}(t)>0\end{cases} \tag{7-4}$$

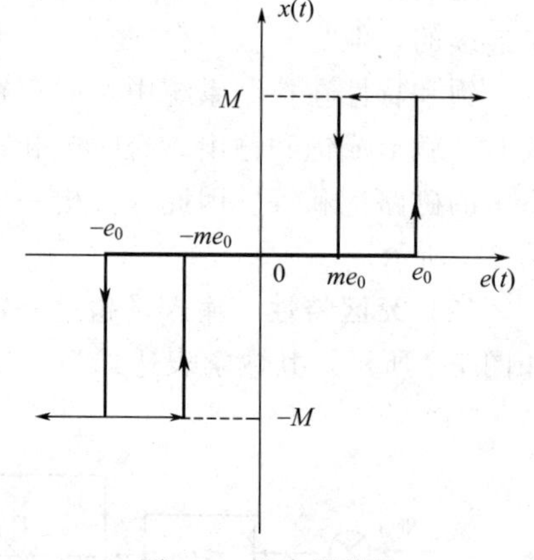

图 7-5　继电器特性

式中，e_0 为继电器吸上电压，me_0 为继电器释放电压，M 为饱和输出。

由图 7-5 可以看出，继电器的吸上电压和释放电压不相等，因此，继电器非线性特性不仅含有死区特性和饱和特性，而且还出现了滞环特性。若 $e_0=0$，即继电器吸上电压和释放电压均为零的零值切换，称为理想继电器；若 $m=1$，即继电器吸上电压和释放电压相等，则称为有死区的继电器；若 $m=-1$，即继电器的正向释放电压等于反向吸上电压时，则称为具有滞环的继电器。死区的存在是由于继电器线圈需要一定数量的电流才能产生吸合作用。滞环的存在是由铁磁元件特性使继电器的吸上电流与释放电流不相等导致。

(5) 变增益特性　变增益非线性的静特性如图 7-6 所示，其数字表达式为

$$x(t)=\begin{cases}k_1e(t), & |e(t)|\leqslant a\\ k_2e(t), & |e(t)|>a\end{cases} \tag{7-5}$$

式中，k_1、k_2 为变增益特性斜率，a 为切换点。

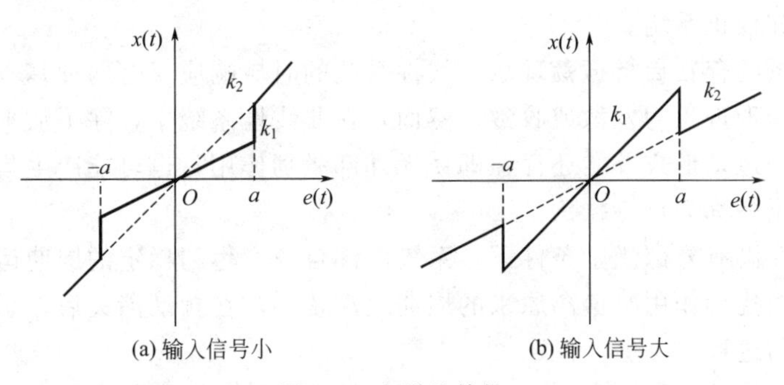

图 7-6 变增益特性

除上述的典型非线性特性外，实际上非线性系统还有许多复杂特性。有些属于前述各种情况的组合，如继电＋死区＋滞环特性、分段增益或变增益特性等，还有些非线性特性是不能用一般函数来描述的，可以称为不规则非线性特性。

7.1.3 非线性系统的特点

与线性系统有着本质的区别，非线性系统具有如下的明显特点。

(1) 非线性系统不满足叠加原理 对于线性系统可以用叠加原理求解，而对于非线性系统，不能应用叠加原理。这是因为非线性系统不同于线性系统，需用非线性微分方程来描述，而叠加原理不能用于求解非线性微分方程。目前，对于非线性微分方程的求解，还没有像线性微分方程那样有统一的求解方法。

需要指出，对于非线性控制系统来说，在许多实际问题中，并不需要求解其输出响应过程。通常是把讨论问题的重点放在系统是否稳定，系统是否产生自持振荡，计算自持振荡的振幅与频率值，以及消除自持振荡等有关稳定性问题的分析上。

目前，还没有一般的通用方法来分析和设计非线性系统。在工程上，对于含非本质非线性的非线性系统，通常基于小偏差线性化概念作为线性控制系统来处理；对于含本质非线性的高阶控制系统，常常采用基于谐波线性化概念建立的描述函数法分析有关其稳定性一类问题；对于含本质非线性的二阶系统，一般可应用相平面法来分析和设计。

(2) 稳定性和系统的结构、参数和初始条件等有关 线性系统的稳定性只和系统本身的结构形式和参数有关，而与系统的初始状态和外加信号无关。线性系统若稳定，则无论受到多大的扰动，扰动消失后一定回到唯一的平衡点（原点）。

非线性系统的稳定性不仅取决于系统本身的结构和参数，而且还与系统的初始状态和输入信号有关。非线性系统的平衡点可能不止一个，所以非线性系统的稳定性只能针对确定的平衡点来讨论。一个非线性系统在某些平衡点可能是稳定的，在另外一些平衡点却可能是不稳定的；在小扰动时可能稳定，大扰动时却可能不稳定。

对于相同结构和参数的系统，在不同的初始条件下，运动的最终状态可能完全不同。如有的系统当初始值处于较小区域内时是稳定的，而当初始值处于较大区域内时则变为不稳定。因此，在谈非线性系统是否稳定时，应说明系统的初始条件。

(3) 不能用纯频率法分析和校正系统 在线性系统中，输入为正弦函数时，稳态输出也是同频率的正弦函数，输入和稳态输出之间仅在幅值和相位上有所不同，因而可以用频率特性法分析和校正系统。对于非线性系统，如输入为正弦函数，其稳态输出通常是包含有一定

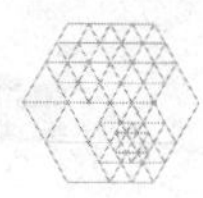

数量的高次谐波的非正弦周期函数。非线性系统有时可能出现跳跃谐振等现象，所以不能用纯频率方法分析和校正系统。

(4) 非线性系统存在自持振荡现象 线性系统的时域响应仅有两种基本形式，即稳定或不稳定，表现的物理现象为发散或收敛。然而，在非线性系统中，除了从平衡状态发散或收敛于平衡状态两种运动形式外，还存在即使无外部激励作用，也可能产生具有一定振幅和频率的振荡，这种振荡称为自持振荡。

自持振荡：在没有外部激励条件下，系统内部自身产生的稳定的周期运动（等幅振荡）。即当系统受到轻微扰动作用时偏离原来的周期运动状态，在扰动消失后，系统运动能重新回到原来的等幅振荡过程。

改变非线性系统的结构和参数，可以改变自持振荡的振幅和频率，或消除自持振荡。自持振荡是非线性系统独有的现象，有时也简称为自振荡。

7.1.4 非线性系统的分析方法

由于非线性系统的复杂性和特殊性，使得非线性问题的求解非常困难，到目前为止，还没有形成用于研究非线性系统的通用方法。虽然有一些针对特定非线性问题的系统分析方法，但适用范围都有限。这其中，描述函数法和相平面分析法是在工程上广泛应用的方法。

描述函数法是达尼尔（P. J. Daniel）于1940年首先提出的。描述函数法又称为谐波线性化法，它是一种工程近似方法。描述函数法可以用于研究一类非线性控制系统的稳定性和自振问题，给出自振过程的基本特性（如振幅、频率）与系统参数（如放大系数、时间常数等）的关系，为系统的初步设计提供一个思考方向。

相平面分析法是一种图解法求解二阶非线性常微分方程的方法。相平面上的轨迹曲线描述了系统状态的变化过程，因此可以在相平面图上分析平衡状态的稳定性和系统的时间响应特性。

用计算机直接求解非线性微分方程，以数值解形式进行仿真研究，是分析、设计复杂非线性系统的有效方法。随着计算机技术的发展，计算机仿真已成为研究非线性系统的重要手段。

7.2 描述函数法

描述函数法的基本思路：当系统满足一定的假设条件时，系统中非线性环节在正弦信号作用下的输出可用一次谐波分量即基波来近似，由此导出非线性环节的近似等效频率特性，即描述函数。这时非线性系统就近似等效为一个线性控制系统，并可用线性系统理论中的频率法对系统进行分析。主要用来分析在无输入作用的情况下非线性系统的稳定性和自持振荡等问题，此方法不受系统的阶次限制。描述函数法只能用来研究系统的频率响应特性，不能给出时域响应的确切信息。

7.2.1 描述函数法的基本概念

为了应用描述函数法分析非线性系统，要求元件和系统应满足以下条件。

1）非线性系统结构可简化成只有一个非线性环节 $N(A)$ 和线性环节 $G(s)$ 相串联的典型形式，如图7-7所示。

2）线性部分要具有低通滤波特性。

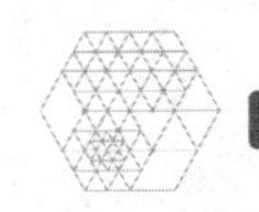

3）高次谐波的幅值要远小于基波的幅值。

4）非线性元件输入输出信号同周期变化。

5）非线性特性是斜对称的，这样输出中的常值分量为零。

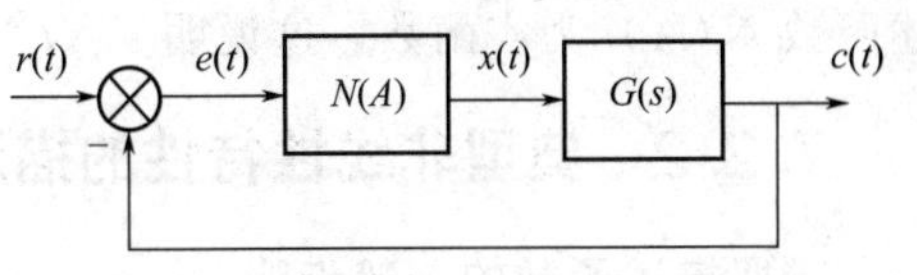

图 7-7 典型非线性系统的结构图

在图 7-7 所示的含有本质非线性环节的控制系统中，$G(s)$ 为控制系统的固有特性，其频率特性为 $G(\mathrm{j}\omega)$。

一般情况下，$G(\mathrm{j}\omega)$ 具有低通滤波特性，也就是说，信号中的高频分量受到不同程度的衰减，可以近似认为高频分量不能传递到输出端。由此，非线性环节的输出近似等于基波分量的值。

设非线性环节的输入信号为正弦信号 $e(t)=A\sin\omega t$，式中 A 是正弦信号的幅值，ω 是正弦信号的频率。则对于许多非线性环节的输出信号 $x(t)$ 就是同周期的非正弦信号，可以将 $x(t)$ 展开为傅里叶级数，即

$$\begin{aligned}x(t)&=\frac{A_0}{2}+\sum_{n=1}^{\infty}(A_n\cos n\omega t+B_n\sin n\omega t)\\&=\frac{A_0}{2}+\sum_{n=1}^{\infty}X_n\sin(n\omega t+\theta_n)\end{aligned}\tag{7-6}$$

式中

$$A_0=\frac{1}{\pi}\int_0^{2\pi}x(t)\mathrm{d}t$$

$$A_n=\frac{1}{\pi}\int_0^{2\pi}x(t)\cos n\omega t\,\mathrm{d}(\omega t)\qquad(n=1,2,3,\cdots)\tag{7-7}$$

$$B_n=\frac{1}{\pi}\int_0^{2\pi}x(t)\sin n\omega t\,\mathrm{d}(\omega t)\qquad(n=1,2,3,\cdots)\tag{7-8}$$

$$X_n=\sqrt{A_n^2+B_n^2}\tag{7-9}$$

$$\theta_n=\arctan\frac{A_n}{B_n}\tag{7-10}$$

如果非线性是奇对称的，则式（7-6）中 $A_0=0$，这时输出 $x(t)$ 近似等于基波 $x_1(t)$，即

$$x(t)\approx x_1(t)=A_1\cos\omega t+B_1\sin\omega t=X_1\sin(\omega t+\theta_1)\tag{7-11}$$

式中

$$A_1=\frac{1}{\pi}\int_0^{2\pi}x(t)\cos\omega t\,\mathrm{d}(\omega t)\tag{7-12}$$

$$B_1=\frac{1}{\pi}\int_0^{2\pi}x(t)\sin\omega t\,\mathrm{d}(\omega t)\tag{7-13}$$

$$X_1=\sqrt{A_1^2+B_1^2}\tag{7-14}$$

$$\theta_1=\arctan\frac{A_1}{B_1}\tag{7-15}$$

仿照线性系统频率特性的概念，**描述函数定义**为非线性环节输出信号的基波分量 $x_1(t)$ 与正弦输入信号 $e(t)$ 的复数比，即

$$N(A,\omega)=\frac{x_1(t)}{e(t)}=\frac{X_1}{A}\angle\theta_1=\frac{B_1+\mathrm{j}A_1}{A}=\frac{\sqrt{A_1^2+B_1^2}}{A}\angle\arctan\frac{A_1}{B_1}\tag{7-16}$$

若非线性环节没有储能元件，则描述函数 $N(A,\omega)$ 仅是输入幅值 A 的函数，与 ω 无关，记为 $N(A)$。当非线性特性为单值奇函数时，由于这时的 $A_1=0$，从而 $\theta_1=0$，故其描

述函数 $N(A)$ 为实函数，这说明 $x_1(t)$ 与 $e(t)$ 同相。

7.2.2 典型非线性特性的描述函数

求取描述函数的一般步骤：

1）绘制输入、输出波形图，写出正弦输入时非线性环节输出的数学表达式；

2）由波形分析输出量 $x(t)$ 的对称性，计算 A_1、B_1；

3）描述函数为

$$N(A)=\frac{B_1+jA_1}{A}=\frac{\sqrt{A_1^2+B_1^2}}{A}\angle\arctan\frac{A_1}{B_1}$$

(1) 饱和特性的描述函数 饱和非线性特性以及它对正弦输入的输出波形如图 7-8 所示。

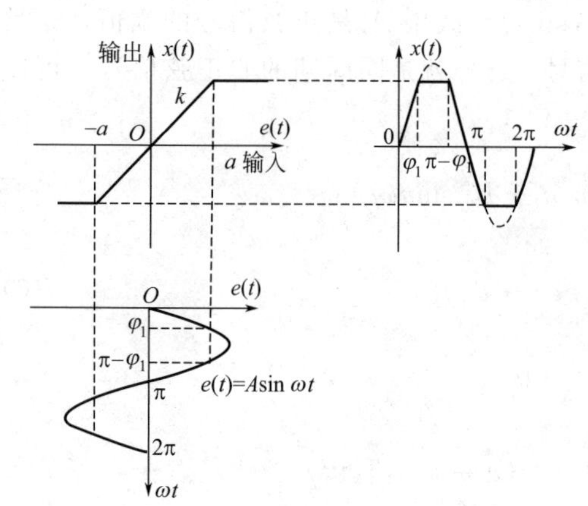

图 7-8 饱和非线性及其输入、输出波形

输入正弦信号 $e(t)=A\sin\omega t$ 时，输出信号为

$$x(t)=\begin{cases}kA\sin\omega t, & 0<\omega t<\varphi_1\\ ka, & \varphi_1<\omega t<\pi-\varphi_1\\ kA\sin\omega t, & \pi-\varphi_1<\omega t<\pi\end{cases} \tag{7-17}$$

式中，$\varphi_1=\arcsin\dfrac{a}{A}$。

由于 $x(t)$ 是单值奇函数、关于原点对称，故 $A_0=0$，$A_1=0$。又

$$\begin{aligned}B_1&=\frac{1}{\pi}\int_0^{2\pi}x(t)\sin\omega t\,d(\omega t)=\frac{4}{\pi}\int_0^{\frac{\pi}{2}}x(t)\sin\omega t\,d(\omega t)\\&=\frac{4}{\pi}\int_0^{\varphi_1}kA\sin\omega t\times\sin\omega t\,d(\omega t)+\frac{4}{\pi}\int_{\varphi_1}^{\frac{\pi}{2}}ka\sin\omega t\,d(\omega t)\\&=\frac{2kA}{\pi}\left[\arcsin\frac{a}{A}+\frac{a}{A}\sqrt{1-\left(\frac{a}{A}\right)^2}\right]\end{aligned}$$

则

$$X_1=\sqrt{A_1^2+B_1^2}=B_1$$

式中，$\theta_1=\arctan\dfrac{A_1}{B_1}=0$，则求得饱和特性的描述函数为

$$N(A)=\frac{X_1}{A}\angle\theta_1=\frac{2k}{\pi}\left[\arcsin\frac{a}{A}+\frac{a}{A}\sqrt{1-\left(\frac{a}{A}\right)^2}\right]\quad(A\geqslant a) \tag{7-18}$$

可以看到，描述函数是输入正弦信号幅值 A 的函数。

(2) 死区特性的描述函数 死区特性以及它对正弦输入的输出波形如图 7-9 所示。

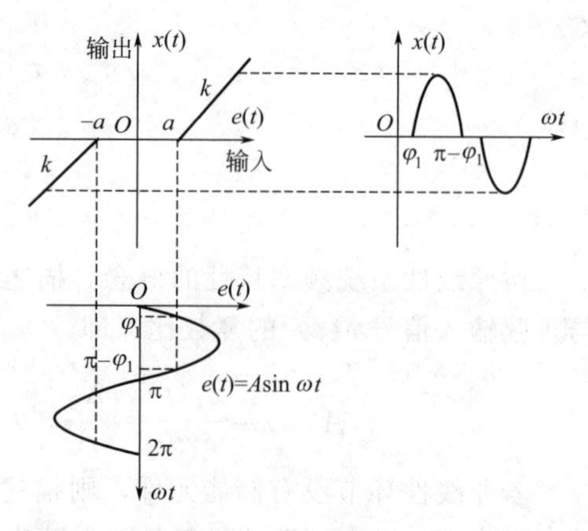

图 7-9 死区非线性及其输入，输出波形

输入正弦信号 $e(t)=A\sin\omega t$ 时，输出信号

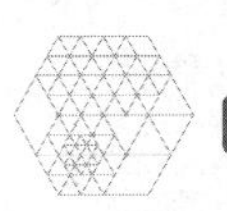

$x(t)$ 为

$$x(t)=\begin{cases}0, & 0\leqslant \omega t<\varphi_1\\ k(A\sin\omega t-a), & \varphi_1\leqslant \omega t\leqslant \pi-\varphi_1\\ 0, & \pi-\varphi_1<\omega t\leqslant \pi\end{cases} \tag{7-19}$$

其中
$$\varphi_1=\arcsin\frac{a}{A}。$$

由于死区特性输出 $x(t)$ 是对原点单值奇对称函数，所以 $A_0=0$，$A_1=0$。

$$B_1=\frac{4}{\pi}\int_0^{\frac{\pi}{2}}x(t)\sin\omega t\,\mathrm{d}\omega t=\frac{4}{\pi}\int_{\varphi_1}^{\frac{\pi}{2}}k(A\sin\omega t-a)\sin\omega t\,\mathrm{d}(\omega t)$$

$$=\frac{2kA}{\pi}\left[\frac{\pi}{2}-\arcsin\frac{a}{A}-\frac{a}{A}\sqrt{1-\left(\frac{a}{A}\right)^2}\right]\quad (A\geqslant a)$$

$$N(A)=\frac{X_1}{A}\angle\theta_1=\frac{\sqrt{A_1^2+B_1^2}}{A}\angle\arctan\frac{A_1}{B_1}=\frac{B_1}{A}\angle 0°$$

$$=\frac{2k}{\pi}\left[\frac{\pi}{2}-\arcsin\frac{a}{A}-\frac{a}{A}\sqrt{1-\left(\frac{a}{A}\right)^2}\right]\qquad (A\geqslant a) \tag{7-20}$$

(3) 间隙特性的描述函数 间歇特性以及它对正弦输入的输出波形如图 7-10 所示。

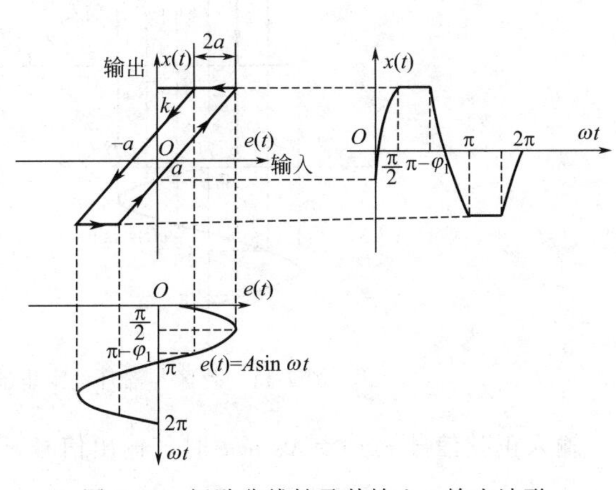

图 7-10 间歇非线性及其输入、输出波形

输入正弦信号 $e(t)=A\sin\omega t$ 时，输出信号 $x(t)$ 为

$$x(t)=\begin{cases}k(A\sin\omega t-a), & 0\leqslant \omega t<\frac{\pi}{2}\\ k(A-a), & \frac{\pi}{2}\leqslant \omega t\leqslant \pi-\varphi_1\\ k(A\sin\omega t+a), & \pi-\varphi_1<\omega t\leqslant \pi\end{cases} \tag{7-21}$$

式中，$\varphi_1=\arcsin\frac{A-2a}{A}$。

由于间歇非线性特性是对原点多值奇对称，所以 $A_0=0$。由式 (7-12)、式 (7-13) 分别得

$$A_1=\frac{2}{\pi}\int_0^{\pi}x(t)\cos\omega t\,\mathrm{d}(\omega t)$$

$$=\frac{2}{\pi}\int_0^{\frac{\pi}{2}}k(A\sin\omega t-a)\cos\omega t\,\mathrm{d}(\omega t)+\frac{2}{\pi}\int_{\frac{\pi}{2}}^{\pi-\varphi_1}k(A-a)\cos\omega t\,\mathrm{d}(\omega t)$$

$$+\frac{2}{\pi}\int_{\pi-\varphi_1}^{\pi}k(A\sin\omega t+a)\cos\omega t\,\mathrm{d}(\omega t)$$

$$=\frac{4ka}{\pi}\left(\frac{a}{A}-1\right)\qquad (A\geqslant a)$$

$$B_1=\frac{2}{\pi}\int_0^{\pi}x(t)\sin\omega t\,\mathrm{d}(\omega t)$$

$$=\frac{2}{\pi}\int_0^{\frac{\pi}{2}}k(A\sin\omega t-a)\sin\omega t\,\mathrm{d}(\omega t)+\frac{2}{\pi}\int_{\frac{\pi}{2}}^{\pi-\varphi_1}k(A-a)\sin\omega t\,\mathrm{d}(\omega t)$$

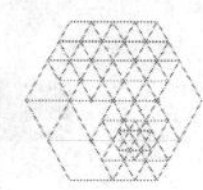

$$+\frac{2}{\pi}\int_{\pi-\varphi_1}^{\pi} k(A\sin\omega t+a)\sin\omega t\,\mathrm{d}(\omega t)$$

$$=\frac{kA}{\pi}\left[\frac{\pi}{2}+\arcsin\left(1-\frac{2a}{A}\right)+2\left(1-\frac{2a}{A}\right)\sqrt{\frac{a}{A}\left(1-\frac{a}{A}\right)}\right]\qquad (A\geqslant a)$$

$$N(A)=\frac{X_1}{A}\angle\theta_1=\frac{\sqrt{A_1^2+B_1^2}}{A}\angle\arctan\frac{A_1}{B_1}$$

$$=\frac{k}{\pi}\left[\frac{\pi}{2}+\arcsin\left(1-\frac{2a}{A}\right)+2\left(1-\frac{2a}{A}\right)\sqrt{\frac{a}{A}\left(1-\frac{a}{A}\right)}\right]$$

$$+\mathrm{j}\,\frac{4ka}{\pi A}\left(\frac{a}{A}-1\right)\quad (A\geqslant a)\tag{7-22}$$

（4）继电器特性的描述函数 具有死区与滞环的继电器特性以及它对正弦输入的输出波形如图 7-11 所示。

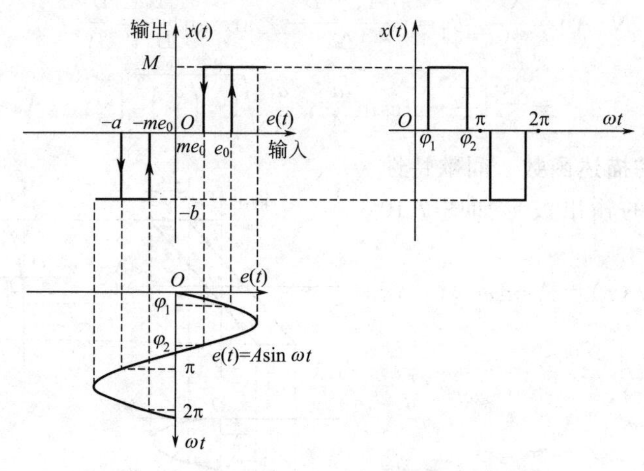

图 7-11 死区与滞环的继电器特性和正弦响应曲线

输入正弦信号 $e(t)=A\sin\omega t$ 时，输出信号 $x(t)$ 为

$$x(t)=\begin{cases}0, & 0\leqslant\omega t<\varphi_1\\ M, & \varphi_1\leqslant\omega t\leqslant\pi-\varphi_2\\ 0, & \pi-\varphi_2<\omega t\leqslant\pi+\varphi_1\\ -M, & \pi+\varphi_1<\omega t\leqslant 2\pi-\varphi_2\\ 0, & 2\pi-\varphi_2<\omega t\leqslant 2\pi\end{cases}\tag{7-23}$$

其中

$$\varphi_1=\arcsin\frac{e_0}{A},\varphi_2=\pi-\arcsin\frac{me_0}{A}\qquad (0<m<1,A\geqslant e_0)$$

由图 7-11 可见，$x(t)$ 为奇对称函数，故 $A_0=0$。

$$A_1=\frac{1}{\pi}\int_0^{2\pi}x(t)\cos\omega t\,\mathrm{d}(\omega t)$$

$$=\frac{1}{\pi}\int_{\varphi_1}^{\pi-\varphi_2}M\cos\omega t\,\mathrm{d}(\omega t)+\frac{1}{\pi}\int_{\pi+\varphi_1}^{2\pi-\varphi_2}(-M)\cos\omega t\,\mathrm{d}(\omega t)$$

$$=\frac{2}{\pi}\int_{\varphi_1}^{\pi-\varphi_2}M\cos\omega t\,\mathrm{d}(\omega t)$$

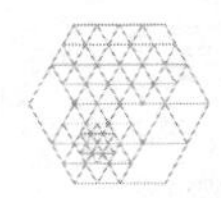

$$=\frac{2Me_0}{\pi A}(m-1)$$

$$B_1=\frac{1}{\pi}\int_0^{2\pi}x(t)\sin\omega t\,\mathrm{d}(\omega t)$$

$$=\frac{1}{\pi}\int_{\varphi_1}^{\pi-\varphi_2}M\sin\omega t\,\mathrm{d}(\omega t)+\frac{1}{\pi}\int_{\pi+\varphi_1}^{2\pi-\varphi_2}-M\sin\omega t\,\mathrm{d}(\omega t)$$

$$=\frac{2M}{\pi}\left[\sqrt{1-\left(\frac{e_0}{A}\right)^2}+\sqrt{1-\left(\frac{me_0}{A}\right)^2}\right]$$

$$N(A)=\frac{X_1}{A}\angle\theta_1=\frac{\sqrt{A_1^2+B_1^2}}{A}\angle\arctan\frac{A_1}{B_1}$$

即

$$N(A)=\frac{2M}{\pi A}\left[\sqrt{1-\left(\frac{e_0}{A}\right)^2}+\sqrt{1-\left(\frac{me_0}{A}\right)^2}\right]+\mathrm{j}\,\frac{2Me_0}{\pi A^2}(m-1)\qquad(0<m<1,A\geqslant e_0)\tag{7-24}$$

当 $e_0=0$，得理想继电器的描述函数为

$$N(A)=\frac{4M}{\pi A}\tag{7-25}$$

当 $m=1$，得不灵敏区继电器的描述函数为

$$N(A)=\frac{4M}{\pi A}\sqrt{1-\left(\frac{e_0}{A}\right)^2}\qquad(A\geqslant e_0)\tag{7-26}$$

当 $m=-1$，得滞环继电器特性描述函数为

$$N(A)=\frac{4M}{\pi A}\sqrt{1-\left(\frac{e_0}{A}\right)^2}-\mathrm{j}\,\frac{4Me_0}{\pi A^2}\tag{7-27}$$

(5) 变增益特性的描述函数 图 7-12 为变增益等效结构分解图，可以利用非线性环节的并联特性求取其等效描述函数。

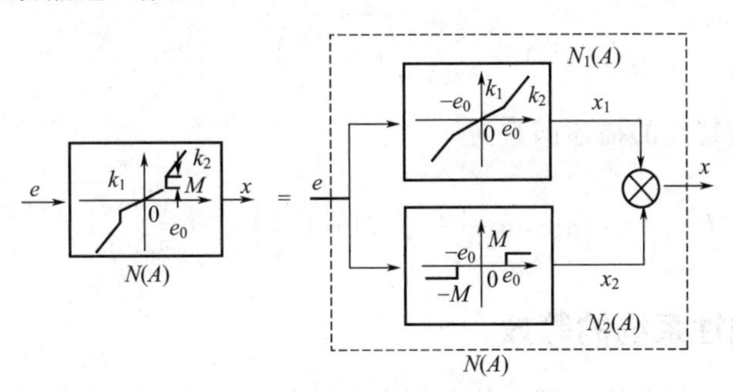

图 7-12 变增益特性的等效分解图

图中 $e(t)=A\sin\omega t$，$M=k_2A\sin\alpha_1-k_1A\sin\alpha_1$，$\alpha_1=\arcsin(e_0/A)$

设 $x(t)$、$x_1(t)$、$x_2(t)$ 分别为非线性特性的非正弦周期输出，并且有 $x(t)=x_1(t)+x_2(t)$，则可写出

$$N(A)=N_1(A)+N_2(A)$$

$N(A)$、$N_1(A)$、$N_2(A)$ 分别为变增益特性及其组成部分的描述函数。

具有描述函数 $N_1(A)$ 的非线性还可进一步等效分解如图 7-13 所示的线性增益特性与

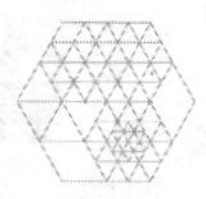

两种死区特性之代数和，其中 $e(t)=A\sin\omega t$。这种情况下，描述函数 $N_1(A)$ 可等效表示为

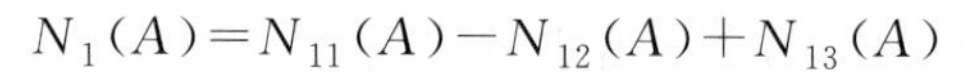

$$N_1(A)=N_{11}(A)-N_{12}(A)+N_{13}(A)$$

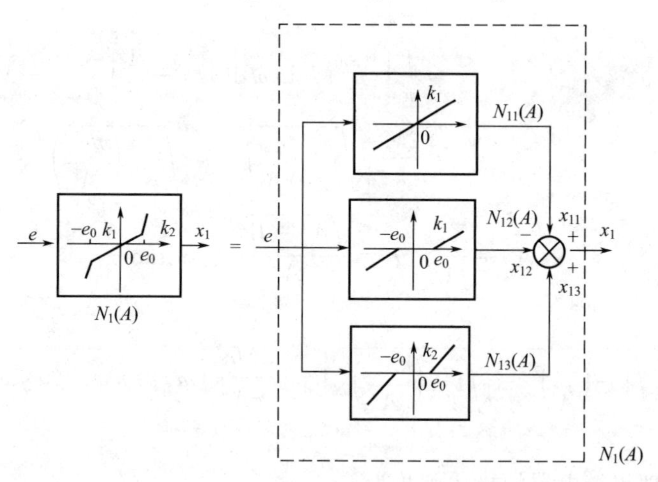

图 7-13　非线性特性的等效分解图

由上述两式求得变增益特性与构成它的各等效非线性特性在描述函数上的关系为

$$N(A)=N_{11}(A)-N_{12}(A)+N_{13}(A)+N_2(A)$$

上式右边各项各描述函数可根据典型非线性特性的描述函数写出

$$N_{11}(A)=k_1$$

$$N_{12}(A)=k_1-\frac{2}{\pi}k_1\arcsin\frac{e_0}{A}-\frac{2}{\pi}k_1\frac{e_0}{A}\sqrt{1-\left(\frac{e_0}{A}\right)^2}\quad A\geqslant e_0$$

$$N_{13}(A)=k_2-\frac{2}{\pi}k_2\arcsin\frac{e_0}{A}-\frac{2}{\pi}k_2\frac{e_0}{A}\sqrt{1-\left(\frac{e_0}{A}\right)^2}\quad A\geqslant e_0$$

$$N_2(A)=\frac{4M}{\pi A}\sqrt{1-\left(\frac{e_0}{A}\right)^2}\quad A\geqslant e_0$$

最终求得变增益特性的描述函数为

$$N(A)=k_2+\frac{2}{\pi}(k_1-k_2)\left[\arcsin\frac{e_0}{A}+\frac{e_0}{A}\sqrt{1-\left(\frac{e_0}{A}\right)^2}\right]+\frac{4M}{\pi A}\sqrt{1-\left(\frac{e_0}{A}\right)^2}\quad A\geqslant e_0 \tag{7-28}$$

7.2.3　非线性系统的等效

应用描述函数法分析非线性系统的条件之一就是将非线性系统简化为只有一个非线性环节和线性部分相串联的典型结构形式。当系统由多个非线性环节和多个线性环节组合而成时，在一些情况下，可通过等效变换，使系统简化为图 7-7 所示的典型结构。

由于在讨论系统自持振荡及其稳定性时，不需考虑外作用的影响。因此，在进行等效变换时，可以认为在 $r(t)=0$ 的条件下，根据非线性特性的串、并联，简化非线性部分为一个等效的非线性环节，再保持等效非线性环节的输入输出关系不变，简化线性部分。

(1) 非线性环节的并联及其等效描述函数　若两个非线性环节输入相同，输出相加、减，则关联的等效非线性特性为两个非线性环节特性的代数和。非线性环节并联结构如

图 7-14 所示。

设系统中有两个非线性环节并联，它们的描述函数为 $N_1(A)$ 和 $N_2(A)$。当输入 $e(t)=A\sin\omega t$ 时，两个环节输出的基波分量分别为输入信号乘以各自的描述函数，即

$$x_1=N_1(A)A\sin\omega t \qquad x_2=N_2(A)A\sin\omega t$$

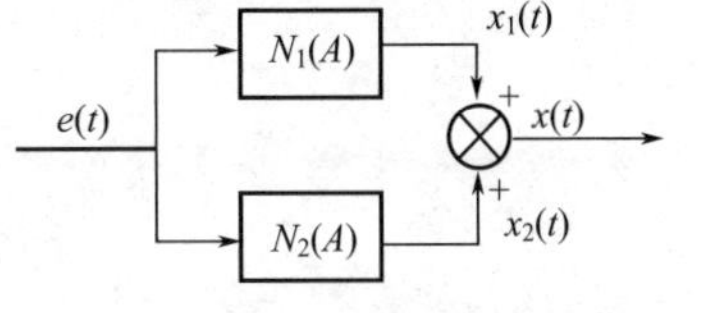

图 7-14　非线性环节并联结构图

所以总的描述函数　$N(A)=N_1(A)+N_2(A)$

总之，数个非线性环节并联后，总的描述函数等于各非线性环节描述函数之和。

例如，一个死区继电器特性与一个死区非线性特性相并联，其等效结构如图 7-15 所示，则其等效的描述函数为

$$N(A)=N_1(A)+N_2(A)=\frac{4M}{\pi A}\sqrt{1-\left(\frac{a}{A}\right)^2}+\frac{2k}{\pi}\left[\frac{\pi}{2}-\arcsin\frac{a}{A}-\frac{a}{A}\sqrt{1-\left(\frac{a}{A}\right)^2}\right]$$

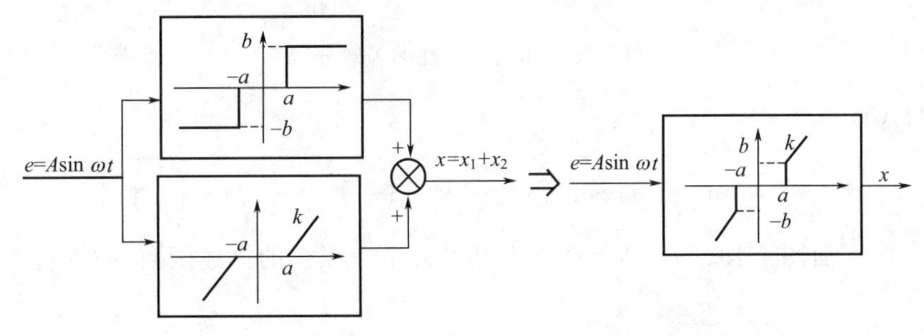

图 7-15　两个非线性特性并联及其等效结构图

(2) 非线性环节的串联及其等效描述函数　两个非线性环节的串联结构如图 7-16 所示。当两个非线性环节串联时，其总的描述函数不等于两个非线性环节描述函数的乘积，而是需要通过折算。

首先要求出这两个非线性环节的等效非线性特性，然后根据等效的非线性特性求总的描述函数，应注意的是，如果两个非线性环节的前后次序调换，等效的非线性特性并不相同，总的描述函数也不一样，这一点与线性环节串联的化简规则明显不同。

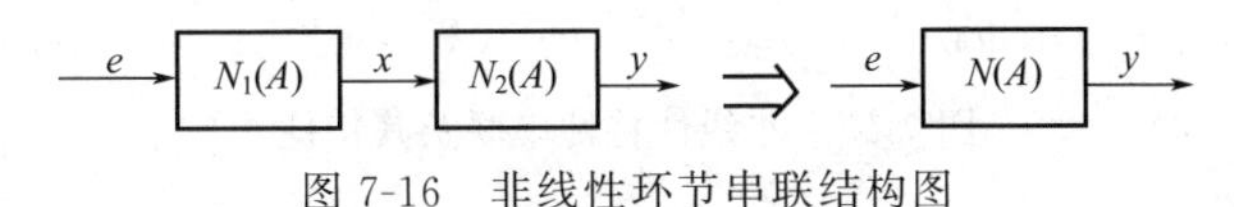

图 7-16　非线性环节串联结构图

图 7-17 为一个死区非线性环节与一个饱和非线性环节相串联，其等效的非线性环节为一个既有死区又有饱和的非线性特性。其总的描述函数可以看作是 $a=1$ 的死区特性与 $a=2$ 的死区特性的并联，等效结构如图 7-18 所示。

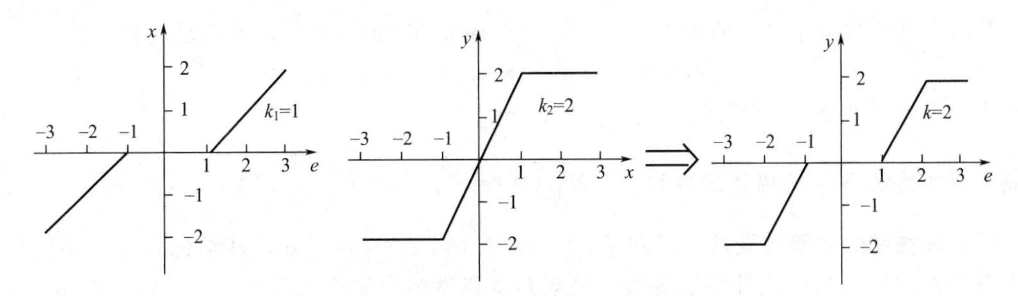

图 7-17　两个非线性特性串联及其等效非线性特性

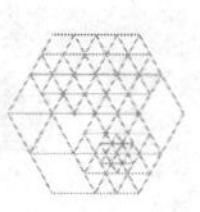

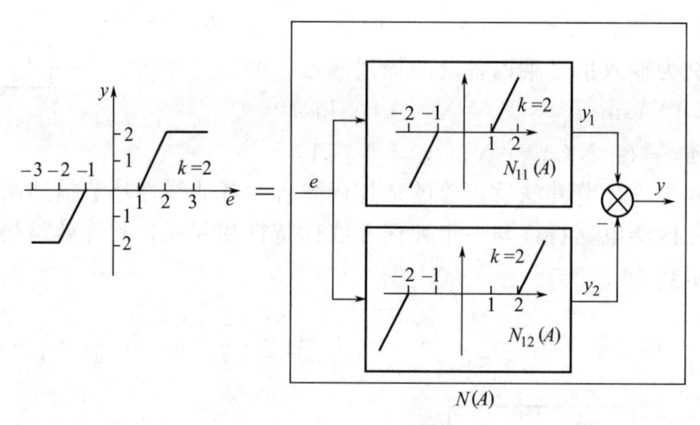

图 7-18　非线性特性的等效分解

$$
\begin{aligned}
N(A) &= N_{11}(A) - N_{12}(A) \\
&= \frac{2k}{\pi}\left[\arcsin\frac{2}{A} - \arcsin\frac{1}{A} + \frac{2}{A}\sqrt{1-\left(\frac{2}{A}\right)^2} - \frac{1}{A}\sqrt{1-\left(\frac{1}{A}\right)^2}\right] \quad (A \geqslant 2)
\end{aligned}
$$

例 7-1　求下面图 7-19（a）所示两个非线性环节串联总的描述函数 $N(A)$。

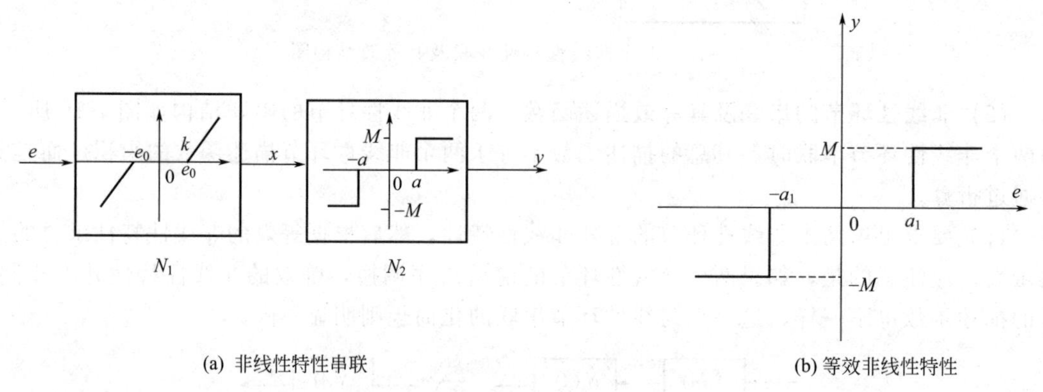

(a) 非线性特性串联　　(b) 等效非线性特性

图 7-19　非线性特性串联及其特性

解： 求出两个环节串联后等效非线性特性如图 7-19（b）所示。

对于图 7-19（a）所示串联非线性特性 N_1 与 N_2，沿由 e 经 x 到 y 的信号流通方向，可以看出，串联的 N_1 与 N_2 可用一个具有死区无滞环的继电器特性 N_{12} 来等效，其中死区 a_1，输出为 M，如图 7-19（b）所示。

第一个非线性环节 N_1 的输出，等于第二个环节 N_2 的死区 a，即满足方程

$$ke(t) - ke_0 = a \quad \Rightarrow \quad e(t) = a/k + e_0$$

由此求得等效环节 N_{12} 的死区 a_1 为　$a_1 = a/k + e_0$

等效非线性特性 N_{12} 的描述函数为　$N_{12}(A) = \frac{4M}{\pi A}\sqrt{1-\left(\frac{a_1}{A}\right)^2}$，$A > a_1$

(3) 线性部分的等效变换　以图 7-20（a）为例，按等效规则，移动比较点，系统可表示为图 7-20（b），再按线性系统等效变换规则得典型结构形式图 7-20（c）、（d）所示。

表 7-1 给出了典型非线性环节的输入-输出波形及描述函数。

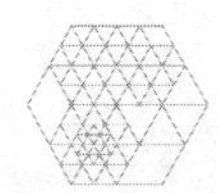
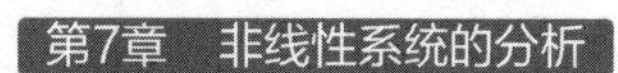

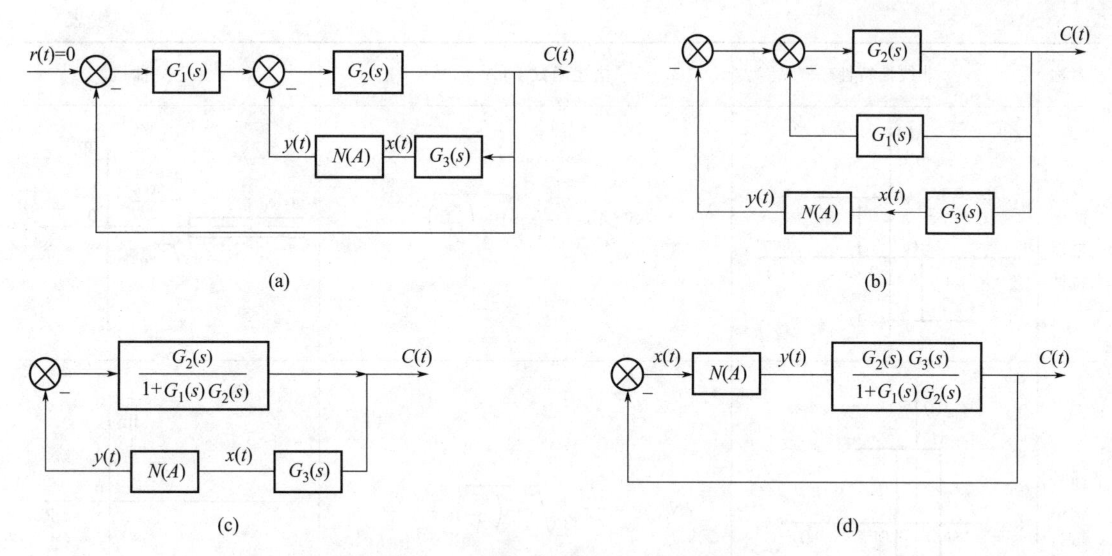

图 7-20 线性系统结构图等效变换

表 7-1 典型非线性环节的输入-输出波形及描述函数

名称	非线性特性	描述函数 ($A \geqslant a$)	$-\frac{1}{N(A)}$曲线
饱和特性	$x(t)$, b, k, $-a$, 0, a, $e(t)$, $-b$	$N(A)=\frac{2k}{\pi}\left[\arcsin\frac{a}{A}+\frac{a}{A}\sqrt{1-\left(\frac{a}{A}\right)^2}\right]$	Im, $-\frac{1}{k}$, 0, Re, $A=\infty$ ← $A=a$
死区特性	$x(t)$, k, $-a$, 0, a, $e(t)$	$N(A)=$ $\frac{2k}{\pi}\left[\frac{\pi}{2}-\arcsin\frac{a}{A}-\frac{a}{A}\sqrt{1-\left(\frac{a}{A}\right)^2}\right]$	Im, $-\frac{1}{k}$, 0, Re, $A=a$ → $A=\infty$
间隙特性	$x(t)$, b, k, $-a$, 0, a, $e(t)$, $-b$	$N(A)=\frac{k}{\pi}\left[\frac{\pi}{2}+\arcsin\left(1-\frac{2a}{A}\right)+2\left(1-\frac{2a}{A}\right)\sqrt{\frac{a}{A}\left(1-\frac{a}{A}\right)}\right]+\mathrm{j}\frac{4ka}{\pi A}\left(\frac{a}{A}-1\right)$	Im, $-\frac{1}{k}$, 0, Re, $A=\infty$, $A=a$
理想继电器特性	$x(t)$, M, 0, $e(t)$, $-M$	$N(A)=\frac{4M}{\pi A}$	Im, 0, Re, $A=\infty$ ← $A=0$

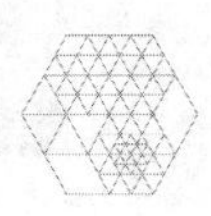

续表

名称	非线性特性	描述函数 （$A\geqslant a$）	$-\dfrac{1}{N(A)}$曲线
有死区继电器特性		$N(A)=\dfrac{4M}{\pi A}\sqrt{1-\left(\dfrac{e_0}{A}\right)^2}$	
滞环继电器		$N(A)=\dfrac{4M}{\pi A}\left[\sqrt{1-\left(\dfrac{e_0}{A}\right)^2}-\mathrm{j}\,\dfrac{e_0}{A}\right]$	

7.2.4 非线性系统的描述函数分析

应用描述函数法分析非线性系统主要包括判断系统是否稳定，是否产生自持振荡，确定自持振荡的振幅与频率以及对系统进行校正以消除自持振荡等内容。应用描述函数法，对任何阶次的非线性系统都可以进行分析。

为此，需要将非线性控制系统的线性部分与非线性部分进行等效变换，从而将整个非线性控制系统表示成线性等效部分 $G(s)$ 和非线性等效部分 $N(A)$ 相串联的标准结构形式。如果系统满足描述函数法的条件，在非线性元件的输出中主要是基波分量。那么非线性元件可以等效为一个具有描述函数 $N(A,\mathrm{j}\omega)$ 或 $N(A)$ 的线性环节，如图 7-21 所示，因此可以用频率法研究。注意，图 7-21 中不能用传递函数表示，因为这里的分析是在正弦输入信号下进行的。

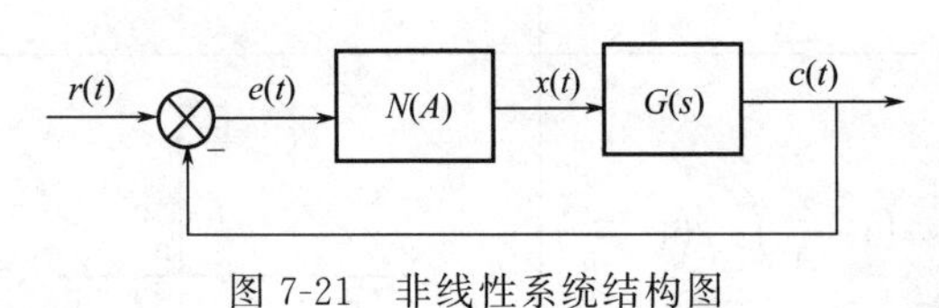

图 7-21　非线性系统结构图

(1) 非线性系统稳定性分析　利用描述函数法分析非线性系统的稳定性，实际上是线性系统中的奈奎斯特稳定判据在非线性系统中的推广。如图 7-21 所示的非线性系统，由结构图可以得到谐波线性化后的闭环频率响应为

$$\frac{C(\mathrm{j}\omega)}{R(\mathrm{j}\omega)}=\frac{N(A)G(\mathrm{j}\omega)}{1+N(A)G(\mathrm{j}\omega)} \tag{7-29}$$

系统在 $s=\mathrm{j}\omega$ 时的闭环特征方程为

$$1+N(A)G(\mathrm{j}\omega)=0 \tag{7-30}$$

得到

$$G(\mathrm{j}\omega)=-\frac{1}{N(A)} \tag{7-31}$$

式中，$-\dfrac{1}{N(A)}$称为非线性特性的负倒描述函数。

方程（7-31）中有两个未知数，频率 ω 和振幅 A。如果方程（7-31）成立，相当于 $G(\mathrm{j}\omega)$ 与 $-\dfrac{1}{N(A)}$ 相交，有解 A_0 及 ω_0，这意味着系统中存在着频率为 ω_0 和振幅为 A_0 的等幅振荡，即非线性系统的自持振荡。这种情况相当于在线性系统中，开环频率响应 $G(\mathrm{j}\omega)$ 穿过其稳定临界点（$-1,\mathrm{j}0$），只是这里 $-\dfrac{1}{N(A)}$ 不是一个点，而是临界点的一条随 A 变化的轨迹线。其稳定临界点并不像线性系统那样固定不变，而与非线性元件正弦输入 $A\sin\omega t$ 的振幅 A 有关，非线性特性的负倒描述函数曲线 $-\dfrac{1}{N(A)}$ 便是这种稳定临界点的轨迹。因此可以用 $G(\mathrm{j}\omega)$ 轨迹和 $-\dfrac{1}{N(A)}$ 轨迹之间的相对位置来判别非线性系统的稳定性。

只研究线性部分 $G(\mathrm{j}\omega)$ 是最小环节系统的情况。为了研究非线性系统的稳定性，首先在奈奎斯特图上画出频率特性 $G(\mathrm{j}\omega)$ 和负倒特性 $-\dfrac{1}{N(A)}$ 两条轨迹，在 $G(\mathrm{j}\omega)$ 曲线上标明 ω 增加的方向，在 $-\dfrac{1}{N(A)}$ 上标明 A 的增加方向。

非线性系统的奈奎斯特稳定判据：

1）如果 $G(\mathrm{j}\omega)$ 的轨迹不包围 $-\dfrac{1}{N(A)}$ 的轨迹，如图 7-22（a）所示，则非线性系统是稳定的，不可能产生自持振荡。$G(\mathrm{j}\omega)$ 距离 $-\dfrac{1}{N(A)}$ 越远，系统的相对稳定性越好。

2）如果 $G(\mathrm{j}\omega)$ 的轨迹包围 $-\dfrac{1}{N(A)}$ 的轨迹，如图 7-22（b）所示，则非线性系统是不稳定的，不稳定的系统其响应是发散的。在任何扰动作用下，该系统的输出将无限增大，直至系统停止工作。在这种情况下，系统也不可能产生自持振荡。

3）如果 $G(\mathrm{j}\omega)$ 的轨迹与 $-\dfrac{1}{N(A)}$ 的轨迹相交，如图 7-22（c）所示，交点处的 ω_0 和 A_0 对应系统中的一个等幅振荡。这个等幅振荡可能是自持振荡，也可能在一定条件下收敛或发散。这要根据具体情况分析确定。

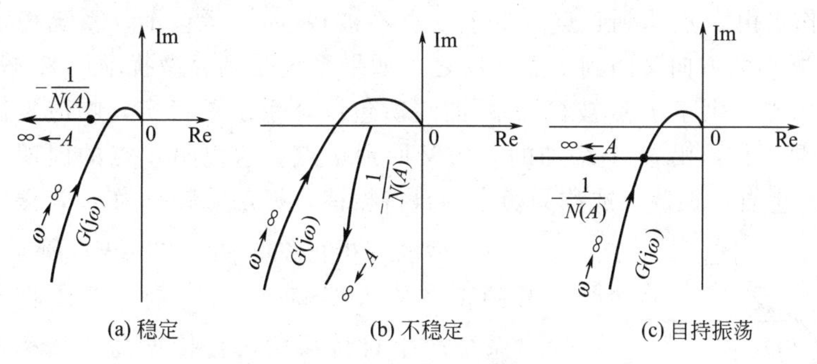

图 7-22 非线性系统的奈奎斯特稳定判据

（2）自持振荡的确定 当 $G(\mathrm{j}\omega)$ 的轨迹与 $-\dfrac{1}{N(A)}$ 轨迹相交，即方程 $G(\mathrm{j}\omega)=-\dfrac{1}{N(A)}$ 有解，方程的解 ω_0 和 A_0 对应着一个周期运动信号的频率和振幅。只有稳定的周期运动才是非线性系统的自持振荡。注意，自持振荡的稳定性和系统的稳定性，是完全不同的两

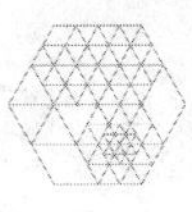

个概念。

所谓稳定的周期运动，是指系统受到轻微扰动作用偏离原来的运动状态，在扰动消失后，系统的运动又能重新恢复到原来频率和振幅的等幅持续振荡。不稳定的周期运动是指系统一经扰动就由原来的周期运动变为收敛、发散或转移到另一稳定的周期运动状态。

在图 7-23（b）中，$G(\mathrm{j}\omega)$ 与$-\dfrac{1}{N(A)}$有两个交点 a 和 b。a 点处对应的频率和振幅为 ω_a 和 A_a，b 点处对应的频率和振幅为 ω_b 和 A_b。这说明系统中可能产生两个不同频率和振幅的周期运动，这两个周期运动能否维持，是不是自持振荡必须具体分析。

在图 7-23（b）中，假设系统原来工作在 b 点，如果受到一个轻微的外界干扰，致使非线性元件输入振幅 A 增加，则工作点沿着$-\dfrac{1}{N(A)}$轨迹上 A 增大的方向移到 c 点，由于 c 点被 $G(\mathrm{j}\omega)$ 曲线所包围，系统不稳定，响应是发散的。所以非线性元件输入振幅 A 将增大，工作点沿着$-\dfrac{1}{N(A)}$曲线上 A 增大的方向向 a 点转移。反之，如果系统受到轻微扰动是使非线性元件的输入振幅 A 减小，则工作点将移到 d 点。由于 d 点不被 $G(\mathrm{j}\omega)$ 曲线包围，系统稳定，响应收敛，振荡越来越弱，A 逐渐衰减为零。因此 b 点对应的周期运动不是稳定的，在 b 点不能产生自持振荡，或称为不稳定的自持振荡。

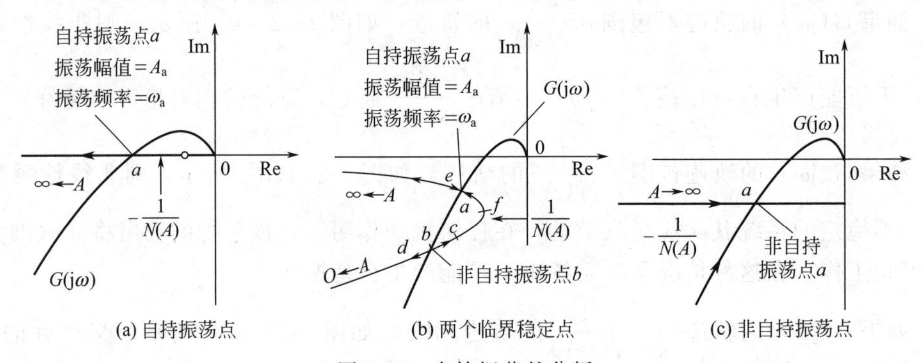

(a) 自持振荡点　(b) 两个临界稳定点　(c) 非自持振荡点

图 7-23　自持振荡的分析

若系统原来工作点在 a 点，如果受到一个轻微的外界干扰，使非线性元件的输入振幅 A 增大，则工作点由 a 点移到 e 点。由于 e 点不被 $G(\mathrm{j}\omega)$ 所包围，系统稳定，响应收敛，工作点沿着 A 减小的方向又回到 a 点。反之，如果系统受到轻微扰动使 A 减小，则工作点将由 a 点移到 f 点。由于 f 点被 $G(\mathrm{j}\omega)$ 曲线所包围，系统不稳定，响应发散，振荡加剧，使 A 增加。于是工作点沿着 A 增加的方向又回到 a 点。这说明 a 点的周期运动是稳定的，系统在这一点产生自持振荡，或称为稳定的自持振荡，振荡的频率为 ω_a，振幅为 A_a。

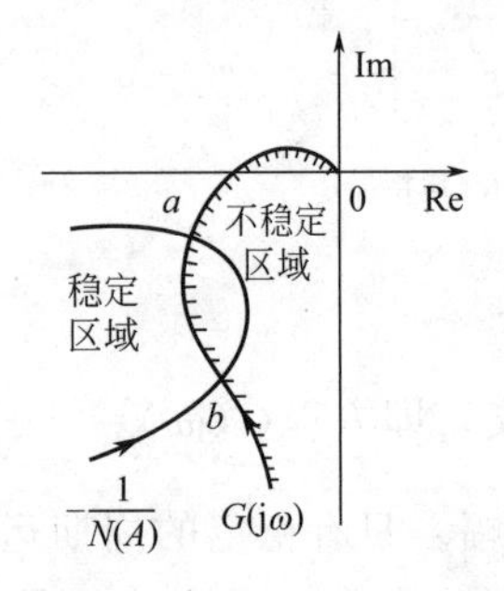

图 7-24　稳定区域和不稳定区域

由上面的分析可知，图 7-23（b）所示系统在非线性环节的正弦输入振幅 $A<A_b$ 时，系统收敛；当 $A>A_b$ 时，系统产生自持振荡，自持振荡的频率为 ω_a，振幅为 A_a。系统的稳定性与初始条件及输入信号有关，这正是非线性系统与线性系统的不同之处。

综上所述，在复平面上，将线性部分 $G(\mathrm{j}\omega)$ 曲线包围的区域看成是不稳定区域，而不被 $G(\mathrm{j}\omega)$ 曲线包围的区域看成是稳定区域，如图 7-24 所示。

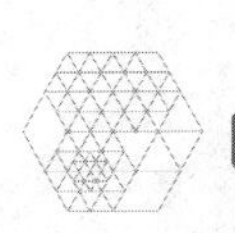

① 当交点处的$-\dfrac{1}{N(A)}$曲线沿着A增加的方向由不稳定区进入稳定区时，则该交点代表的是稳定的周期运动，产生自持振荡。如图7-24和图7-23（a）、（b）中的a点。

② 当交点处的$-\dfrac{1}{N(A)}$曲线沿着A增加的方向由稳定区进入不稳定区时，则该交点代表的是不稳定的周期运动，不产生自持振荡。如图7-24和图7-23（a）、（b）中的b点。

（3）自持振荡振幅和频率的确定 自持振荡可以用正弦振荡近似表示，在形成自持振荡的情况下，自持振荡的振幅A和自持振荡的频率ω由$-\dfrac{1}{N(A)}$曲线和$G(\mathrm{j}\omega)$曲线的交点确定。下面举例说明如何利用描述函数法分析非线性系统。

例7-2 设含饱和特性的非线性系统如图7-25（a）所示，其中饱和非线性特性的参数$a=1$，$k=2$。

1）试确定系统稳定时线性部分增益K的临界值。

2）试计算$K=15$时，系统自持振荡的振幅和频率。

解 饱和非线性的描述函数为

$$N(A)=\frac{2k}{\pi}\left[\arcsin\frac{a}{A}+\frac{a}{A}\sqrt{1-\left(\frac{a}{A}\right)^2}\right] \qquad (A\geqslant a)$$

本例中$k=2$，$a=1$代入得

$$-\frac{1}{N(A)}=-\frac{\pi}{4\left[\arcsin\dfrac{1}{A}+\dfrac{1}{A}\sqrt{1-\left(\dfrac{1}{A}\right)^2}\right]}$$

当$A=1$时，$-\dfrac{1}{N(A)}=-0.5$；当$A=+\infty$时，$-\dfrac{1}{N(A)}=-\infty$，因此$-\dfrac{1}{N(A)}$位于负实轴上的$-0.5\sim-\infty$区段。如图7-25（b）所示。

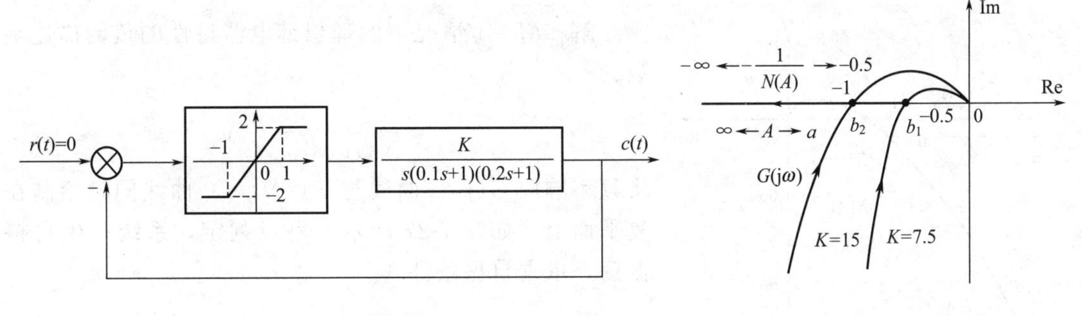

图7-25 例7-2系统

线性部分频率特性为

$$G(\mathrm{j}\omega)=\left.\frac{K}{s(0.1s+1)(0.2s+1)}\right|_{s=\mathrm{j}\omega}$$

令$\angle G(\mathrm{j}\omega)=-180^\circ$，求$G(\mathrm{j}\omega)$曲线与负实轴交点的频率$\omega$，过程如下

$$-90^\circ-\arctan0.1\omega-\arctan0.2\omega=-180^\circ$$

$$\arctan0.1\omega=90^\circ-\arctan0.2\omega$$

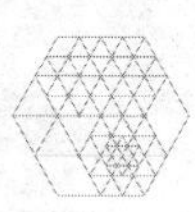

上式两边取正切得 $$0.1\omega=\frac{1}{0.2\omega}$$

求得 $G(\mathrm{j}\omega)$ 曲线与负实轴交点的频率为 $\omega^2=50$，$\omega=\sqrt{50}=7.07$

将 ω 代入 $|G(\mathrm{j}\omega)|$，可得 $G(\mathrm{j}\omega)$ 曲线与负实轴交点的幅值为

$$|G(\mathrm{j}\omega)|=\frac{K}{\omega\sqrt{0.01\omega^2+1}\sqrt{0.04\omega^2+1}}=\frac{K}{15}$$

1）若系统处于临界稳定，则令 $|G(\mathrm{j}\omega)|=\frac{1}{N(A)}$，即 $\frac{K}{15}=\frac{1}{2}$，解得 $K=7.5$。

2）当 $K=15$ 时，$G(\mathrm{j}\omega)$ 曲线与 $-\frac{1}{N(A)}$ 曲线相交，此时 $\omega=\sqrt{50}$，$|G(\mathrm{j}\omega)|=\frac{K}{15}=1$

令 $-\frac{1}{N(A)}=-1$，即

$$-\frac{\pi}{4\left[\arcsin\frac{1}{A}+\frac{1}{A}\sqrt{1-\left(\frac{1}{A}\right)^2}\right]}=-1$$

解得 $A=2.5$，所以当 $K=15$ 时系统自持振荡的振幅 $A=2.5$，频率 $\omega=7.07\mathrm{rad/s}$，所对应的周期运动为 $2.5\sin 7.07t$。

例 7-3 设含理想继电器特性的系统结构图如图 7-26 所示。试确定其自持振荡的振幅和角频率。

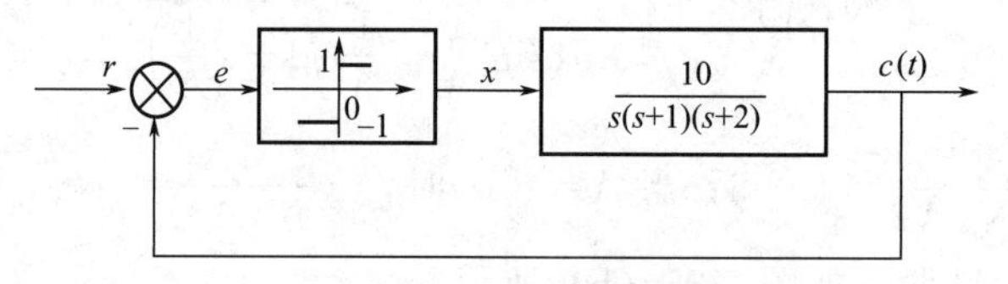

图 7-26 非线性系统方框图

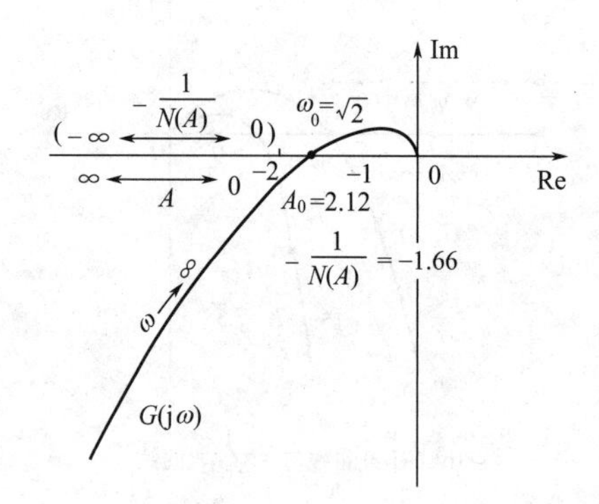

图 7-27 含理想继电器特性系统奈奎斯特图

解 $M=1$ 情况下的理想继电器特性的负倒描述函数为

$$-\frac{1}{N(A)}=-\frac{\pi}{4}A$$

将频率响应 $G(\mathrm{j}\omega)$ 曲线与 $-1/N(A)$ 曲线同时绘制在复平面上，如图 7-27 所示。可以判定，系统产生自持振荡，依据自振条件

$$G(\mathrm{j}\omega)=-\frac{1}{N(A)}$$

可得 $$\frac{10}{\mathrm{j}\omega(\mathrm{j}\omega+1)(\mathrm{j}\omega+2)}=-\frac{\pi A}{4}$$

$$\frac{40}{\pi A}=-\mathrm{j}\omega(\mathrm{j}\omega+1)(\mathrm{j}\omega+2)=3\omega^2-\mathrm{j}\omega(2-\omega^2)$$

比较实部和虚部有 $$\frac{40}{\pi A}=3\omega^2,\quad \omega(2-\omega^2)=0$$

解得 $$\omega=\sqrt{2},\quad A=\frac{40}{6\pi}=2.122$$

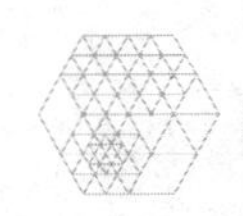

所以，系统自持振荡振幅 $A=2.122$，自持振荡频率 $\omega=\sqrt{2}$。

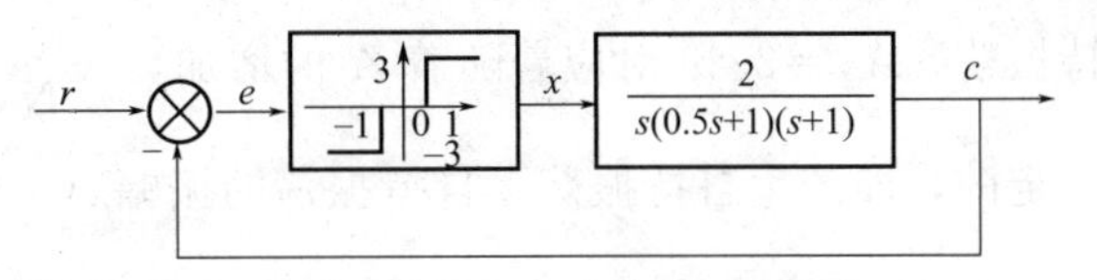

图 7-28　非线性系统结构图

例 7-4　设含具有死区无滞环继电器特性的系统结构图，如图 7-28 所示，其中继电器特性参数为 $e_0=1$ 及 $M=3$。1）试分析系统的稳定性。2）若使系统不产生自持振荡，继电器参数 e_0 及 M 应如何调整。

解　1）具有死区继电器的描述函数为　$N(A)=\frac{4M}{\pi A}\sqrt{1-\left(\frac{e_0}{A}\right)^2}\ (A\geqslant a)$

当 $e_0=1$，$M=3$ 时，负倒描述函数为

$$-\frac{1}{N(A)}=\frac{-\pi A}{4M}\frac{1}{\sqrt{1-\left(\frac{e_0}{A}\right)^2}}=-\frac{\pi A}{12\sqrt{1-\left(\frac{1}{A}\right)^2}}$$

$-\frac{1}{N(A)}$曲线如图 7-29 所示，其中$-\frac{1}{N(A)}$特性在负实轴上的拐点坐标为

$$\frac{-\pi e_0}{2M}=-\frac{\pi}{2\times 3}=-\frac{\pi}{6}$$

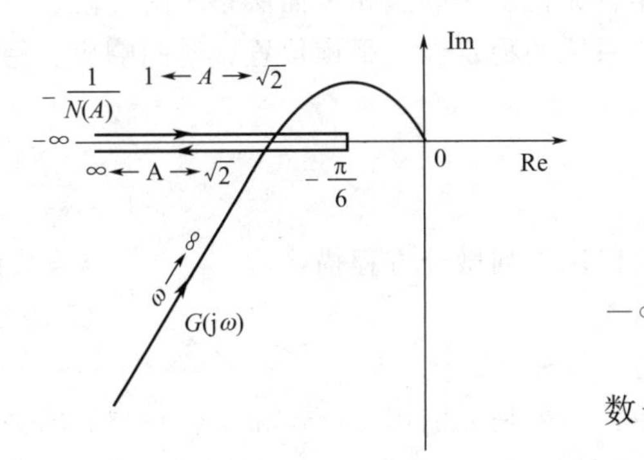

图 7-29　含死区无滞环继电器特性系统奈奎斯特图

拐点对应的振幅值为　　$A=\sqrt{2}e_0=\sqrt{2}$

由$-\frac{1}{N(A)}$公式可知，当 $A\to 1$ 时，$-\frac{1}{N(A)}\to -\infty$；当 $A\to\infty$ 时，$-\frac{1}{N(A)}\to -\infty$。负倒描述函数$-\frac{1}{N(A)}$随着 A 的增加由$-\infty$沿着负实轴从左到右，到达拐点$-\frac{\pi}{6}$之后又沿着负实轴从右到左趋于$-\infty$。

线性部分的奈奎斯特曲线如图 7-29 所示。

由自持振荡的条件 $1+N(A)G(\mathrm{j}\omega)=0$

可得 $N(A)=-\frac{1}{G(\mathrm{j}\omega)}$

$$\frac{12}{\pi A}\sqrt{1-\left(\frac{1}{A}\right)^2}=-\frac{\mathrm{j}\omega(0.5\mathrm{j}\omega+1)(\mathrm{j}\omega+1)}{2}=\frac{3\omega^2}{4}+\mathrm{j}\frac{\omega(\omega^2-2)}{4}$$

比较实部和虚部有$\frac{12}{\pi A}\sqrt{1-\left(\frac{1}{A}\right)^2}=\frac{3\omega^2}{4}$，$\frac{\omega(\omega^2-2)}{10}=0$

解得振荡频率 $\omega=\sqrt{2}$，两个交点对应的振幅值分别为 $A_1=1.11$，$A_2=2.33$。

对应的$-\frac{1}{N(A)}$与 $G(\mathrm{j}\omega)$ 交点处 $G(\mathrm{j}\omega)=-\frac{4}{3\omega^2}=-\frac{2}{3}$

当 A 值由 $1\to\sqrt{2}$ 时，$-\frac{1}{N(A)}$由$-\infty\to-\frac{\pi}{6}$；当 A 值由$\sqrt{2}\to\infty$时，$-\frac{1}{N(A)}$由$-\frac{\pi}{6}\to-\infty$。交点处两个不同的 A 值对应着振幅不同，频率相同的两个周期运动。$A_1=1.11$ 对应着随着 A 的增加，$-\frac{1}{N(A)}$由稳定区进入不稳定区，此周期运动是不稳定的，不能产生自

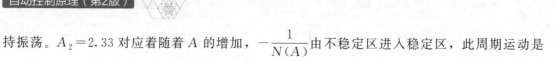

持振荡。$A_2=2.33$ 对应着随着 A 的增加，$-\dfrac{1}{N(A)}$由不稳定区进入稳定区，此周期运动是稳定的，即产生自持振荡。自持振荡的振幅 $A=2.33$ 及角频率 $\omega=\sqrt{2}\,\text{rad/s}$。

2）为使给定系统不产生自持振荡，必须保证 $G(\text{j}\omega)$ 轨迹与$-\dfrac{1}{N(A)}$轨迹不相交，即保证$-\dfrac{1}{N(A)}$特性在负实轴上的拐点坐标

$$-\frac{\pi e_0}{2M}<-\frac{2}{3}$$

即具有死区无滞环继电器特性参数间的关系应保持为

$$\frac{M}{e_0}<\frac{3\pi}{4}=2.36$$

若选取 $M/e_0=2$，根据上述条件可知，系统不产生自持振荡；若保留 $M=3$，则继电器死区参数 $e_0=1.5$。

7.3 相平面分析法

相平面法是庞加莱（Ponincare. H）于 1885 年首先提出来的。相平面法是求解一阶、二阶线性或非线性系统的一种图解法，可以用来分析系统的稳定性、平衡位置、时间响应、稳态精度以及初始条件对系统运动的影响。

7.3.1 相平面的基本概念

(1) 相平面和相轨迹定义 设一个二阶系统可以用下列微分方程描述

$$\ddot{x}=f(x,\dot{x}) \tag{7-32}$$

式中，$f(x,\dot{x})$ 为 x 和 $\dot{x}$ 的线性函数或非线性函数。

该系统的时间响应一般可以用两种方法来表示：一种是分别用 $x(t)$ 和 $\dot{x}(t)$ 与 t 的关系图来表示，例如图 7-30（a）和图 7-30（b）；另一种是在 $x(t)$ 和 $\dot{x}(t)$ 中消去 t，把 t 作为参变量，用 $x(t)$ 和 $\dot{x}(t)$ 的关系图来表示。

如果取 $x(t)$ 和 $\dot{x}(t)$ 作为平面上的横坐标和纵坐标，构成直角坐标平面，称为**相平面**。该系统在每一时刻的运动状态都对应相平面上的一个点，称为相点。

当时间 t 变化时，该点在 x-$\dot{x}$ 平面上描绘出的轨迹，表征系统状态的演变过程，该轨迹称为**相轨迹**，如图 7-30（c）所示。

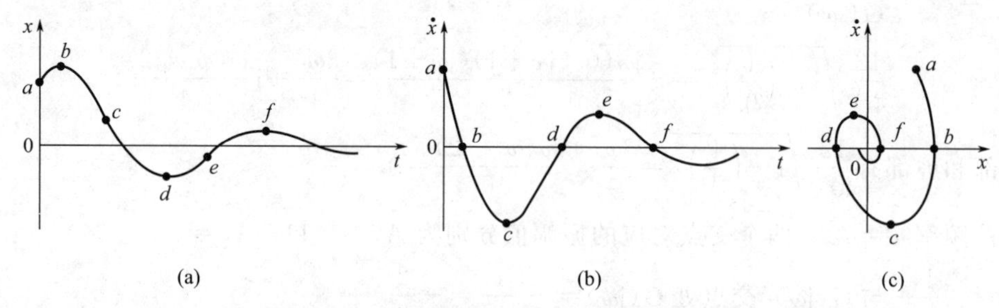

图 7-30 时域响应与相轨迹图

(2) 平面图 在相平面上，由不同初始条件对应的一簇相轨迹构成的图形，称为**相平面图**。所以，只要能绘出相平面图，通过对相平面图的分析，就可以完全确定系统的稳定性、静态和动态性能，这种分析方法称为相平面法。由于在相平面上只能表示两个独立的变量，因此，相平面法只能用来研究一阶、二阶控制系统。

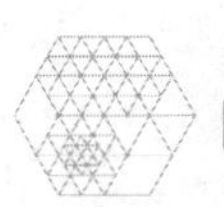

(3) 相轨迹的性质 在一些情况下，相平面图对称于 x 轴、$\dot{x}$ 轴或同时对称于 x 轴和 $\dot{x}$ 轴。相平面图的对称性可从描述系统的微分方程确定。

若二阶系统的微分方程为 $\ddot{x}=f(x,\dot{x})$

由于 $$\ddot{x}=\frac{\mathrm{d}x}{\mathrm{d}t}\times\frac{\mathrm{d}\dot{x}}{\mathrm{d}x}=\dot{x}\ \frac{\mathrm{d}\dot{x}}{\mathrm{d}x}$$

则二阶系统的微分方程可以描述为

$$\frac{\mathrm{d}\dot{x}}{\mathrm{d}x}=\frac{f(x,\dot{x})}{\mathrm{d}x} \tag{7-33}$$

式中，$\frac{\mathrm{d}\dot{x}}{\mathrm{d}x}$表示相轨迹在点（$x,\dot{x}$）处的斜率，相轨迹任一点均满足此方程，式（7-33）称为相轨迹的斜率方程。

根据相轨迹的斜率方程，可以得到相轨迹的性质如下。

1）相轨迹的对称性。

若 $f(x,\dot{x})=f(x,-\dot{x})$，即 $f(x,\dot{x})$ 是 $\dot{x}$ 的偶函数，则相轨迹对称于 x 轴。

若 $f(x,\dot{x})=-f(-x,\dot{x})$，即 $f(x,\dot{x})$ 是 x 的奇函数，则相轨迹对称于 $\dot{x}$ 轴。

若 $f(x,\dot{x})=-f(-x,-\dot{x})$，则相轨迹称于原点。

2）相轨迹的运动走向。

若 $\dot{x}>0$，则 x 增大；若 $\dot{x}<0$，则 x 减小。因此，在相平面的上半部，相轨迹从左向右运动，而在相平面的下半部，相轨迹从右向左运动。总之，相轨迹总是按顺时针方向运动。如图 7-31 所示。

3）相轨迹的普通点和奇点。

相轨迹在相平面上任意一点（$x,\dot{x}$）的斜率为

$$\frac{\mathrm{d}\dot{x}}{\mathrm{d}x}=\frac{\mathrm{d}\dot{x}/\mathrm{d}t}{\mathrm{d}x/\mathrm{d}t}=\frac{\ddot{x}}{\dot{x}}=\frac{f(x,\dot{x})}{\dot{x}} \tag{7-34}$$

只要在点（$x,\dot{x}$）处不同时满足 $\dot{x}=0$ 和 $\ddot{x}=f(x,\dot{x})=0$，则相轨迹的斜率就是一个确定的值。这样，通过该点的相轨迹只有一条，相轨迹不会在该点相交，这些点是相平面上的普通点。

相平面上同时满足 $\dot{x}=0$ 和 $\ddot{x}=f(x,\dot{x})=0$ 的特殊点称为奇点。奇点处的斜率

$$\frac{\mathrm{d}\dot{x}}{\mathrm{d}x}=\frac{f(x,\dot{x})}{\dot{x}}=\frac{0}{0}$$

即相轨迹的斜率不确定，通过该点的相轨迹有一条以上。因为奇点处 $\dot{x}=0$，所以奇点只能出现在 x 轴上。由于在奇点处，$\dot{x}=0$，$\ddot{x}=0$，即速度和加速度同时为零，这表示系统不再运动，处于平衡状态，所以奇点也称为平衡点。稳定系统一般稳定在奇点上。

4）相轨迹的正交性。

相轨迹与 x 轴相交时 $\dot{x}=0$，由斜率方程（7-34）可知，斜率$\frac{\mathrm{d}\dot{x}}{\mathrm{d}x}$无穷大，因此，除去奇点外，相轨迹总是以±90°方向通过 x 轴，即相轨迹与 x 轴垂直正交，如图 7-31 所示。

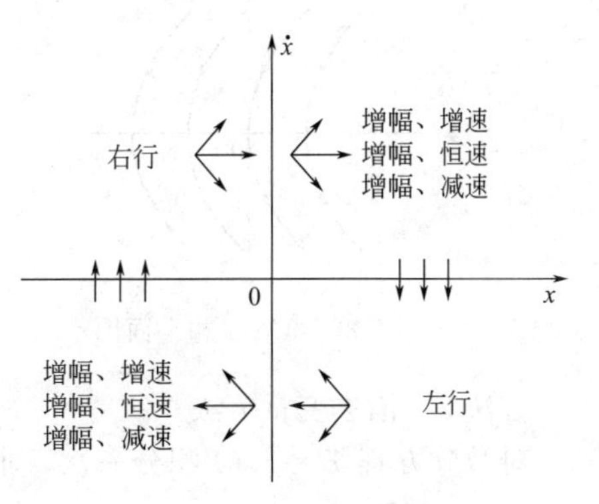

图 7-31 相轨迹的运动方向

5）相轨迹的渐近线。

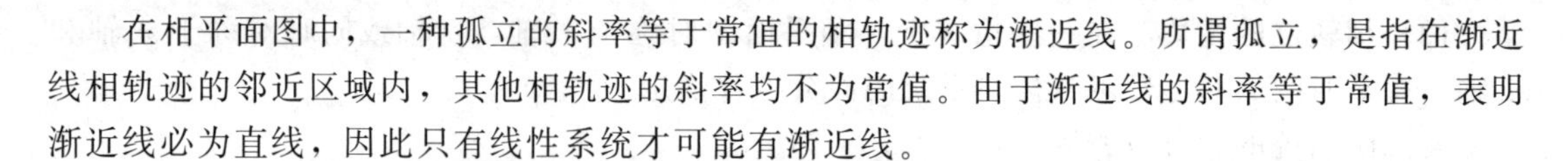

在相平面图中，一种孤立的斜率等于常值的相轨迹称为渐近线。所谓孤立，是指在渐近线相轨迹的邻近区域内，其他相轨迹的斜率均不为常值。由于渐近线的斜率等于常值，表明渐近线必为直线，因此只有线性系统才可能有渐近线。

7.3.2 相轨迹的绘制方法

应用相平面法分析非线性系统，首先绘制相轨迹。绘制相轨迹常用的方法有解析法和等倾线法。

(1) 解析法 一般来说，当描述系统的微分方程比较简单，通常采用解析法绘制相轨迹。用求解微分方程的方法找出 x 和 $\dot{x}$ 之间的关系，从而可在相平面上绘制相轨迹，这种方法称为解析法。

1) 分离变量积分法 方程为

$$\ddot{x}=f(x) \tag{7-35}$$

因为

$$\ddot{x}=\dot{x}\,\frac{\mathrm{d}\dot{x}}{\mathrm{d}x} \tag{7-36}$$

将式（7-36）代入方程（7-35），进行积分得

$$\int_{\dot{x}_0}^{\dot{x}}\dot{x}\,\mathrm{d}\dot{x}=\int_{x_0}^{x}f(x)\,\mathrm{d}x \tag{7-37}$$

2) 消去变量 t 法 根据给定的微分方程分别求出 $\dot{x}$ 和 x 对时间 t 的函数关系，然后再从这两个关系式中消去变量 t，便得相轨迹方程。

例 7-5 设二阶系统的微分方程为 $\ddot{x}+M=0$，初始条件为 $x(0)=x_0$，$\dot{x}(0)=0$，M 为常数，试绘制系统的相轨迹。

解 下面使用两种方法绘制相轨迹。

方法 1 分离变量积分法

由方程可得 $\dot{x}\,\dfrac{\mathrm{d}\dot{x}}{\mathrm{d}x}+M=0$，$\dot{x}\,\mathrm{d}\dot{x}=-M\mathrm{d}x$

方程两边同时积分得 $\dfrac{1}{2}(\dot{x}^2-\dot{x}_0^2)=-M(x-x_0)$

代入初始条件可得解析关系式为 $\dot{x}^2=-2M(x-x_0)$

根据相轨迹方程，在相平面 $x-\dot{x}$ 上分别绘制 $M=\pm1$ 时的相轨迹，如图 7-32、图 7-33 所示。从图可见，给定系统的相平面图是一簇对称于 x 轴的抛物线。

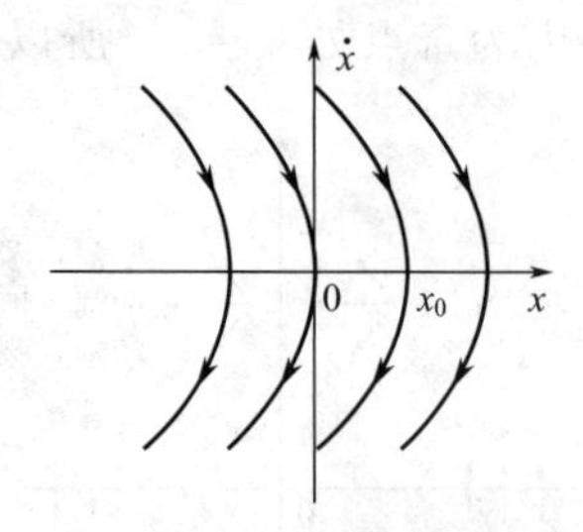

图 7-32 $M=1$ 相平面图

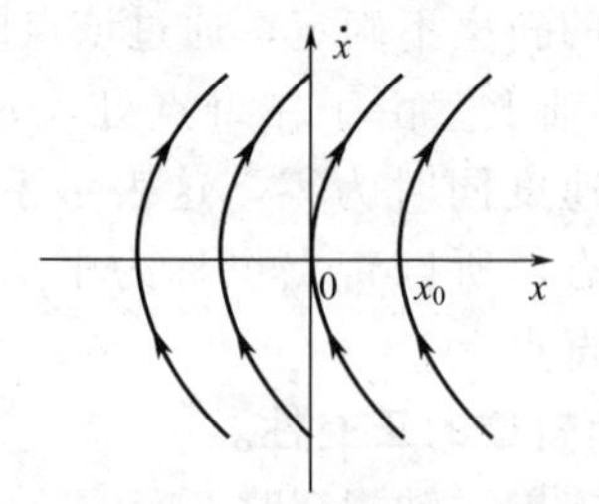

图 7-33 $M=-1$ 相平面图

方法 2 消去变量 t 法

对微分方程 $\ddot{x}=-M$ 积分一次，求得 $\dot{x}=-Mt$

对上式再进行一次积分，得到 $x=-\dfrac{1}{2}Mt^2+x_0$

在上列 $\dot{x}$、x 与 t 的关系式中消去变量 t，最终求得相轨迹方程为

$$\dot{x}^2=-2M(x-x_0)$$

例 7-6　二阶系统的运动方程为 $\ddot{x}+2\xi\omega_n\dot{x}+\omega_n^2x=0$，当 $\xi=0$ 时，试绘制系统的相轨迹。

解　由解析法有

$$\dot{x}\frac{d\dot{x}}{dx}+\omega_n^2x=0$$

即

$$\dot{x}d\dot{x}=-\omega_n^2xdx$$

方程两边同时积分，得

$$\int_{\dot{x}_0}^{\dot{x}}\dot{x}d\dot{x}=-\omega_n^2\int_{x_0}^{x}xdx$$

$$\frac{1}{2}(\dot{x}^2-\dot{x}_0^2)=-\frac{1}{2}\omega_n^2(x^2-x_0^2)$$

$$x^2+\frac{\dot{x}^2}{\omega_n^2}=c^2$$

式中，c 是由初始条件 $(x_0,\dot{x}_0)$ 决定的常数，$c=\sqrt{x_0^2+\frac{\dot{x}_0^2}{\omega_n^2}}$。

在相平面上，这是一个以原点为圆心的椭圆方程。当初始条件不同时，相轨迹是以 $(x_0,\dot{x}_0)$ 为起始点的椭圆簇。系统的相平面图如图 7-34 所示，表明系统的响应是等幅振荡周期运动。图中箭头表示时间 t 增大的方向。

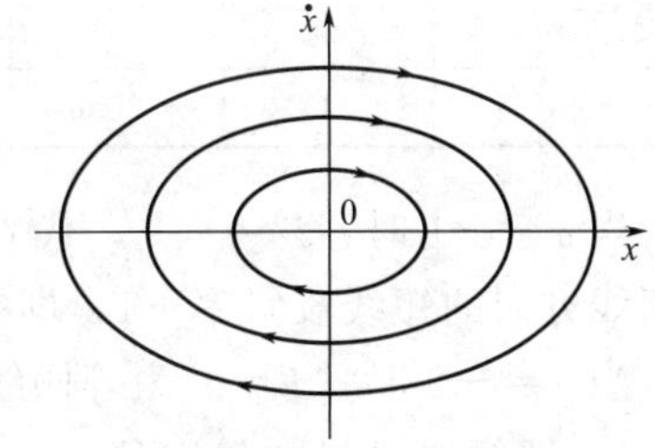

图 7-34　零阻尼二阶系统的相平面图

(2) 等倾线法　当对很多系统模型的微分方程用解析法求解比较困难，甚至不可能时，可以采用图解法进行分析求解。图解法可以直接给出相平面上的相轨迹图，避免对系统微分方程直接求解的难题。图解法通过作图画出系统的相轨迹，可以应用于低阶线性系统中，也可以应用于对低阶非线性系统的分析。工程中常用的图解法有等倾线法和 δ 法。

等倾线法是一种不必求解微分方程，而通过作图方法间接绘制相轨迹的方法。**等倾线**是指在相平面内对应相轨迹上具有等斜率点的连线。

由于 $\ddot{x}=\dot{x}\frac{d\dot{x}}{dx}$，将其代入二阶非线性系统方程 $\ddot{x}=f(x,\dot{x})$，得到相轨迹的斜率方程为

$$\frac{d\dot{x}}{dx}=\frac{f(x,\dot{x})}{\dot{x}} \tag{7-38}$$

令 $\alpha=\frac{d\dot{x}}{dx}$，即用 α 表示相轨迹的斜率，若取斜率 α 为常数，则相轨迹的等倾线方程为

$$\dot{x}=\frac{f(x,\dot{x})}{\alpha} \tag{7-39}$$

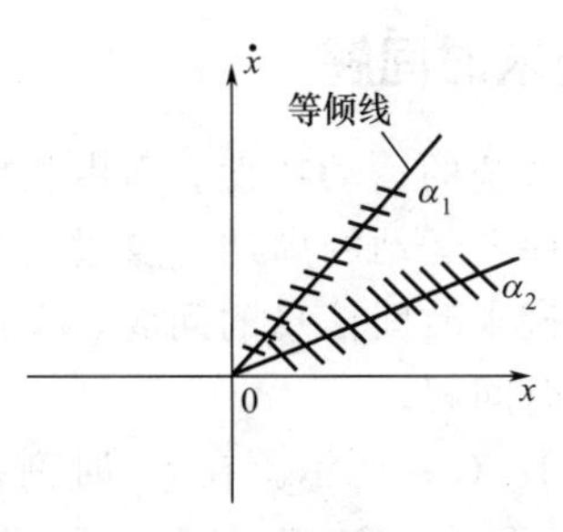

图 7-35　等倾线和表示切线方向场的短线段

给定一个斜率值 α，根据等倾线方程 (7-39)，便可以在相平面上作出一条等倾线。改变 α 的值，便可以作出若干条等倾斜线，即等倾线簇。如在这些等倾线上的各点画出斜率等于该等倾线所对应 α 值的短线段，则这些短线段便在整个相平面构成了相轨迹切线的方向场，如图 7-35 所示。不同 α 的值对应不同的短线段，α 变化将这些短线段连接起来，就是 $\dot{x}-x$ 的变化曲线。由此，只需由初始条件确定的点出发，沿着切线场方向将这些短线段用光滑连续曲线连接起来，便得到给定系统的相轨迹。

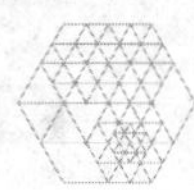

例 7-7 已知二阶系统为 $\ddot{x}+\dot{x}+x=0$，试用等倾线法作该系统的相轨迹图。

解 将 $\ddot{x}=\dot{x}\dfrac{\mathrm{d}\dot{x}}{\mathrm{d}x}=\alpha\dot{x}$ 代入方程，得等倾线方程为 $\dot{x}=-\dfrac{1}{1+\alpha}x$

设 $\alpha=\dfrac{\mathrm{d}\dot{x}}{\mathrm{d}x}$ 为定值，等倾线方程为过原点的直线方程，其斜率为 $K=-\dfrac{1}{1+\alpha}$

上式为等倾线斜率 K 与相轨迹斜率 α 的关系，给定一系列相轨迹斜率 α 的值，便得到一系列等倾斜线斜率 K 值。表 7-2 列出了不同 α 值下等倾斜线的斜率 K 以及等倾斜线与 x 轴的夹角 θ。

表 7-2 不同 α 值下等倾斜线的斜率 k 以及等倾斜线与 x 轴的夹角 θ

α	-1	$-\frac{5}{4}$	$-\frac{3}{2}$	$-\frac{5}{3}$	-2	$-\frac{5}{2}$	-3	-5
$K=\frac{-1}{1+\alpha}$	∞	4	2	$\frac{3}{2}$	1	$\frac{2}{3}$	$\frac{1}{2}$	$\frac{1}{4}$
θ	90°	76°	63.4°	56.3°	45°	33.7°	26.6°	14°
α	3	1	$\frac{1}{3}$	0	$-\frac{1}{3}$	$-\frac{1}{2}$	$-\frac{3}{4}$	-1
$K=\frac{-1}{1+\alpha}$	$-\frac{1}{4}$	$-\frac{1}{2}$	$-\frac{3}{4}$	-1	$-\frac{3}{2}$	-2	-4	∞
θ	−14°	−26.6°	−36.9°	−45°	−56.3°	−63.4°	−76°	90°

当 $\alpha=-1$ 时，$\ddot{x}=-\dot{x}$，代入方程 $\ddot{x}+\dot{x}+x=0$ 后，得 $x=0$，即 $\dot{x}$ 轴为等倾线；相轨迹切线方向的短线段斜率−1，即短线段与 x 轴夹角为−45°。

当 $\alpha=-2$ 时，$\dot{x}=x$ 为等倾线，等倾线与 x 轴夹角为 45°；相轨迹切线方向的短线段斜率−2，即短线段与 x 轴夹角为−63.4°。

当 $\alpha=3$ 时，$\dot{x}=-\dfrac{1}{4}x$ 为等倾线，等倾线与 x 轴夹角为−14°；相轨迹切线方向的短线段斜率 $\alpha=3$，即短线段与 x 轴夹角为 71.6°。

当 $\alpha=0$ 时，$\dot{x}=-x$ 为等倾线，等倾线与 x 轴夹角为−45°；相轨迹切线方向的短线段斜率 0，短线段与 x 轴夹角为 0°，即一条水平线。

图 7-36 绘出 α 取不同值时的等倾斜线，并在其上画出了代表相轨迹切线方向的短线段。根据这些短线段表示的方向场，很容易绘制出从某一点起始的特定的相轨迹。例如从图 7-36 中的 A 点出发，顺着短线段的方向可以逐渐过渡到 B 点、C 点…等，从而绘出一条相应的相轨迹。由此可以得到系统的相轨迹图，如图 7-36 所示。

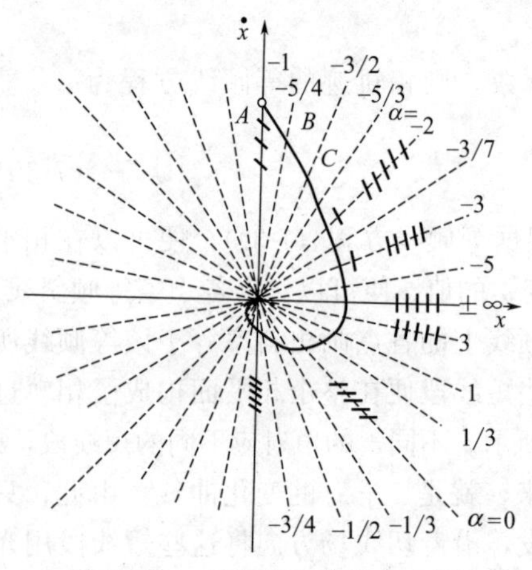

图 7-36 等倾线法作相轨迹图

7.3.3 由相轨迹求时间解

相轨迹能清楚地反映系统的运动特性。而由相轨迹确定系统的响应时间、周期运动的周期以及过渡过程时间时，会涉及由相轨迹求时间信息的问题。下面介绍用增量法由相轨迹求时间解。

设系统相轨迹如图 7-37（a）所示。在 t_A 时刻系统状态位于 $A(x_A,\dot{x}_A)$，经过一段时间 Δt_{AB} 后，系统状态移动到新的位置 $B(x_B,\dot{x}_B)$。如果时间间隔比

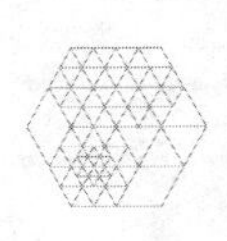

较小，两点间的位移量不大，则该时间段的平均速度为

$$\dot{x}_{AB}=\frac{\Delta x}{\Delta t}=\frac{x_B-x_A}{\Delta t_{AB}}$$

又由

$$\dot{x}_{AB}=\frac{\dot{x}_A+\dot{x}_B}{2}$$

可求出 A 点到 B 点所需的时间 Δt_{AB}

$$\Delta t_{AB}=\frac{2(x_B-x_A)}{\dot{x}_A+\dot{x}_B} \tag{7-40}$$

同理可求出 B 点到 C 点所需的时间 $\Delta t_{BC}\cdots$。利用这些时间信息以及所对应的 $x(t)$，就可以绘制出相应的 $x(t)$ 曲线，如图 7-37（b）所示。注意在穿过 x 轴的相轨迹段进行计算时，最好将一点选在 x 轴上，以避免出现 $\dot{x}_{AB}=0$。

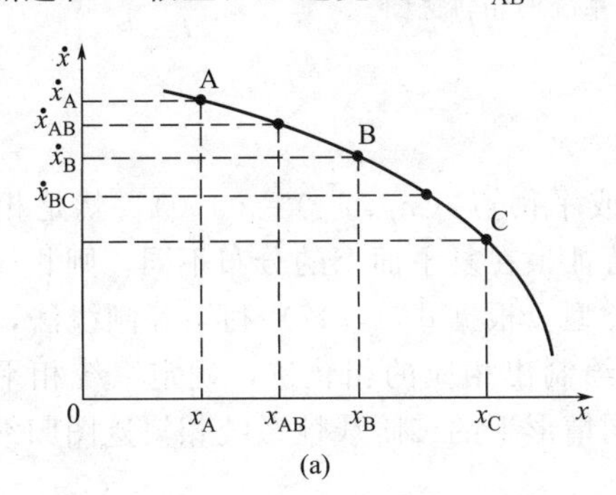

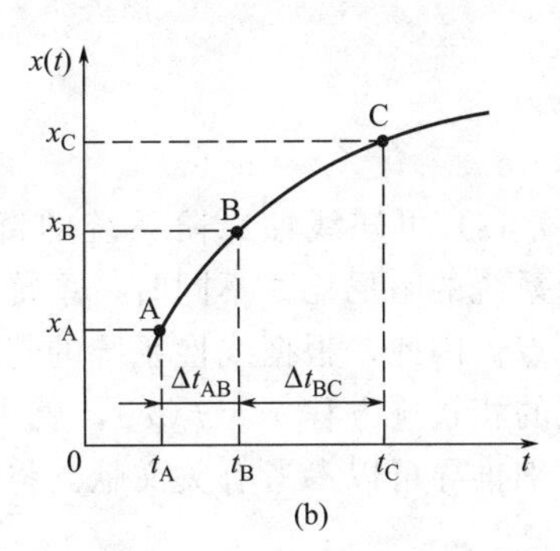

图 7-37 由相轨迹求时间解

7.3.4 线性系统相轨迹

许多本质非线性系统常常可以进行分段线性化处理，而许多非本质性非线性系统也可以在平衡点附近做增量线性化处理。因此，可以从一阶、二阶线性系统的相轨迹入手进行研究，为非线性系统的相平面分析提供手段。

(1) 一阶线性系统的相轨迹

例 7-8 设一阶线性系统为 $\dot{x}+ax=0$，$x_0=b$，试画出其相平面图。

解 由方程得到相轨迹方程为 $\dot{x}=-ax$

相轨迹为过点 $x=b$，斜率为 $-a$ 的直线，如图 7-38 所示。当斜率 $-a<0$ 时，相轨迹收敛于原点；当斜率 $-a>0$ 时，相轨迹沿直线发散趋于无穷远处。

(2) 二阶线性系统的相轨迹 设二阶系统的微分方程为

$$\ddot{x}+f(x,\dot{x})=0$$

若 $f(x,\dot{x})$ 是 x 及 $\dot{x}$ 的线性函数，则二阶线性微分方程的一般形式为

$$\ddot{x}+2\xi\omega_n\dot{x}+\omega_n^2x=0 \tag{7-41}$$

分别取 x 及 $\dot{x}$ 为相平面的横坐标与纵坐标，并将上列方程改写成

$$\frac{d\dot{x}}{dx}=-\frac{2\xi\omega_n\dot{x}+\omega_n^2x}{\dot{x}} \tag{7-42}$$

式（7-42）代表描述二阶系统自由运动的相轨迹各点处的斜率。令

$$\begin{cases}f(x,\ \dot{x})\ =2\xi\omega_n\dot{x}+\omega_n^2x=0\\ \dot{x}=0\end{cases} \tag{7-43}$$

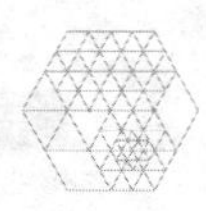

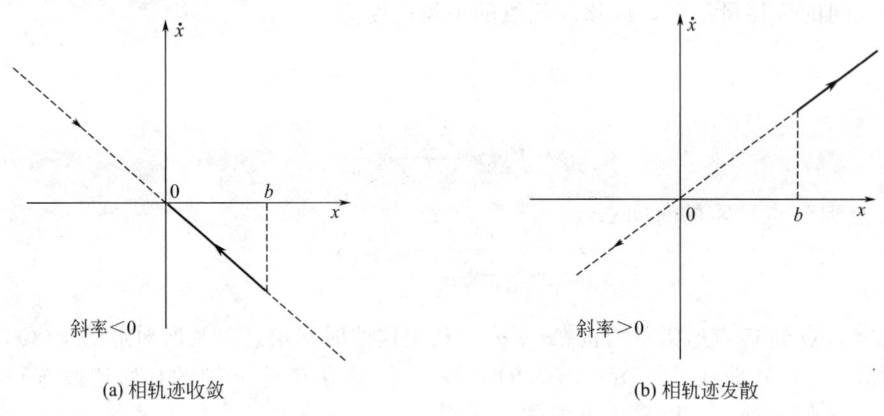

(a) 相轨迹收敛　　(b) 相轨迹发散

图 7-38　一阶系统的相轨迹图

$$\begin{cases} x=0 \\ \dot{x}=0 \end{cases} \tag{7-44}$$

由式（7-43）可知线性二阶系统的奇点或平衡点 $(x_e,\dot{x}_e)=(0,0)$，就是相平面的原点。当二阶系统的阻尼比 ξ 不同时，系统的特征根在复平面上的分布不同，则相应有六种性质不同的奇点。因此，根据线性系统的奇点类型，根据式（7-42）利用等倾线法，或者解析法解出系统的相轨迹方程 $\dot{x}=f(x)$，就可以绘制出相应的相轨迹，确定系统相平面上的运动状态。详细推导可以参考有关文献。将不同情形下的二阶线性系统相轨迹图归纳整理，列在表 7-3 中。

① 当 $\xi \geqslant 1$ 时，λ_1，λ_2 为两个负实根，系统处于过阻尼（或临界阻尼）状态，动态响应按指数衰减。对应的相轨迹是一簇趋向相平面原点的抛物线，相应奇点称为**稳定的节点**。

② 当 $0<\xi<1$ 时，λ_1，λ_2 为一对具有负实部的共轭复根，系统处于欠阻尼状态。动态响应为衰减振荡过程。对应的相轨迹是一簇收敛的对数螺旋线，相应的奇点称为**稳定的焦点**。

③ 当 $\xi=0$ 时，λ_1，λ_2 为一对共轭纯虚根，系统的动态响应是简谐（等幅振荡）运动，相轨迹是一簇同心椭圆，称这种奇点为**中心点**。

④ 当 $-1<\xi<0$ 时，λ_1，λ_2 为一对具有正实部的共轭复根，系统的自由响应振荡发散。对应的相轨迹是发散的对数螺旋线。相应奇点称为**不稳定的焦点**。

⑤ 当 $\xi<-1$ 时，λ_1，λ_2 为两个正实根，系统的自由响应为非周期发散状态。对应的相轨迹是发散的抛物线簇。相应的奇点称为**不稳定的节点**。

⑥ 若系统极点 λ_1，λ_2 为两个符号相反的实根，此时系统的自由响应呈现非周期发散状态。对应的相轨迹是一簇双曲线，相应奇点称为鞍点，是**不稳定的平衡点**。

当系统至少有一个为零的极点时，很容易解出相轨迹方程（见表 7-3 中序号 7、8、9），由此绘制相平面图，可以分析系统的运动特性。

表 7-3　二阶线性定常系统奇点的性质

序号	阻尼比取值	特征根分布	时间响应	相轨迹及奇点的性质	相轨迹方程
1	$\ddot{x}+2\xi\omega_n\dot{x}+\omega_n^2x=0$ $\xi>1$	jω λ_2　λ_1　0　σ	x t	ẋ x (0, 0) 稳定节点	抛物线(收敛) 特殊相轨迹： $\begin{cases}\dot{x}=\lambda_1x \\ \dot{x}=\lambda_2x\end{cases}$

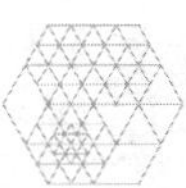

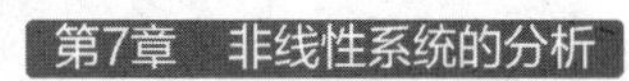

续表

序号	阻尼比取值	特征根分布	时间响应	相轨迹及奇点的性质	相轨迹方程
2	$\ddot{x}+2\xi\omega_n\dot{x}+\omega_n^2x=0$ $0<\xi<1$	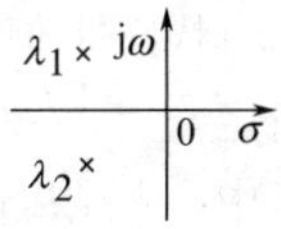	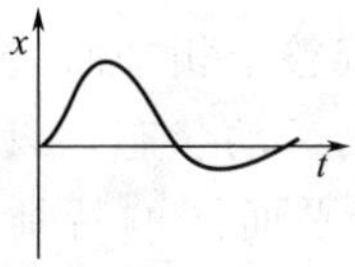	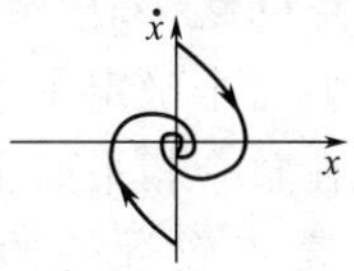 (0,0)稳定焦点	对数螺线 （收敛）
3	$\ddot{x}+2\xi\omega_n\dot{x}+\omega_n^2x=0$ $\xi=0$	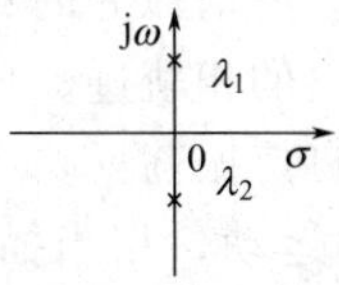	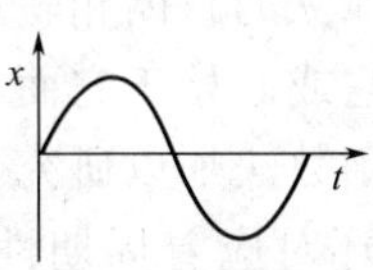	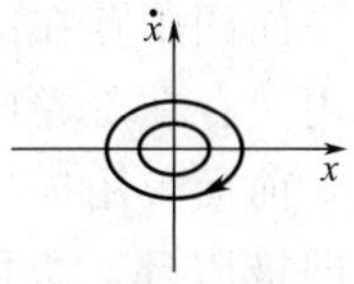 (0, 0)中心点	椭圆
4	$\ddot{x}+2\xi\omega_n\dot{x}+\omega_n^2x=0$ $-1<\xi<0$	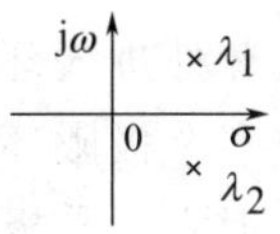	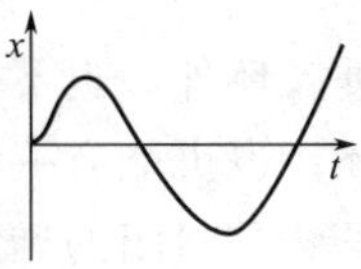	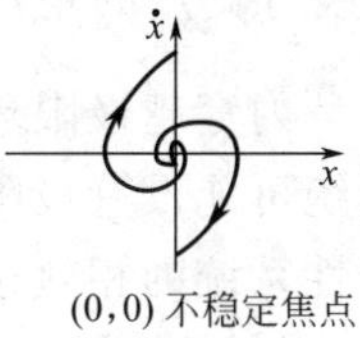 (0,0)不稳定焦点	对数螺线 （发散）
5	$\ddot{x}+2\xi\omega_n\dot{x}+\omega_n^2x=0$ $\xi<-1$	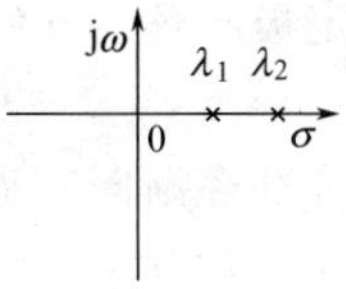	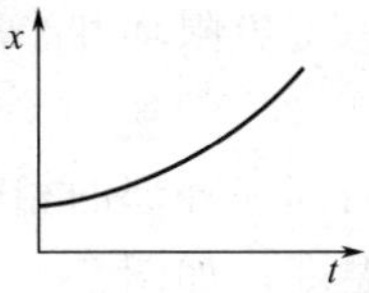	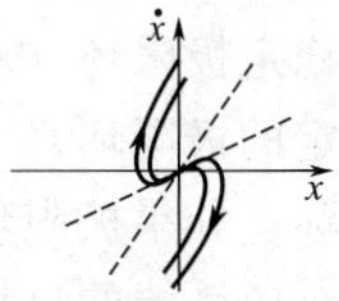 (0,0)不稳定节点	抛物线（发散） 特殊相轨迹： $\begin{cases}\dot{x}=\lambda_1x\\\dot{x}=\lambda_2x\end{cases}$
6	$\ddot{x}+2\xi\omega_n\dot{x}-\omega_n^2x=0$	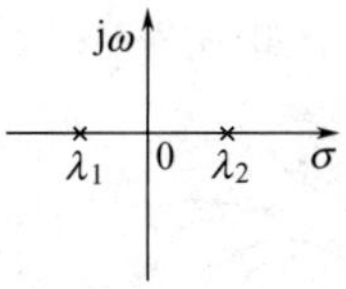	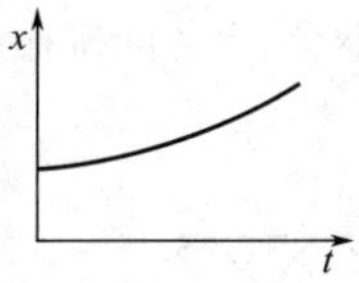	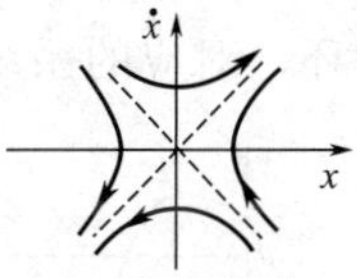 (0, 0)鞍点	双曲线 特殊相轨迹： $\begin{cases}\dot{x}=\lambda_1x\\\dot{x}=\lambda_2x\end{cases}$
7	$\ddot{x}+a\dot{x}=0$ $a>0$	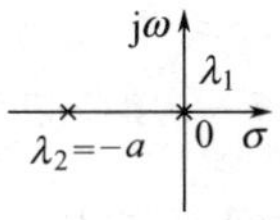	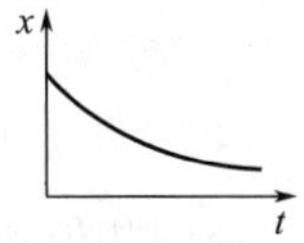	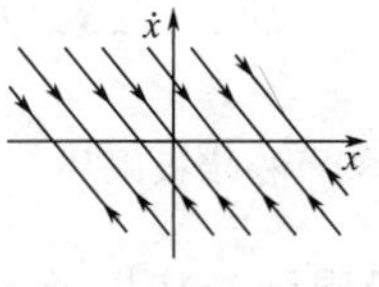 奇点x轴	$\begin{cases}\dot{x}=0\\\dot{x}=-ax+c\end{cases}$
8	$\ddot{x}+a\dot{x}=0$ $a<0$	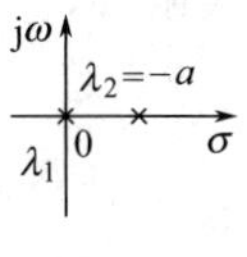	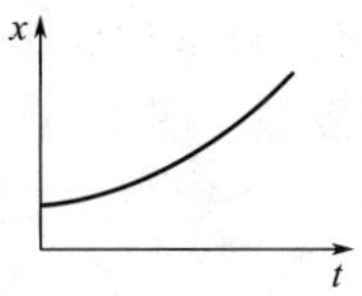	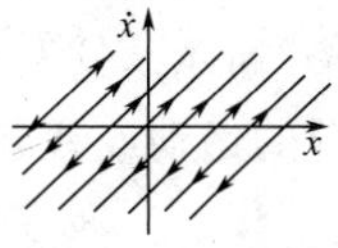 奇点x轴	$\begin{cases}\dot{x}=0\\\dot{x}=-ax+c\end{cases}$
9	$\ddot{x}=0$	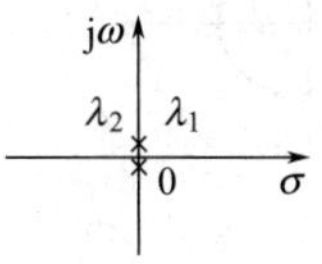	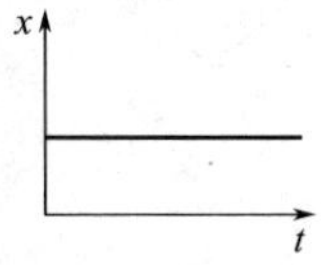	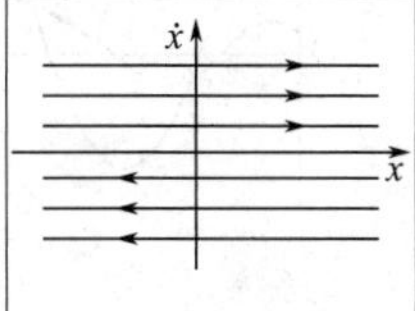 奇点x轴	$\dot{x}=c$

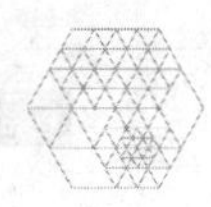

7.3.5 极限环

以上讨论了奇点问题，对于线性系统，奇点的类型完全确定了系统的性能，或者说，线性系统的奇点的类型完全确定了系统整个相平面上的运动状态。但对于非线性系统，奇点的类型不能确定系统在整个相平面上的运动状态，只能确定奇点（平衡点）附近的运动特征，所以还要研究离开奇点较远处的相平面图的特征，其中，极限环的确定具有特别重要的意义。

极限环是指相平面图中存在的孤立的封闭相轨迹。所谓孤立的封闭相轨迹是指在这类封闭曲线的邻近区域内只存在着卷向它或起始于它而卷出的相轨迹。自持振荡是非线性系统中一个很重要的现象，前面曾用描述函数法加以研究，自持振荡反映在相平面图上，是相轨迹缠绕成的一个环，即极限环。极限环对应着周期性的运动，相当描述函数分析法中 $G(\mathrm{j}\omega)$ 曲线与 $-\dfrac{1}{N(A)}$ 曲线有交点的情况，即自持振荡。极限环把相平面分为内部平面和外部平面。相轨迹不能从环内穿越极限环进入环外，也不能从环外进入环内。

非线性控制系统可能没有极限环，也可能有一个或多个极限环。

二阶零阻尼线性系统的相轨迹虽然是封闭的椭圆，但它不是极限环。因为它不是卷向某条封闭曲线或由某条封闭曲线卷出的相轨迹。

极限环可分为稳定极限环、不稳定极限环和半稳定极限环。非线性系统的自持振荡在相平面上对应一个稳定的极限环。

(1) 稳定极限环 如果极限环内部和外部的相轨迹都逐渐向它逼近，则这样的极限环称为稳定的极限环，对应系统的自持振荡，如图 7-39 所示。

(2) 不稳定极限环 如果极限环内部和外部的相轨迹都逐渐远离它而去，这样的极限环称为不稳定的极限环，对应的系统不会产生自持振荡，如图 7-40 所示。

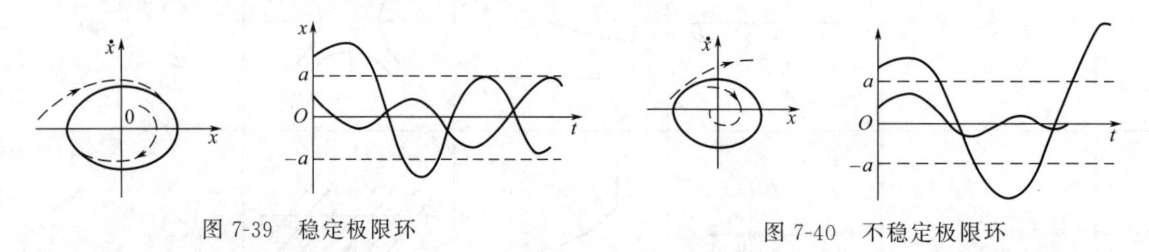

图 7-39 稳定极限环　　图 7-40 不稳定极限环

(3) 半稳定极限环 如果极限环内部的相轨迹逐渐向它逼近，而外部的相轨迹逐渐远离它，如图 7-41 (a) 所示；或者反之，内部的相轨迹逐渐远离于它，而外部的相轨迹逐渐向它逼近，如图 7-41 (b) 所示。这两种极限环都称为半稳定极限环，具有这种极限环的系统不会产生自持振荡，系统的运动或者趋于发散［图 7-41 (a)］，或者趋于收敛［图 7-41 (b)］。

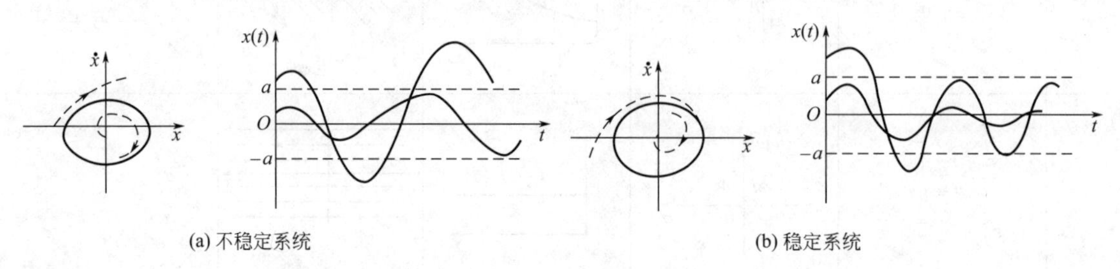

(a) 不稳定系统　　(b) 稳定系统

图 7-41 半稳定极限环

7.3.6 非线性系统相轨迹

(1) 非本质非线性系统的相轨迹分析 设非线性二阶系统的微分方程为

$$\ddot{x}=f(x,\dot{x})$$

若函数 $f(x,\dot{x})$ 是解析的，系统的平衡点是 $(x_e,\dot{x}_e)$，则可以在平衡点处将其进行小偏差线性化近似。将 $f(x,\dot{x})$ 在奇点处按泰勒级数展开成下式

$$f(x,\dot{x})=f(x_e,\dot{x}_e)+\left.\frac{\partial f}{\partial x}\right|_{(x_e,\dot{x}_e)}(x-x_e)+\left.\frac{\partial f}{\partial \dot{x}}\right|_{(x_e,\dot{x}_e)}(\dot{x}-\dot{x}_e)+\cdots$$

对上式取一次近似，同时考虑 $f(x_e,\dot{x}_e)=0$，故得

$$\ddot{x}=f(x,\dot{x})=\left.\frac{\partial f}{\partial x}\right|_{(x_e,\dot{x}_e)}(x-x_e)+\left.\frac{\partial f}{\partial \dot{x}}\right|_{(x_e,\dot{x}_e)}(\dot{x}-\dot{x}_e)+\cdots$$

然后按线性二阶系统分析奇点类型，确定系统在奇点附近的稳定性。也可以绘制系统的相轨迹，分析系统的动态性能。

例 7-9 已知非线性系统的微分方程是 $2\ddot{x}+\dot{x}^2+x=0$，试求系统的奇点，并确定奇点的类型。

解 令 $\ddot{x}=-\frac{1}{2}\dot{x}^2-\frac{1}{2}x=f(x,\ \dot{x})$，由 $\dot{x}=0$，$\ddot{x}=-\frac{1}{2}\dot{x}^2-\frac{1}{2}x=0$，确定奇点。

由此可得奇点为 $(x_e,\dot{x}_e)=(0,0)$。

在奇点 (0,0) 处，将 $\ddot{x}=f(x,\dot{x})=-\frac{1}{2}\dot{x}^2-\frac{1}{2}x$ 展开成泰勒级数为

$$\ddot{x}=\left.\frac{\partial f}{\partial x}\right|_{(x_e,\dot{x}_e)}(x-x_e)+\left.\frac{\partial f}{\partial \dot{x}}\right|_{(x_e,\dot{x}_e)}(\dot{x}-\dot{x}_e)$$

$$\left.\frac{\partial f}{\partial x}\right|_{(x_e,\dot{x}_e)}(x-x_e)=-\frac{1}{2}x,\ \left.\frac{\partial f}{\partial \dot{x}}\right|_{(x_e,\dot{x}_e)}(\dot{x}-\dot{x}_e)=0$$

故有

$$\ddot{x}+\frac{1}{2}x=0$$

特征方程为 $\lambda^2+\frac{1}{2}\lambda=0$，解得特征根为 $\lambda=\pm \mathrm{j}\frac{\sqrt{2}}{2}$。

故奇点为中心点，可以画出奇点附近的相轨迹是以原点为圆心的椭圆。

(2) 非线性控制系统的相轨迹分析 许多非线性控制系统所含有的非线性特性是分段线性的。因此，用相平面法分析这类系统时，一般采用相平面分区线性化分析方法，即“分区-衔接”的方法。

根据非线性特性的线性分段情况，用几条分界线（开关线）把相平面分成几个线性区域，在各线性区域内，分别用微分方程来描述。其次，分别绘出各线性区域的相平面图。最后，将相邻区间的相轨迹衔接成连续的曲线，即可获得系统的相平面图。

每个区域都具有一个奇点，如果奇点位于该区域之内，称为实奇点；如果奇点位于该区域之外，由于相轨迹永远不能达到这个奇点，故称虚奇点。

绘制相轨迹的一般步骤：

1）将非线性特性用分段的线性特性来表示，写出相应线段的数学表达式。

2）在相平面上选择合适的坐标，一般常用误差 e 及其导数 $\dot{e}$ 分别为横坐标及纵坐标。然后将相平面根据非线性特性划分成若干区域，使非线性特性在每个区域内都呈线性特性。

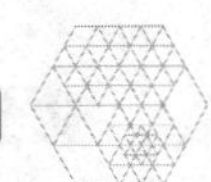

3）确定每个区域的奇点类别和在相平面上的位置。

4）在各个区域内分别画出各自的相轨迹。

5）将相邻区间的相轨迹衔接成连续的曲线，便得到整个非线性系统的相轨迹。基于该相轨迹，可以全面分析二阶非线性系统的动态及稳态特性。

几种常用线性方程的相轨迹如表 7-4 所示。熟悉这些相轨迹，再利用“分区-衔接”的方法，即可画出非线性系统的相轨迹，有利于研究非线性系统的动态性能等。

表 7-4　几种常用线性方程相轨迹

序号	相轨迹方程	相轨迹	序号	相轨迹方程	相轨迹
1	$\ddot{e}+\dot{e}+e=0$	稳定焦点	5	$\ddot{e}+e=0$ $\dot{e}\frac{\mathrm{d}\dot{e}}{\mathrm{d}e}+e=0$, $\dot{e}\mathrm{d}\dot{e}+e\mathrm{d}e=0$, $\dot{e}^2+e^2=c^2$	中心圆
2	$\ddot{e}+\dot{e}+1=0$ $\dot{e}\frac{\mathrm{d}\dot{e}}{\mathrm{d}e}+\dot{e}+1=0$ $\alpha\dot{e}+\dot{e}+1=0$ $\dot{e}=\frac{-1}{\alpha+1}$	等倾线方程为平行于横轴的直线， 渐近线 $\dot{e}=-1$	6	$\ddot{e}=1$ $\dot{e}\frac{\mathrm{d}\dot{e}}{\mathrm{d}e}=1, \dot{e}\mathrm{d}\dot{e}=\mathrm{d}e$ $\dot{e}^2=2e+c$	抛物线
3	$\ddot{e}+\dot{e}-1=0$ $\dot{e}\frac{\mathrm{d}\dot{e}}{\mathrm{d}\dot{e}}+\dot{e}-1=0$ $\alpha\dot{e}+\dot{e}-1=0$ $\dot{e}=\frac{1}{1+\alpha}$	渐近线 $\dot{e}=1$	7	$\ddot{e}=-1$ $\dot{e}^2=-2e+c$	抛物线
4	$\ddot{e}+\dot{e}=0$ $\dot{e}\frac{\mathrm{d}\dot{e}}{\mathrm{d}e}+\dot{e}=0$, $\dot{e}=0, \frac{\mathrm{d}\dot{e}}{\mathrm{d}e}=-1$	斜直线	8	$\ddot{e}+e-2=0$ $\dot{e}\frac{\mathrm{d}\dot{e}}{\mathrm{d}e}+e-2=0$ $\dot{e}\mathrm{d}\dot{e}+e\mathrm{d}e-2\mathrm{d}e=0$ $\dot{e}^2+e^2-4e=c_1$ $\dot{e}^2+(e-2)^2=c^2$	中心圆

例 7-10　含饱和非线性的非线性系统结构如图 7-42 所示，其中饱和特性的数学表达式为

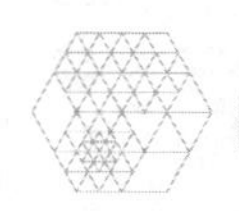

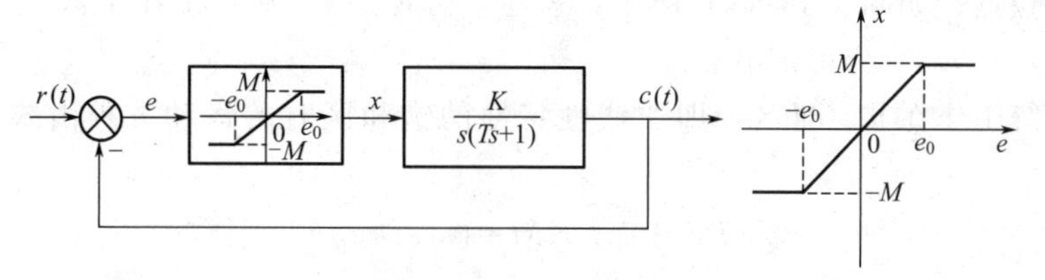

图 7-42 非线性系统结构图

$$x=\begin{cases}M, & e>e_0\\ e, & |e|\leqslant e_0\\ -M, & e<-e_0\end{cases}\tag{7-45}$$

试分析当输入信号分别为 $r(t)=R\times1(t)$ 和 $r(t)=R+vt$ 时，系统的动态和稳态特性。

解 由图 7-42 可知，描述系统运动过程的微分方程为 $T\ddot{c}+\dot{c}=Kx$，$c=r-e$

由上列方程组写出以误差 e 为输出变量的系统运动方程为

$$T\ddot{e}+\dot{e}+Kx=T\ddot{r}+\dot{r}\tag{7-46}$$

其中变量 x 与误差 e 的关系如式（7-45）所示。

1）取输入信号 $r(t)=R\times1(t)$，$R=$常值。

在这种情况下，由于在 $t>0$ 时，有 $\ddot{r}=\dot{r}=0$，故式（7-46）可写成

$$T\ddot{e}+\dot{e}+Kx=0\tag{7-47}$$

根据饱和非线性特性，相平面可分成三个区域，即Ⅰ区（$|e|<e_0$）、Ⅱ区（$e>e_0$）及Ⅲ区（$e<-e_0$），如图 7-43 所示。

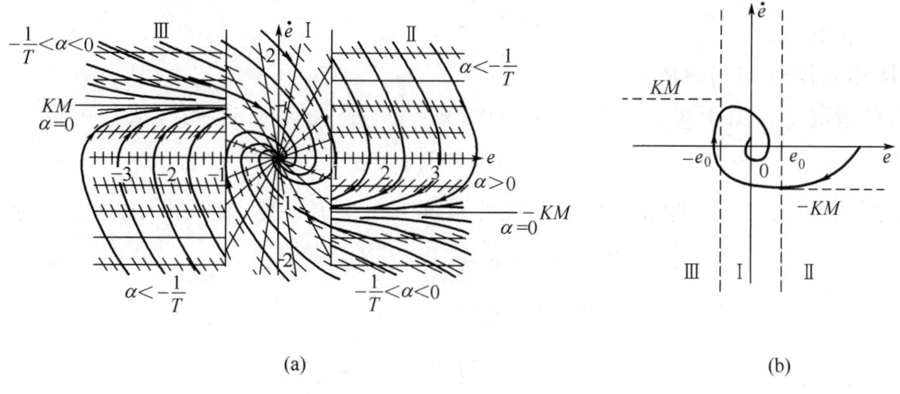

图 7-43 非线性系统相轨迹图

非线性系统工作在Ⅰ区，即线性区时的运动方程为

$$T\ddot{e}+\dot{e}+Ke=0,\quad |e|<e_0\tag{7-48}$$

将 $\ddot{e}=\dot{e}\dfrac{\mathrm{d}\dot{e}}{\mathrm{d}e}$代入式（7-48），求得Ⅰ区相轨迹的斜率方程为$\dfrac{\mathrm{d}\dot{e}}{\mathrm{d}e}=-\dfrac{1}{T}\dfrac{\dot{e}+Ke}{\dot{e}}$

以 $e=0$ 及 $\dot{e}=0$ 代入上式，得到$\dfrac{\mathrm{d}\dot{e}}{\mathrm{d}e}=\dfrac{0}{0}$

这说明相平面 e-$\dot{e}$ 的原点（0,0）为Ⅰ区相轨迹的奇点，该奇点因位于Ⅰ区内，故为实奇点。从式（7-48）看出，若 $1-4TK<0$，则系统在Ⅰ区工作于欠阻尼状态，这时的奇点

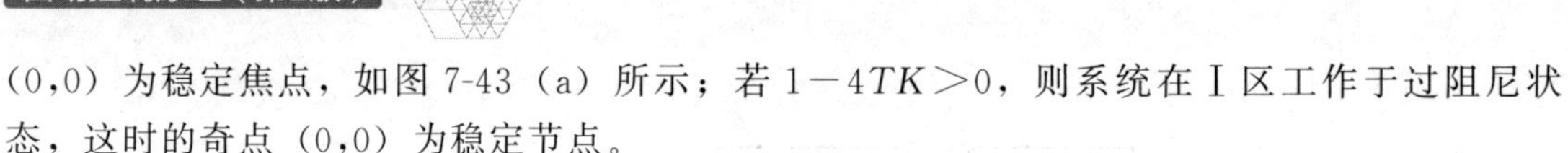

(0,0) 为稳定焦点，如图 7-43（a）所示；若 $1-4TK>0$，则系统在Ⅰ区工作于过阻尼状态，这时的奇点 (0,0) 为稳定节点。

非线性系统工作在Ⅱ、Ⅲ区，即非线性特性的饱和区时的运动方程由式（7-47）及式（7-45）求得为

$$\begin{cases} T\ddot{e}+\dot{e}+KM=0, & e>e_0 \\ T\ddot{e}+\dot{e}-KM=0, & e<-e_0 \end{cases} \tag{7-49}$$

由式（7-49）求得Ⅱ、Ⅲ区相轨迹的斜率方程为

$$\begin{cases} \dfrac{\mathrm{d}\dot{e}}{\mathrm{d}e}=-\dfrac{1}{T}\times\dfrac{\dot{e}+KM}{\dot{e}}, & e>e_0 \\ \dfrac{\mathrm{d}\dot{e}}{\mathrm{d}e}=-\dfrac{1}{T}\times\dfrac{\dot{e}-KM}{\dot{e}}, & e<-e_0 \end{cases} \tag{7-50}$$

若记 $\mathrm{d}\dot{e}/\mathrm{d}e=\alpha$，则分别求得Ⅱ、Ⅲ区的等倾线方程为

$$\begin{cases} \dot{e}=-\dfrac{KM}{T\alpha+1}, & e>e_0 \\ \dot{e}=\dfrac{KM}{T\alpha+1}, & e<-e_0 \end{cases} \tag{7-51}$$

应用等倾线法，基于式（7-51），在相平面图的Ⅱ、Ⅲ区分别绘制的一簇相轨迹如图 7-43（a）所示，其中直线 $\dot{e}=-KM$（Ⅱ区），$\dot{e}=KM$（Ⅲ区）分别为Ⅱ、Ⅲ区内 $\alpha=0$ 的等倾线。从图 7-43（a）可见，由于Ⅱ区的全部相轨迹均渐近于 $\dot{e}=-KM$，以及Ⅲ区的全部相轨迹渐近于 $\dot{e}=KM$，故称 $\alpha=0$ 的两条等倾线为相轨迹的渐近线。图 7-43（b）所示为基于图 7-43（a）绘制的在阶跃输入信号作用下含饱和特性的非线性系统的完整相轨迹图，其中相轨迹的初始点由 $e(0)=r(0)-c(0)$，$\dot{e}(0)=\dot{r}(0)-\dot{c}(0)$ 来确定。图 7-43（b）所示为 $e(0)>e_0$ 及 $\dot{c}(0)=0$ 的情况。

2）取输入信号 $r(t)=R+vt$。

在这种情况下，由于在 $t>0$ 时有 $\ddot{r}=0$、$\dot{r}=v$，故式（7-46）可写成

$$T\ddot{e}+\dot{e}+Kx=v \tag{7-52}$$

考虑到式（7-45），含饱和特性的非线性系统工作在Ⅰ、Ⅱ、Ⅲ区的运动方程分别为

$$\begin{cases} T\ddot{e}+\dot{e}+Ke=v, & |e|<e_0 \\ T\ddot{e}+\dot{e}+KM=v, & e>e_0 \\ T\ddot{e}+\dot{e}-KM=v, & e<-e_0 \end{cases} \tag{7-53}$$

从式（7-53）描述非线性系统工作于饱和特性线性区，即Ⅰ区时的运动方程写出相轨迹的斜率方程为

$$\frac{\mathrm{d}\dot{e}}{\mathrm{d}e}=-\frac{1}{T}\times\frac{\dot{e}+Ke-v}{\dot{e}} \tag{7-54}$$

由式（7-54）根据 $\mathrm{d}\dot{e}/\mathrm{d}e=0/0$ 求得奇点坐标为 $e=\dfrac{v}{K}$、$\dot{e}=0$，它可能是稳定焦点或稳定节点。

非线性系统工作于饱和特性饱和区，即Ⅱ、Ⅲ区时的等倾线方程分别由式（7-53）求得为

$$\begin{cases} \dot{e}=\dfrac{v-KM}{T\alpha+1}, & e>e_0 \\ \dot{e}=\dfrac{v+KM}{T\alpha+1}, & e<-e_0 \end{cases} \tag{7-55}$$

由式（7-55）求得斜率 $\mathrm{d}\dot{e}/\mathrm{d}e=\alpha=0$ 时的渐近线方程分别为

$$\begin{cases} \dot{e}=v-KM & e>e_0 \\ \dot{e}=v+KM & e<-e_0 \end{cases} \tag{7-56}$$

下面分三种情况讨论给定非线性系统相轨迹的绘制问题。

① $v>KM$ 及 $M=e_0$　在这种情况下，奇点坐标为 $e=v/K>e_0$ 及 $\dot{e}=0$。由于奇点位于Ⅱ区，故对Ⅰ区来说它是一个虚奇点。又由于 $v>KM$，故从式（7-56）可见，相轨迹的两条渐近线均位于横轴之上，见图 7-44。图 7-44 绘出包括Ⅰ、Ⅱ、Ⅲ三个区的相轨迹簇，以及始于初始点 A 的含饱和特性的非线性系统响应输入信号 $R+vt$ 时的完整相轨迹 ABCD。从图 7-44 看到，因为是虚奇点，所以给定非线性系统的平衡状态不可能是奇点（$e>e_0$，$\dot{e}=0$），而是当 $t\to\infty$ 时相轨迹最终趋向渐近线 $\dot{e}=v-KM$。这说明，给定非线性系统响应 $R+vt$ 的稳态误差为无穷大。

② $v<KM$ 及 $M=e_0$　在这种情况下，奇点坐标为 $e=v/K<e_0$ 及 $\dot{e}=0$，可见是实奇点；Ⅱ区的渐近线 $\dot{e}=v-KM$ 位于横轴之下，而Ⅲ区的渐近线 $\dot{e}=v+KM$ 位于横轴之上，见图 7-45 中绘出始于初始点 A 的含饱和特性的非线性系统响应输入信号 $R+vt$ 时的完整相轨迹 $ABCP$。由于是实奇点，故相轨迹最终将进入Ⅰ区而趋向奇点（$e<e_0$，$\dot{e}=0$），从而使给定非线性系统的稳态误差取得小于 e_0 的常值。

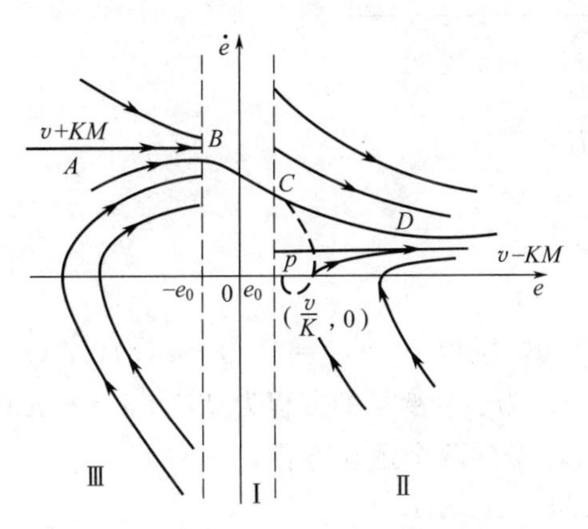

图 7-44　$v>KM$ 时的相平面图

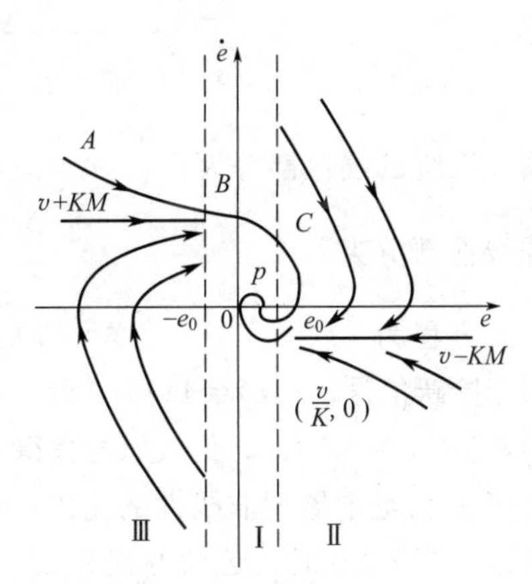

图 7-45　$v<KM$ 时的相平面图

③ $v=KM$ 及 $M=e_0$　在这种情况下，奇点坐标为 $e=e_0$ 及 $\dot{e}=0$，恰好位于Ⅰ、Ⅱ两区的分界线上。对于Ⅱ区，从式（7-53）求得其运动方程为 $T\ddot{e}+\dot{e}=0$　$(e>e_0)$。或写成

$$\dot{e}\left(T\frac{\mathrm{d}\dot{e}}{\mathrm{d}e}+1\right)=0 \quad (e>e_0) \tag{7-57}$$

式（7-57）说明，在 $e>e_0$ 的Ⅱ区，给定非线性系统的相轨迹或为斜率等于 $-1/T$ 的直线，或为 $\dot{e}=0$ 的直线，即横轴的 $e>e_0$ 区段，见图 7-46。

从图 7-46 所示始于初始点 A 的给定非线性系统的相轨迹 $ABCD$ 可见，相轨迹由Ⅰ区进入Ⅱ区后不可能趋向奇点（e_0,0），而是沿斜率等于 $-1/T$ 的直线继续向前运动，最终止于

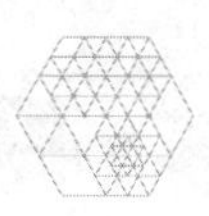

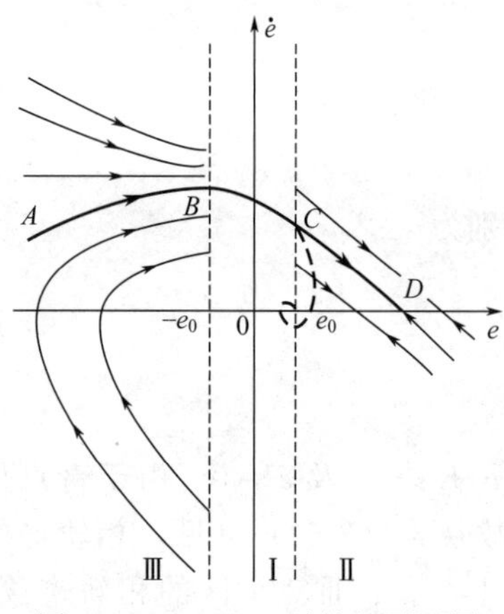

图 7-46　$v=KM$ 时的相平面图

横轴上的 $e>e_0$ 区段内。由此可见，在这种情况下给定非线性系统的稳态误差介于 $e_0\sim\infty$ 之间，其值与相轨迹的初始点的位置有关。

注意在上述三种情况下相轨迹初始点 A 的坐标均由初始条件来确定。

$$e(0)=r(0)-c(0)=R-c(0),$$

$$\dot{e}(0)=\dot{r}(0)-\dot{c}(0)=v-\dot{c}(0)$$

综上分析可见，含饱和特性的二阶非线性系统，响应阶跃输入信号时，其相轨迹收敛于稳定焦点或节点（0，0），系统无稳态误差；但响应匀速输入信号时，随着输入匀速值 v 的不同，所得非线性系统在 $v>KM$、$v<KM$、$v=KM$ 情况下的相轨迹及相应的稳态误差也各异，甚至在 $v\leqslant KM$ 时系统的平衡状态并不唯一，其确切位置取决于系统的初始条件与输入信号的参数。

例 7-11　继电型非线性控制系统如图 7-47 所示，系统在阶跃信号作用下，试用相平面法分析系统的运动。

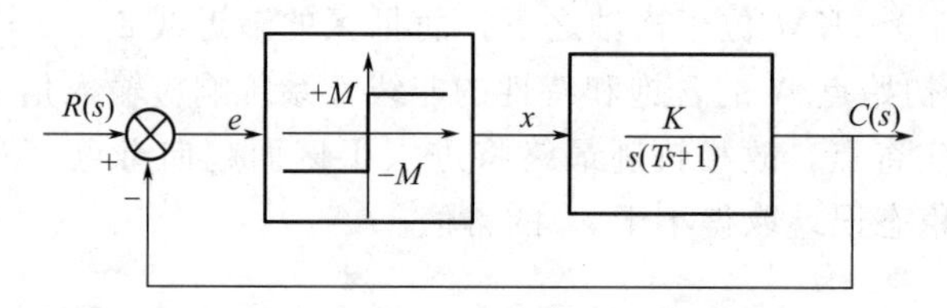

图 7-47　继电型非线性控制系统

解　系统的线性部分为　$T\ddot{c}+\dot{c}=Kx$

非线性部分为　$x=\begin{cases}M, & e>0\\ -M, & e<0\end{cases}$

误差方程为　$e(t)=r(t)-c(t)$

对于阶跃信号，$r(t)=1(t)$，$\dot{r}(t)=0$，$\ddot{r}(t)=0$，所以有 $c(t)=1(t)-e(t)$，$\dot{c}(t)=-\dot{e}(t)$，$\ddot{c}(t)=-\ddot{e}(t)$，代入原方程得到以误差 $e(t)$ 为运动变量的方程为 $T\ddot{e}+\dot{e}=-KM$

由于 x 为继电器型非线性的输出，代入上式可以得到两个运动方程。

Ⅰ区，当 $e>0$ 时，运动方程为 $T\ddot{e}+\dot{e}=-KM\quad(e>0)$

等倾线方程为　$\dot{e}=-\dfrac{KM/T}{\alpha+1/T}$

其为水平线方程，因此，等倾线为布满右半平面的水平线，且 $\alpha=0$ 时等倾线斜率等于相轨迹斜率，$\dot{e}=-KM$。

在 e-$\dot{e}$ 平面上作出右半平面的相轨迹如图 7-48 所示。

同理，Ⅱ区当 $e<0$ 时，运动方程为 $T\ddot{e}+\dot{e}=KM\quad(e<0)$

等倾线方程为　$\dot{e}=\dfrac{KM/T}{\alpha+1/T}$

等倾线为布满左半平面的水平线。且 $\alpha=0$ 时等倾线斜率等于相轨迹斜率，$\dot{e}=KM$。e-$\dot{e}$ 平面上左半平面的相轨迹如图 7-48 所示。

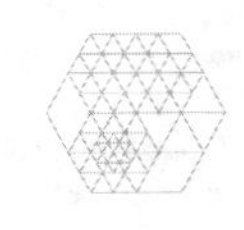

当给定初始条件，系统的运动从（$0, e_0$）开始在第Ⅰ区，依照第Ⅰ区的运动方程式，运动进入第Ⅳ象限，如图中实线所示。到达误差 $e=0$ 的界面（图 7-48 中的 A 点）后，系统的运动进入第Ⅱ区。在第Ⅱ区，系统的运动服从第Ⅱ区的运动方程式沿实线运动到 B 点，之后又进入到第Ⅰ区。

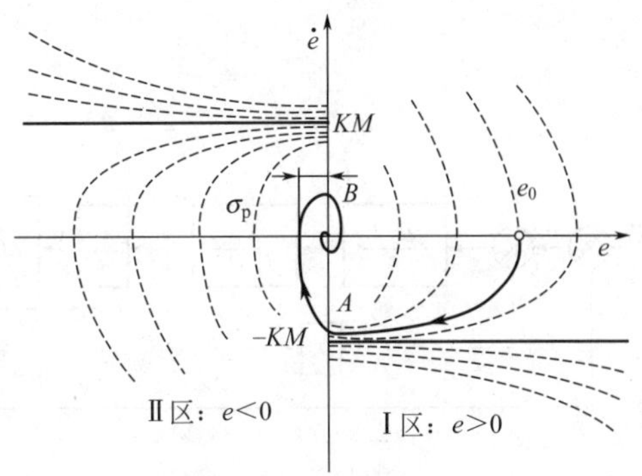

图 7-48 继电型非线性系统的相轨迹

从相平面图的运动可以看到，相轨迹的整体运动是由分区的运动组合而成的。分区的边界就是继电特性的翻转条件 $e=0$。该系统的组合运动是衰减振荡型的，且没有极限环出现。当时间趋于无穷大时，误差趋于零。另外，从图 7-48 上可以读到系统超调量的大小为 σ_p。

上述理想继电器制的二阶系统，虽然控制是开关型的，但是系统的运动从整体上来看与线性二阶系统的运动相类似。开关型控制器的结构与成本都要大大低于线性控制器，因此，在许多控制应用中，经常采用继电器型控制方法。

7.4 改善非线性系统性能的措施

非线性因素的存在，往往给系统带来不利的影响，如静差增大、响应迟钝或发生自持振荡等。一方面，消除或减小非线性因素的影响，是非线性系统研究中一个有实际意义的内容，另一方面，恰当地利用非线性特性，常常又可以有效地改善系统的性能。非线性特性类型很多，在系统中接入的方式也各不相同，所以非线性系统的校正没有通用的方法，需要根据具体问题采取适宜的措施。

7.4.1 调整线性部分的结构参数

(1) 改变参数 减小线性部分增益，$G(j\omega)$ 曲线会收缩，当 $G(j\omega)$ 曲线与 $-\dfrac{1}{N(A)}$ 曲线不再相交时，自持振荡消失。由于 $G(j\omega)$ 曲线不再包围 $-\dfrac{1}{N(A)}$ 曲线，闭环系统能够稳定工作。

(2) 利用反馈校正方法 如图 7-49（a）所示系统，为了消除系统自身固有的自振，可在线性部分加入局部反馈，如图中虚线所示。适当选取反馈系数 τ，可以改变线性环节幅相特性曲线的形状，使校正前的 $G_1(j\omega)$ 曲线变为校正后的 $G_2(j\omega)$ 曲线，且 $G_2(j\omega)$ 曲线不再与负倒描述函数曲线相交，如图 7-49（b）所示，故自持振荡不再存在，从而保证了系统的稳定性。但加入局部反馈后，系统由原来的Ⅱ型变为Ⅰ型，将带来稳态速度误差，这是不利的一面。

7.4.2 改变非线性特性

系统部件中固有的非线性特性，一般是不易改变的，要消除或减小其对系统的影响，可以引入新的非线性特性。现举例说明。设 N_1 为饱和特性，若选择 N_2 为死区特性，并使得死区范围 Δ 等于饱和特性的线性段范围，且保持二者线性段斜率相同，则并联后总的输入、

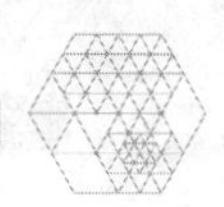

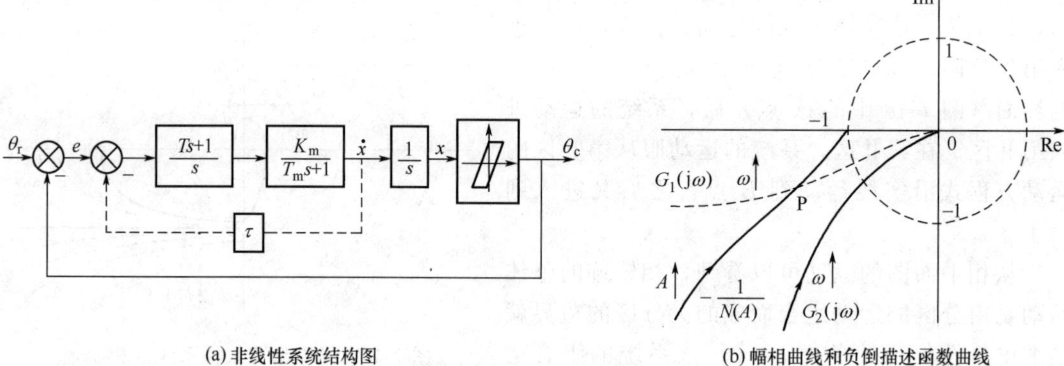

(a) 非线性系统结构图　　(b) 幅相曲线和负倒描述函数曲线

图 7-49　引入反馈消除自持振荡

输出特性为线性特性，如图 7-50 所示。

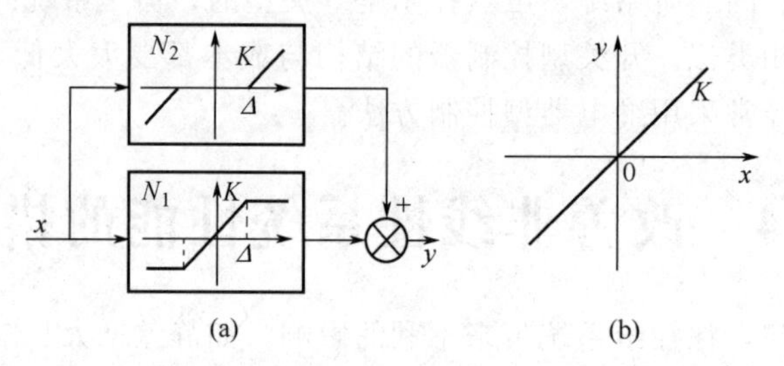

图 7-50　死区特性和饱和特性并联

由描述函数也可以证明

$$N_1(A)=\frac{2k}{\pi}\left[\arcsin\frac{a}{A}+\frac{a}{A}\sqrt{1-\left(\frac{a}{A}\right)^2}\right],\quad N_2(A)=\frac{2k}{\pi}\left[\frac{\pi}{2}-\arcsin\frac{a}{A}-\frac{a}{A}\sqrt{1-\left(\frac{a}{A}\right)^2}\right]$$

故

$$N_1(A)+N_2(A)=k$$

7.4.3　非线性特性的利用

非线性特性可以给系统的控制性能带来许多不利的影响，但是如果运用得当，有可能获得线性系统所无法实现的理想效果。

图 7-51 所示为非线性阻尼控制系统结构图。在线性控制中，常用速度反馈来增加系统的阻尼，改善动态响应的平稳性。但是这种校正在减小超调的同时，往往降低了响应的速度，影响系统的稳态精度。采用非线性校正，在速度反馈通道中串入死区特性，则系统输出量小于死区 e_0 时，没有速度反馈，系统处于弱阻尼状态，响应较快。而当输出量增大，超

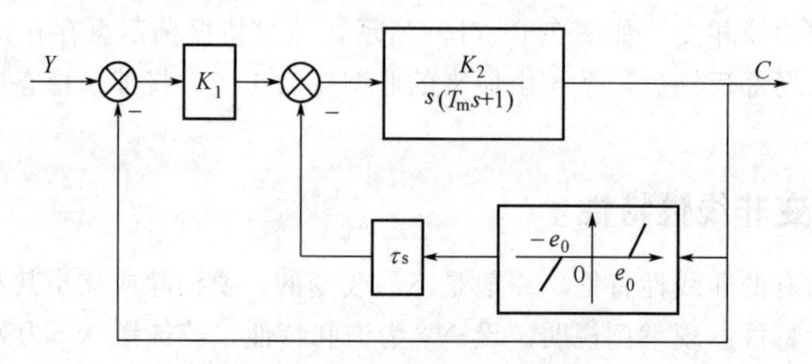

图 7-51　非线性阻尼控制系统

过死区$-e_0$时，速度反馈被接入，系统阻尼增大，从而抑制了超调量，使输出快速、平稳地跟踪输入。图7-52中，曲线①、②、③分别为系统无速度反馈、采用线性速度反馈和采用非线性速度反馈下的阶跃响应曲线。由图可见，非线性速度反馈时，系统的动态过程（曲线③）既快又稳，系统具有良好的动态性能。

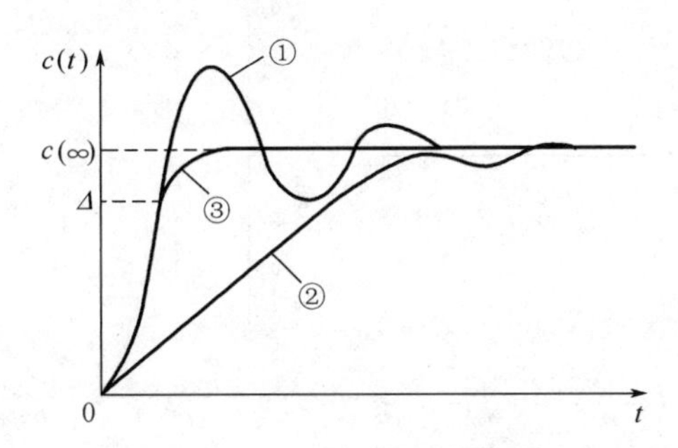

图7-52　非线性阻尼下的阶跃响应

①无速度反馈时响应曲线；②线性速度反馈时响应曲线；③非线性速度反馈时响应曲线

7.5 基于Simulink求解非线性系统的时域响应

例7-12　某非线性系统由非线性环节和线性环节两部分组成，其中线性环节的传递函数为$G(s)=\dfrac{1}{s(4s+1)}$，系统的初始状态为0。试完成非线性环节分别是饱和非线性环节、继电器非线性环节、死区非线性环节和滞环环节时的单位阶跃响应曲线及其相轨迹。

解　建立带有多路开关的非线性系统Simulink仿真模型如图7-53所示。

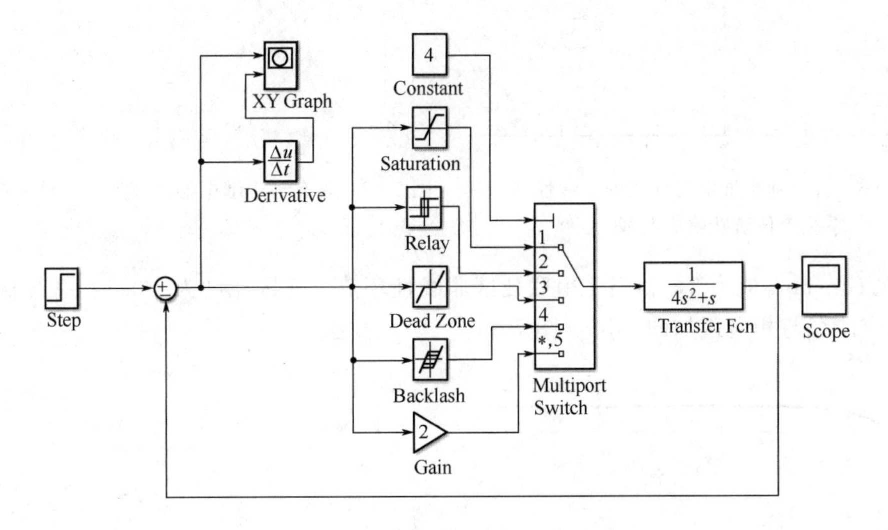

图7-53　不同非线性环节的系统结构图

这里使用Simulink中的多路开关（multiport switch）来切换选择非线性环节的5种情况，改变常量（constant）的数值，可以选择相应的输入到输出端口，如常量值为2，就可以把从上到下第2个输入端口的值送到输出端口。

要在XY Graph上绘出相轨迹，关键是得到$e(t)$和$\dot{e}(t)$信号，显然，$e(t)$直接取自比较器的输出，$\dot{e}(t)$可以在$e(t)$后面加一个微分环节实现，然后把这两个信号接到XY

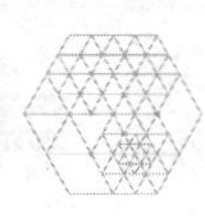

Grgh 使可画出相轨迹。

1）选 constant 值为 1，相当于串联饱和非线性环节，其上限幅值取 0.5，下限幅值为 −0.5。系统输出的单位阶跃响应曲线与相轨迹如图 7-54、图 7-55。

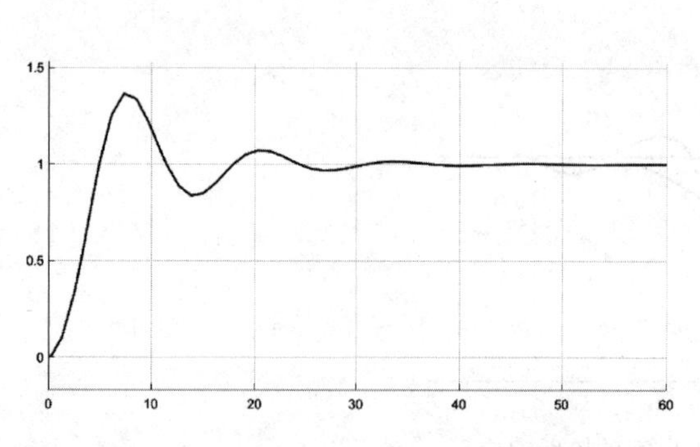

图 7-54　含有饱和特性环节的非线性系统单位阶跃响应曲线

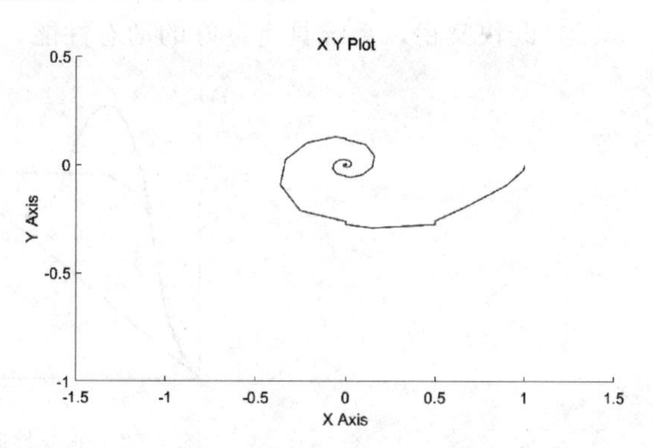

图 7-55　含有饱和特性环节的非线性系统相轨迹

2）选 constant 值为 2，相当于串联理想继电器非线性环节，上限为 0.2，下限为 −0.2。系统输出的单位阶跃响应曲线与相轨迹如图 7-56、图 7-57。

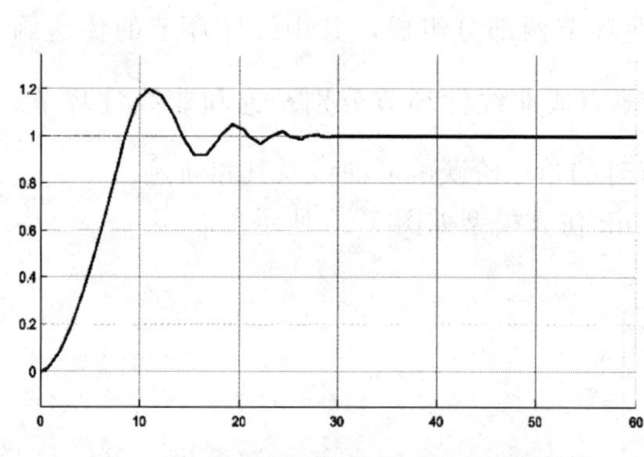

图 7-56　含有理想继电器环节的非线性系统单位阶跃响应曲线

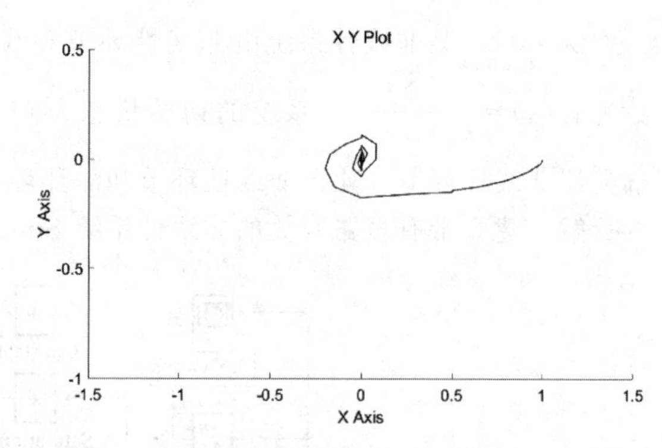

图 7-57　含有理想继电器环节的非线性系统相轨迹

3）选 constant 值为 3，相当于串联死区非线性环节，死区宽度为 ±0.5。系统输出的单位阶跃响应曲线与相轨迹如图 7-58、图 7-59。

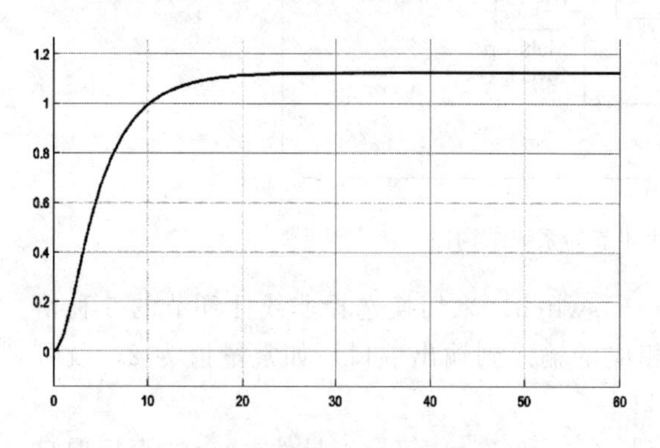

图 7-58　含有死区环节的非线性系统单位阶跃响应曲线

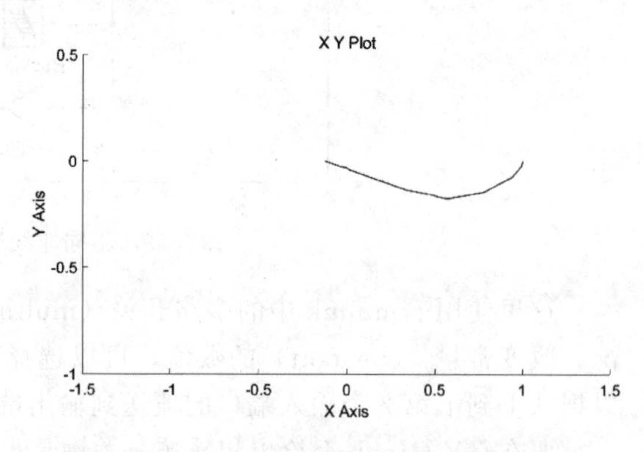

图 7-59　含有死区环节的非线性系统相轨迹

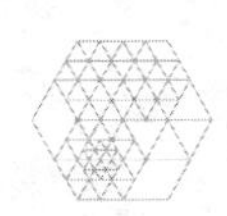

4）选 constant 值为 4，相当于串联滞环非线性环节，取回环宽度为 1，仿真时间选为 60。系统输出的单位阶跃响应曲线与相轨迹如图 7-60、图 7-61。

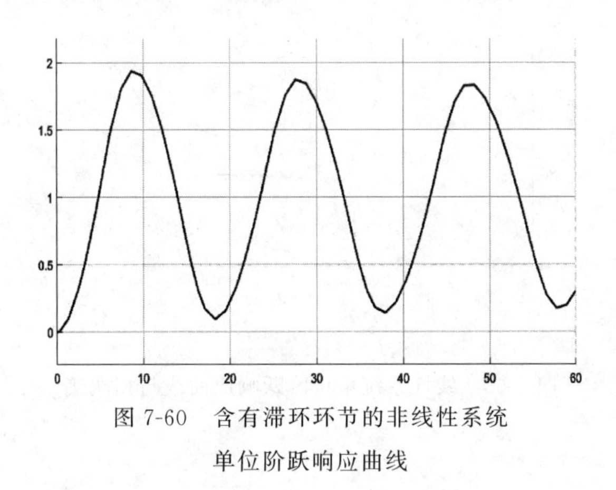

图 7-60 含有滞环环节的非线性系统单位阶跃响应曲线

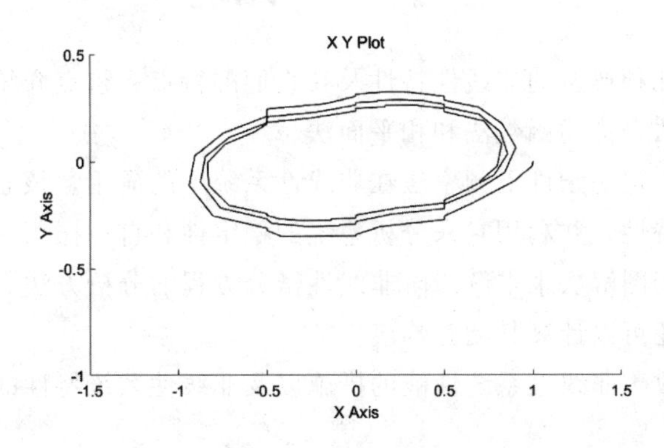

图 7-61 含有滞环环节的非线性系统相轨迹

5）选 constant 值为 5，相当于线性比例环节，取增益为 2。系统输出的单位阶跃响应曲线与相轨迹如图 7-62、图 7-63。

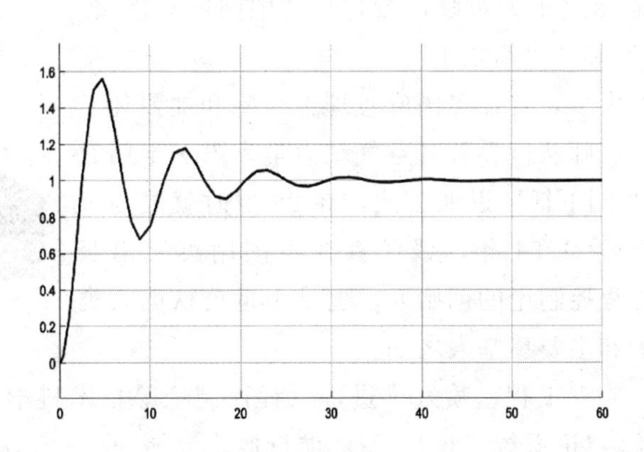

图 7-62 线性系统单位阶跃响应曲线

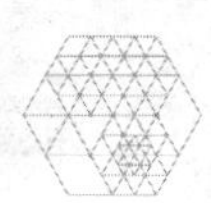

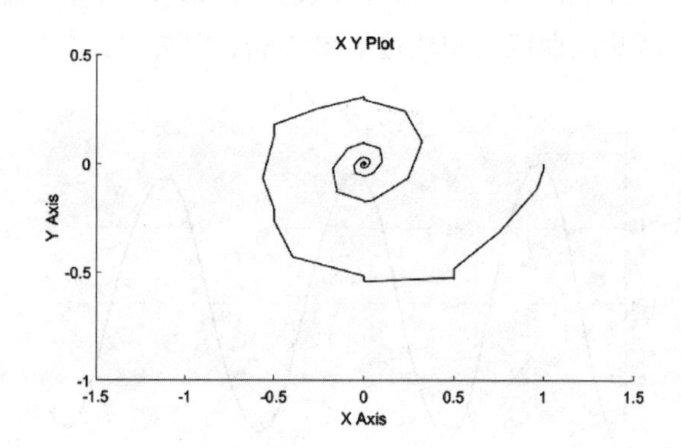

图 7-63　线性系统单位阶跃响应曲线与相轨迹

小　　结

本章首先介绍了几种典型的非线性特性及其它们的特点。重点介绍了两种工程上常用的非线性系统的设计方法：描述函数法和相平面法。

描述函数法是在一定的条件下频率法在非线性系统中的应用，核心是计算非线性特性的描述函数和它的负倒特性，并利用它来分析系统的稳定性和自持振荡。

相平面法是一种用图解法来求解二阶非线性微分方程的分析方法。不仅可以判定系统的稳定性、自持振荡，还可以计算其动态响应。

最后简单介绍了改善非线性系统性能的措施以及非线性系统特性的利用。

控制与电气学科世界著名学者——钱学森

钱学森（1911—2009）是中国空气动力学家、中国科学院院士、中国工程院院士、中国两弹一星功勋奖章获得者。他为我国的导弹和航天计划曾做出过重大贡献，被誉为“中国航天之父”“中国自动化控制之父”和“火箭之王”。

钱学森毕业于交通大学，曾任美国麻省理工学院和加州理工学院教授。钱学森在美国师从世界著名空气动力学家冯·卡门教授，并与导师建立了“卡门-钱”近似公式，在 28 岁时就成为世界知名的空气动力学家。1954 年，钱学森在美国用英文出版《工程控制论》。他是工程控制论的创始人，也是举世公认的人类航天科技的重要开创者和主要奠基人之一。

他在空气动力学、航空工程、喷气推进、工程控制论等技术科学领域做出了开创性贡献，著有《工程控制论》《论系统工程》《星际航行概论》等。

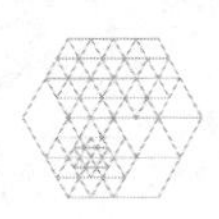

思维导图

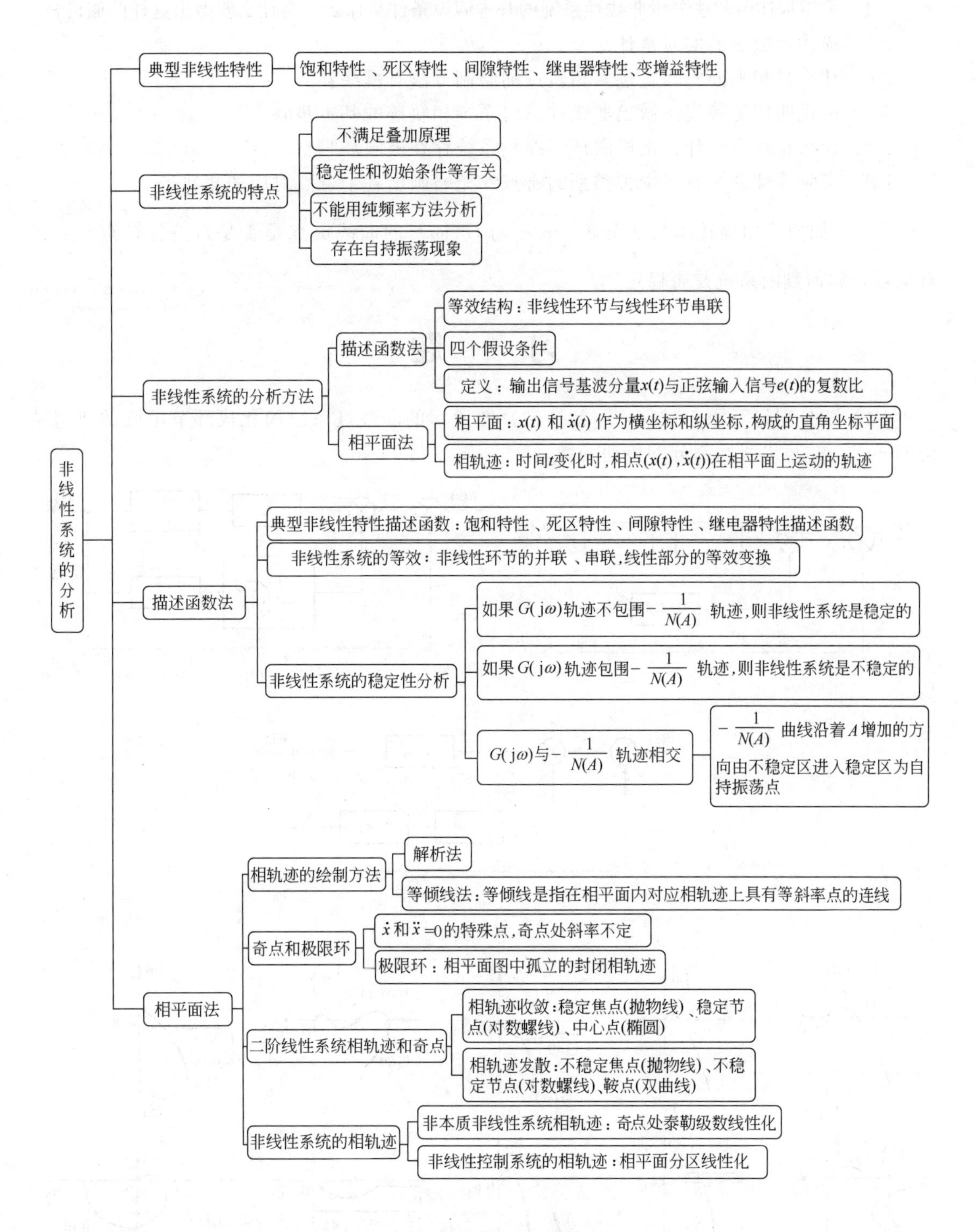

思考题

7-1 非线性系统有哪些特点？

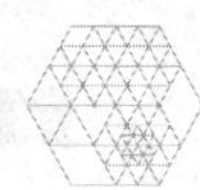

7-2　非线性系统为什么不能采用线性系统的传递函数来研究其动态性能？

7-3　常见的非线性特性有哪些？

7-4　采用描述函数法分析非线性系统的基本假设条件是什么？为什么要做出这样的假设？

7-5　描述函数法的实质是什么？

7-6　什么是相平面？相轨迹？相轨迹的绘制方法有哪些？

7-7　试说明用等倾线法做出非线性二阶系统相轨迹的基本步骤。

7-8　什么是奇点？什么是极限环？线性系统存在极限环吗？

7-9　二阶线性系统有多少种类型的奇点？概略画出各个奇点对应的相轨迹。

7-10　如何应用描述函数法分析$\frac{-1}{N(A)}$与$G(j\omega)$的曲线交点是否是自持振荡点？若没有交点，如何判断系统是否稳定？

习　题

7-1　试分别将习题 7-1（1）、（2）、（3）图所示的非线性系统简化成环节串联的典型结构图形式，并写出线性部分的传递函数。

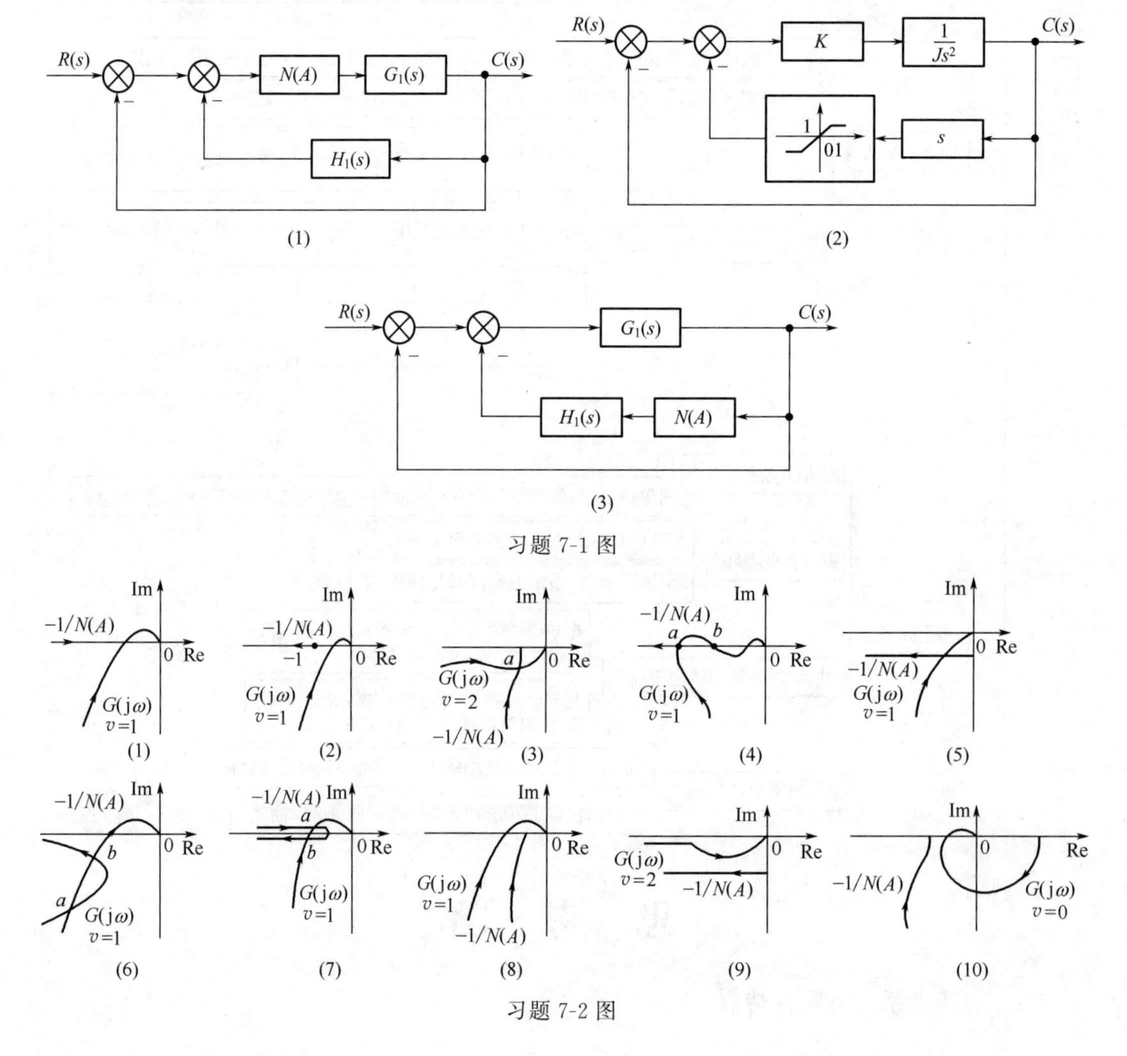

习题 7-1 图

习题 7-2 图

7-2 习题7-2图所示各系统，若$-\frac{1}{N(A)}$与$G(j\omega)$有交点，判断交点是否为自持振荡点。若没有交点，判断系统是否稳定。

7-3 非线性控制系统如习题7-3图所示，求非线性环节$y=x^3$的描述函数并分析系统的稳定性。

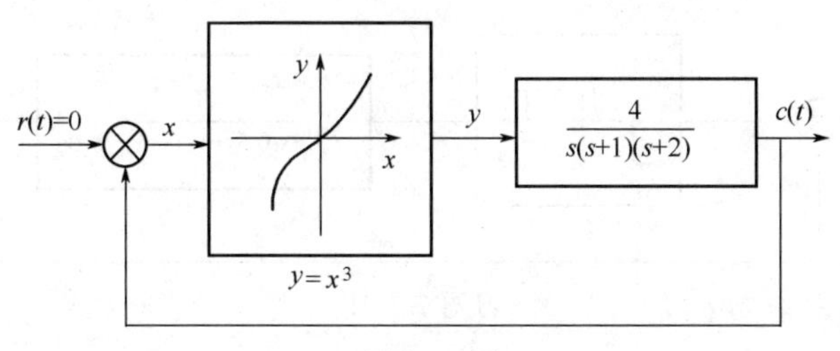

习题7-3图

7-4 含饱和特性非线性系统如习题7-4所示。已知参数$a=1$、$k=2$和$A\geqslant a$。试应用描述函数法分析系统的稳定性，并求取$K=15$时系统自持振荡的振幅和振荡频率。

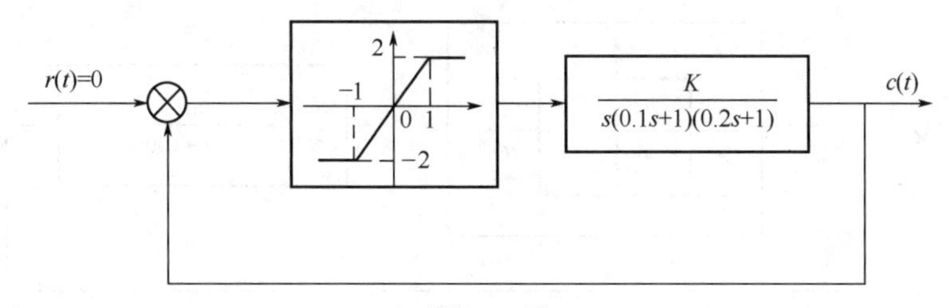

习题7-4图

7-5 用描述函数法分析习题7-5图所示系统的稳定性，并判断系统是否存在自振。若存在自振，求出自振振幅和自振频率（$M=1>h$）。

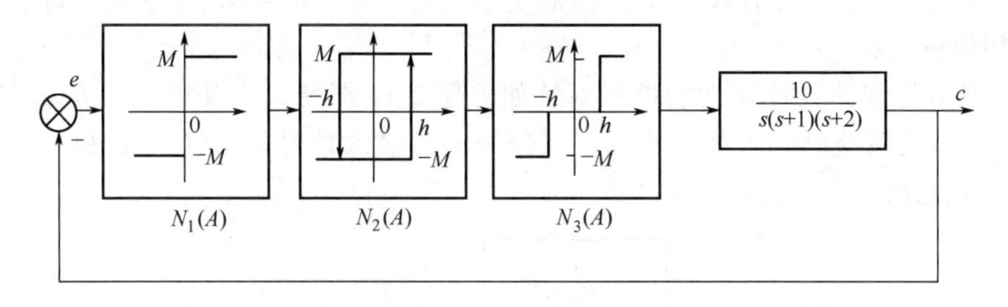

习题7-5图

7-6 设某非线性系统结构如习题7-6图所示，试应用描述函数法分析系统的稳定性，为使系统稳定，继电器参数a和b应如何调整？

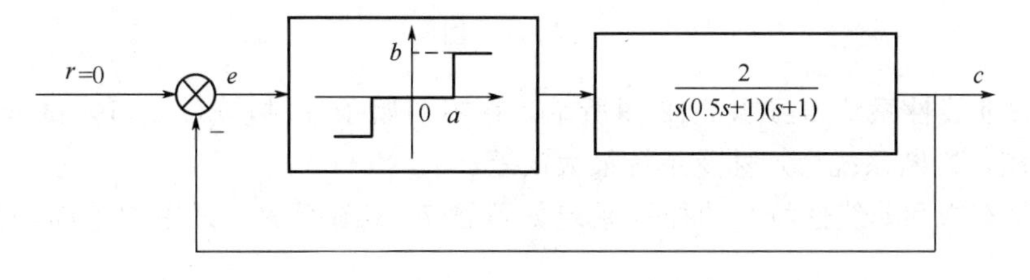

习题7-6图

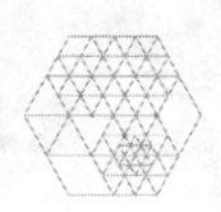

7-7 非线性系统结构如习题7-7图所示。其描述函数为 $N(A)=\frac{4b}{\pi A}\sqrt{1-\left(\frac{a}{A}\right)^2}$，$a=b=1$，试完成：

（1）若 $K=5$，确定该系统自持振荡的振幅和频率。

（2）若要消除自持振荡，试确定 K 的最大值。

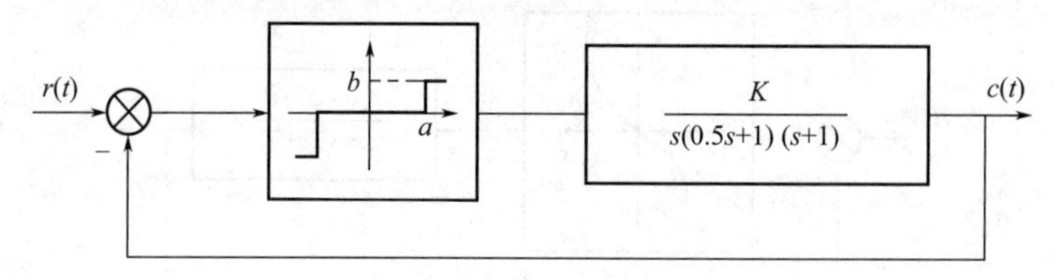

习题7-7图

7-8 非线性系统如习题7-8图所示，带有滞环继电特性的非线性描述函数为 $N(A)=\frac{4b}{\pi A}\sqrt{1-\left(\frac{1}{A}\right)^2}-\mathrm{j}\frac{4ab}{\pi A^2}$ $(A\geqslant 1)$，试用描述函数法判断系统是否发生自持振荡。

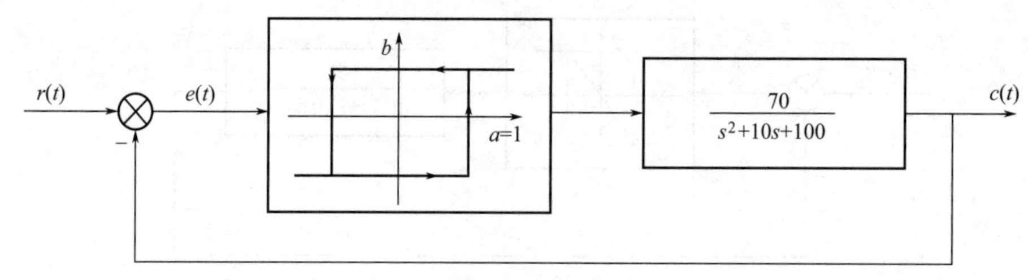

习题7-8图

7-9 试确定非线性运动方程 $\ddot{e}+0.5\dot{e}+2e+e^2=0$ 的奇点及其类型。

7-10 非线性系统微分方程为 $\ddot{x}+(3\dot{x}-0.5)\dot{x}+x+x^2=0$，求系统的奇点，绘制奇点附近的相轨迹。

7-11 具有饱和非线性特性的控制系统如习题7-11图所示，其中 $e_0=0.2$，$M=0.2$，$K=4$，$T=1$，设系统原处于静止状态，试分别画出输入信号取 $r(t)=2$ 和 $r(t)=-2+0.4t$ 时的相轨迹图。

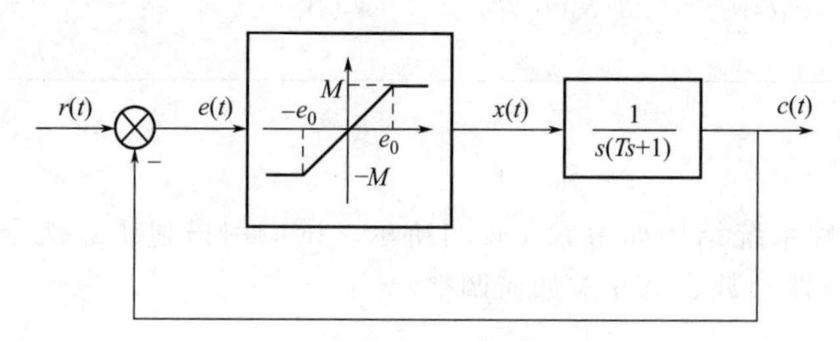

习题7-11图

7-12 设非线性系统如习题7-12图所示，在零初始条件时，$r(t)=1$，试画出当 $M=1$ 时的相轨迹图，判断系统稳定性及系统最大误差。

7-13 具有饱和非线性特性的控制系统如习题7-13图所示，试用相平面法分析系统的阶跃响应。

7-14 非线性系统如习题7-14图所示。系统开始是静止的，输入信号 $r(t)=4\times 1(t)$，

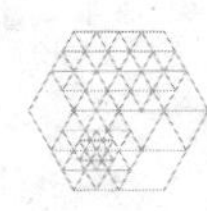

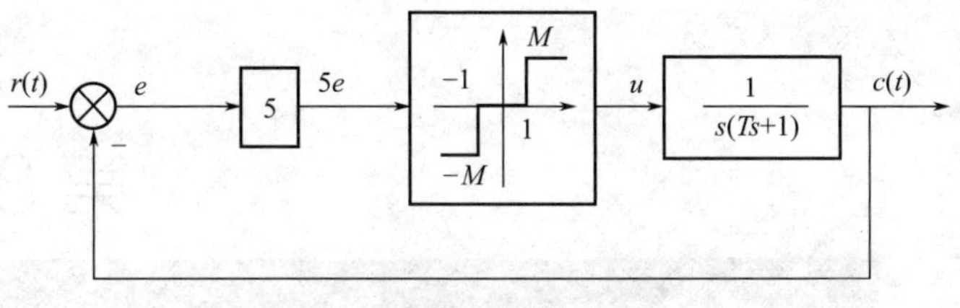

习题 7-12 图

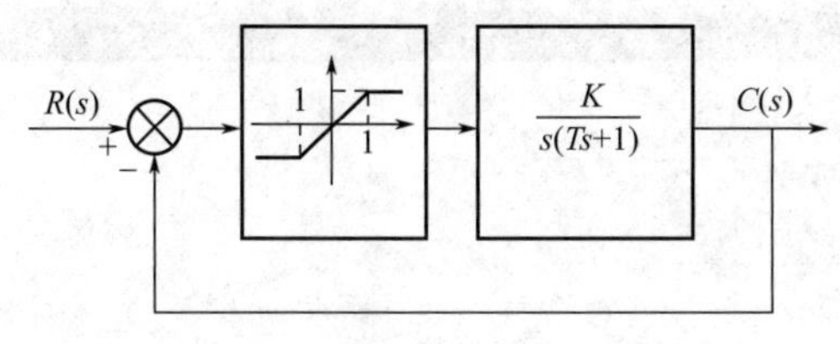

习题 7-13 图

试写出开关线方程，确定奇点的位置和类型，画出该系统的相平面图，并分析系统的运动状态。

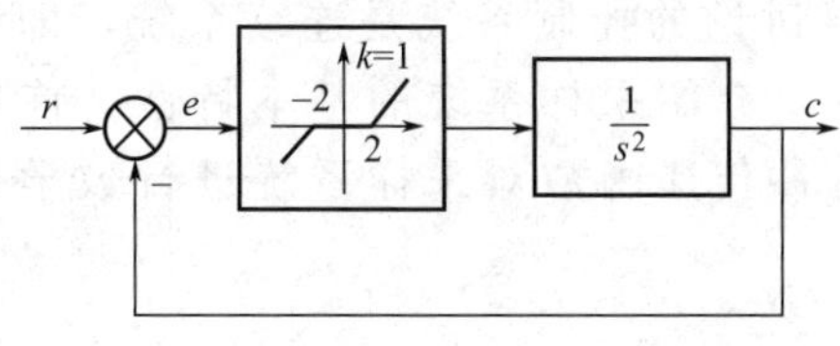

习题 7-14 图

第8章 线性离散系统的分析

随着计算机技术、数字信号技术的发展，采样及数字控制系统在控制中的应用越来越普及。在前面几章中主要讨论的控制系统是连续系统，即系统中所有的信号都是时间 t 的连续函数。在本章主要介绍采样系统的基本特性。首先介绍采样过程及采样定理，然后通过 Z 变换法及脉冲传递函数对采样系统进行数学描述，最后分析采样系统的性能。

【本章重点】

1）掌握离散控制系统的相关概念、采样过程、采样定理和零阶保持器的含义与传递函数；

2）掌握 Z 变换的概念、性质和 Z 变换与 Z 反变换的求取方法；

3）熟悉差分方程的特点及求解方法。理解脉冲传递函数的概念，会求采样系统开环、闭环脉冲传递函数；

4）掌握离散系统稳定性的判别方法；

5）掌握离散控制系统稳态误差计算方法；了解采样系统极点分布与瞬态响应之间的关系；

6）了解最小拍系统的设计思想与方法。

8.1 概　　述

连续控制系统：控制系统中所有的信号均是时间连续函数的系统，如图 8-1（a）所示。

采样控制系统（脉冲控制系统）：以脉冲序列信号形式出现的系统，如图 8-1（b）所示。

数字控制系统（计算机控制系统）：以数码信号形式出现的系统，如图 8-2（a）所示。

离散控制系统：采样控制系统和数字控制系统的统称。

离散系统与连续系统相比，既有本质上的不同，又有分析研究方面的相似性。利用 z 变换法研究离散系统，可以把连续系统中的许多概念和方法推广应用于离散系统。

目前，以计算机为控制器的数字控制系统是离散系统最广泛应用形式。数字控制系统是一种以数字计算机为控制器去控制具有连续工作状态的被控对象的闭环控制系统。因此，数

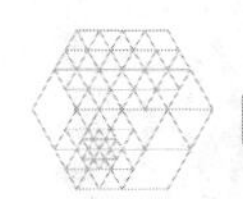

字控制系统包括工作于离散状态下的数字计算机和工作于连续状态下的被控对象两大部分。

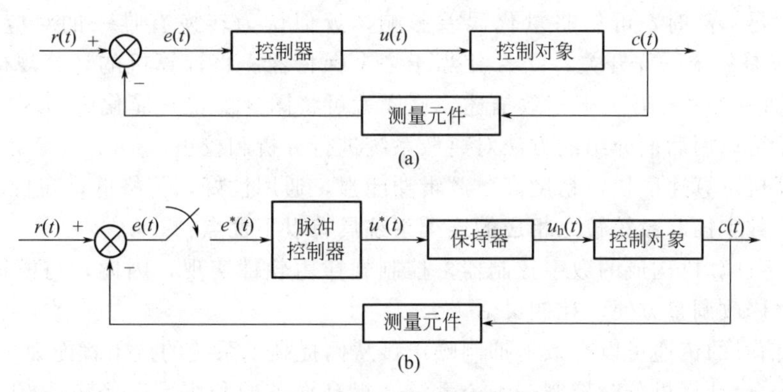

图 8-1　闭环控制系统

图 8-2（a）给出了数字控制系统的原理框图。图中，计算机作为校正装置被引进系统，它只能接受时间上离散、数值上被量化的数码信号。而系统的被控量 $c(t)$、给定量 $r(t)$ 一般在时间上是连续的模拟信号。要将这样的信号送入计算机运算，就必须先把偏差量 $e(t)$ 用采样开关在时间上离散化，再由模数转换器 A/D 将其在每个离散点上进行量化，转换成数码信号，然后进入计算机进行数字运算，输出的仍然是时间上离散、数值上量化的数码信号。数码信号不能直接作用于被控对象，因为在两个离散点之间是没有信号的，必须在离散点之间补上输出信号值，一般可采用保持器的办法。最简单的保持器是零阶保持器，它将前一个采样点的值一直保持到后一个采样点出现之前，因此其输出是阶梯状的连续信号，如图 8-2 中信号 $u_h(t)$，作用到被控对象上。数模转换和信号保持都是由数模转换器（D/A）完成的。

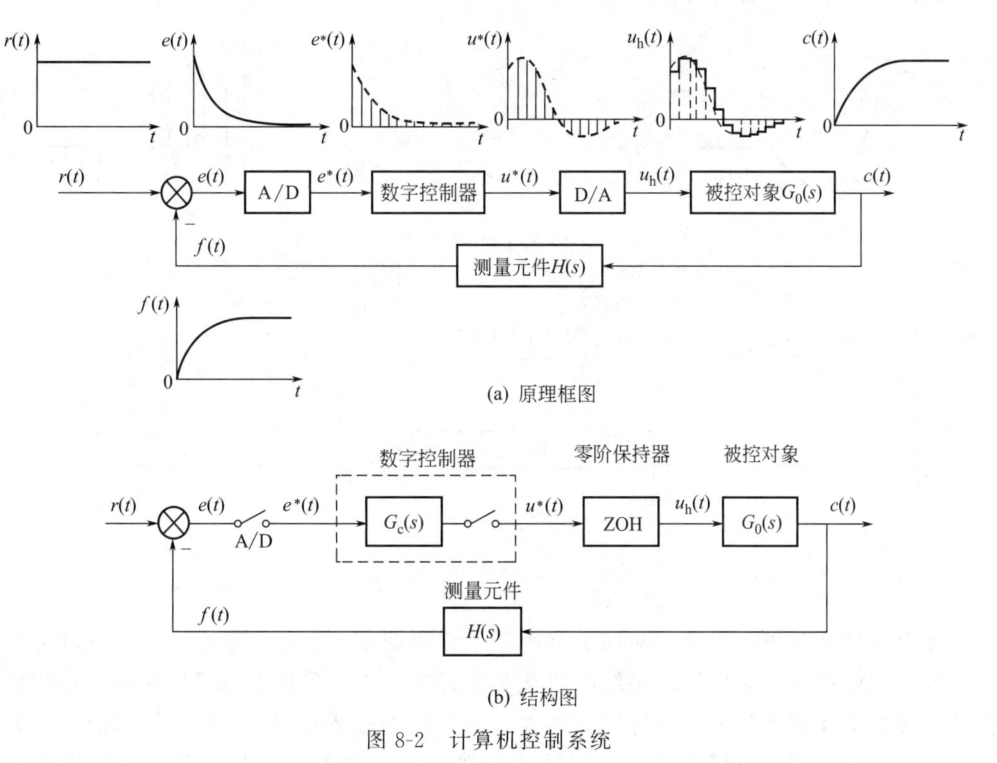

图 8-2　计算机控制系统

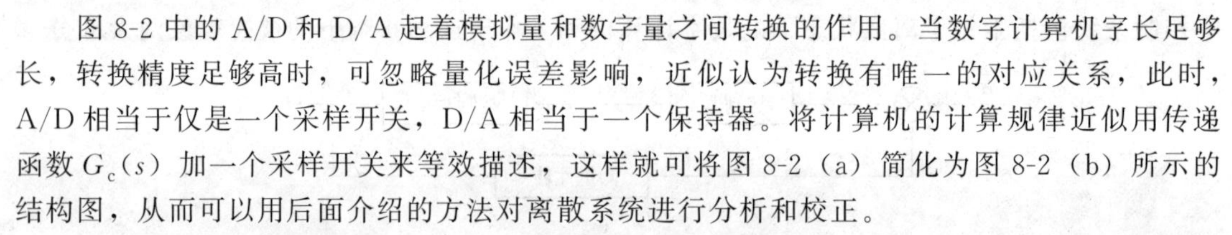

图 8-2 中的 A/D 和 D/A 起着模拟量和数字量之间转换的作用。当数字计算机字长足够长，转换精度足够高时，可忽略量化误差影响，近似认为转换有唯一的对应关系，此时，A/D 相当于仅是一个采样开关，D/A 相当于一个保持器。将计算机的计算规律近似用传递函数 $G_c(s)$ 加一个采样开关来等效描述，这样就可将图 8-2（a）简化为图 8-2（b）所示的结构图，从而可以用后面介绍的方法对离散系统进行分析和校正。

数字计算机运算速度快，精度高，逻辑功能强，通用性好，价格低，在自动控制领域中被广泛采用。**数字控制系统较之相应的连续系统具有以下优点：**

1）由数字计算机构成的数字控制器，控制规律由软件实现，因此，与模拟控制装置相比，控制规律修改调整方便，控制灵活。

2）数字信号的传递可以有效地抑制噪声，从而提高了系统的抗干扰能力。

3）可用一台计算机分时控制若干个系统，提高设备的利用率，经济性好。同时也为生产的网络化、智能化控制和管理奠定基础。

8.2 信号的采样与复现

8.2.1 信号采样过程

将连续信号转变成离散信号的过程称为采样过程，实现该过程的装置称为采样器或采样开关。采样器的采样过程可以用一个周期性闭合的采样开关形象地表示，开关合上才有输出，其值等于采样时刻的模拟量 $e(t)$，开关打开时没有输出。该开关闭合的周期为 T，每次闭合的时间为 τ。如图 8-3（a）所示的连续信号 $e(t)$经过采样开关后，就变成周期为 T，宽度为 τ 的采样信号，即脉冲序列 $e^*(t)$。

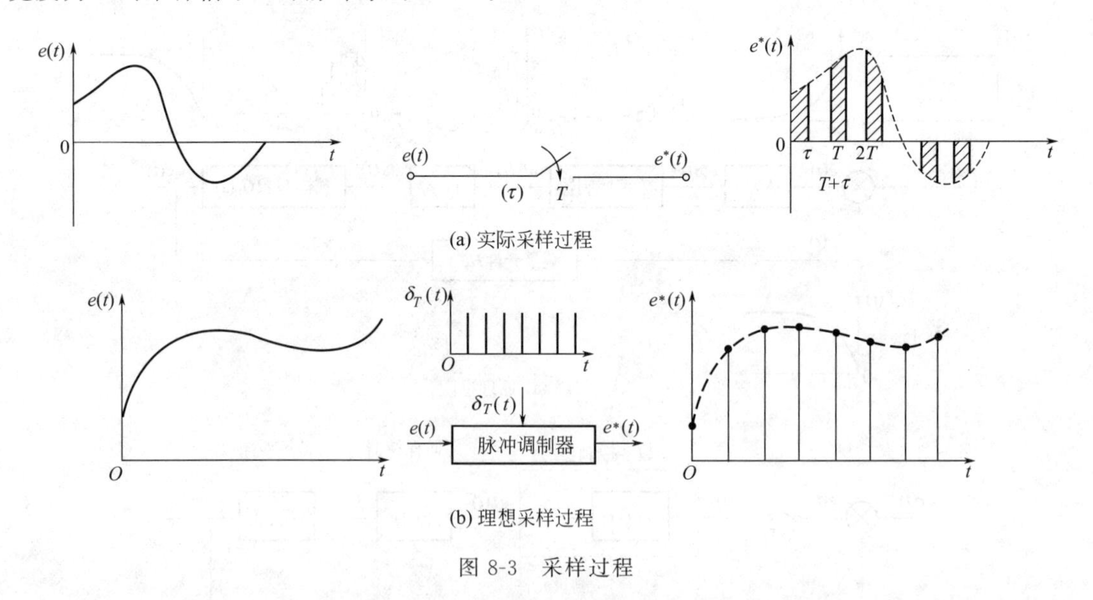

图 8-3　采样过程

实际上采样开关每次闭合的时间 τ 远小于采样周期 T，也远小于系统中连续部分的最大时间常数，因此在分析采样控制系统时可认为 τ 趋向于零，采样器就可以用一个理想采样器来代替。理想采样器等效为一个脉冲调制器，采样器的输入信号 $e(t)$ 为调制信号。采样过程可以看成是一个载波信号为理想单位脉冲序列 $\delta_T(t)$ 的脉冲调制过程，采样器的输出信

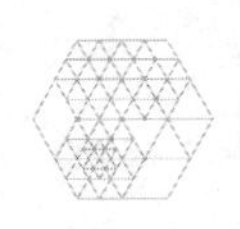

号 $e^*(t)$ 为理想脉冲序列，如图 8-3（b）所示。

对采样系统的定量研究，必须用数学表达式描述信号的采样过程。根据理想采样过程，可以写出 $e^*(t)$ 的数学表达式

$$e^*(t)=e(0)\delta(t)+e(T)\delta(t-T)+e(2T)\delta(t-2T)+\cdots$$

$$=\sum_{n=0}^{\infty}e(nT)\delta(t-nT) \tag{8-1}$$

式中，函数 $\delta(t-nT)$ 称为单位冲激函数（又称狄拉克 δ 函数）。因为当 $t\neq nT$ 时，$\delta(t-nT)=0$，所以 $e^*(t)$ 又可以表示为

$$e^*(t)=e(t)\sum_{n=0}^{\infty}\delta(t-nT) \tag{8-2}$$

$\delta_T(t)$ 为理想单位脉冲序列，其数学表达式为

$$\delta_T(t)=\sum_{n=0}^{\infty}\delta(t-nT)=\delta(t)+\delta(t-T)+\delta(t-2T)+\cdots \tag{8-3}$$

由上分析可知，理想采样序列 $e^*(t)$ 可看成理想单位脉冲序列 $\delta_T(t)$ 对连续信号调制而形成，如图 8-3（b）所示。载波信号 $\delta_T(t)$ 决定采样时刻，而 $e(t)$ 为被调制信号，其采样时刻的值 $e(nT)$ 决定调制后的幅值。

8.2.2 采样定理

连续信号经采样获得的离散信号是否包含连续信号的全部信息？能否将离散信号不失真地恢复到原来的连续信号？这便涉及采样频率的选择问题，这需要用频谱分析的方法来解释。采样定理指出了由离散信号完全恢复出相应连续信号时采样频率的选择必须满足的条件。

(1) 采样信号的频谱 理想单位脉冲序列 $\delta_T(t)$ 是一个周期函数，可以展开为复数形式的傅里叶级数

$$\delta_T(t)=\sum_{n=-\infty}^{\infty}C_n e^{jn\omega_s t} \tag{8-4}$$

式中，$\omega_s=\dfrac{2\pi}{T}$，称为采样角频率，T 为采样周期，C_n 是傅里叶级数系数，它由下式确定

$$C_n=\frac{1}{T}\int_{-\frac{T}{2}}^{\frac{T}{2}}\delta_T(t)e^{-jn\omega_s t}dt \tag{8-5}$$

在 $\left[-\dfrac{T}{2},\ \dfrac{T}{2}\right]$ 区间内，$\delta_T(t)$ 仅在 $t=0$ 时刻有值，且 $e^{jn\omega_s t}\big|_{t=0}=1$，所以

$$C_n=\frac{1}{T}\int_{-\frac{T}{2}}^{\frac{T}{2}}\delta_T(t)e^{-jn\omega_s t}dt=\frac{1}{T} \tag{8-6}$$

将式（8-6）代入式（8-4）中得

$$\delta_T(t)=\sum_{n=-\infty}^{\infty}\frac{1}{T}e^{jn\omega_s t} \tag{8-7}$$

再把式（8-7）代入式（8-2）中，有

$$e^*(t)=e(t)\sum_{n=-\infty}^{\infty}\frac{1}{T}e^{jn\omega_s t}=\frac{1}{T}\sum_{n=-\infty}^{\infty}e(nT)e^{jn\omega_s t} \tag{8-8}$$

上式两边取拉普拉斯变换，由拉普拉斯变换的复数位移定理，得到

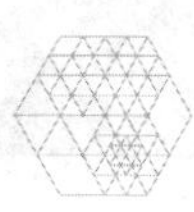

$$E^*(s)=\frac{1}{T}\sum_{n=-\infty}^{\infty}E(s+\mathrm{j}n\omega_s) \tag{8-9}$$

令 $s=\mathrm{j}\omega$，得到采样信号 $e^*(t)$ 的傅里叶变换

$$E^*(\mathrm{j}\omega)=\frac{1}{T}\sum_{n=-\infty}^{\infty}E(\mathrm{j}\omega+\mathrm{j}n\omega_s) \tag{8-10}$$

则 $|E(\mathrm{j}\omega)|$ 为连续信号 $e(t)$ 的频谱，$|E^*(\mathrm{j}\omega)|$ 为采样信号 $e^*(t)$ 的频谱。一般说来，连续信号 $e(t)$ 的频谱 $|E(\mathrm{j}\omega)|$ 是单一的连续频谱，如图 8-4（a）所示，其中 ω_{max} 为连续频谱 $|E(\mathrm{j}\omega)|$ 中的最高角频率；而采样信号 $e^*(t)$ 的频谱 $|E^*(\mathrm{j}\omega)|$，则是以采样角频率 ω_s 为周期的无穷多个频谱之和。$n=0$ 的频谱称为采样频谱的主分量，它与连续频谱 $|E(\mathrm{j}\omega)|$ 形状一致，其幅值是连续信号频谱的 $\frac{1}{T}$ 倍，其余频谱（$n=\pm1$，±2，…）都是由于采样而引起的高频频谱，称为采样频谱的频谱分量。

根据采样频率 ω_s 的大小，频谱曲线 $|E^*(\mathrm{j}\omega)|$ 可能出现两种情况：

1）当 $\omega_s\geqslant 2\omega_{max}$ 时，可以用一个理想滤波器，如图 8-4（b）中虚线画出的矩形，滤去 $n=0$ 以外的频率响应，只留下主频谱，这时信号的频谱和原信号频谱形状一样，在幅值上是原信号频谱的 $\frac{1}{T}$ 倍，经过一个 T 倍的放大器就可得到原连续信号的频谱。

2）若 $\omega_s<2\omega_{max}$，不同的频率分量之间发生重叠，如图 8-4（c）所示，即使用一个理想滤波器滤去高频部分，也不能无失真地恢复原连续信号。

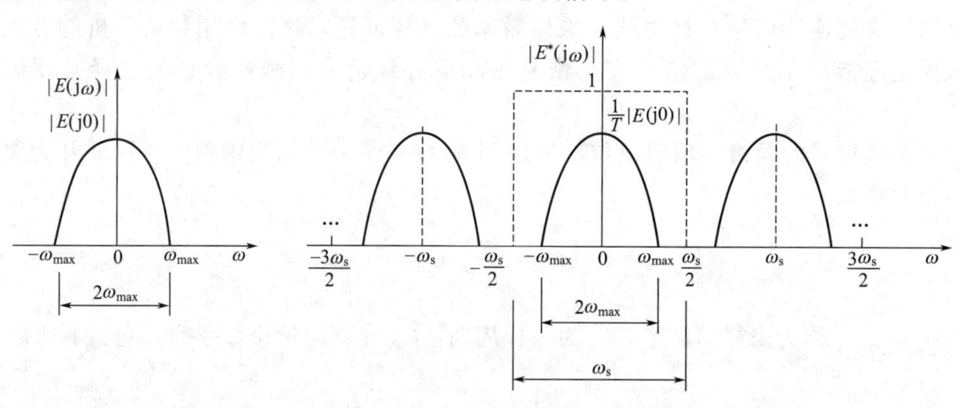

(a) 连续信号的频谱　　(b) $\omega_s>2\omega_{max}$ 时离散信号的频谱

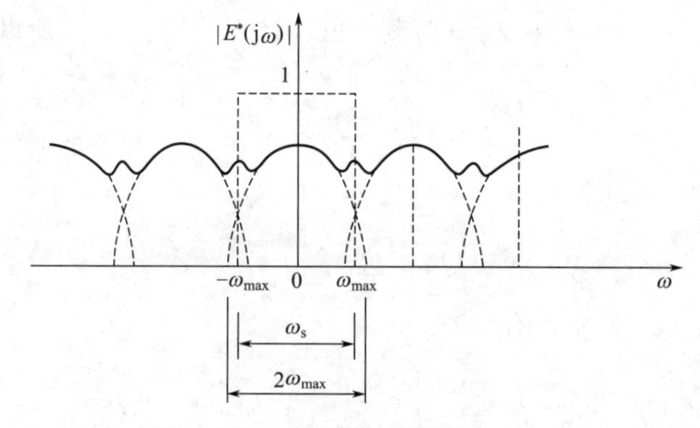

(c) $\omega_s<2\omega_{max}$ 时离散信号的频谱

图 8-4　连续信号及其采样后频谱

经过采样，将连续信号转换成离散脉冲序列，但仍希望离散脉冲序列能保留原连续信号的信息。直观地看，脉冲序列能否保留原连续信号的信息，与采样频率有密切关系。采样频率越高，连续信号的信息丢失得越少；反之，采样频率过小，即采样周期过长，就可能丢失较多信息，从脉冲信号就不能恢复原连续信号。那么采样频率保持多大才合适呢？这是采样定理要解决的问题。

(2) 香农（Shannon）采样定理 由采样信号的频谱分析结果可知，若能适当选择采样角频率 ω_s，使采样信号的各频谱分量不发生频率混叠，就可以从采样信号$e^*(t)$ 中完全复现采样前的连续信号 $e(t)$。采样定理指出了从采样信号中无失真地复现原连续信号所必需的理论上的最小采样角频率 ω_s，成为设计离散控制系统时必须严格遵守的一条准则。

采样定理：若采样器的采样频率 ω_s 大于或等于其输入连续信号 $e(t)$ 的频谱中最高频率 ω_{max} 的 2 倍，即 $\omega_s \geqslant 2\omega_{max}$，则能够从采样信号 $e^*(t)$ 中完全复现$e(t)$。

应当指出，采样定理只是给出了选择采样频率的指导原则，因为一般信号的 ω_{max} 很难求出，且带宽有限，也很难满足。选择 ω_s 时是根据具体问题和实际条件通过实验方法确定的，并且在实际中总是取 ω_s 比 $2\omega_{max}$ 大得多。

采样定理又叫香农（Shannon）采样定理。采样定理说明，如果选择采样角频率 ω_s，对连续信号中所含最高角频率 ω_{max} 的信号分量来说，能够做到一个周期内采样两次以上，则在经采样获得的离散信号中，将包含连续信号的全部信息；反之，如果采样次数太少，即采样周期太长，那就做不到不失真地再现原来的连续信号。

(3) 采样周期的选取 采样周期 T 是离散系统设计中的一个重要因素。采样定理只给出了不产生频率混叠时采样周期 T 的最大值（或采样角频率 ω_s 的最小值）。显然，T 选得越小，即采样角频率 ω_s 选得越高，获得控制过程的信息越多，控制效果就越好。但是，如果 T 选得过小，将增加不必要的计算负担，难以实现较复杂的控制律。反之，T 选得过大，会给控制过程带来较大的误差，影响系统的动态性能，甚至导致系统不稳定。因此，采样周期 T 要依据实际情况综合考虑，合理选择。

在计算机过程控制系统中，根据表 8-1 给出的参考数据确定采样周期，再通过调试确定最佳采样周期值。

表 8-1 工业过程采样周期的选择

过程参数	流量	压力	液面	温度	成分
采样周期 T/s	1～3	1～5	5～10	10～20	10～20

对于伺服系统，采样周期的选择很大程度上取决于系统的性能指标。从频域性能指标来看，控制系统的闭环频率特性通常具有低通滤波特性。当伺服系统输入信号的角频率高于其闭环幅频特性的谐振频率 ω_r，信号通过系统将会很快地衰减，因此可以近似认为通过系统的控制信号最高频率分量为 ω_r。在伺服系统中，一般认为开环系统的幅值穿越频率 ω_c 与闭环系统的截止频率 ω_b 较接近，近似地有 $\omega_c=\omega_b$。这就是说，通过伺服系统的控制信号的最高频率分量为 ω_c，超过 ω_c 的频率分量通过系统时将被大幅度地衰减掉。根据工程实践经验，伺服系统的采样频率 ω_s 可选为

$$\omega_s \approx 10\omega_c \tag{8-11}$$

由于 $T=\dfrac{2\pi}{\omega_s}$，所以采样周期可按式（8-12）选取

$$T=\frac{\pi}{5}\times\frac{1}{\omega_c} \tag{8-12}$$

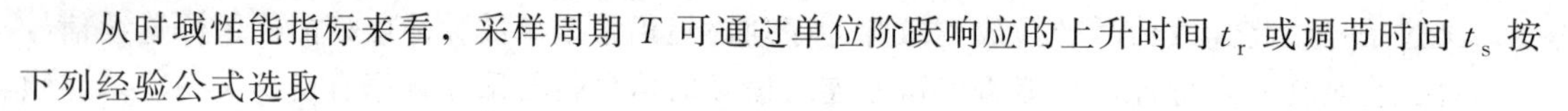

从时域性能指标来看，采样周期 T 可通过单位阶跃响应的上升时间 t_r 或调节时间 t_s 按下列经验公式选取

$$T=\frac{1}{10}t_r \tag{8-13}$$

$$T=\frac{1}{40}t_s \tag{8-14}$$

8.2.3 信号复现

采样器的输出 $e^*(t)$ 为脉冲信号，在频域中为一离散频谱，除主频谱外，尚包括无穷多个附加的高频频谱分量。如果不滤掉高频分量，相当于给系统加入了噪声，严重时，这些附加的分量会使控制系统元件增大损耗。一般来说，系统的连续部分都具有低频滤波器的特性，可以起到衰减高频分量近似重现原连续信号的作用。但是，在多数情况下，采样信号加到被控对象之前，往往先经过被称为数据保持电路或保持器的复现装置，在如图 8-2 所示的由数字计算机构成的离散控制系统中，是用 D/A 数模转换器来实现离散控制信号 $u^*(t)$ 的连续化，将其转变成连续信号 $u_h(t)$，然后用于控制被控对象。

(1) 理想滤波器 理想滤波器的幅频特性曲线如图 8-5 所示。假定采样开关的采样频率满足 $\omega_s>2\omega_{max}$，离散信号通过该装置就可以滤掉所有附加高频信号。即采样信号通过理想滤波器后，只剩主频谱信号，附加频谱在通过理想滤波器时全部被过滤，因而输出信号可以完全复现连续信号的形式。其实，这种理想低通滤波器是做不出来的。通常只能采用近似理想低通性能的滤波器来代替。工程上最简单、最常用的低通滤波器就是零阶保持器。

(2) 零阶保持器 将离散信号转换为采样前的连续信号的过程称为信号的复现，一般是通过加入保持器实现的。保持器有零阶、一阶、二阶等形式，最常用的是零阶保持器。由于一阶以上的保持器实现较复杂，比零阶保持器有更大的相角滞后，所以很少使用。

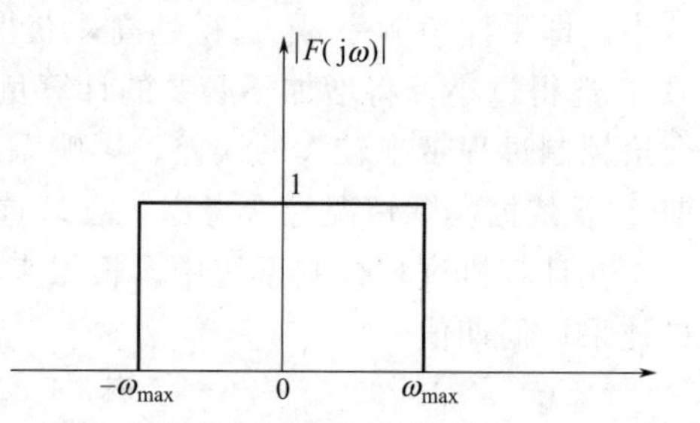

图 8-5 理想低通滤波器的频率特性

零阶保持器：是一种按常值外推的保持器，把前一采样时刻 $t=nT$ 的采样值 $e(nT)$ 恒定不变地保持到下一采样时刻 $t=(n+1)T$，即在 $[nT,(n+1)T]$ 区间内，零阶保持器的输出值一致保持为 $e(nT)$。即

$$e(t)=e(nT),\quad nT\leqslant t<(n+1)T \tag{8-15}$$

采样信号 $e^*(t)$ 经过零阶保持器后变成阶梯信号 $e(t)$，零阶保持器的输入-输出信号如图 8-6 所示。因为 $e(t)$ 在每个采样周期内的值保持常数，其变化率为零，故称为零阶保持器。

把零阶保持器输出的阶梯信号的中点光滑地连接起来，就可以得到与连续信号 $e(t)$ 形状一致但在时间上滞后 $\frac{T}{2}$ 的曲线 $e_h(t)$，如图 8-6 所示。$e_h(t)$ 与 $e(t)$ 形状近似相同，只是滞后了半个采样周期，这是零阶保持器引起的。零阶保持器的滞后效应会给系统带来不利影响。但零阶保持器基本上把 $e^*(t)$ 恢复到了 $e(t)$。

给零阶保持器输入一个理想单位脉冲 $\delta(t)$，如图 8-7 所示，则其脉冲响应函数为

$$g_h(t)=1(t)-1(t-T) \tag{8-16}$$

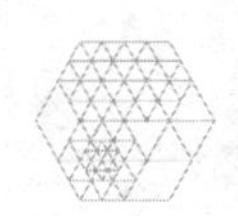

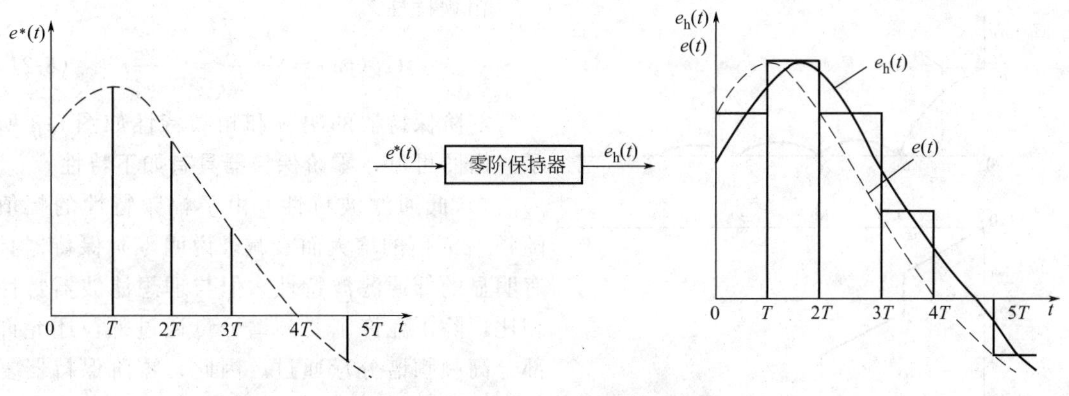

图 8-6 零阶保持器的输入-输出信号

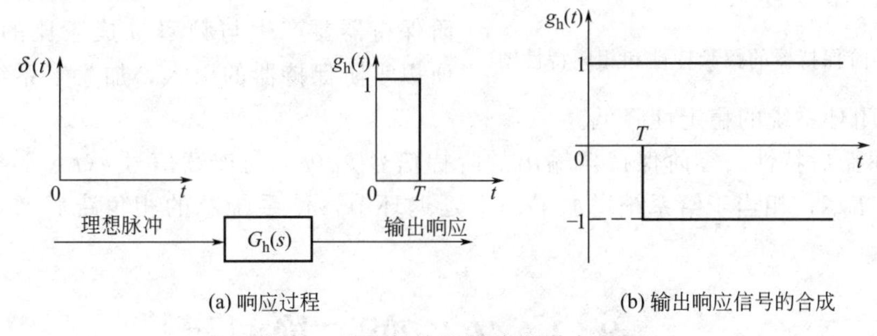

(a) 响应过程　　(b) 输出响应信号的合成

图 8-7 零阶保持器的单位脉冲响应

T 为采样脉冲信号的周期。上式清楚地表明了零阶保持器的特性。$g_h(t)$是高度为 1 宽度为 T 的方波，在一个采样周期内，采样值经过保持器保持，既不放大，也不衰减，对其他采样周期内的输出没有影响。

零阶保持器的传递函数为

$$G_h(s)=\frac{1}{s}-\frac{1}{s}e^{-Ts}=\frac{1}{s}(1-e^{-Ts}) \tag{8-17}$$

在式（8-17）中令 $s=j\omega$，则零阶保持器的频率特性为

$$G_h(j\omega)=\frac{1}{j\omega}(1-e^{-j\omega T}) \tag{8-18}$$

将上式写成指数形式

$$G_h(j\omega)=\frac{2e^{-j\frac{\omega T}{2}}(e^{j\frac{\omega T}{2}}-e^{-j\frac{\omega T}{2}})}{2j\omega}=\frac{2Te^{-j\frac{\omega T}{2}}\sin\frac{\omega T}{2}}{\omega T}$$

$$=T\frac{\sin\frac{\omega T}{2}}{\frac{\omega T}{2}}e^{-j\frac{\omega T}{2}} \tag{8-19}$$

幅频特性

$$|G_h(j\omega)|=T\frac{\left|\sin\frac{\omega T}{2}\right|}{\frac{\omega T}{2}} \tag{8-20}$$

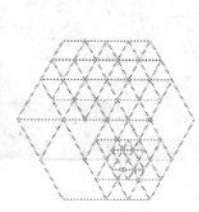

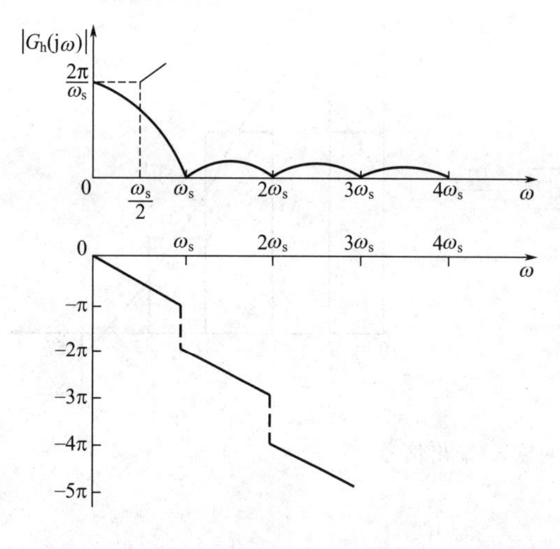

图 8-8　零阶保持器的幅频特性和相频特性图

相频特性

$$\angle G_{\mathrm{h}}(\mathrm{j}\omega)=-\frac{\omega T}{2}=-\frac{\omega}{\omega_{\mathrm{s}}}\pi \tag{8-21}$$

零阶保持器的幅频和相频特性如图 8-8 所示。由图可见，**零阶保持器具有如下特性：**

1）低通滤波特性。由于幅频特性的幅值随频率 ω 值的增大而衰减，说明零阶保持器具有明显的低通滤波特性，但与理想滤波器特性相比，除了允许主要频谱分量通过外，还允许部分高频频谱分量通过。因此，零阶保持器复现出的连续信号与原来的信号是有差别的。

2）相角滞后特性。由相频特性可见，零阶保持器要产生与频率 ω 成正比的相角滞后。所以零阶保持器的引入，加大了系统的相角滞后，从而使闭环系统的稳定性降低。

3）时间滞后特性。零阶保持器输出的阶梯信号 $e_{\mathrm{h}}(t)$ 与连续信号 $e(t)$ 形状一致但在时间上滞后 $T/2$，相当于给系统增加了一个延迟环节，使系统总的相角滞后增大，系统稳定性变差。

8.3 Z 变 换

在连续时间系统中，拉氏变换在微分方程求解中获得了广泛的应用，拉氏变换把问题从时域变换到频域中，把解微分方程转化为解代数方程，从而使求解微分方程得以简化。同样，在采样系统中，对于差分方程也存在类似的变换，通过 Z 变换把问题从离散的时间域转到 Z 域中，把解常系数线性差分方程转化为求解代数方程。

8.3.1 Z 变换的定义

设连续时间信号 $e(t)$可进行拉氏变换，其拉氏变换函数为 $E(s)$。当 $t<0$ 时，$e(t)=0$，则 $e(t)$经过周期为 T 的等周期采样后，得到离散时间信号

$$e^{*}(t)=\sum_{n=0}^{\infty}e(nT)\delta(t-nT)$$

对上式表示的离散信号进行拉氏变换，可得

$$E^{*}(s)=\sum_{n=0}^{\infty}e(nT)\mathrm{e}^{-nTs} \tag{8-22}$$

$E^{*}(s)$称为离散拉氏变换式。因复变量 s 含在指数函数 e^{-nTs} 中不变计算，引进一个新的复变量 z，即

$$z=\mathrm{e}^{Ts} \tag{8-23}$$

将式(8-23) 代入式(8-22) 中，得到以 z 为变量的函数 $E(z)$，即

$$E(z)=\sum_{n=0}^{\infty}e(nT)z^{-n} \tag{8-24}$$

$E(z)$即为离散信号 $e^{*}(t)$的 Z 变换，常记为

$$E(z)=Z[e^*(t)]=Z[e(nT)]=\sum_{n=0}^{\infty}e(nT)z^{-n}$$

通常情况下，一个连续函数如果可求其拉氏变换，则其 Z 变换即可相应求得，如果拉氏变换在 s 域收敛，则其 Z 变换通常也在 z 域收敛。

8.3.2　Z 变换的方法

下面介绍几种常用的求取 Z 变换的方法。

(1) 级数求和法　级数求和法是根据 Z 变换的定义而来的，将式(8-24) 展开可得

$$E(z)=e(0)+e(T)z^{-1}+e(2T)z^{-2}+\cdots \tag{8-25}$$

可见，只要得到 $e(t)$在各采样时刻的值，便可按式 (8-25) 直接写出 Z 变换的级数展开式，然后把它写成闭合形式，即可求得 $e(t)$的 Z 变换。

例 8-1　已知 $e(t)=1(t)$，求其 Z 变换 $E(z)$。

解　当$|Z^{-1}|<1$，则无穷级数是收敛的，利用等比级数求和公式，可得

$$E(z)=\sum_{n=0}^{\infty}e(nT)z^{-n}L=1+z^{-1}+z^{-2}+\cdots=\frac{z}{z-1}$$

例 8-2　已知 $e(t)=\mathrm{e}^{-at}$，求其 Z 变换 $E(z)$。

解　若满足条件$|e^{\mathrm{at}}z|>1$，则

$$E(z)=\sum_{n=0}^{\infty}\mathrm{e}^{-anT}z^{-n}=1+\mathrm{e}^{-aT}z^{-1}+\mathrm{e}^{-2aT}z^{-2}+\cdots$$

$$=\frac{1}{1-\mathrm{e}^{-aT}z^{-1}}=\frac{z}{z-\mathrm{e}^{-aT}}$$

(2) 部分分式法　利用部分分式法求 Z 变换时，先求出已知连续函数的拉氏变换式 $E(s)$，通过部分分式法可以展开成一些简单函数的拉氏变换式之和，使每一部分分式对应简单的时间函数，然后分别求取每一项的 Z 变换，最后做化简运算，求得 $E(s)$ 对应的 Z 变换 $E(z)$。

有时可以直接由 $E(s)$的部分分式，通过查表的方法，求得部分分式拉氏变换所对应的 Z 变换，最后化简，求得 $E(s)$对应的 Z 变换。为了书写方便，这一过程常表示为

$$G(z)=Z[G(s)]$$

但注意 $G(z)$ 实际对应的是 $g^*(t)$ 的 Z 变换。

例 8-3　已知 $G(s)=\dfrac{a}{s(s+a)}$，求 $G(z)$ 。

解

$$G(s)=\frac{1}{s}-\frac{1}{s+a}$$

对上式取拉氏反变换求得

$$L^{-1}[G(s)]=1(t)-\mathrm{e}^{-at}$$

进行 Z 变换

$$G(z)=\frac{z}{z-1}-\frac{z}{z-\mathrm{e}^{-aT}}=\frac{z(1-\mathrm{e}^{-aT})}{(z-1)(z-\mathrm{e}^{-aT})}$$

例 8-4　已知 $e(t)=\sin\omega t$，求 $E(z)$ 。

解　对 $e(t)=\sin\omega t$ 取拉氏变换得

$$E(s)=\frac{\omega}{s^2+\omega^2}$$

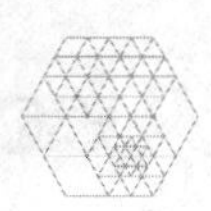

展开为部分分式，即

$$E(s)=\frac{1}{2\mathrm{j}}\left[\frac{1}{s-\mathrm{j}\omega}-\frac{1}{s+\mathrm{j}\omega}\right]$$

查 Z 变换表，得 Z 变换为

$$E(z)=\frac{1}{2\mathrm{j}}\left(\frac{z}{z-\mathrm{e}^{\mathrm{j}\omega T}}-\frac{z}{z-\mathrm{e}^{-\mathrm{j}\omega T}}\right)$$
$$=\frac{1}{2\mathrm{j}}\left[\frac{z(\mathrm{e}^{\mathrm{j}\omega T}-\mathrm{e}^{-\mathrm{j}\omega T})}{z^2-z(\mathrm{e}^{\mathrm{j}\omega T}+\mathrm{e}^{-\mathrm{j}\omega T})+1}\right]$$

化简后得

$$E(z)=\frac{z\sin\omega T}{z^2-2z\cos\omega T+1}$$

(3) 留数计算法 若已知连续信号 $e(t)$的拉氏变换 $E(s)$和它的全部极点 $s_i(i=1,2,\cdots,n)$，可用下列的留数计算公式求 $E(z)$

$$E(z)=\sum_{i=1}^{n}\mathrm{Res}\left[E(s)\frac{z}{z-\mathrm{e}^{sT}}\right]_{s=s_i} \tag{8-26}$$

当 $E(s)$ 具有非重极点 s_i 时

$$\mathrm{Res}\left[E(s)\frac{z}{z-\mathrm{e}^{sT}}\right]_{s=s_i}=\lim_{s\to s_i}\left[E(s)\frac{z}{z-\mathrm{e}^{sT}}(s-s_i)\right] \tag{8-27}$$

当 $E(s)$ 在 s_i 处具有 r 重极点时

$$\mathrm{Res}\left[E(s)\frac{z}{z-\mathrm{e}^{sT}}\right]_{s=s_i}=\frac{1}{(r-1)!}\lim_{s\to s_i}\frac{\mathrm{d}^{r-1}}{\mathrm{d}s^{r-1}}\left[E(s)\frac{z}{z-\mathrm{e}^{sT}}(s-s_i)^r\right] \tag{8-28}$$

例 8-5 已知 $E(s)=\dfrac{s(2s+3)}{(s+1)^2(s+2)}$，求其 Z 变换 $E(z)$。

解 $E(s)$ 的极点为 $s_{1,2}=-1$，$s_3=-2$

$$E(z)=\frac{1}{(2-1)!}\lim_{s\to-1}\frac{\mathrm{d}}{\mathrm{d}s}\left[\frac{s(2s+3)}{(s+1)^2(s+2)}\times\frac{z}{z-\mathrm{e}^{sT}}(s+1)^2\right]$$
$$+\lim_{s\to-2}\left[\frac{s(2s+3)}{(s+1)^2(s+2)}\times\frac{z}{z-\mathrm{e}^{sT}}(s+2)\right]$$
$$=\frac{-Tz\mathrm{e}^{-T}}{(z-\mathrm{e}^{-T})^2}+\frac{2z}{z-\mathrm{e}^{-2T}}$$

上面介绍三种求 Z 变换的方法。级数求和法和留数法的适用范围广，而部分分式法适用于有理函数 $E(s)$较为简单的情况。常用函数的拉氏变换，可用部分分式分解为几个简单函数的拉氏变换之和，通过查表可以得到其 Z 变换，所以在工程计算中常采用部分分式法。

表 8-2 给出了常用函数的 Z 变换。

表 8-2 常用函数的 Z 变换

序号	时间函数 $e(t)$或 $e(k)$	拉普拉斯变换 $E(s)$	Z 变换 $E(z)$
1	$\delta(t)$	1	1
2	$\delta(t-kT)$	e^{-kTs}	z^{-k}
3	$\delta_T(t)=\sum_{k=0}^{\infty}\delta(t-kT)$	$\frac{1}{1-e^{-Ts}}$	$\frac{z}{z-1}$
4	$1(t)$	$\frac{1}{s}$	$\frac{z}{z-1}$

续表

序号	时间函数 $e(t)$ 或 $e(k)$	拉普拉斯变换 $E(s)$	Z 变换 $E(z)$
5	t	$\frac{1}{s^2}$	$\frac{Tz}{(z-1)^2}$
6	$\frac{1}{2}t^2$	$\frac{1}{s^3}$	$\frac{T^2z(z+1)}{2(z-1)^3}$
7	e^{-at}	$\frac{1}{s+a}$	$\frac{z}{z-e^{-aT}}$
8	te^{-at}	$\frac{1}{(s+a)^2}$	$\frac{Tze^{-aT}}{(z-e^{-aT})^2}$
9	$1-e^{-at}$	$\frac{a}{s(s+a)}$	$\frac{(1-e^{-aT})z}{(z-1)(z-e^{-aT})}$
10	$\sin\omega t$	$\frac{\omega}{s^2+\omega^2}$	$\frac{z\sin\omega T}{z^2-2z\cos\omega T+1}$
11	$\cos\omega t$	$\frac{s}{s^2+\omega^2}$	$\frac{z(z-\cos\omega T)}{z^2-2z\cos\omega T+1}$
12	$e^{-at}\sin\omega t$	$\frac{\omega}{(s+a)^2+\omega^2}$	$\frac{ze^{-aT}\sin\omega T}{z^2-2ze^{-aT}\cos\omega T+e^{-2aT}}$
13	$e^{-at}\cos\omega t$	$\frac{s+a}{(s+a)^2+\omega^2}$	$\frac{z^2-ze^{-aT}\cos\omega T}{z^2-2ze^{-aT}\cos\omega T+e^{-2aT}}$
14	$a^k(a^{t/T})$	$\frac{1}{1-(1/T)\ln a}$	$\frac{z}{z-a}$

8.3.3 Z 变换的性质

在求函数的 Z 变换的过程中，适当利用 Z 变换的性质可以使计算大为简化。

(1) 线性性质 若 $E_1(z)=Z[e_1(t)]$，$E_2(z)=Z[e_2(t)]$，$E(z)=Z[e(t)]$，并设 a 为常数或为与 t 和 z 无关的变量，则有

$$Z[ae(t)]=aE(z) \tag{8-29}$$

$$Z[e_1(t)\pm e_2(t)]=E_1(z)\pm E_2(z) \tag{8-30}$$

证明：由 Z 变换定义得

$$Z[ae(t)]=\sum_{n=0}^{\infty}ae(nT)z^{-n}=a\sum_{n=0}^{\infty}e(nT)z^{-n}=aE(z)$$

$$\begin{aligned}Z[e_1(t)\pm e_2(t)]&=\sum_{n=0}^{\infty}[e_1(nT)\pm e_2(nT)]z^{-n}\\&=\sum_{n=0}^{\infty}e_1(nT)z^{-n}\pm\sum_{n=0}^{\infty}e_2(nT)z^{-n}\\&=E_1(z)\pm E_2(z)\end{aligned}$$

(2) 位移定理 实数位移定理又称平移定理，实数位移的含义是指整个采样序列在时间轴上左右平移若干采样周期，向左平移为超前，向右平移为延迟。

1) 延迟定理 设 $e(t)$ 的 Z 变换为 $E(z)$，且 $t<0$ 时 $e(t)=0$，则

$$Z[e(t-nT)]=z^{-n}E(z) \tag{8-31}$$

若 $t<0$ 时 $e(t)\neq 0$，则

$$Z[e(t-nT)]=z^{-n}\left[E(z)+\sum_{k=-n}^{-1}e(kT)z^{-k}\right]$$

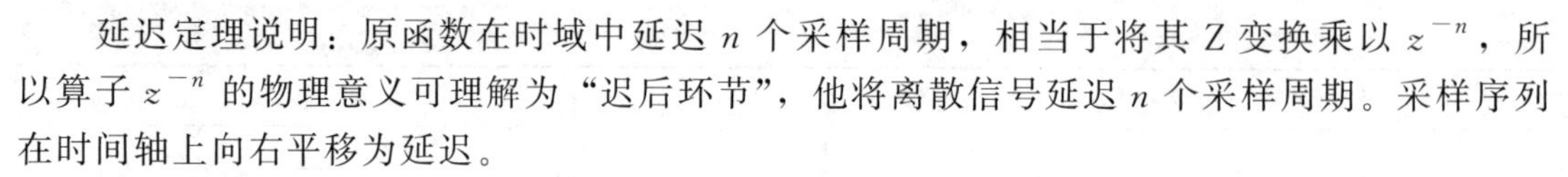

延迟定理说明：原函数在时域中延迟 n 个采样周期，相当于将其 Z 变换乘以 z^{-n}，所以算子 z^{-n} 的物理意义可理解为"迟后环节"，他将离散信号延迟 n 个采样周期。采样序列在时间轴上向右平移为延迟。

2）超前定理 设 $e(t)$ 的 Z 变换为 $E(z)$，则

$$Z[e(t+nT)]=z^n\left[E(z)-\sum_{k=0}^{n-1}e(kT)z^{-k}\right] \tag{8-32}$$

若满足 $e(0)=e(T)=e(2T)=\cdots=e[(n-1)T]=0$，则上式可以表示为

$$Z[e(t+nT)]=z^nE(z)$$

算子 z^n 可理解为"超前环节"，它将离散信号超前 n 个采样周期，但是 z^n 仅用于计算，在物理系统中并不存在。采样序列在时间轴上向左平移为超前。

实数位移定理在用 Z 变换求解差分方程时经常用到，它可将差分方程转化为 z 域的代数方程。

例 8-6 计算 $\mathrm{e}^{-a(t-T)}$ 的 Z 变换，其中 a 为常数。

解 由实数位移定理

$$Z[\mathrm{e}^{-a(t-T)}]=z^{-1}Z[\mathrm{e}^{-at}]=z^{-1}\frac{z}{z-\mathrm{e}^{-aT}}=\frac{1}{z-\mathrm{e}^{-aT}}$$

（3）初值定理 设 $e(t)$ 的 Z 变换为 $E(z)$，且有极限 $\lim\limits_{z\to\infty}E(z)$ 存在，则 $e(t)$ 的初始值为

$$e(0)=\lim_{t\to 0}e(t)=\lim_{z\to\infty}E(z) \tag{8-33}$$

（4）终值定理 如果 $e(t)$ 的终值 $e(\infty)$ 存在，则

$$e(\infty)=\lim_{t\to\infty}e(t)=\lim_{z\to 1}(z-1)E(z) \tag{8-34}$$

（5）卷积定理 设 $Z[e_1(t)]=E_1(z), Z[e_2(t)]=E_2(z)$，则其离散卷积

$$g(nT)=e_1(nT)*e_2(nT)=\sum_{k=0}^{\infty}e_1(kT)e_2[(n-k)T]$$

则有

$$G(z)=E_1(z)E_2(z) \tag{8-35}$$

卷积定理的意义在于，将两个采样函数卷积的 z 变换等价于函数 z 变换的乘积。

8.3.4 Z 反变换

由函数 $E(z)$ 求出离散序列 $e(k)$ 的过程就是 Z 反变换，记为 $e(k)=Z^{-1}[E(z)]$，下面介绍求 Z 反变换的三种常用方法。

（1）长除法 用长除法将 $E(z)$ 展开成 z^{-1} 的无穷级数，然后根据负位移定理可以得到 $e(k)$，即

$$E(z)=\frac{b_0z^m+b_1z^{m-1}+\cdots+b_m}{a_0z^n+a_1z^{n-1}+\cdots+a_n}\qquad n>m$$

将 $E(z)$ 展开 $\qquad E(z)=c_0z^0+c_1z^{-1}+c_2z^{-2}+\cdots \tag{8-36}$

对应原函数为 $\qquad e(nT)=c_0\delta(t)+c_1\delta(t-T)+c_2\delta(t-2T)+\cdots \tag{8-37}$

例 8-7 已知 $E(z)=\dfrac{z}{z^2-4z+3}$，求 $e(kT)$。

解 用长除法

$$
\begin{array}{r}
z^{-1}+4z^{-2}+13z^{-3}+\cdots \\
z^2-4z+3\overline{\big)\, z \qquad\qquad\qquad\qquad} \\
\underline{z-4+3z^{-1}} \\
4-3z^{-1} \\
\underline{4-16z^{-1}+12z^{-2}} \\
13z^{-1}-12z^{-2} \\
\underline{13z^{-1}-42z^{-2}+39z^{-3}} \\
30z^{-2}-39z^{-3}
\end{array}
$$

$$E(z)=\frac{z}{z^2+4z+3}=z^{-1}+4z^{-2}+13z^{-3}+\cdots$$

则
$$e(kT)=\delta(t-T)+4\delta(t-2T)+13\delta(t-3T)+\cdots$$

(2) 部分分式法 把 Z 变换函数式 $E(z)$ 分解为部分分式，再通过查表，对每一个分式分别做反变换。考虑到在 Z 变换表中，所有 Z 变换函数在其分子上普遍都有因子 z，所以通常将 $E(z)$ 展成 $E(z)=zE_1(z)$ 的形式，即

$$E(z)=zE_1(z)=z\left[\frac{A_1}{z-z_1}+\frac{A_2}{z-z_2}+\cdots+\frac{A_i}{z-z_i}\right] \tag{8-38}$$

式中，系数 A_i 用下式求出

$$A_i=[E_1(z)(z-z_i)]_{z=z_i} \tag{8-39}$$

例 8-8 已知 $E(z)=\dfrac{z}{z^2-4z+3}$，求其 Z 反变换 $e(kT)$。

解
$$E(z)=\frac{z}{(z-3)(z-1)}=\frac{1}{2}\left(\frac{z}{z-3}-\frac{z}{z-1}\right)$$

因为
$$Z^{-1}\left[\frac{z}{z-a}\right]=a^k$$

所以
$$e(kT)=\frac{1}{2}(3^k-1^k)=\frac{1}{2}(3^k-1) \qquad (k=0,1,2,\cdots)$$

(3) 留数法 在留数法中，离散序列 $e(kT)$ 等于 $E(z)z^{k-1}$ 各个极点上留数之和，即

$$e(kT)=\sum_{i=1}^{n}\mathrm{Res}[E(z)z^{k-1}]_{z\to z_i} \tag{8-40}$$

式中，z_i 表示 $E(z)$ 的第 i 个极点。极点上的留数分两种情况求取。

单极点的情况

$$\mathrm{Res}[E(z)z^{k-1}]_{z\to z_i}=\lim_{z\to z_i}[(z-z_i)E(z)z^{k-1}] \tag{8-41}$$

n 阶重极点的情况

$$\mathrm{Res}[E(z)z^{k-1}]_{z\to z_i}=\frac{1}{(n-1)!}\lim_{z\to z_i}\frac{\mathrm{d}^{n-1}[(z-z_i)^nE(z)z^{k-1}]}{\mathrm{d}z^{n-1}} \tag{8-42}$$

例 8-9 用留数法求 $E(z)=\dfrac{z}{(z-1)^2(z-2)}$的反变换。

解 $E(z)$ 有两个极点，$z=1$，$z=2$，分别求其留数。

当 $z=1$ 时
$$\mathrm{Res}\left[\frac{z\times z^{k-1}}{(z-1)^2(z-2)}\right]_{z=1}$$

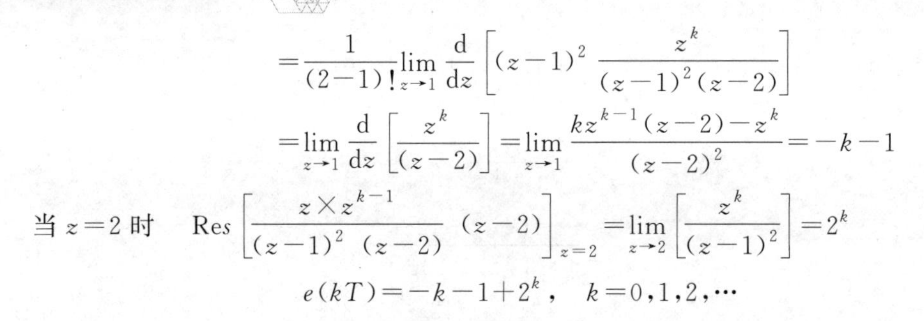

$$=\frac{1}{(2-1)!}\lim_{z\to 1}\frac{\mathrm{d}}{\mathrm{d}z}\left[(z-1)^2\ \frac{z^k}{(z-1)^2(z-2)}\right]$$

$$=\lim_{z\to 1}\frac{\mathrm{d}}{\mathrm{d}z}\left[\frac{z^k}{(z-2)}\right]=\lim_{z\to 1}\frac{kz^{k-1}(z-2)-z^k}{(z-2)^2}=-k-1$$

当 $z=2$ 时 $\quad \mathrm{Res}\left[\frac{z\times z^{k-1}}{(z-1)^2\ (z-2)}\ (z-2)\right]_{z=2}=\lim_{z\to 2}\left[\frac{z^k}{(z-1)^2}\right]=2^k$

$$e(kT)=-k-1+2^k,\quad k=0,1,2,\cdots$$

8.4 离散系统的数学模型

对于线性连续系统，输入信号与输出信号之间的关系由系统运动的微分方程、传递函数等描述。对应的离散系统，输入信号与输出信号之间的关系可用差分方程和脉冲传递函数等描述。

8.4.1 差分方程及其解法

微分方程可以用来描述连续系统，而差分方程则可以用来描述离散系统的输入输出在采样时刻的关系。

(1) 差分的概念 差分是指离散函数的两值之差。差分又分为前向差分和后向差分。

设连续函数为 $e(t)$，其采样函数为 $e(kT)$，简记为 $e(k)$。

则一阶前向差分定义为 $\quad \Delta e(k)=e(k+1)-e(k)$

二阶前向差分定义为

$$\Delta^2 e(k)=\Delta[\Delta e(k)]=\Delta[e(k+1)-e(k)]$$
$$=\Delta e(k+1)-\Delta e(k)=e(k+2)-2e(k+1)+e(k)$$

同理，一阶后向差分定义为 $\quad \Delta e(k)=e(k)-e(k-1)$

二阶后向差分定义为

$$\Delta^2 e(k)=\Delta[\Delta e(k)]=\Delta[e(k)-e(k-1)]$$
$$=\Delta e(k)-\Delta e(k-1)=e(k)-2e(k-1)+e(k-2)$$

(2) 差分方程 由各阶差分组成的方程就是差分方程。

1) 前向差分方程 差分方程中的未知序列是递增方式，即由 $c(k)$，$c(k+1)$，$c(k+2)$，…等组成的差分方程，称为前向差分方程。其一般表达式为

$$c(k+n)+a_{n-1}c(k+n-1)+\cdots+a_1c(k+1)+a_0c(k)$$
$$=b_mr(k+m)+b_{m-1}r(k+m-1)+\cdots+b_1r(k+1)+b_0r(k)\qquad(m\leqslant n)\tag{8-43}$$

前向差分方程描述了 $(k+n)$ 时刻输出值与此时刻之前的输出值和输入值之间的关系。因为方程中用到了当前时刻（即 k 时刻）之后的系统输入、输出值，故该模型被称作系统的预测模型。

2) 后向差分方程 差分方程中的未知序列是递减方式，即由 $c(k)$，$c(k-1)$，$c(k-2)$，…等组成的差分方程，称为后向差分方程，其一般表达式为

$$c(k)+a_1c(k-1)+\cdots+a_nc(k-n)=b_0r(k)+b_1r(k-1)+\cdots+b_mr(k-m)\quad(m\leqslant n)\tag{8-44}$$

前向差分方程和后向差分方程并无本质的区别，前向差分方程多用于描述非零初始条件的离散系统，后项差分方程多用于描述零初始条件的离散系统，若不考虑初始条件，就系统输入、输出而言，两者完全等价。后项差分方程时间概念清楚，便于编制程序；前向差分方

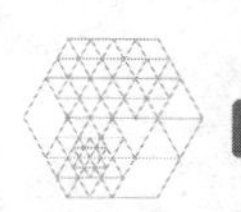

程，便与讨论系统阶次及采用Z变换法计算初始条件不为零的解等。

差分方程的阶数：定义为未知序列的自变量序号中最高值与最低值之差。例如式（8-45）、式（8-47）是三阶差分方程，式（8-46）是二阶差分方程。

$$kc(k+3)-c^2(k)=r(k) \tag{8-45}$$

$$3c(k+2)-2c(k+1)c(k)=r(k) \tag{8-46}$$

$$c(k)-7c(k-1)+16c(k-2)-12c(k-3)=r(k) \tag{8-47}$$

若差分方程中每一项包含的未知序列或其移位序列仅以线性形式出现，则称为线性差分方程，如式（8-47）；否则称为非线性差分方程，如式（8-45）、式（8-46）。

(3) 差分方程的解法　求解差分方程常用的有迭代法和Z变换法。前者适用于计算机数值解法，后者可利用解析式求解，下面予以介绍。

1) 迭代法　迭代法是已知离散系统的差分方程和输入序列、输出序列的初始值，利用递推关系逐步计算出所需要的输出值的方法。

例 8-10　已知采样系统的差分方程是　$c(k)+c(k-1)=r(k)+2r(k-2)$，初始条件：$r(k)=\begin{cases}k, & k>0\\0, & k\leqslant 0\end{cases}$，$c(0)=2$。求各采样时刻的输出值 $c(k)$。

解　令 $k=1$，有 $c(1)+c(0)=r(1)+2r(-1)$，则 $c(1)+2=1+0$

求得

$$c(1)=-1$$

令 $k=2$，有 $c(2)+c(1)=r(2)+2r(0)$，则 $c(2)+(-1)=2+0$

求得

$$c(2)=3$$

同理，可求得 $c(3)=2$，$c(4)=6$，…。

2) Z变换法　用Z变换法解差分方程和用拉氏变换解微分方程类似，把线性常系数差分方程两端取Z变换，并利用Z变换的实数位移定理，得到以 z 为变量的代数方程，然后对代数方程的解 $C(z)$ 取Z反变换，求得输出序列 $c(k)$。

例 8-11　用Z变换法解二阶微分方程 $c(k+2)+3c(k+1)+2c(k)=0$，初始条件 $c(0)=0$，$c(1)=1$。

解　根据实数位移定理

$$Z[c(k+2)]=z^2C(z)-z^2c(0)-zc(1)=z^2C(z)-z$$

$$Z[3c(k+1)]=3zC(z)-3zc(0)=3zC(z),\quad Z[2c(k)]=2C(z)$$

代入原式，得

$$(z^2+3z+2)C(z)=z$$

$$C(z)=\frac{z}{z^2+3z+2}=\frac{z}{z+1}-\frac{z}{z+2}$$

查Z变换表，求出Z反变换 $c(kT)=(-1)^k-(-2)^k,\quad k=0,1,2,\cdots$

8.4.2 脉冲传递函数

(1) 脉冲传递函数的定义　线性开环采样系统结构如图8-9所示，$G(s)$ 是连续部分的传递函数，它的输入信号是采样信号 $r^*(t)$；输出信号 $c(t)$ 是连续信号，$c(t)$ 经（虚拟的）同步采样器后得到采样信号 $c^*(t)$。

脉冲传递函数定义：在零初始条件下，线性离散系统输出采样信号脉冲序列 $c^*(t)$ 的Z变换与输入采样信号脉冲序列 $r^*(t)$ 的Z变换之比。记作

$$G(z)=\frac{Z[c^*(t)]}{Z[r^*(t)]}=\frac{C(z)}{R(z)} \tag{8-48}$$

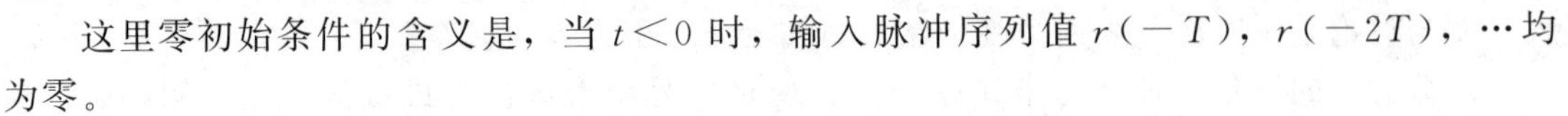

这里零初始条件的含义是，当 $t<0$ 时，输入脉冲序列值 $r(-T)$，$r(-2T)$，…均为零。

式（8-48）表明，如果已知 $R(z)$ 和 $G(z)$，则在零初始条件下，线性定常离散系统的输出采样信号为

$$c^*(t)=Z^{-1}[C(z)]=Z^{-1}[G(z)R(z)]$$

应当明确，虚设的采样开关假定是与输入采样开关同步工作的，但它实际上不存在，只是表明脉冲传递函数所能描述的仅是输出连续函数 $c(t)$ 在采样时刻的离散值 $c^*(t)$。如果系统的实际输出 $c(t)$ 比较平滑，且采样频率较高，则可用 $c^*(t)$ 近似描述 $c(t)$。

(2) 脉冲传递函数的性质 与连续系统传递函数的性质相对应，离散系统脉冲传递函数具有下列性质：

1）脉冲传递函数是复变量 z 的复函数（一般是 z 的有理分式）。

2）脉冲传递函数只与系统自身的结构和参数有关。

3）系统的脉冲传递函数与系统的差分方程有直接联系，Z^{-1} 相当于一拍延迟因子。

4）系统的脉冲传递函数是系统的单位脉冲响应序列的Z变换。

(3) 由传递函数求脉冲传递函数 由传递函数 $G(s)$ 求取脉冲传递函数 $G(z)$ 的具体步骤如下：

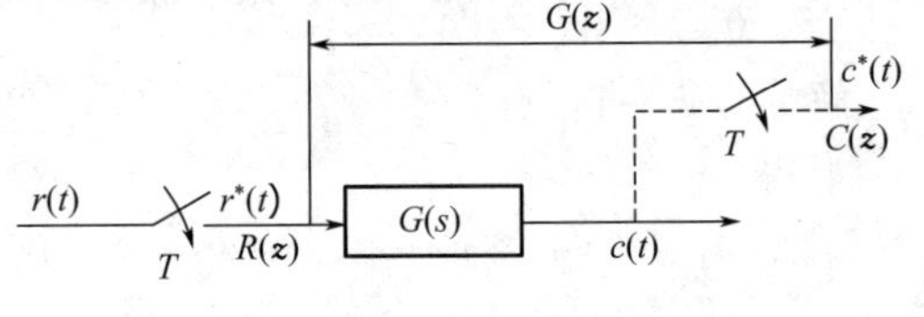

图 8-9 线性开环采样系统结构图

1）对连续传递函数 $G(s)$ 进行拉普拉斯反变换，求得脉冲响应 $g(t)$ 为

$$g(t)=L^{-1}[G(s)]$$

2）对 $g(t)$ 进行采样，求得其离散脉冲响应 $g^*(t)$ 为

$$g^*(t)=\sum_{k=0}^{\infty}g(kT)\delta(t-kT)$$

3）对 $g^*(t)$ 进行Z变换，即可得到该系统的脉冲传递函数 $G(z)$ 为

$$G(z)=Z[g^*(t)]=\sum_{k=0}^{\infty}g(kT)z^{-k}$$

上述变换过程表明，只要将 $G(s)$ 表示成Z变换表中的标准形式，直接查表就可得 $G(z)$。

由于利用Z变换表可以直接从 $G(s)$ 得到 $G(z)$，而不必逐步推导，所以常把上述过程表示为 $G(z)=Z[G(s)]$，并称之为 $G(s)$ 的Z变换，这一表示应理解为根据上述过程求出 $G(s)$ 所对应的 $G(z)$，而不能理解为 $G(z)$ 是对 $G(s)$ 直接进行 $z=e^{Ts}$ 代换的结果。

例 8-12 设图 8-9 所示线性开环采样系统中 $G(s)=\dfrac{1}{s(s+1)}$，采样周期 $T=1$。试完成：1）求系统的脉冲传递函数 $G(z)$；2）写出系统的差分方程。

解 1）$G(s)=\dfrac{1}{s}-\dfrac{1}{s+1}$

则
$$G(z)=Z\left[\frac{1}{s}-\frac{1}{s+1}\right]=\frac{z}{z-1}-\frac{z}{z-e^{-T}}=\frac{z(1-e^{-T})}{(z-1)(z-e^{-T})}$$

当 $T=1$ 时，$G(z)=\dfrac{0.632z}{z^2-1.368z+0.368}=\dfrac{0.632z^{-1}}{1-1.368z^{-1}+0.368z^{-2}}$

2）根据 $G(z)=\dfrac{C(z)}{R(z)}=\dfrac{0.632z^{-1}}{1-1.368z^{-1}+0.368z^{-2}}$

叉乘得 $$(1-1.368z^{-1}+0.368z^{-2})C(z)=0.632z^{-1}R(z)$$

等号两边求Z反变换可得系统差分方程为

$$c(k)-1.368c(k-1)-0.368c(k-2)=0.632r(k-1)$$

8.4.3 开环系统脉冲传递函数

离散系统中，n 个环节串联时，串联环节间有无同步采样开关，脉冲传递函数是不相同的。

(1) 串联环节间无采样开关 图 8-10 (a) 所示串联环节间无同步采样开关时，由脉冲传递定义有

$$C(s)=E^*(s)G_1(s)G_2(s)$$

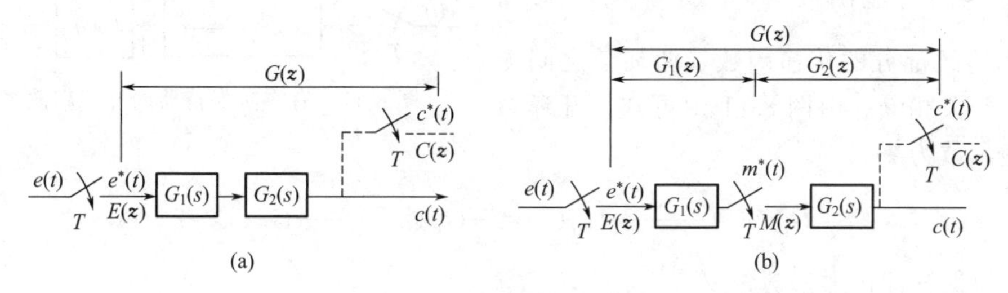

图 8-10 串联环节结构图

对 $C(s)$ 离散，并由采样拉氏变换的性质得

$$C^*(s)=E^*(s)[G_1G_2(s)]^*$$

取Z变换，得 $$C(z)=E(z)G_1G_2(z)$$

$$G(z)=G_1G_2(z) \tag{8-49}$$

上式表明，没有理想采样开关隔开的两个线性连续环节串联时的脉冲传递函数，等于这两个环节传递函数乘积后的相应Z变换，该结论同样可推广到类似的 n 个环节串联时的情况。

例 8-13 设开环离散系统如图 8-10 (a) 所示，其中 $G_1(s)=\dfrac{1}{s}$，$G_2(s)=\dfrac{a}{s+a}$，求出其串联环节等效的脉冲传递函数 $G(z)$。

解 $$G(z)=Z[G_1(s)G_2(s)]=G_1G_2(z)=Z\left[\frac{a}{s(s+a)}\right]=Z\left[\frac{1}{s}-\frac{1}{s+a}\right]$$

$$=\frac{z}{z-1}-\frac{z}{z-e^{-aT}}=\frac{z(1-e^{aT})}{(z-1)(z-e^{-aT})}$$

(2) 串联环节间有采样开关 图 8-10 (b) 所示串联环节间有同步采样开关时，由脉冲传递定义有

$$M(z)=E(z)G_1(z),\quad C(z)=M(z)G_2(z)$$

所以 $$C(z)=E(z)G_1(z)G_2(z)$$

开环系统脉冲传递函数为

$$G(z)=G_1(z)G_2(z) \tag{8-50}$$

上式表明，有理想采样开关隔开的两个线性环节串联时的脉冲传递函数，等于这两个环节各自的脉冲传递函数之积，该结论可推广到 n 个环节串联的情况。

例 8-14 开环离散系统如图 8-10 (b) 所示，其中 $G_1(s)=\dfrac{1}{s}$，$G_2(s)=\dfrac{a}{s+a}$，求出其串

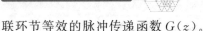

联环节等效的脉冲传递函数 $G(z)$。

解 $G(z)=G_1(z)G_2(z)=Z\left[\frac{1}{s}\right]Z\left[\frac{a}{(s+a)}\right]=\frac{z}{z-1}\ \frac{az}{z-e^{-aT}}=\frac{az^2}{(z-1)(z-e^{-aT})}$

从例 8-13 和例 8-14 看出，有无采样器时，其脉冲传递函数是不同的，其不同之处在于零点不同，但极点是相同的。

通常情况下，$G_1(z)G_2(z)\neq G_1G_2(z)$，因此考察有串联环节开环系统的脉冲传递函数时，必须区别其串联环节间有无采样开关。

(3) 环节与零阶保持器串联 当有零阶保持器与环节串联的情况，如图 8-11 所示。图中零阶保持器的传递函数为 $G_h(s)=\frac{1-e^{-Ts}}{s}$，$G_0(s)$ 为连续部分的传递函数，两环节之间无同步采样开关相隔。由图 8-11 中可知，开环系统的传递函数为

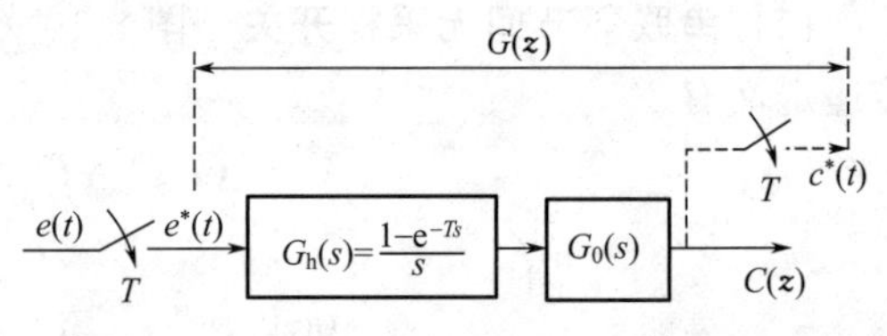

图 8-11 有零阶保持器的开环离散系统

$$G(s)=\frac{1-e^{-Ts}}{s}G_0(s)=\frac{1}{s}G_0(s)-\frac{e^{-Ts}}{s}G_0(s)$$

$z=e^{Ts}$，根据脉冲传递函数定义

$$G(z)=Z\left[\frac{1}{s}G_0(s)\right]-Z\left[\frac{e^{-Ts}}{s}G_0(s)\right]=Z\left[\frac{G_0(s)}{s}\right]-z^{-1}Z\left[\frac{G_0(s)}{s}\right]$$

有零阶保持器时开环系统脉冲传递函数为 $\frac{C(z)}{R(z)}=(1-z^{-1})Z\left[\frac{1}{s}G_0(s)\right]$

例 8-15 设系统如图 8-11 所示，与零阶保持器串联的环节为 $G_0(s)=\frac{a}{s(s+a)}$，求系统的脉冲传递函数 $G(z)$。

解
$$G(z)=(1-z^{-1})Z\left[\frac{a}{s^2(s+a)}\right]=(1-z^{-1})Z\left[\frac{1}{s^2}-\frac{1}{as}+\frac{1}{a(s+a)}\right]$$
$$=\frac{(aT-1+e^{-aT})z+(1-e^{-aT}-aTe^{-aT})}{a(z-1)(z-e^{-aT})}$$

与例 8-14 结果比较，零阶保持器不改变开环脉冲传递函数的阶数，也不影响开环脉冲传递函数的极点，只影响开环零点。

8.4.4 闭环系统脉冲传递函数

由于在闭环系统中采样器的位置有多种放置方式，因此闭环离散系统没有唯一的结构图形式。图 8-12 是一种比较常见的误差采样闭环离散系统结构图。

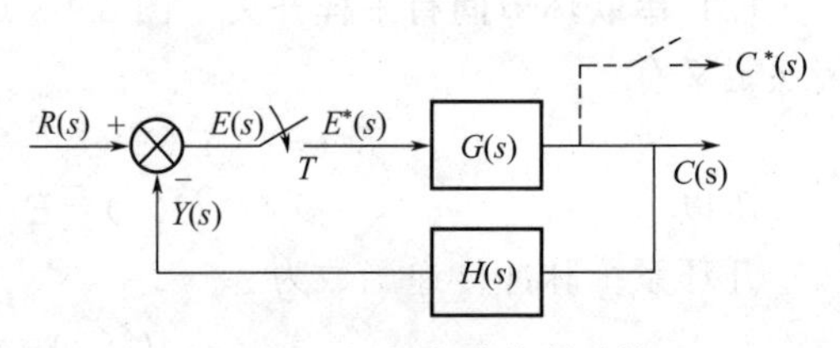

图 8-12 闭环离散控制系统

由图 8-12 可见，连续输出信号和误差信号拉氏变换的关系为

$$C(s)=G(s)E^*(s),\quad E(s)=R(s)-H(s)C(s)$$

所以
$$E(s)=R(s)-H(s)G(s)E^*(s)$$

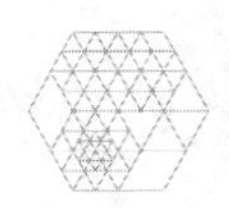

对 $E(s)$ 离散化，得

$$E^{*}(s)=R^{*}(s)-G(s)H^{*}(s)E^{*}(s)$$

整理得

$$E^{*}(s)=\frac{R^{*}(s)}{1+GH^{*}(s)} \tag{8-51}$$

由于

$$C^{*}(s)=[G(s)E^{*}(s)]^{*}=G^{*}(s)E^{*}(s)=\frac{G^{*}(s)}{1+GH^{*}(s)}R^{*}(s) \tag{8-52}$$

对式（8-51）和式（8-52）取 Z 变换，得

$$E(z)=\frac{1}{1+GH(z)}R(z) \tag{8-53}$$

$$C(z)=\frac{G(z)}{1+GH(z)}R(z) \tag{8-54}$$

根据式（8-53)，定义

$$\Phi_{e}(z)=\frac{E(z)}{R(z)}=\frac{1}{1+GH(z)} \tag{8-55}$$

为闭环离散系统对于输入量的误差脉冲传递函数。

根据式（8-54)，定义

$$\Phi(z)=\frac{C(z)}{R(z)}=\frac{G(z)}{1+GH(z)} \tag{8-56}$$

为闭环离散系统对于输入量的脉冲传递函数。

与连续系统一样，令 $\Phi(z)$ 或 $\Phi_{e}(z)$ 的分母多项式为零，可得闭环离散系统的特征方程

$$D(z)=1+GH(z)=0 \tag{8-57}$$

表 8-3 列出了几种闭环采样系统输出的 Z 变换。

表 8-3 典型闭环离散系统及输出 Z 变换函数

序号	系统框图	$C(z)$
1	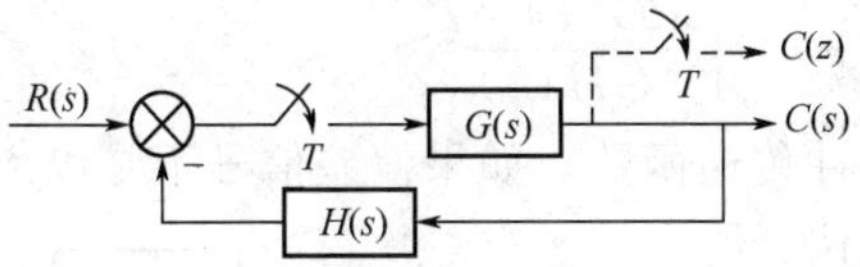	$\dfrac{G(z)R(z)}{1+GH(z)}$
2	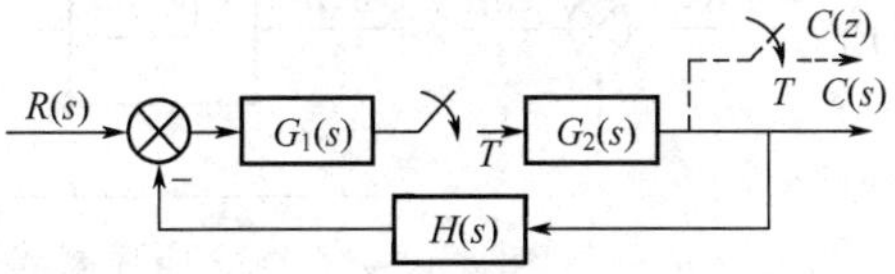	$\dfrac{RG_1(z)G_2(z)}{1+G_1G_2H(z)}$
3	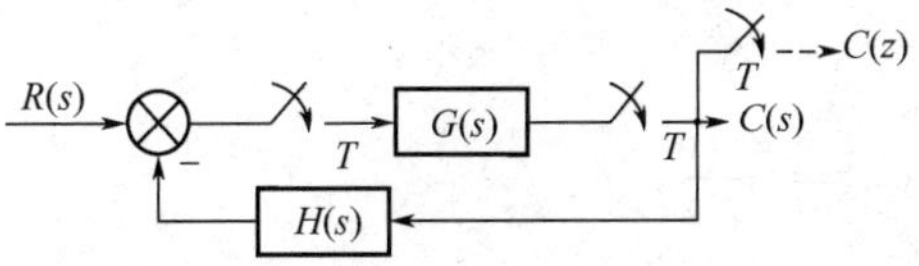	$\dfrac{G(z)R(z)}{1+G(z)H(z)}$
4	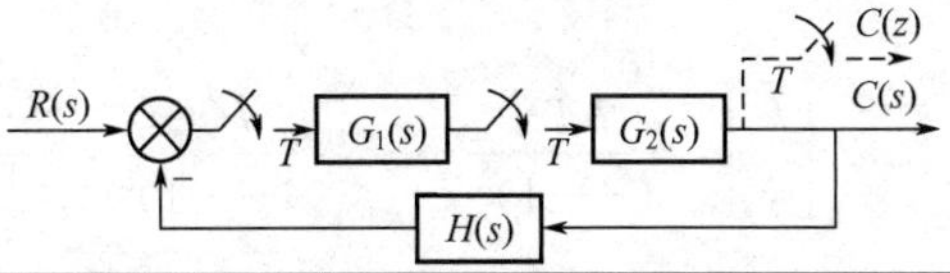	$\dfrac{G_1(z)G_2(z)R(z)}{1+G_1(z)G_2H(z)}$

续表

序号	系统框图	C(z)
5	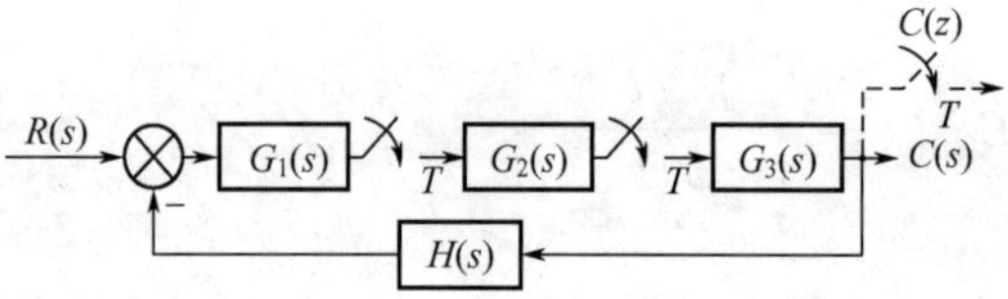	$\dfrac{RG_1(z)G_2(z)G_3(z)}{1+G_2(z)G_1G_3H(z)}$
6	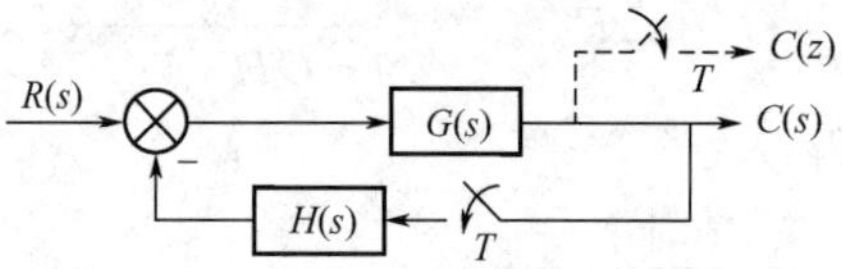	$\dfrac{RG(z)}{1+GH(z)}$
7	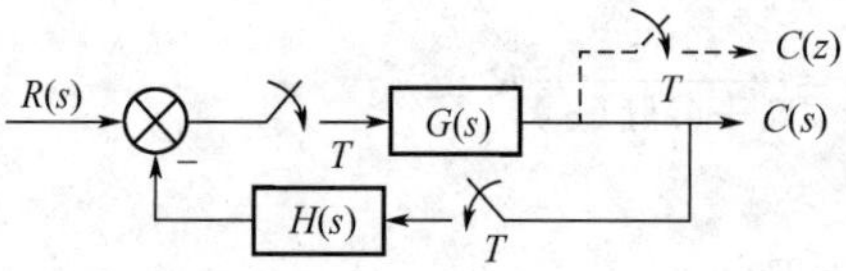	$\dfrac{G(z)R(z)}{1+G(z)H(z)}$
8	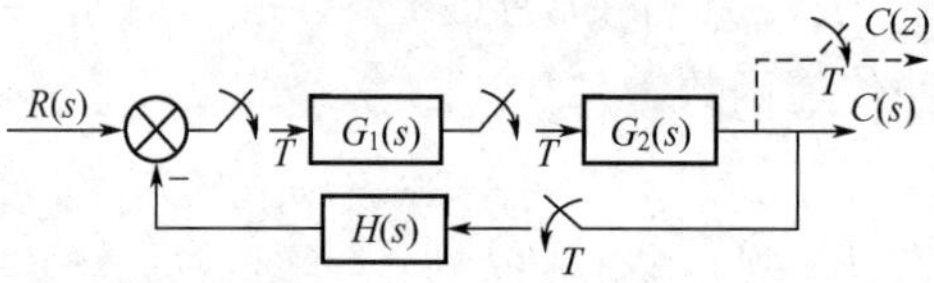	$\dfrac{G_1(z)G_2(z)R(z)}{1+G_1(z)G_2(z)H(z)}$

例 8-16 闭环离散系统如图 8-13 所示，求系统被控量 $C(s)$ 的 Z 变换。

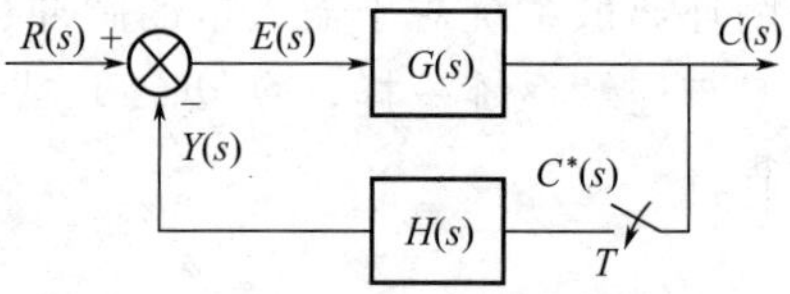

图 8-13 例 8-16 闭环离散系统

解 从图中可得

$$C(s)=E(s)G(s),E(s)=R(s)-H(s)C^*(s)$$

$$C(s)=[R(s)-H(s)C^*(s)]G(s)$$
$$=RG(s)-HG(s)C^*(s)$$

对上式求 Z 变换 $C(z)=RG(z)-GH(z)C(z)$

所以，输出信号的 Z 变换为 $C(z)=\dfrac{RG(z)}{1+GH(z)}$

由上题可见，该系统写不出闭环脉冲传递函数。如果偏差信号不是以离散信号的形式输入前向通道的第一个环节，则一般写不出闭环脉冲传递函数，只能写出输出信号的 Z 变换的表达式。

例 8-17 试求图 8-14 所示的离散控制系统的闭环脉冲传递函数。

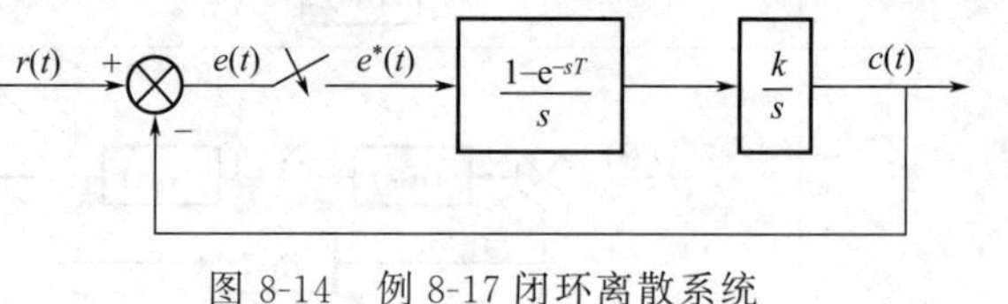

图 8-14 例 8-17 闭环离散系统

解 前向通道的传递函数为

$$G(s)=\frac{1-\mathrm{e}^{-Ts}}{s}\times\frac{k}{s}$$

对上式取 Z 变换，得

$$G(z)=Z[G(s)]=(1-z^{-1})Z\left[\frac{k}{s^2}\right]=\frac{kTz}{(z-1)^2}-z^{-1}\frac{kTz}{(z-1)^2}=\frac{kT}{z-1}$$

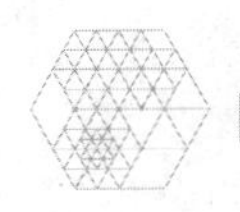

因此，闭环采样系统的脉冲传递函数为

$$\Phi(z)=\frac{C(z)}{R(z)}=\frac{G(z)}{1+GH(z)}=\frac{\frac{kT}{z-1}}{1+\frac{kT}{z-1}}=\frac{kT}{z-1+kT}$$

例 8-18　闭环离散控制系统如图 8-15 所示，试求参考输入 $R(s)$ 和扰动输入 $F(s)$ 同时作用时，系统输出信号 $C(s)$ 的 Z 变换。

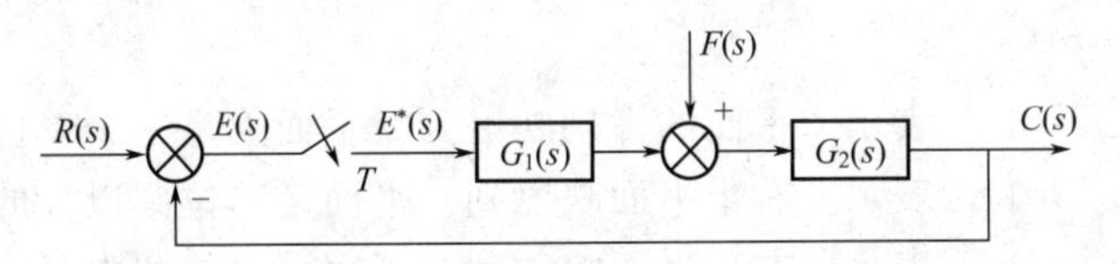

图 8-15　例 8-18 闭环离散系统

解　1）设 $F(s)=0$，$R(s)$ 单独作用，输出为 $C_R(s)$

$$C_r(s)=G_1(s)G_2(s)E^*(s),\quad E(s)=R(s)-C_r(s)$$

对上面两式取 Z 变换

$$C_r(z)=G_1G_2(z)E(z),E(z)=R(z)-C_r(z)$$

得
$$C_r(z)=\frac{G_1G_2(z)}{1+G_1G_2(z)}R(z)$$

2）当 $R(s)=0$，$F(s)$ 单独作用，输出为 $C_F(s)$

$$C_f(s)=G_2(s)F(s)+G_1(s)G_2(s)E^*(s),\quad E(s)=-C_f(s)$$

对上两式取 Z 变换，得

$$C_f(z)=G_2(z)F(z)+G_1(z)G_2(z)E(z),\quad E(z)=-C_f(z)$$

整理得
$$C_f(z)=\frac{G_2}{1+G_1(z)G_2(z)}F(z)$$

系统的输出信号的 Z 变换为

$$C(z)=C_r(z)+C_f(z)=\frac{G_1(z)G_2(z)}{1+G_1(z)G_2(z)}R(z)+\frac{G_2(z)}{1+G_1(z)G_2(z)}F(z)$$

8.5　稳定性分析

与线性连续系统分析相类似，稳定性分析是线性定常离散系统分析的重要内容。本节主要讨论如何在 z 域和 w 域中分析离散系统的稳定性。

由第 3 章可知，连续系统稳定的充要条件是其全部闭环极点均位于 s 平面左半部，s 平面的虚轴就是系统稳定的边界。对于离散系统，通过 Z 变换后，离散系统的特征方程转变为 z 的代数方程，简化了离散系统的分析。Z 变换只是以 z 代替了 $z=e^{Ts}$，在稳定性分析中，可以把 s 平面上的稳定范围映射到 z 平面上来，在 z 平面上分析离散系统的稳定性。

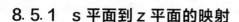

8.5.1 s 平面到 z 平面的映射

设 s 域的任意点可表示为 $s=\sigma+\mathrm{j}\omega$，其映射到 z 域为

$$z=\mathrm{e}^{(\sigma+\mathrm{j}\omega)T}=\mathrm{e}^{\sigma T}\mathrm{e}^{\mathrm{j}\omega T}=|z|\mathrm{e}^{\mathrm{j}\omega T} \tag{8-58}$$

于是 s 域到 z 域的映射关系式为

$$|z|=\mathrm{e}^{\sigma T},\quad \angle z=\omega T \tag{8-59}$$

式中，T 为采样周期。该式表明，在 s 域中任意一点 $s=\sigma+\mathrm{j}\omega$，相应地在 z 域上对应一点，其模为 $\mathrm{e}^{\sigma T}$ 角度为 ωT。

当 $\sigma=0$ 时，$|z|=1$，表示 s 平面的虚轴映射到 z 平面上是一个单位圆。

当 $\sigma>0$ 时，$|z|>1$，表示 s 右半平面映射到 z 平面是单位圆以外的区域。

当 $\sigma<0$ 时，$|z|<1$，表示 s 左半平面映射到 z 平面是单位圆内部的区域。

s 平面的坐标原点映射到 z 平面上为（1，j0）点。s 平面到 z 平面的基本映射关系，如图 8-16 所示。

对于 s 平面的虚轴，复变量 s 的实部 $\sigma=0$，其虚部 ω 由 $-\infty\to+\infty$ 变化，其对应的相角 $\angle z=\omega T$ 也是 $-\infty\to+\infty$ 变化。

当 ω 从 $-\dfrac{1}{2}\omega_{\mathrm{s}}$ 变到 $\dfrac{1}{2}\omega_{\mathrm{s}}$ 时 $\left(\omega_{\mathrm{s}}=\dfrac{2\pi}{T}\right)$，$\angle z$ 由 $-\pi$ 变化到 $+\pi$，正好转了一圈，即当 s 平面虚轴由 $s=-\mathrm{j}\,\dfrac{1}{2}\omega_{\mathrm{s}}$ 到 $s=\mathrm{j}\,\dfrac{1}{2}\omega_{\mathrm{s}}$ 区段，映射到 z 平面为一单位圆。

虚轴上 $s=-\mathrm{j}\,\dfrac{3}{2}\omega_{\mathrm{s}}$ 到 $s=-\mathrm{j}\,\dfrac{1}{2}\omega_{\mathrm{s}}$ 以及 $s=\mathrm{j}\,\dfrac{1}{2}\omega_{\mathrm{s}}$ 到 $s=\mathrm{j}\,\dfrac{3}{2}\omega_{\mathrm{s}}$ 等区段在 z 平面上的映像同样是 z 平面上的单位圆。如图 8-16 所示。

由此可见，当复变量 s 从 s 平面虚轴的 $-\mathrm{j}\infty$ 到 $+\mathrm{j}\infty$ 变化时，复变量 z 在 z 平面上将按逆时针方向沿单位圆重复转过无数多圈。也就是说，s 平面的虚轴在 z 平面的映象为单位圆。每当 ω 增加或减小一个 ω_{s}，映射到 z 平面上就是完全重叠的单位圆周。

把 s 平面划分为无穷多条平行于实轴的周期带，其宽度为 ω_{s}。其中，从 $-\dfrac{1}{2}\omega_{\mathrm{s}}$ 变到 $\dfrac{1}{2}\omega_{\mathrm{s}}$ 周期带称为主频带，其余的周期带称为次频带。

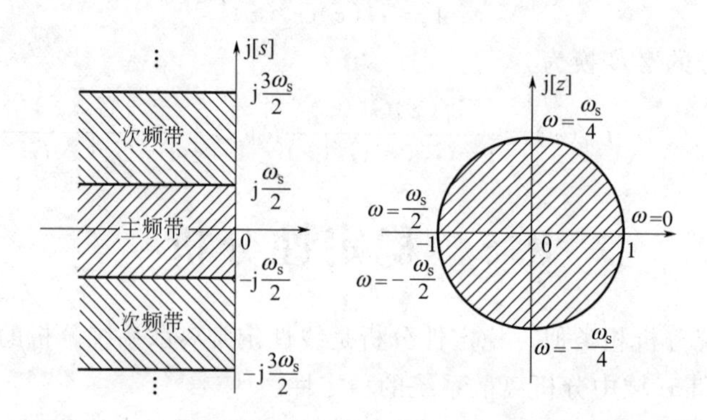

图 8-16　s 平面到 z 平面的映射

在连续系统中，闭环传递函数的极点位于 s 平面的左半平面时（实部 $\sigma_i<0$），则系统是稳定的。由式（8-59）可得 s 平面与 z 平面的映射关系如表 8-4 所示。

表 8-4 s 平面到 z 平面的映射关系

在 s 平面内	在 z 平面内	稳定性
$\sigma_i<0$	$\|z_i\|<1$	系统稳定
$\sigma_i=0$	$\|z_i\|=1$	临界稳定
$\sigma_i>0$	$\|z_i\|>1$	系统不稳定

8.5.2 线性离散系统稳定的充要条件

离散系统稳定性的概念与连续系统相同。如果一个线性定常离散系统的脉冲响应序列趋于 0，则系统是稳定的，否则不稳定。

假设离散系统输出 $c^*(t)$ 的 Z 变换可以写为

$$C(z)=\frac{M(z)}{D(z)}R(z) \tag{8-60}$$

式中，$M(z)$ 和 $D(z)$ 分别表示系统闭环脉冲传递函数 $\Phi(z)$ 的分子和分母多项式，并且 $D(z)$ 的阶数高于 $M(z)$ 的阶数。在单位脉冲 $\delta(t)=1$，$R(z)=1$ 作用下，系统输出为

$$C(z)=\frac{M(z)}{D(z)}=\sum_{i=1}^{n}\frac{c_i z}{z-p_i} \tag{8-61}$$

式中，$p_i(i=1,2,3,\cdots,n)$ 为 $\Phi(z)$ 的极点，c_i 为 p_i 对应系数。对式（8-61）求 Z 反变换，得

$$c(kT)=\sum_{i=1}^{n}c_i p_i^k \tag{8-62}$$

若要系统稳定，即要使 $\lim\limits_{k\to\infty}c(kT)=0$，则必须有 $|p_i|<1$，这表明离散系统的全部极点必须严格位于 z 平面的单位圆内。

此外，只要离散系统的全部极点均位于 z 平面的单位圆内，即 $|p_i|<1$，则一定有

$$\lim_{k\to\infty}c(kT)=\lim_{k\to\infty}\sum_{i=1}^{n}c_i p_i^k=0 \tag{8-63}$$

说明系统稳定。

由此可得**线性定常离散系统稳定的充分必要条件**：系统闭环脉冲传递函数的全部极点均位于 z 平面的单位圆内，或者说系统的所有特征根的模都小于 1，即 $|z_i|<1$。如果在上述特征根中，有位于 z 平面单位圆之外时，则闭环系统将是不稳定的。

这与从 s 域到 z 域映射的讨论结果是一致的。应当指出，上述结论是在闭环特征方程无重根的情况下推导出来的，但对于有重根的情况结论也是一致的。

例 8-19 已知单位采样系统如图 8-17 所示，$G(z)=\dfrac{0.368z+0.264}{(z-1)(z-0.368)}$，判断该系统的稳定性。

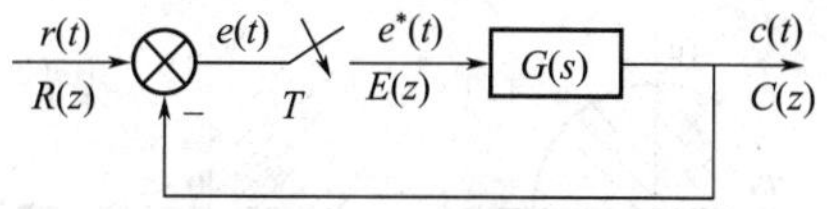

图 8-17 例 8-19 闭环离散系统结构

解 $$\frac{C(z)}{R(z)}=\frac{G(z)}{1+G(z)}$$

该采样系统的特征方程为 $1+G(z)=0$

即 $$1+\frac{0.368z+0.264}{(z-1)(z-0.368)}=0$$

$$z^2-z+0.632=0$$

特征根为
$$z_{1,2}=\frac{1\pm\sqrt{1-4\times0.632}}{2}=0.5\pm\mathrm{j}0.618$$

该系统的两个特征根 z_1 和 z_2 是一对共轭复根，模是相等的，即
$$|z_1|=|z_2|=\sqrt{0.5^2+0.618^2}=0.795<1$$
由于两个特征根 z_1 和 z_2 都分布在 z 平面单位圆内，所以该系统是稳定的。

8.5.3 稳定性判据

在分析连续系统稳定性时，采用劳斯稳定判据，由特征方程的各项系数直接判断它的根是否全具有负实部，从而判断出系统是否稳定。而在离散系统中需要判断系统特征方程中的跟是否都在 z 平面的单位圆内。

(1) w 变换与 w 域中的劳斯判据 劳斯判据不能判别特征方程的根是否落在单位圆内，所以不能直接用来判断离散系统的稳定性，需要引用一个新的坐标变换。采用 w 变换，将 z 平面的单位圆内的区域，映射到 w 平面的左半平面。

作变量代换，令
$$z=\frac{w+1}{w-1} \tag{8-64}$$
则有
$$w=\frac{z+1}{z-1} \tag{8-65}$$
上两式表明，复变量 z 和 w 互为线性变换，故 w 变换是一种可逆的双线性变换。令复变量
$$z=x+\mathrm{j}y \tag{8-66}$$
$$w=u+\mathrm{j}v \tag{8-67}$$
将式（8-66）代入式（8-65）中得
$$w=\frac{z+1}{z-1}=\frac{(x+1)+\mathrm{j}y}{(x-1)+\mathrm{j}y}$$
$$=\frac{x^2+y^2-1}{(x-1)^2+y^2}-\mathrm{j}\frac{2y}{(x-1)^2+y^2}=u+\mathrm{j}v \tag{8-68}$$
显然
$$u=\frac{x^2+y^2-1}{(x-1)^2+y^2} \tag{8-69}$$

由式（8-69）可知，分母恒为正。$|z|=\sqrt{x^2+y^2}$，因此

1）当 $x^2+y^2>1$，$|z|>1$ 时，$u>0$，表明 z 平面上的单位圆外的区域映射为 w 平面的虚轴右侧；

2）当 $x^2+y^2=1$，$|z|=1$ 时，$u=0$，表明 z 平面上的单位圆周映射为 w 平面的虚轴；

3）当 $x^2+y^2<1$，$|z|<1$ 时，$u<0$，表明 z 平面上的单位圆内的区域映射为 w 平面的虚轴左侧。

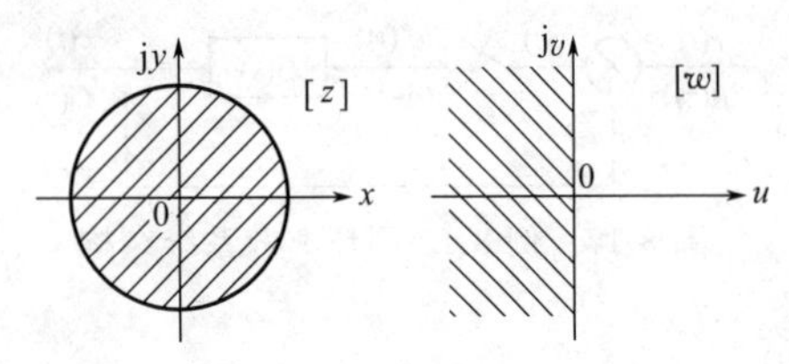

图 8-18 z 平面与w 平面的映射关系

z 平面与 w 平面的对应关系如图 8-18 所示。由于有这样的对应关系，就可以由 z 域中的复变量 z 是否在单位圆内，变成 w 域中复变量 w 是否在 w 平面的左半部，从而可以用劳斯稳定判据判断离散系统的稳定性。

判断方程式 $D(w)=0$ 的根是否全具有负实部，

可以采用劳斯稳定判据。

判别离散系统稳定性的步骤为：

1）求出离散系统的特征方程 $D(z)=0$。

2）令 $z=\dfrac{w+1}{w-1}$，代入特征方程 $D(z)=0$ 中，得到 w 域的特征方程 $D(w)=0$。

3）利用劳斯稳定判据，判断 $D(w)=0$ 的根是否全部具有负实部，从而判别离散系统是否稳定。

例 8-20 已知离散系统的闭环特征方程为 $D(z)=45z^3-117z^2+119z-39=0$，用劳斯稳定判据判断系统的稳定性。

解 对 $D(z)$ 做双线性变换，将 $z=\dfrac{w+1}{w-1}$，代入 $D(z)=0$ 中得

$$D(z)=45\left(\frac{w+1}{w-1}\right)^3-117\left(\frac{w+1}{w-1}\right)^2+119\left(\frac{w+1}{w-1}\right)-39=0$$

化简后，得 w 域的特征方程为 $w^3+2w^2+2w+40=0$

列出劳斯表为

$$\begin{array}{lll}
w^3 & 1 & 2 \\
w^2 & 2 & 40 \\
w^1 & \dfrac{2\times2-40}{2}=-18 & 0 \\
w^0 & 40 &
\end{array}$$

劳斯表第一列系数有负数，说明系统不稳定。同时，第一列系数符号变化 2 次，$+2\to-18\to+40$，说明在 w 域右半平面有 2 个闭环极点，即在 z 域平面单位圆外有 2 个特征根，因此说明离散系统是不稳定的。

例 8-21 连续控制系统结构图如图 8-19（a）所示。讨论连续系统，离散系统当采样周期为 $T=0.5$、$T=1$、$T=2$ 时，系统稳定的 K 值范围。

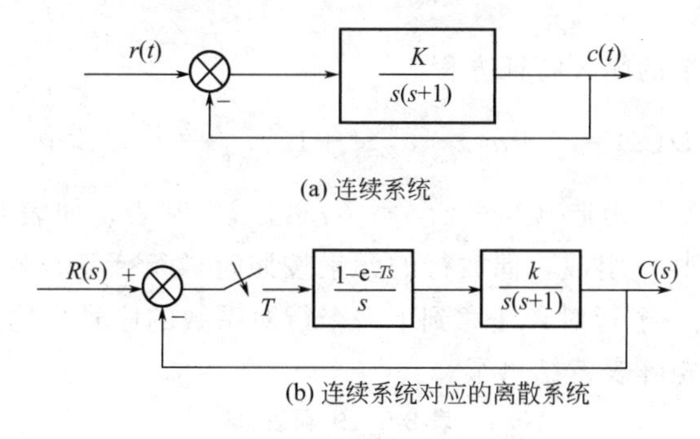

(a) 连续系统

(b) 连续系统对应的离散系统

图 8-19 系统结构图

解 1）连续系统结构如图 8-19（a）所示。

系统的特征方程为 $D(s)=1+G(s)=s^2+s+K=0$，由劳斯判据可知，只要 $K>0$，连续系统就是稳定的。

2）对于离散系统，其结构图如图 8-19（b）所示，其开环传递函数为

$$G(z)=Z\left[\frac{1-e^{-Ts}}{s}\times\frac{K}{s(s+1)}\right]=(1-z^{-1})Z\left[\frac{K}{s^2(s+1)}\right]$$

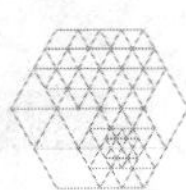

$$=K\left[\frac{(T-1+e^{-T})z+(1-e^{-T}-Te^{-T})}{(z-1)(z-e^{-T})}\right]$$

系统的特征方程为

$$D(z)=1+G(z)=z^2+[K(T-1+e^{-T})-(1+e^{-T})]z+[K(1-e^{-T}-Te^{-T})+e^{-T}]=0$$

当 $T=1$ 时，系统的特征方程为

$$D(z)=z^2+(0.368K-1.368)z+(0.264K+0.368)=0$$

将 $z=\frac{w+1}{w-1}$，代入特征方程中得

$$D(w)=0.632Kw^2+(1.264-0.528K)w+(2.763-0.104K)=0$$

劳斯表为

w^2	$0.632K$	$2.736-0.104K$
w^1	$1.264-0.528K$	
w^0	$2.736-0.104K$	

根据劳斯稳定判据，为保证系统稳定应有

$$0.632K>0,\quad 1.264-0.528K>0,\quad 2.736-0.104K>0$$

当 $T=1$ 时，系统稳定时 K 的取值范围为 $0<K<2.4$。

当 $T=0.5$ 时 K 的取值范围为 $0<K<4.36$；当 $T=2$ 时 K 的取值范围为 $0<K<1.45$。

可见，连续系统变成离散系统后，离散系统的稳定性不如连续系统。同样，采样周期会影响到离散系统的稳定性。随着采样周期的增大，离散系统的稳定性变差。离散系统和连续系统一样，系统的稳定性都与开环增益有关，增加开环增益有可能会使系统的稳定性变差，甚至不稳定。

(2) 朱利 (Jury) 稳定判据 朱利判据是直接在 z 域内应用的稳定判据，它直接根据离散系统闭环特征方 $D(z)=0$ 的系数，判断闭环极点是否全部位于 z 平面的单位圆内，从而判别离散系统是否稳定。

设线性定常离散系统的闭环特征方程为

$$D(z)=a_0+a_1z+a_2z^2+\mathrm{L}+a_nz^n\quad(a_n>0)$$

利用特征方程的系数，构造 $(2n-2)\times(n+1)$ 朱利表，如表 8-5 所示。表中第一行由特征方程系数从 a_0 到 a_n 组成，偶数行的元素按照奇数行元素反顺序排列。1、2 行构成一个行对，3、4 行构成一个行对，注意到下一个行对系数的序号总比上一个行对小 1，当一行中只有 3 个数值时，矩阵表就结束了。

表 8-5 朱利表

行数	z^0	z^1	z^2	z^3	…	z^{n-k}	…	z^{n-2}	z^{n-1}	z^n
1	a_0	a_1	a_2	a_3	…	a_{n-k}	…	a_{n-2}	a_{n-1}	a_n
2	a_n	a_{n-1}	a_{n-2}	a_{n-3}	…	a_k	…	a_2	a_1	a_0
3	b_0	b_1	b_2	b_3	…	b_{n-k}	…	b_{n-2}	b_{n-1}	
4	b_{n-1}	b_{n-2}	b_{n-3}	b_{n-4}	…	b_{k-1}	…	b_1	b_0	
5	c_0	c_1	c_2	c_3	…	c_{n-k}	…	c_{n-2}		
6	c_{n-2}	c_{n-3}	c_{n-4}	c_{n-5}	…	c_{k-1}	…	c_0		

续表

行数	z^0	z^1	z^2	z^3	…	z^{n-k}	…	z^{n-2}	z^{n-1}	z^n
…	…	…	…	…	…					
$2n-5$	p_0	p_1	p_2	p_3						
$2n-4$	p_3	p_2	p_1	p_0						
$2n-3$	q_0	q_1	q_2							
$2n-2$	q_2	q_1	q_0							

从第三行起，表中各系数可按下式计算

$$b_k=\begin{vmatrix} a_0 & a_{n-k} \\ a_n & a_k \end{vmatrix} \quad (k=0,1,\cdots,n-1), \quad c_k=\begin{vmatrix} b_0 & b_{n-k-1} \\ b_{n-1} & b_k \end{vmatrix} \quad (k=0,1,\cdots,n-2)$$

$$\vdots$$

$$q_0=\begin{vmatrix} p_0 & p_3 \\ p_3 & p_0 \end{vmatrix}, \quad q_1=\begin{vmatrix} p_0 & p_2 \\ p_3 & p_1 \end{vmatrix}, \quad q_2=\begin{vmatrix} p_0 & p_1 \\ p_3 & p_2 \end{vmatrix}$$

朱利稳定判据，即离散线性定常系统稳定的充分必要条件是：

1）$D(1)=D(z)|_{z=1}>0$

2）$D(-1)\begin{cases} >0, & n\text{ 为偶数} \\ <0, & n\text{ 为奇数} \end{cases}$

3）朱利表中的元素满足下列 $n-1$ 个约束条件

$$|a_0|<a_n, |b_0|>|b_{n-1}|, |c_0|>|c_{n-2}|, \cdots, |p_0|>|p_3|; |q_0|>|q_2|$$

当以上所有条件均满足时，系统稳定，否则不稳定。

例 8-22 用朱利判据求解例 8-20。

解 系统的闭环特征方程为 $D(z)=-39+119z-117z^2+45z^3=0$，在 z 域内可直接应用朱利判据判断系统的稳定性。

1）$D(1)=8>0$；

2）$D(-1)=-320<0 \quad (n=3)$，满足条件；

3）继续计算，列朱利表见表 8-6。

表 8-6 例 8-22 朱利表

行数	z^0	z^1	z^2	z^3
1	-39	119	-117	45
2	45	-117	119	-39
3	$\begin{vmatrix} -39 & 45 \\ 45 & -39 \end{vmatrix}=-504$	$\begin{vmatrix} -39 & -117 \\ 45 & 119 \end{vmatrix}=624$	$\begin{vmatrix} -39 & 119 \\ 45 & -117 \end{vmatrix}=-792$	
4	-792	624	-504	

$|a_0|=39<a_4=45$，满足条件；$|b_0|=504<|b_2|=792$，不满足稳定条件，所以系统不稳定。

例 8-23 用朱利判据求解例 8-21，当 $T=1$ 时，K 的取值范围。

解 当 $T=1$ 时，离散系统的特征方程为

$$D(z)=z^2+(0.368K-1.368)z+(0.264K+0.368)=0$$

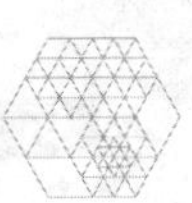

因为 $n=2$，故 $2n-2=2$，$n+1=3$，即本例中的朱利表为2行3列，所求的朱利表见表8-7。

表8-7　例8-23朱利表

行数	z^0	z^1	z^2
1	$0.264K+0.368$	$0.368K-1.368$	1
2	1	$0.368K-1.368$	$0.264K+0.368$

由朱利稳定判据可知，欲使系统稳定，必须满足

1）$D(1)=0.632K>0$，解得 $K>0$；

2）$D(-1)=-0.104K+2.736>0$，解得 $K<26.3$；

3）$|a_0|<a_2$，即　$0.264K+0.368<1$，解得 $K<2.4$。

根据三个条件，联立求得 $0<K<2.4$

8.6　动态性能分析

和连续系统一样，不仅要求系统是稳定的，而且还希望它具有良好的动态性能指标。通常先求取离散系统的阶跃响应脉冲序列 $c^*(t)$，再按动态性能指标的定义，确定超调量、峰值时间、调解时间以及稳态误差等性能指标。

8.6.1　离散系统闭环极点分布与动态响应的关系

在连续系统中，闭环极点在 s 平面上的位置与系统的瞬态响应有着密切的关系。在离散系统中，闭环极点在 z 平面的位置决定了系统时域响应中瞬态响应各分量的类型。闭环极点在单位圆内的分布对系统的动态响应具有重要的影响。明确它们之间的关系，对离散系统的分析与综合是有益的。

设系统的闭环脉冲传递函数为

$$\Phi(z)=\frac{M(z)}{D(z)}=\frac{k\prod_{i=1}^{m}(z-z_i)}{\prod_{i=1}^{n}(z-p_i)}\quad(n>m)\tag{8-70}$$

式中，z_i 为系统的闭环零点；p_i 为系统的闭环极点。

当 $r(t)=1(t)$，$R(z)=\dfrac{z}{z-1}$时，系统输出的Z变换为

$$C(z)=\Phi(z)R(z)=\frac{k\prod_{i=1}^{m}(z-z_i)}{\prod_{i=1}^{n}(z-p_i)}\times\frac{z}{z-1}$$

当特征方程无重根时，$C(z)$ 可展开为

$$C(z)=\frac{Az}{z-1}+\sum_{i=1}^{n}\frac{B_iz}{z-p_i}\tag{8-71}$$

式中　$A=\left.\dfrac{M(z)}{D(z)}\right|_{z=1}$，　$B_i=\left.\dfrac{M(z)(z-p_i)}{D(z)(z-1)}\right|_{z=p_i}$

对式（8-71）进行Z反变换可得

$$c(kT)=A+\sum_{i=1}^{n}B_i p_i^k \tag{8-72}$$

式中，A 是 $c^*(t)$ 的稳态分量；$\sum_{i=1}^{n}B_i p_i^k$ 是瞬态分量，其各分量的形式由闭环极点 p_i 在 z 平面的位置决定。下面分几种情况讨论极点分布对系统动态响应的影响。

(1) 实数极点对系统动态响应的影响 当闭环极点 p_i 在实轴上时，对应的瞬态分量为 $c_i(kT)=B_i p_i^k$

① 当 $0<p_i<1$，$c(kT)$ 为单调衰减正脉冲序列，且 p_i 越接近 0，衰减越快。

② 当 $p_i=1$，$c(kT)$ 为等幅脉冲序列。

③ 当 $p_i>1$，$c(kT)$ 为发散脉冲序列。

④ 当 $-1<p_i<0$，$c(kT)$ 为交替变号的衰减脉冲序列。

⑤ 当 $p_i=-1$，$c(kT)$ 为交替变号的等幅脉冲序列。

⑥ 当 $p_i<-1$，$c(kT)$ 为交替变号的发散脉冲序列。

闭环实数极点分布与相应的瞬态相应形式如图 8-20 所示。

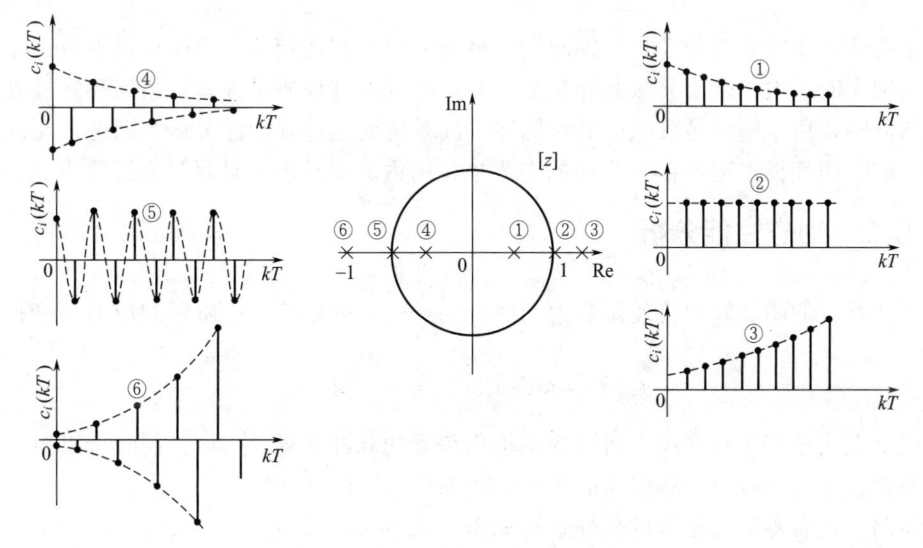

图 8-20 实数极点对应的瞬态响应

(2) 共轭复数极点对系统动态响应的影响 如果闭环脉冲传递函数有共轭复数极点 $p_{i,i+1}=a+jb$，可以证明这一对共轭复数极点所对应的瞬态响应分量为

$$c_i(kT)=A_i\lambda_i^k\cos(k\theta_i+\varphi_i) \tag{8-73}$$

式中，A_i 和 φ_i 是由部分分式展开式的系数所决定的常数。其中

$$\lambda_i=\sqrt{a^2+b^2}=|p_i|$$

$$\theta_i=\arctan\frac{b}{a}$$

由此可见，共轭复数极点对应的瞬态响应是余弦振荡序列。

① 当 $|p_i|<1$，$c(kT)$ 为衰减振荡脉冲序列。

② 当 $|p_i|=1$，$c(kT)$ 为等幅振荡脉冲序列。

③ 当 $|p_i|>1$，$c(kT)$ 为发散振荡脉冲序列。

复数极点的瞬态响应如图 8-21 所示。

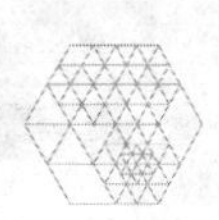

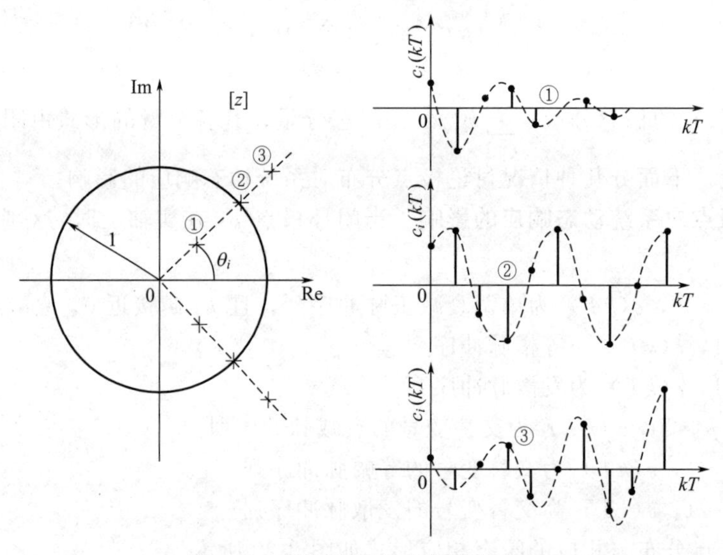

图 8-21　复数极点对应的瞬态响应

综上所述，离散系统的动态特性与闭环极点的分布密切相关。当闭环极点位于左半单位圆内的实轴上时，由于输出衰减脉冲交替变号，故动态过程质量很差；当闭环复极点位于左半单位圆内时，由于输出是衰减的高频脉冲，故系统动态过程性能欠佳。因此，在设计离散系统时，应把闭环极点配置在 z 平面的右半单位圆内的实轴上，且尽量靠近原点。

8.6.2　动态性能分析

设离散系统的闭环脉冲传递函数为 $\Phi(z)=\dfrac{C(z)}{R(z)}$，则系统单位阶跃响应的 z 变换为

$$C(z)=\Phi(z)R(z)=\frac{z}{z-1}\Phi(z) \tag{8-74}$$

通过对上式进行 Z 反变换，可以求出输出信号的脉冲序列 $c^*(t)$。同时可以根据单位阶跃响应的脉冲序列 $c^*(t)$，确定离散系统的动态性能指标。

例 8-24　设有零阶保持器的采样系统如图 8-22 所示，其中 $r(t)=1(t)$，$T=1\text{s}$，$K=1$。试分析该系统的动态性能。

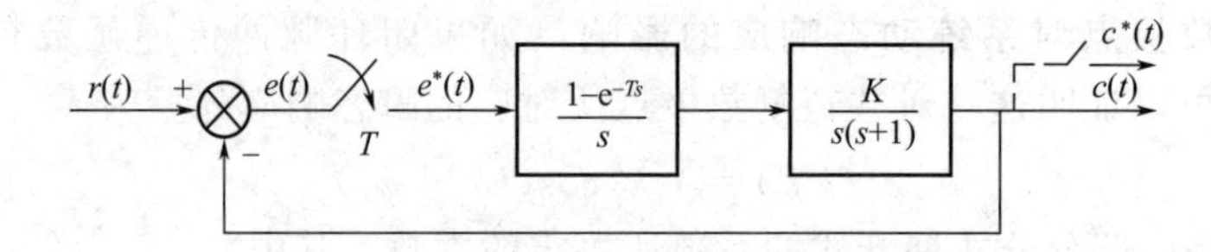

图 8-22　闭环离散系统

解　开环脉冲传递函数 $G(z)=\dfrac{z-1}{z}\times Z\left[\dfrac{1}{s^2(s+1)}\right]=\dfrac{z-1}{z}\times Z\left[\dfrac{1}{s^2}-\dfrac{1}{s}+\dfrac{1}{s+1}\right]$

$$=\frac{z(T+\mathrm{e}^{-T}-1)+(1-T\mathrm{e}^{-T}-\mathrm{e}^{-T})}{z^2-z(1+\mathrm{e}^{-T})+\mathrm{e}^{-T}}$$

闭环脉冲传递函数 $\Phi(z)=\dfrac{G(z)}{1+G(z)}=\dfrac{z(T+\mathrm{e}^{-T}-1)+(1-T\mathrm{e}^{-T}-\mathrm{e}^{-T})}{z^2-z(2-T)+(1-T\mathrm{e}^{-T})}$

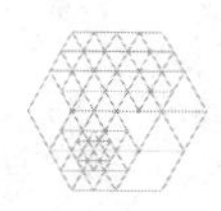

将 $T=1\mathrm{s}$ 代入得 $\Phi(z)=\dfrac{0.368z+0.264}{z^2-z+0.632}$

将 $R(z)=\dfrac{z}{z-1}$ 代入，得单位阶跃响应的Z变换

$$C(z)=\Phi(z)R(z)=\frac{0.368z^{-1}+0.264z^{-2}}{1-2z^{-1}+1.632z^{-2}-0.632z^{-3}}$$

利用长除法，将 $C(z)$ 展成无穷级数形式，即

$$\begin{aligned}C(z)=&0.368z^{-1}+z^{-2}+1.4z^{-3}+1.4z^{-4}+1.147z^{-5}+0.895z^{-6}\\&+0.802z^{-7}+0.868z^{-8}+0.993z^{-9}+1.077z^{-10}+\cdots\end{aligned}$$

由Z变换的定义，得 $c(t)$ 在各采样时刻的值 $c(kT)$（$k=0$，1，2，…）为 $c(0)=0$，$c(T)=0.368$，$c(2T)=1$，$c(3T)=1.4$，$c(4T)=1.4$，$c(5T)=1.147$，$c(6T)=0.895$，$c(7T)=0.802$，$c(8T)=0.868$，$c(9T)=0.993$，$c(10T)=1.077\cdots$

阶跃响应的离散信号即脉冲序列 $c^*(t)$ 为

$$\begin{aligned}c^*(t)=&0.368\delta(t-T)+\delta(t-2T)+1.4\delta(t-3T)+1.4\delta(t-4T)\\&+1.147\delta(t-5T)+0.895\delta(t-6T)+\cdots\end{aligned}$$

根据 $c(kT)(k=0,1,2,\cdots)$ 的值，可以绘出单位阶跃响应 $c^*(t)$，如图8-23所示。由图求得系统的近似性能指标为上升时间 $t_s=2\mathrm{s}$，峰值时间 $t_p=3\mathrm{s}$，调节时间 $t_s=12\mathrm{s}$，超调量 $\sigma_p=40\%$。

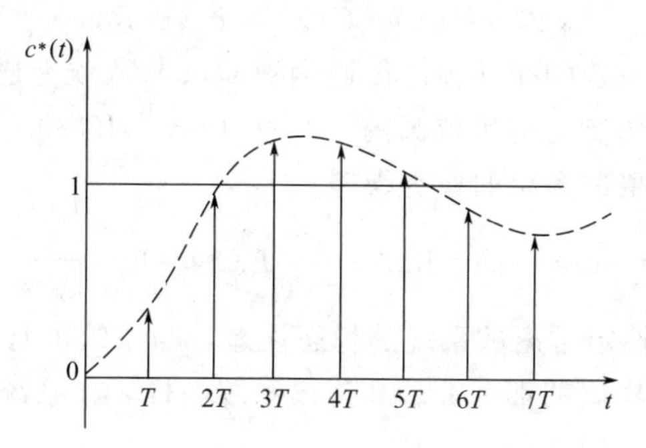

图8-23 系统单位阶跃响应

8.7 稳态误差计算

在连续系统中，系统的稳态性能是用系统响应的稳态误差来表征，计算稳态误差的方法有终值定理法和静态误差系数法，在一定条件下可以推广到离散系统。与连续系统不同的是，离散系统的稳态误差只对采样点而言。

8.7.1 终值定理法

离散系统误差信号的脉冲序列 $e^*(t)$ 反映在采样时刻，即系统希望输出值与实际输出值之差。当 $t\geqslant t_s$ 时，即过渡过程结束之后，系统误差信号的脉冲序列就是离散系统的稳态误差，一般记为

$$e_{ss}^*(t)\qquad(t\geqslant t_s)$$

$e^*(t)$ 是一个随时间变化的信号，当时间 $t\to\infty$ 时，可以求得线性离散系统在采样点上

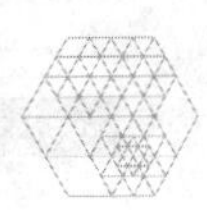

的稳态误差终值 $e_{ss}^*(\infty)$。

$$e_{ss}^*(\infty)=\lim_{t\to\infty}e^*(t)=\lim_{t\to\infty}e_{ss}^*(t)$$

如果误差信号的 Z 变换为 $E(z)$，在满足 Z 变换终值定理使用条件的情况下，可以利用 Z 变换的终值定理求离散系统的稳态误差终值 $e_{ss}^*(\infty)$。

$$e_{ss}^*(\infty)=\lim_{t\to\infty}e^*(t)=\lim_{z\to 1}(z-1)E(z) \tag{8-75}$$

由于离散系统没有唯一的典型结构形式，所以误差脉冲传递函数 $\Phi_e(z)$ 也给不出一般的计算公式。离散系统的稳态误差需要针对不同形式的离散系统来求取。这里，仅针对单位反馈的离散系统进行讨论。

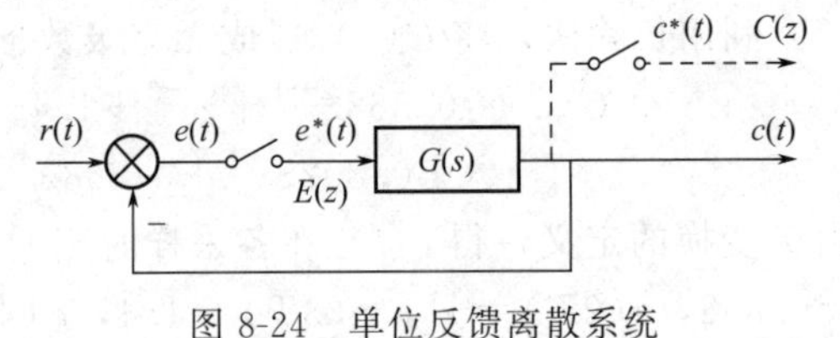

图 8-24　单位反馈离散系统

单位反馈离散系统如图 8-24 所示。其中，$G(s)$ 为连续部分的传递函数，$e(t)$ 为系统连续误差信号，$e^*(t)$ 为系统采样误差信号。

该系统的开环脉冲传递函数为　$G(z)=Z[G(s)]$

系统闭环脉冲传递函数为　$\Phi(z)=\dfrac{C(z)}{R(z)}=\dfrac{G(z)}{1+G(z)}$

系统闭环误差脉冲传递函数为　$\Phi_e(z)=\dfrac{E(z)}{R(z)}=\dfrac{1}{1+G(z)}$

系统误差信号为　$E(z)=R(z)-C(z)=\Phi_e(z)R(z)$

离散系统是稳定的，系统的闭环脉冲传递函数 $\Phi(z)$ 或误差脉冲传递函数 $\Phi_e(z)$ 的全部极点位于 z 平面以原点为圆心的单位圆内，并且 $(z-1)E(z)$ 满足终值定理的应用条件，则应用终值定理可以计算离散系统的稳态误差

$$e_{ss}^*(\infty)=\lim_{t\to\infty}e^*(t)=\lim_{z\to 1}(z-1)E(z)=\lim_{z\to 1}\frac{z-1}{1+G(z)}R(z) \tag{8-76}$$

式（8-76）表明，线性定常离散系统的稳态误差，与系统本身的结构和参数有关，与输入的序列形式、幅值和采样周期都有关。和连续系统一样，在系统稳态误差计算中起主要作用的还是系统的型别及开环增益。

例 8-25　离散系统结构如图 8-24 所示，其中，$G(s)=\dfrac{1}{s(s+1)}$，采样周期 $T=1\text{s}$，试计算当输入连续信号分别为 $r(t)=1(t)$ 和 $r(t)=t$ 时，离散系统的稳态误差。

解　系统开环传递函数为

$$G(z)=Z\left[\frac{1}{s(s+1)}\right]=Z\left[\frac{1}{s}-\frac{1}{s+1}\right]=\frac{z}{z-1}-\frac{z}{z-\mathrm{e}^{-T}}=\frac{z(1-\mathrm{e}^{-1})}{(z-1)(z-\mathrm{e}^{-1})}$$

系统的误差脉冲传递函数

$$\Phi_e(z)=\frac{E(z)}{R(z)}=\frac{1}{1+G(z)}=\frac{(z-1)(z-0.368)}{z^2-0.736z+0.368}$$

闭环极点 $z_{1,2}=0.368\pm \mathrm{j}0.482$，且 $|z_{1,2}|=0.61<1$，闭环极点位于 z 平面的单位圆内，系统稳定。可以应用终值定理求稳态误差。

1）当 $r(t)=1(t)$ 时，$R(z)=\dfrac{z}{z-1}$

$$e_{ss}^*(\infty)=\lim_{z\to 1}(z-1)E(z)=\lim_{z\to 1}(z-1)\times\frac{(z-1)(z-0.368)}{z^2-0.736z+0.368}\times\frac{z}{z-1}=0$$

2）当 $r(t)=t$ 时，$R(z)=\dfrac{Tz}{(z-1)^2}$

$$e_{ss}^*(\infty)=\lim_{z\to 1}(z-1)E(z)=\lim_{z\to 1}(z-1)\times\frac{(z-1)(z-0.368)}{z^2-0.736z+0.368}\times\frac{Tz}{(z-1)^2}=T=1$$

8.7.2 静态误差系数法

由Z变换的定义 $z=e^{Ts}$ 可知，如果开环传递函数 $G(s)$ 有 v 个 $s=0$ 的开环极点，即 v 个积分环节，则与 $G(s)$ 相对应的 $G(z)$ 必有 v 个 $z=1$ 的开环极点。在连续系统中，把开环传递函数 $G(s)$ 中具有 $s=0$ 的极点个数 v 作为划分系统型别的标准，在线性离散系统中，对应把开环脉冲传递函数 $G(z)$ 具有 $z=1$ 的开环极点的个数 v 作为划分离散系统型别的标准，即把 $G(z)$ 中 $v=0$、1、2 的系统分别称为0型、Ⅰ型和Ⅱ型离散系统。

为了评价系统的稳态精度，通常用典型输入信号作用下稳态误差的大小或者用称之为系统的静态误差系数来表示。

（1）阶跃输入时的稳态误差 当系统输入为阶跃函数 $r(t)=A\times 1(t)$ 时，其Z变换函数为

$$R(z)=\frac{Az}{z-1}$$

由式（8-76）知，系统稳态误差为

$$e(\infty)=\lim_{z\to 1}(z-1)\frac{1}{1+G(z)}\,\frac{Az}{z-1}=\lim_{z\to 1}\frac{Az}{1+G(z)}=\frac{A}{1+\lim\limits_{z\to 1}G(z)}=\frac{A}{1+K_p} \tag{8-77}$$

$$K_p=\lim_{z\to 1}G(z) \tag{8-78}$$

K_p 称为系统的静态位置误差系数。

（2）斜坡输入时的稳态误差 当系统输入为斜坡函数 $r(t)=At$ 时，其Z变换函数为

$$R(z)=\frac{ATz}{(z-1)^2}$$

系统的稳态误差为

$$e(\infty)=\lim_{z\to 1}(z-1)\frac{1}{1+G(z)}\times\frac{ATz}{(z-1)^2}=\frac{AT}{\lim\limits_{z\to 1}(z-1)G(z)}=\frac{AT}{K_v} \tag{8-79}$$

$$K_v=\lim_{z\to 1}(z-1)G(z) \tag{8-80}$$

K_v 称为系统的静态速度误差系数。

（3）加速度输入时的稳态误差 当系统输入为加速度函数 $r(t)=\dfrac{1}{2}At^2$ 时，其Z变换函数为

$$R(z)=\frac{AT^2z(z+1)}{2(z-1)^3}$$

系统的稳态误差为

$$e(\infty)=\lim_{z\to 1}(z-1)\frac{1}{1+G(z)}\times\frac{AT^2z(z+1)}{2(z-1)^3}=\lim_{z\to 1}\frac{AT^2}{(z-1)^2G(z)}=\frac{AT^2}{K_a} \tag{8-81}$$

$$K_a=\lim_{z\to 1}(z-1)^2G(z) \tag{8-82}$$

K_a 称为系统的静态加速度误差系数。

在三种典型信号作用下，0型、Ⅰ型和Ⅱ型负反馈离散系统当 $t\to\infty$ 时的稳态误差如表 8-8 所示。

表 8-8 离散系统稳态误差

稳定系统的型别	位置误差 $r(t)=A\times1(t)$	速度误差 $r(t)=At$	加速度误差 $r(t)=\frac{1}{2}At^2$
0型	$\frac{A}{1+K_p}$	∞	∞
Ⅰ型	0	$\frac{AT}{K_v}$	∞
Ⅱ型	0	0	$\frac{AT^2}{K_a}$

表中，$K_p=\lim\limits_{z\to1}G(z)$，$K_v=\lim\limits_{z\to1}(z-1)G(z)$，$K_a=\lim\limits_{z\to1}(z-1)^2G(z)$

类似地可以讨论离散系统的动态误差系数，由于推导过程中需要涉及较多工程数学的知识，这里不再讨论。

例 8-26 离散系统结构如图 8-25 所示，采样周期 $T=0.2\text{s}$，当输入信号 $r(t)=1+t+\frac{1}{2}t^2$ 时，试计算系统的稳态误差。

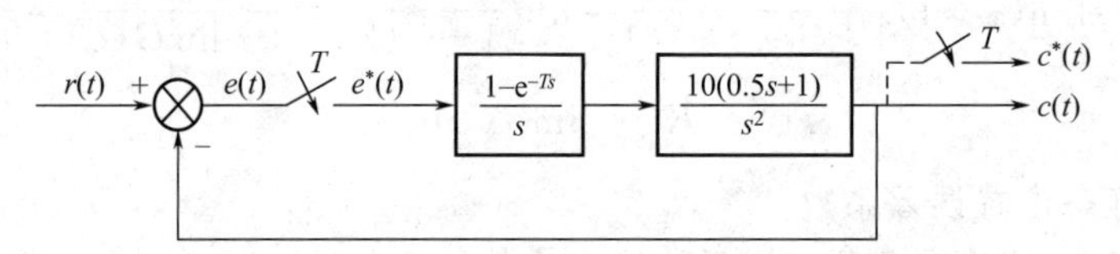

图 8-25 闭环离散系统结构图

解 $G(z)=(1-z^{-1})Z\left[\frac{10(0.5s+1)}{s^3}\right]=\frac{z-1}{z}Z\left[\frac{10}{s^3}+\frac{5}{s^2}\right]=\frac{z-1}{z}\left[\frac{5T^2z(z+1)}{(z-1)^3}+\frac{5Tz}{(z-1)^2}\right]$

将采样周期 $T=0.2\text{s}$ 代入上式，化简得 $G(z)=\frac{1.2z-0.8}{(z-1)^2}$

经判断系统稳定，且系统为Ⅱ型系统

$$K_p=\lim_{z\to1}G(z)=\infty,\quad K_v=\lim_{z\to1}(z-1)G(z)=\infty,\quad K_a=\lim_{z\to1}(z-1)^2G(z)=0.4$$

故系统的稳态误差为 $e(\infty)=\frac{1}{1+K_p}+\frac{T}{K_v}+\frac{T^2}{K_a}=0+0+\frac{0.04}{0.4}=0.1$

8.8 离散系统的数字校正

线性离散系统的校正，有模拟化校正方法和离散化校正方法。模拟化校正方法是按连续系统设计控制器，然后对控制系统的校正装置进行离散化，从而得到离散系统的控制器。离散化校正方法又称直接数字设计法，对控制系统按离散化进行分析，求出系统的脉冲传递函数，按离散系统理论设计数字控制器。本节只介绍直接数字设计方法。

8.8.1 数字控制器的脉冲传递函数

设离散系统如图 8-26 所示。图中，$D(z)$ 为数字控制器（数字校正装置）的脉冲传递函数，$G(s)$ 为保持器和被控对象的传递函数。

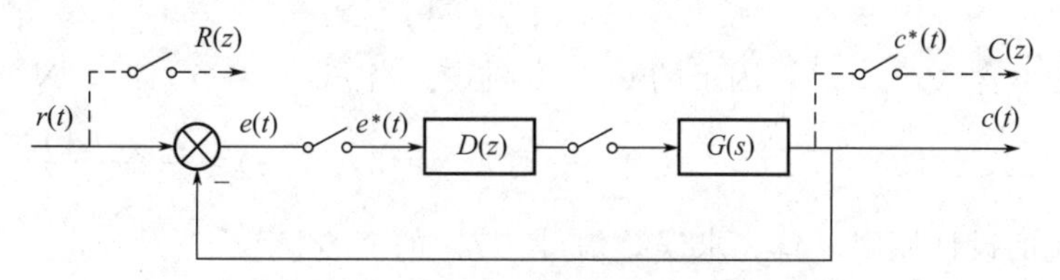

图 8-26 具有数字控制器的离散系统

设 $G(s)$ 的 Z 变换为 $G(z)$，由图 8-26 可以求出系统的闭环脉冲传递函数

$$\Phi(z)=\frac{C(z)}{R(z)}=\frac{D(z)G(z)}{1+D(z)G(z)} \tag{8-83}$$

误差脉冲传递函数

$$\Phi_{\mathrm{e}}(z)=\frac{E(z)}{R(z)}=\frac{1}{1+D(z)G(z)} \tag{8-84}$$

显然有

$$\Phi_{\mathrm{e}}(z)=1-\Phi(z) \tag{8-85}$$

由式（8-83）和式（8-84）可以分别求出数字控制器的脉冲传递函数为

$$D(z)=\frac{\Phi(z)}{G(z)[1-\Phi(z)]} \tag{8-86}$$

或

$$D(z)=\frac{1-\Phi_{\mathrm{e}}(z)}{G(z)\Phi_{\mathrm{e}}(z)}=\frac{\Phi(z)}{G(z)\Phi_{\mathrm{e}}(z)} \tag{8-87}$$

由以上讨论可知，离散控制系统数字控制器的直接数字设计法的思想是：根据对离散系统性能指标的要求，确定闭环脉冲传递函数 $\Phi(z)$ 或误差脉冲传递函数 $\Phi_{\mathrm{e}}(z)$，然后利用式（8-86）或式（8-87）确定数字控制器的脉冲传递函数 $D(z)$。

8.8.2 最少拍系统设计

最少拍系统：是指在典型输入信号作用下，能以有限拍结束响应过程，且之后在采样时刻上无稳态误差的离散系统。这种系统可实现对典型给定输入信号的完全跟踪，因此又称为无稳态误差最少拍控制系统。**在采样过程中，称一个采样周期为一拍。**

最少拍系统的设计原则：若被控对象 $G(z)$ 无延迟且在 z 平面单位圆上及单位圆外无零极点［$(1,\mathrm{j}0)$点除外］，要求选择闭环脉冲传递函数 $\Phi(z)$ 或误差脉冲传递函数 $\Phi_{\mathrm{e}}(z)$，使系统在典型输入信号作用下，经最少采样周期后能使输出序列在各采样时刻的稳态误差为零，达到完全跟踪的目的，从而由式（8-86）或式（8-87）确定数字控制器的脉冲传递函数 $D(z)$。

最少拍系统是针对典型输入信号设计的。常见的典型输入有单位阶跃函数、单位速度函数和单位加速度函数，其 Z 变换分别为

$$\mathrm{Z}[1(t)]=\frac{z}{z-1}=\frac{1}{1-z^{-1}},\quad \mathrm{Z}[t]=\frac{Tz}{(z-1)^{z}}=\frac{Tz^{-1}}{(1-z^{-1})^{2}},$$

$$\mathrm{Z}\left[\frac{t^{2}}{2}\right]=\frac{T^{2}z(z+1)}{2(z-1)^{3}}=\frac{T^{2}z^{-1}(1+z^{-1})}{2(1-z^{-1})^{3}}$$

因此，典型输入可表示为一般形式，即

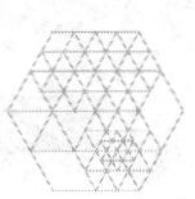

$$R(z)=\frac{A(z)}{(1-z^{-1})^N} \tag{8-88}$$

式中，$A(z)$ 是不含 $(1-z^{-1})$ 因子的 z^{-1} 多项式。当 $r(t)=1(t)$ 时，$N=1$，$A(z)=1$；$r(t)=t$ 时，$N=2$，$A(z)=Tz^{-1}$；$r(t)=\frac{t^2}{2}$时，$N=3$，$A(z)=\frac{T^2z^{-1}(1+z^{-1})}{2}$。

根据最少拍系统的设计原则，首先求误差信号 $e(t)$ 的 Z 变换为

$$E(z)=\Phi_e(z)R(z)=\frac{\Phi_e(z)A(z)}{(1-z^{-1})^N} \tag{8-89}$$

根据 Z 变换终值定理，离散系统的稳态误差为

$$e(\infty)=\lim_{z\to1}(1-z^{-1})E(z)=\lim_{z\to1}(1-z^{-1})\frac{\Phi_e(z)A(z)}{(1-z^{-1})^N}$$

上式表明，为了使 $e(\infty)$ 为 0，$\Phi_e(z)$ 中应包含有 $(1-z^{-1})^N$ 的因子。选取

$$\Phi_e(z)=(1-z^{-1})^NF(z)$$

式中，$F(z)$ 是不含 $(1-z^{-1})$ 因子的多项式。为了使求出的 $D(z)$ 简单，阶数最低，可取 $F(z)=1$，于是有

$$\Phi_e(z)=(1-z^{-1})^N \tag{8-90}$$

由式（8-90）可知 $\Phi(z)=1-\Phi_e(z)=1-(1-z^{-1})^N=\frac{z^N-(z-1)^N}{z^N}$

即系统的闭环脉冲传递函数 $\Phi(z)$ 的全部极点均位于 z 平面的原点。

由 Z 变换定义可知 $E(z)=\sum_{n=0}^{\infty}e(nT)z^{-n}=e(0)+e(T)z^{-1}+e(2T)z^{-2}+\cdots$

按照最少拍系统设计原则，最少拍系统应该自某个时刻 n 开始，在 $k\geqslant n$ 时，有

$$e(kT)=e[(k+1)T]=e[(K+2)T]=\cdots=0$$

此时系统的动态过程在 $t=kT$ 时结束，其调节时间 $t_s=kT$。

下面分别讨论最少拍系统在不同典型输入信号作用下，数字控制器脉冲传递函数 $D(z)$ 的确定方法。

(1) 单位阶跃输入时 由于当 $r(t)=1(t)$ 时，有

$$R(z)=Z[1(t)]=\frac{z}{z-1}=\frac{1}{1-z^{-1}}$$

由式（8-88）可知 $N=1$，故由式（8-85）及式（8-90）可得 $\Phi_e(z)=(1-z^{-1})$，$\Phi(z)=z^{-1}$

于是，根据式（8-87）求出 $D(z)=\frac{\Phi(z)}{G(z)\Phi_e(z)}=\frac{z^{-1}}{(1-z^{-1})G(z)}$

且有
$$E(z)=\Phi_e(z)R(z)=(1-z^{-1})\frac{1}{(1-z^{-1})}=1$$

$$e^*(t)=\delta(t)$$

$$C(z)=\Phi(z)R(z)=\frac{z^{-1}}{1-z^{-1}}=z^{-1}+z^{-2}+z^{-3}+\cdots$$

$$c^*(t)=\delta(t-T)+\delta(t-2T)+\delta(t-3T)+\cdots$$

上述结果表明：$c(0)=0$，$c(T)=c(2T)=\cdots=1$；$e(0)=1$，$e(T)=e(2T)=\cdots=0$。

可见，最少拍系统经过系统一拍便可完全跟踪输入 $r(t)=1(t)$，一拍之后稳态误差为零，如图 8-27 所示。这样的离散系统称为一拍系统，系统调节时间 $t_s=T$。

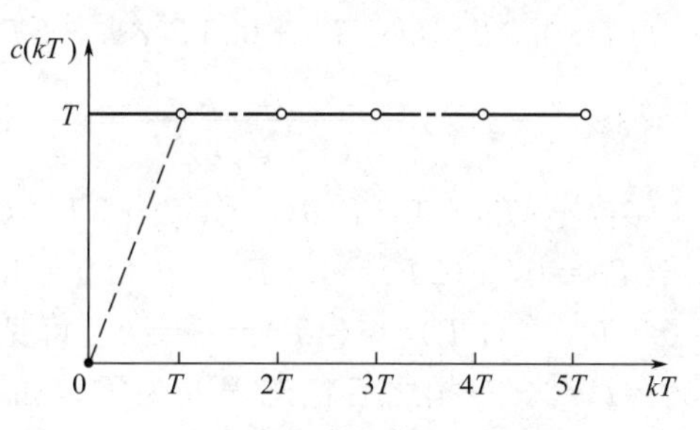

图 8-27 最少拍系统的单位阶跃响应

(2) 单位斜坡输入时 当 $r(t)=t$ 时，有 $R(z)=Z[t]=\dfrac{Tz}{(z-1)^2}=\dfrac{Tz^{-1}}{(1-z^{-1})^2}$

由式（8-88）可知 $N=2$，故 $\Phi_e(z)=(1-z^{-1})^2$，$\Phi(z)=1-\Phi_e(z)=2z^{-1}-z^{-2}$

由式（8-87)，数字控制器脉冲传递函数 $D(z)=\dfrac{\Phi(z)}{G(z)\Phi_e(z)}=\dfrac{z^{-1}(2-z^{-1})}{(1-z^{-1})^2G(z)}$

$$E(z)=\Phi_e(z)R(z)=(1-z^{-1})^2\ \frac{Tz^{-1}}{(1-z^{-1})^2}=Tz^{-1}$$

$$e^*(t)=T\delta(t-T)$$

$$C(z)=\Phi(z)R(z)=(2z^{-1}-z^{-2})\frac{Tz^{-1}}{(1-z^{-1})^2}=2Tz^{-2}+3Tz^{-3}+4Tz^{-4}+\cdots$$

$$c^*(t)=2T\delta(t-2T)+3T\delta(t-3T)+4T\delta(t-4T)+\cdots$$

上述结果表明：$c(0)=c(T)=0$，$c(2T)=2T$，$c(3T)=3T$，…；$e(0)=0$，$e(T)=T$，$e(2T)=e(3T)=\cdots=0$。可见，最少拍系统经过系统二拍便可完全跟踪输入 $r(t)=t$，二拍之后稳态误差为零，如图 8-28 所示。这样的离散系统称为二拍系统，系统调节时间$t_s=2T$。

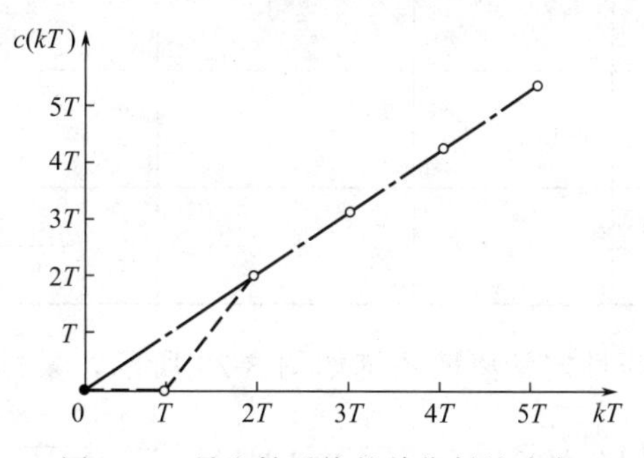

图 8-28 最少拍系统的单位斜坡响应

(3) 单位加速度输入时 当 $r(t)=\dfrac{1}{2}t^2$ 时，有

$$R(z)=Z\left[\frac{1}{2}t^2\right]=\frac{T^2z(z+1)}{2(z-1)^3}=\frac{T^2z^{-1}(1+z^{-1})}{2(1-z^{-1})^3}$$

由式（8-88）可知 $N=3$，故 $\Phi_e(z)=(1-z^{-1})^3$，$\Phi(z)=1-\Phi_e(z)=3z^{-1}-3z^{-2}+z^{-3}$

由式（8-87)，数字控制器脉冲传递函数 $D(z)=\dfrac{\Phi(z)}{G(z)\Phi_e(z)}=\dfrac{z^{-1}(3-3z^{-1}+z^{-2})}{(1-z^{-1})^3G(z)}$

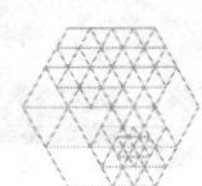

$$E(z)=\Phi_e(z)R(z)=(1-z^{-1})^3\frac{T^2z^{-1}(1+z^{-1})}{2(1-z^{-1})^3}=\frac{1}{2}T^2(z^{-1}+z^{-2})$$

$$e^*(t)=0.5T^2\delta(t-T)+0.5T^2\delta(t-2T)$$

$$C(z)=\Phi(z)R(z)=(3z^{-1}-3z^{-2}+z^{-3})\frac{T^2z^{-1}(1+z^{-1})}{2(1-z^{-1})^3}=\frac{T^2}{2}(3z^{-2}+9z^{-3}+16z^{-4}+\cdots)$$

$$c^*(t)=1.5T^2\delta(t-2T)+4.5T^2\delta(t-3T)+8T^2\delta(t-4T)+\cdots$$

上述结果表明：$c(0)=c(T)=0$，$c(2T)=1.5T^2$，$c(3T)=4.5T^2$，$c(4T)=8T^2$，…；$e(0)=0$，$e(T)=e(2T)=0.5T^2$，$e(3T)=e(4T)=\cdots=0$。可见，最少拍系统经过系统三拍便可完全跟踪输入 $r(t)=t^2/2$，三拍之后稳态误差为零，如图 8-29 所示。这样的离散系统称为三拍系统，系统调节时间 $t_s=3T$。

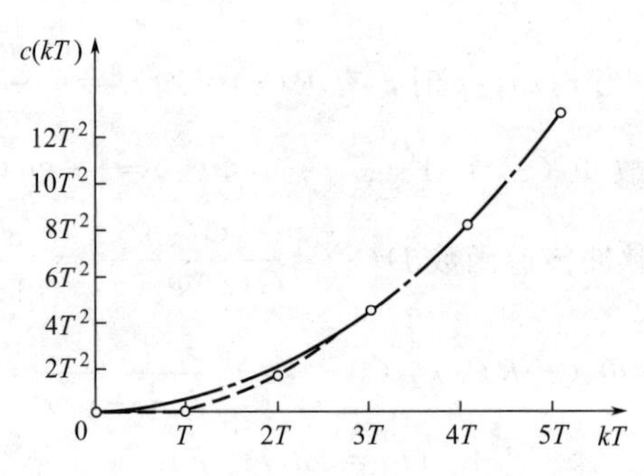

图 8-29 最少拍系统的单位加速度响应

各种典型输入作用下最少拍系统的设计结果列于表 8-9 中。

表 8-9 最少拍系统的设计结果

典型输入		闭环脉冲传递函数		数字控制器脉冲传递函数	调节时间
$R(t)$	$R(z)$	$\Phi_e(z)$	$\Phi(z)$	$D(z)$	t_s
$1(t)$	$\frac{1}{1-z^{-1}}$	$1-z^{-1}$	z^{-1}	$\frac{z^{-1}}{(1-z^{-1})G(z)}$	T
t	$\frac{Tz^{-1}}{(1-z^{-1})^2}$	$(1-z^{-1})^2$	$2z^{-1}-z^{-2}$	$\frac{z^{-1}(2-z^{-1})}{(1-z^{-1})^2G(z)}$	$2T$
$\frac{1}{2}t^2$	$\frac{T^2z^{-1}(1+z^{-1})}{2(1-z^{-1})^3}$	$(1-z^{-1})^3$	$3z^{-1}-3z^{-2}+z^{-3}$	$\frac{z^{-1}(3-3z^{-1}+z^{-2})}{(1-z^{-1})^3G(z)}$	$3T$

例 8-27 设单位反馈线性定常离散系统如图 8-26 所示，采样周期 $T=1\text{s}$，被控对象和零阶保持器的传递函数分别为 $G_0(s)=\frac{1}{s(s+1)}$，$G_h(s)=\frac{1-e^{-Ts}}{s}$，试完成：

1）若要求系统在单位斜坡输入时实现最少拍控制，试求其数字控制器脉冲传递函数 $D(z)$。

2）试求当输入分别为单位阶跃信号、斜坡信号和加速速信号时的输出响应。

解 系统开环传递函数

$$G(s)=G_h(s)G_0(s)=\frac{1-e^{-Ts}}{s}\times\frac{1}{s(s+1)}$$

$$G(z)=Z\left[\frac{1-e^{-Ts}}{s}\times\frac{1}{s(s+1)}\right]=(1-z^{-1})Z\left[\frac{1}{s^2(s+1)}\right]=(1-z^{-1})Z\left[\frac{1}{s^2}-\frac{1}{s}+\frac{1}{s+1}\right]$$

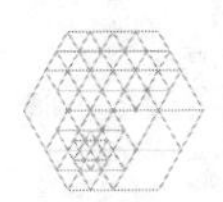

$$=\frac{z-1}{z}\left[\frac{Tz}{(z-1)^2}-\frac{z}{z-1}+\frac{z}{z-\mathrm{e}^{-T}}\right]=\frac{0.368z^{-1}(1+0.718z^{-1})}{(1-z^{-1})(1-0.368z^{-1})}$$

$$=\frac{0.368(z+0.718)}{(z-1)(z-0.368)}$$

根据 $r(t)=t$，由表 8-9 查出最少拍系统应具有的闭环脉冲传递函数和误差脉冲传递函数为

$$\Phi(z)=2z^{-1}-z^{-2},\quad \Phi_{\mathrm{e}}(z)=(1-z^{-1})^2$$

由式（8-87）可见，$\Phi_{\mathrm{e}}(z)$ 的零点 $z=1$ 可以抵消 $G(z)$ 在单位圆上的极点 $z=1$；$\Phi(z)$ 的 z^{-1} 可以抵消 $G(z)$ 的传递函数延迟 z^{-1}，故按式（8-87）算出的 $D(z)$，可以确保系统在 $r(t)=t$ 作用下成为最少拍系统。

根据给定的 $G(z)$ 和查表 8-9 中的 $\Phi(z)$ 和 $\Phi_{\mathrm{e}}(z)$，可得

$$D(z)=\frac{\Phi(z)}{G(z)\Phi_{\mathrm{e}}(z)}=\frac{5.435(z-0.5)(z-0.368)}{(z-1)(z+0.718)}$$

① 当输入信号 $r(t)=1$ 时，系统输出响应

$$C(z)=\Phi(z)R(z)=(2z^{-1}-z^{-2})\frac{1}{1-z^{-1}}=2z^{-1}+z^{-2}+z^{-3}+z^{-4}+z^{-5}+\cdots$$

$$c^*(t)=2\delta(t-T)+\delta(t-2T)+\delta(t-3T)+\delta(t-4T)+\delta(t-5T)+\cdots$$

阶跃响应曲线如图 8-30（a）。

② 当输入信号 $r(t)=t$ 时，系统输出响应

$$C(z)=\Phi(z)R(z)=(2z^{-1}-z^{-2})\frac{z^{-1}}{(1-z^{-1})^2}=2z^{-2}+3z^{-3}+4z^{-4}+5z^{-5}+\cdots$$

$$c^*(t)=2\delta(t-2T)+3\delta(t-3T)+4\delta(t-4T)+5\delta(t-5T)+\cdots$$

斜坡响应曲线如图 8-30（b）。

③ 当输入信号 $r(t)=t^2/2$ 时，系统输出响应

$$C(z)=\Phi(z)R(z)=(2z^{-1}-z^{-2})\frac{z^{-1}(1+z^{-1})}{2(1-z^{-1})^3}=z^{-2}+3.5z^{-3}+7z^{-4}+11.5z^{-5}+\cdots$$

$$c^*(t)=\delta(t-2T)+3.5\delta(t-3T)+7\delta(t-4T)+11.5\delta(t-5T)+\cdots$$

加速度响应曲线如图 8-30（c）。

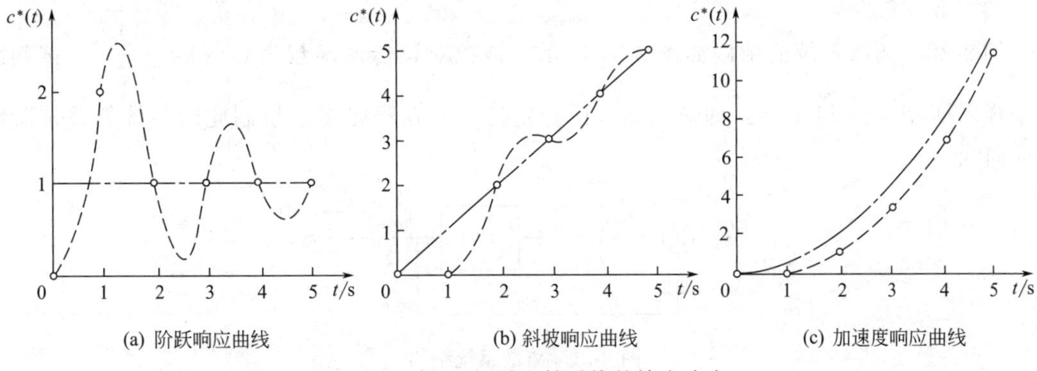

图 8-30 例 8-27 最少拍系统的输出响应

比较各种典型输入下的给定输入信号与输出响应可以发现，它们都是仅在前二拍出现差异，从第三拍起实现完全跟踪，因此均为二拍系统，其调节时间 $t_{\mathrm{s}}=2T$。可以说，最少拍控制系统的调节时间，只与所选择的闭环脉冲传递函数 $\Phi(z)$ 的形式有关，而与典型输入

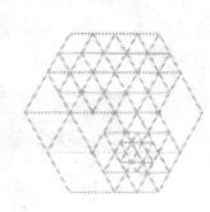

信号的形式无关。

按最少拍控制系统设计出来的闭环系统，在有限拍后进入稳定状态。此时闭环系统的输出在采样时刻精确地跟踪给定输入信号。但是，在两个采样时刻之间，系统的输出可能存在振荡或波纹。这种波纹不仅影响系统的控制性能，产生过大的超调量和持续振荡，而且还增加了系统的功率损耗和机械磨损，这在工程上是不容许的，故希望设计无纹波最少拍系统。关于无纹波最少拍系统的设计，可以参阅相关教材和文献。

8.9 基于 Matlab 的线性离散控制系统分析

(1) 脉冲传递函数在 Matlab 中的表示 用 num=[b_m, b_{m-1}, …, b_0]表示分子，den=[a_n, a_{n-1}, …, a_0] 表示分母多项式。建立具有多项式形式的脉冲传递函数格式为

sys=tf[num,den,T]

其中，T 为采样周期。

(2) 含有零阶保持器的连续模型转换为离散模型 函数调用格式为

sysd=c2d(sys,Ts,method)

其中，Ts 为采样周期，method 来指定离散化方法。methoud 为 'zoh' 时，采用零阶保持器法，若 method 未指明，则默认为零阶保持器形式。

(3) 求闭环脉冲传递函数 可以用函数 feedback () 求取连续系统和离散系统的闭环传递函数。函数调用格式为

sys=feedback(sys1,sys2 ,sign)

[num,den]=feedback(num 1,den 1,num 2,den 2,sign)

其中，num 1 和 den 1 分别是 sys1 的分子和分母多项式的系数，num 2 和 den 2 分别是 sys2 的分子和分母多项式的系数。sign 取+1 表正反馈，取−1 表示负反馈，负反馈时可以省略。

(4) 求离散系统的时间响应 对于离散系统，函数 dstep () 用于求单位阶跃响应，dimpulse () 用于求单位脉冲响应。函数调用格式为

dstep(numd,dend,n)

dimpulse(numd,dend,n)

应用举例如下。

例 8-28 离散系统的结构如图 8-31 所示，被控对象传递函数为 $G(s)=\dfrac{2}{s^2+s}$。试判断当采样周期 $T=1$s 和 $T=2$s 时离散系统的稳定性，并在一张图上绘制此时系统的单位阶跃响应曲线。

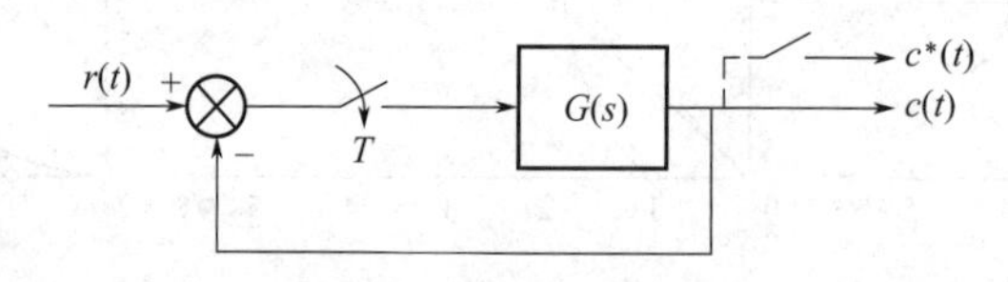

图 8-31 离散系统结构

解 Matlab 程序代码如下。

```
num=2;
den=[1 1 0];
```

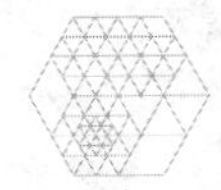


```
    sys=tf(num,den);T=[1,2];
    for n=1:length(T)
    sysd=c2d(sys,T(n))
    d=sys.den{1}+sysd.num{1};
    z=roots(d)
    count=length(find(abs(z)>1));
    if count>0
        sprintf('所以 T=%d 时系统不稳定,有%d 个单位圆外的闭环极点',T(n),count)
    else
        sprintf('所以 T=%d 时系统稳定',T(n))
    end
    GB=feedback(sysd,1);
    dstep(GB.num,GB.den);
    axis([0 60,-3,3])
    hold on
end
```

运行曲线见图 8-32。

输出结果：

```
sysd =
      0.7358 z + 0.5285
  ------------------------
  z^2 - 1.368 z + 0.3679

  Sample time: 1 seconds
Discrete-time transfer function.
z =
    -1.3419
    -0.3938
ans =
    '所以 T=1 时系统不稳定,有 1 个单位圆外的闭环极点'
sysd =
    2.271 z + 1.188
      ------------------------
  z^2 - 1.135 z + 0.1353
Sample time: 2 seconds
Discrete-time transfer function.
z =
    -2.8545
    -0.4162
ans =
    '所以 T=2 时系统不稳定,有 1 个单位圆外的闭环极点'
```

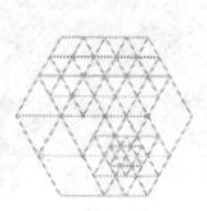

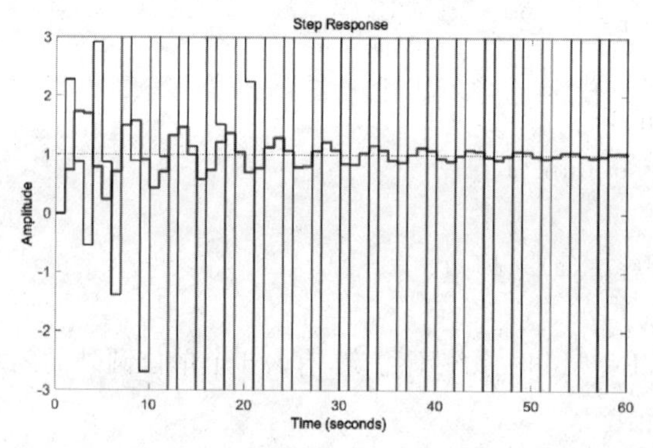

图 8-32　不同 T 时离散系统单位阶跃响应曲线

例 8-29　已知某单位反馈离散系统如图 8-33 所示，设采样周期为 $T_s=0.1\text{s}$，被控对象传递函数为 $G(s)=\dfrac{10}{s^2+s}$，完成：

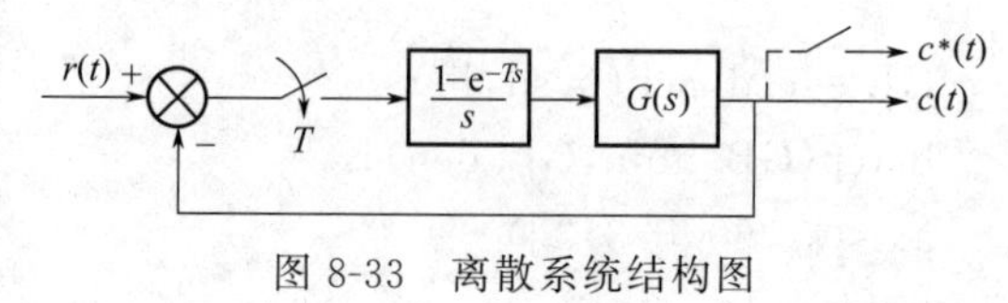

图 8-33　离散系统结构图

1）确定其开环脉冲传递函数和闭环脉冲传递函数。2）判断闭环系统落于单位圆外的极点个数。3）求系统单位阶跃响应的最大超调量、调节时间。

解　(1) Matlab 程序代码如下。

```
Ts=0.1;%采样周期
Gs=tf([10],[1 1 0]);
Dz=c2d(Gs,Ts,'zoh')%含零阶保持器的离散化
sys=feedback(Dz,1)%单位反馈系统闭环脉冲传递函数
```

(2)Matlab 代码如下。

```
[num,den]=tfdata(sys);%读取闭环脉冲传递函数分子和分母多项式系数
denCLz=den{1,1};%取闭环脉冲传递函数分母多项式系数
pCLz=roots(denCLz)%计算闭环极点
n_outside=find(abs(pCLz)>1)%判断落于单位圆外的闭环极点
[r,n]=size(n_outside);
num_outside=r*n;%统计闭环极点落于单位圆外的个数
disp(['闭环极点落于单位圆外的个数为:' num2str(num_outside)]);%提示
```

(3)Matlab 代码如下。

```
[y,t]=step(sys);%计算闭环系统单位阶跃响应,t 为时间,y 为响应幅值
plot(t,y,'*-');%绘制曲线
xlabel('Time(sec)');ylabel('响应幅值');title('单位阶跃响应');%定义 x、y 坐标轴及图表标题
grid on
overshoot=(max(y)-1)/1;%计算超调量,1 位稳态值,因为系统为 I 型,故稳态输出等于 1
n_err=find(abs(y-1)>0.05);%确定落于误差带(100±5)%外各点的序号
tuningtime=max(n_err)*Ts;%最大序号后的点均落于误差带内,据此计算调节时间
```

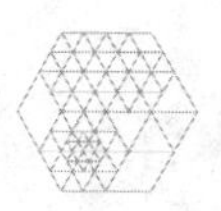


```
disp(['超调量为:' num2str(overshoot)]);
disp(['调节时间为:' num2str(tuningtime)]);
```

运行曲线见图 8-34。

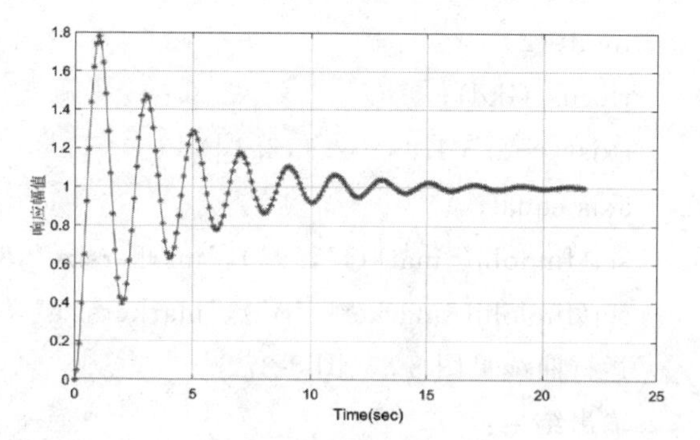

图 8-34 拟合后的离散系统单位阶跃响应曲线

输出结果：

```
Dz =
  0.04837 z + 0.04679
  ------------------------------
z^2 - 1.905 z + 0.9048
Sample time: 0.1 seconds
Discrete-time transfer function.

sys =
  0.04837 z + 0.04679
  ----------------------------------
z^2 - 1.856 z + 0.9516
Sample time: 0.1 seconds
Discrete-time transfer function.

pCLz =
0.9282 + 0.3000i
0.9282 - 0.3000i

n_outside =
空的 0×1 double 列矢量
闭环极点落于单位圆外的个数为:0
超调量为:0.77939
调节时间为:11.3
```

例 8-30 离散系统结构如图 8-35 所示，采样周期为 $T_s=1\text{s}$，被控对象传递函数为 $G(s)=\dfrac{10}{s^2+s}$，试完成：1）求系统的开环传递函数。2）求系统的闭环传递函数。3）求系统的闭环单位阶跃响应。4）绘制系统的根轨迹。5）求出使系统稳定的 K 值范围。

图 8-35 离散系统结构图

解 Matlab 程序代码如下。

```
num=1;
den=[1 1 0];
Gk=tf(num,den);
disp('系统的开环传递函数为:')
Gkd=c2d(Gk,1)%写出开环传函
disp('系统的闭环传递函数为:')
  Gk1=feedback(Gkd,1)
```

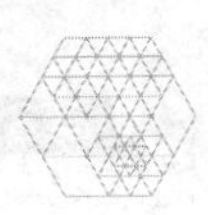

```
[numd,dend]=tfdata(Gk1);
figure(1)
dstep(numd,dend);%绘制阶跃响应图%问题(4)、(5)
figure(2)
rlocus(Gkd);
axis([-2.5 1.1,-2.1,2.1])
axis equal;
set(findobj('market','x'),'markersize',8,'linewidth',1.5,'Color','k');
set(findobj('market','o'),'markersize',8,'linewidth',1.5,'Color','k');
```

运行曲线见图 8-36、图 8-37。

输出结果：

```
系统的开环传递函数为
Gkd =
   0.3679 z + 0.2642
   ----------------------------
   z^2-1.368 z + 0.3679
 Sample time: 1 seconds
Discrete-time transfer function.
系统的闭环传递函数为
Gk1 =
   0.3679 z + 0.2642
   ----------------
   z^2-z + 0.6321
 Sample time: 1 seconds
Discrete-time transfer function.
```

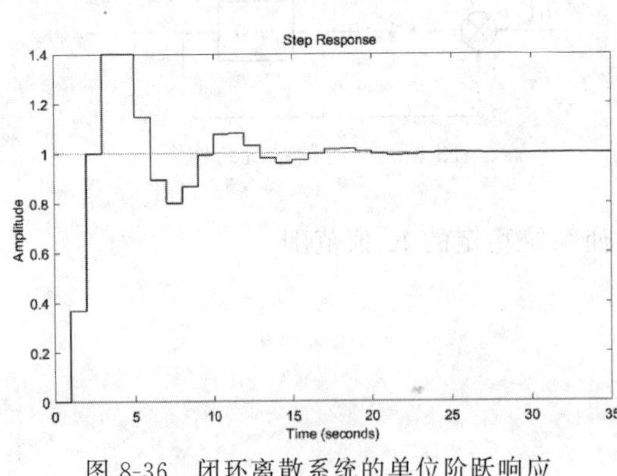

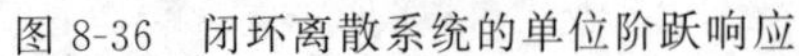
图 8-36　闭环离散系统的单位阶跃响应

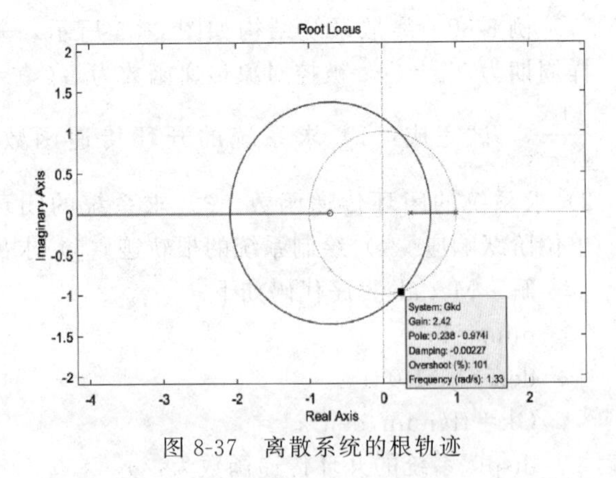

图 8-37　离散系统的根轨迹

对于离散系统当其根轨迹与单位圆相交时，系统的闭环极点的模为 1，对应的 K 值即为系统处于临界稳定时的 K 值，当 K 增大时系统变为不稳定。用鼠标点击单位圆上的任一点，得到闭环系统稳定的 K 值范围为 $0<K<2.42$。

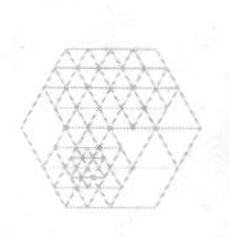

小 结

本章主要讨论了离散控制系统的基础理论。实现离散控制首先要将连续信号变换为离散信号，这就是采样。采样过程可视为一种脉冲调制过程。为能无失真地恢复连续信号，采样频率的选定应符合香农采样定理。同时，为了控制连续的对象，要将脉冲序列控制信号无失真地恢复成连续信号，这个过程就是信号的复现。常用按恒值外推原理构成的零阶保持器来实现信号恢复。

线性离散系统的数学模型是建立在Z变换基础上的，而Z变换在离散系统中所起的作用和拉氏变换在连续系统中起的作用相类似，所以Z变换是使系统的分析由s域转至z域的重要工具。本章介绍了Z变换的性质，求Z变换的方法和求Z反变换的方法。介绍了求解离散系统的闭环脉冲传递函数。

在离散系统的稳定性分析方面，主要介绍了劳斯稳定判据和朱利稳定判据，前者需要使用双线性变换，变换到w域进行，而后者可直接在z域使用。

在离散系统的动态性能分析方面，主要介绍了闭环极点对系统暂态性能的影响，举例定量分析系统的动态性能。线性离散系统稳态误差的计算可以运用稳态误差终值定理法和静态误差系数法。

最少拍系统设计是离散系统数字校正方法之一，所设计的系统可以在有限拍内结束响应过程，且在采样点上无稳态误差。但应明确，这种特性法仅针对所涉及的典型输入信号而言，其他典型输入信号下的响应并不一定理想。

电子信息与电气学科世界著名学者——香农

香农(1916—2001)是美国数学家、电子工程师和密码学家，被誉为信息论的创始人。1940年在麻省理工学院获得硕士和博士学位，进入贝尔实验室工作。香农提出了信息熵的概念，为信息论和数字通信奠定了基础。发表过划时代的论文——通信的数学原理，奠定了现代信息理论的基础。

香农还被认为是数字计算机理论和数字电路设计理论的创始人。第二次世界大战期间，香农为军事领域的密码分析——密码破译和保密通信做出了很大贡献。

他是美国科学院院士、美国工程院院士、英国皇家学会会员、美国哲学学会会员，获得过众多荣誉和奖励。

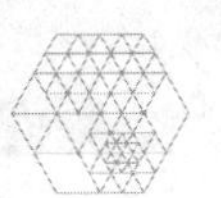

思维导图

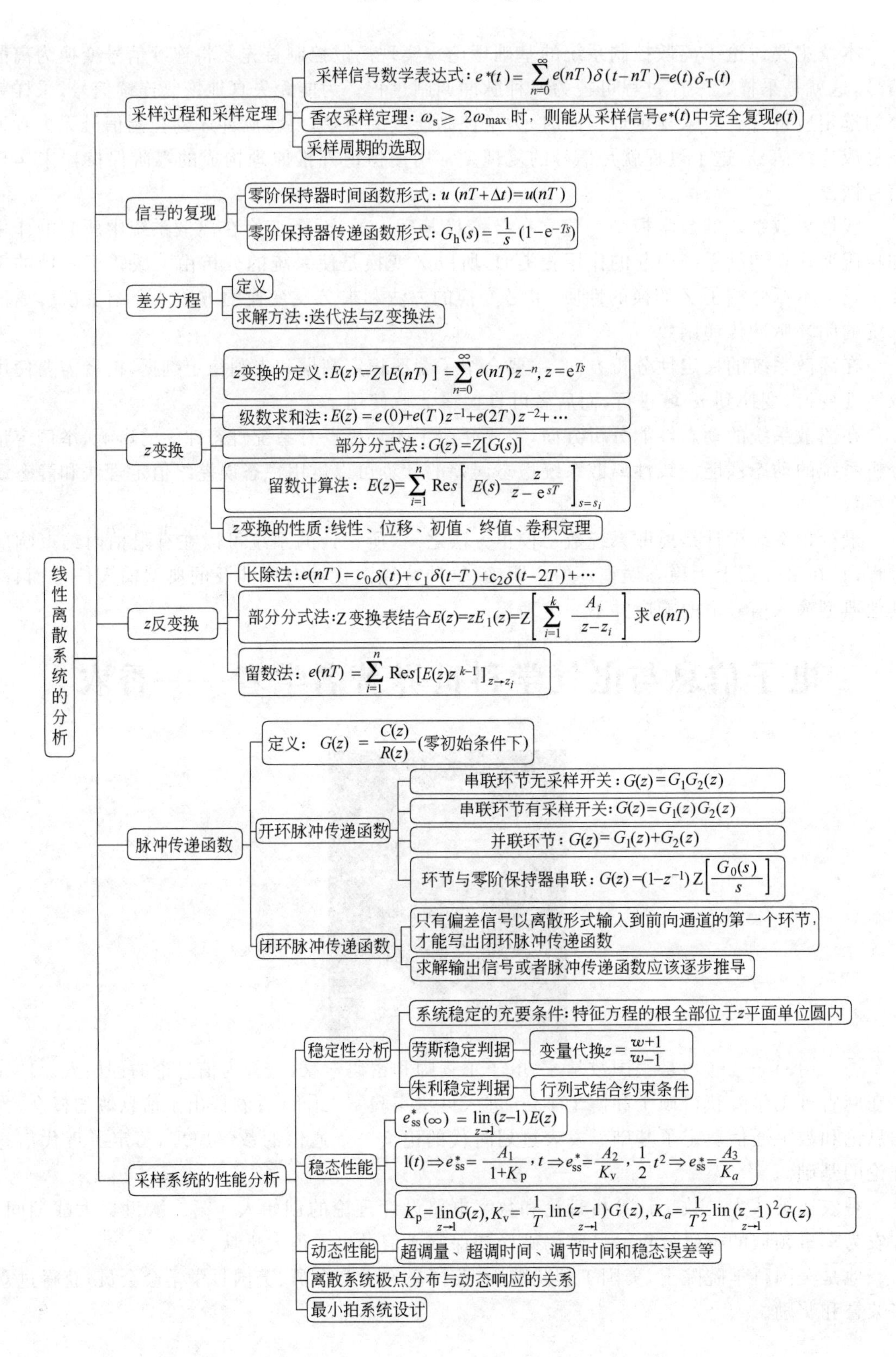
线性离散系统的分析
采样过程和采样定理
采样信号数学表达式：$e^*(t)=\sum_{n=0}^{\infty}e(nT)\delta(t-nT)=e(t)\delta_T(t)$
香农采样定理：$\omega_s \geqslant 2\omega_{max}$时，则能从采样信号$e^*(t)$中完全复现$e(t)$
采样周期的选取
信号的复现
零阶保持器时间函数形式：$u(nT+\Delta t)=u(nT)$
零阶保持器传递函数形式：$G_h(s)=\frac{1}{s}(1-e^{-Ts})$
差分方程
定义
求解方法:迭代法与Z变换法
z变换
z变换的定义:$E(z)=Z[E(nT)]=\sum_{n=0}^{\infty}e(nT)z^{-n}, z=e^{Ts}$
级数求和法:$E(z)=e(0)+e(T)z^{-1}+e(2T)z^{-2}+\cdots$
部分分式法:$G(z)=Z[G(s)]$
留数计算法：$E(z)=\sum_{i=1}^{n}\text{Res}\left[E(s)\frac{z}{z-e^{sT}}\right]_{s=s_i}$
z变换的性质:线性、位移、初值、终值、卷积定理
z反变换
长除法:$e(nT)=c_0\delta(t)+c_1\delta(t-T)+c_2\delta(t-2T)+\cdots$
部分分式法:Z变换表结合$E(z)=zE_1(z)=Z\left[\sum_{i=1}^{k}\frac{A_i}{z-z_i}\right]$求$e(nT)$
留数法：$e(nT)=\sum_{i=1}^{n}\text{Res}[E(z)z^{k-1}]_{z\to z_i}$
脉冲传递函数
定义：$G(z)=\frac{C(z)}{R(z)}$(零初始条件下)
开环脉冲传递函数
串联环节无采样开关：$G(z)=G_1G_2(z)$
串联环节有采样开关:$G(z)=G_1(z)G_2(z)$
并联环节：$G(z)=G_1(z)+G_2(z)$
环节与零阶保持器串联：$G(z)=(1-z^{-1})Z\left[\frac{G_0(s)}{s}\right]$
闭环脉冲传递函数
只有偏差信号以离散形式输入到前向通道的第一个环节，才能写出闭环脉冲传递函数
求解输出信号或者脉冲传递函数应该逐步推导
采样系统的性能分析
稳定性分析
系统稳定的充要条件:特征方程的根全部位于z平面单位圆内
劳斯稳定判据
变量代换$z=\frac{w+1}{w-1}$
朱利稳定判据
行列式结合约束条件
稳态性能
$e_{ss}^*(\infty)=\lim_{z\to 1}(z-1)E(z)$
$1(t)\Rightarrow e_{ss}^*=\frac{A_1}{1+K_p}, t\Rightarrow e_{ss}^*=\frac{A_2}{K_v}, \frac{1}{2}t^2\Rightarrow e_{ss}^*=\frac{A_3}{K_a}$
$K_p=\lim_{z\to 1}G(z), K_v=\frac{1}{T}\lim_{z\to 1}(z-1)G(z), K_a=\frac{1}{T^2}\lim_{z\to 1}(z-1)^2G(z)$
动态性能
超调量、超调时间、调节时间和稳态误差等
离散系统极点分布与动态响应的关系
最小拍系统设计

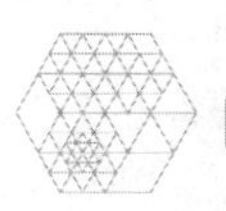

思　考　题

8-1　离散系统由哪些环节组成？

8-2　离散系统中的A/D,D/A转换器的作用是什么？

8-3　什么是采样？试写出采样信号的表达式。

8-4　试述采样定理及其作用。

8-5　何谓零阶保持器？为什么在工程实际中多采用零阶保持器？写出零阶保持器的传递函数。

8-6　常用的Z变换有哪些方法？Z变换有哪些基本定理？

8-7　Z反变换的基本方法有哪些？

8-8　试总结离散系统差分方程的求解方法。

8-9　叙述脉冲传递函数的定义。

8-10　常用开环脉冲传递函数的连接方式有哪些？如何求取相应的脉冲传递函数？如何求取含有零阶保持器的传递函数？

8-11　怎样求闭环脉冲传递函数？

8-12　试述s平面与z平面之间的映射关系。

8-13　线性离散系统稳定的条件是什么？

8-14　怎样进行双线性变换，以便于在离散系统中使用劳斯判据？

8-15　叙述应用朱利判据判断系统稳定性的步骤。

8-16　如何用Z变换中的终值定理计算离散控制系统的稳态误差？

8-17　怎样划分离散控制系统的型别？

8-18　怎样计算离散系统的静态位置误差系数、速度误差系数和加速度误差系数？

8-19　试述离散系统中设计控制器的两类方法。

8-20　什么是最小拍控制？最小拍控制器设计的原则是什么？

习　　题

8-1　试求取下列函数的Z变换：

(1) $C(s)=\dfrac{s+3}{(s+1)(s+2)}$　(2) $C(s)=\dfrac{s+1}{s^2}$　(3) $C(s)=\dfrac{e^{-nTs}}{s+a}$（$T$是采样周期）

(4) $e(t)=te^{-at}$　(5) $C(s)=\dfrac{1-e^{-s}}{s^2(s+1)}$（采样周期$T=1$）

8-2　试分别用幂级数法、部分分式法和留数法，求取$C(z)=\dfrac{10z}{(z-1)(z-2)}$的Z反变换$c(nT)$。

8-3　已知差分方程为$c(k)-4c(k+1)+c(k+2)=0$。初始条件为$c(0)=0$、$c(1)=1$，试用迭代法求输出序列$c(k)$（$k=0,1,2,3,4$）。

8-4　试用Z变换法求解下列差分方程：

(1) $c(k+2)-6c(k+1)+8c(k)=r(k)$，初始条件$r(k)=1(k)$，$c(k)=0$　($k\leqslant 0$)

(2) $c(k+2)+0.9c(k+1)+0.2c(k)=0$，初始条件$c(0)=0$，$c(1)=1$

(3) $c(k+3)+6c(k+2)+11c(k+1)+6c(k)=0$，初始条件 $c(0)=c(1)=1$，$c(2)=0$

8-5　求习题 8-5 图所示系统的开环脉冲传递函数。

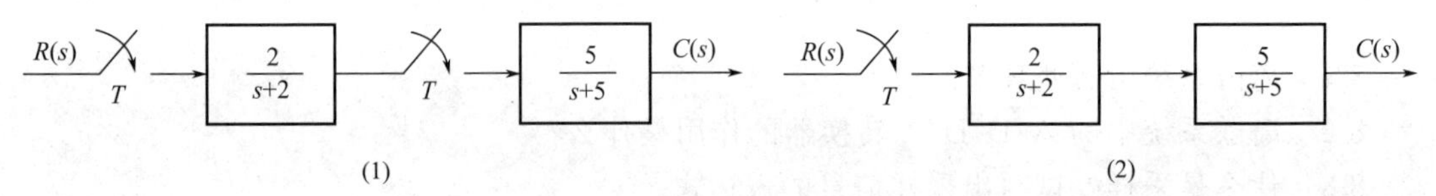

习题 8-5 图　开环离散系统

8-6　试求习题 8-6 图所示离散系统的输出表达式 $C(z)$。

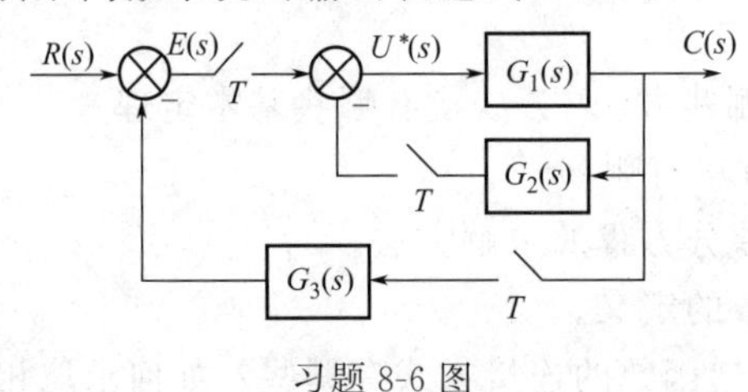

习题 8-6 图

8-7　线性离散系统结构如习题 8-7 图所示，其中放大系数 $K=1$，采样周期 $T=1\text{s}$，试求取该离散系统的单位阶跃响应。

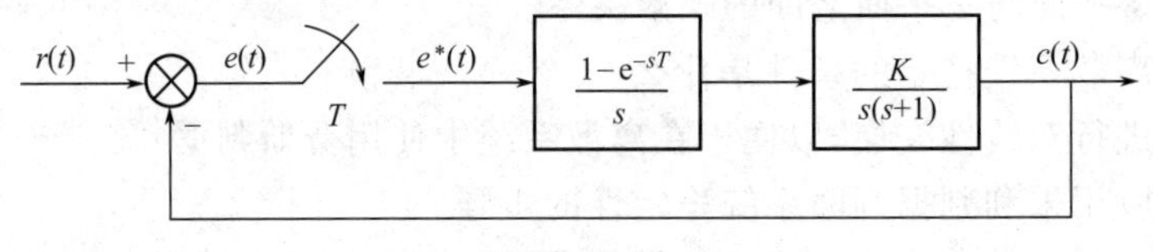

习题 8-7 图

8-8　已知 $G(s)=\dfrac{2}{s(0.05s+1)(0.1s+1)}$，采样周期 $T=0.2\text{s}$，试分析习题 8-8 图所示线性离散系统的稳定性。

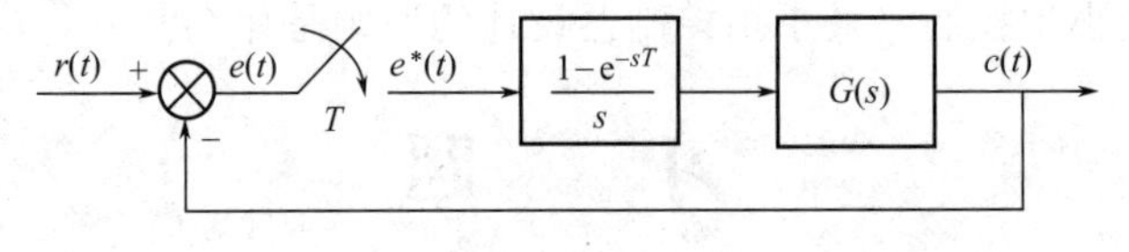

习题 8-8 图

8-9　采样控制系统如习题 8-9 图所示，要求在 $r(t)=t$ 作用下的稳态误差 $e_{ss}=0.25T$，试确定放大系数 K 及系统稳定时 T 的取值范围。

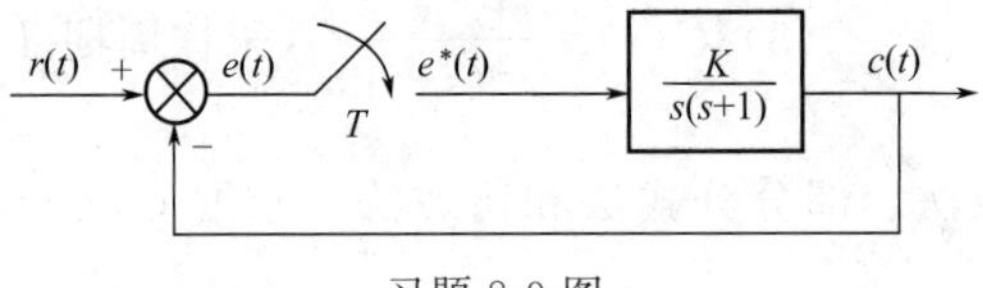

习题 8-9 图

8-10　离散系统如习题 8-10 图所示，周期 $T=1\text{s}$，$e_2(k)=e_2(k-1)+e_1(k)$，ZOH 为零阶保持器。试确定系统稳定时的 K 值范围。

8-11　闭环离散系统如习题 8-11 图所示，采样周期为 $T=1\text{s}$，ZOH 为零阶保持器。试分别求当 $r(t)=1(t)$，$r(t)=5t$，$r(t)=\dfrac{1}{2}t^2$ 时，系统的稳态误差。

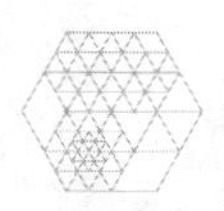

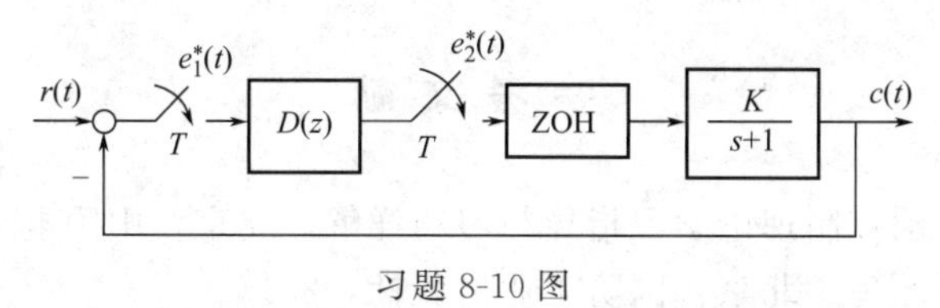

习题 8-10 图

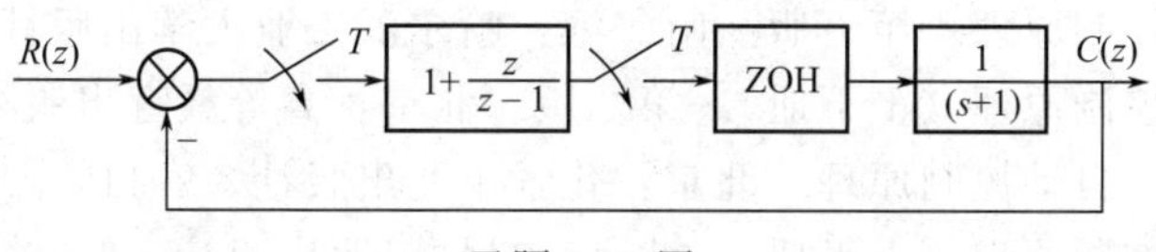

习题 8-11 图

8-12 闭环离散系统如习题 8-12 图所示，采样周期 $T=0.1$，试求：

（1）闭环脉冲传递函数；

（2）使系统稳定的 K 值范围；

（3）$K=1$ 时系统在单位阶跃函数作用下 $c(t)$ 的稳态值。

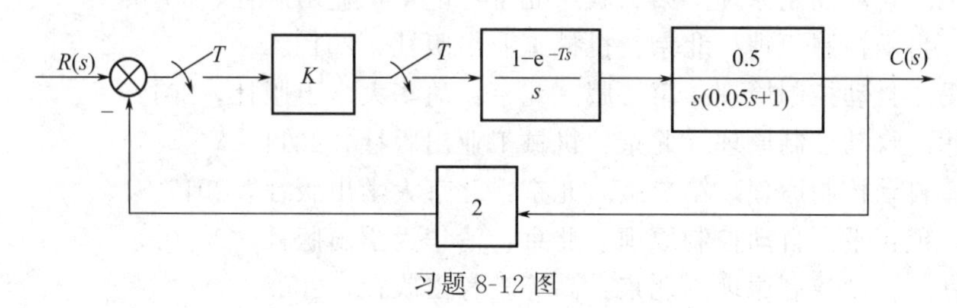

习题 8-12 图

8-13 离散系统如习题 8-13 图所示，采样周期 $T=1$s，试在 z 平面上绘制 $0\leqslant K\leqslant\infty$ 的根轨迹图，并确定系统临界稳定时的 K 值。

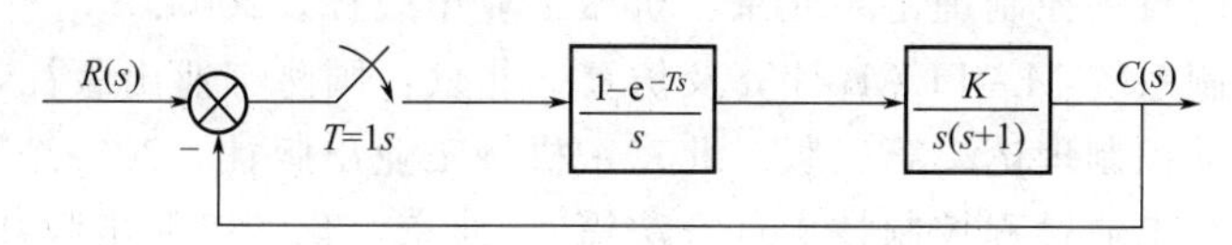

习题 8-13 图

8-14 离散系统如习题 8-14 图所示，其中采样周期 $T=1$s，传递函数 $G(s)=\frac{1}{s(s+1)}$，试求当 $r(t)=1$ 时，系统无稳态误差、过渡过程在最少拍内结束的数字控制器。

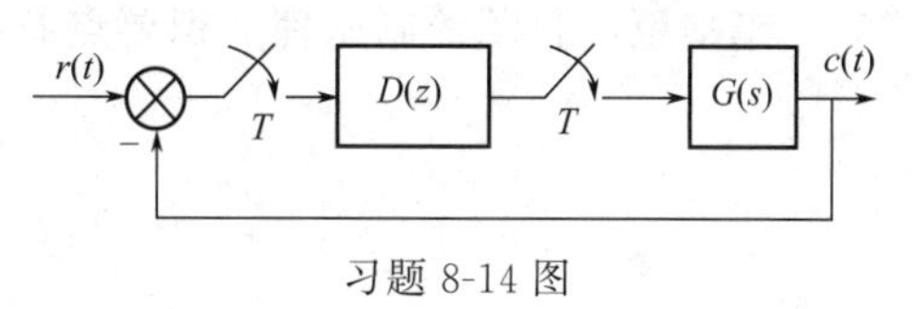

习题 8-14 图

8-15 离散控制系统如习题 8-15 图所示，其中采样周期 $T=1$s，$K=10$，被控对象传递函数 $G(s)=\frac{10}{s(s+1)}$。试求当 $r(t)=t$ 时，系统无稳态误差、过渡过程在最少拍内结束的数字控制器。

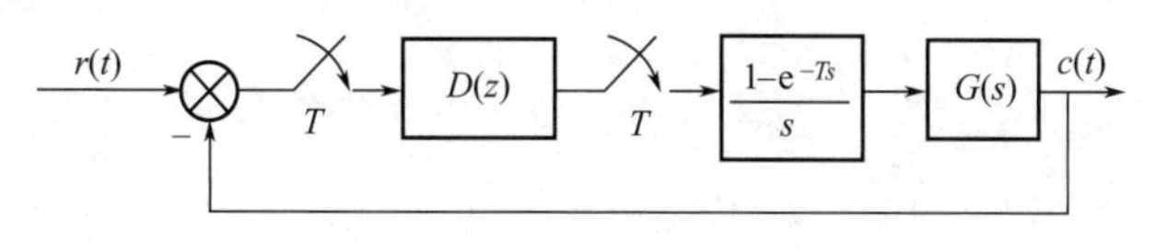

习题 8-15 图

参考文献

[1] 田思庆，等. 自动控制理论学习指导与习题详解. 北京：中国电力工业出版社，2018.
[2] 刘胜. 自动控制原理. 北京：国防工业出版社，2015.
[3] 李友善，等. 自动控制原理. 第三版. 北京：国防工业出版社，2012.
[4] 鄢景华. 自动控制原理. 第三版. 哈尔滨：哈尔滨工业大学出版社，2006.
[5] 黄家英. 自动控制原理（上下册）. 第二版. 北京：高等教育出版社，2003.
[6] 孙优贤，王慧. 自动控制原理. 北京：化学工业出版社，2011.
[7] 宋永端. 自动控制原理（上下册）. 北京：机械工业出版社，2020.
[8] 胡寿松. 自动控制原理基础教程. 第四版. 北京：科学出版社，2017.
[9] 卢京潮. 自动控制原理. 北京：清华大学出版社，2013.
[10] Richard C. Dorf，Robert H. Bishop. Modern Control Systems. 10版. 北京：高等教育出版社，2008.
[11] 胥布工. 自动控制原理. 第二版. 北京：电子工业出版社，2016.
[12] 刘丁. 自动控制原理. 北京：机械工业出版社，2013.
[13] 张爱民. 自动控制原理. 第二版. 北京：清华大学出版社，2019.
[14] 孙炳达. 自动控制原理. 北京：机械工业出版社，2011.
[15] 王红. 自动控制原理. 第二版. 北京：北京大学出版社，2017.
[16] 杨智，范正平. 自动控制原理. 北京：清华大学出版社，2010.
[17] 王万良. 自动控制原理. 北京：高等教育出版社，2008.
[18] 黄坚. 自动控制原理及其应用. 第四版. 北京：高等教育出版社，2014.
[19] 裴润，宋申民. 自动控制原理（上下册）. 哈尔滨：哈尔滨工业大学出版社，2006.
[20] 王孝武，等. 自动控制理论. 北京：机械工业出版社，2009.
[21] 黄忠霖. 控制系统MATLAB计算及仿真. 北京：国防工业出版社，2004.
[22] 邹伯敏. 自动控制理论. 第三版. 北京：机械工业出版社，2007.
[23] 孙优贤，等. 工业过程控制技术（方法篇）. 北京：化学工业出版社，2006.
[24] 何光明. 自动控制原理学练考. 北京：清华大学出版社，2004.
[25] 李书臣. 自动控制原理知识要点及典型习题详解. 北京：化学工业出版社，2011.